高等院校教材同步辅导
及考研复习用书

理工社®

U0320762

高等数学辅导
同济七版·上册

张天德◎主编

窦慧、王玮、王伟伟◎副主编

北京理工大学出版社
BEIJING INSTITUTE OF TECHNOLOGY PRESS

图书在版编目（CIP）数据

高等数学辅导：同济七版. 上册／张天德主编. —北京：北京理工大学出版社，2018.6（2020.3 重印）

ISBN 978 - 7 - 5682 - 5754 - 1

Ⅰ. ①高…　Ⅱ. ①张…　Ⅲ. ①高等数学－高等学校－教学参考资料　Ⅳ. ①O13

中国版本图书馆 CIP 数据核字（2018）第 113620 号

出版发行／北京理工大学出版社有限责任公司

社　　　址／北京市海淀区中关村南大街 5 号

邮　　　编／100081

电　　　话／（010）68914775（总编室）

　　　　　　（010）82562903（教材售后服务热线）

　　　　　　（010）68948351（其他图书服务热线）

网　　　址／http：//www. bitpress. com. cn

经　　　销／全国各地新华书店

印　　　刷／三河市祥达印刷包装有限公司

开　　　本／710 毫米×1000 毫米　1/16

印　　　张／22. 25　　　　　　　　　　　　责任编辑／王俊洁

字　　　数／455 千字　　　　　　　　　　　文案编辑／王俊洁

版　　　次／2018 年 6 月第 1 版　2020 年 3 月第 4 次印刷　责任校对／周瑞红

定　　　价／39. 80 元　　　　　　　　　　　责任印制／李志强

图书出现印装质量问题，请拨打售后服务热线，本社负责调换

前　　言

高等数学是理工类专业的一门重要的基础课,也是硕士研究生入学考试的重点科目。同济大学数学系主编的《高等数学(第七版)》是一部深受读者欢迎并多次获奖的优秀教材。为了帮助读者学好高等数学,我们编写了《高等数学辅导(同济七版)》,该书与同济大学数学系主编的《高等数学(第七版)》配套,汇集了编者几十年的丰富经验,将一些典型例题及解题方法与技巧融入书中。本书将会成为读者学习高等数学的良师益友。

本书的章节划分和内容设置与同济大学数学系主编的《高等数学(第七版)》教材完全一致。在每一章的开头先对本章知识点进行简要概括,然后用网络结构图的形式揭示出本章知识点之间的有机联系,便于学生从总体上系统地掌握本章知识体系和核心内容。

讲解结构七大部分

一、知识结构图解　用结构图解的形式对每节涉及的基本概念、基本定理和基本公式进行系统梳理,并指出在理解与应用基本概念、定理、公式时需要注意的问题以及各类考试中经常考查的重要知识点。

二、重点及常考点分析　分类总结每章重点题型以及重要定理,使读者能更扎实地掌握各个知识点,最终提升读者的应试能力。

三、考研大纲要求解读　帮助读者了解本章内容在考研试题中考查的考点及题型,为复习备考指明方向,使读者准备考试更加轻松。

四、例题精解　这一部分是每一节讲解中的核心内容,也是全书的核心内容。作者基于多年的教学经验和对研究生入学考试试题及全国大学生数学竞赛试题的研究,将该节教材内容中学生需要掌握的、考研和数学竞赛中经常考到的重点、难点、考点归纳为一个个在考试中可能出现的基本题型,然后针对每一个基本题型,举出大量精选例题,深入讲解,使读者扎实掌握每一个知识点,并能在具体解题中熟练运用。本书使基础知识梳理、重点考点深讲、联系考试解题三重互动,一举突破难点,从而使学生获得实际应用能力的全面提升。例题讲解中穿插出现的“思路探索”“方法点击”,更是巧妙点拨,让读者举一反三、触类旁通。

五、本章知识小结　对本章所学的知识进行系统回顾,帮助读者更好地复习、总结、提高。

六、本章同步自测　精选部分有代表性、测试价值高的题目(部分题目选自历年研究生入学考试和大学生数学竞赛试题),以此检测、巩固读者所学知识,达到提高应试水平的目的。

七、教材习题详解　为了方便读者对课本知识进行复习巩固,本书对教材课后习题做了详细解答,这与市面上习题答案不全的某些参考书有很大的不同。在解题过程中,本书对部分有代表性的习题设置了“思路探索”,以引导读者尽快找到解决问题的思路和方法;本书安排了“方法点击”来帮助读者归纳解决问题的关键、技巧与规律。针对部分习题,本书还给出了一题多解,以培养读者的分析能力和发散思维的能力。

一、重新修订、内容完善　本书是《高等数学辅导（同济六版）》的最新修订版，前一版在市场上受到了广大学子的欢迎，每年销量都在 10 万册以上。本次修订增加了大学生数学竞赛试题，更新了研究生入学考试试题，改正了原来的印刷错误，内容更加完善，体例更为合理。

二、条理清晰、学习高效　知识点讲解清晰明了，分析透彻到位，既对重点及常考知识点进行归纳，又对基本题型的解题思路、解题方法和答题技巧进行了深层次的总结。据此，读者不仅可以从全局上对章节要点有整体性的把握，更可以纲举目张，系统地把握数学知识的内在逻辑性。

三、联系考研、经济实用　本书不仅是一本与教材同步的辅导书，也是一本不可多得的考研复习用书，书中内容与研究生入学考试联系紧密。本书在知识全解版块设置"考研大纲要求"版块，例题精解和自测题部分选取大量考研真题，让读者在同步学习中达到考研的备考水平。

本书由张天德任主编，由窦慧、王玮、王伟伟任副主编。衷心希望我们的这本《高等数学辅导（同济七版）》能对读者有所裨益。由于编者水平有限，书中疏漏之处在所难免，不足之处敬请读者批评指正，以便不断完善。

张天德

目　录

———— 教材知识全解(上册) ————

教材习题全解(上册)

教材知识全解

（上册）

第一章　函数与极限

本章内容概览

　　函数是高等数学讨论的主要对象,它以极限理论为基础. 在研究函数时,我们总是通过函数值 $f(x)$ 的变化来看函数的性质,因此我们应用运动变化的观点来掌握函数. 极限与函数的连续性理论是高等数学的基础,如何用已知来逼近未知,用有限来逼近无限,在无限变化的过程中考查变量的变化趋势,从有限过渡到无限,这是本章需掌握的基本思想.

第一章

本章知识图解

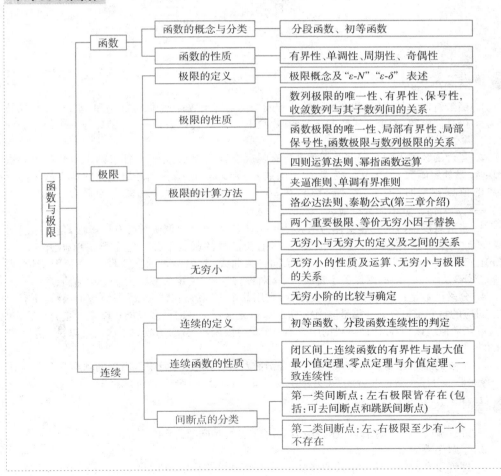

第一节　映射与函数

知识全解

一 本节知识结构图解

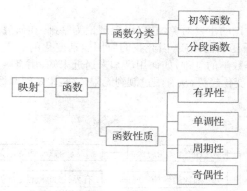

二 重点及常考点分析

1. 函数奇偶性的运算：两个奇函数的和或差仍是奇函数；两个偶函数的和、差、积、商（除数不为 0）仍是偶函数；两个奇函数的积或商（除数不为 0）为偶函数；一个奇函数与一个偶函数的积、商（除数不为 0）为奇函数.

2. 复合函数可由两个或多个函数进行有限次复合而成，但并不是任意两个函数都可以进行复合. 设外层函数 $y=f(u)$，$u\in D$，内层函数 $u=g(x)$，$x\in E$，仅当外层函数的定义域与内层函数的值域相交时，即 $E^*=\{x\,|\,g(x)\in D,x\in E\}\neq\varnothing$ 时，两个函数才能复合. 例如，$y=\sqrt{u^2-2}$，$u=\sin x$ 就不能复合成 $y=\sqrt{\sin^2x-2}$.

3. 函数有反函数的充要条件为函数是一一对应的. 严格单调函数必有反函数，且严格递增（减）函数的反函数也必严格递增（减）. 反之，有反函数的函数未必一定是严格单调函数，$y=f(x)$ 的反函数 $x=f^{-1}(y)$ 与 $y=f(x)$ 表示同一条曲线，若用 x 表示自变量，y 表示因变量，则 $y=f^{-1}(x)$ 及 $y=f(x)$ 的图像关于直线 $y=x$ 对称，$f^{-1}(x)$ 的定义域即为 $f(x)$ 的值域.

4. 分段函数是特别要注意的一类函数，它用几个不同解析式"分段"表示一个函数. 所有解析式对应的自变量集合的并集是该函数的定义域. 定义域的各段最多只能在端点处重合，重合时对应的函数值应该相等. 图像分段的函数不一定是分段函数，分段函数的图像也可以是一条不断开的曲线（或曲面）.

5. 本节的难点是复合函数，重点是复合函数及分段函数. 考研中常出现的题型是求复合函数，特别是求分段函数的复合函数，方法主要有 3 种：代入法、分析法和图示法.

三 考研大纲要求解读

1. 理解函数的概念，掌握函数的表示法，并会建立应用问题的函数关系式.
2. 了解函数的有界性、单调性、周期性和奇偶性.
3. 理解复合函数及分段函数的概念，了解反函数及隐函数的概念.
4. 掌握基本初等函数的性质及其图形，了解初等函数的概念.

例题精解

基本题型 1：求函数定义域

例 **1** 求函数 $y=\sqrt{\lg\dfrac{5x-x^2}{4}}$ 的定义域.

解：由对数定义知 $\dfrac{5x-x^2}{4}>0$，即 $0<x<5$.

当 $\lg\dfrac{5x-x^2}{4}\geqslant0$ 时，函数有定义，即 $\dfrac{5x-x^2}{4}\geqslant1$，可知 $1\leqslant x\leqslant4$.

故函数定义域为 $\{x\,|\,1\leqslant x\leqslant4\}$.

【**方法点击**】 求初等函数的定义域有下列原则：

(1)分母不能为零.

(2)偶次根式的被开方数不能为负数.

(3)对数的真数不能为零或负数.

(4)arcsin x 或 arccos x 的定义域为 $\{x\,|-1\leqslant x\leqslant1\}$.

(5)tan x 的定义域为 $x\neq k\pi+\dfrac{\pi}{2}$，$k\in\mathbf{Z}$.

(6)cot x 的定义域为 $x\neq k\pi$，$k\in\mathbf{Z}$.

求复合函数的定义域，通常将复合函数看成一系列初等函数的复合，然后考查每个初等函数的定义域和值域，得到对应的不等式组，通过联立求解不等式组，就可以得到复合函数的定义域.

例 **2** 设 $f(x)=\mathrm{e}^{x^2}$，$f[\varphi(x)]=1-x$，且 $\varphi(x)\geqslant0$，求 $\varphi(x)$ 的定义域.（考研题）

【**思路探索**】 由题目条件设法求出 $\varphi(x)$ 的函数表达式，然后再求出 $\varphi(x)$ 的定义域.

解：由 $f(x)=\mathrm{e}^{x^2}$，知 $f[\varphi(x)]=\mathrm{e}^{\varphi^2(x)}$，又因为 $f[\varphi(x)]=1-x$，所以 $\mathrm{e}^{\varphi^2(x)}=1-x$，于是 $\varphi^2(x)=\ln(1-x)$，再根据 $\varphi(x)\geqslant0$，可知

$$\varphi(x)=\sqrt{\ln(1-x)}.$$

要使 $\varphi(x)$ 有定义，则 $\ln(1-x)\geqslant0$ 且 $1-x>0$，即 $x\in(-\infty,0]$.

基本题型 2：求初等函数的表达式

例 **3** 已知 $f\left(x+\dfrac{1}{x}\right)=\dfrac{x^2}{x^4+1}$，求 $f(x)$.

解：因为 $f\left(x+\dfrac{1}{x}\right)=\dfrac{x^2}{x^4+1}=\dfrac{1}{x^2+\dfrac{1}{x^2}}=\dfrac{1}{\left(x+\dfrac{1}{x}\right)^2-2}$，所以 $f(x)=\dfrac{1}{x^2-2}$.

基本题型 3：求分段函数的表达式

例 **4** 设 $g(x)=\begin{cases}2-x, & x\leqslant0,\\ x+2, & x>0,\end{cases}$ $f(x)=\begin{cases}x^2, & x<0,\\ -x, & x\geqslant0,\end{cases}$ 则 $g[f(x)]=($). （考研题）

(A) $\begin{cases}2+x^2, & x<0,\\ 2-x, & x\geqslant0\end{cases}$ 　　　　　　(B) $\begin{cases}2-x^2, & x<0,\\ 2+x^2, & x\geqslant0\end{cases}$

(C) $\begin{cases}2-x^2, & x<0,\\ 2-x, & x\geqslant0\end{cases}$ 　　　　　　(D) $\begin{cases}2+x^2, & x<0,\\ 2+x, & x\geqslant0\end{cases}$

解：$g[f(x)]=\begin{cases}2-f(x), & f(x)\leqslant0,\\ f(x)+2, & f(x)>0\end{cases}=\begin{cases}2+x, & x\geqslant0,\\ x^2+2, & x<0\end{cases}=\begin{cases}2+x^2, & x<0,\\ 2+x, & x\geqslant0.\end{cases}$

故应选(D).

【方法点击】 本题考查将两个分段函数复合成一个复合函数的过程,先将 $g[f(x)]$ 表示为 $f(x)$ 的函数,再解不等式 $f(x) \leqslant 0$ 与 $f(x) > 0$,最后将 $g[f(x)]$ 表示为 x 的函数.

【小结】复合函数的求解方法主要有三种:

①代入法:将一个函数中的自变量用另一个函数的表达式来代替,适用于初等函数的复合.

②分析法:抓住最外层函数定义域的各区间段,结合中间变量的表达式及中间变量的定义域进行分析,适用于初等函数与分段函数的复合或两分段函数的复合.

③图示法:(ⅰ)画出中间变量 $u = \varphi(x)$ 的图像;(ⅱ)将 $y = f(u)$ 的分界点在 xu 坐标平面上画出;(ⅲ)写出 u 在不同区间上 x 所对应的变化区间;(ⅳ)将(ⅲ)所得的结果代入 $y = f(u)$ 中,便得到复合函数 $y = f[\varphi(x)]$ 的表达式及相应的变化区间.此方法适用于两分段函数的复合.

基本题型 4:求反函数

例 5 函数 $y = \dfrac{1 + \sqrt{1-x}}{1 - \sqrt{1-x}}$ 的反函数为_____.

解:令 $t = \sqrt{1-x}$,则 $y = \dfrac{1+t}{1-t}$,所以 $t = \dfrac{y-1}{y+1}$,即 $\sqrt{1-x} = \dfrac{y-1}{y+1}$,从而

$$x = 1 - \left(\dfrac{y-1}{y+1}\right)^2 = \dfrac{4y}{(y+1)^2},$$

因此反函数为 $y = \dfrac{4x}{(x+1)^2}$.

【方法点击】 反函数求解方法比较固定,即由 $y = f(x)$ 解出 x 的表达式,然后交换 x 与 y 的位置,即可求得反函数 $y = f^{-1}(x)$.对于分段函数要注意所求函数表达式的区间.

基本题型 5:把复合函数分解为基本初等函数的复合

例 6 函数 $y = \ln \cos(e^x)$ 由哪些基本初等函数复合而成?

解:函数 $y = \ln \cos(e^x)$ 可由基本初等函数 $u = e^x, v = \cos u, y = \ln v$ 三个函数复合而成.

【方法点击】 牢记基本初等函数的表达式是解决此类问题的基础,而由里到外,逐级分解是解决问题的关键.做题时不能跨越某个级别,漏掉某个基本初等函数,要分清复合函数的成分和结构.

基本题型 6:函数单调性的问题

例 7 判断函数 $y = \cos x$ 在区间 $(0, \pi)$ 上的单调性.

解:对任意的 $x_1, x_2 \in (0, \pi)$,且满足 $x_1 < x_2$,

因为 $\cos x_2 - \cos x_1 = -2\sin \dfrac{x_1+x_2}{2} \sin \dfrac{x_2-x_1}{2}$,由于 $x_1 < x_2$,故有 $0 < \dfrac{x_1+x_2}{2} < \pi, 0 < \dfrac{x_2-x_1}{2} < \pi$,

所以 $\sin \dfrac{x_1+x_2}{2} > 0, \sin \dfrac{x_2-x_1}{2} > 0$,从而 $\cos x_2 - \cos x_1 < 0$,即 $y = \cos x$ 在区间 $(0, \pi)$ 上单调递减.

【方法点击】 证明函数单调性的主要方法有:

(1)利用函数单调性定义.

(2)利用导数证明(例题见后续章节).

基本题型 7：函数奇偶性问题

例 8 $f(x)=|x\sin x|\mathrm{e}^{\cos x}$，$-\infty<x<+\infty$ 是（ ）.（考研题）

(A)有界函数   (B)单调函数

(C)周期函数   (D)偶函数

解：$f(-x)=|-x\sin(-x)|\mathrm{e}^{\cos(-x)}=|x\sin x|\mathrm{e}^{\cos x}=f(x)$.

可见 $f(x)$ 是偶函数，故应选(D).

【方法点击】 判断函数奇偶性通常采用的方法有：

（1）先判断定义域关于原点是否对称，再从定义出发，或者利用运算性质（奇函数的代数和为奇函数等）.

（2）证明 $f(-x)+f(x)=0$ 或 $f(-x)-f(x)=0$.

基本题型 8：函数周期性问题

例 9 设 $y=f(x)$，$x\in(-\infty,+\infty)$ 的图形关于 $x=a$，$x=b$ 均对称（$a<b$），求证：$y=f(x)$ 是周期函数并求其周期.

证明：对任意的 $x\in(-\infty,+\infty)$，有

$$f(x+2b-2a)=f(b+x+b-2a)=f[b-(x+b-2a)]$$
$$=f(a+a-x)=f[a-(a-x)]=f(x).$$

因此 $f(x)$ 是周期函数，$2b-2a$ 是它的一个周期.

【方法点击】 判定函数为周期函数的主要方法：

（1）从定义出发，找到 $T\neq0$，使得 $f(x+T)=f(x)$.

（2）利用周期函数的运算性质证明.

第二节 数列的极限

······ 知识全解 ······

一 本节知识结构图解

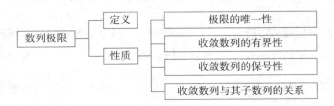

二 重点及常考点分析

1. 正确理解数列极限的 $\varepsilon-N$ 定义.

（1）$\varepsilon>0$ 的任意给定性：ε 是任意给定的正数，它是任意的，但一经给出，又可视为固定的，以便依 ε 来求 N. 由于 $\varepsilon>0$ 的任意性，所以定义中的不等式 $|x_n-a|<\varepsilon$ 可改为 $|x_n-a|<k\varepsilon(k>0$ 且为常数），也可改为 $|x_n-a|<\varepsilon^2$，$|x_n-a|<\dfrac{\varepsilon}{M}(M$ 是任意正整数），$|x_n-a|\leqslant\varepsilon$ 等，其含义与 $|x_n-a|<\varepsilon$ 等价.

(2)N 的相应存在性:N 依赖于 ε,通常记作 $N=N(\varepsilon)$,但 N 并不是唯一的,$N(\varepsilon)$ 是强调其依赖性的一个符号,并不是单值函数关系,这里,N 的存在性是重要的,一般不计较其大小,甚至也不必是自然数,只要是正数就可以. 所以,定义中的 $n>N$ 可改为 $n \geqslant N$ 或 $n>A(A \in \mathbf{R}^+)$.

(3)定义中"当 $n>N$ 时有 $|x_n-a|<\varepsilon$"是指下标 $n>N$ 的无穷多项 x_n 都进入数 a 的 ε 邻域:$x_n \in (a-\varepsilon, a+\varepsilon)$,即在 a 的 ε 邻域外最多只有 $\{x_n\}$ 的有限项. 由此可知:改变或增减数列 $\{x_n\}$ 的有限项,并不影响数列 $\{x_n\}$ 的收敛性.

2. 用极限定义证明 $\lim x_n = a$ 是本节的难点.

用定义证明 $\lim x_n = a$ 的关键在于给了 ε,求对应的 $N=N(\varepsilon)$,这往往通过解不等式实现,有时 N 可直接解出,有时要利用一些技巧将不等式放缩. 读者熟练掌握解证不等式的技巧是攻克这一难点的关键.

3. 若数列 $\{x_n\}$ 收敛,则它必为有界数列,反之有界数列未必收敛,例如 $\{\sin n\}$ 是有界数列,但 $\lim_{n \to \infty} \sin n$ 不存在.

4. 数列 $\{x_n\}$ 收敛的**充要条件**是 $\{x_n\}$ 的任一子数列都收敛,且有相同的极限.(这个定理主要用于证明不收敛)

三 考研大纲要求解读

1. 理解数列极限的概念,并用其证明简单极限问题.

2. 了解数列极限的性质.

例题精解

基本题型 1:用极限定义证明数列的极限

例 **1** "对任意给定的 $\varepsilon \in (0,1)$,总存在正整数 N,当 $n \geqslant N$ 时,恒有 $|x_n-a|<2\varepsilon$"是数列 $\{x_n\}$ 收敛于 a 的(   ).(考研题)

(A)充分条件但非必要条件　　　　(B)必要条件但非充分条件

(C)充分必要条件　　　　　　　　(D)既非充分条件又非必要条件

解: 由数列 $\{x_n\}$ 收敛于 a 的定义得"对任意给定的 $\varepsilon_1>0$,总存在正整数 N_1,当 $n>N_1$ 时,恒有 $|x_n-a|<\varepsilon_1$". 显然可推导出"对任意给定的 $\varepsilon \in (0,1)$,总存在正整数 N,当 $n \geqslant N$ 时,恒有 $|x_n-a|<2\varepsilon$".

反过来,若有"对任意给定的 $\varepsilon \in (0,1)$,总存在正整数 N,当 $n \geqslant N$ 时,恒有 $|x_n-a|<2\varepsilon$",则对于任意的 $\varepsilon_1>0$(不妨设 $0<\varepsilon_1<1$,当 $\varepsilon_1>1$ 时,取 $\overline{\varepsilon_1}, 0<\overline{\varepsilon_1}<1<\varepsilon_1$,代替即可),取 $\varepsilon=\frac{1}{3}\varepsilon_1>$

0,存在正整数 N,当 $n \geqslant N$ 时,恒有 $|x_n-a| \leqslant 2\varepsilon=\frac{2}{3}\varepsilon_1<\varepsilon_1$,令 $N_1=N-1$,则满足"对任意给定的 $\varepsilon_1>0$,总存在正整数 N_1,当 $n>N_1$ 时,恒有 $|x_n-a|<\varepsilon_1$".

可见上述两种说法是等价的. 故应选(C).

【方法点击】　数列极限定义中有"任意小"和"无限大"两个术语,二者均不是确定的值,至于它们用什么符号表示并不重要,应注意 2ε 同样是一个无穷小量.

例 **2** 用 $\varepsilon-N$ 方法证明 $\lim_{n \to \infty} \frac{n!}{n^n}=0$.

证明: $\forall \varepsilon>0$,要证 $\left|\frac{n!}{n^n}\right|=\frac{n!}{n^n}=\frac{1}{n} \cdot \frac{2}{n} \cdots \frac{n}{n}<\varepsilon$,实际上只需

$$\frac{1}{n} \cdot \frac{2}{n} \cdot \cdots \cdot \frac{n}{n} < \frac{1}{n} \cdot \frac{n^{n-1}}{n^{n-1}} = \frac{1}{n} < \varepsilon,$$

即 $n > \dfrac{1}{\varepsilon}$，取 $N = \left[\dfrac{1}{\varepsilon}\right] + 1$，则当 $n > N$ 时，有 $\left|\dfrac{n!}{n^n}\right| < \varepsilon$，即 $\lim\limits_{n\to\infty} \dfrac{n!}{n^n} = 0$.

【方法点击】 在 $\varepsilon - N$ 定义中，并不一定要找到一个最小的 N，经常先将 $|x_n - A|$ 适当放大后再小于 ε，以方便寻找 N.

基本题型 2：证明数列发散

例 3 设 $a_n = \left(1 + \dfrac{1}{n}\right)\sin\dfrac{n\pi}{2}$，证明数列 $\{a_n\}$ 发散.

【思路探索】 若数列 $\{a_n\}$ 有极限，则由极限性质知道极限应是唯一的，要证明 $\{a_n\}$ 没有极限，只要找到两个子数列分别收敛到不同的值即可.

证明： 设 k 为正整数，若 $n = 4k$，则

$$a_{4k} = \left(1 + \frac{1}{4k}\right)\sin\frac{4k\pi}{2} = \left(1 + \frac{1}{4k}\right)\sin 2k\pi = 0.$$

若 $n = 4k + 1$，则

$$a_{4k+1} = \left(1 + \frac{1}{4k+1}\right)\sin\left(\frac{4k\pi}{2} + \frac{\pi}{2}\right) = \left(1 + \frac{1}{4k+1}\right)\sin\frac{\pi}{2}$$

$$= 1 + \frac{1}{4k+1} \to 1 \ (k \to \infty),$$

因此 $\{a_n\}$ 发散.

【方法点击】 在证明数列发散时，可采用下列两种方法：
(1) 找两个极限不相等的子数列.
(2) 找一个发散的子数列.

> 数列 $\{x_n\}$ 收敛的充要条件是 $\{x_n\}$ 的任一子数列都收敛，且有相同的极限

第三节　函数的极限

知识全解

一 本节知识结构图解

二 重点及常考点分析

1. 正确理解函数极限的定义并用其证明简单极限问题是本节的重点与难点.
若把数列 $\{a_n\}$ 理解为自变量仅取自然数 n 的函数，即 $a_n = f(n)$，则数列极限就是一类特殊的函数极限.

2. 由函数极限的定义可直接得到下列两个结论：

(1) $\lim_{x\to x_0} f(x)=A \Leftrightarrow \lim_{x\to x_0^-} f(x)=\lim_{x\to x_0^+} f(x)=A$;

(2) $\lim_{x\to\infty} f(x)=A \Leftrightarrow \lim_{x\to-\infty} f(x)=\lim_{x\to+\infty} f(x)=A$.

这两个结论可用来证明 $\lim_{x\to x_0} f(x)=A$, $\lim_{x\to\infty} f(x)=A$, 还可用来证明 $\lim_{x\to x_0} f(x)$ 和 $\lim_{x\to\infty} f(x)$ 不存在.

3. 函数极限的许多重要性质与数列极限的相应性质类似,可对照学习,加深理解.

(1)极限若存在,则必唯一,这为用各种方法求极限提供了依据.

(2)有极限的函数是局部有界的,而收敛数列的有界性是整体性的. 即若 $\lim_{n\to\infty} a_n$ 存在,则对 $\forall n\in\mathbf{N}$ 都有 $|a_n|\leqslant M$(M 是与 n 无关的正常数,且 $M=\max\{M_1,M_2\}$,其中对 $\forall n>N$ 有 $|a_n|\leqslant M_1$,而 $M_2=\max\{|a_1|,|a_2|,\cdots,|a_N|\}$). 函数极限 $\lim_{x\to x_0} f(x)$ 若存在,则只能推得函数在 x_0 的某邻域有界,即 $\exists U_0(x_0,\delta)$,当 $x\in U_0(x_0,\delta)$ 时,有 $|f(x)|\leqslant M$,这是函数极限与数列极限的一个不同之处,要特别重视.

4. 极限不存在的几个典型例子.

(1)趋于 ∞: $\lim_{n\to\infty} n^2$, $\lim_{x\to\infty} x$, $\lim_{x\to1}\dfrac{1}{x-1}$ 等.

(2)左右极限不相等:

$\lim_{x\to\infty} a^x (a>1)$ ($\lim_{x\to+\infty} a^x=+\infty$, $\lim_{x\to-\infty} a^x=0$),

$\lim_{x\to\infty}\arctan x$ ($\lim_{x\to+\infty}\arctan x=\dfrac{\pi}{2}$, $\lim_{x\to-\infty}\arctan x=-\dfrac{\pi}{2}$) 等.

(3)振荡: $\lim_{x\to\infty}\sin x$, $\lim_{x\to\infty}\cos x$, $\lim_{x\to1}\sin\dfrac{1}{x-1}$ 等.

三 考研大纲要求解读

1. 理解函数极限的概念,并用其证明简单极限问题.

2. 了解函数极限的性质.

例题精解

基本题型 1:用定义证明函数极限

例 1 利用极限定义证明: $\lim_{x\to2}(5x+2)=12$.

证明:对 $\forall\varepsilon>0$,由 $|5x+2-12|=5|x-2|<\varepsilon$,得 $|x-2|<\dfrac{\varepsilon}{5}$,故取 $\delta=\dfrac{\varepsilon}{5}$,则 $\forall\varepsilon>0$,$\exists\delta>0$,当 $0<|x-2|<\delta$ 时,有 $|5x+2-12|<\varepsilon$ 成立,即 $\lim_{x\to2}(5x+2)=12$.

【方法点击】 用定义证明函数极限存在的步骤:

(1)对于任给的 $\varepsilon>0$,由不等式 $|f(x)-A|<\varepsilon$,经一系列适当放大可得:

$|f(x)-A|<\cdots<c|x-x_0|<\varepsilon$($c$ 为正常数)(或 $|f(x)-A|<\cdots<cM(x)<\varepsilon$($c$ 为常数)).

(2)解不等式 $c|x-x_0|<\varepsilon$(或 $cM(x)<\varepsilon$),得 $|x-x_0|<\dfrac{\varepsilon}{c}$(或 $|x|<N(x)$).

(3)取 $\delta=\dfrac{\varepsilon}{c}$(或取正数 $X=N(\varepsilon)$),则当 $0<|x-x_0|<\delta$ 时(或当 $|x|>N(\varepsilon)$ 时),总有 $|f(x)-A|<\varepsilon$,即 $\lim_{x\to x_0} f(x)=A$(或 $\lim_{x\to\infty} f(x)=A$).

解题的关键在于对 $\forall\varepsilon>0$,找到 $\delta>0$,常用到不等式放大的方法.

例 2 在求函数极限时,何时要考虑单侧极限?

解:在求函数极限的过程中,以下几种情形通常都需考虑单侧极限.

(1)分段函数在分界点处;

(2)含有绝对值的函数;

(3)取整函数;

(4)一些函数在特殊点处或无穷远处,如 $\cot x$ 在 $x=0$ 处,$\tan x$ 在 $x=\dfrac{\pi}{2}$ 处,$a^x(a>0,a\neq1)$,e^x,$\arctan x$,$\operatorname{arccot} x$ 当 $x\to\infty$ 时. 应特别注意:$\lim\limits_{x\to0}a^{\frac{1}{x}}=+\infty$,$\lim\limits_{x\to0}a^{\frac{1}{x}}=0(a>1)$.

例如,若 $f(x)=\begin{cases}\dfrac{3^{\frac{1}{x}}-1}{3^{\frac{1}{x}}+1}, & x\neq0,\\ 2, & x=0,\end{cases}$ 则 $\lim\limits_{x\to0}f(x)$ 不存在.

事实上,
$$f(0^+)=\lim_{x\to0}f(x)=\lim_{x\to0}\frac{3^{\frac{1}{x}}-1}{3^{\frac{1}{x}}+1}=\lim_{x\to0}\frac{1-\dfrac{1}{3^{\frac{1}{x}}}}{1+\dfrac{1}{3^{\frac{1}{x}}}}=1,$$

$$f(0^-)=\lim_{x\to0}f(x)=\lim_{x\to0}\frac{3^{\frac{1}{x}}-1}{3^{\frac{1}{x}}+1}=\lim_{x\to0}\frac{0-1}{0+1}=-1.$$

基本题型 2:证明函数极限不存在

例 3 设 $f(x)=\begin{cases}x, & |x|\leqslant1,\\ x-2, & |x|>1.\end{cases}$ 试讨论 $\lim\limits_{x\to1}f(x)$ 及 $\lim\limits_{x\to-1}f(x)$.

【思路探索】 本题中函数是分段表达的,因此要讨论 $x\to\pm1$ 时,$f(x)$ 的极限值必须从左、右极限入手.

解:①由题目条件知:
$$f(x)=\begin{cases}x-2, & x<-1,\\ x, & -1\leqslant x\leqslant1,\\ x-2, & x>1.\end{cases}$$

因为 $\lim\limits_{x\to1}f(x)=\lim\limits_{x\to1}(x-2)=-1$,$\lim\limits_{x\to1}f(x)=\lim\limits_{x\to1}x=1$. 所以 $\lim\limits_{x\to1}f(x)\neq\lim\limits_{x\to1}f(x)$,故 $\lim\limits_{x\to1}f(x)$ 不存在.

②因为 $\lim\limits_{x\to-1}f(x)=\lim\limits_{x\to-1}x=-1$,$\lim\limits_{x\to-1}f(x)=\lim\limits_{x\to-1}(x-2)=-3$,所以 $\lim\limits_{x\to-1}f(x)\neq\lim\limits_{x\to-1}f(x)$,故 $\lim\limits_{x\to-1}f(x)$ 不存在.

例 4 证明 $\lim\limits_{x\to+\infty}x\sin x$ 不存在.(类比 $\lim\limits_{n\to\infty}n\sin n$)

证明:设 $f(x)=x\sin x$,取 $x_n=n\pi$ 及 $y_n=2n\pi+\dfrac{\pi}{2}$,显然 $n\to\infty$ 时有 $x_n\to+\infty$,$y_n\to+\infty$,但是
$$\lim_{n\to\infty}f(x_n)=\lim_{n\to\infty}n\pi\cdot\sin n\pi=0,$$
$$\lim_{n\to\infty}f(y_n)=\lim_{n\to\infty}\left(2n\pi+\frac{\pi}{2}\right)\sin\left(2n\pi+\frac{\pi}{2}\right)=+\infty,$$
故 $\lim\limits_{x\to+\infty}x\sin x$ 不存在.

【方法点击】 证明极限不存在常用的办法就是从证明左、右极限入手. 或者说明一个极限不存在,或者说明二者存在不相等. 为了简化过程,通常取特殊子数列进行求解.

第四节　无穷小与无穷大

知识全解

一 本节知识结构图解

无穷小的定义 ─┐
　　　　　　　├─ 无穷小和无穷大的联系
无穷大的定义 ─┘

二 重点及常考点分析

1. 无穷小是一个**变量**,"0"是唯一的无穷小常数,任何一个绝对值很小很小的数都不能作为无穷小. 有限个无穷小的和、差、积仍是无穷小,无穷小与有界函数的乘积仍是无穷小.

2. 无穷大必为无界,而无界未必是无穷大.

3. 无穷大和无穷小的关系. 在同一自变量的变化过程中:(1)若 $f(x)$ 为无穷大,则 $\dfrac{1}{f(x)}$ 为无穷小. (2)若 $f(x)$ 为无穷小,且 $f(x)\neq 0$,则 $\dfrac{1}{f(x)}$ 为无穷大.

三 考研大纲要求解读

理解无穷小与无穷大的概念,并会判断无穷小与无穷大.

例题精解

基本题型 1:用定义判定无穷小和无穷大

例 **1** 指出下列哪些是无穷小量,哪些是无穷大量?

(1)$(1+\cos x)\cdot\sin x(x\to 0)$; 　(2)$\lg x(x\to 0^{+})$; 　(3)$\arctan x(x\to +\infty)$.

【思路探索】 由定义判定无穷小或无穷大时需要判断其极限是零还是无穷.

解:(1)因为 $\lim\limits_{x\to 0}(1+\cos x)\cdot\sin x=0$,所以 $(1+\cos x)\cdot\sin x$ 在 $x\to 0$ 时是无穷小量.

(2)因为 $\lim\limits_{x\to 0^{+}}\lg x=-\infty$,所以 $\lg x$ 在 $x\to 0^{+}$ 时是无穷大量.

(3)因为 $\lim\limits_{x\to +\infty}\arctan x=\dfrac{\pi}{2}$,所以 $\arctan x$ 在 $x\to +\infty$ 时既不是无穷小量也不是无穷大量.

例 **2** 设函数 $f(x)=x\sin x$,则(　　).

(A)当 $x\to\infty$ 时为无穷大　　　　　　　　(B)在 $(-\infty,+\infty)$ 内有界

(C)在 $(-\infty,+\infty)$ 内无界　　　　　　　(D)当 $x\to\infty$ 时有有限极限

解:若取 $x_k=2k\pi$,则 $f(x_k)=2k\pi\cdot\sin 2k\pi=0$,故当 $x\to\infty$ 时,$f(x)$ 不是无穷大量,从而排除(A).

分别取 $y_k=2k\pi,z_k=\left(2k+\dfrac{1}{2}\right)\pi$,则当 $k\to\infty$ 时,$f(y_k)=0$,而 $f(z_k)\to\infty$,因此当 $x\to\infty$ 时 $f(x)$ 不存在有限极限,且在 $(-\infty,+\infty)$ 内 $f(x)$ 也不是有界的,因此(B),(D)也不成立.

由于 $k\to\infty$ 时,$f(z_k)\to\infty$,所以(C)正确. 故应选(C).

【方法点击】 只有正确理解 $f(x)$ 为无穷大与 $f(x)$ 无界两个概念之间的区别,以上题目才能做出正确选择.

无穷大必为无界,而无界未必是无穷大,这是因为无穷大要求对于一切满足 $n>N$(或 $0<|x-x_0|<\delta$ 或 $|x|>X$)的 x_n(或 $f(x)$)均有 $|x_n|>M$(或 $|f(x)|>M$),而无界仅需存在一个 n_0(或 x_0),使对于不论多么大的正数 M,总有 $|x_n|>M$(或 $|f(x_0)|>M$)即可.

基本题型2:用无穷小的运算性质,无穷小与无穷大的关系判定无穷小(大)

例 3 设数列 x_n 与 y_n 满足 $\lim\limits_{n\to\infty}x_ny_n=0$,则下列判断正确的是(　　).(考研题)

(A)若 x_n 发散,则 y_n 必发散　　　　(B)若 x_n 无界,则 y_n 必有界

(C)若 x_n 有界,则 y_n 必为无穷小　　(D)若 $\dfrac{1}{x_n}$ 为无穷小,则 y_n 必为无穷小

【思路探索】 解选择题切忌一一进行求证,应综合运用排除法、特殊值法、反证法等.

解:用排除法易将(A)、(B)排除掉.

若(C)成立,则显然有 $\lim\limits_{n\to\infty}x_ny_n=0$,但反过来却未必成立.例如取 $x_n=0$,则只要 $y_n\neq\infty$,就有 $\lim\limits_{n\to\infty}x_ny_n=0$,而不必 y_n 是无穷小,故(C)也不对,综上应选择(D).因为,若 $\dfrac{1}{x_n}$ 为无穷小,则 $\lim\limits_{n\to\infty}\dfrac{1}{x_n}=0$.

而 $\lim\limits_{n\to\infty}x_ny_n=\lim\limits_{n\to\infty}\dfrac{y_n}{\dfrac{1}{x_n}}=0$.所以必有 $\lim\limits_{n\to\infty}y_n=0$.

第五节　极限运算法则

知识全解

一 本节知识结构图解

极限运算法则 —— 极限的四则运算法则

极限运算法则 —— 复合函数的极限运算法则

二 重点及常考点分析

1. 利用有界变量乘无穷小量仍是无穷小量的性质,是求极限问题的一个很好的技巧,也是考研中重点考查的技巧之一.利用极限和无穷小的关系,把极限问题转化为含有无穷小的等式运算;利用性质:若 $\lim\limits_{x\to x_0}\dfrac{f(x)}{g(x)}=a,a\neq\infty$,且 $\lim\limits_{x\to x_0}g(x)=0$,则 $\lim\limits_{x\to x_0}f(x)=0$ 等都是求极限的常用方法.

2. 在求极限时,经常会碰到各种障碍,导致四则运算法则不能直接应用,例如:"$\dfrac{0}{0}$""$\dfrac{\infty}{\infty}$""$\infty-\infty$"等不定式,此时要运用各种方法对函数作恒等变换,比如:分解因式、约分或通分、分子或分母有理化、三角函数变换等,从而使四则运算法则能顺利地运用.

(1)对"$\dfrac{0}{0}$"型,通常可通过因式分解、分子或分母有理化、三角恒等式等手段,约去使分母极限为零的因子,从而消除障碍.

(2)对"$\dfrac{\infty}{\infty}$"型,分子、分母同除以它们的代数和中的最高阶无穷大因子.

(3)对"$\infty-\infty$"型,经通分或分子有理化等可化为"$\dfrac{0}{0}$"型或"$\dfrac{\infty}{\infty}$"型.

(4)对"$\dfrac{0}{0}$""$\dfrac{\infty}{\infty}$""$\infty-\infty$"等不定式,也可用第三章第二节中所讲方法求极限.

3. 对形如 $\lim\limits_{x\to\infty}\dfrac{f(x)}{g(x)}$ 的极限,$f(x),g(x)$ 为多项式,用分子、分母同除以 $f(x),g(x)$ 中 x 的最高次项,再利用 $\lim\limits_{x\to\infty}\dfrac{1}{x^k}=0(k>0)$ 可求结果.(x 趋于有限时不能运用该方法)

三 考研大纲要求解读

掌握极限的运算法则,会应用极限运算法则求极限.

—— 例题精解 ——

基本题型 1:利用极限运算法则求极限

例 **1** 设函数 $f(x)=a^x(a>0,a\neq 1)$,则 $\lim\limits_{n\to\infty}\dfrac{1}{n^2}\ln[f(1)f(2)\cdots f(n)]=$_____.

解:原式 $=\lim\limits_{n\to\infty}\dfrac{1}{n^2}\ln(a^1a^2\cdots a^n)=\lim\limits_{n\to\infty}\dfrac{1}{n^2}\ln a^{\frac{n(n+1)}{2}}=\lim\limits_{n\to\infty}\dfrac{\frac{n(n+1)}{2}}{n^2}\ln a=\dfrac{1}{2}\ln a.$ 故应填 $\dfrac{1}{2}\ln a.$

例 **2** 求极限 $\lim\limits_{n\to\infty}[\sqrt{1+2+\cdots+n}-\sqrt{1+2+\cdots+(n-1)}].$(考研题)

解:原式 $=\lim\limits_{n\to\infty}\left[\sqrt{\dfrac{n(n+1)}{2}}-\sqrt{\dfrac{n(n-1)}{2}}\right]=\lim\limits_{n\to\infty}\dfrac{n}{\sqrt{\dfrac{n(n+1)}{2}}+\sqrt{\dfrac{n(n-1)}{2}}}=\lim\limits_{n\to\infty}\dfrac{\sqrt{2}}{\sqrt{1+\dfrac{1}{n}}+\sqrt{1-\dfrac{1}{n}}}=\dfrac{\sqrt{2}}{2}.$

例 **3** 求极限 $\lim\limits_{x\to-\infty}x(\sqrt{x^2+100}+x).$(考研题)

解:原式 $=\lim\limits_{x\to-\infty}\dfrac{100x}{\sqrt{x^2+100}-x}=\lim\limits_{x\to-\infty}\dfrac{100}{-\sqrt{1+\dfrac{100}{x^2}}-1}=-50.$

【方法点击】 本题考查求极限的基本方法和极限的四则运算法则.首先进行分子有理化,为使用四则运算法则,对分子分母同除以 x 时,应注意到 $x<0$,故提到根号外时应注意符号.

基本题型 2:求"$\dfrac{0}{0}$"型或"$\dfrac{\infty}{\infty}$"型极限

例 **4** 求 $\lim\limits_{x\to 0}\left(\dfrac{\sqrt{1+x}+\sqrt{1-x}-2}{x^2}\right)=$_____.(考研题)

【思路探索】 $x\to 0$ 时函数为 "$\dfrac{0}{0}$" 型,不能直接运用运算法则,故考虑把分子有理化后再运用四则运算法则求极限.

解:原式 $=\lim\limits_{x\to 0}\left[\dfrac{1+x+2\sqrt{1-x^2}+1-x-4}{x^2(\sqrt{1+x}+\sqrt{1-x}+2)}\right]=\lim\limits_{x\to 0}\left[\dfrac{2(1-x^2-1)}{x^2(\sqrt{1+x}+\sqrt{1-x}+2)(\sqrt{1-x^2}+1)}\right]$

$=\lim\limits_{x\to 0}\left[\dfrac{-2}{(\sqrt{1+x}+\sqrt{1-x}+2)(\sqrt{1-x^2}+1)}\right]=-\dfrac{1}{4}.$

例 5 求 $\lim\limits_{x \to -\infty} \dfrac{\sqrt{4x^2 + x - 1} + x + 1}{\sqrt{x^2 + \sin x}}$. (考研题)

解：原式 $= \lim\limits_{x \to -\infty} \dfrac{\sqrt{4 + \dfrac{1}{x} - \dfrac{1}{x^2}} - 1 - \dfrac{1}{x}}{\sqrt{1 + \dfrac{\sin x}{x^2}}} = \dfrac{2 - 1}{1} = 1.$

为什么同除以 $-x$ 呢?

【方法点击】 函数为"$\dfrac{\infty}{\infty}$"型，所以利用同除以 $-x$ 将原式进行转化，再根据复合函数求极限法则进行求解. 掌握各种恒等变换的技巧是解决此类问题的关键.

基本题型 3：用无穷小(大)的性质求极限

例 6 求 $\lim\limits_{x \to 0} x^3 \cos \dfrac{1}{x}$.

解：因为当 $x \to 0$ 时，x^3 为无穷小，$\cos\dfrac{1}{x}$ 为有界函数，所以 $x^3\cos\dfrac{1}{x}$ 仍是无穷小量，故 $\lim\limits_{x \to 0} x^3 \cos \dfrac{1}{x} = 0.$

【方法点击】 因为利用极限的四则运算法则求极限，条件是每个函数都有极限，而 $\lim\limits_{x \to 0}\cos\dfrac{1}{x}$ 不存在，所以本题不能用积的极限运算法则.

第六节　极限存在准则　两个重要极限

知识全解

一 本节知识结构图解

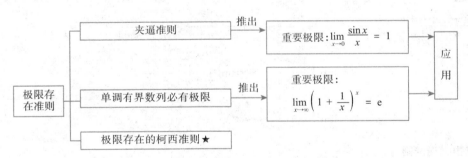

二 重点及常考点分析

1. 夹逼准则是证明极限存在且求极限的重要方法之一. 欲证明 $\lim\limits_{x \to x_0} h(x)$ 存在并求之，需对 $h(x)$ 进行适当地放大或缩小，得到在 x_0 收敛到同一极限值的两个辅助函数 $f(x)$ 及 $g(x)$（即 $f(x) \leqslant h(x) \leqslant g(x)$，$\lim\limits_{x \to x_0} f(x) = \lim\limits_{x \to x_0} g(x) = A$），夹逼准则的条件是充分不必要的，也就是说，如果对 $h(x)$ 放大或缩小不适当，虽得到两个函数 $f(x), g(x)$ 满足 $f(x) \leqslant h(x) \leqslant g(x)$ 且 $\lim\limits_{x \to x_0} f(x) = A$，$\lim\limits_{x \to x_0} g(x) = B$，但 $A \neq B$，不能由此判定 $\lim\limits_{x \to x_0} h(x)$ 是否存在.

2. 单调有界性判别法主要分为两部分：单调、有界. 它是证明数列极限存在最常用的准则，也是本节的难点.证明数列单调性的方法常有归纳法、缩放法,也可证明 $x_{n+1}-x_n \geqslant 0$(或 $x_{n+1}-x_n \leqslant 0$)或 $x_{n+1}-x_n$ 与 x_n-x_{n-1} 同号等.

3.★关于函数极限存在的柯西准则是以充要条件形式给出的,既能用来证明函数极限的存在性,又能用来证明函数极限不存在.

4. 两个重要极限及其等价形式. 两个重要极限分别由两个极限存在准则而得到. 在应用时要对函数或数列作适当的变形,在形式上要一致,或采用变量替换法使形式一致. 记住下面的等价形式是必要的.

(1) $\lim\limits_{x \to 0} \dfrac{\sin x}{x}=1,$ $\qquad$ $\lim\limits_{x \to \infty} x \sin \dfrac{1}{x}=1.$

(2) $\lim\limits_{x \to \infty}\left(1+\dfrac{1}{x}\right)^x=\mathrm{e},$ $\quad$ $\lim\limits_{x \to 0}(1+x)^{\frac{1}{x}}=\mathrm{e};$

$\qquad$ $\lim\limits_{x \to \infty}\left(1-\dfrac{1}{x}\right)^{-x}=\mathrm{e},$ $\quad$ $\lim\limits_{x \to 0}(1-x)^{-\frac{1}{x}}=\mathrm{e};$

$\qquad$ $\lim\limits_{x \to +\infty}\left(1+\dfrac{1}{x}\right)^x=\mathrm{e},$ $\quad$ $\lim\limits_{x \to -\infty}\left(1+\dfrac{1}{x}\right)^x=\mathrm{e}.$

三 考研大纲要求解读

1. 掌握极限存在的两个准则,并会利用它们求极限.
2. 掌握利用两个重要极限求极限的方法.

例题精解

基本题型 1:利用夹逼准则求解或验证极限

例 **1** 求极限 $\lim\limits_{n \to \infty}\left(\dfrac{1}{n^2+n+1}+\dfrac{2}{n^2+n+2}+\cdots+\dfrac{n}{n^2+n+n}\right)$.(考研题)

解: $\dfrac{1+2+\cdots+n}{n^2+n+n} \leqslant \dfrac{1}{n^2+n+1}+\dfrac{2}{n^2+n+2}+\cdots+\dfrac{n}{n^2+n+n} \leqslant \dfrac{1+2+\cdots+n}{n^2+n+1},$

而 $\qquad\qquad \lim\limits_{n \to \infty}\dfrac{1+2+\cdots+n}{n^2+n+n}=\lim\limits_{n \to \infty}\dfrac{\frac{n(n+1)}{2}}{n^2+n+n}=\dfrac{1}{2},$

$\qquad\qquad\qquad \lim\limits_{n \to \infty}\dfrac{1+2+\cdots+n}{n^2+n+1}=\lim\limits_{n \to \infty}\dfrac{\frac{n(n+1)}{2}}{n^2+n+1}=\dfrac{1}{2},$

所以由夹逼准则得,原式 $=\dfrac{1}{2}.$

【方法点击】 对于 n 项求和的数列极限问题,一般考虑用夹逼准则或定积分定义计算(例题见第五章).本题使用了夹逼准则.

基本题型 2:利用单调有界定理求解或验证极限

例 **2** 设 $a>0,x_1>0,x_{n+1}=\dfrac{1}{2}\left(x_n+\dfrac{a}{x_n}\right)(n=1,2,\cdots)$.

(1)求证:数列 $\{x_n\}$ 单调减小且有下界. (2)求 $\lim\limits_{n \to \infty} x_n$.(考研题)

证明:(1)显然 $x_n \geqslant 0 (n \geqslant 1)$,故 $x_{n+1}=\dfrac{1}{2}\left(x_n+\dfrac{a}{x_n}\right) \geqslant \sqrt{x_n \cdot \dfrac{a}{x_n}}=\sqrt{a}(n \geqslant 2)$,故 $\{x_n\}$ 有下界. 又

$x_{n+1}-x_n=\dfrac{1}{2}\left(x_n+\dfrac{a}{x_n}\right)-x_n=\dfrac{a-x_n^2}{2x_n}\leqslant0(n\geqslant2)$，即 $x_{n+1}\leqslant x_n$，故数列 $\{x_n\}$ 单调减小.

(2)由(1)知 $\lim\limits_{n\to\infty}x_n=A$ 存在. 对 $x_{n+1}=\dfrac{1}{2}\left(x_n+\dfrac{a}{x_n}\right)$ 两边取极限，得

> 只有极限存在，才能对两边取极限！

$$A=\dfrac{1}{2}\left(A+\dfrac{a}{A}\right),$$

解得 $A=\sqrt{a}$ 或 $A=-\sqrt{a}$(舍去). 所以 $\lim\limits_{n\to\infty}x_n=\sqrt{a}$.

例 3 设 $x_1=10,x_{n+1}=\sqrt{6+x_n}(n=1,2,\cdots)$，证明数列 $\{x_n\}$ 有极限，并求此极限. (考研题)

证明： 用数学归纳法证明数列 $\{x_n\}$ 单调递减.

因为 $x_1=10,x_2=\sqrt{x_1+6}=4$，知 $x_1>x_2$. 设当 $n=k$ 时，有 $x_k>x_{k+1}$.

由 $x_{k+1}=\sqrt{x_k+6}>\sqrt{x_{k+1}+6}=x_{k+2}$，得当 $n=k+1$ 时，$x_n>x_{n+1}$.

因而对 $\forall n\in\mathbf{N},x_n>x_{n+1}$ 成立，即 $\{x_n\}$ 单调递减.

又 $x_n>0(n=1,2,\cdots)$，即 $\{x_n\}$ 有下界.

根据单调有界准则可知数列 $\{x_n\}$ 有极限.

设 $\lim\limits_{n\to\infty}x_n=A$，对 $x_{n+1}=\sqrt{6+x_n}$ 两边取极限，则有 $A=\sqrt{A+6}$，解得 $A=3$ 或 $A=-2<0$(舍去)，所以 $\lim\limits_{n\to\infty}x_n=3$.

【方法点击】 在证明数列单调有界时常常用数学归纳法证明. 当数列的单调性或有界性不易验证时，也可以先假设数列极限存在并求出，然后利用定义等方法进行验证. 请读者运用此方法重解本题.

例 4 设 $0<x_1<3,x_{n+1}=\sqrt{x_n(3-x_n)}(n=1,2,\cdots)$，证明数列 $\{x_n\}$ 的极限存在，并求此极限. (考研题)

解： 由 $0<x_1<3$ 知 $x_1,3-x_1$ 均为正数，故

$$0<x_2=\sqrt{x_1(3-x_1)}\leqslant\dfrac{1}{2}(x_1+3-x_1)=\dfrac{3}{2}.$$

设 $0<x_k\leqslant\dfrac{3}{2}(k>1)$，则

$$0<x_{k+1}=\sqrt{x_k(3-x_k)}\leqslant\dfrac{1}{2}(x_k+3-x_k)=\dfrac{3}{2}.$$

由数学归纳法知，对任意正整数 $n>1$ 均有 $0<x_n\leqslant\dfrac{3}{2}$，因而数列 $\{x_n\}$ 有界.

又当 $n>1$ 时，

$$x_{n+1}-x_n=\sqrt{x_n(3-x_n)}-x_n=\sqrt{x_n}(\sqrt{3-x_n}-\sqrt{x_n})=\dfrac{\sqrt{x_n}(3-2x_n)}{\sqrt{3-x_n}+\sqrt{x_n}}\geqslant0,$$

因而有 $x_{n+1}\geqslant x_n(n>1)$，即数列 $\{x_n\}$ 单调增加.

由单调有界数列必有极限知 $\lim\limits_{n\to\infty}x_n$ 存在.

设 $\lim\limits_{n\to\infty}x_n=a$，在 $x_{n+1}=\sqrt{x_n(3-x_n)}$ 两边取极限，得 $a=\sqrt{a(3-a)}$，解之得

$$a=\dfrac{3}{2},a=0(舍去).$$

故 $\lim\limits_{n\to\infty}x_n=\dfrac{3}{2}.$

【方法点击】 本例的做法中数 $\dfrac{3}{2}$ 是至关重要的,它引导你去估计、论证 $x_n \leqslant \dfrac{3}{2}$,提示你去考虑 $\{x_n\}$ 单调增加,并证明它. 因此对递归数列,我们不妨按下列步骤去做:

(1)将递归方程取极限,解这个极限方程式,找一个合适的 A;

(2)考查 x_n 与 A 的大小关系(通常用归纳法);

(3)考查 $\{x_n\}$ 的有界性;

(4)根据 x_n 与 A 的大小关系,考查 $\{x_n\}$ 的单调性.

上面四步都圆满解决之后,立即得结论 $\lim\limits_{n \to \infty} x_n = A$.

基本题型 3：利用两个重要极限求极限

例 **5** 求 $\lim\limits_{x \to 0}\left(\dfrac{2+\mathrm{e}^{\frac{1}{x}}}{1+\mathrm{e}^{\frac{4}{x}}}+\dfrac{\sin x}{|x|}\right)$.

解：因为 $\lim\limits_{x \to 0^-}\left(\dfrac{2+\mathrm{e}^{\frac{1}{x}}}{1+\mathrm{e}^{\frac{4}{x}}}+\dfrac{\sin x}{|x|}\right)=\lim\limits_{x \to 0^-}\left(\dfrac{2\mathrm{e}^{-\frac{4}{x}}+\mathrm{e}^{-\frac{3}{x}}}{\mathrm{e}^{-\frac{4}{x}}+1}+\dfrac{\sin x}{x}\right)=1$,

$\lim\limits_{x \to 0^+}\left(\dfrac{2+\mathrm{e}^{\frac{1}{x}}}{1+\mathrm{e}^{\frac{4}{x}}}+\dfrac{\sin x}{|x|}\right)=\lim\limits_{x \to 0^+}\left(\dfrac{2+\mathrm{e}^{\frac{1}{x}}}{1+\mathrm{e}^{\frac{4}{x}}}-\dfrac{\sin x}{x}\right)=2-1=1$,

故原式 $=1$.

【方法点击】 利用重要极限 $\lim\limits_{x \to 0}\dfrac{\sin x}{x}=1$ 计算极限时,必须具备以下两个条件:

(1)在给定的极限过程下为 “$\dfrac{0}{0}$” 型;

(2)形如 $\dfrac{\sin u(x)}{u(x)}(u(x)\to 0)$.

为了正确使用好这个极限,读者必须弄清下面是非问题:

$\lim\limits_{x \to 1}\dfrac{\sin x}{x}=1$ （×）; $\qquad$ $\lim\limits_{x \to 1}\dfrac{\sin(x-1)}{x-1}=1$ （√）;

$\lim\limits_{x \to \infty}\dfrac{\sin x}{x}=1$ （×）; $\qquad$ $\lim\limits_{x \to \infty}x\sin\dfrac{1}{x}=1$ （√）;

$\lim\limits_{x \to 0}x\sin\dfrac{1}{x}=1$ （×）; $\qquad$ $\lim\limits_{x \to 0}\dfrac{\sin 2x}{x}=1$ （×）.

例 **6** 设常数 $a \neq \dfrac{1}{2}$,则 $\lim\limits_{x \to +\infty}\ln\left[\dfrac{x-2xa+1}{x(1-2a)}\right]^{x}=$ _____.

解：原式 $=\lim\limits_{x \to +\infty}x\ln\dfrac{1-2a+\dfrac{1}{x}}{1-2a}=\lim\limits_{x \to +\infty}x\ln\left(1+\dfrac{1}{1-2a}\cdot\dfrac{1}{x}\right)=\ln\lim\limits_{x \to +\infty}\left(1+\dfrac{1}{1-2a}\cdot\dfrac{1}{x}\right)^{x}$

$=\ln\lim\limits_{x \to +\infty}\left\{\left[1+\dfrac{1}{(1-2a)x}\right]^{(1-2a)x}\right\}^{\frac{1}{1-2a}}=\ln\mathrm{e}^{\frac{1}{1-2a}}=\dfrac{1}{1-2a}$.

故应填 $\dfrac{1}{1-2a}$.

【方法点击】 在利用重要极限 $\lim\limits_{x \to \infty}\left(1+\dfrac{1}{x}\right)^{x}=\mathrm{e}$(或 $\lim\limits_{x \to 0}(1+x)^{\frac{1}{x}}=\mathrm{e}$)时,必须具备以下两个条件:

(1)在给定极限过程下为 “1^{∞}” 型;

(2)形如 $\left[1+\dfrac{1}{\varphi(x)}\right]^{\varphi(x)}(\varphi(x)\to\infty)$ 或 $\left[1+\varphi(x)\right]^{\frac{1}{\varphi(x)}}(\varphi(x)\to0)$. 计算时把要求极限的式子拼成以上形式便得结果.

例 7 已知 $\lim\limits_{x\to\infty}\left(\dfrac{x^2}{x+1}-ax-b\right)=0$, 其中 a,b 是常数, 则(　　).

(A)$a=1,b=1$　　　　　　　　　　　　(B)$a=-1,b=1$

(C)$a=1,b=-1$　　　　　　　　　　　　(D)$a=-1,b=-1$

解: 由 $\lim\limits_{x\to\infty}\left(\dfrac{x^2}{x+1}-ax-b\right)=\lim\limits_{x\to\infty}\left[\dfrac{1+(x^2-1)}{x+1}-ax-b\right]=\lim\limits_{x\to\infty}\dfrac{1}{x+1}+\lim\limits_{x\to\infty}(x-1-ax-b)$

$=\lim\limits_{x\to\infty}[(1-a)x-(1+b)]=0$

知 $\lim\limits_{x\to\infty}(1-a)x=1+b$. 由于 a,b 是常数, 所以当且仅当 $\begin{cases}1-a=0,\\1+b=0\end{cases}$ 时, 上式才成立, 故 $a=1$, $b=-1$. 故应选(C).

【方法点击】 解决这类问题的基本思想是根据极限的求解方法, 求得含有参数的极限值, 让其满足给定的条件, 从而求得参数值或关系式.

第七节　无穷小的比较

知识全解

一 本节知识结构图解

二 重点及常考点分析

1. 着重掌握和深刻理解无穷小阶的概念和基本性质. 熟记常用的等价无穷小, 利用无穷小的等价代换来计算极限, 掌握无穷小的比较方法.

2. 利用无穷小求极限和比较无穷小的阶是考研常出现的题型.

三 考研大纲要求解读

理解无穷小的概念, 会应用等价无穷小代换定理求极限, 掌握无穷小的比较方法.

例题精解

基本题型 1:无穷小量的比较

例 1 当 $x\to0^+$ 时, 若 $\ln^\alpha(1+2x)$, $(1-\cos x)^{\frac{1}{\alpha}}$ 均是比 x 高阶的无穷小, 则 α 的取值范围是(　　). (考研题)

(A)$(2,+\infty)$　　　　(B)$(1,2)$　　　　(C)$\left(\dfrac{1}{2},1\right)$　　　　(D)$\left(0,\dfrac{1}{2}\right)$

解：由条件知：$0=\lim\limits_{x\to 0^+}\dfrac{\ln^\alpha(1+2x)}{x}=\lim\limits_{x\to 0^+}\dfrac{(2x)^\alpha}{x}=2^\alpha\lim\limits_{x\to 0^+}x^{\alpha-1}$，所以 $\alpha-1>0$，即 $\alpha>1$. 又因为

$$0=\lim\limits_{x\to 0^+}\dfrac{(1-\cos x)^{\frac{1}{\alpha}}}{x}=\lim\limits_{x\to 0^+}\dfrac{\left(\frac{1}{2}x^2\right)^{\frac{1}{\alpha}}}{x}=\dfrac{1}{2^{1/\alpha}}\lim\limits_{x\to 0^+}x^{\frac{2}{\alpha}-1},$$

所以 $\dfrac{2}{\alpha}-1>0$，即 $0<\alpha<2$. 故 $\alpha\in(1,2)$，故应选（B）.

基本题型 2：利用无穷小的性质求极限

例 **2** 求 $\lim\limits_{x\to 0}\dfrac{3\sin x+x^2\cos\frac{1}{x}}{(1+\cos x)\arcsin x}$.

【思路探索】 因 $\arcsin x\sim x(x\to 0)$，$x\cos\dfrac{1}{x}\to 0(x\to 0)$，故考虑用等价无穷小代换求极限.

解：因 $\arcsin x\sim x(x\to 0)$，则

$$\lim\limits_{x\to 0}\dfrac{3\sin x+x^2\cos\frac{1}{x}}{(1+\cos x)\arcsin x}=\lim\limits_{x\to 0}\dfrac{3\sin x+x^2\cos\frac{1}{x}}{(1+\cos x)x}$$

$$=\lim\limits_{x\to 0}\dfrac{3\dfrac{\sin x}{x}+x\cos\frac{1}{x}}{1+\cos x}$$

$$=\dfrac{3+0}{1+1}=\dfrac{3}{2}.$$

> $x\to 0,\cos\dfrac{1}{x}$ 有界，故 $x\cos\dfrac{1}{x}\to 0$

【方法点击】 熟悉常用的等价无穷小. 当 $\varphi(x)\to 0$ 时：

$$\sin\varphi(x)\sim\varphi(x)；\tan\varphi(x)\sim\varphi(x)；\ln[1+\varphi(x)]\sim\varphi(x)；$$

$$1-\cos\varphi(x)\sim\dfrac{1}{2}\varphi^2(x)；e^{\varphi(x)}-1\sim\varphi(x)；[1+\varphi(x)]^\alpha-1\sim a\varphi(x).$$

例 **3** 下面求极限的方法是否正确？为什么？

当 $x\to 0$ 时，由于 $\tan x\sim x$，$\sin x\sim x$，所以

$$\lim\limits_{x\to 0}\dfrac{\tan x-\sin x}{x^3}=\lim\limits_{x\to 0}\dfrac{x-x}{x^3}=\lim\limits_{x\to 0}0=0.$$

解：不正确. 虽然利用等价无穷小量代换可使得求极限过程简化，但是在两个无穷小量相减时，用它们的等价无穷小量代换是有条件的（详见例 4）. 此时，当 $x\to 0$ 时，$\sin x$ 与 $\tan x$ 恰好是等价无穷小，所以题中所求极限是不能用各自的等价无穷小量代换的. 该极限的正确解法之一是

$$\lim\limits_{x\to 0}\dfrac{\tan x-\sin x}{x^3}=\lim\limits_{x\to 0}\dfrac{\sin x}{x}\cdot\dfrac{1-\cos x}{x^2}\cdot\dfrac{1}{\cos x}=\lim\limits_{x\to 0}\dfrac{\sin x}{x}\cdot\dfrac{\frac{1}{2}x^2}{x^2}\cdot\dfrac{1}{\cos x}=\dfrac{1}{2}.$$

例 **4** 设在自变量 x 的同一变化过程中，$\alpha,\alpha',\beta,\beta'$ 均为无穷小且 $\alpha\sim\alpha'$，$\beta\sim\beta'$，若 $\lim\dfrac{\alpha}{\beta}=c\neq 1$（或 -1），则

$$\alpha-\beta\sim\alpha'-\beta'（或\ \alpha+\beta\sim\alpha'+\beta'）.$$

证明：因为 $\lim\dfrac{\alpha}{\beta}=c\neq 1$，所以 $\lim\dfrac{\alpha'}{\beta'}=c\neq 1$，从而

$$\lim \frac{\alpha - \beta}{\alpha' - \beta'} = \lim \frac{\beta}{\beta'} \cdot \frac{\frac{\alpha}{\beta} - 1}{\frac{\alpha'}{\beta'} - 1} = \lim \frac{\beta}{\beta'} \cdot \lim \frac{\frac{\alpha}{\beta} - 1}{\frac{\alpha'}{\beta'} - 1} = \frac{c - 1}{c - 1} = 1,$$

即 $\alpha - \beta \sim \alpha' - \beta'$；同理，若 $\lim \frac{\alpha}{\beta} = c \neq -1$，有 $\alpha + \beta \sim \alpha' + \beta'$.

【方法点击】 当无穷小量 $\alpha(x)$ 作为因子(不论是分子或分母的因子)出现在极限式中时，均可用它的等价无穷小来代替，以简化极限运算；但是在加减情况下，必须注意命题的条件(见例 4 的结论)，只有满足条件 $\lim \frac{\alpha}{\beta} \neq 1$ 时，才可以在两个无穷小量相减时用等价无穷小代换，否则会出现计算错误(见例 3).

第八节　函数的连续性与间断点

知识全解

一 本节知识结构图解

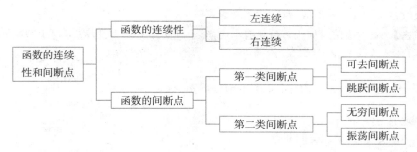

二 重点及常考点分析

1. 连续性是函数的重要性质，它是用极限方法研究函数性质的第一个范例. 连续的三个要素为：有定义、有极限、极限值等于函数值. 这三个要素的主要部分是有极限. 对于分段函数要考虑左、右连续. 判别间断点的类型时，主要讨论该点的左、右极限.

2. **判断函数连续的方法.**

(1)利用定义法，一般需要适当放大表达式 $|f(x) - f(x_0)|$，去找满足 $|x - x_0| < \delta$ 的 δ，使 $|f(x) - f(x_0)|$ 的放大表达式中有 $|x - x_0|$ 的因子.

(2)初等函数在定义区间内连续(下一节).

(3)利用等价条件证明. 即用 $f(x_0^+) = f(x_0^-) = f(x_0)$.

3. 第一类间断点的特点是函数在该点左、右极限都存在，第二类间断点的特点是在该点至少有一侧的极限不存在(包含 ∞, $+\infty$, $-\infty$)，第一类间断点又分作两类：一类是左、右极限相等，即函数在该点存在极限，但 $f(x_0)$ 不存在(函数在 x_0 无定义)，或存在 $f(x_0)$ 但与 $\lim\limits_{x \to x_0} f(x)$ 不相等(极限值 $\neq$ 函数值)，称这类间断点为可去间断点；另一类是左、右极限都存在但不相等，这类间断点被称为跳跃间断点.

三 考研大纲要求解读

理解函数连续性的概念(含左连续与右连续),会判别函数间断点的类型.

············· 例题精解 ·············

基本题型1:讨论函数的连续性

例 1 设 $f(x)$ 在 $x=2$ 连续,且 $\lim\limits_{x \to 2} \dfrac{f(x)-3}{x-2}$ 存在,则 $f(2)=$ _____.(考研题)

解:由 $\lim\limits_{x \to 2} \dfrac{f(x)-3}{x-2}$ 存在,知 $\lim\limits_{x \to 2}[f(x)-3]=0$,从而 $\lim\limits_{x \to 2}f(x)=3$.另一方面,由 $f(x)$ 在 $x=2$ 处连续,根据连续函数的定义得 $f(2)=\lim\limits_{x \to 2}f(x)=3$.故应填 3.

例 2 设函数 $f(x)=\begin{cases} \dfrac{1-\mathrm{e}^{\tan x}}{\arcsin \dfrac{x}{2}}, & x>0, \\ ae^{2x}, & x\leqslant 0 \end{cases}$ 在 $x=0$ 处连续,则 $a=$ _____.(考研题)

解: $\lim\limits_{x \to 0}f(x)=\lim\limits_{x \to 0}\dfrac{1-\mathrm{e}^{\tan x}}{\arcsin \dfrac{x}{2}}=-\lim\limits_{x \to 0}\dfrac{\tan x}{\dfrac{x}{2}}=-2$, $\lim\limits_{x \to 0}f(x)=\lim\limits_{x \to 0}ae^{2x}=a$.

由函数连续定义知:$a=-2$,故应填-2.

> **【方法点击】** 求右极限时使用等价无穷小代换.本题必须分左、右极限讨论,因为 $f(x)$ 是分段函数,在 $x=0$ 的左、右两侧表达式不同.

例 3 设 $f(x)$ 在 $(-\infty,+\infty)$ 内有定义,且 $\lim\limits_{x \to \infty}f(x)=a$,$g(x)=\begin{cases} f\left(\dfrac{1}{x}\right), & x\neq 0, \\ 0, & x=0, \end{cases}$ 则( ).(考研题)

(A)$x=0$ 必是 $g(x)$ 的第一类间断点

(B)$x=0$ 必是 $g(x)$ 的第二类间断点

(C)$x=0$ 必是 $g(x)$ 的连续点

(D)$g(x)$ 在点 $x=0$ 处的连续性与 a 的取值有关

解:若 $a=0$,则 $\lim\limits_{x \to 0}g(x)=\lim\limits_{x \to 0}f\left(\dfrac{1}{x}\right)=0=g(0)$,从而 $g(x)$ 在 $x=0$ 处连续;

若 $a\neq 0$,则 $\lim\limits_{x \to 0}g(x)=\lim\limits_{x \to 0}f\left(\dfrac{1}{x}\right)=a\neq g(0)$,从而 $g(x)$ 在 $x=0$ 处不连续.

故应选(D).

> **【方法点击】** 本题主要考查的是分段函数在分界点处的连续性.函数 $f(x)$ 在点 x_0 处连续应满足三个条件:
>
> (1)在 $x=x_0$ 处有定义;
>
> (2)$\lim\limits_{x \to x_0}f(x)$ 存在;
>
> (3)$\lim\limits_{x \to x_0}f(x)=f(x_0)$.
>
> 不满足上述任一条件,则导致函数 $f(x)$ 在 $x=x_0$ 处间断.

例 4 若 $f(x)=\begin{cases} a+bx^2, & x\leqslant 0, \\ \dfrac{\sin bx}{x}, & x>0 \end{cases}$ 在 $x=0$ 处连续,则常数 a 和 b 应满足的关系是 _____.(考研题)

解：由于 $f(x)$ 在 0 点连续，所以

$$f(0+0)=f(0)=f(0-0),$$

又 $\lim\limits_{x\to0^-}f(x)=\lim\limits_{x\to0^-}\dfrac{\sin bx}{x}=b$，$f(0)=a$，$\lim\limits_{x\to0^+}f(x)=a$，所以 $a=b$.

基本题型 2：讨论函数的间断点类型

例 **5** 设 $f(x)=\lim\limits_{n\to\infty}\dfrac{(n-1)x}{nx^2+1}$，则 $f(x)$ 的间断点为 $x=$ _____.

解：$f(x)=\lim\limits_{n\to\infty}\dfrac{(n-1)x}{nx^2+1}=\lim\limits_{n\to\infty}\dfrac{\left(1-\dfrac{1}{n}\right)x}{x^2+\dfrac{1}{n}}=\dfrac{1}{x}$，所以 $f(x)$ 的间断点为 $x=0$，故应填 0.

> **【方法点击】** （1）读者应熟练掌握求间断点的办法. 一般地，$f(x)$ 无定义的点（但在其左、右邻近有定义）；$f(x)$ 在 x_0 处虽有定义，但无极限的点；$f(x)$ 在 x_0 处虽有定义，也有极限，但 $\lim\limits_{x\to x_0}f(x)\neq f(x_0)$ 的点，这些点都为间断点.
>
> （2）间断点类型的判别由 $\lim\limits_{x\to x_0}f(x)$ 的状态来决定（x_0 为 $f(x)$ 的间断点）.
>
> 若 $\lim\limits_{x\to x_0}f(x)=C$（常数），则 x_0 为可去间断点.
>
> 若 $\lim\limits_{x\to x_0^+}f(x)$ 与 $\lim\limits_{x\to x_0^-}f(x)$ 均存在但不相等，则 x_0 为跳跃间断点.
>
> 若 $\lim\limits_{x\to x_0}f(x)=\infty$，则 x_0 为无穷间断点.
>
> （3）在间断点处，若左、右极限均存在，称此类间断点为第一类间断点，其余的间断点称为第二类间断点. 可去间断点与跳跃间断点为第一类间断点，无穷间断点与振荡间断点属于第二类间断点.

第九节　连续函数的运算与初等函数的连续性

知识全解

一 本节知识结构图解

二 重点及常考点分析

1. 连续函数的极限.

根据函数 $f(x)$ 在 $x=x_0$ 点连续的定义可知，求连续函数 $f(x)$ 在 $x\to x_0$ 时的极限，只需求 $x=x_0$ 时的函数值，因此对于初等函数 $f(x)$ 其定义区间内一点 $x=x_0$，极限为 $\lim\limits_{x\to x_0}f(x)=f(x_0)$.

2. 判断函数连续性要注意的问题.
(1)初等函数在其定义区间内是连续的.
(2)把函数的运算与极限的运算结合运用.

三 考研大纲要求解读

了解连续函数的性质和初等函数的连续性.

···················· 例题精解 ····················

基本题型 1：函数的连续性

例 **1** 设 $f(x)=\begin{cases} \dfrac{\ln(1+2x)}{\sqrt{1+x}-\sqrt{1-x}}, & -1\leqslant x<0, \\ a, & x=0, \\ x^2+b, & 0<x\leqslant 1, \end{cases}$ 求 a,b 使 $f(x)$ 在 $x=0$ 处连续.

解： 因为
$$f(0^+)=\lim_{x\to 0^+}f(x)=\lim_{x\to 0}(x^2+b)=b,$$

$$f(0^-)=\lim_{x\to 0}f(x)=\lim_{x\to 0}\frac{\ln(1+2x)}{\sqrt{1+x}-\sqrt{1-x}}=\lim_{x\to 0}\frac{2x(\sqrt{1+x}+\sqrt{1-x})}{2x}=2.$$

要使 $f(x)$ 在 $x=0$ 处连续，则应有 $f(0^+)=f(0^-)=f(0)$，即 $b=2=a$.
故当 $a=b=2$ 时，$f(x)$ 在 $x=0$ 处连续.

例 **2** 若 $f(x)$ 在 $x=0$ 处连续，且 $f(x+y)=f(x)+f(y)$ 对任意的 $x,y\in\mathbf{R}$ 都成立，试证：$f(x)$ 为 $\mathbf{R}$ 上的连续函数.

证明： 由题设知，对任意的 $x\in\mathbf{R}$ 有 $f(x)=f(x+0)=f(x)+f(0)$，所以 $f(0)=0$；
又因为 $f(x)$ 在点 $x=0$ 连续，即 $\lim\limits_{x\to 0}f(x)=f(0)=0$；
从而，对任意 $x\in\mathbf{R}$，有
$$\lim_{\Delta x\to 0}f(x+\Delta x)=\lim_{\Delta x\to 0}[f(x)+f(\Delta x)]=f(x)+0=f(x).$$

由定义知：$f(x)$ 在 x 处连续，由 x 的任意性知 $f(x)$ 在 $\mathbf{R}$ 上连续.

【方法点击】 函数连续性的判断方法：
(1)利用连续函数定义；一般适用于抽象函数（如例2）；
(2)利用初等函数在其定义区间内是连续的结论；
(3)利用连续函数定义的等价条件，即
$$f(x_0^+)=f(x_0^-)=f(x_0).$$
本方法一般用于判断分段函数分界点处的连续性.

基本题型 2：利用连续函数性质求极限

例 **3** 求极限 $\lim\limits_{x\to 0}\dfrac{1}{x^3}\left[\left(\dfrac{2+\cos x}{3}\right)^x-1\right]$. （考研题）

解： 原式 $=\lim\limits_{x\to 0}\dfrac{e^{x\ln\frac{2+\cos x}{3}}-1}{x^3}=\lim\limits_{x\to 0}\dfrac{\ln\left(\dfrac{2+\cos x}{3}\right)}{x^2}$

等价无穷小代换

$$=\lim_{x\to 0}\frac{\ln\left(1+\dfrac{\cos x-1}{3}\right)}{x^2}=\lim_{x\to 0}\frac{\cos x-1}{3x^2}=-\frac{1}{6}.$$

第十节　闭区间上连续函数的性质

知识全解

一 本节知识结构图解

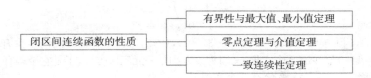

闭区间连续函数的性质 —— 有界性与最大值、最小值定理

零点定理与介值定理

一致连续性定理

二 重点及常考点分析

1. 本节闭区间上连续函数的性质:最值可达性、整体有界性、介值性、根的存在性都是函数的整体性质.下面的两条性质也十分重要.

(1)若 $f(x)$ 在 $[a,b]$ 连续且严格单调,则反函数 $f^{-1}(x)$ 在 $[f(a),f(b)]$ 或 $[f(b),f(a)]$ 上亦连续.

(2)若 $f(x)$,$g(x)$ 均在 $[a,b]$ 上连续,则 $m(x)=\min\{f(x),g(x)\}$ 及 $M(x)=\max\{f(x),g(x)\}$ 在 $[a,b]$ 上均连续.

2. 介值定理、最大值最小值定理是闭区间连续函数的两个重要定理.用这两个定理证明一些命题是本节的重点与难点,也是考研中常出现的题型.

三 考研大纲要求解读

了解闭区间上连续函数的性质(有界性、最大值和最小值定理、介值定理)及其简单应用.

例题精解

基本题型:利用闭区间连续函数的性质证明命题

例 1 设 $f(x)$ 在 $[a,b]$ 上连续,且 $a\leqslant f(x)\leqslant b$,求证:$\exists x_0\in[a,b]$,使得 $f(x_0)=x_0$.

【思路探索】 题目要求证明 $\exists x_0$,使 $f(x_0)=x_0$,令 $g(x)=f(x)-x$,也即证明 $g(x)$ 有零点,于是想到对 $g(x)$ 运用零点定理.

证明:记 $g(x)=f(x)-x$,显然 $g(x)$ 在 $[a,b]$ 连续.若 $f(a)=a$ 或 $f(b)=b$,则命题得证.若 $f(a)\neq a$,$f(b)\neq b$,则由 $a\leqslant f(x)\leqslant b$ 知 $f(a)>a$,$f(b)<b$,从而 $g(a)>0$,$g(b)<0$.由介值定理知,$\exists x_0\in(a,b)$,使 $g(x_0)=0$,即 $f(x_0)=x_0$,x_0 称为不动点.

例 2 求证:若 $f(x)$ 在 $(-\infty,+\infty)$ 连续,且 $\lim\limits_{x\to\pm\infty}f(x)=+\infty$,则 $f(x)$ 在 $(-\infty,+\infty)$ 上取到它的最小值.

证明:因为 $\lim\limits_{x\to-\infty}f(x)=+\infty$,所以对 $f(0)$,$\exists M<0$,当 $x<M$ 时,$f(x)>f(0)$.同理,由 $\lim\limits_{x\to+\infty}f(x)=+\infty$,知 $\exists N>0$,当 $x>N$ 时,$f(x)>f(0)$.又 $f(x)$ 在有限区间 $[M,N]$ 上能取到最小值,设 $x_0\in[M,N]$,有 $f(x_0)\leqslant f(x)$($\forall x\in[M,N]$),从而 $f(x_0)\leqslant f(0)$.即对 $\forall x\in(-\infty,M)\cup(N,+\infty)$,有 $f(x_0)\leqslant f(0)\leqslant f(x)$.

故 $f(x_0)$ 为 $(-\infty,+\infty)$ 上的最小值.

【方法点击】 本例证明中巧妙地将 $(-\infty,+\infty)$ 上的问题转化为有限闭区间 $[M,N]$ 上的相应问题;而 $M<0,N>0$ 的选取是根据条件 $\lim\limits_{x\to\pm\infty}f(x)=+\infty$ 及 $f(0)$ 的数值,这就为 $[M,N]$ 上的最小值也是 $(-\infty,+\infty)$ 上的最小值的推出奠定了基础,这个证明方法有一定的普遍意义.

例 3 证明方程 $x^3-9x-1=0$ 恰有 3 个实根.

证明: 令 $f(x)=x^3-9x-1$,因为

$$f(-3)=-1<0,\ f(-2)=9>0,$$
$$f(0)=-1<0,\ f(4)=27>0,$$

又 $f(x)$ 在 $[-3,4]$ 上连续,所以 $f(x)$ 在 $(-3,-2),(-2,0),(0,4)$ 各区间内至少有一个零点,即方程 $x^3-9x-1=0$ 至少有 3 个实根,又因为该方程是一元三次方程,于是它至多有 3 个实根. 综上可知,方程 $x^3-9x-1=0$ 恰有 3 个实根.

【方法点击】 闭区间连续函数的介值定理、零点定理以及最大最小值定理,是非常重要的三个定理,在有关函数的一些证明题中,常用到此结论. 比如讨论方程的实根、函数的有界性,等等.

例 4 (1)证明方程 $x^n+x^{n-1}+\cdots+x=1(n>1$ 的整数),在区间 $\left(\dfrac{1}{2},1\right)$ 内有且仅有一个实根;

(2)记(1)中的实根为 x_n,证明 $\lim\limits_{n\to\infty}x_n$ 存在,并求此极限. (考研题)

证明: (1)由题意得:令 $f(x)=x^n+x^{n-1}+\cdots+x-1$,则 $f(1)>0$,再由

$$f\left(\frac{1}{2}\right)=\frac{\frac{1}{2}\left[1-\left(\frac{1}{2}\right)^n\right]}{1-\frac{1}{2}}-1=-\left(\frac{1}{2}\right)^n<0,$$

由零点定理得:在区间 $\left(\dfrac{1}{2},1\right)$ 内肯定有解 x_0. 易知 $f'(x)$ 于 $\left(\dfrac{1}{2},1\right)$ 上大于 0,故根唯一.

(2)假设根为 x_n,即 $f(x_n)=x_n^n+x_n^{n-1}+\cdots+x_n-1=0$,所以

$$f(x_n)=\frac{x_n(1-x_n^n)}{1-x_n}-1=0\left(\frac{1}{2}<x_n<1\right),$$

由于 $x_{n+1}^{n+1}+x^{n+1}+\cdots+x_{n+1}-1=0$,可知

$$x_{n+1}^n+x_{n+1}^{n-1}+\cdots+x_{n+1}-1<0,$$

由于 $x_n^n+x_n^{n-1}+\cdots+x_n-1=0$,可知 $x_{n+1}<x_n$,也即 $\{x_n\}$ 是单调的,又由于 $\dfrac{1}{2}<x_n<1$,则由单调有界收敛定理可知 $\{x_n\}$ 收敛. 假设 $\lim\limits_{n\to\infty}x_n=a$,可知

$$a<x_2<x_1=1.$$

当 $n\to\infty$ 时,$\lim\limits_{n\to\infty}\dfrac{x_n(1-x_n^n)}{1-x_n}-1=\dfrac{a}{1-a}-1=0$,得 $\lim\limits_{n\to\infty}x_n=\dfrac{1}{2}$.

例 5 设 $f(x)$ 在 $[a,b]$ 上连续,且恒为正,证明:对于任意 $x_1,x_2\in[a,b](x_1<x_2)$ 必存在一点 $\xi\in[x_1,x_2]$,使得 $f(\xi)=\sqrt{f(x_1)f(x_2)}$.

证明: 令 $F(x)=f(x)-\sqrt{f(x_1)f(x_2)}$,则

$$F(x_1)\cdot F(x_2)=[f(x_1)-\sqrt{f(x_1)f(x_2)}]\cdot[f(x_2)-\sqrt{f(x_1)f(x_2)}]$$
$$=2f(x_1)f(x_2)-[f(x_1)+f(x_2)]\cdot\sqrt{f(x_1)f(x_2)}$$
$$=\sqrt{f(x_1)f(x_2)}\{2\sqrt{f(x_1)f(x_2)}-[f(x_1)+f(x_2)]\}$$
$$=-\sqrt{f(x_1)f(x_2)}[\sqrt{f(x_1)}-\sqrt{f(x_2)}]^2\leqslant 0.$$

若 $F(x_1)=0$ 或 $F(x_2)=0$,则取 $\xi=x_1$ 或 x_2 即可.

若 $F(x_1) \cdot F(x_2)<0$,由于 $F(x)$ 在 $[x_1,x_2]$ 上连续,由介值定理知:$\exists \xi \in (x_1,x_2)$,使得 $F(\xi)=0$,即存在 $\xi \in (x_1,x_2)$,使得 $f(\xi)=\sqrt{f(x_1)f(x_2)}$.

【方法点击】 本题从结论出发构造辅助函数 $F(x)$,然后考查 $F(x_1)$ 和 $F(x_2)$ 的乘积,从而利用介值定理使问题得到解决.

本章小结

1. 关于函数的小结.

在例题中,给出了如何求定义域、求证函数的有界性等. 我们指出,把复合函数分解成一些基本初等函数的复合是一项基本技能,因为在后面几章中关于复合函数求导、积分换元法、分部积分法都是基于复合函数的分解.

2. 关于极限的小结.

在本章关于极限部分,我们给出了求极限的几种方法,包括分子、分母有理化,多项式因式分解,同除以分子、分母的最高次项,两个重要极限等,但在做题时,这些方法不是孤立的,经常是在一个问题中用到几种方法.

3. 关于函数连续性的小结.

函数在某一点连续的充要条件是左、右极限存在且相等,并等于该点的函数值. 应用此结论是判断某一点是否为间断点及其类型的一个最有效的方法. 可用闭区间上连续函数的性质证明某些命题. 最后指出,用零点定理判别方程有根时,应仔细选择合适的端点,便于满足 $f(a) \cdot f(b)<0$.

4. 关于无穷小量的小结.

利用有界变量乘无穷小量仍是无穷小量的性质及等价无穷小代换定理,对于某些求极限的问题是一个有力的工具. 比较无穷小量的阶时,可先对复杂的问题化简,然后根据已知的等价无穷小量的关系初步估计可能的阶,最后求极限验证估计.

5. 本章考研要求.

(1)理解函数的概念,掌握函数的表示方法.

(2)了解函数的奇偶性、单调性、周期性和有界性.

(3)理解复合函数及分段函数的概念,了解反函数及隐函数的概念.

(4)掌握基本初等函数的性质及其图形.

(5)会建立简单应用问题中的函数关系式.

(6)理解极限的概念,理解函数左极限与右极限的概念,以及极限存在与左、右极限之间的关系.

(7)掌握极限的性质及四则运算法则.

(8)掌握极限存在的两个准则,并会利用它们求极限,掌握利用两个重要极限求极限的方法.

(9)理解无穷小、无穷大的概念,掌握无穷小的比较方法,会用等价无穷小求极限.

(10)理解函数连续性的概念(含左连续与右连续),会判别函数间断点的类型.

自测题

一、填空题

1. 设 $f(x)$ 的定义域是 $[0,1]$,则 $f(2^x-3)$ 的定义域为_____.

2. $\lim\limits_{x \to 0}(1+2x)^{\frac{1}{\sin x}}=$_____.

3. 当 $x\rightarrow 0$ 时,$\alpha(x)=kx^2$ 与 $\beta(x)=\sqrt{1+x}\cdot\arcsin x-\sqrt{\cos x}$ 是等价无穷小,则 $k=$ _____.(考研题)

4. 设 $f(x)=\lim\limits_{n\rightarrow\infty}\dfrac{(n+1)x}{nx^2+8}$,则 $f(x)$ 的间断点 $x=$ _____.

5. 极限 $\lim\limits_{x\rightarrow\infty}x\sin\dfrac{2x}{x^2+1}=$ _____.(考研题)

6. 设函数 $f(x)=\begin{cases}\dfrac{1-e^{\tan x}}{\sin\dfrac{x}{3}}, & x>0, \\ ae^{2x}, & x\leqslant 0\end{cases}$ 在 $x=0$ 处连续,则 $a=$ _____.

二、选择题

1. $\lim\limits_{n\rightarrow\infty}x_n$ 存在是数列 $\{x_n\}$ 有界的( ).

　(A)必要而非充分条件　　　　　　　　(B)充分而非必要条件

　(C)充要条件　　　　　　　　　　　　(D)既非充分又非必要条件

2. $f(x)=x\cos x e^{\sin x}$ 是( ).

　(A)偶函数　　　　　　　　　　　　　(B)周期函数

　(C)单调函数　　　　　　　　　　　　(D)无界函数

3. 当 $x\rightarrow 0$ 时,下列函数哪一个是 x 的三阶无穷小?( )

　(A)$x^3(e^x-1)$　　　　　　　　　　(B)$1-\cos x$

　(C)$\sin x-\tan x$　　　　　　　　　(D)$\ln(1+x)$

4. 设函数 $f(x)=\dfrac{\sin(x-1)}{x(x-1)}$,则( ).

　(A)$x=0,x=1$ 都是 $f(x)$ 的第一类间断点

　(B)$x=0,x=1$ 都是 $f(x)$ 的第二类间断点

　(C)$x=0$ 是 $f(x)$ 的第一类间断点,$x=1$ 是 $f(x)$ 的第二类间断点

　(D)$x=0$ 是 $f(x)$ 的第二类间断点,$x=1$ 是 $f(x)$ 的第一类间断点

5. 当 $x\rightarrow 0$ 时,变量 $\dfrac{1}{x^2}\sin\dfrac{1}{x}$ 是( ).(考研题)

　(A)无穷小　　　　　　　　　　　　　(B)无穷大

　(C)有界的,但不是无穷小量　　　　　(D)无界的,但不是无穷大量

6. 设对任意的 x,总有 $\varphi(x)\leqslant f(x)\leqslant g(x)$,且 $\lim\limits_{x\rightarrow\infty}[g(x)-\varphi(x)]=0$,则 $\lim\limits_{x\rightarrow\infty}f(x)$( ).(考研题)

　(A)存在且一定等于零　　　　　　　　(B)存在但不一定等于零

　(C)一定不存在　　　　　　　　　　　(D)不一定存在

7. 设 $\{a_n\},\{b_n\},\{c_n\}$ 均为非负数列,且 $\lim\limits a_n=0,\lim\limits b_n=1,\lim\limits c_n=\infty$,则必有( ).(考研题)

　(A)$a_n<b_n$ 对任意 n 成立　　　　　(B)$b_n<c_n$ 对任意 n 成立

　(C)极限 $\lim\limits_{n\rightarrow\infty}a_nc_n$ 不存在　　　(D)极限 $\lim\limits_{n\rightarrow\infty}b_nc_n$ 不存在

三、解答题

1. 求下列极限:

　(1)$\lim\limits_{x\rightarrow 0}\dfrac{\sqrt{1+3x}-\sqrt[3]{1+2x}}{\ln(1+x)}$;

　(2)$\lim\limits_{x\rightarrow-\infty}\dfrac{\sqrt{4x^2+x-1}+x+1}{\sqrt{x^2+\sin x}}$;(考研题)

(3) $\lim\limits_{x\to 0} x \cdot \left[\dfrac{2}{x}\right]$ ($[x]$ 表示 x 的取整函数).

2. 设 $\lim\limits_{x\to+\infty}\left[(x^5+7x^4+2)^a-x\right]=b,b\neq 0$, 试求常数 a,b.

3. 设 $f(x)=\begin{cases} x\cdot\cos\dfrac{1}{x}+1, & x>0, \\ 2b+x^2, & x\leqslant 0, \end{cases}$ 当 b 为何值时, $f(x)$ 在 $x=0$ 处连续.

四、证明题

1. 设 $0<x_1<9, x_{n+1}=\sqrt{x_n(9-x_n)}\,(n=1,2,\cdots)$, 证明数列 $\{x_n\}$ 的极限存在, 并求此极限. (考研题)

2. 设 $f(x)$ 在 $[a,b]$ 上连续, $x_i\in[a,b], t_i>0(i=1,2,\cdots,n)$, 且 $\sum\limits_{i=1}^{n} t_i=1$, 试证至少存在一点 $\xi\in[a,b]$, 使 $f(\xi)=t_1\cdot f(x_1)+t_2\cdot f(x_2)+\cdots+t_n\cdot f(x_n)$. (考研题)

自测题答案

一、填空题

1. $\dfrac{\ln 3}{\ln 2}\leqslant x\leqslant 2$ 或 $x\in\left[\log_2 3, 2\right]$ **2.** e^2 **3.** $\dfrac{3}{4}$ **4.** 0 **5.** 2 **6.** -3

二、选择题

1. (B) **2.** (D) **3.** (C) **4.** (D) **5.** (D) **6.** (D) **7.** (D)

3. 解: 因为当 $x\to 0$ 时, $\sin x-\tan x=\tan x\cdot(\cos x-1)\sim x\cdot\left(-\dfrac{1}{2}x^2\right)=-\dfrac{1}{2}x^3$.

6. 提示: 如 $\varphi(x)=x, f(x)=x+e^{-|x|}, g(x)=x+2e^{-|x|}$, 则 $\varphi(x)\leqslant f(x)\leqslant g(x)$, 且 $\lim\limits_{x\to\infty}[g(x)-\varphi(x)]=0$, 但 $\lim\limits_{x\to\infty}f(x)$ 不存在.

又如 $\varphi(x)=0, f(x)=e^{-|x|}, g(x)=2e^{-|x|}$, 则也有: $\varphi(x)\leqslant f(x)\leqslant g(x)$, 且 $\lim\limits_{x\to\infty}[g(x)-\varphi(x)]=0$, 但此时 $\lim\limits_{x\to\infty}f(x)=\lim\limits_{x\to\infty}e^{-|x|}=0$.

7. 提示: 运用排除法或利用"$0\cdot\infty$"型未定式及数列乘积的运算性质来判别. 由所给选项, 知 (A)、(B)、(C) 明显不对, 可取数列 $a_n=2^{-n+2}, b_n=1, c_n=2^{n-2}$, 知其符合定义, 且不满足 (A)、(B)、(C), 因而 (D) 是正确的. 根据极限的定义也可证明 (D) 正确, 即"$1\cdot\infty$"必为无穷大.

三、解答题

1. 解: (1) 原式 $=\lim\limits_{x\to 0}\dfrac{\sqrt{1+3x}-1}{\ln(1+x)}-\lim\limits_{x\to 0}\dfrac{\sqrt[3]{1+2x}-1}{\ln(1+x)}=\lim\limits_{x\to 0}\dfrac{\frac{1}{2}\cdot 3x}{x}-\lim\limits_{x\to 0}\dfrac{\frac{1}{3}\cdot 2x}{x}=\dfrac{5}{6}$.

(2) 原式 $=\lim\limits_{x\to-\infty}\dfrac{3x^2-x-2}{\sqrt{x^2+\sin x}\,(\sqrt{4x^2+x-1}-x-1)}=\lim\limits_{x\to-\infty}\dfrac{3-\frac{1}{x}-\frac{2}{x^2}}{\sqrt{1+\frac{\sin x}{x^2}}\,\left(\sqrt{4+\frac{1}{x}-\frac{1}{x^2}}+1+\frac{1}{x}\right)}=1$.

(3) 因为 $\dfrac{2}{x}-1<\left[\dfrac{2}{x}\right]\leqslant\dfrac{2}{x}$, 所以当 $x>0$ 时, $2-x<x\cdot\left[\dfrac{2}{x}\right]\leqslant 2$;

当 $x<0$ 时; $2-x>x\cdot\left[\dfrac{2}{x}\right]\geqslant 2$. 又 $\lim\limits_{x\to 0}(2-x)=2$, 故 $\lim\limits_{x\to 0} x\cdot\left[\dfrac{2}{x}\right]=2$.

2. 解: 令 $t=x^{-1}$, 则

$$\lim\limits_{x\to+\infty}\left[(x^5+7x^4+2)^a-x\right]=\lim\limits_{t\to 0^+}\dfrac{t^{1-5a}\cdot(1+7t+2t^5)^a-1}{t}.$$

由于分母是无穷小量,根据极限存在的条件,必有

$$\lim_{t \to 0^+}[t^{1-5a} \cdot (1+7t+2t^5)^a - 1] = 0,$$

要使该极限存在,必须取 $5a=1$,把 $5a=1$ 代入原极限,并利用等价无穷小代换定理得

$$\lim_{x \to +\infty}[(x^5+7x^4+2)^a - x] = \lim_{t \to 0^+}\frac{[1+(7t+2t^5)]^a - 1}{t} = \lim_{t \to 0^+}\frac{a(7t+2t^5)}{t} = 7a.$$

根据原极限等于 b 的条件得 $7a=b$,所以 $a=\dfrac{1}{5}$,$b=\dfrac{7}{5}$.

3. 解:因为 $f(0+0) = \lim\limits_{x \to 0^+}\left(x\cos\dfrac{1}{x}+1\right) = 1$,$f(0) = 2b$.

$$f(0-0) = \lim_{x \to 0^-}(2b+x^2) = 2b.$$

所以由 $f(0-0)=f(0+0)=f(0)$,得 $b=\dfrac{1}{2}$,故当 $b=\dfrac{1}{2}$ 时,$f(x)$ 在 $x=0$ 处连续.

四、证明题

1. 证明:由 $0<x_1<9$ 知 x_1,$9-x_1$ 均为正数,故

$$0<x_2 = \sqrt{x_1(9-x_1)} \leqslant \frac{1}{2}(x_1+9-x_1) = \frac{9}{2},$$

设 $0<x_k \leqslant \dfrac{9}{2}(k>1)$,则

$$0<x_{k+1} = \sqrt{x_k(9-x_k)} \leqslant \frac{1}{2}(x_k+9-x_k) = \frac{9}{2},$$

由数学归纳法知,对任意正整数 $n>1$ 均有 $0<x_n \leqslant \dfrac{9}{2}$,因而数列 $\{x_n\}$ 有界.

又当 $n>1$ 时,

$$x_{n+1}-x_n = \sqrt{x_n(9-x_n)} - x_n = \sqrt{x_n}(\sqrt{9-x_n} - \sqrt{x_n})$$
$$= \frac{\sqrt{x_n}(9-2x_n)}{\sqrt{9-x_n}+\sqrt{x_n}} \geqslant 0,$$

因而有 $x_{n+1} \geqslant x_n(n>1)$,即数列 $\{x_n\}$ 单调增加.

由单调有界数列必有极限知 $\lim\limits_{n \to \infty}x_n$ 存在.

设 $\lim\limits_{n \to \infty}x_n = a$,在 $x_{n+1} = \sqrt{x_n(9-x_n)}$ 两边取极限,得 $a = \sqrt{a(9-a)}$,解之得 $a = \dfrac{9}{2}$,$a=0$(舍去). 故 $\lim\limits_{n \to \infty}x_n = \dfrac{9}{2}$.

2. 证明:因为 $f(x)$ 在 $[a,b]$ 上连续,所以 $m \leqslant f(x) \leqslant M$,其中 m,M 分别为 $f(x)$ 在 $[a,b]$ 上的最小值与最大值.

又 $x_i \in [a,b]$,$t_i>0(i=1,2,\cdots,n)$,所以

$$m = \sum_{i=1}^{n}mt_i \leqslant \sum_{i=1}^{n}t_if(x_i) \leqslant \sum_{i=1}^{n}t_iM = M.$$

从而由介值定理知至少存在一点 $\xi \in [a,b]$,使

$$f(\xi) = \sum_{i=1}^{n}t_if(x_i) = t_1f(x_1)+t_2f(x_2)+\cdots+t_nf(x_n).$$

第二章　导数与微分

本章内容概览

微分学是高等数学的重要组成部分.本章主要介绍两个重要的概念:导数与微分.导数反映了函数相对于自变量变化的快慢程度,即变化率问题;而微分刻画了当自变量有微小变化时,函数变化的近似值.本章主要利用极限这个工具来研究导数与微分.在学习的时候,应该注意理解导数与微分之间的区别与联系,并熟练掌握各种求导法则.

本章知识图解

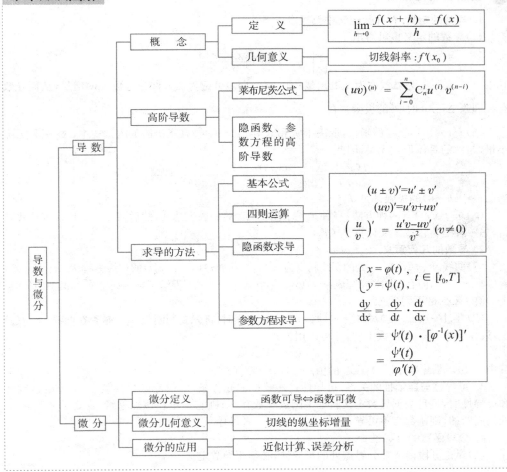

第一节　导数概念

知识全解

一　本节知识结构图解

二　重点及常考点分析

1. 导数的定义. 在导数定义中要注意以下几点：

(1)导数的定义也可写出

$$\frac{\mathrm{d}y}{\mathrm{d}x}\bigg|_{x=x_0}=\lim_{x\to x_0}\frac{f(x)-f(x_0)}{x-x_0},$$

其中,$x-x_0$ 可记为 Δx,称为 x 的增量；$f(x)-f(x_0)$ 可记为 Δy,称为函数 y 的增量,从而导数存在即当 $\Delta x\to 0$ 时 $\frac{\Delta y}{\Delta x}$ 的极限存在.

(2)$f'(x_0)$ 只是 x_0 的函数,取决于 f 和 x_0,与 Δx 无关. 在求极限的表达式中,Δx 只是无穷小量,与它的具体形式无关,因此

$$\frac{f(x_0+2\Delta x)-f(x_0)}{2\Delta x},\frac{f(x_0-3h)-f(x_0)}{-3h},$$

当 $\Delta x\to 0(h\to 0)$ 的极限都是 $f'(x_0)$.

(3)求 $f'(x_0)$ 有两种方法：一种是先求出 $f'(x)$ 的一般表达式,然后将 $x=x_0$ 代入表达式求得,另一种是直接按定义计算 $f'(x_0)$.

2. 导数的几何意义.

(1)曲线 $y=f(x)$ 在 x_0 处的切线斜率为 $f'(x_0)$,从而过 $(x_0,f(x_0))$ 的切线方程为 $y-f(x_0)=f'(x_0)(x-x_0)$,但有些同学常写成 $y-f(x_0)=f'(x)\cdot(x-x_0)$,混淆了导函数 $f'(x)$ 和它在具体点上的值 $f'(x_0)$ 的不同含义.

(2)在过一点 (x_0,y_0) 写曲线 $y=f(x)$ 的切线方程时,首先要判断 (x_0,y_0) 是否在曲线 $y=f(x)$ 上,只有当 (x_0,y_0) 在曲线上时,才可以用公式

$$y-y_0=f'(x_0)(x-x_0),$$

其中 $f'(x_0)$ 是导数 $f'(x)$ 在 x_0 的值.

3. 可导性与连续性的关系. 可导性是连续性的充分条件.讨论函数在某点 x_0 处的连续性和可导性时,一旦根据导定义验证了函数导数存在,则它一定在该点连续. 反之若函数在 x_0 处是间断的,则函数必不可导,但若函数连续,未必可导.

4. 分段函数的可导性.

(1)讨论分段函数在分界点处的可导性,必须用导数定义.

情形一　设 $f(x)=\begin{cases}\varphi(x), & x\geqslant x_0, \\ \psi(x), & x<x_0,\end{cases}$ 讨论 $x=x_0$ 点的可导性.

由于分界点 $x=x_0$ 处左、右两侧所对应的函数表达式不同,按导数的定义,需分别求 $f'_-(x_0)$,$f'_+(x_0)$,当 $f'_-(x_0)=f'_+(x_0)$ 时,$f(x)$ 在 $x=x_0$ 处可导,且 $f'(x_0)=f'_-(x_0)=f'_+(x_0)$. 当 $f'_-(x_0)\neq f'_+(x_0)$ 时,$f(x)$ 在 $x=x_0$ 处不可导.

情形二 设 $f(x)=\begin{cases} g(x), & x\neq x_0, \\ A, & x=x_0, \end{cases}$ 讨论 $x=x_0$ 点的可导性.

由于分界点 $x=x_0$ 处左、右两侧所对应的函数表达式相同,按导数的定义,

$$f'(x_0)=\lim_{\Delta x\to 0}\frac{f(x_0+\Delta x)-f(x_0)}{\Delta x}\ \text{或}\ \lim_{x\to x_0}\frac{f(x)-f(x_0)}{x-x_0},$$

一般不需分别求 $f'_-(x_0)$ 和 $f'_+(x_0)$.

(2)若讨论分段函数在定义域内的可导性,由于非分界点处的可导性显然,只需用定义讨论其分界点处的可导性即可.

(3)因为可导的必要条件是连续,所以在做这类题目时,可首先观察分界点处的连续性. 若不连续则必不可导;若在该点连续,则按(1)中的方法讨论其可导性.

三 考研大纲要求解读

1. 了解导数的物理意义,会用导数描述一些物理量.
2. 理解函数的可导性与连续性之间的关系.

····· **例题精解** ·····

基本题型 1:根据导数的定义求函数的导数

例 1 设函数 $f(x)=|x^3-1|\varphi(x)$,其中 $\varphi(x)$ 在 $x=1$ 处连续,则 $\varphi(1)=0$ 是 $f(x)$ 在 $x=1$ 处可导的( ).(考研题)

(A)充分必要条件 　　　　　　(B)必要但非充分条件

(C)充分但非必要条件 　　　　(D)既非充分也非必要条件

解:因为

$$\lim_{x\to 1^+}\frac{f(x)-f(1)}{x-1}=\lim_{x\to 1^+}\frac{x^3-1}{x-1}\cdot\varphi(x)=3\varphi(1),$$

$$\lim_{x\to 1^-}\frac{f(x)-f(1)}{x-1}=-\lim_{x\to 1^-}\frac{x^3-1}{x-1}\cdot\varphi(x)=-3\varphi(1),$$

可见,$f(x)$ 在 $x=1$ 处可导的充分必要条件是 $3\varphi(1)=-3\varphi(1)\Leftrightarrow\varphi(1)=0$. 故应选(A).

例 2 设 $f(x)=x(x+1)(x+2)\cdots(x+n)$,求 $f'(0)$.

解:由 $f(x)$ 在点 $x=0$ 导数的定义知,

$$f'(0)=\lim_{x\to 0}\frac{f(x)-f(0)}{x}=\lim_{x\to 0}(x+1)(x+2)\cdots(x+n)=n!.$$

例 3 设 $f(x)$ 是 $\mathbf{R}$ 上的非零函数,对任意 $x,y\in\mathbf{R}$ 有 $f(x+y)=f(x)\cdot f(y)$,且 $f'(0)=1$,证明:$f'(x)=f(x)$.

证明:因为 $\forall x,y\in\mathbf{R}$ 有 $f(x+y)=f(x)\cdot f(y)$ 且 $f(x)\neq 0$,令 $y=0$,所以

$$f(x+0)=f(x)=f(x)\cdot f(0),$$

于是 $f(0)=1$,$\forall x\in\mathbf{R}$,有 $f(x+\Delta x)=f(x)\cdot f(\Delta x)$,由导数定义得

$$f'(x)=\lim_{\Delta x\to 0}\frac{f(x+\Delta x)-f(x)}{\Delta x}=\lim_{\Delta x\to 0}\frac{f(x)\cdot[f(\Delta x)-1]}{\Delta x}$$

$$= f(x) \cdot \lim_{\Delta x \to 0} \frac{f(\Delta x) - f(0)}{\Delta x} = f(x) \cdot f'(0) = f(x).$$

【方法点击】 下列情况常用导数定义求导数：

(1)用导数定义能使运算简化（如例2）；

(2)分段函数在分界点处的导数（如例4）；

(3)抽象函数的导数等（如例3）.

例 **4** 已知 $f(x) = \begin{cases} \sin x, & x < 0, \\ x, & x \geqslant 0, \end{cases}$ 求 $f'(x)$.

解：当 $x < 0$ 时，$f'(x) = (\sin x)' = \cos x$；

当 $x \geqslant 0$ 时，$f'(x) = x' = 1$.

$$\lim_{\Delta x \to 0^-} \frac{f(\Delta x) - f(0)}{\Delta x} = \lim_{\Delta x \to 0^-} \frac{\sin \Delta x}{\Delta x} = 1, \ \lim_{\Delta x \to 0^+} \frac{f(\Delta x) - f(0)}{\Delta x} = \lim_{\Delta x \to 0^+} \frac{\Delta x}{\Delta x} = 1,$$

所以 $\lim_{\Delta x \to 0} \frac{f(\Delta x) - f(0)}{\Delta x} = 1$，即 $f'(0) = 1$. 故 $f'(x) = \begin{cases} \cos x, & x < 0, \\ 1, & x \geqslant 0. \end{cases}$

【方法点击】 求分段函数的导数应按如下步骤：

(1)用导数公式与运算法则求分界点两侧的导数；

(2)用导数定义求分界点处的导数（或左、右导数），并判定分界点处的导数是否存在.

基本题型 2：利用导数求极限或待定参数

例 **5** 设函数 $f(x)$ 在点 x_0 处的导数 $f'(x_0)$ 存在，α, β 是常数，求极限

$$\lim_{h \to 0} \frac{f(x_0 + \alpha h) - f(x_0 - \beta h)}{h}.$$

解：因导数 $f'(x_0)$ 存在，则由导数定义与极限的运算法则得

$$\lim_{h \to 0} \frac{f(x_0 + \alpha h) - f(x_0 - \beta h)}{h} = \lim_{h \to 0} \frac{[f(x_0 + \alpha h) - f(x_0)] - [f(x_0 - \beta h) - f(x_0)]}{h}$$

$$= \alpha \lim_{h \to 0} \frac{f(x_0 + \alpha h) - f(x_0)}{\alpha h} + \beta \lim_{h \to 0} \frac{f(x_0 - \beta h) - f(x_0)}{-\beta h}$$

$$= \alpha f'(x_0) + \beta f'(x_0).$$

特别地，当 α, β 至少有一个为零时，上述结果显然成立.

【方法点击】 特别地，当 $\alpha = \beta = 1$ 时，有（由题设条件知 $f'(x_0)$ 存在）

$$\lim_{h \to 0} \frac{f(x_0 + h) - f(x_0 - h)}{2h} = f'(x_0). \qquad\qquad ①$$

但是①不能作为函数 $y = f(x)$ 在点 x_0 的导数定义，因为它与导数定义式

$$\lim_{h \to 0} \frac{f(x_0 + h) - f(x_0)}{h} = f'(x_0) \qquad\qquad ②$$

是不等价的. 事实上，若②成立，则①左边的极限存在，且等于 $f'(x_0)$. 但是，反之不成立，即若①左边的极限存在，并不能保证②左边的极限存在. 换言之，①只是②的必要条件，并不是充分条件.

这是因为①中的 x_0 为中心的对称点 $x_0 + h, x_0 - h$ 处的函数值之差 $f(x_0 + h) - f(x_0 - h)$ 对点 x_0 处的函数值没有任何要求. 也就是说，极限 $\lim_{h \to 0} \frac{f(x_0 + h) - f(x_0 - h)}{2h}$ 存在与否跟点 x_0 处函数值 $f(x_0)$ 无关. 这不符合导数定义的要求. 例如，对于任何偶函数 $f(x)$，它的极限

$$\lim_{h \to 0} \frac{f(0+h)-f(0-h)}{2h}$$

总是存在的,且为零,但是极限 $\lim_{h \to 0} \frac{f(0+h)-f(0)}{h}$ 却不一定存在.例如函数:

$$f(x) = \begin{cases} \cos\dfrac{1}{x}, & x \neq 0, \\ 0, & x = 0 \end{cases}$$

在 $x=0$ 处不连续,但有

$$\lim_{h \to 0} \frac{f(0+h)-f(0-h)}{2h} = \lim_{h \to 0} \frac{\cos\dfrac{1}{h}-\cos\dfrac{1}{h}}{2h} = \lim_{h \to 0} 0 = 0.$$

但由于极限 $\lim_{h \to 0} \frac{f(0+h)-f(0)}{h} = \lim_{h \to 0} \frac{\cos\dfrac{1}{h}}{h}$ 不存在,因此函数 $f(x)$ 在 $x=0$ 处不可导.

例 6 设 $y=f(x)=\begin{cases} x^2, & x \leqslant x_0, \\ ax+b, & x > x_0, \end{cases}$ 选取适合的 a,b 值,使得 $f(x)$ 处处连续、可导.

解 当 $x < x_0$ 时,$f(x)=x^2$ 是初等函数,因此连续、可导;当 $x > x_0$ 时,$f(x)=ax+b$ 也是初等函数,因此也连续、可导.现只要讨论分段点 $x=x_0$ 处即可.

①连续性.

$$f(x_0)=x_0^2, f(x_0-0)=\lim_{x \to x_0^-} x^2 = x_0^2,$$

$$f(x_0+0)=\lim_{x \to x_0^+} f(x)=\lim_{x \to x_0^+}(ax+b)=ax_0+b,$$

要使 $f(x)$ 在 x_0 点连续,应有 $x_0^2=ax_0+b \Rightarrow x_0^2-ax_0=b.$

②可导性.

$$f'_-(x_0)=\lim_{x \to x_0^-} \frac{f(x)-f(x_0)}{x-x_0}=\lim_{x \to x_0^-} \frac{x^2-x_0^2}{x-x_0}=\lim_{x \to x_0^-}(x+x_0)=2x_0,$$

$$f'_+(x_0)=\lim_{x \to x_0^+} \frac{f(x)-f(x_0)}{x-x_0}=\lim_{x \to x_0^+} \frac{ax+b-x_0^2}{x-x_0}=\lim_{x \to x_0^+} \frac{ax+b-ax_0-b}{x-x_0}=a.$$

由函数在一点可导的充要条件有:$f'_-(x_0)=f'_+(x_0)$,即 $a=2x_0$,

所以 $b=x_0^2-ax_0=-x_0^2$,因此当 $\begin{cases} a=2x_0, \\ b=-x_0^2 \end{cases}$ 时,$f(x)$ 在 $(-\infty,+\infty)$ 上处处连续、可导.

【方法点击】 在确定未知数,使函数具有连续性、可导性时,应充分利用连续、导数的定义,同时,对用定义求点的单侧极限应熟练掌握.

基本题型 3:导数的物理意义和几何意义的应用

例 7 落在平静水面上的石头,产生同心波纹,若最外一圈波半径增大率总是 6 米/秒,问在 2 秒末被扰动水面面积的增大率为多少?

解 设半径为 R,被扰动的水面面积为 S,则 t 时刻

$$R=6t, S=\pi R^2=36\pi t^2,$$

所以 $S'(t)=72\pi t, S'(2)=144\pi$(米^2/秒).

即在 2 秒钟末时被扰动水面面积的增大率为 144π 米^2/秒.

例 8 设周期函数 $f(x)$ 在 $(-\infty,+\infty)$ 内可导,周期为 4,又 $\lim_{x \to 0} \frac{f(1)-f(1-x)}{2x}=-1$,求曲线

$y=f(x)$在点$(5,f(5))$处的切线方程.

解:因为

$$\lim_{x\to 0}\frac{f(1)-f(1-x)}{2x}=\frac{1}{2}\lim_{x\to 0}\frac{f(1-x)-f(1)}{-x}=\frac{1}{2}f'(1)=-1.$$

所以 $f'(1)=-2$,而由题设 $f(x)$ 以 4 为周期得

$$f'(5)=f'(4+1)=f'(1)=-2.$$

由导数几何意义得曲线 $y=f(x)$ 在点$(5,f(5))$处的切线斜率为 $f'(5)=-2$,于是所求切线方程为

$$y-f(5)=f'(5)\cdot(x-5),$$

即 $2x+y-f(5)-10=0$ 为所求.

【方法点击】 本题主要考查导数的定义、导数的几何意义及周期函数的性质. 一般地,若 $f(x)$ 是以 T 为周期的可导函数,则 $f'(x)$ 也是周期函数且周期仍为 T.

第二节 函数的求导法则

知识全解

一 本节知识结构图解

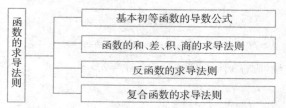

二 重点及常考点分析

1. 初等函数的导数.

从上一章我们知道,初等函数在其定义区间内是连续的. 对于导数而言,一般来说基本初等函数在定义区间内除去个别点外都是可导的.

2. 求导运算注意事项.

将要求导的函数应当首先简化为最简单形式.

求导运算中加、减、乘最简单,而除法已经不太方便了,我们应尽量用各种办法简化求导过程,例如对根式除法求导运算如能改为乘法运算就比较容易.

对数求导法是简化求导的一种方法,它能运用于幂指函数与连乘、连除以及根式、乘幂等形式,在有加减运算时慎用.

3. 分段函数的导数.

当求分段函数的导数时,对分段区间内的函数可按常规求导,而对于分段点 x_0 处的导数,一定要按左、右导数定义进行计算. 只有当 $f'_+(x_0)$ 和 $f'_-(x_0)$ 都存在且相等时,才认为函数在 x_0 处可导,否则函数的导数在 x_0 处是没有定义的. 在讨论导数的连续性时,也应按分段区间内和分段点分别予以讨论.

4. 对于复合函数的求导应注意的问题.

(1)弄清函数是由哪些基本初等函数经过多少次复合步骤合成的.

（2）在求导时，应由最外层的基本初等函数开始，逐层向里求导，一直求到对自变量求导数为止.

（3）对于函数用导数的四则运算法则求导过程中，如遇复合函数则用复合函数求导法则求之.

（4）如在复合函数中又有四则运算时，看在哪步发生，就在哪步用导数的四则运算法则计算.

三 考研大纲要求解读

掌握导数的四则运算法则和复合函数的求导法则，掌握基本初等函数的导数公式.

—— 例题精解 ——

基本题型 1：利用求导的四则运算及初等函数求导法则求函数的导数

例 1 设 $f(x)=(x-a)\varphi(x)$，其中 $\varphi(x)$ 在 $x=a$ 处连续，求 $f'(a)$.

解： 由导数的定义知

$$f'(a)=\lim_{x\to a}\frac{f(x)-f(a)}{x-a}=\lim_{x\to a}\frac{(x-a)\varphi(x)-0}{x-a}=\lim_{x\to a}\varphi(x).$$

因为 $\varphi(x)$ 在 $x=a$ 处连续，从而有 $\lim\limits_{x\to a}\varphi(x)=\varphi(a)$，故 $f'(a)=\varphi(a)$.

【方法点击】 求含有抽象函数的导数时，一定要注意所给抽象函数满足的条件，否则就会出错. 在本例中我们只知道 $\varphi(x)$ 在 $x=a$ 处连续，并不知 $\varphi'(x)$ 是否存在，因此下述作法是错误的.

因为 $f'(x)=\varphi(x)+(x-a)\cdot\varphi'(x)$，所以 $f'(a)=\varphi(a)$.

这个结果虽然正确，但只是一个巧合，由于题设条件中并未告知 $\varphi'(x)$ 存在，故不能应用两个函数乘积的求导法则求 $f'(x)$，本例只能用导数定义求 $f'(a)$.

例 2 设 $y=\arctan \mathrm{e}^x-\ln\sqrt{\dfrac{\mathrm{e}^{2x}}{\mathrm{e}^{2x}+1}}$，则 $\dfrac{\mathrm{d}y}{\mathrm{d}x}\Big|_{x=1}=$ _____.

解： $y=\arctan \mathrm{e}^x-\dfrac{1}{2}\ln \mathrm{e}^{2x}+\dfrac{1}{2}\ln(\mathrm{e}^{2x}+1)=\arctan \mathrm{e}^x-x+\dfrac{1}{2}\ln(\mathrm{e}^{2x}+1)$，故

$$\frac{\mathrm{d}y}{\mathrm{d}x}=\frac{\mathrm{e}^x}{1+\mathrm{e}^{2x}}-1+\frac{\mathrm{e}^{2x}}{\mathrm{e}^{2x}+1}=\frac{\mathrm{e}^x-1}{1+\mathrm{e}^{2x}},$$

从而 $\dfrac{\mathrm{d}y}{\mathrm{d}x}\Big|_{x=1}=\dfrac{\mathrm{e}-1}{\mathrm{e}^2+1}$. 故应填 $\dfrac{\mathrm{e}-1}{\mathrm{e}^2+1}$.

【方法点击】 一般初等函数在求导之前应先化简，将函数化成最简形式后再求导，可使求导过程大大简化，避免出错.

例 3 设 $y=(\cos x)^{x^2}$，求 y'.

解法一： 将函数 $y=(\cos x)^{x^2}$ 化为指数函数的形式 $y=(\cos x)^{x^2}=\mathrm{e}^{x^2\ln\cos x}$，由复合函数的求导法则得

$$y'=\mathrm{e}^{x^2\ln\cos x}\cdot\left[2x\ln\cos x+x^2\cdot\frac{(-\sin x)}{\cos x}\right],$$

即 $y'=(\cos x)^{x^2}(2x\ln\cos x-x^2\cdot\tan x)$.

解法二： 对数求导法.

对 $y=(\cos x)^{x^2}$ 两边取对数得 $\ln y=x^2\ln\cos x$，在方程 $\ln y=x^2\ln\cos x$ 两边对 x 求导数得

$$\frac{1}{y}y'=2x\ln\cos x+x^2\cdot\frac{(-\sin x)}{\cos x},$$

即 $y'=y(2x\ln\cos x-x^2\cdot\tan x)=(\cos x)^{x^2}(2x\ln\cos x-x^2\cdot\tan x).$

【方法点击】　本题运用的两种方法，是求 $y=f(x)^{g(x)}$ 类型函数的导函数的典型方法．求导函数的方法不是唯一的，可根据不同的需要灵活地选择合适的方法．

基本题型 2：复合函数求导

例 4　设 $y=\sin(2x+1)^2$，求 y'．

解：[错解] $y'=\cos(2x+1)^2\cdot2(2x+1)=2(2x+1)\cos(2x+1)^2.$

【方法点击】　本例的结果是错误的．原因是复合函数求导不彻底．

正确结果是 $y'=\cos(2x+1)^2\cdot2(2x+1)\cdot2=4(2x+1)\cdot\cos(2x+1)^2.$

例 5　求下列函数的导函数：

(1) $y=(x^2+\cos x)^5$；

(2) $y=e^{\cos x^3}$；

(3) $y=\arcsin\sqrt{\ln\cos x}$；

(4) $y=\dfrac{1}{\sqrt{\sin\frac{1}{x}}}.$

解：(1) $y'=[(x^2+\cos x)^5]'=5(x^2+\cos x)^4(x^2+\cos x)'$
$=5(x^2+\cos x)^4(2x-\sin x).$

> 把 $x^2+\cos x$ 作为中间变量

(2) $y'=(e^{\cos x^3})'=e^{\cos x^3}(\cos x^3)'$
$=e^{\cos x^3}\cdot(-\sin x^3)\cdot(x^3)'=-3x^2\sin x^3 e^{\cos x^3}.$

(3) 首先分析复合成分，$y=\arcsin u,u=\sqrt{v},v=\ln\omega,\omega=\cos x$，依复合函数求导的链式法则得

$$y'=\frac{dy}{dx}=\frac{dy}{du}\cdot\frac{du}{dv}\cdot\frac{dv}{d\omega}\cdot\frac{d\omega}{dx}$$

> 在复杂表达式里，要引入多个中间变量

$$=\frac{1}{\sqrt{1-u^2}}\cdot\frac{1}{2\sqrt{v}}\cdot\frac{1}{\omega}\cdot(-\sin x)$$

$$=\frac{1}{\sqrt{1-\ln\cos x}}\cdot\frac{1}{2\sqrt{\ln\cos x}}\cdot\frac{1}{\cos x}(-\sin x)$$

$$=-\frac{\tan x}{2\sqrt{\ln\cos x(1-\ln\cos x)}}.$$

(4) $y=\dfrac{1}{\sqrt{\sin\frac{1}{x}}}=\left(\sin\frac{1}{x}\right)^{-\frac{1}{2}},$

$$y'=-\frac{1}{2}\left(\sin\frac{1}{x}\right)^{-\frac{3}{2}}\cos\frac{1}{x}\cdot\left(-\frac{1}{x^2}\right)=\frac{\cot\frac{1}{x}}{2x^2\sqrt{\sin\frac{1}{x}}}.$$

【方法点击】　复合函数的求导关键在于搞清复合关系，从外层到内层一步一步进行求导运算，不要遗漏．尤其当既有四则运算又有复合函数运算时，要根据题目中给出的函数表达式决定先用四则运算求导法则还是先用复合函数求导法则．对于形式较复杂的复合函数也可以用一阶微分形式的不变性，通过求出给定函数的微分，并由此求得导数．

例 6　已知 $y=f\left(\dfrac{3x-2}{3x+2}\right)$，$f'(x)=\arctan x^2$，则 $\dfrac{dy}{dx}\Big|_{x=0}=$ _____．（考研题）

解： 由题设条件得

$$\frac{\mathrm{d}y}{\mathrm{d}x} = f'\left(\frac{3x-2}{3x+2}\right) \cdot \frac{3(3x+2)-(3x-2) \cdot 3}{(3x+2)^2}$$

$$= \arctan\left(\frac{3x-2}{3x+2}\right)^2 \cdot \frac{12}{(3x+2)^2},$$

所以 $\left.\frac{\mathrm{d}y}{\mathrm{d}x}\right|_{x=0} = 3\arctan 1 = \frac{3}{4}\pi$，故应填 $\frac{3}{4}\pi$.

例 7 设 $f(x) = \begin{cases} 0, & x \leqslant 0, \\ x, & x > 0, \end{cases}$ $g(x) = \begin{cases} 0, & x \leqslant 0, \\ -x^2, & x > 0, \end{cases}$ 求 $\frac{\mathrm{d}}{\mathrm{d}x}g[f(x)]$.

解： $g[f(x)] = \begin{cases} 0, & f(x) \leqslant 0, \\ -[f(x)]^2, & f(x) > 0 \end{cases} = \begin{cases} 0, & x \leqslant 0, \\ -x^2, & x > 0. \end{cases}$

当 $x \neq 0$ 时，$\frac{\mathrm{d}}{\mathrm{d}x}g[f(x)] = \begin{cases} 0, & x < 0, \\ -2x, & x > 0, \end{cases}$

当 $x = 0$ 时，$\frac{\mathrm{d}}{\mathrm{d}x}g[f(x)] = 0.$

【求左、右导数】

故 $\frac{\mathrm{d}}{\mathrm{d}x}g[f(x)] = \begin{cases} 0, & x \leqslant 0, \\ -2x, & x > 0. \end{cases}$

【方法点击】 对于分段函数的复合函数求导，首先要求出复合函数的表达式，然后再求导函数，特别要注意在分段点处要利用左、右导数来求.

基本题型 3：反函数求导问题

例 8 设 $x = g(y)$ 是 $f(x) = \ln x + \arctan x$ 的反函数，求 $g'\left(\frac{\pi}{4}\right)$.

解： 当 $x = 1$ 时，$y = f(1) = \frac{\pi}{4}$，

$$f'(x) = (\ln x + \arctan x)' = \frac{1}{x} + \frac{1}{1+x^2},$$

得 $f'(1) = \frac{3}{2}$，所以 $g'\left(\frac{\pi}{4}\right) = \frac{1}{f'(1)} = \frac{2}{3}.$

第三节　高阶导数

—— 知识全解 ——

一 本节知识结构图解

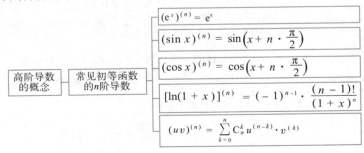

二 重点及常考点分析

1. 由高阶导数的定义可知,高阶导数可由通常的求导方法连续求导得到. 这种直接计算高阶导数的方法一般用于较低阶导数;对于较高阶导数,可通过下面的方法求 n 阶导数.

2. 求高阶导数的方法.

(1)归纳法:先求出函数的前几阶导数后,分析结果规律性,归纳出 n 阶导数.

(2)间接法:通过四则运算、变量代换等方法来求高阶导数.

①分式有理函数的高阶导数:先将有理假分式用多项式除法变为多项式与有理真分式之和,再将有理真分式写成部分分式之和,求出所给函数的 n 阶导数.

②由 $\cos^n \alpha x$, $\sin^n \beta x$ 的和、差、积所组成函数的高阶导数:利用三角函数中积化和差公式与倍角公式把函数的幂数逐次降低,变为 $\cos kx$, $\sin kx$ 之和或差的形式,再利用 $(\sin kx)^{(n)}$ 和 $(\cos kx)^{(n)}$ 公式求出所给函数的 n 阶导数.

(3)利用莱布尼茨公式.

三 考研大纲要求解读

了解高阶导数的概念,会求简单函数的 n 阶导数. 会求分段函数的一阶、二阶导数.

例题精解

基本题型:求函数的高阶导数

例 1 设 $y = \sin[f(x^2)]$,其中 f 具有二阶导数,求 $\dfrac{\mathrm{d}^2 y}{\mathrm{d}x^2}$.

解: $\dfrac{\mathrm{d}y}{\mathrm{d}x} = 2xf'(x^2)\cos[f(x^2)]$,

$\dfrac{\mathrm{d}^2 y}{\mathrm{d}x^2} = 2f'(x^2)\cos[f(x^2)] + 4x^2 f''(x^2)\cos[f(x^2)] - 4x^2[f'(x^2)]^2\sin[f(x^2)]$

$= 2f'(x^2)\cos[f(x^2)] + 4x^2\{f''(x^2)\cos[f(x^2)] - [f'(x^2)]^2\sin[f(x^2)]\}$.

例 2 设 $y = \sin^3 x + \sin x\cos x$,求 $y^{(n)}$.

【思路探索】 利用三倍角公式 $\sin 3x = 3\sin x - 4\sin^3 x$,二倍角公式 $\sin 2x = 2\sin x\cos x$.

解:因为 $y = \sin^3 x + \sin x\cos x = \dfrac{3}{4}\sin x - \dfrac{1}{4}\sin 3x + \dfrac{1}{2}\sin 2x$,所以

$$y^{(n)} = \frac{3}{4}\sin\left(x + \frac{n\pi}{2}\right) - \frac{3^n}{4}\sin\left(3x + \frac{n\pi}{2}\right) + 2^{n-1}\sin\left(2x + \frac{n\pi}{2}\right).$$

【方法点击】 部分三角函数可化成 $\sin kx$ 与 $\cos kx$ 的和的形式,则求 n 阶导数就可以应用

$$(\sin kx)^{(n)} = k^n\sin\left(kx + \frac{n\pi}{2}\right),$$

$$(\cos kx)^{(n)} = k^n\cos\left(kx + \frac{n\pi}{2}\right).$$

例 3 求函数 $f(x) = x^2\ln(1+x)$ 在 $x = 0$ 处的 n 阶导数 $f^{(n)}(0)$ $(n \geq 3)$. (考研题)

解:由莱布尼茨公式 $(uv)^{(n)} = u^{(n)}v^{(0)} + C_n^1 u^{(n-1)}v' + C_n^2 u^{(n-2)}v'' + \cdots + u^{(0)}v^{(n)}$

及 $[\ln(1+x)]^{(k)} = \dfrac{(-1)^{k-1}(k-1)!}{(1+x)^k}$ (k 为正整数)得

$$f^{(n)}(x) = x^2\frac{(-1)^{n-1}(n-1)!}{(1+x)^n} + 2nx\frac{(-1)^{n-2}(n-2)!}{(1+x)^{n-1}} + n(n-1)\cdot\frac{(-1)^{n-3}(n-3)!}{(1+x)^{n-2}},$$

所以 $f^{(n)}(0)=(-1)^{n-3}n(n-1)(n-3)!=\dfrac{(-1)^{n-3}n!}{n-2}$.

【方法点击】 应牢记乘积函数求高阶导数的莱布尼茨公式,并会灵活运用.

例 **4** 设 $y=\ln\sqrt{\dfrac{1-x}{1+x^2}}$,则 $y''\Big|_{x=0}=$_____.（考研题）

解：$y=\dfrac{1}{2}\big[\ln(1-x)-\ln(1+x^2)\big]$,

$y'=\dfrac{1}{2}\Big(\dfrac{-1}{1-x}-\dfrac{2x}{1+x^2}\Big),y''=\dfrac{1}{2}\Big[-\dfrac{1}{(1-x)^2}-\dfrac{2(1-x^2)}{(1+x^2)^2}\Big],y''\Big|_{x=0}=-\dfrac{3}{2}$.

故应填 $-\dfrac{3}{2}$.

【方法点击】 求导前先利用对数的性质把函数化简,可使求导运算简便.

例 **5** 函数 $y=\ln(1-2x)$ 在 $x=0$ 处的 n 阶导数 $y^{(n)}(0)=$_____.（考研题）

解：由 $y'=\dfrac{-2}{1-2x}=-2(1-2x)^{-1}$,

$y''=-2\times(-1)\times(1-2x)^{-2}\times(-2)=-2^2(1-2x)^{-2}$,

$y'''=-2^3\times2(1-2x)^{-3}$,

$\vdots$

$y^{(n)}=-2^n(n-1)!\ (1-2x)^{-n}$,则 $y^{(n)}(0)=-2^n(n-1)!$.

【方法点击】 (1)求 $f(x)$ 的 n 阶导数时,一般先求出前几阶导数,从中找出规律,得出 $f(x)$ 的 n 阶导数表达式.

(2)某些复杂函数求高阶导数,需先化简、变形,化为常见函数类,再求其 n 阶导数.

第四节　隐函数及由参数方程所确定的
函数的导数　相关变化率

知识全解

一 本节知识结构图解

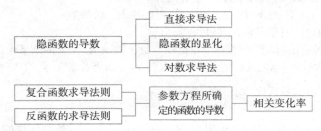

二 重点及常考点分析

1. 求隐函数导数,在方程两边同时对 x 求导时要注意到 y 是 x 的函数.

2. 隐函数求导方法.

(1)直接法:方程 $F(x,y)=0$ 两边对 x 求导,这里 y 是 x 的函数,且 y 是 x 的复合函数,求

y 对 x 的导数时要用复合函数的链式法则.

(2)对数法:对等式两边取对数,此种方法适用于幂指函数、函数连乘积、函数乘方、函数开方等形式.

3. 由参数式来确定的函数的导数是实际问题中经常用到的,计算时要注意 $\dfrac{\mathrm{d}y}{\mathrm{d}t}$ 的参数在分子上,而 $\dfrac{\mathrm{d}x}{\mathrm{d}t}$ 的参数在分母上. $\dfrac{\mathrm{d}y}{\mathrm{d}x}$ 应化为最简形式,这对求高阶导数是有利的.

三 考研大纲要求解读

会求隐函数的导数和用参数方程所确定的函数的导数.

●————— 例题精解 —————●

基本题型 1:隐函数求导问题

例 **1** 已知函数 $y=y(x)$ 由方程 $xy^2-\ln(x+1)+\ln y=1$ 确定,则 $\dfrac{\mathrm{d}y}{\mathrm{d}x}\Big|_{x=0}=$ _____.(考研题)

解:在已知方程两端对 x 求导得 $y^2+x\cdot 2y\cdot y'-\dfrac{1}{x+1}+\dfrac{y'}{y}=0$,解得

$$y'=\frac{\mathrm{d}y}{\mathrm{d}x}=\frac{y-(x+1)y^3}{(x+1)(2xy^2+1)}.$$

当 $x=0$ 时代入原方程得 $y(0)=\mathrm{e}$,将 $x=0,y(0)=\mathrm{e}$ 代入 y' 中得 $\dfrac{\mathrm{d}y}{\mathrm{d}x}\Big|_{x=0}=\mathrm{e}-\mathrm{e}^3$.

故应填 $\mathrm{e}-\mathrm{e}^3$.

例 **2** 设函数 $y=y(x)$ 由方程 $x\mathrm{e}^{f(y)}=\mathrm{e}^y$ 确定,其中 f 具有二阶导数,且 $f'\neq 1$,求 $\dfrac{\mathrm{d}^2y}{\mathrm{d}x^2}$.(考研题)

解:方程两边取对数,得 $\ln x+f(y)=y$. 关于 x 求导得 $\dfrac{1}{x}+f'(y)\dfrac{\mathrm{d}y}{\mathrm{d}x}=\dfrac{\mathrm{d}y}{\mathrm{d}x}$,从而

$$\frac{\mathrm{d}y}{\mathrm{d}x}=\frac{1}{x[1-f'(y)]},$$

$$\frac{\mathrm{d}^2y}{\mathrm{d}x^2}=-\frac{1-f'(y)-xf''(y)\cdot\dfrac{\mathrm{d}y}{\mathrm{d}x}}{x^2[1-f'(y)]^2}=-\frac{[1-f'(y)]^2-f''(y)}{x^2[1-f'(y)]^3}.$$

【方法点击】 求隐函数的二阶导数,一般有两种解法:

(1)先求出 y'(注意,结果中一般含有 y),再继续求二阶导数;

(2)对方程两边同时求导两次,然后再解出 y''.

无论是哪一种解法,在求导时,都应该记住 y 是 x 的函数. 在 y'' 的结果中,如果含有 y',应将一阶导数的结果代入. 总之最后结果中只能含有 x,y. 如果要求 x_0 点的二阶导数,应先求出对应的 y_0 及 $y'\Big|_{(x_0,y_0)}$,然后代入求出的 y'' 中.

例 **3** 曲线 L 的极坐标方程是 $r=\theta$,则 L 在点 $(r,\theta)=\left(\dfrac{\pi}{2},\dfrac{\pi}{2}\right)$ 处的切线的直角坐标方程是 _____.(考研题)

解:由直角坐标与极坐标的关系得曲线 L 的直角坐标方程为

$$\sqrt{x^2+y^2}=\arctan\frac{y}{x},$$

①

且点 $(r,\theta)=\left(\dfrac{\pi}{2},\dfrac{\pi}{2}\right)$ 的直角坐标为 $\left(0,\dfrac{\pi}{2}\right)$，在①两端对 x 求导得

$$\frac{1}{2\sqrt{x^2+y^2}}\cdot(2x+2yy')=\frac{1}{1+\left(\dfrac{y}{x}\right)^2}\cdot\frac{y'x-y}{x^2},$$

即 $\dfrac{x+yy'}{\sqrt{x^2+y^2}}=\dfrac{xy'-y}{x^2+y^2}$，将 $x=0,y=\dfrac{\pi}{2}$ 代入得 $y'=-\dfrac{2}{\pi}$，于是过点 $\left(0,\dfrac{\pi}{2}\right)$ 的切线方程为

$$y-\frac{\pi}{2}=-\frac{2}{\pi}(x-0),\ 即\ \frac{2}{\pi}x+y-\frac{\pi}{2}=0,$$

故应填 $\dfrac{2}{\pi}x+y-\dfrac{\pi}{2}=0.$

基本题型 2：适用于幂指函数与连乘积、乘方、开方形式的对数求导法

例 4 设 $y=(x-2)^2\cdot\sqrt[3]{\dfrac{(x+3)^2\cdot(3-2x^2)}{(1+x^2)\cdot(5-3x^3)}}$，求 y'.

解：先将表达式写成分式指数幂形式：

$$y=(x-2)^2\cdot(x+3)^{\frac{2}{3}}(3-2x^2)^{\frac{1}{3}}(1+x^2)^{-\frac{1}{3}}(5-3x^3)^{-\frac{1}{3}},$$

两边取自然对数，

$$\ln y=2\ln(x-2)+\frac{2}{3}\ln(x+3)+\frac{1}{3}\ln(3-2x^2)-\frac{1}{3}\ln(1+x^2)-\frac{1}{3}\ln(5-3x^3),$$

上式两边对 x 求导，

$$\frac{y'}{y}=\frac{2}{x-2}+\frac{2}{3(x+3)}-\frac{4x}{3(3-2x^2)}-\frac{2x}{3(1+x^2)}+\frac{3x^2}{5-3x^3},$$

所以 $y'=(x-2)^2\sqrt[3]{\dfrac{(x+3)^2(3-2x^2)}{(1+x^2)(5-3x^3)}}\times\left[\dfrac{2}{x-2}+\dfrac{2}{3(x+3)}-\dfrac{4x}{3(3-2x^2)}-\dfrac{2x}{3(1+x^2)}+\dfrac{3x^2}{5-3x^3}\right].$

【方法点击】 取对数是一种重要的映射，它能把运算的级别降低，这是它的本质；对数求导法就是利用了对数的这一性质来简化求导运算. 即先对函数 $y=f(x)$ 的两边取对数，再利用复合函数的求导法则求出 y'. 该方法一般适用于幂指函数 $y=f(x)^{g(x)}$ 以及由简单函数的乘积、商、幂所表示的函数的求导，可以简化计算.

基本题型 3：参数方程求导法

例 5 设 $\begin{cases}x=\sin t,\\ y=t\sin t+\cos t\end{cases}$（$t$ 为参数），则 $\dfrac{\mathrm{d}^2y}{\mathrm{d}x^2}\bigg|_{t=\frac{\pi}{4}}=$ _____ .（考研题）

解：$\dfrac{\mathrm{d}y}{\mathrm{d}x}=\dfrac{y'(t)}{x'(t)}=\dfrac{\sin t+t\cos t-\sin t}{\cos t}=t,$

$\dfrac{\mathrm{d}^2y}{\mathrm{d}x^2}=\dfrac{\mathrm{d}}{\mathrm{d}t}\left(\dfrac{\mathrm{d}y}{\mathrm{d}x}\right)\cdot\dfrac{\mathrm{d}t}{\mathrm{d}x}=\dfrac{\mathrm{d}}{\mathrm{d}t}\left(\dfrac{\mathrm{d}y}{\mathrm{d}x}\right)\cdot\dfrac{1}{\dfrac{\mathrm{d}x}{\mathrm{d}t}}=\dfrac{1}{\cos t},$

所以 $\dfrac{\mathrm{d}^2y}{\mathrm{d}x^2}\bigg|_{t=\frac{\pi}{4}}=\sqrt{2}$，故应填 $\sqrt{2}$.

【方法点击】 由参数方程所确定的函数的一阶导数一般都是参数 t 的函数，而所求函数的二阶导数 $\dfrac{\mathrm{d}^2y}{\mathrm{d}x^2}$ 是 $\dfrac{\mathrm{d}y}{\mathrm{d}x}$ 再对 x 求导，事实上是一种复合函数的求导问题，因此求高阶导数（如二阶导数）时，应视参数 t 为中间变量，再利用复合函数求导法求导即可.

例 6 设 $y=y(x)$ 由 $\begin{cases} x=\arctan t, \\ 2y-ty^2+\mathrm{e}^t=5 \end{cases}$ 确定,求 $\dfrac{\mathrm{d}y}{\mathrm{d}x}$.(考研题)

【思路探索】 $\dfrac{\mathrm{d}x}{\mathrm{d}t}$ 很容易求出,再运用隐函数求导方法求出 $\dfrac{\mathrm{d}y}{\mathrm{d}t}$,便能运用参数求导法则求出结果.

解:在方程 $2y-ty^2+\mathrm{e}^t=5$ 两边对 t 求导,得 $2y_t{}'-y^2-2ty\cdot y_t{}'+\mathrm{e}^t=0$,所以

$$y_t{}'=\frac{y^2-\mathrm{e}^t}{2(1-ty)}.$$

又因为 $x_t{}'=\dfrac{1}{1+t^2}$,所以 $\dfrac{\mathrm{d}y}{\mathrm{d}x}=\dfrac{y_t{}'}{x_t{}'}=\dfrac{(y^2-\mathrm{e}^t)(1+t^2)}{2(1-ty)}.$

例 7 注水入深 8 m,上顶直径为 8 m 的正圆锥容器中,其速率为 4 m³/min.当水深为 5 m 时,其表面上升的速率为多少?

解:设在 t 时刻容器中的水深为 h,水的容积为 V,水面半径为 r,如图 2-1 所示.

由于 $\triangle OCD\sim\triangle OAB$,所以 $\dfrac{r}{4}=\dfrac{h}{8}$,因而 $r=\dfrac{h}{2}$.从而

$$V=\frac{1}{3}\pi r^2 h=\frac{\pi h^3}{12}.$$

故 $\qquad V_t{}'=\dfrac{\pi}{12}\times 3h^2 h_t{}'=\dfrac{\pi}{4}h^2 h_t{}'.$

当 $h=5$ 时,$V_t{}'=4,h_t{}'=\dfrac{16}{25\pi}\approx 0.204$ m/min.

图 2-1

【方法点击】 本题是一个相关变化率的问题.此类问题大部分是实际问题.解题时关键在于要把实际问题用数学语言表述出来,即要写出问题的函数表达式,然后求相应的导数就可以了.

第五节　函数的微分

知识全解

一 本节的知识结构图解

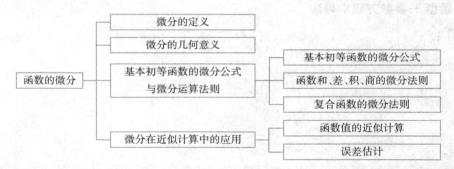

二 重点及常考点分析

1. 微分的定义.

(1)函数改变量的线性主部是函数的微分.

（2）若函数 $y=f(x)$ 在 x 处有导数 $f'(x)$，则
$$\Delta y=f(x+\Delta x)-f(x)=f'(x)\Delta x+o(\Delta x),$$
对自变量 x 有 $\mathrm{d}x=\Delta x$，所以 $\mathrm{d}y=f'(x)\mathrm{d}x$.

（3）由于 $f'(x)=\dfrac{\mathrm{d}y}{\mathrm{d}x}$，可看成两个微分之商，故导数又称为微商，这与下册第九章要学的偏导数符号 $\dfrac{\partial y}{\partial x}$ 不一样，$\dfrac{\partial y}{\partial x}$ 是一个整体，不能拆开，而 $\dfrac{\mathrm{d}y}{\mathrm{d}x}$ 的分子分母都是有意义的.

（4）导数 $f'(x)$ 只与 f 和 x 点有关，而与 Δx 无关.

微分 $\mathrm{d}y$ 不仅与 $f'(x)$ 有关，而且与 Δx 有关.

由于函数在 x 点可微必可导，反之亦然，故二者是等价的.

2. 一阶微分的形式不变性.

由于 $\mathrm{d}y=f'(x)\mathrm{d}x$，我们可以求 y 的微分，然后去掉 $\mathrm{d}x$ 就得到导数 $f'(x)$. 当 y 是复合函数时，利用一阶微分形式的不变性一步一步由表及里求微分.

3. 近似计算中微分和导数的运用.

在近似计算中经常要求函数 y 的改变量的大小，也即 y 的绝对误差 $\delta_y=|\mathrm{d}y|=|f'(x)|\delta_x$.

另一种运算是求函数 y 的近似值 $f(x_0+\Delta x)$，则有
$$f(x_0+\Delta x)=f(x_0)+\Delta y\approx f(x_0)+f'(x_0)\Delta x,$$
而 y 的相对误差为 $\delta_y^*=\dfrac{\delta_y}{|y|}=\left|\dfrac{y'}{y}\right|\delta_x$.

4. 求微分常用的方法.

（1）对能正确求出 $f'(x)$ 的，利用 $\mathrm{d}y=f'(x)\mathrm{d}x$ 求微分.

（2）利用微分运算法则及一阶微分形式不变性求微分.

5. 利用微分近似计算公式 $f(x_0+\Delta x)\approx f(x_0)+f'(x_0)\Delta x$ 解题. 正确选择 x_0 和 Δx，原则是所选 x_0 要使 $f(x_0)$ 和 $f'(x_0)$ 易计算，而 $|\Delta x|$ 尽可能的小，且自变量增量 Δx 可以取负值.

三　考研大纲要求解读

了解微分的四则运算法则和一阶微分的形式不变性，会求函数的微分.

⋯⋯⋯⋯⋯ 例题精解 ⋯⋯⋯⋯⋯

基本题型 1：求函数的微分

例 **1** 设函数 $y=y(x)$ 由方程 $2^{xy}=x+y$ 所确定，则 $\mathrm{d}y\Big|_{x=0}=$ _____.（考研题）

解：把 $x=0$ 代入 $2^{xy}=x+y$ 得 $y=1$.

对方程两端关于 x 求导得 $2^{xy}\cdot\ln 2\cdot(y+xy')=1+y'$.

令 $x=0,y=1$，得 $y'\Big|_{\substack{x=0\\y=1}}=\ln 2-1$，所以
$$\mathrm{d}y\Big|_{\substack{x=0\\y=1}}=y'\Big|_{\substack{x=0\\y=1}}\mathrm{d}x=(\ln 2-1)\mathrm{d}x.$$

故应填 $(\ln 2-1)\mathrm{d}x$.

例 **2** 设 $y=f(\ln x)\mathrm{e}^{f(x)}$，其中 $f(x)$ 可微，求 $\mathrm{d}y$.（考研题）

解：$\mathrm{d}y=\mathrm{d}\big[f(\ln x)\mathrm{e}^{f(x)}\big]$

$\qquad =\mathrm{e}^{f(x)}\cdot\mathrm{d}\big[f(\ln x)\big]+f(\ln x)\cdot\mathrm{d}\big[\mathrm{e}^{f(x)}\big]$

$$= f'(\ln x)e^{f(x)}d(\ln x) + f(\ln x) \cdot e^{f(x)}d[f(x)]$$

$$= \left[\frac{1}{x}e^{f(x)}f'(\ln x) + f(\ln x)e^{f(x)}f'(x)\right]dx$$

$$= e^{f(x)}\left[\frac{1}{x}f'(\ln x) + f(\ln x)f'(x)\right]dx.$$

例 3 函数 $y=f(x)$ 的微分与导数有什么联系与区别？

解：微分和导数是两个不同的概念，但它们之间又有联系：可微的充分必要条件是可导，且有 $dy=f'(x)dx$；

但又有区别，从数值上考虑，函数 $f(x)$ 在点 x_0 的导数 $f'(x_0)$ 是一个仅与 x_0 有关的常数，而函数 $f(x)$ 在点 x_0 的微分 $d[f(x_0)]=f'(x_0)\Delta x$ 不仅与 x_0 有关，还与自变量的增量 Δx 有关；由几何意义知，导数 $f'(x_0)$ 表示曲线 $y=f(x)$ 在点 $(x_0,f(x_0))$ 处切线的斜率，而微分 $d[f(x_0)]$ 表示曲线 $y=f(x)$ 在点 $(x_0,f(x_0))$ 处切线纵坐标的增量.

基本题型 2：利用微分求近似值

例 4 当 $|x|$ 较小时，证明近似公式：$\sqrt[n]{1+x}\approx 1+\dfrac{x}{n}$.

证明：令 $f(x)=\sqrt[n]{1+x}$，取 $x_0=0,\Delta x=x$.

由 $f'(x)=\dfrac{1}{n}(1+x)^{\frac{1}{n}-1}$，得 $f'(0)=\dfrac{1}{n}$，又 $f(0)=\sqrt[n]{1+0}=1$，

所以 $f(x)\approx f(0)+f'(0)x=1+\dfrac{1}{n}x$，即 $\sqrt[n]{1+x}\approx 1+\dfrac{1}{n}x$.

> **【方法点击】** 由微分的定义，我们知道如果 $y=f(x)$ 在 x_0 点可微，则
> $$\Delta y=f(x_0+\Delta x)-f(x_0)=f'(x_0)\Delta x+o(\Delta x)(\Delta x\rightarrow 0).$$
> 因此若 $f'(x_0)$ 和 $f(x_0)$ 易求，则 $f(x_0+\Delta x)\approx f(x_0)+f'(x_0)\Delta x$，误差是 Δx 的高阶无穷小.

例 5 利用微分求 $\tan 46°$ 的近似值.

解：选取 $f(x)=\tan x$. 则 $f'(x)=(\tan x)'=\sec^2 x$.

令 $x_0=\dfrac{\pi}{4}=45°,\Delta x=1°=\dfrac{\pi}{180}$，则

$$\tan(46°)=f\left(\frac{\pi}{4}+\frac{\pi}{180}\right)\approx f\left(\frac{\pi}{4}\right)+f'\left(\frac{\pi}{4}\right)\cdot\frac{\pi}{180},$$

又因为 $f\left(\dfrac{\pi}{4}\right)=1,f'\left(\dfrac{\pi}{4}\right)=\sec^2\dfrac{\pi}{4}=2$.

所以 $\tan(46°)\approx 1+2\times\dfrac{\pi}{180}\approx 1+0.034\ 9=1.034\ 9$.

> **【方法点击】** 此类题在于利用公式 $f(x_0+\Delta x)\approx f(x_0)+f'(x_0)\Delta x$，关键在于选好 $y=f(x)$ 使 $f(x_0)$ 及 $f'(x_0)$ 均可方便地得到.

本章小结

1. 关于求导方法的小结.

求导的四则运算和复合函数的求导法则往往要多次使用，且是交替使用. 特别需要指出的是乘积和商的求导，每次只能对一个因子求，而不是更多；对于复合函数更应小心，我们总的原则是对形如 $f\circ g\circ h\circ\cdots\circ\varphi$ 之类的函数，先对 f 求导，其余不变，再乘上对 g 求导，……，有限次之后，乘

对 φ 求导,至此全部求完.容易犯的一个错误是顺序前后颠倒,即没弄清各函数之间的复合关系.

2. 关于分段函数求导的小结.

对分段函数求其导数时,应全面地考虑,一般地,首先讨论在每一段开区间内部的可导性(大都可直接用公式),然后用定义判断分界点处左、右导数是否存在,若二者均存在,再看是否相等,最后归纳总结.

3. 关于微分的小结.

在用微分作近似计算时,关键在于选好 $f(x)$,x_0 及 Δx,然后按微分公式计算即可,一般最终的结果写成有限小数.

4. 本章考研要求.

(1)掌握导数的四则运算法则和复合函数的求导法则,掌握初等函数的求导公式,了解微分的四则运算法则和一阶微分形式的不变性,会求初等函数的微分.

(2)理解导数与微分的概念,理解导数与微分的关系,理解导数的几何意义,会求平面曲线的切线方程和法线方程.了解导数的物理意义,会用导数描述一些物理量,理解函数的可导性与连续性之间的关系.

(3)会求分段函数的导数,了解高阶导数的概念,会求简单函数的高阶导数.

(4)会求隐函数和由参数方程所确定的函数以及反函数的导数.

自测题

一、填空题

1. 设 $f'(x_0) = -1$,则 $\lim\limits_{x \to 0} \dfrac{x}{f(x_0 - 2x) - f(x_0 - x)} = $ _____.

2. 设 $f'(0) = 2$,则 $\lim\limits_{x \to 0} \dfrac{f(3\sin x) - f(2\arctan x)}{x} = $ _____.

3. 设 $y = (1 + \sin x)^x$,则 $\mathrm{d}y \big|_{x=\pi} = $ _____.(考研题)

4. 设 $x + y = \tan y$,则 $\mathrm{d}y = $ _____.

5. 曲线 $y = \ln x$ 与直线 $x + y = 1$ 垂直的切线方程为 _____.(考研题)

二、选择题

1. 设函数 $y = y(x)$ 由参数方程 $\begin{cases} x = t^2 + 2t \\ y = \ln(1 + t) \end{cases}$ 确定,则曲线 $y = y(x)$ 在 $x = 3$ 处的法线与 x 轴交点的横坐标是( ).(考研题)

    (A)$\dfrac{1}{8}\ln 2 + 3$ (B)$-\dfrac{1}{8}\ln 2 + 3$

    (C)$-8\ln 2 + 3$ (D)$8\ln 2 + 3$

2. 设 $f(x)$ 为不恒为零的奇函数,且 $f'(0)$ 存在,则函数 $g(x) = \dfrac{f(x)}{x}$( ).(考研题)

    (A)在 $x = 0$ 左极限不存在   (B)没有间断点

    (C)在 $x = 0$ 右极限不存在   (D)有可去间断点 $x = 0$

3. 设可导函数 $f(x)$ 是奇函数,则 $f'(x)$ 是( ).

    (A)偶函数   (B)奇函数

    (C)非奇非偶函数   (D)不确定

4. 设 $f(1 + x) = af(x)$ 总成立,且 $f'(0) = b(a, b$ 为非零常数$)$,则 $f(x)$ 在 $x = 1$ 处( ).

    (A)不可导   (B)$f'(1) = a$

(C)$f'(1)=b$ (D)$f'(1)=ab$

5. 设 $f(x)$ 可导且 $f'(x_0)=3$，则 $\Delta x\rightarrow 0$ 时，$f(x)$ 在 x_0 处的微分 dy 与 Δx 比较是（　　）无穷小.

(A)等价   (B)同阶

(C)低阶   (D)高阶

三、解答题

1. 设函数 $F(x)$ 在 $x=0$ 处可导且 $F(0)=0$，求 $\lim\limits_{x\rightarrow 0}\dfrac{F(1-\cos x)}{\tan x^2}$.

2. 设 $\begin{cases} x=t-\ln(1+t), \\ y=t^3+t^2, \end{cases}$ 求 $\dfrac{d^2y}{dx^2}$.

3. 两曲线 $y=x^2+ax+b$ 与 $2y=-1+xy^3$ 相切于点 $(1,-1)$，求 a,b 的值.

4. 求 a,b 的值，使函数 $f(x)=\begin{cases} x^2+2x+3, & x\leqslant 0, \\ ax+b, & x>0 \end{cases}$ 在 $(-\infty,+\infty)$ 内连续、可导.

5. 已知 $f'(x)=\dfrac{1}{x}$，$y=f\left(\dfrac{x+1}{x-1}\right)$，求 $\dfrac{dy}{dx}$.

6. 设 $F(x)=\max\{f_1(x),f_2(x)\}$ 的定义域为 $(-1,1)$，其中 $f_1(x)=x+1$，$f_2(x)=(x+1)^2$. 在定义域内求 $\dfrac{dF(x)}{dx}$.

7. 已知函数 $f(x)$ 在 $(0,+\infty)$ 内可导，$f(x)>0$，$\lim\limits_{x\rightarrow+\infty}f(x)=1$，且满足

$$\lim\limits_{h\rightarrow 0}\left[\dfrac{f(x+hx)}{f(x)}\right]^{\frac{1}{h}}=e^{\frac{1}{x}},$$

求 $f(x)$.

8. 已知 $f(x)$ 是周期为 5 的连续函数，它在 $x=0$ 的某个领域内满足关系式

$$f(1+\sin x)-3f(1-\sin x)=8x+\alpha(x),$$

其中 $\alpha(x)$ 是当 $x\rightarrow 0$ 时比 x 高阶的无穷小，且 $f(x)$ 在 $x=1$ 处可导.

求曲线 $y=f(x)$ 在点 $(6,f(6))$ 处的切线方程.

四、证明题

设 $f(x)$ 在 $[a,b]$ 上连续，且 $f(a)=f(b)=0$，$f'_+(a)\cdot f'_-(b)>0$，试证明在 (a,b) 内至少有一个 ξ，使 $f(\xi)=0$.

自测题答案

一、填空题

1. 1   **2.** 2   **3.** $-\pi dx$ **4.** $\cot^2 y dx$ **5.** $y=x-1$

1. 解：因为 $\lim\limits_{x\rightarrow 0}\dfrac{f(x_0-2x)-f(x_0-x)}{x}$

$=\lim\limits_{x\rightarrow 0}\dfrac{f(x_0-2x)-f(x_0)}{x}-\lim\limits_{x\rightarrow 0}\dfrac{f(x_0-x)-f(x_0)}{x}$

$=-2f'(x_0)+f'(x_0)=-f'(x_0)=1$.

即原式 $=1$，故应填 1.

2. 解：原式 $=\lim\limits_{x\rightarrow 0}\dfrac{f(3\sin x)-f(0)}{3\sin x}\cdot\dfrac{3\sin x}{x}-\lim\limits_{x\rightarrow 0}\dfrac{f(2\arctan x)-f(0)}{2\arctan x}\cdot\dfrac{2\arctan x}{x}$

$=3\times f'(0)-2\times f'(0)=f'(0)=2$,

故应填 2.

3. 解：因为 $dy = y'(x)dx = (1+\sin x)^x \cdot \left[\ln(1+\sin x) + \dfrac{x\cos x}{1+\sin x}\right]dx$，

所以 $dy\Big|_{x=\pi} = -\pi dx$.

4. 解：$dy = y'dx = \cot^2 y\,dx$.

5. 解：设切点为 (x_0, y_0)，则 $y'(x_0) = \dfrac{1}{x_0}$，由题意知：$y'(x_0) = \dfrac{1}{x_0} = 1$，所以 $x_0 = 1$，从而 $y_0 = 0$，即

切线方程为 $y = x - 1$.

二、选择题

1. (A)　**2.** (D)　**3.** (A)　**4.** (D)　**5.** (B)

2. 解：由题意可知 $f(0) = 0$，$x = 0$ 是 $g(x)$ 的间断点，则

$$\lim_{x \to 0} g(x) = \lim_{x \to 0} \frac{f(x)}{x} = \lim_{x \to 0} \frac{f(x) - f(0)}{x - 0} = f'(0)$$

存在，所以 $x = 0$ 为可去间断点. 故应选 (D).

4. 解：由题意知 $f(1+0) = af(0)$，即 $f(1) = af(0)$，于是

$$f'(1) = \lim_{x \to 0} \frac{f(1+x) - f(1)}{x} = \lim_{x \to 0} \frac{af(x) - af(0)}{x}$$

$$= a \lim_{x \to 0} \frac{f(x) - f(0)}{x} = a \cdot f'(0) = ab,$$

故应选 (D).

三、解答题

1. 解：原式 $= \lim_{x \to 0} \dfrac{F(1-\cos x)}{1-\cos x} \cdot \dfrac{1-\cos x}{\tan x^2} = \lim_{t \to 0} \dfrac{F(t)}{t} \cdot \lim_{x \to 0} \dfrac{\frac{1}{2}x^2}{x^2}$

$\qquad = \dfrac{1}{2} \lim_{t \to 0} \dfrac{F(t) - F(0)}{t} = \dfrac{1}{2} F'(0)$.

2. 解：$\dfrac{dy}{dx} = \dfrac{dy}{dt} \Big/ \dfrac{dx}{dt} = (1+t)(3t+2) = 3t^2 + 5t + 2$，

$\qquad \dfrac{d^2 y}{dx^2} = \dfrac{d\left(\frac{dy}{dx}\right)}{dt} \Big/ \dfrac{dx}{dt} = \dfrac{(t+1)(6t+5)}{t}$.

3. 解：$y = x^2 + ax + b$ 过点 $(1, -1)$，故 $a + b = -2$，$y' = 2x + a$，

则 $y'(1) = 2 + a$，由 $2y = -1 + xy^3$，得 $\dfrac{dy}{dx} = \dfrac{y^3}{2 - 3xy^2}$，且 $\dfrac{dy}{dx}\Big|_{(1,-1)} = 1$.

按题意 $2 + a = 1$，故由 $\begin{cases} a + b = -2, \\ 2 + a = 1, \end{cases}$ 得 $a = -1, b = -1$.

4. 解：因为当 $x > 0$ 或 $x < 0$ 时，$f(x)$ 均为多项式，所以 $f(x)$ 在 $(-\infty, 0)$，$(0, +\infty)$ 上连续、可导.

欲使 $f(x)$ 在 $x = 0$ 处连续，则应有 $f(0) = \lim_{x \to 0^-} f(x) = \lim_{x \to 0^+}(ax+b)$，但 $f(0) = 3$，所以 $b = 3$.

欲使 $f(x)$ 在 $x = 0$ 处可导，则应有 $f'_-(0) = f'_+(0)$，但

$$f'_-(0) = 2, \quad f'_+(0) = \lim_{x \to 0^+} \frac{f(x) - f(0)}{x} = \lim_{x \to 0^+} \frac{ax + b - 3}{x} = a,$$

所以 $a = 2$. 故当 $a = 2, b = 3$ 时，$f(x)$ 在 $(-\infty, +\infty)$ 内连续、可导.

5. 解法一：令 $u=\dfrac{x+1}{x-1}(x\neq 1)$，则 $\dfrac{\mathrm{d}u}{\mathrm{d}x}=-\dfrac{2}{(x-1)^2}$，所以

$$\frac{\mathrm{d}y}{\mathrm{d}x}=\frac{\mathrm{d}y}{\mathrm{d}u}\frac{\mathrm{d}u}{\mathrm{d}x}=f'(u)\frac{\mathrm{d}u}{\mathrm{d}x}=\frac{1}{u}\left[-\frac{2}{(x-1)^2}\right]=\frac{2}{1-x^2}(x\neq\pm 1).$$

解法二：$f'(x)=\dfrac{1}{x}$，$f(x)=\displaystyle\int\frac{1}{x}\mathrm{d}x=\ln|x|+C$(这种方法在第四章介绍)，故

$$y=f\left(\frac{x+1}{x-1}\right)=\ln\left|\frac{x+1}{x-1}\right|+C,$$

所以 $\dfrac{\mathrm{d}y}{\mathrm{d}x}=\dfrac{2}{1-x^2}(x\neq\pm 1).$

6. 解：当 $-1<x\leqslant 0$ 时，$x+1\geqslant (x+1)^2$，当 $0<x<1$ 时，$(x+1)^2>x+1$. 所以

$$F(x)=\begin{cases} x+1, & -1<x\leqslant 0,\\ (x+1)^2, & 0<x<1, \end{cases} \quad F'(x)=\begin{cases} 1, & -1<x<0,\\ 2(x+1), & 0<x<1, \end{cases}$$

而在分段点 $x=0$ 处，

$$\lim_{x\to 0^-}\frac{F(x)-F(0)}{x-0}=\lim_{x\to 0^-}\frac{(x+1)-1}{x}=1,$$

$$\lim_{x\to 0^+}\frac{F(x)-F(0)}{x-0}=\lim_{x\to 0^+}\frac{(x+1)^2-1}{x}=2,$$

故 $F(x)$ 在 $x=0$ 处不可导，所以 $\dfrac{\mathrm{d}F(x)}{\mathrm{d}x}=\begin{cases} 1, & -1<x<0,\\ 2(x+1), & 0<x<1. \end{cases}$

7. 解：设 $y=\left[\dfrac{f(x+hx)}{f(x)}\right]^{\frac{1}{h}}$，则

$$\ln y=\frac{1}{h}\ln\frac{f(x+hx)}{f(x)},$$

因为 $\displaystyle\lim_{h\to 0}\ln y=\lim_{h\to 0}\frac{1}{h}\ln\frac{f(x+hx)}{f(x)}=x[\ln f(x)]'$，故

$$\lim_{h\to 0}\left[\frac{f(x+hx)}{f(x)}\right]^{\frac{1}{h}}=\mathrm{e}^{x[\ln f(x)]'}.$$

由已知条件得：$\mathrm{e}^{x[\ln f(x)]'}=\mathrm{e}^{\frac{1}{x}}$，因此 $x[\ln f(x)]'=\dfrac{1}{x}$，即 $[\ln f(x)]'=\dfrac{1}{x^2}$，解之得 $f(x)=C\mathrm{e}^{-\frac{1}{x}}$，

由 $\displaystyle\lim_{x\to+\infty}f(x)=1$，得 $C=1$，故 $f(x)=\mathrm{e}^{-\frac{1}{x}}$.

8. 解：由 $\displaystyle\lim_{x\to 0}[f(1+\sin x)-3f(1-\sin x)]=\lim_{x\to 0}[8x+\alpha(x)]$，

得 $f(1)-3f(1)=0$，故 $f(1)=0$. 又

$$\lim_{x\to 0}\frac{f(1+\sin x)-3f(1-\sin x)}{\sin x}=\lim_{x\to 0}\left[\frac{8x}{\sin x}+\frac{\alpha(x)}{\sin x}\right]=8,$$

设 $\sin x=t$，则有

$$\lim_{x\to 0}\frac{f(1+\sin x)-3f(1-\sin x)}{\sin x}=\lim_{t\to 0}\frac{f(1+t)-f(1)}{t}+3\lim_{t\to 0}\frac{f(1-t)-f(1)}{-t}$$

$$=4f'(1).$$

所以 $f'(1)=2$，由于 $f(x+5)=f(x)$，所以

$$f(6)=f(1)=0, \quad f'(6)=f'(1)=2.$$

故所求的切线方程为 $y=2(x-6)$，即 $2x-y-12=0.$

四、证明题

证明:不妨设 $f'_+(a)>0, f'_-(b)>0$,

由 $\lim\limits_{x\to a^+}\dfrac{f(x)-f(a)}{x-a}=f'_+(a)>0$,知存在 $\delta_1>0$,使当 $x\in(a,a+\delta_1)$ 时,

$$\frac{f(x)-f(a)}{x-a}=\frac{f(x)}{x-a}>0, \text{即 } f(x)>0.$$

由 $\lim\limits_{x\to b^-}\dfrac{f(x)-f(b)}{x-b}=f'_-(b)>0$,则存在 $\delta_2>0$,使当 $x\in(b-\delta_2,b)$ 时,有

$$\frac{f(x)-f(b)}{x-b}=\frac{f(x)}{x-b}>0, \text{即 } f(x)<0.$$

因为 $f(x)$ 在 $(a,a+\delta_1)$ 中为正,在 $(b-\delta_2,b)$ 中为负,由连续函数的零点定理知,在 (a,b) 内至少存在一点 ξ,使 $f(\xi)=0$.

对于 $f'_+(a)<0, f'_-(b)<0$ 的情形同理可证.

第三章 微分中值定理与导数的应用

本章内容概览

本章我们将利用导数来讨论函数的性质以及曲线的某些性态,并用这些知识解决一些实际问题.导数应用的理论基础是微分中值定理.

本章知识图解

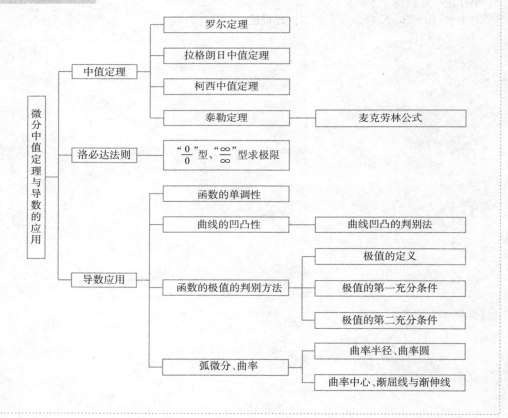

第一节　微分中值定理

一 本节知识结构图解

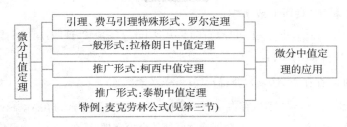

二 重点及常考点分析

1. 罗尔定理、拉格朗日中值定理、柯西中值定理,泰勒中值定理一般都称为微分中值定理,这一组中值定理是微分学的理论基础.尤其是拉格朗日中值定理建立了函数值与导数之间的定量关系(尽管 ξ 不一定知道),泰勒中值定理建立了函数值与高阶导数之间的关系.

中值定理的证明提供了一个用构造函数法证明数学命题的精彩典范;通过巧妙的数学变换,将一般化为特殊(特殊情况先证明),将复杂问题化为简单问题的论证思想是重要而常用的数学思想.

2. 利用中值定理证明结论为 $f^{(n)}(\xi)=0$ 的命题.

(1)使用罗尔定理:验证 $f^{(n-1)}(x)$ 在 $[a,b]$ 上满足罗尔定理的条件,再由该定理可证得命题.

(2)使用费马引理:验证 ξ 为 $f^{(n)}(x)$ 的最值或极值点,用费马引理可证得命题.

3. 对于不能直接套用公式的函数.

利用中值定理证明含有多个 ξ 的关系式或 $f^{(n)}(\xi)=k$ 的命题($k\neq0$):第一步作辅助函数 $F(x)=0$,第二步验证 $F(x)$ 满足罗尔定理,第三步由定理的结论推知命题成立.有两种作辅助函数的方法.

方法一:(1)将欲证结论中的 ξ 换成 x.(2)通过恒等变形将结论转化为易消除导数符号形式.(3)用观察法或积分法计算出原函数(在第四章介绍).(4)移项,使等式一边为 0,而另一边即可转化为所要的辅助函数 $F(x)$.

方法二: k 常数法.(1)将常数部分令为 k_0.(2)作恒等变形,使等式一端为 a 和 $f(a)$ 的代数式,另一端为 b 和 $f(b)$ 的代数式.(3)分析关于端点的表达式是否为对称式或轮换对称式,若是,只要把端点 a 改成 x,相应的函数值 $f(a)$ 改成 $f(x)$,则换变量后的端点表达式即为所求的辅助函数 $F(x)$.

4. 利用中值定理证明在 $[a,b]$ 内至少存在 $\xi,\eta,\xi\neq\eta$ 满足某种关系式的命题.

此类命题证明方法是使用两次拉格朗日中值定理;或者使用两次柯西中值定理;或者一次拉格朗日中值定理,一次柯西中值定理,最后作变形运算.

5. 证明方程只有一个根的问题的方法.

(1)方程根的存在性往往利用连续函数介值定理或罗尔定理来证明.

(2)方程根的唯一性常用反证法或借助函数的单调性来证明.

三 考研大纲要求解读

1. 理解并会用罗尔定理、拉格朗日中值定理.
2. 了解并会用柯西中值定理.

●·············· 例题精解 ··············●

基本题型 1:证明 $f^{(n)}(\xi)=0$ 或 $f^{(n)}(\xi)=k$

例 1 设函数 $f(x)$ 在 $[0,+\infty)$ 上可导,$f(0)=0$,且 $\lim\limits_{x\to+\infty}f(x)=2$,证明:

（Ⅰ）存在 $a>0$,使得 $f(a)=1$;

（Ⅱ）对（Ⅰ）中的 a,存在 $\xi\in(0,a)$,使得 $f'(\xi)=\dfrac{1}{a}$.（考研题）

证明:（Ⅰ）因为 $\lim\limits_{x\to+\infty}f(x)=2$,所以存在 $x_0>0$,使得 $f(x_0)>1$,因为 $f(x)$ 在 $[0,+\infty)$ 上可导,所以 $f(x)$ 在 $[0,+\infty)$ 上连续,又 $f(0)=0$,根据连续函数的介值定理,存在 $a\in(0,x_0)$,使得 $f(a)=1$.

（Ⅱ）因为 $f(x)$ 在 $[0,a]$ 上可导,根据拉格朗日中值定理,存在 $\xi\in(0,a)$,使 $f(a)-f(0)=af'(\xi)$ 成立,又因为 $f(0)=0$,$f(a)=1$,所以有 $f'(\xi)=\dfrac{1}{a}$.

基本题型 2:关于中值定理中的"中值 ξ"的计算与估计

例 2 $f(x)=x^2$,$F(x)=x^3$ 在 $[0,1]$ 上分别就拉格朗日中值定理、柯西中值定理,计算相应的 ξ.

【思路探索】 对于给定函数表达式,在区间上应用中值定理时,其中值 ξ 可以直接计算.

解:对于 $f(x)=x^2$,由拉格朗日中值定理知,$\exists\,\xi_1\in(0,1)$ 满足等式

$$f(1)-f(0)=(1-0)f'(\xi_1),$$

即 $1-0=2\xi_1$,故 $\xi_1=\dfrac{1}{2}$. 对于 $F(x)=x^3$ 同理知,$\exists\,\xi_2\in(0,1)$ 满足等式

$$F(1)-F(0)=(1-0)F'(\xi_2),$$

即 $1-0=3\xi_2^2$,故 $\xi_2=\dfrac{\sqrt{3}}{3}$. 最后对 $f(x)$,$F(x)$ 在 $[0,1]$ 上应用柯西中值定理知,$\exists\,\xi_3\in(0,1)$ 满足等式

$$\frac{f(1)-f(0)}{F(1)-F(0)}=\frac{f'(\xi_3)}{F'(\xi_3)},$$

即 $\dfrac{1-0}{1-0}=\dfrac{2\xi_3}{3\xi_3^2}$,故 $\xi_3=\dfrac{2}{3}$.

【方法点击】 若函数满足中值定理的条件,则适合中值等式的 ξ 总是存在的;而对于不同函数或者同一函数在不同的区间上所产生的 ξ 是不同的,所以对于柯西中值定理中的中值等式 $\dfrac{f(b)-f(a)}{F(b)-F(a)}=\dfrac{f'(\xi)}{F'(\xi)}$,$\xi\in(a,b)$ 不能错误地理解为两个拉格朗日中值等式的商.

基本题型 3:证明含 $f'(\xi)$ 及 $f(\xi)$ 的关系式

例 3 设 $f(x)$ 在区间 $[a,b]$ 上连续,在 (a,b) 内可导,证明在 (a,b) 内至少存在一点 ξ,使得 $\dfrac{bf(b)-af(a)}{b-a}=\xi f'(\xi)+f(\xi)$.（考研题）

证法一：设 $k=\dfrac{bf(b)-af(a)}{b-a}$，将其变形得到 $bf(b)-kb=af(a)-ka$，

即可令 $F(x)=xf(x)-kx$，且 $F(b)=F(a)$，从而 $F(x)$ 在 $[a,b]$ 满足罗尔定理的条件．于是 $\exists\xi\in(a,b)$ 使 $F'(\xi)=0$，即

$$\frac{bf(b)-af(a)}{b-a}=\xi f'(\xi)+f(\xi).$$

证法二：令 $F(x)=xf(x)$，则 $F(x)$ 在 $[a,b]$ 上满足拉格朗日定理条件，故 $\exists\xi\in(a,b)$ 使得 $\dfrac{F(b)-F(a)}{b-a}=F'(\xi)$，即

$$\frac{bf(b)-af(a)}{b-a}=f(\xi)+\xi f'(\xi).$$

例 4 假设函数 $f(x)$ 和 $g(x)$ 在 $[a,b]$ 上存在二阶导数，并且 $g''(x)\neq0$，$f(a)=f(b)=g(a)=g(b)=0$，证明：(1) 在开区间 (a,b) 内 $g(x)\neq0$．

(2) 在开区间 (a,b) 内至少存在一点 ξ，使得 $\dfrac{f(\xi)}{g(\xi)}=\dfrac{f''(\xi)}{g''(\xi)}$．

【思路探索】 要证(1) $g(x)\neq0$，一般可用反证法，而(2)可将结论变形为 $F'(\xi)=f(\xi)g''(\xi)-f''(\xi)g(\xi)$，等号两边积分（在第四章学习积分），得到辅助函数

$$F(x)=f(x)g'(x)-f'(x)g(x).$$

证明：(1) 若存在点 $c\in(a,b)$ 使 $g(c)=0$，则对 $g(x)$ 在 $[a,c]$ 和 $[c,b]$ 上分别利用罗尔定理：由于 $g(a)=g(b)=g(c)=0$，则存在 $\xi_1\in(a,c)$，$\xi_2\in(c,b)$，使 $g'(\xi_1)=0=g'(\xi_2)$；对 $g'(x)$ 在 $[\xi_1,\xi_2]$ 上使用罗尔定理，知存在 $\xi_3\in(\xi_1,\xi_2)\subset(a,b)$，使得 $g''(\xi_3)=0$．与题设 $g''(x)\neq0$ 矛盾，故 $g(x)$ 在 (a,b) 上恒不为 0．

(2) 令 $F(x)=f(x)g'(x)-f'(x)g(x)$ 易知 $F(x)$ 在 $[a,b]$ 上连续，在 (a,b) 内可导，且 $F(a)=F(b)=0$，由罗尔定理，存在 $\xi\in(a,b)$，使得

$$F'(\xi)=f(\xi)g''(\xi)-f''(\xi)g(\xi)=0,$$

由(1)可知 $g(\xi)\neq0$，$g''(\xi)\neq0$，两边同时除以 $g(\xi)\cdot g''(\xi)$，得 $\dfrac{f(\xi)}{g(\xi)}=\dfrac{f''(\xi)}{g''(\xi)}$．

【方法点击】 当欲证结论为"至少存在一点 $\xi\in(a,b)$ 使得某个等式成立"时，其证明步骤一般为：第一步构造辅助函数 $F(x)$；第二步验证 $F(x)$ 满足中值定理的条件．而 $F(x)$ 的构造常用常数（或参数）变易法，其步骤为：

(1) 把结论中的 ξ 换成 x；

(2) 通过恒等变形化为易于消除导数或降低导数阶数的形式；

(3) 利用观察法或后续讲的积分法及解微分方程的方法求出使等式成立的全部函数；

(4) 移项使等式一边为常数，另一边为函数，该函数即为所构造的辅助函数．

例 5 设函数 $f(x)$ 在 $[a,b]$ 上连续，在 (a,b) 内可导，且 $f'(x)\neq0$，证明存在 $\xi,\eta\in(a,b)$，使得 $\dfrac{f'(\xi)}{f'(\eta)}=\dfrac{e^b-e^a}{b-a}\cdot e^{-\eta}$．（考研题）

【思路探索】 把所证等式变形，使含 ξ,η 的表达式各在等式的一边，$\dfrac{f'(\eta)}{e^\eta}=\dfrac{b-a}{e^b-e^a}f'(\xi)$，对照中值公式可以看出，上式左端是柯西中值公式中含中值的一端，涉及的两个函数是 $f(x)$ 和 $g(x)=e^x$，故可考虑从上式左端出发，应用柯西中值定理证明．

证明：易知 $f(x)$ 和 $g(x)=e^x$ 在 $[a,b]$ 上满足柯西中值定理的条件，于是，$\exists\eta\in(a,b)$，使得

$$\frac{f'(\eta)}{e^\eta}=\frac{f(b)-f(a)}{e^b-e^a}.$$

再由拉格朗日中值定理,$\exists \xi \in (a,b)$,使得 $f(b)-f(a)=f'(\xi)(b-a)$,因此

$$\frac{f'(\eta)}{e^\eta}=\frac{f(b)-f(a)}{e^b-e^a}=\frac{b-a}{e^b-e^a}f'(\xi).$$

故 $\exists \xi,\eta \in (a,b)$,使得 $\dfrac{f'(\xi)}{f'(\eta)}=\dfrac{e^b-e^a}{b-a}\cdot e^{-\eta}.$

【方法点击】 这类命题通常是把同一个表达式用不同的中值定理予以表达,从而得到不同中值的关系式,或者是在两个不同区间上进行中值定理的表述而得到不同的中值关系式.

例 6 证明:对任意的正整数 n,都有 $\dfrac{1}{n+1}<\ln\left(1+\dfrac{1}{n}\right)<\dfrac{1}{n}$ 成立.(考研题)

证明: 对函数 $f(x)=\ln x$ 在 $[n,n+1]$ 上应用拉格朗日定理得

$$\ln(n+1)-\ln n=\ln\left(1+\frac{1}{n}\right)=\frac{1}{\xi},\xi \in (n,n+1),$$

所以 $\dfrac{1}{n+1}<\ln\left(1+\dfrac{1}{n}\right)<\dfrac{1}{n}.$

例 7 证明:当 $x>1$ 时,$e^x>ex$.

证明: 令 $f(x)=e^x$,由拉格朗日中值定理,得 $\exists \xi \in (1,x)$,使得

$$f'(\xi)=\frac{f(x)-f(1)}{x-1},$$

即 $f(x)-f(1)=e^x-e=(x-1)f'(\xi)=(x-1)e^\xi.$

因为 $\xi \in (1,x)$,则有 $e^\xi>e$,从而 $e^x-e=(x-1)e^\xi>(x-1)e$,故 $e^x>ex$.

【方法点击】 利用中值定理证明不等式的步骤是:首先利用中值定理得到等式,然后根据中值 ξ 的取值范围对所得等式进行适当放大或缩小即可得不等式.

基本题型 4:利用中值定理验证方程根的问题

例 8 设 $a_1,a_2,\cdots,a_n$ 满足 $a_1-\dfrac{a_2}{3}+\dfrac{a_3}{5}+\cdots+(-1)^{n-1}\dfrac{a_n}{2n-1}=0,a_i \in \mathbf{R},i=1,2,\cdots,n.$

证明:方程 $a_1\cos x+a_2\cos 3x+\cdots+a_n\cos(2n-1)x=0$ 在 $\left(0,\dfrac{\pi}{2}\right)$ 内至少有一个实根.

证明: 设 $F(x)=a_1\sin x+\dfrac{a_2}{3}\sin 3x+\cdots+\dfrac{a_n}{2n-1}\sin(2n-1)x$,则

$$F'(x)=a_1\cos x+a_2\cos 3x+\cdots+a_n\cos(2n-1)x,$$

$$F(0)=0,F\left(\frac{\pi}{2}\right)=a_1-\frac{a_2}{3}+\frac{a_3}{5}+\cdots+(-1)^{n-1}\frac{a_n}{2n-1}=0.$$

由罗尔定理知至少存在一点 $\xi \in \left(0,\dfrac{\pi}{2}\right)$,使 $F'(\xi)=0$,

即方程 $a_1\cos x+a_2\cos 3x+\cdots+a_n\cos(2n-1)x=0$ 在 $\left(0,\dfrac{\pi}{2}\right)$ 内至少有一个实根.

【方法点击】 利用中值定理验证方程根的思路主要有两种:

(1)把所证问题化成 $f^{(n)}(\xi)=0$ 的形式.

当 $n=0$ 时,直接用连续函数的零点定理证明.

当 $n=1$ 时,应用罗尔定理证明.

当 $n=2$ 时,对导函数 $f'(x)$ 应用罗尔定理证明.

当 $n>2$ 时,反复对高阶导数应用罗尔定理.

（2）把所证命题化为 $f'(\xi)=\dfrac{f(b)-f(a)}{b-a}$，$\xi\in(a,b)$，然后用拉格朗日定理证明.

以上思路的关键是要构造出适当的函数 $f(x)$ 及相应的区间 $[a,b]$.

基本题型 5：证明极限存在或求极限

例 9 设 $\lim\limits_{x\to\infty}f'(x)=9$，求 $\lim\limits_{x\to\infty}[f(x+6)-f(x)]$.

解： 因为 $\lim\limits_{x\to\infty}f'(x)=9$，于是当 x 充分大时，在区间 $[x,x+6]$ 上对函数 $f(x)$ 使用拉格朗日中值定理得

$$f(x+6)-f(x)=f'(\xi)\cdot 6,\ \xi\in(x,x+6),$$

令 $x\to\infty$，有

$$\lim_{x\to\infty}[f(x+6)-f(x)]=\lim_{x\to\infty}f'(\xi)\cdot 6=\lim_{\xi\to\infty}f'(\xi)\cdot 6=9\times 6=54.$$

第二节　洛必达法则

知识全解

一 本节知识结构图解

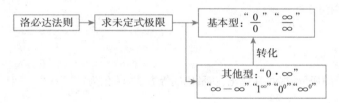

二 重点及常考点分析

1. 归纳起来，通常求未定型极限的步骤如下：

（1）考查所求极限是否为未定式，如不是未定式，则直接利用极限四则运算法则求得答案；如果是未定式，则变形为"$\dfrac{0}{0}$"或"$\dfrac{\infty}{\infty}$"型.

（2）为了利用 $x\to 0$ 时的等价无穷小，当所求极限是 $x\to a$ 时，可用变换 $u=x-a$，则把问题变成 $u\to 0$ 的形式 $\left(\text{当}\ x\to\infty\text{时，可用变换}\ u=\dfrac{1}{x}\right)$.

（3）对于"$\dfrac{0}{0}$"型，把分子、分母乘积因子中无穷小量用 x^a 的等价无穷小代替.

（4）检查表达式中是否有非零极限乘积因子，如果有则应将极限分为两个极限乘积，一个极限为确定值，再考虑余下的未定型.

（5）若留下的未定型不能再用前面的方法解决，则用洛必达法则使分子、分母的无穷小阶数降低.

（6）继续上述过程，先用等价无穷小代替，再用洛必达法则，直至得到答案.

2. 通过洛必达法则我们容易求得

$$\lim_{x\to+\infty}\frac{x}{e^x}=\lim_{x\to+\infty}\frac{1}{e^x}=0,\ \lim_{x\to+\infty}\frac{\ln x}{x}=\lim_{x\to+\infty}\frac{1}{x}=0,$$

所以当 $x \to +\infty$ 时，e^x 趋于 $+\infty$ 快于 x，x 趋于 $+\infty$ 又快于 $\ln x$.

通过多次使用洛必达法则，得到 $x \to +\infty$ 时，e^x 趋于 $+\infty$ 快于 $x^a (a > 0)$，x 趋于 $+\infty$ 又快于 $(\ln x)^\beta (\beta > 0)$.

所以 $\lim\limits_{x \to +\infty} x^a e^{-x} = 0$，$\lim\limits_{x \to +\infty} \dfrac{1}{x} (\ln x)^\beta = 0$，或者 $\lim\limits_{x \to +\infty} \dfrac{e^{-\frac{1}{x}}}{x} = 0$，等等.

3. 利用洛必达法则求未定型极限是考研重点之一. 当 $\lim\limits_{x \to a} \dfrac{f'(x)}{g'(x)}$ 不存在时，不能用洛必达法则，求极限时要注意与其他方法结合，特别对于一些常用的等价无穷小代换要记住.

4. 洛必达法则求极限的几种方法.

(1)求解"$\dfrac{0}{0}$"型极限的方法：

① 利用因式分解或根式有理化消去零因子，再用连续函数的性质求极限.

② 利用等价无穷小的替换性质求极限，注意加减时不能使用这种方法.

③ 直接使用洛必达法则.

④ 利用变量代换(根据极限的不同特点，选用合适的变量代换法，如令 $x = \dfrac{1}{t}$ 或 $x = \dfrac{1}{t^2}$).

(2)求解"$\dfrac{\infty}{\infty}$"型极限的方法：

① 直接使用洛必达法则.

② 变量代换化为"$\dfrac{0}{0}$"型.

(3)求解"$\infty - \infty$"型极限的方法：

通过对式子的通分、根式有理化、变量代换等方法，转化为"$\dfrac{0}{0}$"或"$\dfrac{\infty}{\infty}$"型，再用第(1)、(2)条中的方法.

(4)求解"$0 \cdot \infty$"型极限的方法：

同样转化为"$\dfrac{0}{0}$"或"$\dfrac{\infty}{\infty}$"型，再用洛必达法则.

(5)求解"1^∞"型极限的方法：

① 用对数恒等变形：$e^{\infty \cdot \ln 1} = e^{\infty \cdot 0} \Rightarrow e^{\frac{0}{0}}$ 或 $e^{\frac{\infty}{\infty}}$，再用洛必达法则.

② 利用重要极限：$\lim\limits_{x \to \infty} \left(1 + \dfrac{1}{x}\right)^x = e$.

(6)求解"0^0"或"∞^0"型极限的方法：

通过对数恒等式转化为"$\dfrac{0}{0}$"或"$\dfrac{\infty}{\infty}$"型，再用洛必达法则.

三 考研大纲要求解读

掌握用洛必达法则求未定式极限的方法，会用洛必达法则求极限.

· · · · · · · · · · · · 例题精解 · · · · · · · · · · · ·

基本题型 1：求未定式函数的极限

例 **1** 求极限 $\lim\limits_{x \to 0} \left[\dfrac{1}{\ln(1 + 2x)} - \dfrac{1}{\sin 2x}\right]$. (考研题)

解：原式$=\lim\limits_{x\to0}\dfrac{\sin 2x-\ln(1+2x)}{\sin 2x \cdot \ln(1+2x)}=\lim\limits_{x\to0}\dfrac{\sin 2x-\ln(1+2x)}{2x \cdot 2x}$

$=\lim\limits_{x\to0}\dfrac{(1+2x) \cdot \cos 2x-1}{4x} \cdot \lim\limits_{x\to0}\dfrac{1}{1+2x}$

$=\lim\limits_{x\to0}\dfrac{2 \cdot \cos 2x-2(1+2x) \cdot \sin 2x}{4}=\dfrac{1}{2}.$

例 2 求$\lim\limits_{x\to0}\dfrac{x-\sin x}{x^2(e^x-1)}$.（考研题）

解法一：对原式直接运用洛必达法则.

$\lim\limits_{x\to0}\dfrac{x-\sin x}{x^2(e^x-1)}=\lim\limits_{x\to0}\dfrac{1-\cos x}{2x(e^x-1)+x^2e^x}=\lim\limits_{x\to0}\dfrac{\sin x}{2(e^x-1)+2xe^x+2xe^x+x^2e^x}$

$=\lim\limits_{x\to0}\dfrac{\sin x}{2(e^x-1)+4xe^x+x^2e^x}$

$=\lim\limits_{x\to0}\dfrac{\cos x}{2e^x+4xe^x+6xe^x+x^2e^x}$

$=\lim\limits_{x\to0}\dfrac{\cos x}{6e^x+6xe^x+x^2e^x}=\dfrac{1}{6+0+0}=\dfrac{1}{6}.$

解法二：分母用(e^x-1)的等价无穷小代换，之后用洛必达法则.

$\lim\limits_{x\to0}\dfrac{x-\sin x}{x^2(e^x-1)}=\lim\limits_{x\to0}\dfrac{x-\sin x}{x^3}$

$=\lim\limits_{x\to0}\dfrac{1-\cos x}{3x^2}\xrightarrow{\text{洛必达法则}}\lim\limits_{x\to0}\dfrac{\sin x}{6x}$

$\xrightarrow{\text{洛必达法则}}\lim\limits_{x\to0}\dfrac{\cos x}{6}=\dfrac{1}{6}.$

$\boxed{e^x-1\sim x}$

【方法点击】 比较上面两种方法可得：在求未定式的极限过程中，恰当地运用等价无穷小代换可大大地简化计算过程.

例 3 求极限$\lim\limits_{x\to0}\left[\dfrac{\ln(1+x)}{x}\right]^{\frac{1}{e^x-1}}$.（考研题）

解：令$y=\left[\dfrac{\ln(1+x)}{x}\right]^{\frac{1}{e^x-1}}$，当$x>0$时，$\ln y=\dfrac{\ln[\ln(1+x)]-\ln x}{e^x-1}$

$\lim\limits_{x\to0^+}\ln y=\lim\limits_{x\to0}\dfrac{\ln[\ln(1+x)]-\ln x}{e^x-1}=\lim\limits_{x\to0}\dfrac{\ln[\ln(1+x)]-\ln x}{x}$

$=\lim\limits_{x\to0}\dfrac{\dfrac{1}{(1+x) \cdot \ln(1+x)}-\dfrac{1}{x}}{1}=\lim\limits_{x\to0^+}\dfrac{x-(1+x) \cdot \ln(1+x)}{x(1+x) \cdot \ln(1+x)}$

$=\lim\limits_{x\to0^+}\dfrac{x-(1+x) \cdot \ln(1+x)}{x^2} \cdot \lim\limits_{x\to0}\dfrac{1}{1+x}$

$=\lim\limits_{x\to0^+}\dfrac{1-\ln(1+x)-1}{2x}=-\dfrac{1}{2}.$

当$x<0$时，$\ln y=\dfrac{\ln[-\ln(1+x)]-\ln(-x)}{e^x-1}$，同样可得$\lim\limits_{x\to0^-}\ln y=-\dfrac{1}{2}.$

综上可知，$\lim\limits_{x\to0}\left[\dfrac{\ln(1+x)}{x}\right]^{\frac{1}{e^x-1}}=\dfrac{1}{\sqrt{e}}.$

【方法点击】 对于未定式"0^0"型、"1^∞"型或"∞^0"型，可通过取对数转化为"$0 \cdot \infty$"型，再经过恒等变形使其化为"$\dfrac{0}{0}$"型或"$\dfrac{\infty}{\infty}$"型后再用洛必达法则求解.

例 **4** 求 $\lim\limits_{x \to +\infty} \dfrac{x^2 + \sin x}{x^2}$.

解：$\lim\limits_{x \to +\infty} \dfrac{x^2 + \sin x}{x^2} = \lim\limits_{x \to +\infty} \left(1 + \dfrac{1}{x^2} \sin x\right) = 1 + 0 = 1.$

【方法点击】 利用洛必达法则，则有

$$\lim\limits_{x \to +\infty} \dfrac{x^2 + \sin x}{x^2} = \lim\limits_{x \to +\infty} \dfrac{2x + \cos x}{2x} = \lim\limits_{x \to +\infty} \dfrac{2 - \sin x}{2},$$

由于 $\lim\limits_{x \to +\infty} \sin x$ 不存在，所以原极限不存在.

以上解法是错误的. 原因是第二次使用洛必达法则时忽视了法则成立的第 3 个条件即 $\lim\limits_{x \to \infty} \dfrac{f'(x)}{g'(x)}$ 必须存在或为无穷大.

例 **5** 求 $\lim\limits_{n \to \infty} \tan^n \left(\dfrac{\pi}{4} + \dfrac{2}{n}\right)$.

解：令 $f(x) = \tan^x \left(\dfrac{\pi}{4} + \dfrac{2}{x}\right)$，则 $f(n) = \tan^n \left(\dfrac{\pi}{4} + \dfrac{2}{n}\right)$，

$$\lim\limits_{x \to +\infty} f(x) = \lim\limits_{x \to +\infty} \tan^x \left(\dfrac{\pi}{4} + \dfrac{2}{x}\right) = \lim\limits_{x \to +\infty} e^{x \ln \tan \left(\frac{\pi}{4} + \frac{2}{x}\right)} = e^{\lim\limits_{x \to +\infty} x \ln \tan \left(\frac{\pi}{4} + \frac{2}{x}\right)}$$

$$= e^{\lim\limits_{x \to +\infty} \frac{\ln \tan \left(\frac{\pi}{4} + \frac{2}{x}\right)}{\frac{1}{x}}} = e^{\lim\limits_{x \to +\infty} \frac{2}{\tan \left(\frac{\pi}{4} + \frac{2}{x}\right) \cdot \cos^2 \left(\frac{\pi}{4} + \frac{2}{x}\right)}} = e^4,$$

故 $\lim\limits_{n \to \infty} \tan^n \left(\dfrac{\pi}{4} + \dfrac{2}{n}\right) = \lim\limits_{x \to +\infty} \tan^x \left(\dfrac{\pi}{4} + \dfrac{2}{x}\right) = e^4.$

【方法点击】 因为对数列而言不存在导数，所以不能直接用洛必达法则求数列的极限，应先用洛必达法则求出相应函数的极限，然后由函数的极限与数列极限的关系得出所求数列极限，这是一种由一般推出特殊的思想.

基本题型 2：洛必达法则在综合题中的应用

例 **6** 试确定常数 A, B, C 的值，使得 $e^x(1 + Bx + Cx^2) = 1 + Ax + o(x^3)$，其中 $o(x^3)$ 是当 $x \to 0$ 时比 x^3 高阶的无穷小. （考研题）

解：根据题设和洛必达法则，由于

$$0 = \lim\limits_{x \to 0} \dfrac{e^x(1 + Bx + Cx^2) - 1 - Ax}{x^3} = \lim\limits_{x \to 0} \dfrac{e^x(1 + B + Bx + 2Cx + Cx^2) - A}{3x^2}$$

$$= \lim\limits_{x \to 0} \dfrac{e^x[1 + 2B + 2C + (B + 4C)x + Cx^2]}{6x} = \lim\limits_{x \to 0} \dfrac{B + 4C + 2Cx}{6},$$

得 $\begin{cases} 1 + B - A = 0, \\ 1 + 2B + 2C = 0, \\ B + 4C = 0, \end{cases}$ 解得 $A = \dfrac{1}{3}, B = -\dfrac{2}{3}, C = \dfrac{1}{6}.$

例 **7** $\lim\limits_{x \to 0} \dfrac{a \tan x + b(1 - \cos x)}{c \ln(1 - 2x) + d(1 - e^{-x^2})} = 2$，其中 $a^2 + c^2 \neq 0$，则必有（   ）. （考研题）

(A) $b = 4d$ (B) $b = -4d$ (C) $a = 4c$ (D) $a = -4c$

解:由左式 $=\lim\limits_{x\to 0}\dfrac{a\sec^2 x+b\sin x}{-\dfrac{2c}{1-2x}+2dx\mathrm{e}^{-x^2}}=-\dfrac{a}{2c}=2$,即 $a=-4c$,故选(D).

【**方法点击**】　此类问题一般是给出一个含有参数的函数,已知此函数在 x 趋于某一 x_0(x_0 可为一确定数值,也可为 $\pm\infty$)时的极限,要求参数值.一般而言,此类问题应先利用函数的连续性、可导性条件,把极限号去掉,之后求解以参数为未知量的方程(组)以确定参数值.

例 8　已知 $f(x)$ 在 $(-\infty,+\infty)$ 内可导,且 $\lim\limits_{x\to\infty}f'(x)=\mathrm{e}$,$\lim\limits_{x\to\infty}\left(\dfrac{x+c}{x-c}\right)^x=\lim\limits_{x\to\infty}[f(x)-f(x-1)]$,求 c 的值.(考研题)

【**思路探索**】　由题中已知条件易见,对 $f(x)-f(x-1)$ 可用中值定理产生 $f'(\xi)$ 项,而 $\left(\dfrac{x+c}{x-c}\right)^x$ 是"1^∞"型,取对数或利用重要极限 $\lim\limits_{x\to 0}(1+x)^{\frac{1}{x}}=\mathrm{e}$ 把其极限求出,即可求出 c 值.

解:由条件易见 $c\neq 0$,
$$\lim\limits_{x\to\infty}\left(\dfrac{x+c}{x-c}\right)^x=\lim\limits_{x\to\infty}\left[\left(1+\dfrac{2c}{x-c}\right)^{\frac{x-c}{2c}}\right]^{\frac{2c}{x-c}\cdot x}=\mathrm{e}^{2c}.$$

由拉格朗日中值定理,有
$$f(x)-f(x-1)=f'(\xi)\cdot 1=f'(\xi),\quad \xi\in(x-1,x),$$
因此
$$\lim\limits_{x\to\infty}[f(x)-f(x-1)]=\lim\limits_{x\to\infty}f'(\xi)=\lim\limits_{\xi\to\infty}f'(\xi)=\mathrm{e}.$$

故 $\mathrm{e}^{2c}=\mathrm{e}$,即 $c=\dfrac{1}{2}$.

第三节　泰勒公式

知识全解

一　本节知识结构图解

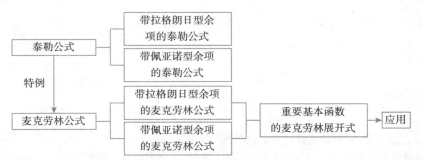

二　重点及常考点分析

1. 泰勒公式是拉格朗日中值定理的推广,当取 $n=0$ 时,
$$f(x)=f(x_0)+f'(\xi)(x-x_0),$$
即为拉格朗日中值定理.

2. 泰勒公式在近似计算中可以使函数的近似值更精确,如果 $|f^{(n+1)}(x)|\leqslant M$,则

$$f(x) \approx f(x_0) + f'(x_0)(x-x_0) + \cdots + \frac{1}{n!}f^{(n)}(x_0)(x-x_0)^n,$$

其误差 $|R_n(x)| = \left| \frac{f^{(n+1)}(\xi)}{(n+1)!}(x-x_0)^{n+1} \right| \leqslant \frac{M}{(n+1)!}|x-x_0|^{n+1}$，它是用微分代替增量的近似公式的进一步推广.

3. 麦克劳林公式在计算未定式极限时是十分有效的，它不像洛必达法则，分子、分母每求一次导数，分子、分母的无穷小阶数都只减少一次，而利用麦克劳林公式可以马上得到分子、分母的无穷小的阶数，然后可以直接比较迅速得到答案.

4. 泰勒公式的余项有两大类：一类是定性的佩亚诺型余项 $R_n(x) = o[(x-a)^n]$. 另一类是定量的，如拉格朗日型余项 $R_n(x) = \frac{f^{(n+1)}(\xi)}{(n+1)!}(x-a)^{n+1}$（$\xi$ 在 x 与 a 之间）和柯西型余项 $R_n(x) = \frac{1}{n!}f^{(n+1)}(\xi)(x-\xi)^n(x-a)$（$\xi$ 在 x 与 a 之间）.

这两类余项本质相同，但是作用不同，一般来说，当不需要定量讨论余项 $R_n(x) = f(x) - T_n(x)$ 时，可用佩亚诺型余项. 当要定量讨论余项 $R_n(x) = f(x) - T_n(x)$ 时，要用拉格朗日型余项.

5. 将函数在某点处展成泰勒公式的方法.

（1）直接按公式展开，有时需将函数作简单变形，转化为可展开的形式.

（2）利用常用的麦克劳林公式，通过适当的变量代换、四则运算、复合以及逐项微分、积分等方法将函数展开.

6. 泰勒公式的一个应用——求高阶导数.

根据常用的泰勒公式其通项中的项 $(x-x_0)^n$ 的系数正是 $\frac{1}{n!}f^{(n)}(x_0)$，将函数转化为常用的泰勒公式，即可求得高阶导数 $f^{(n)}(x_0)$.

三 考研大纲要求解读

理解并会用泰勒定理.

● · · · · · · · · · · · · · · · · 例题精解 · · · · · · · · · · · · · · · · ●

基本题型 1：求函数的泰勒公式

例 1 把 $f(x) = \ln\frac{1+x}{1-x}$ 在 $x=0$ 处展开成带有佩亚诺余项的泰勒公式.

解： $\ln\frac{1+x}{1-x} = \ln(1+x) - \ln(1-x)$

$$= \left[x - \frac{x^2}{2} + \frac{x^3}{3} + \cdots - \frac{x^{2n}}{2n} + o(x^{2n}) \right] - \left[-x - \frac{x^2}{2} - \frac{x^3}{3} + \cdots - \frac{x^{2n}}{2n} + o(x^{2n}) \right]$$

$$= 2\left(x + \frac{x^3}{3} + \frac{x^5}{5} + \cdots + \frac{x^{2n-1}}{2n-1} \right) + o(x^{2n}) \quad (x \to 0).$$

【方法点击】 将函数在某点处展成泰勒公式的方法：

（1）直接按公式展开，有时需将函数作简单变形，转化为可展开的形式.

（2）利用常用的泰勒公式，通过适当的变量代换、四则运算、复合以及逐项微分等方法将函数展开.

基本题型 2：利用泰勒公式求未定式的极限

例 2 求极限 $\lim\limits_{x \to 0} \frac{1}{x}\left(\frac{1}{x} - \cot x \right)$.

解:用泰勒公式$\lim\limits_{x\to 0}\dfrac{1}{x}\left(\dfrac{1}{x}-\cot x\right)=\lim\limits_{x\to 0}\dfrac{1}{x}\left(\dfrac{1}{x}-\dfrac{\cos x}{\sin x}\right)=\lim\limits_{x\to 0}\dfrac{\sin x-x\cos x}{x^2\sin x}$

$$=\lim_{x\to 0}\frac{x-\dfrac{x^3}{3!}+o(x^4)-x\left[1-\dfrac{x^2}{2!}+o(x^3)\right]}{x^3}$$

$$=\lim_{x\to 0}\frac{-\dfrac{x^3}{6}+\dfrac{x^3}{2}+o(x^4)}{x^3}=-\frac{1}{6}+\frac{1}{2}=\frac{1}{3}.$$

【方法点击】　在用泰勒公式求极限时,要灵活应用公式,分清哪些项要展开,哪些项可以保留,本题分母中的 $\sin x$ 是作为一个乘积因子,$x\to 0$ 时与 x 是等价无穷小,因此可直接看作 x,而无须展开,而分子中的 $\sin x$ 则不同,要用泰勒公式展开.对于复杂函数的极限,泰勒公式是一个有力的工具.利用泰勒公式求极限并没有什么限制,只是展到哪一阶较好应根据分子、分母的无穷小的阶数而定,但在求未定式极限时,常用的方法仍是等价无穷小代换及洛必达法则.

基本题型 3:利用泰勒公式进行计算

例 **3**　设 $f(x)=x^2\sin x$,求 $f^{(99)}(0)$.

解:因为 $\sin x=x-\dfrac{x^3}{3!}+\dfrac{x^5}{5!}+\cdots+(-1)^{m-1}\dfrac{x^{2m-1}}{(2m-1)!}+o(x^{2m})$,则有

$$x^2\sin x=x^3-\frac{x^5}{3!}+\cdots+(-1)^{m-1}\frac{x^{2m+1}}{(2m-1)!}+o(x^{2m+2}).$$

由于函数 $f(x)$ 的麦克劳林公式中 x^{99} 的系数为 $\dfrac{f^{(99)}(0)}{99!}$,于是有

$$(-1)^{49-1}\cdot\frac{1}{(98-1)!}=\frac{f^{(99)}(0)}{99!},\text{即}\ f^{(99)}(0)=99\times 98=9\ 702.$$

例 **4**　用泰勒公式对 $\sqrt[3]{30}$ 作近似计算(精确到 10^{-3}).

解:$\sqrt[3]{30}=\sqrt[3]{27+3}=3\sqrt[3]{1+\dfrac{1}{9}}=3\left(1+\dfrac{1}{9}\right)^{\frac{1}{3}}.$

由 $(1+x)^{\alpha}=1+\alpha x+\dfrac{\alpha(\alpha-1)}{2!}x^2+\cdots+\dfrac{\alpha(\alpha-1)\cdot\cdots\cdot(\alpha-n+1)}{n!}x^n+$

$\qquad\dfrac{\alpha(\alpha-1)\cdot\cdots\cdot(\alpha-n)}{(n+1)!}x^{n+1}(1+\theta x)^{\alpha-n-1}\quad(0<\theta<1),$

得

$$\left(1+\frac{1}{9}\right)^{\frac{1}{3}}=1+\frac{1}{3}\times\frac{1}{9}+\frac{1}{2!}\times\frac{1}{3}\times\left(-\frac{2}{3}\right)\times\left(\frac{1}{9}\right)^2+\cdots+$$

$$\frac{\dfrac{1}{3}\left(\dfrac{1}{3}-1\right)\cdot\cdots\cdot\left(\dfrac{1}{3}-n+1\right)}{n!}\left(\frac{1}{9}\right)^n+$$

$$\frac{\dfrac{1}{3}\left(\dfrac{1}{3}-1\right)\cdot\cdots\cdot\left(\dfrac{1}{3}-n\right)}{(n+1)!}\left(\frac{1}{9}\right)^{n+1}\left(1+\frac{1}{9}\theta\right)^{\frac{2}{3}-n},$$

要使 $3\left[\dfrac{\dfrac{1}{3}\left(\dfrac{1}{3}-1\right)\cdot\cdots\cdot\left(\dfrac{1}{3}-n\right)}{(n+1)!}\cdot\left(\dfrac{1}{9}\right)^{n+1}\right]<0.001$,取 $n\geqslant 2$ 即可.

$$\sqrt[3]{30} \approx 3 \times \left[1 + \frac{1}{3} \times \frac{1}{9} + \left(-\frac{1}{9}\right)^3\right]$$
$$= 3 \times \left(1 + \frac{1}{27} - \frac{1}{9^3}\right) \approx 3.107.$$

例 5 设函数 $f(x)$ 在 $x=0$ 的某邻域内具有一阶连续导数,且 $f(0) \neq 0$,$f'(0) \neq 0$,若 $af(h)+bf(2h)-f(0)$ 在 $h \to 0$ 时是比 h 高阶的无穷小,试确定 a,b 的值.(考研题)

解: 因为 $f(x)$ 在 $x=0$ 的某邻域内具有一阶连续导数,所以由泰勒公式采用佩亚诺余项得 $f(x)=f(0)+f'(0)x+o(x)$,所以

$$f(h)=f(0)+f'(0)h+o(h),$$
$$f(2h)=f(0)+2f'(0)h+o(h),$$

由此 $af(h)+bf(2h)-f(0)=(a+b-1)f(0)+(a+2b)f'(0)h+o(h)$,

因此要使 $af(h)+bf(2h)-f(0)$ 为 h 的高阶无穷小量,必须有

$$\begin{cases} a+b-1=0, \\ a+2b=0, \end{cases} \text{即} \begin{cases} a=2, \\ b=-1. \end{cases}$$

【方法点击】 此类题目的关键是根据条件灵活运用泰勒公式,得到相应的展开式和余项,然后根据极限存在等条件解决问题.

基本题型 4:利用泰勒定理进行证明

例 6 设 $f(x)$ 在 $[0,1]$ 上具有二阶导数,且满足条件 $|f(x)| \leqslant a$,$|f''(x)| \leqslant b$,其中 a,b 是非负常数,c 是 $(0,1)$ 内任意一点,证明 $|f'(c)| < 2a + \dfrac{b}{2}$.(考研题)

【思路探索】 题设有二阶导数,结论有一阶导数,易联想到一阶泰勒公式.

证明: $f(x)$ 在 $x=c$ 点的泰勒公式为

$$f(x)=f(c)+f'(c) \cdot (x-c)+\frac{f''(\xi)}{2!}(x-c)^2, \qquad \qquad ①$$

其中 $\xi=c+\theta(x-c)$,$0<\theta<1$.

在①中取 $x=1$,有

$$f(1)=f(c)+f'(c)(1-c)+\frac{f''(\xi_1)}{2!}(1-c)^2, \qquad \qquad ②$$

其中 $0<c<\xi_1<1$. 在①中取 $x=0$,又有

$$f(0)=f(c)+f'(c)(0-c)+\frac{f''(\xi_2)}{2!}(0-c)^2, \qquad \qquad ③$$

其中 $0<\xi_2<c<1$. ②-③有

$$f(1)-f(0)=f'(c)+\frac{1}{2!}[f''(\xi_1)(1-c)^2-f''(\xi_2)c^2].$$

所以,

$$|f'(c)| = \left| f(1)-f(0)-\frac{1}{2!}[f''(\xi_1)(1-c)^2-f''(\xi_2)c^2] \right|$$

$$\leqslant |f(1)|+|f(0)|+\frac{1}{2}[|f''(\xi_1)|(1-c)^2+|f''(\xi_2)|c^2]$$

$$\leqslant 2a+\frac{b}{2}[(1-c)^2+c^2] < 2a+\frac{b}{2},$$

其中 $c \in (0,1)$,$c^2<c$,$(1-c)^2+c^2=1-2(c-c^2)<1$.

例 7 设函数 $f(x)$ 在闭区间 $[-1,1]$ 上具有三阶连续导数,且 $f(-1)=0,f(1)=1,f'(0)=0$.证明在开区间 $(-1,1)$ 内至少存在一点 ξ,使 $f'''(\xi)=3$.（考研题）

证明: $f(x)$ 在 $x=0$ 点的泰勒展开式为

$$f(x)=f(0)+f'(0)x+\frac{f''(0)}{2!}x^2+\frac{f'''(\eta)}{3!}x^3, \qquad ①$$

其中 η 在 0 与 x 之间,$x\in[-1,1]$. 在①中分别取 $x=1$ 与 $x=-1$ 得

$$1=f(1)=f(0)+\frac{1}{2}f''(0)+\frac{1}{6}f'''(\eta_1),0<\eta_1<1, \qquad ②$$

$$0=f(-1)=f(0)+\frac{1}{2}f''(0)-\frac{1}{6}f'''(\eta_2),-1<\eta_2<0. \qquad ③$$

②－③得 $f'''(\eta_1)+f'''(\eta_2)=6$. 由 $f'''(x)$ 在 $[-1,1]$ 上的连续性,知它在 $[\eta_2,\eta_1]\subset[-1,1]$ 上存在最大值 M 与最小值 m,故有 $m\leqslant\frac{1}{2}[f'''(\eta_1)+f'''(\eta_2)]\leqslant M$. 再由闭区间 $[\eta_2,\eta_1]$ 上连续函数 $f'''(x)$ 的介值定理,知 $\exists\xi\in[\eta_2,\eta_1]\subset(-1,1)$,使得 $f'''(\xi)=\frac{1}{2}[f'''(\eta_1)+f'''(\eta_2)]=3$.

【方法点击】 一般来说,所讨论问题中的函数若具有二阶或二阶以上的导数时,往往需要应用泰勒公式.用泰勒公式证明一些结论时,点 x_0 的选取是关键.

第四节　函数的单调性与曲线的凹凸性

—— 知识全解 ——

一 本节知识结构图解

二 重点及常考点分析

1. 用一阶导数的符号研究函数的单调性.

划分函数 $f(x)$ 的单调区间,确定其分界点时应考查所有使 $f'(x)=0$ 和 $f'(x)$ 不存在的点,这样能保证 $f'(x)$ 在各部分区间内不变号,从而得到单调区间.

设 $f(x)$ 在 (a,b) 内可导,若 $f'(x)>0(f'(x)<0)$,则 $f(x)$ 在 (a,b) 内严格递增（严格递减）.

设 $f(x)$ 在 (a,b) 内可导,若 $f'(x)\geqslant0(f'(x)\leqslant0)$ 且等号在有限个点成立,则 $f(x)$ 在 (a,b) 内严格递增（严格递减）.

2. 利用函数单调性证明不等式的方法步骤:

（1）构造辅助函数:使不等式一端为 0,另一端即为辅助函数 $F(x)$.

（2）判断单调性:求 $F'(x)$,并验证 $F(x)$ 在指定区间的增减性.

（3）求出区间端点的函数值或极限值,比较后即证. 或直接用不等式判断.

3. 判定曲线 $y=f(x)$ 的拐点的方法步骤:

（1）求导数:计算 $f''(x)$.

（2）求特殊点:令 $f''(x)=0$,解出这方程在定义域 I 内的实根,并求出在区间 I 内 $f''(x)$ 不存在的点.

（3）对于（2）中求出的每一个实根或二阶导数不存在的点 x_0，检查 $f''(x)$ 在 x_0 左右两侧邻近的符号，当两侧的符号相反时，点 $(x_0,f(x_0))$ 是拐点；当两侧的符号相同时，点 $(x_0,f(x_0))$ 不是拐点.

三 考研大纲要求解读

1. 掌握用导数判断函数单调性的方法.
2. 会用导数判断函数图形的凹凸性，会求函数图形的拐点.

------ 例题精解 ------

基本题型 1：证明函数的单调性和求单调区间

例 1 求函数 $y=(2x-5)x^{\frac{2}{3}}$ 的单调区间.

解：函数 $y(x)$ 的定义域为 $(-\infty,+\infty)$，

$$y'=(2x^{\frac{5}{3}}-5x^{\frac{2}{3}})'=\frac{10}{3}x^{\frac{2}{3}}-\frac{10}{3}x^{-\frac{1}{3}}=\frac{10(x-1)}{3x^{\frac{1}{3}}}.$$

令 $y'=0$ 得 $x=1$，又 $y'(0)$ 不存在但 $y(0)=0$，列表如下：

x	$(-\infty,0)$	0	$(0,1)$	1	$(1,+\infty)$
y'	$+$	不存在	$-$	0	$+$
y	↗		↘		↗

由上表知，$(-\infty,0)$ 及 $(1,+\infty)$ 是函数的单调增加区间；$[0,1]$ 是函数的单调减小区间.

【方法点击】 求 $y=f(x)$ 的单调区间的步骤是：

（1）明确定义域；

（2）找出 $f'(x)=0$ 的根及在定义域内使 $f'(x)$ 不存在的点；

（3）将上面找出的点按从小到大列在表上；它们把定义域分割成若干区间，由导数在每个区间上的符号判断其单调性.

例 2 证明：函数 $f(x)=\left(1+\dfrac{1}{x}\right)^x$ 在区间 $(0,+\infty)$ 上单调增加.（考研题）

证法一：只要证明 $f'(x)>0$ （$x>0$）.

由 $f(x)=\mathrm{e}^{x\ln\left(1+\frac{1}{x}\right)}$，有

$$f'(x)=\left(1+\frac{1}{x}\right)^x\left[\ln\left(1+\frac{1}{x}\right)-\frac{1}{1+x}\right].$$

由于 $\ln\left(1+\dfrac{1}{x}\right)=\ln(1+x)-\ln x$，考虑到 $y=\ln x$ 在 $[x,x+1]$ 上满足拉格朗日中值定理，故存在 ξ 满足 $x<\xi<x+1$，使得

$$\ln\left(1+\frac{1}{x}\right)=\ln(1+x)-\ln x=(\ln x)'\Big|_{x=\xi}=\frac{1}{\xi}>\frac{1}{1+x}.$$

又 $\left(1+\dfrac{1}{x}\right)^x>0$，故 $x>0$ 时，$f'(x)>0$，所以 $f(x)$ 在 $(0,+\infty)$ 上单调增加.

证法二：由证法一知 $f'(x)=\left(1+\dfrac{1}{x}\right)^x\left[\ln\left(1+\dfrac{1}{x}\right)-\dfrac{1}{1+x}\right].$

令 $g(x)=\ln\left(1+\dfrac{1}{x}\right)-\dfrac{1}{1+x}$，则

$$g'(x) = \frac{1}{1+x} - \frac{1}{x} + \frac{1}{(1+x)^2} = -\frac{1}{x(1+x)^2} < 0,$$

故函数 $g(x)$ 在 $(0, +\infty)$ 上单调减少.

由于 $\lim\limits_{x \to +\infty}\left[\ln\left(1 + \frac{1}{x}\right) - \frac{1}{1+x}\right] = 0$，故对 $\forall x \in (0, +\infty)$，有

$$g(x) = \ln\left(1 + \frac{1}{x}\right) - \frac{1}{1+x} > 0 = \lim\limits_{x \to +\infty} g(x),$$

又 $\left(1 + \frac{1}{x}\right)^x > 0$，从而当 $x > 0$ 时，$f'(x) > 0$.

所以函数 $f(x)$ 在 $(0, +\infty)$ 上单调增加.

基本题型 2：证明曲线的凸凹性以及求曲线的凸凹区间和拐点

例 3 设函数 $y = y(x)$ 由参数方程 $\begin{cases} x = \frac{1}{3}t^3 + t + \frac{1}{3}, \\ y = \frac{1}{3}t^3 - t + \frac{1}{3} \end{cases}$ 确定，求曲线 $y = y(x)$ 的凹凸区间及拐点.(考研题)

解：$\dfrac{\mathrm{d}y}{\mathrm{d}x} = \dfrac{t^2 - 1}{t^2 + 1}$，$\dfrac{\mathrm{d}^2y}{\mathrm{d}x^2} = \dfrac{4t}{(t^2 + 1)^3}$.

令 $\dfrac{\mathrm{d}^2y}{\mathrm{d}x^2} = 0$，得 $t = 0$，即 $x = \dfrac{1}{3}$.

列表如下：

t	$(-\infty, 0)$	0	$(0, +\infty)$
x	$\left(-\infty, \dfrac{1}{3}\right)$	$\dfrac{1}{3}$	$\left(\dfrac{1}{3}, +\infty\right)$
y''	$-$	0	$+$

由上表可知：曲线 $y = y(x)$ 的凹区间为 $\left(\dfrac{1}{3}, +\infty\right)$，凸区间为 $\left(-\infty, \dfrac{1}{3}\right)$；拐点为 $\left(\dfrac{1}{3}, \dfrac{1}{3}\right)$.

【方法点击】 判定曲线凹凸性或求函数的凹凸区间、拐点的步骤是：

(1)求出函数的定义域或指定区域以及二阶导数；

(2)在区域内求出全部拐点疑点（二阶导数为 0 的点、二阶导数不存在但函数有意义的点），函数边界点及使函数无意义的端点，把这些点列在表上，根据二阶导数在各区间上的正负进行判断.

例 4 讨论曲线 $y = x + \dfrac{x}{x^2 - 1}$ 的凸凹性及拐点.

解：$y' = 1 + \dfrac{x^2 - 1 - x \cdot 2x}{(x^2 - 1)^2} = 1 + \dfrac{-x^2 - 1}{(x^2 - 1)^2}$，

$$y'' = \frac{-2x(x^2 - 1)^2 + 2(x^2 + 1)(x^2 - 1) \cdot 2x}{(x^2 - 1)^4} = \frac{2x^3 + 6x}{(x^2 - 1)^3}.$$

令 $y'' = 0$ 得 $x = 0$，当 $-1 < x < 0$ 及 $x > 1$ 时，$y''(x) > 0$；当 $x < -1$ 及 $0 < x < 1$ 时，$y''(x) < 0$，故 $y(x) = x + \dfrac{x}{x^2 - 1}$ 在 $(-\infty, -1)$，$(0, 1)$ 上是凸的，在 $(-1, 0)$，$(1, +\infty)$ 上是凹的，且以 $(0, 0)$ 为拐点.

【方法点击】 (1)求凹凸区间时,$f''(x)>0$ 的解即为曲线的凹区间,$f''(x)<0$ 的解即为曲线的凸区间;

(2)对二阶可导函数求拐点时,首先解得 $f''(x)=0$,再考查解的附近左右两侧的二阶导数的正负号,如符号相反,则相应的点是拐点;如符号相同,则相应的点不是拐点.

例 **5** 设函数 $f(x)$ 在定义域内可导,$y=f(x)$ 的图形如图 3-1 所示,则导函数 $y=f'(x)$ 的图形为( ).

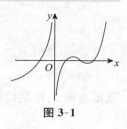

图 3-1

(A)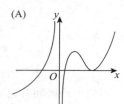

(B)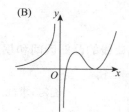

(C)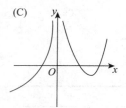

(D)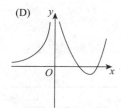

解:根据 $y=f(x)$ 图形知:当 $x<0$ 时,$f(x)$ 单调递增,故 $f'(x)>0$,排除(A)、(C).当 $x>0$ 时,$f(x)$ 图形由凸→凹,则 $f'(x)$ 由单减→单增,排除(B).所以应选(D).

基本题型 3:利用导数性质证明不等式

例 **6** 证明:当 $0<a<b<\pi$ 时,$b\sin b+2\cos b+\pi b>a\sin a+2\cos a+\pi a$. (考研题)

证明:设 $f(x)=x\sin x+2\cos x+\pi x,x\in[0,\pi]$,则

$$f'(x)=\sin x+x\cos x-2\sin x+\pi=x\cos x-\sin x+\pi,$$

$$f''(x)=\cos x-x\sin x-\cos x=-x\sin x<0,x\in(0,\pi),$$

故 $f'(x)$ 在 $[0,\pi]$ 上单调减小,从而 $f'(x)>f'(\pi)=0,x\in(0,\pi)$,

因此 $f(x)$ 在 $[0,\pi]$ 上单调增加,所以当 $0<a<b<\pi$ 时,$f(b)>f(a)$,

即 $b\sin b+2\cos b+\pi b>a\sin a+2\cos a+\pi a$.

【方法点击】 利用导数的性质证明不等式是一种常用方法,它包含下面几种思路:

(1)利用微分中值定理.

(2)利用泰勒公式.

(3)利用函数的单调性.

(4)利用最大最小值.

(5)利用函数的凸凹性.

解题的关键是根据要证的结论作适当的辅助函数,把不等式的证明转化为利用导数来研究函数的特征,因此用导数证明不等式的本质是构造法.

例 7 证明：$x\ln\dfrac{1+x}{1-x}+\cos x\geqslant1+\dfrac{x^2}{2}$ $(-1<x<1)$.（考研题）

证明：令 $f(x)=x\ln\dfrac{1+x}{1-x}+\cos x-1-\dfrac{x^2}{2}$，可得

$$f'(x)=\ln\frac{1+x}{1-x}+x\frac{1-x}{1+x}\cdot\frac{2}{(1-x)^2}-\sin x-x$$

$$=\ln\frac{1+x}{1-x}+\frac{2x}{1-x^2}-\sin x-x$$

$$=\ln\frac{1+x}{1-x}+\frac{1+x^2}{1-x^2}-\sin x.$$

当 $0\leqslant x<1$ 时，有 $\ln\dfrac{1+x}{1-x}\geqslant0$，$\dfrac{1+x^2}{1-x^2}\geqslant1$，所以

$$\ln\frac{1+x}{1-x}+\frac{1+x^2}{1-x^2}x-\sin x\geqslant0,$$

故 $f'(x)\geqslant0$，而 $f(0)=0$，即得 $x\ln\dfrac{1+x}{1-x}+\cos x-1-\dfrac{x^2}{2}\geqslant0$，所以

$$x\ln\frac{1+x}{1-x}+\cos x\geqslant\frac{x^2}{2}+1.$$

当 $-1<x<0$ 时，有 $\ln\dfrac{1+x}{1-x}<0$，$\dfrac{1+x^2}{1-x^2}>1$，所以

$$\ln\frac{1+x}{1-x}+\frac{1+x^2}{1-x^2}x-\sin x<0,$$

故 $f'(x)<0$，即得 $x\ln\dfrac{1+x}{1-x}+\cos x-1-\dfrac{x^2}{2}>0$，可知，

$$x\ln\frac{1+x}{1-x}+\cos x>1+\frac{x^2}{2}.$$

综上，$x\ln\dfrac{1+x}{1-x}+\cos x\geqslant1+\dfrac{x^2}{2}(-1<x<1)$.

【方法点击】 证明 $a>b$ 一般有两种方法：证明 $a-b>0$ 或 $\dfrac{a}{b}>1(a,b>0)$.

基本题型 4. 讨论方程的根

例 8 证明方程 $4\arctan x-x+\dfrac{4}{3}\pi-\sqrt{3}=0$ 恰有两个实根.（考研题）

证明：令 $f(x)=4\arctan x-x+\dfrac{4}{3}\pi-\sqrt{3}$，则

$$f'(x)=\frac{4}{1+x^2}-1=\frac{3-x^2}{1+x^2},$$

令 $f'(x)=0$ 得 $x_1=-\sqrt{3}$，$x_2=\sqrt{3}$.

由单调性判别法知：$f(x)$ 在 $(-\infty,-\sqrt{3}]$ 上单调减少；在 $(-\sqrt{3},\sqrt{3})$ 上单调增加；在 $[\sqrt{3},+\infty)$ 上单调减少；

因为 $f(-\sqrt{3})=0$，且由上述单调性可知 $f(-\sqrt{3})$ 是 $f(x)$ 在 $(-\infty,\sqrt{3}]$ 上的最小值，所以 $x=-\sqrt{3}$ 是 $f(x)$ 在 $(-\infty,\sqrt{3}]$ 上的唯一零点.

又因为 $f(\sqrt{3})=2\left(\dfrac{4\pi}{3}-\sqrt{3}\right)>0$ 且 $\lim\limits_{x\to+\infty}f(x)=-\infty$，所以由连续函数的介值定理知，$f(x)$ 在

$(\sqrt{3},+\infty)$内存在唯一零点.

综上可知:$f(x)$在$(-\infty,+\infty)$内恰有两个零点,即原方程恰有两个实根.

第五节　函数的极值与最大值最小值

知识全解

一　本节知识结构图解

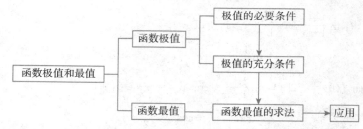

二　重点及常考点分析

1. 驻点和极值点的关系.

它们定义不同:驻点是导数为零的点,而极值点表明该点的值大于(或小于)其小邻域上任何其他的值.费马定理指出:如果函数在极值点处可导,则它一定是驻点.然而即使函数在某点处不可导,它仍然可能是极值点,如$y=|x|$在$x=0$处不可导,但$x=0$仍是函数的极小值点.另外,驻点仅是可导函数取得极值的必要条件,即可能x_0是函数$f(x)$的驻点,但x_0并不是函数的极值点,例如:$y=x^3$在$x=0$处$y'=0$,而$x=0$却不是极值点.

2. 驻点和拐点定义的差异.

驻点是一阶导数为零的点,而拐点通常是二阶导数为零或二阶导数不存在的点,且它的两侧二阶导数符号不同,拐点是曲线凸弧和凹弧分界点,是研究曲线图形重要特征的依据之一,而驻点主要用来考查该点是否是极值点.

3. 极值点与最值点的差异.

最值点是函数在某一区间上取得最大(小)值的点,它可能是极值点,也可能是边界点,甚至于在某一区间上不存在最值点.如$y=x^3$在$(-1,1)$上,由于$(-1,1)$是开区间,$y=x^3$并不能取得最值.

极值点是函数在某点的小邻域内的最值点,但它不一定是更大的一个区间上的最值点.可能在某一区间上有多个极值点,甚至于某点的极小值比另一点的极大值还大.因此求某一区间上的最值,通常是求出该区间上的所有驻点,导数不存在的点以及边界点,然后将这些点的函数值予以比较,找到最值.

4. 求极值的步骤.

(1)求出导数 $f'(x)$;

(2)求出 $f(x)$ 的全部驻点与不可导点,即全部极值可疑点;

(3)考查 $f'(x)$ 的符号在每个极值可疑点左右邻近情形,以确定该点是否为极值点,如果是极值点,进一步确定是极大值点还是极小值点;

(4)求出各极值点的函数值,就是函数 $f(x)$ 的全部极值.

5. 计算函数最值的方法.

(1)根据计算驻点的方法求出 $f(x)$ 在 (a,b) 内的驻点 $x_1,x_2,x_3,\cdots,x_m$ 及不可导点 $x_1{}'$,$x_2{}',\cdots,x_n{}'$;

(2)计算 $f(x_i)(i=1,2,\cdots,m),f(x_j')(j=1,2,\cdots,n)$ 及 $f(a),f(b)$;

(3)比较(2)中各值的大小,其中最大的和最小的便是 $f(x)$ 在 $[a,b]$ 上的最大值和最小值.

6. 求方程根的个数的步骤.

(1)求出 $f(x)$ 的驻点和使 $f'(x)$ 不存在的点,划分 $f(x)$ 的单调区间;

(2)求出各单调区间的极值;

(3)分析极值与 x 轴的位置判断根的个数.

7. 用最大、最小值解应用题.

(1)先把实际问题转化为某函数在某区间上的最值问题.

(2)求函数在某区间内部的极值.

(3)把极值与区间边界上的函数值作比较.

三 考研大纲要求解读

1. 掌握用导数求函数极值的方法.

2. 掌握函数最大值和最小值的求法及其简单应用.

● ● ● ● ● ● 例题精解 ● ● ● ● ● ●

基本题型 1：求解或证明函数的极值和最值问题

例 1 设函数 $y=f(x)$ 由方程 $y^3+xy^2+x^2y+6=0$ 确定,求 $f(x)$ 的极值. (考研题)

解: 在 $y^3+xy^2+x^2y+6=0$ 两端对 x 求导,得

$$3y^2\cdot y'+y^2+2xyy'+2xy+x^2y'=0. \tag{①}$$

令 $y'=0$ 得 $y=-2x$ 或 $y=0$(舍去).

将 $y=-2x$ 代入原方程得 $-6x^3+6=0$,解得 $x=1,f(1)=-2$.

在方程①两端同时关于 x 求导,得

$$(3y^2+2xy+x^2)y''+2(3y+x)(y')^2+4(x+y)y'+2y=0. \tag{②}$$

将 $x=1,y(1)=-2,y'(1)=0$ 代入方程②得

$$y''(1)=f''(1)=\frac{4}{9}>0,$$

所以 $x=1$ 是函数的极小值点,极小值 $f(1)=-2$.

> **【方法点击】** 求极值的步骤：
>
> (1)求出函数 $f(x)$ 的全部极值疑点——驻点($f'(x)=0$ 的点)及导数不存在但函数有意义的点;
>
> (2)逐个地进行判断.判断的方法一般有两个,即第一充分条件和第二充分条件.

例 2 设 $0<\alpha<1$,证明不等式 $x^{\alpha}-\alpha x\leqslant 1-\alpha(x\geqslant 0)$.

【思路探索】 本题证法较多,可以考虑中值定理、函数的单调性或极值方法.

证法一: 用极值证明,令 $f(x)=x^{\alpha}-\alpha x$,则当 $x>0$ 时,$f'(x)=\alpha(x^{\alpha-1}-1)$ 只有一个零点 $x=1$,且 $f''(1)=\alpha(\alpha-1)<0$,说明 $f(x)$ 在 $(0,+\infty)$ 上仅有唯一的极值 $f(1)=1-\alpha$,且为极大值,因而亦是 $f(x)$ 在 $(0,+\infty)$ 上的最大值,又由于 $f(0)=0<1-\alpha$,故有 $x^{\alpha}-\alpha x\leqslant 1-\alpha(x\geqslant 0)$.

证法二: 用拉格朗日中值定理,对于函数 $f(x)=x^{\alpha}-1$,在 x 和 1 之间有

$$\frac{x^a-1}{x-1}=\alpha\xi^{a-1} \quad (x>0,x\ne1),$$

其中 ξ 介于 x 和 1 之间.

当 $x>1$ 时,$\xi>1$,因为 $0>\alpha-1$,所以 $\xi^{a-1}<1$,于是 $\frac{x^a-1}{x-1}<\alpha\cdot1$,故

$$x^a-1<\alpha(x-1),\text{即 } x^a-\alpha x<1-\alpha;$$

当 $0<x<1$ 时,$0<\xi<1$,所以 $\xi^{a-1}>1$,于是 $\frac{x^a-1}{x-1}>\alpha\cdot1$,故

$$x^a-1<\alpha(x-1),\text{即 } x^a-\alpha x<1-\alpha.$$

当 $x=1,0$ 时,结论显然成立.

证法三:用函数的单调性证明.令 $f(x)=x^a-\alpha x$,则

$$f(1)=1-\alpha,f'(x)=\alpha(x^{a-1}-1),$$

当 $x>1$ 时,因 $\alpha-1<0$,所以 $f'(x)<0$,这时函数 $f(x)$ 单调减小,故 $f(x)<1-\alpha$,即

$$x^a-\alpha x<1-\alpha;$$

当 $0<x\le1$ 时,$f'(x)\ge0$,$f(x)$ 单调增加,故 $x^a-\alpha x\le f(1)=1-\alpha.$

当 $x=0$ 时,结论显然成立.

例 3 求函数 $y=2x^3-6x^2-18x-7$ 在 $[1,4]$ 上的最大、最小值.

解:由于 $y(x)$ 在 $[1,4]$ 上连续,因此必有最大值 M 及最小值 m.

$$y'=6x^2-12x-18,$$

令 $y'=0$ 得 $x_1=-1,x_2=3.$

因为 $x_1=-1\notin[1,4]$,所以 $x_2=3$ 是 $y(x)$ 在 $[1,4]$ 上的极值疑点,于是

$$M=\max\{f(1),f(3),f(4)\}=\max\{-29,-61,-47\}=f(1)=-29,$$
$$m=\min\{f(1),f(3),f(4)\}=-61.$$

【方法点击】 由本例可知,求函数的最值一定要考虑自变量的变化范围.在此若将 $x_1=-1$ 误认为函数 $y(x)$ 的极值疑点,则将误求 $y(-1)=3$ 为最大值 M.

　　求函数最值的步骤:

　　(1)找出此区间上的全部极值疑点(即驻点、导数不存在但函数有意义的点)及使函数有定义的边界点;

　　(2)分别求出函数在这些点上的函数值并比较其大小,其中最大的函数值就是最大值,最小的函数值便是最小值.

例 4 设函数 $f(x)=\ln x+\frac{1}{x}$.

(Ⅰ)求 $f(x)$ 的最小值.

(Ⅱ)设数列 $\{x_n\}$ 满足 $\ln x_n+\frac{1}{x_{n+1}}<1$,证明 $\lim\limits_{n\to\infty}x_n$ 存在,并求此极限.(考研题)

解:(Ⅰ)$f'(x)=\frac{x-1}{x^2}$,令 $f'(x)=0$,得 $f(x)$ 的唯一驻点:$x=1$,又 $f''(1)=\left.\frac{2-x}{x^3}\right|_{x=1}=1>0$,故 $f(1)=1$ 是唯一极小值,即最小值.

(Ⅱ)由(Ⅰ)的结果知 $\ln x+\frac{1}{x}\ge1$,从而有

$$\ln x_n+\frac{1}{x_{n+1}}<1\le\ln x_n+\frac{1}{x_n},$$

于是 $x_n < x_{n+1}$，即数列 $\{x_n\}$ 单调增加. 又由 $\ln x_n + \dfrac{1}{x_{n+1}} < 1$ 知 $\ln x_n < 1$，得 $x_n < e$，从而 $\{x_n\}$ 单调增加且有上界，故 $\lim\limits_{n\to\infty} x_n$ 存在(极限存在准则). 令 $\lim\limits_{n\to\infty} x_n = a$，可知 $a > x_1 > 0$，在不等式 $\ln x_n + \dfrac{1}{x_{n+1}} < 1$ 两端取极限得:

$$\ln a + \frac{1}{a} \leqslant 1,$$

又 $\ln a + \dfrac{1}{a} \geqslant 1$，故 $\ln a + \dfrac{1}{a} = 1$，可得 $a = 1$，即 $\lim\limits_{n\to\infty} x_n = 1$.

基本题型 2：求实际问题的最值

例 5 一房地产公司有 50 套公寓要出租，当月租金定为每月 1 000 元时，公寓会全部租出去，当月租金每增加 50 元时，就会多一套公寓租不出去，而租出去的公寓每月需花费 100 元的维修费. 试问房租定为多少，收入最大？

解： 设每套公寓的房租为 x 元，获得的总收入为 $f(x)$，则租出去的公寓数为

$$50 - \frac{x-1\,000}{50} = \frac{3\,500-x}{50},$$

由题意知

$$f(x) = \frac{3\,500-x}{50}(x-100) = \frac{-x^2 + 3\,600x - 350\,000}{50}.$$

令 $f'(x) = \dfrac{-2x + 3\,600}{50} = 0$，得 $x = 1\,800$.

又因为 $f''(x) = -\dfrac{1}{25} < 0$，所以当 $x = 1\,800$ 时，$f(x)$ 取得最大值.

故房租定为 1 800 元时，收入最大.

> **【方法点击】** 求实际问题最值的关键是分清题目中各量的相互关系，求出目标函数式，利用导数这一工具讨论函数的性质即可.

第六节　函数图形的描绘

知识全解

一 本节知识结构图解

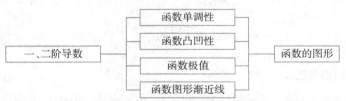

二 重点及常考点分析

1. 渐近线： 渐近线是对当 x 趋近于间断点或趋近于 ∞ 时的状态的研究. 如果间断点 x_0 是无穷间断点，则 $x = x_0$ 一定是铅直渐近线，如果没有间断点，则不存在铅直渐近线；当 x 趋近于 ∞ 时，$f(x)$ 趋于常数 A，则 $y = A$ 是水平渐近线；当 x 趋近于 ∞ 时，$f(x)$ 也趋于 ∞，需进一步考查 $\dfrac{f(x)}{x}$ 是否

趋于非零常数 a,且 $f(x)-ax$ 趋于常数 b,若 $a\neq 0,b$ 存在且有限,则 $y=ax+b$ 是曲线的斜渐近线.

　　2. 反映函数综合性态的几何图形比较直观、形象,因而如何作函数的图形成为一类重要问题. 主要步骤是:求函数的定义域,研究周期性、奇偶性,求曲线与坐标轴交点,研究函数单调区间与极值,研究曲线凸凹性与拐点,求曲线渐近线方程,最后综合上述资料,作出函数图形.

三 考研大纲要求解读

　　1. 会求水平、铅直和斜渐近线.
　　2. 会描绘函数的图形.

─────────────── 例题精解 ───────────────

基本题型 1:研究函数性态,作出函数图形

例 1 描绘函数 $y=(x+6)e^{\frac{1}{x}}$ 的图形.

解:(1)定义域为 $(-\infty,0)\bigcup(0,+\infty)$.

　　(2)讨论单调性、极值、凹凸性、拐点.

$$y'=\frac{x^2-x-6}{x^2}e^{\frac{1}{x}},\text{令 } y'=0,\text{得 } x_1=-2,x_2=3.$$

$$y''=\frac{13x+6}{x^4}e^{\frac{1}{x}},\text{令 } y''=0,\text{得 } x_3=-\frac{6}{13}.$$

列表如下:

x	$(-\infty,-2)$	-2	$\left(-2,-\frac{6}{13}\right)$	$-\frac{6}{13}$	$\left(-\frac{6}{13},0\right)$	0	$(0,3)$	3	$(3,+\infty)$
y'	$+$	0	$-$		$-$		$-$	0	$+$
y''	$-$	$-$	$-$	0	$+$		$+$	$+$	$+$
y	↗	极大值	↘	拐点	↘	不存在	↘	极小值	↗

极大值为 $y\big|_{x=-2}=\dfrac{4}{\sqrt{e}}$;极小值为 $y\big|_{x=3}=9\sqrt[3]{e}$;拐点为 $\left(-\dfrac{6}{13},\dfrac{72}{13}e^{-\frac{13}{6}}\right)$.

由 $\lim\limits_{x\to 0}y=+\infty$,知 $x=0$ 为铅直渐近线. 因为

$$a=\lim_{x\to\infty}\frac{f(x)}{x}=\lim_{x\to\infty}\frac{(x+6)e^{\frac{1}{x}}}{x}=1,$$

$$b=\lim_{x\to\infty}[f(x)-x]=\lim_{x\to\infty}\left[(x+6)e^{\frac{1}{x}}-x\right]=7,$$

所以 $y=x+7$ 为斜渐近线.

此外,由于 $\lim\limits_{x\to 0^-}y=0$,可知当 $x\to 0^-$ 时,函数曲线的左半支趋向于原点.

综上所述,函数图形见图 3-2.

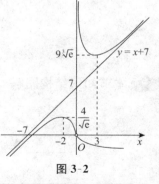

图 3-2

【方法点击】 作出函数图形关键是利用导数把函数的升降区间、极值点、凸凹区间和拐点以及渐近线求出. 为了便于应用一般把这些性态用表格表示出来.

基本题型 2:求渐近线

例 2 曲线 $y=x\ln\left(e+\dfrac{1}{x}\right)(x>0)$ 的渐近线方程为_____.(考研题)

解：$\lim\limits_{x\to 0}y=0,\lim\limits_{x\to +\infty}y=+\infty$，所以无铅直渐近线和水平渐近线.

设 $y=ax+b$ 为曲线的斜渐近线，则

$$a=\lim\limits_{x\to +\infty}\frac{f(x)}{x}=\lim\limits_{x\to +\infty}\ln\left(\mathrm{e}+\frac{1}{x}\right)=1,$$

$$b=\lim\limits_{x\to +\infty}[f(x)-ax]=\lim\limits_{x\to +\infty}\left[x\ln\left(\mathrm{e}+\frac{1}{x}\right)-x\right]$$

$$\xlongequal{\diamond t=\frac{1}{x}}\lim\limits_{t\to 0}\frac{\ln(\mathrm{e}+t)-1}{t}=\frac{1}{\mathrm{e}}.$$

所以斜渐近线方程为 $y=x+\dfrac{1}{\mathrm{e}}$. 故应填 $y=x+\dfrac{1}{\mathrm{e}}$.

第七节　曲　率

─────────── 知识全解 ───────────

一 本节知识结构图解

二 重点及常考点分析

在曲线某点处的曲率圆与该点处的原曲线具有相同的切线和曲率，且在该点附近有相同的凹凸性，因此实际问题中常用曲率圆代替原曲线，本部分掌握曲率的计算公式是考研的基本要求. 另外本节的题型还有曲率在综合题中的应用，特别是涉及曲率的最值问题，这就要求对知识能够融会贯通，灵活应用. 总之在解此部分习题时要做到公式运用正确，计算熟练准确.

三 考研大纲要求解读

了解曲率和曲率半径的概念，会计算曲率和曲率半径.

─────────── 例题精解 ───────────

基本题型：求曲线的曲率和曲率半径、曲率圆及相关问题

例 1 曲线 $\begin{cases}x=t^2+7,\\ y=t^2+4t+1\end{cases}$ 上对应于 $t=1$ 点处的曲率半径是（　　）.（考研题）

(A) $\dfrac{\sqrt{10}}{50}$ 　　　　　　　　　(B) $\dfrac{\sqrt{10}}{100}$

(C) $10\sqrt{10}$ 　　　　　　　　　(D) $5\sqrt{10}$

解：$\dfrac{\mathrm{d}y}{\mathrm{d}x}=\dfrac{2t+4}{2t}=1+\dfrac{2}{t},\dfrac{\mathrm{d}^2y}{\mathrm{d}x^2}=-\dfrac{1}{t^3}$，所以

$$\left.\frac{\mathrm{d}y}{\mathrm{d}x}\right|_{t=1}=3,\left.\frac{\mathrm{d}^2y}{\mathrm{d}x^2}\right|_{t=1}=-1.$$

当 $t=1$ 时，$x=8,y=6$，因此点 $(8,6)$ 处的曲率为

$$k = \frac{|y''|}{(1+y'^2)^{\frac{3}{2}}} = \frac{1}{(1+3^2)^{\frac{3}{2}}} = \frac{1}{10^{\frac{3}{2}}},$$

于是曲率半径为 $R = \frac{1}{k} = 10^{\frac{3}{2}} = 10\sqrt{10}$. 故应选(C).

例 2 曲线 $y = x^2 + x(x < 0)$ 上曲率为 $\frac{\sqrt{2}}{2}$ 的点的坐标是_____. (考研题)

解:将 $y' = 2x + 1$, $y'' = 2$ 代入曲率公式,有

$$k = \frac{|y''|}{(1+y'^2)^{\frac{3}{2}}} = \frac{2}{[1+(2x+1)^2]^{\frac{3}{2}}} = \frac{\sqrt{2}}{2},$$

整理得 $(2x+1)^2 = 1$,解得 $x = 0$ 或 $x = -1$,又因为 $x < 0$,所以取 $x = -1$,于是 $y(-1) = 0$,故所求点的坐标为 $(-1, 0)$.

例 3 求曲线 $y = a\ln\left(1 - \frac{x^2}{a^2}\right)(a > 0)$ 上曲率半径为最小的点的坐标.

解:

$$y' = -\frac{2ax}{a^2 - x^2}, \quad y'' = -\frac{2a(a^2 + x^2)}{(a^2 - x^2)^2} (|x| < a).$$

$$k = \frac{|y''|}{(1+y'^2)^{\frac{3}{2}}} = \frac{2a(a^2 - x^2)}{(a^2 + x^2)^2}, \quad R = \frac{1}{k} = \frac{(a^2 + x^2)^2}{2a(a^2 - x^2)}, \quad |x| < a,$$

$$\frac{dR}{dx} = \frac{x(a^2 + x^2)(3a^2 - x^2)}{a(a^2 - x^2)^2},$$

当 $-a < x < 0$ 时, $\frac{dR}{dx} < 0$, 当 $0 < x < a$ 时, $\frac{dR}{dx} > 0$, 故当 $x = 0$, $y = 0$ 时, R 最小,所求点为 $(0, 0)$.

【方法点击】 把曲率和最值结合起来,是本节一类综合题目. 这就要求对求最值的方法和步骤要牢记于心,能够把知识融会贯通,灵活运用. 只要公式记忆准确,计算仔细认真,一般就能够顺利地解决问题.

第八节　方程的近似解

知识全解

一 本节知识结构图解

二 重点及常考点分析

1. 利用切线法求方程近似解的图示.

(1) $f(a) < 0$, $f(b) > 0$, $f'(x) > 0$, $f''(x) > 0$(见图 3-3(a));

(2) $f(a) > 0$, $f(b) < 0$, $f'(x) < 0$, $f''(x) > 0$(见图 3-3(b));

(3) $f(a) < 0$, $f(b) > 0$, $f'(x) > 0$, $f''(x) < 0$(见图 3-4(a));

(4) $f(a) > 0$, $f(b) < 0$, $f'(x) < 0$, $f''(x) < 0$(见图 3-4(b)).

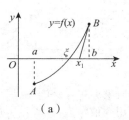 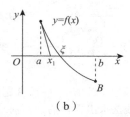

（a）　　　　　　　　　　　（b）

图 3-3

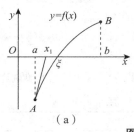 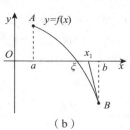

（a）　　　　　　　　　　　（b）

图 3-4

2. 利用切线法求方程近似解的步骤：

（1）若 $f(x)$ 在 $[a,b]$ 上有 $f(a)$ 与 $f''(x)$ 同号.

（2）令 $x_0=a$，在端点 $(x_0,f(x_0))$ 作切线，切线方程为

$$y-f(x_0)=f'(x_0)\cdot(x-x_0).$$

（3）令 $y=0$，从上式中解出 x，就得到切线与 x 轴交点的横坐标为 $x_1=x_0-\dfrac{f(x_0)}{f'(x_0)}$，它比 x_0 更接近方程的根 ξ.

（4）再在点 $(x_1,f(x_1))$ 作切线，可得根的近似值 x_2，如此继续，在点 $(x_{n-1},f(x_{n-1}))$ 作切线，得根的近似值 $x_n=x_{n-1}-\dfrac{f(x_{n-1})}{f'(x_{n-1})}$.

如果 $f(b)$ 与 $f''(x)$ 同号，可记 $x_0=b$，切线作在端点 $(x_0,f(x_0))$，仍按公式计算切线与 x 轴交点的横坐标.

⸺•⸺ 例题精解 ⸺•⸺

基本题型：求方程的近似解

例 1 证明方程 $x^5+5x+1=0$ 在区间 $(-1,0)$ 内有唯一的实根，并用切线法求这个根的近似值，使误差不超过 0.01.

解：令 $f(x)=x^5+5x+1$，则 $f(x)$ 在 $[-1,0]$ 上连续. 又因为

$$f(-1)=-5<0,\ f(0)=1>0,$$

故由零点定理知至少存在一个 $\xi\in(-1,0)$，使 $f(\xi)=0$. 又 $f'(x)=5x^4+5>0$ 知 $f(x)$ 在 $[-1,0]$ 上单调递增，因而 $f(x)$ 在 $(-1,0)$ 内有唯一实根.

下面用切线法求 ξ 的近似值.

因为 $f''(x)=20x^3<0$，取 $x_0=-1(f(x_0)f''(x_0)>0)$，代入递推公式

$$x_{n+1}=x_n-\frac{f(x_n)}{f'(x_n)}.$$

$$x_1 = -1 - \frac{-5}{5+5} = -0.5; x_2 = -0.5 - \frac{f(-0.5)}{f'(-0.5)} \approx -0.21;$$

$$x_3 = -0.21 - \frac{f(-0.21)}{f'(-0.21)} \approx -0.20; x_4 = -0.20 - \frac{f(-0.20)}{f'(-0.20)} \approx -0.20.$$

所以 $\xi \approx -0.20$.

【方法点击】 本节题型比较单一,一般首先证明所求方程在区间 $[a,b]$ 内有唯一的实根,然后再用二分法或切线法求出方程的近似值. 通常用介值定理(或零点定理)证明方程的根存在,然后由单调性证明根的唯一性.

例 2 求方程 $x\lg x = 1$ 的近似根,使误差不超过 0.01.

解:令 $f(x) = x\lg x - 1$,则 $f(x)$ 在 $[1,3]$ 上连续,又 $f(1) = -1 < 0, f(3) = 3\lg 3 - 1 > 0$,故由零点定理知存在 $\xi \in (1,3)$,使得 $f(\xi) = 0$.

因为 $x \in (1,3)$ 时,$f'(x) = \lg x + x \dfrac{1}{x}\lg e > 0$,所以 $f(x)$ 在 $[1,3]$ 上单调递增. 　计算要细心

从而 $f(x) = 0$ 在 $(1,3)$ 有唯一根 ξ,用二分法求近似值.

k	a_k	b_k	中点 x_k	$f(x_k)$ 符号
0	1	3	2	−
1	2	3	2.5	−
2	2.5	3	2.75	+
3	2.5	2.75	2.63	+
4	2.5	2.63	2.57	+
5	2.5	2.57	2.53	+
6	2.5	2.53	2.52	+
7	2.5	2.52	2.51	+
8	2.5	2.51	2.51	+

因为 $f(2.5) < 0, f(2.51) > 0$,所以取 $\xi = 2.50$ 或 $\xi = 2.51$ 作为近似根,其误差均不超过 0.01.

本章小结

1. 关于不等式的证明.

由本章的第四节我们知道,若 $f'(x) > 0$,表示 $f(x)$ 单调上升. 若在某一点 $f(x) = 0$,且从这一点以后 $f(x)$ 是单调上升的,则 $f(x)$ 在该点以后不可能再有零点. 相应地,若 $f(a) = 0$,当 $x > a$ 时,$f'(x) < 0$,则当 $x > a$ 时,$f(x) < 0$ 成立. 可以用这两个命题来证明一些不等式.

在用微分中值定理证不等式或等式时,一般地可先对原式作适当变形,或者构造辅助函数,使得新的函数符合中值定理的条件,然后用中值定理,得到所要的结论.

2. 关于洛必达法则应用.

在用洛必达法则求极限时,对于基本问题如"$\dfrac{0}{0}$""$\dfrac{\infty}{\infty}$"型的,可直接套用公式;对于其他类型的,则可先化成基本形式,然后再用洛必达法则. 更多的是在同一题中,可能用多次公式,因此应一步步做下去,直到得出最后结论.

3. 关于泰勒公式的应用.

在用泰勒公式求极限时,应当灵活应用,分清哪些项需展开,哪些项可以保留. 如 $\sin x$ 作

为一个乘积因子,当 $x→0$ 时,与 x 是等价无穷小,因此可直接看作 x,而无须展开,而 $\sin x$ 作加减运算时则不同,要用泰勒公式展开,并根据实际情况决定展开到的阶数.对于复杂函数的极限,泰勒公式是一个有力且有效的工具.

4. 利用导数来讨论方程的根或函数的零点是重要的内容.通常是用连续函数的介值定理、洛必达法则或泰勒公式来证明根的存在性,再用函数的单调性、极值、最值及凸凹性来证明方程根的个数.

5. 函数作图的步骤.

6. 本章考研要求.

(1)熟练运用微分中值定理证明简单命题.

(2)熟练运用洛必达法则和泰勒公式求极限和证明命题.

(3)会求函数的单调区间、凸凹区间、极值和拐点以及渐近线、曲率.

(4)了解函数图形的作图步骤.

(5)了解求方程近似解的两种方法:二分法、切线法.

自测题

一、填空题

1. 曲线 $\sin(xy)+\ln(y-x)=x$ 在点 $(0,1)$ 处的切线方程是_____.(考研题)

2. $\lim\limits_{x→0}\left(\dfrac{1}{\sin^2 x}-\dfrac{\cos^2 x}{x^2}\right)=$_____.(考研题)

3. 设 $\lim\limits_{x→0}\dfrac{\ln(1+x)-ax-bx^2}{x^2}=2$,则 $a=$_____,$b=$_____.

4. 曲线 $y=x·2^{-x}$ 的凸区间为_____.

5. 已知函数 $f(x)$ 连续,且 $\lim\limits_{x→0}\dfrac{1-\cos\left[xf(x)\right]}{(\mathrm{e}^x-1)f(x)}=1$,则 $f(0)=$_____.(考研题)

6. $y=2^x$ 的麦克劳林公式中 x^n 项的系数是_____.(考研题)

二、选择题

1. 设函数 $f(x)=x^2(x-1)(x-2)$,则 $f'(x)$ 的零点个数为(　　).

(A)0　　　　　　(B)1　　　　　　(C)2　　　　　　(D)3

2. 设 $f(x)=|x(1-x)|$,则(　　).(考研题)

(A)$x=0$ 是 $f(x)$ 的极值点,但 $(0,0)$ 不是曲线 $y=f(x)$ 的拐点

(B)$x=0$ 不是 $f(x)$ 的极值点,但 $(0,0)$ 是曲线 $y=f(x)$ 的拐点

(C)$x=0$ 是 $f(x)$ 的极值点,且 $(0,0)$ 是曲线 $y=f(x)$ 的拐点

(D)$x=0$ 不是 $f(x)$ 的极值点,$(0,0)$ 也不是曲线 $y=f(x)$ 的拐点

3. 函数 $f(x)$ 在区间 (a,b) 内可导,则在 (a,b) 内 $f'(x)>0$ 是函数 $f(x)$ 在 (a,b) 内单调增加的(　　).

(A)必要但不充分条件　　　　　　(B)充分但不必要条件

(C)充分必要条件　　　　　　　　(D)既不充分也不必要条件

4. 曲线 $y=(x-1)^2(x-3)^2$ 的拐点个数为(　　).

(A)0　　　　　　(B)1　　　　　　(C)2　　　　　　(D)3

5. 设函数 $y=f(x)$ 在 $(0,+\infty)$ 内有界且可导,则(　　).(考研题)

(A)当 $\lim\limits_{x→+\infty}f(x)=0$ 时,必有 $\lim\limits_{x→+\infty}f'(x)=0$

(B)当 $\lim\limits_{x→+\infty}f'(x)$ 存在时,必有 $\lim\limits_{x→+\infty}f'(x)=0$

(C)当 $\lim\limits_{x→0}f(x)=0$ 时,必有 $\lim\limits_{x→0}f'(x)=0$

(D)当 $\lim\limits_{x\to\infty}f'(x)$ 存在时,必有 $\lim\limits_{x\to\infty}f'(x)=0$

6. 设函数 $f(x)$ 在闭区间 $[a,b]$ 上有定义,在开区间 (a,b) 内可导,则(　　).(考研题)

(A)当 $f(a)\cdot f(b)<0$ 时,存在 $\xi\in(a,b)$,使 $f(\xi)=0$

(B)对任何 $\xi\in(a,b)$,有 $\lim\limits_{x\to\xi}[f(x)-f(\xi)]=0$

(C)当 $f(a)=f(b)$ 时,存在 $\xi\in(a,b)$,使 $f'(\xi)=0$

(D)存在 $\xi\in(a,b)$,使 $f(b)-f(a)=f'(\xi)\cdot(b-a)$

三、解答题

1. 求极限 $\lim\limits_{x\to0}\dfrac{[\sin x-\sin(\sin x)]\cdot\sin x}{x^4}$.(考研题)

2. 证明:当 $x>0$ 时,$(x^2-1)\cdot\ln x\geqslant(x-1)^2$.

3. 已知函数 $y=\dfrac{x^3}{(x-1)^2}$,求:

(1)函数的增减区间及极值.

(2)函数图形的凹凸区间及拐点.

(3)函数图形的渐近线.(考研题)

4. 设函数 $f(x)$ 在闭区间 $[-1,1]$ 上具有三阶连续导数,且 $f(-1)=0$,$f(1)=6$,$f'(0)=0$.证明:在开区间 $(-1,1)$ 内至少存在一点 ξ,使 $f'''(\xi)=18$.

5. 研究 k 的不同数值,确定方程 $x-\dfrac{\pi}{2}\sin x=k$ 在开区间 $\left(0,\dfrac{\pi}{2}\right)$ 内根的个数,并证明你的结论.(考研题)

6. 设 $x_1,x_2>0$,证明:$x_1e^{x_2}-x_2e^{x_1}=(1-\xi)e^{\xi}(x_1-x_2)$,其中 ξ 在 x_1 与 x_2 之间.

自测题答案

一、填空题

| **1.** $y=x+1$ | **2.** $\dfrac{4}{3}$ | **3.** $1,-\dfrac{5}{2}$ | **4.** $\left(-\infty,\dfrac{2}{\ln 2}\right]$ | **5.** 2 | **6.** $\dfrac{(\ln 2)^n}{n!}$ |

1. 解: 在已知方程两端对 x 求导,得

$$\cos(xy)\cdot(y+xy')+\frac{1}{y-x}\cdot(y'-1)=1,$$

将 $x=0$,$y(0)=1$ 代入上式得 $y'(0)=1$,切线方程为 $y=x+1$,

故应填 $y=x+1$.

2. 解: 原式 $=\lim\limits_{x\to0}\dfrac{x^2-\cos^2 x\cdot\sin^2 x}{x^2\cdot\sin^2 x}=\lim\limits_{x\to0}\dfrac{x^2-\cos^2 x\cdot\sin^2 x}{x^4}$

$$=\lim_{x\to0}\frac{x^2-\dfrac{1}{4}\sin^2 2x}{x^4}=\lim_{x\to0}\frac{2x-\sin 2x\cos 2x}{4x^3}$$

$$=\lim_{x\to0}\frac{2x-\dfrac{1}{2}\sin 4x}{4x^3}=\lim_{x\to0}\frac{2-2\cos 4x}{12x^2}$$

$$=\frac{1}{6}\lim_{x\to0}\frac{\dfrac{1}{2}(4x)^2}{x^2}=\frac{1}{6}\times\frac{1}{2}\times16=\frac{4}{3}.$$

故应填 $\dfrac{4}{3}$.

3. 解：原式左端 $= \lim\limits_{x \to 0} \dfrac{\dfrac{1}{1+x} - a - 2bx}{2x} = \lim\limits_{x \to 0} \dfrac{1 - a - (a+2b)x - 2bx^2}{2x(1+x)}$

$$= \frac{1}{2} \lim\limits_{x \to 0} \frac{1 - a - (a+2b)x - 2bx^2}{x} = 2,$$

于是 $1 - a = 0 \Rightarrow a = 1$，代入上式得

$$左端 = \frac{1}{2} \lim\limits_{x \to 0} \frac{-(a+2b)x - 2bx^2}{x} = -\frac{1}{2}(a+2b) = 2,$$

因此 $-(a+2b) = 4$．又因为 $a = 1$，所以 $b = -\dfrac{5}{2}$．

故应填 $a = 1, b = -\dfrac{5}{2}$．

4. 解：$y' = 2^{-x}(1 - x \ln 2)$，$y'' = 2^{-x} \cdot \ln 2 (x \cdot \ln 2 - 2)$，

令 $y'' = 0$ 得 $x = \dfrac{2}{\ln 2}$，当 $x \in \left(-\infty, \dfrac{2}{\ln 2} \right)$ 时，$y'' < 0$，即曲线 $y(x)$ 在 $\left(-\infty, \dfrac{2}{\ln 2} \right)$ 上是凸的．故应填 $\left(-\infty, \dfrac{2}{\ln 2} \right)$．

5. 解：利用等价无穷小代换得

$$原式 = \lim\limits_{x \to 0} \frac{\dfrac{1}{2}[xf(x)]^2}{x^2 f(x)} = \lim\limits_{x \to 0} \frac{1}{2} f(x) = \frac{f(0)}{2} = 1 \Rightarrow f(0) = 2.$$

故应填 2．

6. 解：因为 $y^{(n)} = \ln^n 2 \cdot 2^x$，所以 x^n 的系数 $a_n = \dfrac{(\ln 2)^n}{n!}$．故应填 $\dfrac{(\ln 2)^n}{n!}$．

二、选择题

1. (D)　**2.** (C)　**3.** (B)　**4.** (C)　**5.** (B)　**6.** (B)

2. 解：在 $x = 0$ 附近有 $f(x) = \begin{cases} x(x-1), & x < 0, \\ x(1-x), & 0 \leqslant x < 1, \end{cases}$ 则

$$f'(x) = \begin{cases} 2x - 1, & x < 0, \\ 不存在, & x = 0, \\ 1 - 2x, & x > 0, \end{cases} \qquad f''(x) = \begin{cases} 2, & x < 0, \\ 不存在, & x = 0, \\ -2, & x > 0. \end{cases}$$

3. 解：如 $f(x) = x^3$ 在 $(-\infty, +\infty)$ 单调增加，但 $f'(0) = 0$，故非必要条件．

4. 解：$y'' = 4(3x^2 - 12x + 11) = 0$．$y'' = 0$ 有两个根，且根两侧二阶导数的符号异号．故应选 (C)．

5. 解：对 $\forall x > a$，因 $f(x)$ 在 $(0, +\infty)$ 有界且可导，故函数 $f(x)$ 在 $(0, +\infty)$ 上连续．从而由微分中值定理可知：

$$f(x) - f(a) = f'(\xi)(x - a) \quad \xi \in (a, x),$$

若 $\lim\limits_{x \to +\infty} f'(x)$ 存在，则由上式知 $f'(\xi) = \dfrac{f(x) - f(a)}{x - a}$，因为 $f(x)$ 有界，所以 $f(x) - f(a)$ 也有界，因此，两边取极限得：

$$\lim\limits_{x \to +\infty} f'(x) = \lim\limits_{\xi \to +\infty} f'(\xi) = \lim\limits_{x \to +\infty} \frac{f(x) - f(a)}{x - a} = \lim\limits_{x \to +\infty} \frac{1}{x - a} \cdot [f(x) - f(a)] = 0,$$

故应填 (B)．

6. 解：(A)、(C)、(D) 分别涉及介值定理、罗尔定理、拉格朗日中值定理，注意这三个定理要求 $f(x)$ 在闭区间 $[a, b]$ 上连续，而题中却无此条件，故不选．

利用 $f(x)$ 在开区间 (a,b) 内可导,取 $\xi < x$,则 $f(x)$ 在 $[\xi,x] \subset (a,b)$ 上连续,在 (ξ,x) 内可导,由拉格朗日中值定理知:至少 $\exists t \in (\xi,x)$,使

$$f(x) - f(\xi) = f'(t)(x - \xi),$$

从而 $\lim\limits_{x \to \xi}[f(x) - f(\xi)] = \lim\limits_{x \to \xi} f'(t) \cdot (x - \xi) = 0.$ 故应选(B).

三、解答题

1. 解:

$$\lim\limits_{x \to 0} \frac{[\sin x - \sin(\sin x)]\sin x}{x^4} = \lim\limits_{x \to 0} \frac{\sin x - \sin(\sin x)}{x^3} = \lim\limits_{x \to 0} \frac{\cos x - \cos(\sin x) \cdot \cos x}{3x^2}$$

$$= \lim\limits_{x \to 0} \frac{1 - \cos(\sin x)}{x^2} \cdot \frac{1}{3}\lim\limits_{x \to 0}\cos x = \frac{1}{3}\lim\limits_{x \to 0} \frac{\frac{1}{2}(\sin x)^2}{x^2}$$

$$= \frac{1}{3} \times \frac{1}{2} \times 1 = \frac{1}{6}.$$

2. 证明: 令 $\varphi(x) = \ln x - \dfrac{x-1}{x+1}$,则

$$\varphi'(x) = \frac{1}{x} - \frac{2}{(x+1)^2} = \frac{x^2+1}{x(x+1)^2} > 0,$$

当 $x > 0$ 时,$\varphi(1) = 0$,所以当 $0 < x < 1$ 时,$\varphi(x) < 0$;当 $1 < x < +\infty$ 时,$\varphi(x) > 0$,于是:
当 $0 < x < 1$ 时,$x^2 - 1 < 0$,$\varphi(x) < 0$,$(x^2-1)\varphi(x) > 0$;
当 $x > 1$ 时,$x^2 - 1 > 0$,$\varphi(x) > 0$,$(x^2-1)\varphi(x) > 0$.
综上知:当 $x > 0$ 时,$(x^2-1)\varphi(x) = (x^2-1)\ln x - (x-1)^2 \geqslant 0$,
即 $(x^2-1) \cdot \ln x \geqslant (x-1)^2$.

3. 解: 由题意知所给函数的定义域为 $(-\infty, 1) \cup (1, +\infty)$. 且有

$$y' = \frac{x^2(x-3)}{(x-1)^3},\quad y'' = \frac{6x}{(x-1)^4},$$

令 $y' = 0$,得驻点 $x = 0$ 及 $x = 3$,令 $y'' = 0$,得 $x = 0$.
列表讨论如下:

x	$(-\infty, 0)$	0	$(0, 1)$	$(1, 3)$	3	$(3, +\infty)$
y'	$+$	0	$+$	$-$	0	$+$
y''	$-$	0	$+$	$+$	$+$	$+$
y	↗	拐点	↗	↘	极小值	↗

由此可知:
(1)函数的单调增加区间为 $(-\infty, 1)$ 和 $[3, +\infty)$,单调减小区间为 $(1,3)$;极小值为 $y\big|_{x=3} = \dfrac{27}{4}$.
(2)函数图形在区间 $(-\infty, 0)$ 内是凸的,在区间 $(0,1)$,$(1,+\infty)$ 内是凹的,拐点为 $(0,0)$.
(3)由 $\lim\limits_{x \to 1} \dfrac{x^3}{(x-1)^2} = +\infty$ 知,$x = 1$ 是函数图形的垂直渐近线;又

$$a = \lim\limits_{x \to \infty} \frac{y}{x} = \lim\limits_{x \to \infty} \frac{x^2}{(x-1)^2} = 1,\quad b = \lim\limits_{x \to \infty}(y - ax) = \lim\limits_{x \to \infty}\left[\frac{x^3}{(x-1)^2} - x\right] = 2.$$

故 $y = x + 2$ 是函数图形的斜渐近线.

4. 解: 由 $f(x) = f(0) + f'(0)x + \dfrac{1}{2!}f''(0)x^2 + \dfrac{1}{3!}f'''(\eta)x^3$,其中 η 介于 0 与 x 之间,$x \in [-1,1]$,
分别令 $x = -1$ 和 $x = 1$,得:

$$\begin{cases} 0=f(-1)=f(0)+\dfrac{1}{2}f''(0)-\dfrac{1}{6}f'''(\eta_1), & -1<\eta_1<0. \quad ① \\ 6=f(1)=f(0)+\dfrac{1}{2}f''(0)+\dfrac{1}{6}f'''(\eta_2), & 0<\eta_2<1. \quad ② \end{cases}$$

由②-①得，$f'''(\eta_1)+f'''(\eta_2)=36$，由 $f'''(x)$ 在 $[\eta_1,\eta_2]$ 连续，从而在 $[\eta_1,\eta_2]$ 上有最大值和最小值，设它们分别为 M 和 m，则有 $m\leqslant\dfrac{1}{2}[f'''(\eta_1)+f'''(\eta_2)]\leqslant M$，再由闭区间上连续函数的介值定理知，至少存在一点 $\xi\in(\eta_1,\eta_2)\subset(-1,1)$，使

$$f'''(\xi)=\frac{1}{2}[f'''(\eta_1)+f'''(\eta_2)]=18.$$

5. 解：设 $f(x)=x-\dfrac{\pi}{2}\sin x$，则 $f(x)$ 在 $\left[0,\dfrac{\pi}{2}\right]$ 上连续，

由 $f'(x)=1-\dfrac{\pi}{2}\cos x=0$，得 $x_0=\arccos\dfrac{2}{\pi}$ 是 $\left[0,\dfrac{\pi}{2}\right]$ 内唯一驻点.

又当 $x\in(0,x_0)$ 时，$f'(x)<0$；当 $x\in\left(x_0,\dfrac{\pi}{2}\right]$ 时，$f'(x)>0$. 故 $f(x)$ 在 $[0,x_0]$ 上单调减小，

在 $\left(x_0,\dfrac{\pi}{2}\right]$ 上单调增加. 故 x_0 是 $f(x)$ 在 $\left(0,\dfrac{\pi}{2}\right)$ 内唯一最小值点，最小值为

$$y_0=f(x_0)=x_0-\frac{\pi}{2}\sin x_0.$$

又 $f(0)=f\left(\dfrac{\pi}{2}\right)=0$，故在 $\left(0,\dfrac{\pi}{2}\right)$ 内 $f(x)$ 的取值范围为 $[y_0,0)$，

故 $k\notin[y_0,0)$，即 $k<y_0$ 或 $k\geqslant0$ 时，原方程在 $\left(0,\dfrac{\pi}{2}\right)$ 内无根.

当 $k=y_0$ 时，原方程在 $\left(0,\dfrac{\pi}{2}\right)$ 内有唯一根 x_0.

当 $k\in(y_0,0)$ 时，原方程在 $(0,x_0)$ 和 $\left(x_0,\dfrac{\pi}{2}\right)$ 内恰好各有一根，即原方程在 $\left(0,\dfrac{\pi}{2}\right)$ 内恰有两个不同的根.

6. 分析：要证关系式可改写为 $\dfrac{\dfrac{e^{x_2}}{x_2}-\dfrac{e^{x_1}}{x_1}}{\dfrac{1}{x_2}-\dfrac{1}{x_1}}=(1-\xi)e^{\xi}$，因此对 $f(x)=\dfrac{e^x}{x}$，$g(x)=\dfrac{1}{x}$ 在 $[x_1,x_2]$ 上应用柯西定理即可.

证明：令 $f(x)=\dfrac{e^x}{x}$，$g(x)=\dfrac{1}{x}$，则 $f(x),g(x)$ 在 $[x_1,x_2]$ 上连续，在 (x_1,x_2) 上可导，且 $g'(x)\neq0$. 由柯西定理知，存在 $\xi\in(x_1,x_2)$，使

$$\frac{f(x_2)-f(x_1)}{g(x_2)-g(x_1)}=\frac{f'(\xi)}{g'(\xi)}, \quad 即 \frac{\dfrac{e^{x_2}}{x_2}-\dfrac{e^{x_1}}{x_1}}{\dfrac{1}{x_2}-\dfrac{1}{x_1}}=(1-\xi)e^{\xi},$$

故 $x_1e^{x_2}-x_2e^{x_1}=(1-\xi)e^{\xi}(x_1-x_2)$.

第四章 不定积分

本章内容概览

不定积分要讨论的问题是:已知导函数 $f'(x)$,如何求函数 $f(x)$. 这是积分学的基础,同时它也是第二章求已知函数 $f(x)$ 的导函数的反问题.

本章知识图解

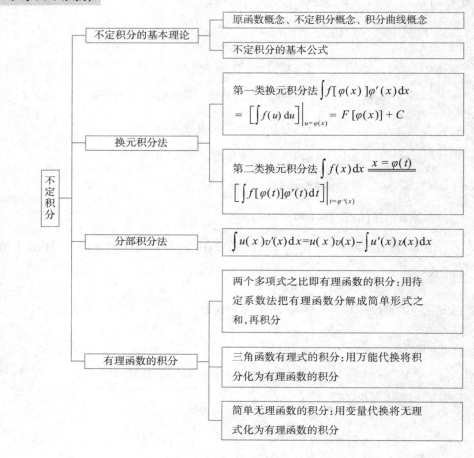

第一节　不定积分的概念与性质

知识全解

一　本节知识结构图解

二　重点及常考点分析

1. 原函数与不定积分的概念非常重要,求不定积分问题实际上就是求原函数的问题,它不仅是计算定积分的基础,也是以后计算重积分与解微分方程的基础.

2. 不定积分是原函数的全体,与原函数是不同的概念,前者是个集合,后者是该集合中的一个元素.

3. $f(x)$ 的任意两个原函数至多相差一个常数,在可相差常数的前提下,不定积分与求导互为逆运算.

4. 基本积分表中给出的基本积分公式,是求不定积分的基础,必须熟记. 显然,在熟记了基本初等函数的导数公式的基础上去记忆这些公式也并不困难.

$\int 0 \mathrm{d}x = C$	$\int 1 \mathrm{d}x = x + C$
$\int x^k \mathrm{d}x = \dfrac{1}{k+1} x^{k+1} + C \quad (k \neq -1)$	$\int \dfrac{1}{x} \mathrm{d}x = \ln|x| + C$
$\int \cos x \mathrm{d}x = \sin x + C$	$\int \sin x \mathrm{d}x = -\cos x + C$
$\int \dfrac{1}{\cos^2 x} \mathrm{d}x = \tan x + C$	$\int \dfrac{1}{\sin^2 x} \mathrm{d}x = -\cot x + C$
$\int \dfrac{1}{\sqrt{1-x^2}} \mathrm{d}x = \arcsin x + C$	$\int \dfrac{1}{1+x^2} \mathrm{d}x = \arctan x + C$
$\int \mathrm{e}^x \mathrm{d}x = \mathrm{e}^x + C$	$\int a^x \mathrm{d}x = \dfrac{1}{\ln a} a^x + C$
$\int \mathrm{sh}\, x \mathrm{d}x = \mathrm{ch}\, x + C$	$\int \mathrm{ch}\, x \mathrm{d}x = \mathrm{sh}\, x + C$
$\int \dfrac{1}{\mathrm{ch}^2 x} \mathrm{d}x = -\dfrac{x}{2} + \dfrac{1}{4} \mathrm{sh}\, 2x + C$	$\int \dfrac{1}{\mathrm{sh}^2 x} \mathrm{d}x = \dfrac{x}{2} + \dfrac{1}{4} \mathrm{sh}\, 2x + C$

5. 利用不定积分的性质及基本积分公式求不定积分的方法称为直接积分法,这是计算不定积分的一种基本方法.

6. 可积条件,即原函数存在定理:若函数 $f(x)$ 在区间 I 上连续,则原函数一定存在,这是可积的充分条件.

三　考研大纲要求解读

理解原函数和不定积分的概念,掌握不定积分的基本公式和性质.

基本题型 1：利用原函数与不定积分的定义求解问题

例 **1** 初等函数的导数仍为初等函数,初等函数的原函数是否必为初等函数?

解：不一定.虽然求导和求原函数是互逆运算,但其导数为初等函数的函数,未必都是初等函数.

例如：$\int e^{x}\,dx,\int \sin x^{2}\,dx,\int \dfrac{\sin x}{x}\,dx$ 等.它们的被积函数都是初等函数,因而在其定义区间内是连续的,故它们的原函数必存在.但是它们的原函数却不能用初等函数表示.因此,必须清楚：原函数不存在与原函数不能用初等函数表示是两个不同的概念.

例 **2** 设 $f(x)=|x|+2$,求 $f(x)$ 的全体原函数 $F(x)+C$.

分析：$f(x)=|x|+2$ 事实上是一个分段函数,即 $f(x)=\begin{cases}x+2, & x>0,\\ -x+2, & x\leqslant 0.\end{cases}$

因此 $f(x)$ 的原函数 $F(x)$ 也应是分段函数;由原函数的定义知:$F'(x)=f(x)$,所以若求 $F(x)$ 只需对 $f(x)$ 在不同的分段区间上分别积分,而 $F(x)$ 是 $f(x)$ 的原函数,因此 $F(x)$ 处处可导,当然处处连续.

综上分析便可求得 $F(x)$.

解：$f(x)=|x|+2=\begin{cases}x+2, & x>0,\\ -x+2, & x\leqslant 0.\end{cases}$

当 $x>0$ 时,$\int f(x)\,dx=\int(x+2)\,dx=\dfrac{1}{2}x^2+2x+C_1$.

当 $x\leqslant 0$ 时,$\int f(x)\,dx=\int(-x+2)\,dx=-\dfrac{1}{2}x^2+2x+C_2$.

由不定积分定义知

$$F(x)+C=\int f(x)\,dx=\begin{cases}\dfrac{1}{2}x^2+2x+C_1, & x>0,\\[2mm] -\dfrac{1}{2}x^2+2x+C_2, & x\leqslant 0.\end{cases}$$

因为原函数 $F(x)+C$ 在 $x=0$ 处连续,故有

$$\dfrac{1}{2}\times 0+2\times 0+C_1=-\dfrac{1}{2}\times 0+2\times 0+C_2,$$

所以 $C_1=C_2$.取 $C_1=C_2=C$,故

$$F(x)+C=\int f(x)\,dx=\begin{cases}\dfrac{1}{2}x^2+2x+C, & x>0,\\[2mm] -\dfrac{1}{2}x^2+2x+C, & x\leqslant 0.\end{cases}$$

【方法点击】 对分段函数求原函数,除了在分段的区间上分别积分外,一定要保证原函数 $F(x)$ 在整个定义区间上处处连续,否则不连续则不可导,$F(x)$ 也就不能成为原函数.通常只需利用所求 $F(x)$ 在分段点处的连续性建立常数之间的关系即可(如该题中利用在 $x=0$ 处连续得到 $C_2=C_1$),而定义区间其他点处的连续性由初等函数的连续性即可保证.

例 **3** 设 $F_1(x),F_2(x)$ 是区间 I 内连续函数 $f(x)$ 的两个不同的原函数,且 $f(x)\neq 0$,则在区间 I 内必有( ).

(A)$F_1(x)+F_2(x)=C$ 　　　　　　　　(B)$F_1(x)\cdot F_2(x)=C$

(C)$F_1(x)=CF_2(x)$ 　　　　　　　　(D)$F_1(x)-F_2(x)=C$(C 为常数)

解:设 $G(x)=F_1(x)-F_2(x)$,则
$$G'(x)=[F_1(x)-F_2(x)]'=F_1'(x)-F_2'(x)=f(x)-f(x)=0,$$
从而 $G(x)=C$,即 $F_1(x)-F_2(x)=C$.故选(D).

【方法点击】 一个函数的任意两个原函数之间只相差一个常数,这是原函数的一个重要性质,由原函数的定义即可证明.此性质需熟记.

例 4 若 $F'(x)=\dfrac{1}{\sqrt{1-x^2}}$,$F(1)=\dfrac{3}{2}\pi$,则 $F(x)$ 为(　　).

(A)$\arcsin x$　　　(B)$\arcsin x+C$　　　(C)$\arccos x+\pi$　　　(D)$\arcsin x+\pi$

【思路探索】 由 $F'(x)=\dfrac{1}{\sqrt{1-x^2}}$,对其求不定积分即可求得 $F(x)$,此 $F(x)$ 中带有常数 C.又知 $F(1)=\dfrac{3}{2}\pi$,由此条件,常数 C 便可确定下来.

解:由题意,$F(x)=\displaystyle\int\dfrac{\mathrm{d}x}{\sqrt{1-x^2}}=\arcsin x+C$,又 $F(1)=\dfrac{3}{2}\pi$,

则 $\arcsin 1+C=\dfrac{3}{2}\pi$,即 $C=\pi$.从而 $F(x)=\arcsin x+\pi$.故选(D).

【方法点击】 已知函数的导数求函数用不定积分的方法,若再由已知函数过某点,则其中的 C 可确定下来.

例 5 下列等式中正确的是(　　).

(A) $\displaystyle\int f'(x)\mathrm{d}x=f(x)$ 　　　(B) $\displaystyle\int \mathrm{d}f(x)=f(x)$

(C) $\dfrac{\mathrm{d}}{\mathrm{d}x}\displaystyle\int f(x)\mathrm{d}x=f(x)$ 　　　(D) $\mathrm{d}\displaystyle\int f(x)\mathrm{d}x=f(x)$

解:此题目讨论的是原函数、不定积分、导数、微分的关系.不定积分允许相差任意常数,而(A)、(B)漏掉了.(D)的微分式中漏了 $\mathrm{d}x$,也不对.故应选(C).

【方法点击】 求不定积分一定注意不能漏 C,因为任意一个原函数加上 C 表示原函数的全体.

基本题型 2:利用不定积分的性质和基本积分公式直接求积分

例 6 求下列不定积分:

(1)$\displaystyle\int x^2\sqrt[3]{x}\mathrm{d}x$;　　　(2)$\displaystyle\int(x-2)^2\mathrm{d}x$;

(3)$\displaystyle\int\dfrac{(1-x)^2}{\sqrt{x}}\mathrm{d}x$;　　　(4)$\displaystyle\int\dfrac{3x^4+3x^2+1}{x^2+1}\mathrm{d}x$;

(5)$\displaystyle\int 2^x\mathrm{e}^x\mathrm{d}x$;　　　(6)$\displaystyle\int\dfrac{4\times3^x-5\times2^x}{3^x}\mathrm{d}x$;

(7)$\displaystyle\int\sin^2\dfrac{x}{2}\mathrm{d}x$;　　　(8)$\displaystyle\int\dfrac{1+\sin^2x}{1-\cos 2x}\mathrm{d}x$.

【思路探索】 利用不定积分的性质及基本积分公式求不定积分的方法称为直接积分法,这是积分常用的方法之一.被积函数如果不是积分表中的类型,可先把被积函数进行恒等变形,然后再积分.

解:(1)$\displaystyle\int x^2\sqrt[3]{x}\mathrm{d}x=\int x^{\frac{7}{3}}\mathrm{d}x=\dfrac{1}{\frac{7}{3}+1}x^{\frac{7}{3}+1}+C=\dfrac{3}{10}x^{\frac{10}{3}}+C.$

(2) $\int (x-2)^2 \mathrm{d}x = \int (x^2-4x+4)\mathrm{d}x = \int x^2 \mathrm{d}x -4\int x \mathrm{d}x +4\int \mathrm{d}x = \dfrac{1}{3}x^3 -2x^2 +4x +C.$

(3) $\int \dfrac{(1-x)^2}{\sqrt{x}}\mathrm{d}x = \int x^{\frac{3}{2}}\mathrm{d}x -2\int x^{\frac{1}{2}}\mathrm{d}x +\int x^{-\frac{1}{2}}\mathrm{d}x = \dfrac{2}{5}x^{\frac{5}{2}} -\dfrac{4}{3}x^{\frac{3}{2}} +2x^{\frac{1}{2}} +C.$

(4) $\int \dfrac{3x^4+3x^2+1}{x^2+1}\mathrm{d}x = \int \dfrac{3x^2(x^2+1)+1}{x^2+1}\mathrm{d}x = \int \left(3x^2 + \dfrac{1}{1+x^2}\right)\mathrm{d}x$

$\qquad = \int 3x^2 \mathrm{d}x + \int \dfrac{1}{1+x^2}\mathrm{d}x = x^3 + \arctan x + C.$

(5) $\int 2^x \mathrm{e}^x \mathrm{d}x = \int (2\mathrm{e})^x \mathrm{d}x = \dfrac{1}{\ln 2\mathrm{e}}(2\mathrm{e})^x +C.$

(6) $\int \dfrac{4\times 3^x -5\times 2^x}{3^x}\mathrm{d}x = \int \left[4-5\times \left(\dfrac{2}{3}\right)^x\right]\mathrm{d}x = \int 4\mathrm{d}x -5\int \left(\dfrac{2}{3}\right)^x \mathrm{d}x = 4x -5\times \dfrac{1}{\ln \frac{2}{3}}\left(\dfrac{2}{3}\right)^x +C.$

(7) $\int \sin^2 \dfrac{x}{2}\mathrm{d}x = \int \dfrac{1-\cos x}{2}\mathrm{d}x = \dfrac{1}{2}x -\dfrac{1}{2}\sin x +C.$

(8) $\int \dfrac{1+\sin^2 x}{1-\cos 2x}\mathrm{d}x = \int \dfrac{1+\sin^2 x}{2\sin^2 x}\mathrm{d}x = \dfrac{1}{2}\int (\csc^2 x +1)\mathrm{d}x = -\dfrac{1}{2}\cot x +\dfrac{1}{2}x +C.$

【方法点击】 直接积分法要求熟练掌握基本积分公式,可通过恒等变形后利用积分性质将被积函数化为若干个基本积分公式的形式,从而求得积分.

基本题型 3:求积分曲线和质点的运动方程

例 **7** 求过点 $(\sqrt{3},5\sqrt{3})$ 的曲线 $y=f(x)$,该曲线上点 $(x,f(x))$ 处的切线斜率为 $5x^2$.

解:因为 $f'(x)=5x^2$,所以 $f(x)=\int f'(x)\mathrm{d}x = \int 5x^2 \mathrm{d}x = \dfrac{5}{3}x^3 +C$,又 $f(\sqrt{3})=5\sqrt{3}$,于是知 $C=0$.

故 $y=f(x)=\dfrac{5}{3}x^3$ 为所求曲线方程.

【方法点击】 由题意列出函数导数的方程,再由不定积分解之,这事实上是微分方程问题. 关于此问题在第七章中还有介绍.

例 **8** 设质点沿 x 轴依直线运动,任意时刻 t 的速度 $v(t)=4t^3+3\cos t+2$,初始位移 $s(0)=-3$,求质点的位移 $s(t)$.

解:由 $s(t)=\int v(t)\mathrm{d}t = \int (4t^3+3\cos t+2)\mathrm{d}t = t^4 +3\sin t +2t +C$,且 $s(0)=-3$,得 $C=-3$,故 $s(t)=t^4 +3\sin t +2t -3$ 为所求.

第二节 换元积分法

知识全解

一 本节知识结构图解

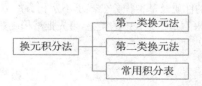

二　重点及常考点分析

1. 第一类换元法又称"凑微分"法,它是复合函数求导数的逆运算,这种方法在求不定积分中经常使用,但比利用复合函数求导法则求导数要困难. 因为方法中的 $\varphi(x)$ 隐含在被积函数中. 如何适当选择 $u=\varphi(x)$,把积分中 $\varphi'(x)\mathrm{d}x$ "凑"成 $\mathrm{d}u$ 没有一般规律可循,所以多做练习,熟练掌握各种形式的"凑微分"方法是关键,这也是对微分运算熟练程度的检验. 事实上任何一个微分运算公式都可以作为凑微分的途径.

2. 常用的凑微分公式.

$(1)\displaystyle\int f(ax+b)\mathrm{d}x = \frac{1}{a}\int f(ax+b)\mathrm{d}(ax+b) \quad (a\neq 0).$

$(2)\displaystyle\int f(ax^2+b)x\mathrm{d}x = \frac{1}{2a}\int f(ax^2+b)\mathrm{d}(ax^2+b) \quad (a\neq 0).$

$(3)\displaystyle\int f(ax^\alpha+b)x^{\alpha-1}\mathrm{d}x = \frac{1}{a\,\alpha}\int f(ax^\alpha+b)\mathrm{d}(ax^\alpha+b) \quad (a\neq 0,\alpha\neq 0).$

$(4)\displaystyle\int f\left(\frac{1}{x}\right)\frac{1}{x^2}\mathrm{d}x = -\int f\left(\frac{1}{x}\right)\mathrm{d}\left(\frac{1}{x}\right).$

$(5)\displaystyle\int f(\ln x)\frac{1}{x}\mathrm{d}x = \int f(\ln x)\mathrm{d}(\ln x).$

$(6)\displaystyle\int f(\mathrm{e}^{ax})\mathrm{e}^{ax}\mathrm{d}x = \frac{1}{a}\int f(\mathrm{e}^{ax})\mathrm{d}(\mathrm{e}^{ax}) \quad (a\neq 0).$

$(7)\displaystyle\int f(\sin x)\cos x\mathrm{d}x = \int f(\sin x)\mathrm{d}(\sin x).$

$(8)\displaystyle\int f(\cos x)\sin x\mathrm{d}x = -\int f(\cos x)\mathrm{d}(\cos x).$

$(9)\displaystyle\int f(\tan x)\sec^2 x\mathrm{d}x = \int f(\tan x)\frac{1}{\cos^2 x}\mathrm{d}x = \int f(\tan x)\mathrm{d}(\tan x).$

$(10)\displaystyle\int f(\cot x)\csc^2 x\mathrm{d}x = \int f(\cot x)\frac{1}{\sin^2 x}\mathrm{d}x = -\int f(\cot x)\mathrm{d}(\cot x).$

$(11)\displaystyle\int f(\sec x)\sec x\tan x\mathrm{d}x = \int f(\sec x)\mathrm{d}(\sec x).$

$(12)\displaystyle\int f(\arcsin x)\frac{1}{\sqrt{1-x^2}}\mathrm{d}x = \int f(\arcsin x)\mathrm{d}(\arcsin x).$

$(13)\displaystyle\int f(\arctan x)\frac{1}{1+x^2}\mathrm{d}x = \int f(\arctan x)\mathrm{d}(\arctan x).$

3. 第二类换元法的关键是作变量的一个适当代换 $x=\psi(t)$,使 $f[\psi(t)]\psi'(t)$ 的原函数易求. 当被积函数中含有根式而又不能凑微分时,可以考虑用第二类换元积分法将被积函数有理化.

4. 第二类换元法常用的变量代换:

(1)三角代换:

被积函数中含有 $\sqrt{a^2-x^2}$ 时,常用代换 $x=a\sin t,-\dfrac{\pi}{2}<t<\dfrac{\pi}{2}$;

被积函数中含有 $\sqrt{a^2+x^2}$ 时,常用代换 $x=a\tan t,-\dfrac{\pi}{2}<t<\dfrac{\pi}{2}$;

被积函数中含有 $\sqrt{x^2-a^2}$ 时,常用代换 $x=\pm a\sec t,0<t<\dfrac{\pi}{2}$.

注意适当选取 t 的范围,使 $x=\psi(t)$ 单调可导.

（2）倒代换：　$x = \dfrac{1}{t}$.

（3）指数代换：

被积函数由 a^x 构成，令 $a^x = t$，则 $\mathrm{d}x = \dfrac{1}{\ln a} \cdot \dfrac{\mathrm{d}t}{t}$.

（4）根式代换：

被积函数由 $\sqrt[n]{ax+b}$ 构成，令 $\sqrt[n]{ax+b} = t$.

（5）万能代换：

令 $t = \tan \dfrac{x}{2}$，则 $x = 2\arctan t$，$\sin x = \dfrac{2t}{1+t^2}$，$\cos x = \dfrac{1-t^2}{1+t^2}$，$\mathrm{d}x = \dfrac{2}{1+t^2}\mathrm{d}t$.

三 考研大纲要求解读

掌握不定积分的换元积分法.

················· 例题精解 ·················

基本题型 1：利用第一类换元法积分

例 **1** 求下列不定积分：

(1) $\displaystyle\int (8-2x)^2 \mathrm{d}x$;

(2) $\displaystyle\int \dfrac{1}{\sqrt{1-3x}}\mathrm{d}x$;

(3) $\displaystyle\int x^2 \sqrt{x^3+1}\mathrm{d}x$;

(4) $\displaystyle\int \dfrac{x^4}{(x^5+1)^4}\mathrm{d}x$.

【思路探索】　被积函数形如 $f(ax+b)$ 或 $f(ax^n+b)x^{n-1}$，此种类型通常凑 $\mathrm{d}(ax+b)$ 或 $\mathrm{d}(ax^n+b)$，令 $u = ax+b$ 或 $u = ax^n+b$ 然后化为对 u 的积分.

解：(1) $\displaystyle\int (8-2x)^2 \mathrm{d}x = -\dfrac{1}{2}\int (8-2x)^2 \mathrm{d}(8-2x) \xlongequal{u=8-2x} -\dfrac{1}{2}\int u^2 \mathrm{d}u$

$\qquad = -\dfrac{1}{2} \times \dfrac{1}{3}u^3 + C = -\dfrac{1}{6}(8-2x)^3 + C.$

(2) $\displaystyle\int \dfrac{1}{\sqrt{1-3x}}\mathrm{d}x = -\dfrac{1}{3}\int (1-3x)^{-\frac{1}{2}} \mathrm{d}(1-3x) \xlongequal{u=1-3x} -\dfrac{1}{3}\int u^{-\frac{1}{2}}\mathrm{d}u$

$\qquad = -\dfrac{1}{3} \times 2u^{\frac{1}{2}} + C = -\dfrac{2}{3}\sqrt{1-3x} + C.$

(3) $\displaystyle\int x^2 \sqrt{x^3+1}\mathrm{d}x = \dfrac{1}{3}\int \sqrt{x^3+1}\mathrm{d}(x^3) = \dfrac{1}{3}\int \sqrt{x^3+1}\mathrm{d}(x^3+1)$

$\qquad = \dfrac{1}{3} \times \dfrac{2}{3}(x^3+1)^{\frac{3}{2}} + C = \dfrac{2}{9}(x^3+1)^{\frac{3}{2}} + C.$

(4) $\displaystyle\int \dfrac{x^4}{(x^5+1)^4}\mathrm{d}x = \dfrac{1}{5}\int \dfrac{1}{(x^5+1)^4}\mathrm{d}(x^5+1) = \dfrac{1}{5} \times \left(-\dfrac{1}{3}\right)(x^5+1)^{-3} + C$

$\qquad = -\dfrac{1}{15}(x^5+1)^{-3} + C.$

【方法点击】　一般结论：

$$\int f(ax+b)\mathrm{d}x = \dfrac{1}{a}\int f(ax+b)\mathrm{d}(ax+b) \quad (a \neq 0).$$

例 **2** 求 $\displaystyle\int \frac{x+5}{x^2-6x+13}\mathrm{d}x.$（考研题）

【思路探索】 被积函数是关于 x 的一次因式与二次因式函数的乘积形式,因此可先凑分母的微分,再把剩余部分的分母配方.

解:$\displaystyle\int \frac{x+5}{x^2-6x+13}\mathrm{d}x = \frac{1}{2}\int \frac{\mathrm{d}(x^2-6x+13)}{x^2-6x+13} + \int \frac{8}{x^2-6x+13}\mathrm{d}x$

$$= \frac{1}{2}\ln(x^2-6x+13) + 4\int \frac{1}{1+\left(\dfrac{x-3}{2}\right)^2}\mathrm{d}\left(\frac{x-3}{2}\right)$$

$$= \frac{1}{2}\ln(x^2-6x+13) + 4\arctan\frac{x-3}{2}+C.$$

【方法点击】 关于多项式凑微分时注意它的特点:做一次微分,多项式次数降低一次;反之,凑一次微分次数升高一次.凑微分时可充分利用这个特点.

例 **3** 求 $\displaystyle\int \frac{x^3}{\sqrt{1+x^2}}\mathrm{d}x.$（考研题）

【思路探索】 观察分子 x^3 可分解成 $x^2\cdot x$,而 x^2 与分母的 $\sqrt{1+x^2}$ 有联系,x 可凑成 $(1+x^2)$ 的微分(只差常系数).因此考虑用凑微分法化为 $1+x^2$ 因式的形式.

解:$\displaystyle\int \frac{x^3}{\sqrt{1+x^2}}\mathrm{d}x = \frac{1}{2}\int \frac{x^2}{\sqrt{1+x^2}}\mathrm{d}(1+x^2) = \frac{1}{2}\int \frac{x^2+1-1}{\sqrt{1+x^2}}\mathrm{d}(1+x^2)$

$$= \frac{1}{2}\int \left(\sqrt{1+x^2}-\frac{1}{\sqrt{1+x^2}}\right)\mathrm{d}(1+x^2) = \frac{1}{3}(1+x^2)^{\frac{3}{2}} - (1+x^2)^{\frac{1}{2}}+C.$$

【方法点击】 凑微分方法灵活多变,先变形再凑微分也是常见方法.

例 **4** 求下列不定积分:

(1) $\displaystyle\int \frac{\mathrm{d}x}{1+\sin x}$;（考研题）

(2) $\displaystyle\int \frac{\sin 2x}{\sqrt{3-\cos^4 x}}\mathrm{d}x$;

(3) $\displaystyle\int \tan^3 x\,\mathrm{d}x$;

(4) $\displaystyle\int \frac{7\cos x-3\sin x}{5\cos x+2\sin x}\mathrm{d}x$;

(5) $\displaystyle\int \frac{\mathrm{d}x}{\sin^2 x+2\cos^2 x}$;

(6) $\displaystyle\int \frac{\tan x}{\sqrt{\cos x}}\mathrm{d}x.$（考研题）

【思路探索】 被积函数中含有三角函数,若不能直接积分,可先用三角恒等式将函数变形,再应用积分公式进行积分.

解:(1) $\displaystyle\int \frac{\mathrm{d}x}{1+\sin x} = \int \frac{1-\sin x}{(1-\sin x)(1+\sin x)}\mathrm{d}x = \int \frac{1-\sin x}{\cos^2 x}\mathrm{d}x$

$$= \int \sec^2 x\,\mathrm{d}x + \int \frac{\mathrm{d}(\cos x)}{\cos^2 x} = \tan x - \sec x + C.$$

(2) $\displaystyle\int \frac{\sin 2x}{\sqrt{3-\cos^4 x}}\mathrm{d}x = \int \frac{2\sin x\cos x}{\sqrt{3-\cos^4 x}}\mathrm{d}x = -\int \frac{1}{\sqrt{3-(\cos^2 x)^2}}\mathrm{d}(\cos^2 x) = -\arcsin\frac{\cos^2 x}{\sqrt{3}}+C.$

(3) $\displaystyle\int \tan^3 x\,\mathrm{d}x = \int \tan x(\tan^2 x+1)\mathrm{d}x - \int \tan x\,\mathrm{d}x = \int \tan x\sec^2 x\,\mathrm{d}x - \int \frac{\sin x}{\cos x}\mathrm{d}x$

$$= \int \tan x\,\mathrm{d}(\tan x) + \int \frac{\mathrm{d}\cos x}{\cos x} = \frac{1}{2}\tan^2 x + \ln|\cos x| + C.$$

(4) $\displaystyle\int \frac{7\cos x-3\sin x}{5\cos x+2\sin x}\mathrm{d}x = \int \frac{5\cos x+2\sin x+2\cos x-5\sin x}{5\cos x+2\sin x}\mathrm{d}x = \int \mathrm{d}x + \int \frac{2\cos x-5\sin x}{5\cos x+2\sin x}\mathrm{d}x$

$$= x + \int \frac{d(5\cos x + 2\sin x)}{5\cos x + 2\sin x} = x + \ln|5\cos x + 2\sin x| + C.$$

(5) $\displaystyle\int \frac{dx}{\sin^2 x + 2\cos^2 x} = \int \frac{dx}{\cos^2 x(\tan^2 x + 2)} = \int \frac{d(\tan x)}{2 + \tan^2 x} = \frac{1}{\sqrt{2}}\arctan\frac{\tan x}{\sqrt{2}} + C.$

(6) $\displaystyle\int \frac{\tan x}{\sqrt{\cos x}}dx = \int \frac{\sin x}{\cos x\sqrt{\cos x}}dx = -\int (\cos x)^{-\frac{3}{2}}d(\cos x) = \frac{2}{\sqrt{\cos x}} + C.$

【方法点击】 运用三角函数恒等公式将函数变形后再积分时,因为变形公式较多,所以得到的积分解法也较多,造成结果形式有差别,这些结果是允许相差一个积分常数 C 的.

基本题型 2:利用第二类换元法积分

例 **5** 求下列不定积分:

(1) $\displaystyle\int \frac{1}{\sqrt{1+e^{2x}}}dx$;

(2) $\displaystyle\int \frac{dx}{x + \sqrt{a^2 - x^2}}(a > 0)$;

(3) $\displaystyle\int \frac{\sqrt{x^2 - a^2}}{x}dx(a > 0)$;

(4) $\displaystyle\int \frac{dx}{(2x^2 + 1)\sqrt{x^2 + 1}}$;

(5) $\displaystyle\int \frac{dx}{\sqrt{5 - 2x - x^2}}$;

(6) $\displaystyle\int \frac{x}{\sqrt{1 + x + x^2}}dx$.

分析:被积函数含有 $\sqrt{x^2 \pm a^2}$ 或 $\sqrt{a^2 - x^2}$ 而又不能凑微分时,可考虑第二类换元法中的三角代换法. 根据被积函数的形式不同采用不同的三角代换,目的是去根号,即化积分函数中的无理为有理. 变换时一要注意,不仅被积函数要换,同时积分变量也要相应改变,即 $dx = x'(t)dt$;二要注意新变量 t 的取值范围;三要注意积分结果要将原变量换回(可借助辅助三角形).

解:(1)令 $e^x = \tan t, 0 < t < \dfrac{\pi}{2}$,则 $x = \ln\tan t, dx = \dfrac{1}{\sin t\cos t}dt$,

$$\int \frac{1}{\sqrt{1+e^{2x}}}dx = \int \frac{1}{\sec t} \cdot \frac{1}{\sin t \cdot \cos t}dt = \int \csc t\, dt = \ln|\csc t - \cot t| + C$$

$$= \ln\left|\frac{\sqrt{1+e^{2x}}}{e^x} - \frac{1}{e^x}\right| + C = \ln(\sqrt{1+e^{2x}} - 1) - x + C.$$

(2)令 $x = a\sin t, -\dfrac{\pi}{2} < t < \dfrac{\pi}{2}$,则 $dx = a\cos t\, dt$,

$$\int \frac{dx}{x + \sqrt{a^2 - x^2}} = \int \frac{a\cos t\, dt}{a\sin t + a\cos t} = \int \frac{\cos t}{\sin t + \cos t}dt$$

而

$$\int \frac{\cos t\, dt}{\sin t + \cos t} = \int \frac{\cos t - \sin t}{\sin t + \cos t}dt + \int \frac{\sin t}{\sin t + \cos t}dt$$

$$= \int \frac{d(\sin t + \cos t)}{\sin t + \cos t} + \int \frac{\sin t}{\sin t + \cos t}dt$$

$$= \ln|\sin t + \cos t| + \int \frac{\sin t + \cos t}{\sin t + \cos t}dt - \int \frac{\cos t}{\sin t + \cos t}dt$$

$$= \ln|\sin t + \cos t| + t - \int \frac{\cos t}{\sin t + \cos t}dt.$$

于是

$$\int \frac{dx}{x + \sqrt{a^2 - x^2}} = \frac{1}{2}(\ln|\sin t + \cos t| + t) + C$$

$$= \frac{1}{2}\left(\ln\left|\frac{x}{a} + \frac{\sqrt{a^2 - x^2}}{a}\right| + \arcsin\frac{x}{a}\right) + C.$$

(3)$x>a$ 时，令 $x=a\sec t,0<t<\dfrac{\pi}{2}$，

$$\int \frac{\sqrt{x^2-a^2}}{x}\mathrm{d}x = \int \frac{a\tan t}{a\sec t}\cdot a\sec t\cdot \tan t\mathrm{d}t = \int a\tan^2 t\mathrm{d}t = \int a(\sec^2 t-1)\mathrm{d}t$$

$$=a(\tan t-t)+C = \sqrt{x^2-a^2}-a\arccos\frac{a}{x}+C.$$

$x<-a$ 时，令 $x=-t$，则 $t>a$，且 $\mathrm{d}x=-\mathrm{d}t$，

$$\int \frac{\sqrt{x^2-a^2}}{x}\mathrm{d}x = \int \frac{\sqrt{t^2-a^2}}{t}\mathrm{d}t = \sqrt{t^2-a^2}-a\arccos\frac{a}{t}+C$$

$$= \sqrt{x^2-a^2}-a\arccos\left(-\frac{a}{x}\right)+C.$$

综上可得：$\displaystyle\int \frac{\sqrt{x^2-a^2}}{x}\mathrm{d}x = \sqrt{x^2-a^2}-a\arccos\frac{a}{|x|}+C.$

(4)令 $x=\tan t,-\dfrac{\pi}{2}<t<\dfrac{\pi}{2}$，则 $\mathrm{d}x=\sec^2 t\mathrm{d}t$，

$$\int \frac{\mathrm{d}x}{(2x^2+1)\sqrt{x^2+1}} = \int \frac{\sec^2 t}{(2\tan^2 t+1)\sqrt{1+\tan^2 t}}\mathrm{d}t = \int \frac{\mathrm{d}t}{\cos t\cdot(2\tan^2 t+1)}$$

$$= \int \frac{\cos t\mathrm{d}t}{2\sin^2 t+\cos^2 t} = \int \frac{\mathrm{d}\sin t}{1+\sin^2 t} = \arctan(\sin t)+C$$

$$= \arctan\left(\frac{x}{\sqrt{1+x^2}}\right)+C.$$

(5) $\displaystyle\int \frac{\mathrm{d}x}{\sqrt{5-2x-x^2}} = \int \frac{\mathrm{d}x}{\sqrt{6-(x+1)^2}} = \int \frac{\mathrm{d}\left(\dfrac{x+1}{\sqrt{6}}\right)}{\sqrt{1-\left(\dfrac{x+1}{\sqrt{6}}\right)^2}} = \arcsin\frac{x+1}{\sqrt{6}}+C.$

(6) $\displaystyle\int \frac{x\mathrm{d}x}{\sqrt{1+x+x^2}} = \frac{1}{2}\int \frac{2x\mathrm{d}x}{\sqrt{1+x+x^2}} = \frac{1}{2}\int \frac{2x+1-1}{\sqrt{1+x+x^2}}\mathrm{d}x$

$$= \frac{1}{2}\int \frac{\mathrm{d}(1+x+x^2)}{\sqrt{1+x+x^2}} - \frac{1}{2}\int \frac{1}{\sqrt{1+x+x^2}}\mathrm{d}x$$

$$= \sqrt{1+x+x^2} - \frac{1}{2}\int \frac{\mathrm{d}x}{\sqrt{\dfrac{3}{4}+\left(x+\dfrac{1}{2}\right)^2}},$$

其中 $\displaystyle\int \frac{\mathrm{d}x}{\sqrt{\dfrac{3}{4}+\left(x+\dfrac{1}{2}\right)^2}} \xrightarrow{\text{令 } x+\frac{1}{2}=\frac{\sqrt{3}}{2}\tan t} \int \sec t\mathrm{d}t = \ln|\sec t+\tan t|+C_1.$

由 $\tan t=\dfrac{2x+1}{\sqrt{3}}$，作一直角三角形如图 4-1 所示，得

$$\sec t+\tan t=\frac{1+\sin t}{\cos t}=\frac{2}{\sqrt{3}}\left(x+\frac{1}{2}+\sqrt{1+x+x^2}\right),$$

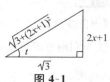

图 4-1

因此 $\displaystyle\int \frac{\mathrm{d}x}{\sqrt{\dfrac{3}{4}+\left(x+\dfrac{1}{2}\right)^2}} = \ln\left|x+\frac{1}{2}+\sqrt{1+x+x^2}\right|+C_2,$

其中 $C_2 = C_1 + \ln\dfrac{2}{\sqrt{3}}$. 故

$$\int \frac{x\,\mathrm{d}x}{\sqrt{1+x+x^2}} = \sqrt{1+x+x^2} - \frac{1}{2}\ln\left| x + \frac{1}{2} + \sqrt{1+x+x^2}\right| + C\left(\text{其中 } C = -\frac{1}{2}C_2\right).$$

【方法点击】　由(5)、(6)两题可知：当被积函数含有 $\sqrt{ax^2+bx+c}$ 时，除用凑微分方法求积分外，还可将 ax^2+bx+c 通过配方化为关于 x 的一次多项式的完全平方项与一个常数平方的代数和的形式. 然后依适当的三角代换，将根号去掉再积分，如(6)题. 求这类积分往往需要多种方法.

例 6　求下列不定积分：

(1) $\displaystyle\int \frac{\mathrm{d}x}{x^4(1+x^2)}$；

(2) $\displaystyle\int \frac{x+1}{x^2\sqrt{x^2-1}}\mathrm{d}x$.

【思路探索】　被积函数分母中若含变量因子 x^n 或 $(x-a)^n$ 时，常用倒代换 $x = \dfrac{1}{t}$ 将其消去.

解：(1) 设 $x = \dfrac{1}{t}$，则

$$\int \frac{\mathrm{d}x}{x^4(1+x^2)} = -\int \frac{t^4\,\mathrm{d}t}{t^2+1} = -\int \frac{t^4-1}{t^2+1}\mathrm{d}t - \int \frac{\mathrm{d}t}{t^2+1} = -\int(t^2-1)\mathrm{d}t - \int \frac{\mathrm{d}t}{t^2+1}$$

$$= -\frac{t^3}{3} + t - \arctan t + C = \frac{3x^2-1}{3x^3} - \arctan \frac{1}{x} + C.$$

(2) 设 $x = \dfrac{1}{t}$，则当 $x>1$ 时，$0<t<1$，

$$\int \frac{x+1}{x^2\sqrt{x^2-1}}\mathrm{d}x = \int \frac{\left(\frac{1}{t}+1\right)t^3}{\sqrt{1-t^2}}\left(-\frac{1}{t^2}\right)\mathrm{d}t = -\int \frac{1+t}{\sqrt{1-t^2}}\mathrm{d}t$$

$$= -\int \frac{1}{\sqrt{1-t^2}}\mathrm{d}t - \int \frac{t}{\sqrt{1-t^2}}\mathrm{d}t$$

$$= -\arcsin t + \sqrt{1-t^2} + C$$

$$= -\arcsin \frac{1}{x} + \frac{\sqrt{x^2-1}}{x} + C;$$

当 $x<-1$ 时，同法可得 $\displaystyle\int \frac{x+1}{x^2\sqrt{x^2-1}}\mathrm{d}x = \arcsin \frac{1}{x} + \frac{\sqrt{x^2-1}}{x} + C.$

综上所述，得 $\displaystyle\int \frac{x+1}{x^2\sqrt{x^2-1}}\mathrm{d}x = -\arcsin \frac{1}{|x|} + \frac{\sqrt{x^2-1}}{x} + C.$

【方法点击】　倒代换.

例 7　求不定积分 $\displaystyle\int \frac{\mathrm{d}x}{3+\cos x}$.

【思路探索】　被积函数为三角函数，在不能凑微分时可考虑先变形再积分，其中一种变形方法为利用万能公式进行变形：$t = \tan\dfrac{x}{2}$，则

$$\sin x = \frac{2t}{1+t^2}, \cos x = \frac{1-t^2}{1+t^2}, x = 2\arctan t, \mathrm{d}x = \frac{2}{1+t^2}\mathrm{d}t.$$

解：设 $t = \tan\dfrac{x}{2}$，则 $\displaystyle\int \frac{\mathrm{d}x}{3+\cos x} = \int \frac{\mathrm{d}t}{2+t^2} = \frac{1}{\sqrt{2}}\arctan \frac{t}{\sqrt{2}} + C = \frac{1}{\sqrt{2}}\arctan\left(\frac{1}{\sqrt{2}}\tan \frac{x}{2}\right) + C.$

【**方法点击**】　万能代换.

例 8 求不定积分 $\displaystyle\int\frac{1}{1+e^x}dx$.

解法一：利用凑微分法.

$$\int\frac{dx}{1+e^x}=\int\frac{e^{-x}}{e^{-x}+1}dx=-\int\frac{1}{e^{-x}+1}d(e^{-x}+1)=-\ln(e^{-x}+1)+C.$$

解法二：利用变量代换法.

令 $t=1+e^x$，则 $x=\ln(t-1)$，$dx=\dfrac{1}{t-1}dt$，

$$\int\frac{1}{1+e^x}dx=\int\frac{1}{t(t-1)}dt=\int\left(\frac{1}{t-1}-\frac{1}{t}\right)dt=\ln|t-1|-\ln|t|+C$$
$$=\ln e^x-\ln(1+e^x)+C=x-\ln(1+e^x)+C.$$

【**方法点击**】　第二类换元法非常灵活，除上面几种常见代换外，整体进行代换也不失为一种好方法.

第三节　分部积分法

知识全解

一 本节知识结构图解

二 重点及常考点分析

1. 分部积分的关键是如何恰当地选取 u 和 v，选取原则：

(1) v 易求；　　　　　　　　(2) $\displaystyle\int vdu$ 要比 $\displaystyle\int udv$ 容易积分.

2. 分部积分的方法和过程相当灵活，有时要通过多次分部积分才能求得最终结果，有时需兼用换元法.

3. 被积函数中含有两种不同类型函数的乘积时，常考虑用分部积分法.

4. 用分部积分法求不定积分的过程中有时会出现复原的情况，应注意. 第一种情况是所求积分又出现但系数不同，可通过移项得到结果；第二种情况是得到递推公式；第三种情况是积分又回到原形式且与积分前系数也一样，说明积分有误.

三 考研大纲要求解读

掌握不定积分的分部积分法.

例题精解

基本题型 1：利用分部积分公式计算不定积分

例 1 求下列不定积分：

(1) $\int x\mathrm{e}^{bx}\mathrm{d}x(b\neq 0)$；　　(2)$\int\arctan x\mathrm{d}x$；　　(3)$\int\dfrac{x\cos^4\dfrac{x}{2}}{\sin^3 x}\mathrm{d}x$；（考研题）

(4)$\int x^2\ln(1+x)\mathrm{d}x$；　　(5)$\int\mathrm{e}^{2x}\cos 3x\mathrm{d}x$；　　(6)$\int\dfrac{\sin^2 x}{\mathrm{e}^x}\mathrm{d}x$．

解：(1)设 $u=x,\mathrm{d}v=\mathrm{e}^{bx}\mathrm{d}x$，则

$$\int x\mathrm{e}^{bx}\mathrm{d}x = x\frac{1}{b}\mathrm{e}^{bx}-\frac{1}{b}\int\mathrm{e}^{bx}\mathrm{d}x = \frac{x}{b}\mathrm{e}^{bx}-\frac{1}{b^2}\mathrm{e}^{bx}+C = \frac{1}{b^2}(bx-1)\mathrm{e}^{bx}+C.$$

(2)令 $u=\arctan x,\mathrm{d}v=\mathrm{d}x$，则 $du=\dfrac{\mathrm{d}x}{1+x^2},v=x$，

$$\int\arctan x\mathrm{d}x = x\arctan x-\int\frac{x}{1+x^2}\mathrm{d}x = x\arctan x-\frac{1}{2}\ln(1+x^2)+C.$$

(3)**方法一**：$\displaystyle\int\frac{x\cos^4\dfrac{x}{2}}{\sin^3 x}\mathrm{d}x = \int\frac{x\cos^4\dfrac{x}{2}}{2^3\sin^3\dfrac{x}{2}\cos^3\dfrac{x}{2}}\mathrm{d}x = \frac{1}{8}\int\frac{x\cos\dfrac{x}{2}}{\sin^3\dfrac{x}{2}}\mathrm{d}x$

$$=-\frac{1}{4}\int x\cot\frac{x}{2}\mathrm{d}\left(\cot\frac{x}{2}\right) = -\frac{1}{8}\int x\mathrm{d}\left(\cot^2\frac{x}{2}\right)$$

$$=-\frac{1}{8}x\cot^2\frac{x}{2}+\frac{1}{8}\int\cot^2\frac{x}{2}\mathrm{d}x$$

$$=-\frac{1}{8}x\cot^2\frac{x}{2}+\frac{1}{8}\int\left(\csc^2\frac{x}{2}-1\right)\mathrm{d}x$$

$$=-\frac{1}{8}x\cot^2\frac{x}{2}-\frac{1}{8}x+\frac{1}{4}\int\csc^2\frac{x}{2}\mathrm{d}\left(\frac{x}{2}\right)$$

$$=-\frac{1}{8}x\csc^2\frac{x}{2}-\frac{1}{4}\cot\frac{x}{2}+C.$$

方法二：原式 $=\dfrac{1}{8}\displaystyle\int\frac{x\cos\dfrac{x}{2}}{\sin^3\dfrac{x}{2}}\mathrm{d}x = \frac{1}{4}\int x\sin^{-3}\frac{x}{2}\mathrm{d}\left(\sin\frac{x}{2}\right) = -\frac{1}{8}\int x\mathrm{d}\left(\sin^{-2}\frac{x}{2}\right)$

$$=-\frac{1}{8}x\sin^{-2}\frac{x}{2}+\frac{1}{8}\int\frac{1}{\sin^2\dfrac{x}{2}}\mathrm{d}x = -\frac{1}{8}x\csc^2\frac{x}{2}-\frac{1}{4}\cot\frac{x}{2}+C.$$

(4)$\displaystyle\int x^2\ln(1+x)\mathrm{d}x = \frac{1}{3}\int\ln(1+x)\mathrm{d}x^3 = \frac{1}{3}\left[x^3\ln(1+x)-\int\frac{x^3}{1+x}\mathrm{d}x\right]$

$$=\frac{1}{3}x^3\ln(1+x)-\frac{1}{3}\int\frac{x^3+1-1}{1+x}\mathrm{d}x$$

$$=\frac{1}{3}x^3\ln(1+x)-\frac{1}{3}\int\left(x^2-x+1-\frac{1}{1+x}\right)\mathrm{d}x$$

$$=\frac{1}{3}x^3\ln(1+x)-\frac{1}{3}\left(\frac{1}{3}x^3-\frac{1}{2}x^2+x\right)+\frac{1}{3}\ln(1+x)+C$$

$$=\frac{1}{3}(x^3+1)\ln(1+x)-\frac{1}{9}x^3+\frac{1}{6}x^2-\frac{1}{3}x+C.$$

(5)令 $I=\displaystyle\int\mathrm{e}^{2x}\cos 3x\mathrm{d}x = \frac{1}{2}\int\cos 3x\mathrm{d}(\mathrm{e}^{2x}) = \frac{1}{2}\left(\mathrm{e}^{2x}\cos 3x+3\int\mathrm{e}^{2x}\sin 3x\mathrm{d}x\right)$

$$=\frac{1}{2}\mathrm{e}^{2x}\cos 3x+\frac{3}{4}\int\sin 3x\mathrm{d}(\mathrm{e}^{2x}) = \frac{1}{2}\mathrm{e}^{2x}\cos 3x+\frac{3}{4}\mathrm{e}^{2x}\sin 3x-\frac{9}{4}\int\mathrm{e}^{2x}\cos 3x\mathrm{d}x$$

$$= \frac{1}{2}e^{2x}\cos 3x + \frac{3}{4}e^{2x}\sin 3x - \frac{9}{4}I,$$

移项解得：

$$I = \frac{1}{13}e^{2x}(2\cos 3x + 3\sin 3x) + C.$$

(6) $\displaystyle\int \frac{\sin^2 x}{e^x}dx = \frac{1}{2}\int(1-\cos 2x)e^{-x}dx = \frac{1}{2}\int e^{-x}dx - \frac{1}{2}\int \cos 2xe^{-x}dx$

$$= -\frac{1}{2}e^{-x} - \frac{1}{2}\int \cos 2xe^{-x}dx,$$

令 $\displaystyle I = \int \cos 2xe^{-x}dx = \frac{1}{2}\int e^{-x}d(\sin 2x) = \frac{1}{2}e^{-x}\sin 2x + \frac{1}{2}\int e^{-x}\sin 2xdx$

$$= \frac{1}{2}e^{-x}\sin 2x - \frac{1}{4}\int e^{-x}d(\cos 2x) = \frac{1}{2}e^{-x}\sin 2x - \frac{1}{4}e^{-x}\cos 2x - \frac{1}{4}\int \cos 2xe^{-x}dx$$

$$= \frac{1}{2}e^{-x}\sin 2x - \frac{1}{4}e^{-x}\cos 2x - \frac{1}{4}I,$$

移项解得：$I = \dfrac{1}{5}e^{-x}(2\sin 2x - \cos 2x) + C$，

故原式 $= -\dfrac{1}{2}e^{-x} - \dfrac{1}{10}e^{-x}(2\sin 2x - \cos 2x) + C.$

【方法点击】 利用分部积分公式计算不定积分时，关键是 u 和 dv 的选择，在选取 u 和 dv 时一般要考虑以下两点：一是 v 要易求；二是 $\int vdu$ 要比 $\int udv$ 容易积分。当被积函数为下列形式时，可按下述方法选取 u 和 dv，即

(1) $f(x)=$ 幂函数·三角函数，令 $u=$ 幂函数，$dv=$ 三角函数·dx；

(2) $f(x)=$ 幂函数·指数函数，令 $u=$ 幂函数，$dv=$ 指数函数·dx；

(3) $f(x)=$ 幂函数·反三角函数，令 $u=$ 反三角函数，$dv=$ 幂函数·dx；

(4) $f(x)=$ 幂函数·对数函数，令 $u=$ 对数函数，$dv=$ 幂函数·dx；

(5) $f(x)=$ 指数函数·三角函数，令 $u=$ 指数函数（或三角函数），$dv=$ 三角函数·dx（或指数函数·dx），此时必须进行两次分部积分且两次积分中所取 u 的函数类型不变，从而得到一个所求积分满足的恒等式，由该等式便可求得积分. 如本例中的(5)、(6)两题.

例 2 设 $\dfrac{\sin x}{x}$ 是可导函数 $f(x)$ 的一个原函数，求 $I = \displaystyle\int x^3 f'(x)dx$.

解法一： $I = \displaystyle\int x^3 df(x) = x^3 f(x) - 3\int x^2 f(x)dx = x^3 f(x) - 3\int x^2 d\frac{\sin x}{x}$

$$= x^3 f(x) - 3x^2 \frac{\sin x}{x} + 6\int \sin xdx = x^3\left(\frac{\sin x}{x}\right)' - 3x\sin x - 6\cos x + C$$

$$= x^3 \frac{x\cos x - \sin x}{x^2} - 3x\sin x - 6\cos x + C$$

$$= (x^2 - 6)\cos x - 4x\sin x + C.$$

解法二： 因为 $f(x) = \left(\dfrac{\sin x}{x}\right)'$，所以

$$f'(x) = \left(\frac{\sin x}{x}\right)'' = \left(\frac{x\cos x - \sin x}{x^2}\right)' = \frac{2\sin x - 2x\cos x - x^2\sin x}{x^3},$$

故

$$I = \int (2\sin x - 2x\cos x - x^2\sin x)\mathrm{d}x = -2\cos x - 2\int x\cos x\mathrm{d}x - \int x^2\sin x\mathrm{d}x$$

$$= -2\cos x - 4\int x\cos x\mathrm{d}x + x^2\cos x = (x^2 - 2)\cos x - 4x\sin x + 4\int \sin x\mathrm{d}x$$

$$= (x^2 - 6)\cos x - 4x\sin x + C.$$

例 **3** 设 $I_n = \int \sin^{2n} x\mathrm{d}x$,证明:当 $n \geqslant 1$ 时,

$$I_n = -\frac{\sin^{2n-1} x \cdot \cos x}{2n} + \frac{2n-1}{2n}I_{n-1}.$$

证明:当 $n \geqslant 1$ 时,

$$I_n = \int -\sin^{2n-1} x\mathrm{d}(\cos x) = -\sin^{2n-1} x \cdot \cos x + (2n-1)\int \sin^{2n-2} x\cos^2 x\mathrm{d}x$$

$$= -\sin^{2n-1} x \cdot \cos x + (2n-1)(I_{n-1} - I_n),$$

故 $I_n = -\dfrac{\sin^{2n-1} x \cdot \cos x}{2n} + \dfrac{2n-1}{2n}I_{n-1}.$

【方法点击】 本题的结果为递推公式.一般是用分部积分法推导含有积分的递推公式(包括不定积分及下一章要讲的定积分).

基本题型 2:综合类积分问题

本节是本章的重点内容之一,分部积分法在积分中运用非常广泛、灵活,它通常与换元法结合使用,是各类考试的重点,也是难点.要想掌握好此部分内容,必须多总结,而且要熟练掌握各种类型函数的凑微分形式,熟能生巧.

例 **4** 求下列不定积分:

(1) $\int \dfrac{\ln(\sin x)}{\sin^2 x}\mathrm{d}x$;(考研题)   (2) $\int \dfrac{\mathrm{d}x}{\sin 2x + 2\sin x}$;(考研题)

(3) $\int \mathrm{e}^{2x}(\tan x + 1)^2\mathrm{d}x$;(考研题)   (4) $\int \dfrac{x\mathrm{e}^{\arctan x}}{(1+x^2)^{\frac{3}{2}}}\mathrm{d}x$;(考研题)

(5) $\int \dfrac{\arcsin \sqrt{x} + \ln x}{\sqrt{x}}\mathrm{d}x$;(考研题)   (6) $\int \mathrm{e}^x\left(\dfrac{1}{x} + \ln x\right)\mathrm{d}x$.

解:(1) $\int \dfrac{\ln(\sin x)}{\sin^2 x}\mathrm{d}x = -\int \ln \sin x\mathrm{d}(\cot x) = -\cot x\ln(\sin x) + \int \dfrac{\cos x}{\sin x} \cdot \cot x\mathrm{d}x$

$$= -\cot x\ln(\sin x) + \int (\csc^2 x - 1)\mathrm{d}x = -\cot x\ln(\sin x) - \cot x - x + C.$$

【方法点击】 熟悉 $\dfrac{1}{\sin^2 x}\mathrm{d}x = \csc^2 x\mathrm{d}x = -\mathrm{d}(\cot x)$ 形式,然后用分部积分得结果.

(2)**【思路探索】** 本题被积函数为三角函数有理式,而三角函数公式很多,可用倍角公式、半角公式、万能公式等将被积函数进行变形,因此,本题解法非常多,但不同方法积分繁简各有不同,积分结果也不完全相同.

方法一:原式 $= \int \dfrac{\mathrm{d}x}{2\sin x(\cos x + 1)} = \int \dfrac{\sin x\mathrm{d}x}{2(1 - \cos^2 x)(1 + \cos x)}$

$$\xrightarrow{\cos x = u} -\frac{1}{2}\int \frac{\mathrm{d}u}{(1-u)(1+u)^2} = -\frac{1}{8}\int \left[\frac{1}{1-u} + \frac{3+u}{(1+u)^2}\right]\mathrm{d}u$$

$$= \frac{1}{8}\left(\ln|1-u| - \ln|1+u| + \frac{2}{1+u}\right) + C$$

$$=\frac{1}{8}\left[\ln(1-\cos x)-\ln(1+\cos x)+\frac{2}{1+\cos x}\right]+C.$$

方法二：令 $t=\tan\dfrac{x}{2}$，则 $\sin x=\dfrac{2t}{1+t^2}$，

$$\cos x=\frac{1-t^2}{1+t^2}, x=2\arctan t, \mathrm{d}x=\frac{2}{1+t^2}\mathrm{d}t,$$

原式 $=\dfrac{1}{4}\displaystyle\int\left(\dfrac{1}{t}+t\right)\mathrm{d}t=\dfrac{1}{4}\ln\left|\tan\dfrac{x}{2}\right|+\dfrac{1}{8}\tan^2\dfrac{x}{2}+C.$

方法三：原式 $=\displaystyle\int\frac{\sin x\mathrm{d}x}{2\sin^2 x(1+\cos x)}=-\int\frac{\mathrm{d}(1+\cos x)}{2(1-\cos x)(1+\cos x)^2}$

$$\xlongequal{1+\cos x=t}-\int\frac{\mathrm{d}t}{2t^2(2-t)}=-\frac{1}{4}\int\left[\frac{1}{t^2}+\frac{1}{2t}-\frac{1}{2(t-2)}\right]\mathrm{d}t$$

$$=-\frac{1}{4}\left(-\frac{1}{t}\right)-\frac{1}{8}\ln|t|+\frac{1}{8}\ln|t-2|+C$$

$$=\frac{1}{4(1+\cos x)}-\frac{1}{8}\ln\frac{1+\cos x}{1-\cos x}+C.$$

方法四：原式 $=\displaystyle\int\frac{\sin^2\dfrac{x}{2}+\cos^2\dfrac{x}{2}}{8\sin\dfrac{x}{2}\cos^3\dfrac{x}{2}}\mathrm{d}x=\frac{1}{8}\int\frac{\sin\dfrac{x}{2}}{\cos^3\dfrac{x}{2}}\mathrm{d}x+\frac{1}{4}\int\frac{\mathrm{d}x}{\sin x}$

$$=\frac{1}{8}\sec^2\frac{x}{2}+\frac{1}{4}\ln|\csc x-\cot x|+C.$$

(3) $\displaystyle\int e^{2x}(\tan x+1)^2\mathrm{d}x=\int e^{2x}(\tan^2 x+2\tan x+1)\mathrm{d}x=\int e^{2x}(\sec^2 x+2\tan x)\mathrm{d}x$

$$=\int e^{2x}\sec^2 x\mathrm{d}x+2\int e^{2x}\tan x\mathrm{d}x=\int e^{2x}\mathrm{d}(\tan x)+2\int e^{2x}\tan x\mathrm{d}x$$

$$=e^{2x}\tan x-2\int e^{2x}\tan x\mathrm{d}x+2\int e^{2x}\tan x\mathrm{d}x=e^{2x}\tan x+C.$$

(4)**方法一**：设 $x=\tan t$，则

$$\int\frac{xe^{\arctan x}}{(1+x^2)^{\frac{3}{2}}}\mathrm{d}x=\int\frac{e^t\tan t}{(1+\tan^2 t)^{\frac{3}{2}}}\sec^2 t\mathrm{d}t=\int e^t\sin t\mathrm{d}t$$

$$=\frac{1}{2}e^t(\sin t-\cos t)+C=\frac{1}{2}e^{\arctan x}\left(\frac{x}{\sqrt{1+x^2}}-\frac{1}{\sqrt{1+x^2}}\right)+C$$

$$=\frac{(x-1)e^{\arctan x}}{2\sqrt{1+x^2}}+C.$$

方法二：原式 $=\displaystyle\int\frac{x}{\sqrt{1+x^2}}\mathrm{d}(e^{\arctan x})=\frac{xe^{\arctan x}}{\sqrt{1+x^2}}-\int\frac{e^{\arctan x}}{(1+x^2)^{\frac{3}{2}}}\mathrm{d}x$

$$=\frac{xe^{\arctan x}}{\sqrt{1+x^2}}-\int\frac{\mathrm{d}(e^{\arctan x})}{\sqrt{1+x^2}}=\frac{xe^{\arctan x}}{\sqrt{1+x^2}}-\frac{e^{\arctan x}}{\sqrt{1+x^2}}-\int\frac{xe^{\arctan x}}{(1+x^2)^{\frac{3}{2}}}\mathrm{d}x,$$

移项得，原式 $=\dfrac{(x-1)e^{\arctan x}}{2\sqrt{1+x^2}}+C.$

(5) $\displaystyle\int\frac{\arcsin\sqrt{x}+\ln x}{\sqrt{x}}\mathrm{d}x=2\int(\arcsin\sqrt{x}+\ln x)\mathrm{d}(\sqrt{x})$

$$=2\sqrt{x}(\arcsin\sqrt{x}+\ln x)-\int\frac{\mathrm{d}x}{\sqrt{1-x}}-2\int\frac{\mathrm{d}x}{\sqrt{x}}$$

$$= 2\sqrt{x}(\arcsin\sqrt{x} + \ln x) + \int \frac{\mathrm{d}(1-x)}{\sqrt{1-x}} - 4\sqrt{x}$$

$$= 2\sqrt{x}(\arcsin\sqrt{x} + \ln x) + 2\sqrt{1-x} - 4\sqrt{x} + C.$$

(6) $\displaystyle\int \mathrm{e}^x\left(\frac{1}{x} + \ln x\right)\mathrm{d}x = \int \frac{\mathrm{e}^x}{x}\mathrm{d}x + \int \mathrm{e}^x \ln x \mathrm{d}x = \int \frac{\mathrm{e}^x}{x}\mathrm{d}x + \int \ln x \mathrm{d}\mathrm{e}^x$

$$= \int \frac{\mathrm{e}^x}{x}\mathrm{d}x + \mathrm{e}^x \ln x - \int \frac{\mathrm{e}^x}{x}\mathrm{d}x = \mathrm{e}^x \ln x + C.$$

第四节　有理函数的积分

知识全解

一　本节知识结构图解

有理函数的积分 —— 有理函数的积分／三角函数有理式的积分／简单无理函数的积分

二　重点及常考点分析

1. 有理函数的积分.

一般要经过两个步骤:

(1)如果被积函数是假分式,则需先将其化为多项式与真分式之和;对于真分式 $\dfrac{P(x)}{Q(x)}$,在实数范围内将 $Q(x)$ 分解成一次因式与二次质因式的乘积,分解结果只含 $(x-a)^k$ 和 $(x^2+px+q)^L$,$(p^2-4q<0)$ 两种类型的因式;

(2)根据 $Q(x)$ 的分解结果将真分式化为部分分式,用待定系数法确定真分式的分子中的常数,最后得到以下 4 个基本类型的积分:

① $\displaystyle\int \frac{A}{x-a}\mathrm{d}x$;　　　　② $\displaystyle\int \frac{A}{(x-a)^n}\mathrm{d}x \ (n=2,3,\cdots)$;

③ $\displaystyle\int \frac{Mx+N}{x^2+px+q}\mathrm{d}x$;　　④ $\displaystyle\int \frac{(Mx+N)}{(x^2+px+q)^n}\mathrm{d}x \ (n=2,3,\cdots)$.

其中 A,M,N,a,p,q 都是常数,且 $p^2-4q<0$.

前两种积分结果是易知的. 对于第三种积分,只要将分母配方后,再用基本积分公式,结果即可求出. 对于第四种积分,要用分部积分法,最后得出一个递推公式,需要多次积分才能完成.

2. 三角函数有理式的积分.

一般有以下三种方法:

(1)半角代换:

对于 $\displaystyle\int R(\sin x,\cos x)\mathrm{d}x$,令 $\tan\dfrac{x}{2}=t$ 化为有理函数的积分.

(2)三角恒等变换:

①利用倍角公式降低三角函数的幂次;

②对于 $\displaystyle\int \sin mx \cdot \sin nx \mathrm{d}x, \int \sin mx \cdot \cos nx \mathrm{d}x, \int \cos mx \cdot \cos nx \mathrm{d}x (m\neq n)$ 可利用积化和

差来计算；

③对于 $\int \sin^m x \cdot \cos^n x \, \mathrm{d}x$：（ⅰ）当 m,n 中有一个奇数时，可拆开用凑微分法计算；（ⅱ）当 m，n 都是偶数时，可利用倍角公式逐步求出积分.

④对于 $\int \sin^n x \, \mathrm{d}x$，$\int \cos^n x \, \mathrm{d}x$，可利用分部积分法导出的递推公式计算，也可按③处理.

3. 简单无理函数的积分.

简单无理函数的积分关键是运用变量代换，或分子、分母有理化，把根号去掉，从而化为有理函数的积分，为此可以通过对被积函数的变形或根据被积表达式的特点灵活地选择变量代换来达到目的.

常用的代换，如 $t = \sqrt[n]{ax+b}$，$t = \sqrt[n]{\dfrac{ax+b}{cx+d}}$ 等.

三 考研大纲要求解读

会求有理函数、三角函数有理式和简单无理函数的不定积分.

························ 例题精解 ························

基本题型 1：有理函数的积分

例 **1** 计算下列不定积分：

(1) $\displaystyle\int \frac{2x^4 - x^3 - x + 1}{x^3 - 1} \, \mathrm{d}x$；

(2) $\displaystyle\int \frac{x^2 + 1}{(x-1)^2(x+3)} \, \mathrm{d}x$；

(3) $\displaystyle\int \frac{2x + 2}{(x-1)(x^2+1)^2} \, \mathrm{d}x$；

(4) $\displaystyle\int \frac{x^2}{(1-x)^{100}} \, \mathrm{d}x$.

解：(1)分析：此题被积函数是有理假分式，因此先用多项式除法将其化为多项式与真分式的和再逐项积分.

因为

$$\frac{2x^4 - x^3 - x + 1}{x^3 - 1} = 2x - 1 + \frac{x}{(x-1)(x^2+x+1)},$$

设 $\dfrac{x}{(x-1)(x^2+x+1)} = \dfrac{A}{x-1} + \dfrac{Bx+C}{x^2+x+1}$，通分后去分母得

$$x = A(x^2+x+1) + (Bx+C)(x-1) = (A+B)x^2 + (A-B+C)x + (A-C),$$

比较 x 同次幂的系数得

$$\begin{cases} A+B=0, \\ A-B+C=1, \\ A-C=0 \end{cases} \Rightarrow \begin{cases} A = \dfrac{1}{3}, \\ B = -\dfrac{1}{3}, \\ C = \dfrac{1}{3}, \end{cases}$$

即 $\dfrac{x}{(x-1)(x^2+x+1)} = \dfrac{\frac{1}{3}}{x-1} + \dfrac{-\frac{1}{3}x + \frac{1}{3}}{x^2+x+1}$. 故

$$原式 = \int \left[2x - 1 + \frac{\frac{1}{3}}{x-1} + \frac{-\frac{1}{3}x + \frac{1}{3}}{x^2+x+1} \right] \mathrm{d}x$$

$$= \int (2x-1)\mathrm{d}x + \frac{1}{3}\int \frac{1}{x-1}\mathrm{d}x - \frac{1}{3}\int \frac{x-1}{x^2+x+1}\mathrm{d}x$$

$$= x^2 - x + \frac{1}{3}\ln|x-1| - \frac{1}{6}\int \frac{2x+1-1}{x^2+x+1}\mathrm{d}x + \frac{1}{3}\int \frac{\mathrm{d}x}{x^2+x+1}$$

$$= x^2 - x + \frac{1}{3}\ln|x-1| - \frac{1}{6}\int \frac{\mathrm{d}(x^2+x+1)}{x^2+x+1} + \frac{1}{\sqrt{3}}\int \frac{\mathrm{d}\left(\frac{2x+1}{\sqrt{3}}\right)}{1+\left(\frac{2x+1}{\sqrt{3}}\right)^2}$$

$$= x^2 - x + \frac{1}{3}\ln|x-1| - \frac{1}{6}\ln(x^2+x+1) + \frac{1}{\sqrt{3}}\arctan\frac{2x+1}{\sqrt{3}} + C.$$

(2)设 $f(x) = \dfrac{x^2+1}{(x-1)^2(x+3)} = \dfrac{A}{x-1} + \dfrac{B}{(x-1)^2} + \dfrac{C}{x+3}$，则用待定系数法或赋值法可得

$$A = \frac{3}{8}, B = \frac{1}{2}, C = \frac{5}{8}, \ 即 \ f(x) = \frac{\frac{3}{8}}{x-1} + \frac{\frac{1}{2}}{(x-1)^2} + \frac{\frac{5}{8}}{x+3},$$

故　　　　　　　　$$原式 = \frac{3}{8}\int \frac{1}{x-1}\mathrm{d}x + \frac{1}{2}\int \frac{1}{(x-1)^2}\mathrm{d}x + \frac{5}{8}\int \frac{1}{x+3}\mathrm{d}x$$

$$= \frac{3}{8}\ln|x-1| - \frac{1}{2}\frac{1}{x-1} + \frac{5}{8}\ln|x+3| + C.$$

(3)设 $\dfrac{2x+2}{(x-1)(x^2+1)^2} = \dfrac{A}{x-1} + \dfrac{Bx+C}{x^2+1} + \dfrac{Dx+E}{(x^2+1)^2}$，则通分后由分子得

$$2x+2 = A(x^2+1)^2 + (Bx+C)(x-1)(x^2+1) + (Dx+E)(x-1),$$

分别取 $x=0, x=-1, x=1, x=2$ 得

$$\begin{cases} A - C - E = 2, \\ 2A + 2B - 2C + D - E = 0, \\ 4A = 4, \\ 25A + 10B + 5C + 2D + E = 6 \end{cases} \Rightarrow \begin{cases} A = 1, \\ B = -1, \\ C = -1, \\ D = -2, \\ E = 0. \end{cases}$$

故原式 $= \displaystyle\int \left[\frac{1}{x-1} - \frac{x+1}{x^2+1} - \frac{2x}{(x^2+1)^2} \right]\mathrm{d}x = \int \frac{1}{x-1}\mathrm{d}x - \int \frac{x+1}{x^2+1}\mathrm{d}x - 2\int \frac{x}{(x^2+1)^2}\mathrm{d}x$

$$= \ln|x-1| - \frac{1}{2}\ln(x^2+1) - \arctan x + \frac{1}{x^2+1} + C.$$

(4)**方法一**：令 $u = 1-x$，则 $x = 1-u, \mathrm{d}x = -\mathrm{d}u$，

$$\int \frac{x^2}{(1-x)^{100}}\mathrm{d}x = \int \frac{(1-u)^2}{u^{100}}(-\mathrm{d}u) = -\int \frac{1}{u^{100}}\mathrm{d}u + 2\int \frac{\mathrm{d}u}{u^{99}} - \int \frac{\mathrm{d}u}{u^{98}}$$

$$= \frac{1}{99}u^{-99} - \frac{2}{98}u^{-98} + \frac{1}{97}u^{-97} + C$$

$$= \frac{1}{99(1-x)^{99}} - \frac{1}{49(1-x)^{98}} + \frac{1}{97(1-x)^{97}} + C.$$

方法二：凑微分法

$$\int \frac{x^2}{(1-x)^{100}}\mathrm{d}x = \int \frac{x^2-1+1}{(1-x)^{100}}\mathrm{d}x = \int \frac{-(x+1)}{(1-x)^{99}}\mathrm{d}x + \int \frac{\mathrm{d}x}{(1-x)^{100}}$$

$$= \int \frac{1-x}{(1-x)^{99}}\mathrm{d}x - \int \frac{2}{(1-x)^{99}}\mathrm{d}x + \frac{1}{99}\frac{1}{(1-x)^{99}}$$

$$=\frac{1}{97(1-x)^{97}}-\frac{1}{49(1-x)^{98}}+\frac{1}{99(1-x)^{99}}+C.$$

【方法点击】　求不定积分的基本方法是换元积分法和分部积分法,本例中所用的有理函数的积分法与下边采用的三角有理式的积分法仅作为以上两种方法的补充.如本例中第(4)题.若将 $x=1$ 看成分母的 100 重根,然后利用将有理真分式化为部分分式的方法进行积分定会非常麻烦,因此,对于有理函数的积分,若能用换元积分法或分部积分法就不用有理函数积分法.

基本题型 2：三角有理式的积分

例 2 求下列不定积分：

$(1)\displaystyle\int\frac{\mathrm{d}x}{4+\sin x}$；

$(2)\displaystyle\int\frac{\mathrm{d}x}{\sin^4 x\cos^2 x}$；

$(3)\displaystyle\int\frac{x+\sin x}{1+\cos x}\mathrm{d}x$；

$(4)\displaystyle\int\frac{\sin x}{\sin x+\cos x}\mathrm{d}x$．

解：(1)令 $t=\tan\dfrac{x}{2}$，则 $x=2\arctan t,\mathrm{d}x=\dfrac{2\mathrm{d}t}{1+t^2}$，

$$\int\frac{\mathrm{d}x}{4+\sin x}=\int\frac{\mathrm{d}t}{2t^2+t+2}=\frac{8}{15}\int\frac{1}{1+\left(\dfrac{4t+1}{\sqrt{15}}\right)^2}\mathrm{d}t=\frac{2}{\sqrt{15}}\int\frac{1}{1+\left(\dfrac{4t+1}{\sqrt{15}}\right)^2}\mathrm{d}\left(\frac{4t+1}{\sqrt{15}}\right)$$

$$=\frac{2}{\sqrt{15}}\arctan\frac{4t+1}{\sqrt{15}}+C=\frac{2}{\sqrt{15}}\arctan\frac{4\tan\dfrac{x}{2}+1}{\sqrt{15}}+C.$$

$(2)\displaystyle\int\frac{\mathrm{d}x}{\sin^4 x\cos^2 x}=\int\frac{(\sin^2 x+\cos^2 x)^2}{\sin^4 x\cos^2 x}\mathrm{d}x=\int\frac{\sin^4 x+2\sin^2 x\cos^2 x+\cos^4 x}{\sin^4 x\cos^2 x}\mathrm{d}x$

$$=\int\left(\frac{1}{\cos^2 x}+\frac{2}{\sin^2 x}+\frac{\cos^2 x}{\sin^4 x}\right)\mathrm{d}x=\int\sec^2 x\mathrm{d}x+2\int\csc^2 x\mathrm{d}x+\int\cot^2 x\csc^2 x\mathrm{d}x$$

$$=\tan x-2\cot x-\frac{1}{3}\cot^3 x+C.$$

(3)**分析：**由于 $\dfrac{\mathrm{d}x}{1+\cos x}=\dfrac{\mathrm{d}x}{2\cos^2\dfrac{x}{2}}=\mathrm{d}\left(\tan\dfrac{x}{2}\right),\sin x\mathrm{d}x=-\mathrm{d}(1+\cos x)$，所以可将原积分拆为

两项后再分别积分

$$\int\frac{x+\sin x}{1+\cos x}\mathrm{d}x=\int\frac{x}{1+\cos x}\mathrm{d}x+\int\frac{\sin x}{1+\cos x}\mathrm{d}x$$

$$=\int x\mathrm{d}\left(\tan\frac{x}{2}\right)+\int\frac{-\mathrm{d}(1+\cos x)}{1+\cos x}$$

$$=x\tan\frac{x}{2}-\int\tan\frac{x}{2}\mathrm{d}x-\ln(1+\cos x)$$

$$=x\tan\frac{x}{2}+2\ln\left|\cos\frac{x}{2}\right|-\ln(1+\cos x)+C_1$$

$$=x\tan\frac{x}{2}+2\ln\left|\cos\frac{x}{2}\right|-\ln\left(2\cos^2\frac{x}{2}\right)+C_1$$

$$=x\tan\frac{x}{2}+2\ln\left|\cos\frac{x}{2}\right|-\ln 2-2\ln\left|\cos\frac{x}{2}\right|+C_1$$

$$=x\tan\frac{x}{2}+C\quad(\text{其中}\ C=C_1-\ln 2).$$

（4）方法一：三角恒等变形

$$\int \frac{\sin x}{\sin x + \cos x}\mathrm{d}x = \int \frac{\sin x(\cos x - \sin x)}{\cos^2 x - \sin^2 x}\mathrm{d}x = \int \frac{\frac{1}{2}\sin 2x - \sin^2 x}{\cos 2x}\mathrm{d}x$$

$$= \frac{1}{2}\int (\tan 2x - \sec 2x + 1)\mathrm{d}x$$

$$= -\frac{1}{4}\ln|\cos 2x| - \frac{1}{4}\ln|\sec 2x + \tan 2x| + \frac{x}{2} + C$$

$$= \frac{x}{2} - \frac{1}{2}\ln|\sin x + \cos x| + C.$$

方法二：凑微分法

设 $\sin x = a(\sin x + \cos x) + b(\cos x - \sin x) = (a-b)\sin x + (a+b)\cos x$，比较等式两端得

$$\begin{cases} a-b=1, \\ a+b=0 \end{cases} \Rightarrow \begin{cases} a=\dfrac{1}{2}, \\ b=-\dfrac{1}{2}. \end{cases}$$

故

$$原式 = \frac{1}{2}\int \frac{(\sin x + \cos x) - (\cos x - \sin x)}{\sin x + \cos x}\mathrm{d}x$$

$$= \frac{1}{2}\int \mathrm{d}x - \frac{1}{2}\int \frac{\mathrm{d}(\sin x + \cos x)}{\sin x + \cos x} = \frac{x}{2} - \frac{1}{2}\ln|\sin x + \cos x| + C.$$

方法三：半角代换（或称万能代换）

令 $t = \tan \dfrac{x}{2}$，则 $x = 2\arctan t$，$\mathrm{d}x = \dfrac{2}{1+t^2}\mathrm{d}t$，$\sin x = \dfrac{2t}{1+t^2}$，$\cos x = \dfrac{1-t^2}{1+t^2}$，

$$原式 = \int \frac{\frac{2t}{1+t^2}}{\frac{2t}{1+t^2} + \frac{1-t^2}{1+t^2}} \cdot \frac{2}{1+t^2}\mathrm{d}t = \int \left(\frac{1+t}{1+t^2} - \frac{1-t}{1+2t-t^2}\right)\mathrm{d}t$$

$$= \int \frac{1}{1+t^2}\mathrm{d}t + \frac{1}{2}\int \frac{\mathrm{d}(1+t^2)}{1+t^2} - \frac{1}{2}\int \frac{\mathrm{d}(1+2t-t^2)}{1+2t-t^2}$$

$$= \arctan t + \frac{1}{2}\ln(1+t^2) - \frac{1}{2}\ln|1+2t-t^2| + C$$

$$= \arctan t + \frac{1}{2}\ln\left|\frac{1+t^2}{1+2t-t^2}\right| + C = \frac{x}{2} - \frac{1}{2}\ln|\sin x + \cos x| + C.$$

【方法点击】 三角函数有理式的积分总可以通过万能代换将其化为有理函数的积分，但通过万能代换后被积函数往往很复杂，因此一般情况下尽量不用这种方法. 通常是根据被积函数的特点通过三角恒等变形或凑微分等方法对其进行化简后视具体形式再积分.

基本题型 3：简单无理式的积分

例 **3** 计算下列不定积分：

（1）$\displaystyle\int \frac{1}{\sqrt{ax+b}+c}\mathrm{d}x\,(a\neq 0)$；

（2）$\displaystyle\int \frac{\mathrm{d}x}{x\sqrt{x^2-2x-1}}$；

（3）$\displaystyle\int \frac{\mathrm{d}x}{\sqrt{1+x}+\sqrt[3]{1+x}}$；

（4）$\displaystyle\int \frac{x\mathrm{d}x}{\sqrt{5+x-x^2}}$.

解：（1）令 $t=\sqrt{ax+b}$，则 $x=\dfrac{t^2-b}{a}$，$\mathrm{d}x=\dfrac{2t}{a}\mathrm{d}t$，

$$\int \frac{\mathrm{d}x}{\sqrt{ax+b}+c} = \int \frac{1}{t+c} \cdot \frac{2t}{a}\mathrm{d}t = \frac{2}{a}\int \frac{t}{t+c}\mathrm{d}t = \frac{2}{a}\int \frac{t+c-c}{t+c}\mathrm{d}t$$

$$= \frac{2}{a}\int \mathrm{d}t - \frac{2c}{a}\int \frac{\mathrm{d}(t+c)}{t+c} = \frac{2}{a}t - \frac{2c}{a}\ln|t+c| + C$$

$$= \frac{2}{a}\sqrt{ax+b} - \frac{2c}{a}\ln|\sqrt{ax+b}+c| + C.$$

(2) $\int \dfrac{\mathrm{d}x}{x\sqrt{x^2-2x-1}} = \int \dfrac{\mathrm{d}x}{x\sqrt{(x-1)^2-2}}$. 令 $t=x-1$,则 $\mathrm{d}x=\mathrm{d}t$, 原式 $= \int \dfrac{\mathrm{d}t}{(t+1)\sqrt{t^2-2}}$.

又令 $t=\sqrt{2}\sec y$,则 $\sqrt{t^2-2}=\sqrt{2}\tan y\left(0<y<\dfrac{\pi}{2}\right)$,

$$原式 = \int \frac{\sqrt{2}\sec y\tan y\mathrm{d}y}{(\sqrt{2}\sec y+1)\sqrt{2}\tan y} = \int \frac{\sec y\mathrm{d}y}{\sqrt{2}\sec y+1} = \int \frac{\mathrm{d}y}{\sqrt{2}+\cos y}$$

$$= \int \frac{\mathrm{d}y}{2\cos^2\frac{y}{2}+\sqrt{2}-1} = \int \frac{\mathrm{d}\left(\tan\frac{y}{2}\right)}{1+\frac{\sqrt{2}-1}{2}\sec^2\frac{y}{2}} = \frac{2}{\sqrt{2}-1}\int \frac{\mathrm{d}\left(\tan\frac{y}{2}\right)}{\tan^2\frac{y}{2}+(\sqrt{2}+1)^2}$$

$$= 2\int \frac{1}{1+\left(\frac{\tan\frac{y}{2}}{\sqrt{2}+1}\right)^2}\mathrm{d}\left(\frac{\tan\frac{y}{2}}{\sqrt{2}+1}\right) = 2\arctan\left(\frac{\tan\frac{y}{2}}{\sqrt{2}+1}\right) + C$$

$$= 2\arctan\left(\frac{1}{\sqrt{2}+1}\sqrt{\frac{x-1-\sqrt{2}}{x-1+\sqrt{2}}}\right) + C.$$

(3)**分析**:被积函数中出现两个根号 $\sqrt[a]{f(x)}$ 与 $\sqrt[b]{f(x)}$,一般设 $t=\sqrt[c]{f(x)}$,其中 c 为 a,b 的最小公倍数.

令 $\sqrt[6]{1+x}=t$,则 $x=t^6-1$,$\mathrm{d}x=6t^5\mathrm{d}t$,

$$\int \frac{1}{\sqrt{1+x}+\sqrt[3]{1+x}}\mathrm{d}x = \int \frac{1}{t^3+t^2}6t^5\mathrm{d}t = 6\int \frac{t^3}{t+1}\mathrm{d}t = 6\int \frac{t^3+1-1}{t+1}\mathrm{d}t$$

$$= 6\int \left(t^2-t+1-\frac{1}{t+1}\right)\mathrm{d}t$$

$$= 2t^3-3t^2+6t-6\ln|t+1| + C$$

$$= 2\sqrt{1+x}-3\sqrt[3]{1+x}+6\sqrt[6]{1+x}-6\ln(\sqrt[6]{1+x}+1) + C.$$

(4) $\int \dfrac{x\mathrm{d}x}{\sqrt{5+x-x^2}} = -\dfrac{1}{2}\int \dfrac{1-2x-1}{\sqrt{5+x-x^2}}\mathrm{d}x = -\dfrac{1}{2}\int \dfrac{\mathrm{d}(5+x-x^2)}{\sqrt{5+x-x^2}} + \dfrac{1}{2}\int \dfrac{\mathrm{d}x}{\sqrt{5+x-x^2}}$

$$= -\sqrt{5+x-x^2} + \int \frac{\mathrm{d}x}{\sqrt{(\sqrt{21})^2-(2x-1)^2}}$$

$$= -\sqrt{5+x-x^2} + \frac{1}{2}\int \frac{1}{\sqrt{1-\left(\frac{2x-1}{\sqrt{21}}\right)^2}}\mathrm{d}\left(\frac{2x-1}{\sqrt{21}}\right)$$

$$= -\sqrt{5+x-x^2} + \frac{1}{2}\arcsin\frac{2x-1}{\sqrt{21}} + C.$$

【方法点击】　无理函数积分的基本方法是凑微分法,或通过变量代换将根号去掉,然后再进行积分.在计算较复杂积分时,可能用到多种积分方法.

第五节　积分表的使用

一、重点及常考点突破

1. 在实际计算中为了方便,往往把常用的积分公式汇集成表,这种表叫作积分表.

2. 积分表是按照被积函数的类型来排列的,在求积分时可以根据被积函数的类型直接或经过简单的变形后在表内查到所需的结果.

基本题型 1:直接从积分表中查出结果

例 1 求 $\displaystyle\int \frac{x\mathrm{d}x}{\sqrt{4x^2-9}}$.

解: $\displaystyle\int \frac{x\mathrm{d}x}{\sqrt{4x^2-9}}=\int \frac{1}{4}\frac{(2x)\mathrm{d}(2x)}{\sqrt{(2x)^2-3^2}}$,在积分表(七)中查得公式(47),故

$$\int \frac{x\mathrm{d}x}{\sqrt{4x^2-9}}=\frac{1}{4}\sqrt{4x^2-9}+C.$$

【方法点击】 这类题目比较简单,可以根据被积函数的形式直接查积分表.

基本题型 2:先作变量代换再查表

例 2 求 $\displaystyle\int \frac{\mathrm{d}x}{x\sqrt{4x^2+9}}$.

解: 令 $2x=u$,则原式 $=\displaystyle\int \frac{\mathrm{d}u}{u\sqrt{u^2+3^2}}$.查积分表(六)公式(37), $a=3$, $x=u$,所以

$$\int \frac{\mathrm{d}u}{u\sqrt{u^2+3^2}}=\frac{1}{3}\ln \frac{\sqrt{u^2+3^2}-3}{|u|}+C,$$

即

$$原式=\frac{1}{3}\ln \frac{\sqrt{4x^2+9}-3}{2|x|}+C=\frac{1}{3}[\ln|x|-\ln(\sqrt{4x^2+9}+3)]+C.$$

【方法点击】 这类积分不能在表中直接查到,需先进行变量代换再查表.

基本题型 3:用递推公式求积分

例 3 求 $\displaystyle\int \frac{\mathrm{d}x}{\cos^4 x}$.

解: 在积分表(十一)中查得公式(98), $n=4$,

$$\int \frac{\mathrm{d}x}{\cos^4 x}=\frac{1}{3}\cdot\frac{\sin x}{\cos^3 x}+\frac{2}{3}\int \frac{\mathrm{d}x}{\cos^2 x}=\frac{1}{3}\cdot\frac{\sin x}{\cos^3 x}+\frac{2}{3}\tan x+C.$$

本章小结

1. 不定积分和原函数是两个不同概念,前者是个集合,后者是该集合中的一个元素,但任意两个原函数之间只差一个常数.

2. 不是所有初等函数的不定积分或原函数都是初等函数,例如 $\int \dfrac{\mathrm{d}x}{\ln x}$,$\int \mathrm{e}^{-x^2}\mathrm{d}x$,$\int \dfrac{\sin x}{x}\mathrm{d}x$,

$\int \sin x^2\mathrm{d}x$ 等都不能用初等函数表示,或者习惯地说"积不出来".“积出来”的只是很小的一部分,而且形式变化多样,有的技巧性也很强.

3. 本章虽然给出了求不定积分的方法,但在实际计算中由于题目的特点,方法灵活性很强,有时甚至要多种方法综合运用.因此请读者务必在多做练习的基础上注意总结,触类旁通.

自测题

一、填空题

1. $\int x f''(x)\mathrm{d}x = $ _____.

2. 若 e^{-x} 是 $f(x)$ 的一个原函数,则 $\int x^2 f(\ln x)\mathrm{d}x = $ _____.

3. $\int \dfrac{1}{\sqrt{1+\mathrm{e}^x}}\mathrm{d}x = $ _____.

4. $\int \dfrac{\sin x}{1+\sin x}\mathrm{d}x = $ _____.

5. $\int \dfrac{1}{(x+3)\sqrt{x+1}}\mathrm{d}x = $ _____.

二、选择题

1. 若 $\int f'(x^3)\mathrm{d}x = x^3 + C$,则 $f(x) = ($ $)$.

   (A) $\dfrac{6}{5}x^{\frac{5}{3}} + C$ (B) $\dfrac{9}{5}x^{\frac{5}{3}} + C$ (C) $x^3 + C$ (D) $x + C$

2. 设 $f(x)$ 的一个原函数是 $x\ln x$,则 $\int x f(x)\mathrm{d}x = ($ $)$.

   (A) $x^2\left(\dfrac{1}{2} + \dfrac{1}{4}\ln x\right) + C$ (B) $x^2\left(\dfrac{1}{4} + \dfrac{1}{2}\ln x\right) + C$

   (C) $x^2\left(\dfrac{1}{4} - \dfrac{1}{2}\ln x\right) + C$ (D) $x^2\left(\dfrac{1}{2} - \dfrac{1}{4}\ln x\right) + C$

3. 设 $\int f(x)\mathrm{d}x = x^2 + C$,则 $\int x f(1-x^2)\mathrm{d}x = ($ $)$.

   (A) $-2(1-x^2)^2 + C$ (B) $2(1-x^2)^2 + C$

   (C) $-\dfrac{1}{2}(1-x^2)^2 + C$ (D) $\dfrac{1}{2}(1-x^2)^2 + C$

4. 若 $\int f'(\mathrm{e}^x)\mathrm{d}x = \mathrm{e}^{2x} + C$,则 $f(x) = ($ $)$.

   (A) $\mathrm{e}^x + C$ (B) $\mathrm{e}^{2x} + C$ (C) $\mathrm{e}^x + 1$ (D) $\dfrac{2}{3}x^3 + C$

5. $\int \dfrac{\mathrm{e}^x - 1}{\mathrm{e}^x + 1}\mathrm{d}x = ($ $)$.

   (A) $\ln|\mathrm{e}^x + 1| + C$ (B) $\ln|\mathrm{e}^x - 1| + C$

   (C) $x - 2\ln|\mathrm{e}^x + 1| + C$ (D) $2\ln|\mathrm{e}^x + 1| - x + C$

三、解答题

1. 求 $\displaystyle\int \frac{1+\sin x}{1+\cos x} \cdot \mathrm{e}^x \mathrm{d}x$.

2. 求 $\displaystyle\int \arctan(1+\sqrt{x})\mathrm{d}x$.

3. 求 $\displaystyle\int \frac{x}{x+\sqrt{x^2-1}}\mathrm{d}x$.

4. 求 $\displaystyle\int \frac{\mathrm{e}^{3x}+\mathrm{e}^x}{\mathrm{e}^{4x}-\mathrm{e}^{2x}+1}\mathrm{d}x$.

5. 试求在什么条件下积分 $\displaystyle\int \frac{ax^2+bx+c}{x^3(x-1)^2}\mathrm{d}x$ 为有理函数.

6. 设 $F(x)$ 是 $f(x)$ 的一个原函数,且当 $x \geqslant 0$ 时,$f(x) \cdot F(x) = \dfrac{x\mathrm{e}^x}{2(1+x)^2}$,已知 $F(0)=1, F(x)>0$,求 $f(x)$.

自测题答案

一、填空题

1. $xf'(x)-f(x)+C$ 2. $-\dfrac{1}{2}x^2+C$ 3. $\ln\dfrac{\sqrt{1+\mathrm{e}^x}-1}{\sqrt{1+\mathrm{e}^x}+1}+C$ 4. $\sec x-\tan x+x+C$

5. $\sqrt{2}\arctan\sqrt{\dfrac{x+1}{2}}+C$

1. 解:$\displaystyle\int xf''(x)\mathrm{d}x = \int x\mathrm{d}f'(x) = xf'(x)-\int f'(x)\mathrm{d}x = xf'(x)-f(x)+C$.

2. 解:由题意可令 $f(x)=-\mathrm{e}^{-x}$,则 $f(\ln x)=-\mathrm{e}^{-\ln x}=-\mathrm{e}^{\ln\frac{1}{x}}=-\dfrac{1}{x}$. 则

$$\int x^2 f(\ln x)\mathrm{d}x = \int x^2 \cdot \left(-\frac{1}{x}\right)\mathrm{d}x = -\int x\mathrm{d}x = -\frac{1}{2}x^2+C.$$

3. 提示:令 $t=\sqrt{1+\mathrm{e}^x}$.

4. 解:因为 $\displaystyle\int \frac{\sin x}{1+\sin x}\mathrm{d}x = \int \frac{\sin x \cdot (1-\sin x)}{(1+\sin x)(1-\sin x)}\mathrm{d}x = \int \frac{\sin x-\sin^2 x}{\cos^2 x}\mathrm{d}x$

$$= \int \frac{\sin x\mathrm{d}x}{\cos^2 x}+\int\left(1-\frac{1}{\cos^2 x}\right)\mathrm{d}x = \int \frac{-\mathrm{d}(\cos x)}{\cos^2 x}+x-\tan x$$

$$= \sec x+x-\tan x+C.$$

5. 提示:令 $t=\sqrt{x+1}$.

二、选择题

1. (B)   2. (B)   3. (C)   4. (D)   5. (D)

1. 解:在 $\displaystyle\int f'(x^3)\mathrm{d}x = x^3+C$ 两端,令 $t=x^3$,则 $x=t^{\frac{1}{3}}$,$\mathrm{d}x=\dfrac{1}{3}t^{-\frac{2}{3}}\mathrm{d}t$,于是有

$$\int f'(t) \cdot \frac{1}{3}t^{-\frac{2}{3}}\mathrm{d}t = t+C,$$

在等式两端对 t 求导,得 $f'(t) \cdot \dfrac{1}{3}t^{-\frac{2}{3}} = 1$,即 $f'(t)=3t^{\frac{2}{3}}$,故得

$$f'(x)=3x^{\frac{2}{3}}, f(x)=\int f'(x)\mathrm{d}x = 3\int x^{\frac{2}{3}}\mathrm{d}x = \frac{9}{5}x^{\frac{5}{3}}+C.$$

2. 解：原式 $=\displaystyle\int x\mathrm{d}F(x)=\int x\mathrm{d}(x\ln x)=\int x(1+\ln x)\mathrm{d}x=\dfrac{1}{4}x^2+\dfrac{1}{2}x^2\ln x+C.$

3. 解：原式 $=-\dfrac{1}{2}\displaystyle\int f(1-x^2)\mathrm{d}(1-x^2)=-\dfrac{1}{2}(1-x^2)^2+C.$

4. 解：方法同 1 题；$f'(x)=2x^2$，$f(x)=\displaystyle\int f'(x)\mathrm{d}x=\int 2x^2\mathrm{d}x=\dfrac{2}{3}x^3+C.$

5. 解：原式 $=\displaystyle\int\dfrac{e^x+1-2}{e^x+1}\mathrm{d}x=\int\left(1-\dfrac{2}{e^x+1}\right)\mathrm{d}x=x-2\int\dfrac{e^x}{(e^x+1)e^x}\mathrm{d}x$

$\qquad=x-2\displaystyle\int\dfrac{1}{(e^x+1)e^x}\mathrm{d}e^x=x-2\int\left(\dfrac{1}{e^x}-\dfrac{1}{e^x+1}\right)\mathrm{d}e^x$

$\qquad=x-2x+2\ln(e^x+1)+C=-x+2\ln(e^x+1)+C.$

三、解答题

1. 解法一： $\displaystyle\int\dfrac{1+\sin x}{1+\cos x}\cdot e^x\mathrm{d}x=\int\dfrac{1+\sin x}{2\cos^2\dfrac{x}{2}}\cdot e^x\mathrm{d}x=\int\dfrac{e^x}{\cos^2\dfrac{x}{2}}\mathrm{d}\left(\dfrac{x}{2}\right)+\int\tan\dfrac{x}{2}\cdot e^x\mathrm{d}x$

$\qquad\qquad=e^x\cdot\tan\dfrac{x}{2}-\displaystyle\int\tan\dfrac{x}{2}\cdot e^x\mathrm{d}x+\int\tan\dfrac{x}{2}\cdot e^x\mathrm{d}x$

$\qquad\qquad=e^x\cdot\tan\dfrac{x}{2}+C.$

解法二： $\displaystyle\int\dfrac{1+\sin x}{1+\cos x}\cdot e^x\mathrm{d}x=\int\dfrac{\left(\sin\dfrac{x}{2}+\cos\dfrac{x}{2}\right)^2}{2\cos^2\dfrac{x}{2}}\cdot e^x\mathrm{d}x=\dfrac{1}{2}\int\left(\tan\dfrac{x}{2}+1\right)^2\cdot e^x\mathrm{d}x$

$\qquad\qquad=\dfrac{1}{2}\displaystyle\int\left(\sec^2\dfrac{x}{2}+2\tan\dfrac{x}{2}\right)\cdot e^x\mathrm{d}x$

$\qquad\qquad=\dfrac{1}{2}\displaystyle\int e^x\cdot\sec^2\dfrac{x}{2}\mathrm{d}x+\int\tan\dfrac{x}{2}\cdot e^x\mathrm{d}x$

$\qquad\qquad=e^x\cdot\tan\dfrac{x}{2}-\displaystyle\int e^x\cdot\tan\dfrac{x}{2}\mathrm{d}x+\int\tan\dfrac{x}{2}\cdot e^x\mathrm{d}x$

$\qquad\qquad=e^x\cdot\tan\dfrac{x}{2}+C.$

2. 解：取 $u=\arctan(1+\sqrt{x})$，分部积分得

$\displaystyle\int\arctan(1+\sqrt{x})\mathrm{d}x=x\arctan(1+\sqrt{x})-\int x\cdot\dfrac{1}{1+(1+\sqrt{x})^2}\cdot\dfrac{\mathrm{d}x}{2\sqrt{x}}$

$\qquad\qquad=x\cdot\arctan(1+\sqrt{x})-\dfrac{1}{2}\displaystyle\int\dfrac{\sqrt{x}}{x+2\sqrt{x}+2}\mathrm{d}x.$

令 $\sqrt{x}=t$，则 $x=t^2$，$\mathrm{d}x=2t\mathrm{d}t$，从而

$\displaystyle\int\dfrac{\sqrt{x}}{x+2\sqrt{x}+2}\mathrm{d}x=\int\dfrac{t\cdot2t\mathrm{d}t}{t^2+2t+2}=2\int\dfrac{t^2+2t+2-2t-2}{t^2+2t+2}\mathrm{d}t$

$\qquad\qquad=2t-2\ln|t^2+2t+2|+C,$

故 $\qquad\qquad$ 原式 $=x\cdot\arctan(1+\sqrt{x})-\sqrt{x}+\ln(x+2\sqrt{x}+2)+C.$

3. 解法一：原式 $=\displaystyle\int\dfrac{x(x-\sqrt{x^2-1})}{1}\mathrm{d}x=\dfrac{1}{3}x^3-\dfrac{1}{3}(x^2-1)^{\frac{3}{2}}+C.$

解法二：令 $x=\sec t$，则

$$原式=\int\frac{\sec^2t\cdot\tan t}{\sec t+\tan t}dt=\int\frac{\sin t}{(1+\sin t)\cos^2t}dt=\int\frac{\sin t\cdot(1-\sin t)}{\cos^4t}dt$$

$$=-\int\frac{d\cos t}{\cos^4t}-\int\tan^2td(\tan t)=\frac{1}{3}\frac{1}{\cos^3t}-\frac{1}{3}\tan^3t+C$$

$$=\frac{1}{3}x^3-\frac{1}{3}(x^2-1)^{\frac{3}{2}}+C.$$

4. 解: 原式 $=\int\frac{e^{2x}(e^x+e^{-x})}{e^{2x}(e^{2x}-1+e^{-2x})}dx=\int\frac{e^x+e^{-x}}{1+(e^x-e^{-x})^2}dx$

$$=\int\frac{d(e^x-e^{-x})}{1+(e^x-e^{-x})^2}=\arctan(e^x-e^{-x})+C.$$

5. 解: 由于

$$\frac{ax^2+bx+c}{x^3(x-1)^2}=\frac{A_1}{x}+\frac{A_2}{x^2}+\frac{A_3}{x^3}+\frac{B_1}{x-1}+\frac{B_2}{(x-1)^2},$$

为使所给积分结果是有理函数,必须使 $A_1=B_1=0$. 将上式两端去分母并比较同类项系数得

$$\begin{cases}A_1+B_1=0,\\-2A_1+A_2-B_1+B_2=0,\\A_1-2A_2+A_3=a,\\A_2-2A_3=b,\\A_3=c,\end{cases}$$

解得

$$\begin{cases}A_1=a+2b+3c,\\B_1=-(a+2b+3c).\end{cases}$$

于是要使 $A_1=B_1=0$,则应有 $a+2b+3c=0$.

故当 $a+2b+3c=0$ 时,积分 $\int\frac{ax^2+bx+c}{x^3(x-1)^2}dx$ 为有理函数.

6. 解: 因为 $f(x)=F'(x)$,所以 $F'(x)\cdot F(x)=\frac{xe^x}{2(1+x)^2}$,

又因为 $[F^2(x)]'=2F(x)\cdot F'(x)=\frac{xe^x}{(1+x)^2}$,所以

$$F^2(x)=\int\frac{xe^x}{(1+x)^2}dx=-\int xe^xd\left(\frac{1}{1+x}\right)=-\frac{xe^x}{1+x}+\int e^xdx$$

$$=-\frac{xe^x}{1+x}+e^x+C=\frac{e^x}{1+x}+C,$$

由 $F(0)=1$ 知 $C=0$,从而 $F(x)=\sqrt{\frac{e^x}{1+x}}$ $(F(x)>0)$,故 $f(x)=F'(x)=\frac{x\sqrt{e^x}}{2\sqrt{(1+x)^3}}$.

第五章　定积分

本章内容概览

　　本章讨论一元函数积分学的另一个基本问题——定积分问题.定积分的概念是由实际问题抽象出来的,它与上一章讨论的不定积分有密切的内在联系(这种联系通过本章第二节的微积分基本公式——牛顿－莱布尼茨公式揭示),是下一章讨论的定积分应用的基础和准备.

本章知识图解

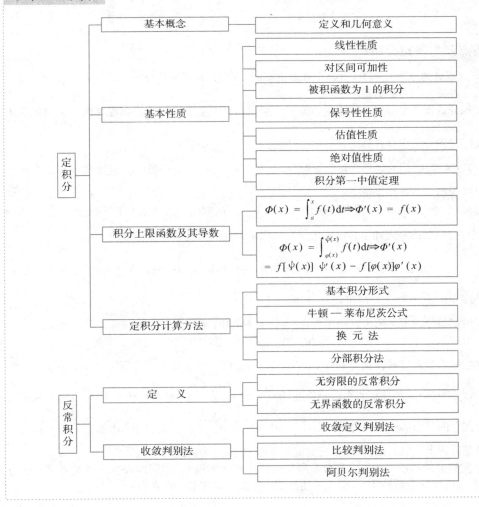

第一节　定积分的概念与性质

知识全解

一　本节知识结构图解

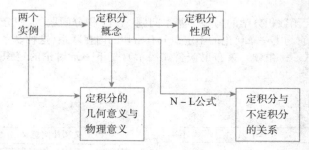

二　重点及常考点分析

1. 定积分的概念是本节,也是本章最重要的知识点,利用定积分定义计算定积分和计算和式极限是各类考试命题的热点之一.

定积分的概念是通过分析求曲边梯形的面积和求变速直线运动的路程这两个实例抽象出来的. 详见教材.

利用定积分的定义计算定积分时要注意:

(1)对区间 $[a,b]$ 的划分一般为 n 等分,此时 $\Delta x_i=\dfrac{b-a}{n}$,这样做的合理性是由所求定积分假定存在为前提条件作保证的.

(2)每个小区间 $[x_{i-1},x_i]$ 中的点 $\xi_i(i=1,2,\cdots,n)$ 的取法一般取 $\xi_i=x_{i-1}$,或 $\xi_i=x_i$,或 $\xi_i=\dfrac{x_{i-1}+x_i}{2}$,这样做的合理性也是由所求定积分假定存在为前提条件作保证的.

由(1)、(2)关于区间 $[a,b]$ 的特殊分割及 ξ_i 的特殊取法,使得和式 $\sum\limits_{i=1}^{n}f(\xi_i)\Delta x_i$ 尽可能简单,使极限 $\lim\limits_{\lambda\to0}\sum\limits_{i=1}^{n}f(\xi_i)\Delta x_i$ 尽可能易求(见例1).

利用定积分的定义还可证明函数在 $[a,b]$ 上不可积(见例5).

利用定积分定义是计算某些类型的和式极限的方法之一. 此时要注意:

要把欲求和式极限转化为 $\lim\limits_{\lambda\to0}\sum\limits_{i=1}^{n}f(\xi_i)\Delta x_i$ 的形式. 一般先从欲求极限的和式中提取因子 $\dfrac{1}{n}$ 作为 $[0,1]$ 区间的一种分割的小区间长度,即 $\dfrac{1}{n}=\Delta x_i(i=1,2,\cdots,n)$,此时 $\lambda=\dfrac{1}{n}$;再将欲求极限的和式中的其余因子转化为某函数 $f(x)$ 在小区间 $\left[\dfrac{i-1}{n},\dfrac{i}{n}\right]$ 上某点 $\left(\text{比如}\dfrac{i-1}{n}\text{或}\dfrac{i}{n}\right)$ 的值. 这样做是以所求极限假定存在(相应的定积分假定存在)为前提的. (见例2)

2. 定积分的性质是计算定积分及研究函数可积性的重要工具,因而也是各类考试的热点之一. 本节讲述的主要性质有(假定下述性质中涉及的定积分均存在):

（1）定积分关于被积函数的可加性：

$$\int_a^b [f(x) \pm g(x)] dx = \int_a^b f(x) dx \pm \int_a^b g(x) dx;$$

（2）定积分关于积分区间的可加性：

$$\int_a^b f(x) dx = \int_a^c f(x) dx + \int_c^b f(x) dx;$$

（3）定积分的数乘性质：

$$\int_a^b k f(x) dx = k \int_a^b f(x) dx \quad (k \text{ 为常数});$$

（4）$\int_a^b dx = b - a$；

（5）若在 $[a,b]$ 上 $f(x) \geqslant 0$，则

$$\int_a^b f(x) dx \geqslant 0 \quad (a < b);$$ 称作保号性

（6）若在 $[a,b]$ 上 $f(x) \geqslant g(x)$，则

$$\int_a^b f(x) dx \geqslant \int_a^b g(x) dx \quad (a < b);$$ （5）的推论

（7）$\left| \int_a^b f(x) dx \right| \leqslant \int_a^b |f(x)| dx \quad (a < b);$ （5）的推论，又称绝对值性质

（8）设 $M = \max\limits_{x \in [a,b]} f(x), m = \min\limits_{x \in [a,b]} f(x)$，则

$$m(b-a) \leqslant \int_a^b f(x) dx \leqslant M(b-a) \quad (a < b);$$

（9）（定积分中值定理）若 $f(x)$ 在 $[a,b]$ 上连续，则 $\exists \xi \in [a,b]$ 满足

$$\int_a^b f(x) dx = f(\xi)(b-a).$$

注① 上述公式又称积分中值公式，它的几何解释为：在 $[a,b]$ 上至少存在一点 ξ，使得以 $[a,b]$ 为底边、以曲线 $y = f(x)$ 为曲边的曲边梯形面积等于同底边而高为 $f(\xi)$ 的矩形面积（见图 5-1）.

注② 由积分中值公式导出的

$$f(\xi) = \frac{1}{b-a} \int_a^b f(x) dx,$$

又称为 $f(x)$ 在 $[a,b]$ 上的积分平均值（或平均值）.

定积分的上述性质常用于定积分的计算、大小估计和比较，也常用于讨论定积分的存在性、证明不等式等（见例 3，例 4）.

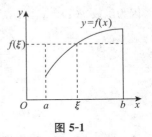

图 5-1

3. 函数的可积条件.

（1）可积的必要条件：设 $f(x)$ 在 $[a,b]$ 上可积，则它必在 $[a,b]$ 上有界.

（2）可积的充分条件：

① 若 $f(x)$ 在 $[a,b]$ 连续，则 $f(x)$ 在 $[a,b]$ 可积；

② 若 $f(x)$ 在 $[a,b]$ 至多有有限个间断点且有界，则 $f(x)$ 在 $[a,b]$ 可积；

③ 若 $f(x)$ 在 $[a,b]$ 上单调有界，则 $f(x)$ 在 $[a,b]$ 可积.

利用可积的必要条件常常用于证明函数不可积（即：若 $f(x)$ 在 $[a,b]$ 至少有一个无界点，则 $f(x)$ 在 $[a,b]$ 不可积）；利用函数可积的充分条件常常是判断函数可积的重要方法.

三 考研大纲要求解读

理解定积分的概念，掌握定积分的性质及定积分中值定理.

$$\text{例题精解}$$

基本题型 1：利用定积分的定义计算定积分

例 **1** 用定积分的定义计算 $\int_a^b (x^2+1)\mathrm{d}x$.

解：将区间 $[a,b]$ n 等分为 $a=x_0<x_1<x_2<\cdots<x_{n-1}<x_n=b$，其中

$$x_i=a+\frac{b-a}{n}i,\ \Delta x_i=\frac{b-a}{n}\quad(i=1,2,3,\cdots,n),$$

在每个小区间 $[x_{i-1},x_i]$ 上取右端点作为 ξ_i，即

$$\xi_i=x_i=a+\frac{b-a}{n}i\quad(i=0,1,2,\cdots,n),$$

作和式

$$\sum_{i=1}^n f(\xi_i)\Delta x_i=\sum_{i=1}^n\left[\left(a+\frac{b-a}{n}i\right)^2+1\right]\frac{b-a}{n}$$

$$=\frac{b-a}{n}\sum_{i=1}^n\left[a^2+1+\frac{2a(b-a)}{n}i+\frac{(b-a)^2}{n^2}i^2\right]$$

$$=(b-a)(a^2+1)+\frac{2a(b-a)^2}{n^2}\sum_{i=1}^n i+\frac{(b-a)^3}{n^3}\sum_{i=1}^n i^2$$

$$=(b-a)(a^2+1)+\frac{2a(b-a)^2}{n^2}\cdot\frac{n(n+1)}{2}+\frac{(b-a)^3 n(n+1)(2n+1)}{6n^3},$$

因为函数 $f(x)=x^2+1$ 在 $[a,b]$ 上连续，所以极限 $\lim\limits_{n\to\infty}\sum\limits_{i=1}^n f(\xi_i)\Delta x_i$ 存在且为 $\int_a^b(x^2+1)\mathrm{d}x$，即

$$\int_a^b(x^2+1)\mathrm{d}x=\lim_{n\to\infty}\sum_{i=1}^n f(\xi_i)\Delta x_i$$

$$=\lim_{n\to\infty}\left[(b-a)(a^2+1)+\frac{2a(b-a)^2}{n^2}\cdot\frac{n(n+1)}{2}+\frac{(b-a)^3 n(n+1)(2n+1)}{6n^3}\right]$$

$$=(b-a)(a^2+1)+a(b-a)^2+\frac{1}{3}(b-a)^3=\frac{1}{3}(b^3-a^3)+(b-a).$$

【方法点击】 利用定积分的定义计算定积分时要注意：

(1)对区间 $[a,b]$ 的划分一般为 n 等分，此时 $\Delta x_i=\frac{b-a}{n}$，这样做的合理性是由假定所求定积分存在为前提条件作保证的.

(2)每个小区间 $[x_{i-1},x_i]$ 中的点 $\xi_i(i=1,2,\cdots,n)$ 的取法一般取 $\xi_i=x_{i-1}$ 或 $\xi_i=x_i$ 或 $\xi_i=\frac{x_{i-1}+x_i}{2}$，这样做的合理性也是由假定所求定积分存在为前提条件作保证的.

由(1)、(2)关于区间 $[a,b]$ 的特殊分割及 ξ_i 的特殊取法，目的是使得和式 $\sum\limits_{i=1}^n f(\xi_i)\Delta x_i$ 尽可能简单，使极限 $\lim\limits_{\lambda\to 0}\sum\limits_{i=1}^n f(\xi_i)\Delta x_i$ 尽可能易求.（如本例）

基本题型 2：利用定积分求和式极限

例 **2** 用定积分求极限：$\lim\limits_{n\to\infty}\left(\dfrac{1}{\sqrt{n^2+1}}+\dfrac{1}{\sqrt{n^2+2^2}}+\cdots+\dfrac{1}{\sqrt{n^2+n^2}}\right)$.（考研题）

【思路探索】　这是和式极限问题．若用定积分定义求该极限，首先应将和式变形为 $\sum\limits_{i=1}^{n}\dfrac{1}{\sqrt{1+\left(\frac{i}{n}\right)^2}}\cdot\dfrac{1}{n}$，易见 $\dfrac{1}{n}$ 可看作 $[0,1]$ 的 n 等分后小区间的长度 Δx_i，而 $\dfrac{1}{\sqrt{1+\left(\frac{i}{n}\right)^2}}$ 可看作函数 $\dfrac{1}{\sqrt{1+x^2}}$ 在点 $\xi_i=\dfrac{i}{n}$ 的值．于是原极限即化为定积分 $\int_0^1\dfrac{\mathrm{d}x}{\sqrt{1+x^2}}$.

解：原式 $=\lim\limits_{n\to\infty}\left(\dfrac{1}{\sqrt{1+\frac{1}{n^2}}}+\dfrac{1}{\sqrt{1+\frac{2^2}{n^2}}}+\cdots+\dfrac{1}{\sqrt{1+\frac{n^2}{n^2}}}\right)\dfrac{1}{n}$

$=\lim\limits_{n\to\infty}\sum\limits_{i=1}^{n}\dfrac{1}{\sqrt{1+\frac{i^2}{n^2}}}\cdot\dfrac{1}{n}$

$=\int_0^1\dfrac{1}{\sqrt{1+x^2}}\mathrm{d}x=\ln(1+\sqrt2)$.

> 为什么转化为这种形式？

> 函数 $\dfrac{1}{\sqrt{1+x^2}}$ 来源于合理变形与丰富联想

【方法点击】　上述解法是构造法．就是用逆向思维的方法，构造一个适当的函数 $f(x)=\dfrac{1}{\sqrt{1+x^2}}$，使欲求极限的问题转化为 $[0,1]$ 上的函数 $f(x)$ 的定积分问题 $\int_0^1\dfrac{1}{\sqrt{1+x^2}}\mathrm{d}x$．构造法是一种重要的数学方法．这里的关键技巧有两方面：一方面，要将欲求极限的"和式"提取一个因子 $\dfrac{1}{n}$（作为分割后小区间长度），使之成为求 $\sum\limits_{i=1}^{n}\dfrac{1}{\sqrt{1+\left(\frac{i}{n}\right)^2}}\cdot\dfrac{1}{n}$ 的极限问题；另一方面，由变形后的和式联想定积分定义，构造出函数 $f(x)=\dfrac{1}{\sqrt{1+x^2}}$.

基本题型 3：利用定积分的性质证明不等式

例 **3** 求证：$1\leqslant\int_0^1\mathrm{e}^{x^2}\mathrm{d}x\leqslant\mathrm{e}$.

【思路探索】　由欲证不等式的形式特征可猜想，若求出函数 e^{x^2} 在 $[0,1]$ 上的最大值与最小值，利用定积分的性质（8）即可完成证明．

解：令 $f(x)=\mathrm{e}^{x^2}$，由于 $f'(x)=2x\mathrm{e}^{x^2}\geqslant0$，故 $f(x)$ 在 $[0,1]$ 上单调增加．故

$$\min_{x\in[0,1]}f(x)=f(0)=\mathrm{e}^0=1,\ \max_{x\in[0,1]}f(x)=f(1)=\mathrm{e}^1=\mathrm{e}.$$

由定积分性质（8）得，$1=1\times(1-0)\leqslant\int_0^1\mathrm{e}^{x^2}\mathrm{d}x\leqslant\mathrm{e}(1-0)=\mathrm{e}$.

【方法点击】　上述证法巧妙应用定积分的性质，避开对积分 $\int_0^1\mathrm{e}^{x^2}\mathrm{d}x$ 的直接计算和讨论．其关键在于由欲证不等式的特点猜想出函数 e^{x^2} 在 $[0,1]$ 上的最小、最大值可能分别在区间端点 $x=0$ 和 $x=1$ 达到．

基于题型 4:利用定积分的性质求极限

例 **4**　求证: $\lim\limits_{n\to\infty}\int_0^1\dfrac{x^n}{\sqrt{1+x^2}}\mathrm{d}x=0$. (考研题)

【思路探索】　观察被积函数 $f(x)=\dfrac{x^n}{\sqrt{1+x^2}}$,对被积函数作恰当估计,即寻求 $g(x)$ 及 $h(x)$. 使 $g(x)\leqslant f(x)\leqslant h(x)$, $x\in[0,1]$,且 $\lim\limits_{n\to\infty}\int_0^1 g(x)\mathrm{d}x=\lim\limits_{n\to\infty}\int_0^1 h(x)\mathrm{d}x$. 由极限的夹逼准则可实现证明.

证明:当 $0\leqslant x\leqslant 1$ 时, $0\leqslant\dfrac{x^n}{\sqrt{1+x^2}}\leqslant x^n$,故

$$0\leqslant\int_0^1\frac{x^n}{\sqrt{1+x^2}}\mathrm{d}x\leqslant\int_0^1 x^n\mathrm{d}x=\frac{1}{n+1},$$

而 $\lim\limits_{n\to\infty}\dfrac{1}{n+1}=0$,于是 $\lim\limits_{n\to\infty}\int_0^1\dfrac{x^n}{\sqrt{1+x^2}}\mathrm{d}x=0$.

【方法点击】　上述证法中,对 $f(x)=\dfrac{x^n}{\sqrt{1+x^2}}$,先作恰当地"估计",即寻找 $g(x)$, $h(x)$ 满足 $g(x)\leqslant f(x)\leqslant h(x)$ 且 $\lim\limits_{n\to\infty}\int_0^1 g(x)\mathrm{d}x=\lim\limits_{n\to\infty}\int_0^1 h(x)\mathrm{d}x=0$,利用夹逼准则获证. 这是讨论或估算定积分时常用的方法. 这里的技巧在于对 $f(x)$ 进行简单但要适当的放缩.

基本题型 5:利用定积分的定义证明函数不可积

例 **5**　证明:狄利克雷(Dirichlet)函数 $D(x)=\begin{cases}1, & x\text{ 是有理数},\\ 0, & x\text{ 是无理数}\end{cases}$ 在区间 $[0,1]$ 上不可积.

【思路探索】　定积分的定义实际上是函数 $f(x)$ 在 $[a,b]$ 可积的充要条件,用定义既可以证明 $f(x)$ 在 $[a,b]$ 可积,或者计算定积分值(例 1),也可以证明函数 $f(x)$ 在 $[a,b]$ 不可积. 要用定积分定义证明函数在 $[a,b]$ 不可积,根据本题给出的被积函数 $D(x)$ 的特点,只需恰当构造两个不同的积分和,使 $\lambda\to0$ 时,有不同的极限即可.

证明:任给 $[0,1]$ 上的分割

$$0=x_0<x_1<\cdots<x_n=1,$$

显然在每个小区间 $[x_{k-1},x_k]$ $(1\leqslant k\leqslant n)$ 上既有无理点 ξ_k',又有有理点 ξ_k''. 由 $D(x)$ 的定义,有

$$S_1=\sum_{k=1}^n D(\xi_k')\Delta x_k=0,\ S_2=\sum_{k=1}^n D(\xi_k'')\Delta x_k=1,$$

当 $\lambda\to0$ 时, $\lim\limits_{\lambda\to0}S_1=0$, $\lim\limits_{\lambda\to0}S_2=1$,故对任意积分和 $S=\sum\limits_{k=1}^n D(\xi_k)\Delta x_k$,极限 $\lim\limits_{\lambda\to0}\sum\limits_{k=1}^n D(\xi_k)\Delta x_k$ 不存在. 由定积分的定义知 $D(x)$ 在 $[0,1]$ 上不可积.

【方法点击】　上述证明是继例 2 又一次利用了构造法. 根据被积函数 $D(x)$ 的特点,取不同的介点集 $\{\xi_i\}$,得到两个极限不同的积分和,从而完成证明. 这是由于定积分的定义中 $\lim\limits_{\lambda\to0}\sum\limits_{i=1}^n f(\xi_i)\Delta x_i$ 的存在性应与区间的分割法无关(只要 $\lambda=\max\limits_{1\leqslant i\leqslant n}\{\Delta x_i\}\to0$),与介点集 $\{\xi_i\}$ 的取法无关(只要 $\xi_i\in[x_{i-1},x_i]$). 本题的上述证法中构造的积分和显然违背了后一个"无关",因而证明了 $D(x)$ 在 $[0,1]$ 的不可积性.

第二节　微积分基本公式

一　本节知识结构图解

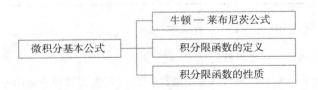

二　重点及常考点分析

1. 积分上限函数是本章的一个重要知识点. 在积分 $\int_a^x f(t)\mathrm{d}t\,(a\leqslant x\leqslant b)$ 中，x 是积分上限，它在 $[a,b]$ 上变化，而 t 是积分变量，它在 $[a,x]$ 上变化.

2. 性质(2)又称为原函数存在定理，它一方面肯定了连续函数的原函数是存在的，另一方面初步提示了定积分与原函数之间的联系.

3. 关于积分限函数还有更一般的结论.

设 $f(x)$ 在区间 I 上连续，$\varphi(x),\psi(x)$ 在 $[a,b]$ 上可导，且 $\varphi(x)$ 和 $\psi(x)$ 的值域包含于 I，设 $\Phi(x)=\int_{\varphi(x)}^{\psi(x)} f(t)\mathrm{d}t$，则

$$\Phi'(x)=\frac{\mathrm{d}}{\mathrm{d}x}\int_{\varphi(x)}^{\psi(x)} f(t)\mathrm{d}t=f[\psi(x)]\psi'(x)-f[\varphi(x)]\varphi'(x),x\in[a,b].$$

注：(1) $\int_{\varphi(x)}^{\psi(x)} f(t)\mathrm{d}t$ 也是一个变限积分，它是积分上下限都是函数的积分，其结果也是 x 的函数，称为积分限函数.

(2)不难看出，积分上限函数是积分限函数的一个特殊情形 $(\psi(x)=x,\varphi(x)=a)$.

(3)关于积分限函数的求导问题在近年的考研题目中屡屡出现，也是热点问题之一.

4. 牛顿—莱布尼茨公式也叫微积分基本公式. 它给出了求连续函数定积分的一般方法，同时，它也提示了定积分与原函数或不定积分之间的联系.

三　考研大纲要求解读

理解变上限定积分定义的函数，会求它的导数，掌握牛顿—莱布尼茨公式.

基本题型 1：求变限积分的导数

例 1 函数 $F(x)=\int_1^x\left(2-\frac{1}{\sqrt{t}}\right)\mathrm{d}t\,(x>0)$ 的单调减小区间为_____.（考研题）

【思路探索】　由导数的性质可得，当 $F'(x)>0$ 时，$F(x)$ 单调递增；$F'(x)<0$ 时，$F(x)$ 单调递减. 而此题目中 $F(x)$ 是一个积分上限的函数，因此，此题目考点为变上限积分求导

问题.

解:$F'(x)=2-\dfrac{1}{\sqrt{x}}$,令 $F'(x)=0$ 得驻点 $x=\dfrac{1}{4}$,

x	$\left(0,\dfrac{1}{4}\right)$	$\left(\dfrac{1}{4},+\infty\right)$
F'	$-$	$+$
F	↘	↗

故函数 $F(x)$ 的单调减小区间为 $\left(0,\dfrac{1}{4}\right)$.

例 2 求 $\dfrac{\mathrm{d}}{\mathrm{d}x}\displaystyle\int_{x^2}^{0} x^3\sin t^2\mathrm{d}t$.(考研题)

【思路探索】 因为积分变量是 t,所以被积函数中的 x^3 可先提到积分号的外面,再由变限积分求导公式计算.

解:原式 $=\dfrac{\mathrm{d}}{\mathrm{d}x}\left(x^3\displaystyle\int_{x^2}^{0}\sin t^2\mathrm{d}t\right)=3x^2\displaystyle\int_{x^2}^{0}\sin t^2\mathrm{d}t-2x^4\sin x^4$.

例 3 设 $I_k=\displaystyle\int_{e}^{k}e^{x}\sin x\mathrm{d}x(k=1,2,3)$,则有( ).(考研题)

(A)$I_3<I_2<I_1$ (B)$I_2<I_1<I_3$

(C)$I_1<I_3<I_2$ (D)$I_1<I_2<I_3$

解:将 $I_k=\displaystyle\int_{e}^{k}e^{x}\sin x\mathrm{d}x$ 看作是以 k 为自变量的函数,则可知 $I_k{}'=e^{k}\sin k\geqslant 0,k\in(0,\pi)$,即可知 $I_k=\displaystyle\int_{e}^{k}e^{x}\sin x\mathrm{d}x$ 关于 k 在 $(0,\pi)$ 上为单调增函数,又由于 $1,2,3\in(0,\pi)$,则 $I_1<I_2<I_3$,故应选(D).

例 4 求极限 $\lim\limits_{x\to+\infty}\dfrac{\displaystyle\int_{1}^{x}\left[t^2\left(e^{\frac{1}{t}}-1\right)-t\right]\mathrm{d}t}{x^2\cdot\ln\left(1+\dfrac{1}{x}\right)}$.(考研题)

【思路探索】 含变限积分求极限的题目通常要涉及洛必达法则、等价无穷小代换、泰勒公式等知识点.

解:原式 $=\lim\limits_{x\to+\infty}\dfrac{\displaystyle\int_{1}^{x}\left[t^2\left(e^{\frac{1}{t}}-1\right)-t\right]\cdot\mathrm{d}t}{x^2\cdot\dfrac{1}{x}}=\lim\limits_{x\to+\infty}\dfrac{x^2\left(e^{\frac{1}{x}}-1\right)-x}{1}$

$=\lim\limits_{x\to+\infty}\left\{x^2\left[\dfrac{1}{x}+\dfrac{1}{2x^2}+o\left(\dfrac{1}{x^2}\right)\right]-x\right\}=\lim\limits_{x\to+\infty}\left[\dfrac{1}{2}+x^2\cdot o\left(\dfrac{1}{x^2}\right)\right]$

$=\dfrac{1}{2}+\lim\limits_{x\to+\infty}\dfrac{o\left(\dfrac{1}{x^2}\right)}{\dfrac{1}{x^2}}=\dfrac{1}{2}$.

基本题型 2:利用牛顿-莱布尼茨公式计算定积分

例 5 计算下列定积分:

(1)$\displaystyle\int_{0}^{\sqrt{3}}\dfrac{\mathrm{d}x}{\sqrt{4-x^2}}$; (2)$\displaystyle\int_{1}^{2}\left(x+\dfrac{1}{x}\right)^2\mathrm{d}x$; (3)$\displaystyle\int_{-1}^{1}|x|\mathrm{d}x$.

【思路探索】 被积函数的原函数是易求得的,因此可利用牛顿－莱布尼茨公式求定积分.

解:(1)原式 $=\arcsin\dfrac{x}{2}\Big|_0^{\sqrt{3}}=\dfrac{\pi}{3}$.

(2)原式 $=\displaystyle\int_1^2\left(x^2+2+\dfrac{1}{x^2}\right)\mathrm{d}x=\left(\dfrac{x^3}{3}+2x-\dfrac{1}{x}\right)\Big|_1^2=\dfrac{29}{6}$.

(3)原式 $=\displaystyle\int_{-1}^0(-x)\mathrm{d}x+\int_0^1 x\mathrm{d}x=\left(-\dfrac{x^2}{2}\right)\Big|_{-1}^0+\dfrac{x^2}{2}\Big|_0^1=1$.

【方法点击】 (3)小题中被积函数的原函数是无法求得的,因此可先由积分的区间可加性将积分拆成两个定积分,将绝对值号去掉再积分.

例 6 已知 $f(x)=\begin{cases}x+1, & x<0,\\ x, & x\geqslant0,\end{cases}$ 求 $F(x)=\displaystyle\int_{-1}^x f(t)\mathrm{d}t(-1\leqslant x\leqslant1)$ 的表达式,并讨论 $F(x)$ 在 $[-1,1]$ 上的连续性、可导性.

解:当 $-1\leqslant x<0$ 时,

$$\begin{aligned}F(x)&=\int_{-1}^x f(t)\mathrm{d}t=\int_{-1}^x(t+1)\mathrm{d}t\\&=\frac{1}{2}(t+1)^2\Big|_{-1}^x=\frac{1}{2}(x+1)^2,\end{aligned}$$

当 $0\leqslant x\leqslant1$ 时,

$$\begin{aligned}F(x)&=\int_{-1}^x f(t)\mathrm{d}t=\int_{-1}^0 f(t)\mathrm{d}t+\int_0^x f(t)\mathrm{d}t\\&=\int_{-1}^0(t+1)\mathrm{d}t+\int_0^x t\mathrm{d}t\\&=\frac{1}{2}(t+1)^2\Big|_{-1}^0+\frac{1}{2}t^2\Big|_0^x=\frac{1}{2}+\frac{1}{2}x^2,\end{aligned}$$

于是

$$F(x)=\begin{cases}\dfrac{1}{2}(x+1)^2, & -1\leqslant x<0,\\[2mm]\dfrac{1}{2}(1+x^2), & 0\leqslant x\leqslant1.\end{cases}$$

因为 $\lim\limits_{x\to0^-}F(x)=\lim\limits_{x\to0^+}F(x)=F(0)=\dfrac{1}{2}$,所以 $F(x)$ 在 $x=0$ 处连续;

又因为当 $-1\leqslant x<0$ 及 $0<x\leqslant1$ 时,$F(x)$ 为初等函数,所以 $F(x)$ 在以上区间内连续,从而 $F(x)$ 在 $[-1,1]$ 上连续;

由左、右导数定义知,

$$F_-'(0)=\lim_{x\to0^-}\frac{F(x)-F(0)}{x}=\lim_{x\to0^-}\frac{\frac{1}{2}(x+1)^2-\frac{1}{2}}{x}=1,$$

$$F_+'(0)=\lim_{x\to0^+}\frac{F(x)-F(0)}{x}=\lim_{x\to0^+}\frac{\frac{1}{2}(1+x^2)-\frac{1}{2}}{x}=0.$$

显然 $F_-'(0)\neq F_+'(0)$,即 $F'(0)$ 不存在.

故 $F(x)$ 在 $[-1,1]$ 上除 $x=0$ 外均可导.

第三节　定积分的换元法和分部积分法

知识全解

一　本节知识结构图解

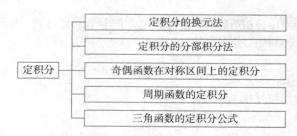

定积分 —— 定积分的换元法
定积分的分部积分法
奇偶函数在对称区间上的定积分
周期函数的定积分
三角函数的定积分公式

二　重点及常考点分析

1. 用换元法计算定积分时应注意：

(1)三换：一换积分变量，二换被积函数，三换积分上下限.

(2)引入新变量时要注意使换元函数在积分区间上单调且具有连续导数.

(3)作什么样的变量替换一般要从被积函数的形式入手，与不定积分的换元法非常类似，但又有不同. 其不同之处在于定积分中积分变量的取值范围是确定的，即上下限，因此在作换元后被积函数的形式往往更具体.

(4)变限积分函数一般是用其导数的性质，如果被积函数中含积分上限变量 x，一般先把 x 提到积分号外才能求导数；若不能直接提到积分号外，可考虑用换元法把 x 变换到积分的上下限中去再求导.

2. 利用被积函数的特点进行积分.

(1)被积函数是奇偶函数且在对称区间上积分时可直接利用性质：等于零(当被积函数为奇函数时)；或等于 2 倍的一半区间上的积分(当被积函数为偶函数时).

(2)被积函数不是奇偶函数但在对称区间上作积分时，可考虑利用变换 $x=-u$.

(3)被积函数若是周期函数或三角函数，首先要考虑利用周期函数的性质计算积分，这样可简化计算.

(4)被积函数若是分段函数，计算时先利用积分的区间可加性将积分拆成在各区间段上分别积分，再加起来；被积函数若带有绝对值符号，需先脱掉绝对值符号转化为分段函数再积分.

3. 用分部积分法计算定积分.

这是定积分计算中的一个重点内容. 分部积分法计算定积分的关键是恰当地选取 u 和 v，特别适用于当被积函数可看成两个函数的乘积，其确定 u 和 v 的思路同不定积分一致. 读者可自己对照不定积分的分部积分法来研究定积分的分部积分法. 同不定积分方法类似，在定积分计算时，换元法与分部积分法也常常是一起来使用的.

三　考研大纲要求解读

掌握定积分的换元积分法与分部积分法.

基本题型 1:利用换元法计算定积分及有关问题

例 **1** 计算下列定积分:

(1) $\int_0^1 \dfrac{x}{\sqrt{4-x}}\mathrm{d}x$;   (2) $\int_1^4 \dfrac{\mathrm{d}x}{x(1+\sqrt{x})}$;(考研题)

(3) $\int_0^{\ln 2} \sqrt{1-\mathrm{e}^{-2x}}\,\mathrm{d}x$;(考研题) (4) $\int_0^1 \sqrt{2x-x^2}\,\mathrm{d}x$.(考研题)

【思路探索】 被积函数中含有根式的,尽量去掉根式,去根式的方法一般为根式代换和三角代换.

解:(1)[正解] $\int_0^1 \dfrac{x\mathrm{d}x}{\sqrt{4-x}} \xrightarrow{t=\sqrt{4-x}} \int_{\sqrt{3}}^2 2(4-t^2)\mathrm{d}t = 2\left(4t-\dfrac{1}{3}t^3\right)\Big|_{\sqrt{3}}^2 = 2\left(\dfrac{16}{3}-3\sqrt{3}\right)$.

[错解] $\int_0^1 \dfrac{x\mathrm{d}x}{\sqrt{4-x}} \xrightarrow{t=\sqrt{4-x}} \int_0^1 2(t^2-4)\mathrm{d}t = 2\left(\dfrac{1}{3}t^3-4t\right)\Big|_0^1 = -\dfrac{22}{3}$.

【方法点击】 本题错解的原因是换元时未相应地更换积分上、下限.定积分换元法中引进新的积分变量后,定积分的上、下限必须随着发生变化.

(2)令 $\sqrt{x}=u$,则 $x=u^2$.

$$原式 = \int_1^2 \dfrac{2u\mathrm{d}u}{u^2(1+u)} = 2\int_1^2\left(\dfrac{1}{u}-\dfrac{1}{1+u}\right)\mathrm{d}u = 2\ln\dfrac{u}{1+u}\Big|_1^2 = 2\ln\dfrac{4}{3}.$$

(3)令 $\mathrm{e}^{-x}=\sin u$,则 $x=-\ln\sin u$.

$$原式 = \int_{\frac{\pi}{2}}^{\frac{\pi}{6}} \cos u \cdot \dfrac{-\cos u}{\sin u}\mathrm{d}u = \int_{\frac{\pi}{6}}^{\frac{\pi}{2}} \dfrac{1-\sin^2 u}{\sin u}\mathrm{d}u$$

$$= \left[\ln(\csc u-\cot u)+\cos u\right]\Big|_{\frac{\pi}{6}}^{\frac{\pi}{2}} = \ln(2+\sqrt{3})-\dfrac{\sqrt{3}}{2}.$$

(4)令 $x-1=\sin t$,则 $x=1+\sin t$.

$$原式 = \int_0^1 \sqrt{1-(x-1)^2}\mathrm{d}(x-1) = \int_{-\frac{\pi}{2}}^0 |\cos t|\mathrm{d}(\sin t) = \int_{-\frac{\pi}{2}}^0 \cos^2 t\mathrm{d}t$$

$$= \dfrac{1}{2}\int_{-\frac{\pi}{2}}^0 (1+\cos 2t)\mathrm{d}t = \dfrac{1}{2}t\Big|_{-\frac{\pi}{2}}^0 + \dfrac{1}{4}\sin 2t\Big|_{-\frac{\pi}{2}}^0 = \dfrac{\pi}{4}.$$

例 **2** 设 $f(x)$ 连续,则 $\dfrac{\mathrm{d}}{\mathrm{d}x}\int_0^x tf(x^2-t^2)\mathrm{d}t = $ _____.(考研题)

【思路探索】 此题目为变限积分求导问题,且属于被积函数中含 x 的类型.此类型一般方法为通过化简将被积函数中的 x 移至积分号外再求导,但此题目中的 x 含在抽象函数中不能直接提出来,所以可以先换元再求导.

解: $\int_0^x tf(x^2-t^2)\mathrm{d}t \xrightarrow[2t\mathrm{d}t=-\mathrm{d}u]{令 x^2-t^2=u} -\dfrac{1}{2}\int_{x^2}^0 f(u)\mathrm{d}u = \dfrac{1}{2}\int_0^{x^2} f(u)\mathrm{d}u$,从而

$$\dfrac{\mathrm{d}}{\mathrm{d}x}\int_0^x tf(x^2-t^2)\mathrm{d}t = \dfrac{\mathrm{d}}{\mathrm{d}x}\left[\dfrac{1}{2}\int_0^{x^2} f(u)\mathrm{d}u\right] = \dfrac{1}{2}f(x^2)(x^2)' = xf(x^2).$$

【方法点击】 定积分的换元法及变限积分求导.

例 **3** 设函数 $f(x)$ 连续,且 $f(0)\neq 0$,求极限 $\lim\limits_{x\to 0} \dfrac{\int_0^x (x-t)f(t)\mathrm{d}t}{x\int_0^x f(x-t)\mathrm{d}t}$.

解：原式 $= \lim\limits_{x \to 0} \dfrac{x \displaystyle\int_0^x f(t)\mathrm{d}t - \int_0^x tf(t)\mathrm{d}t}{x \displaystyle\int_0^x f(x-t)\mathrm{d}t} \xrightarrow{\text{设} x-t=u} \lim\limits_{x \to 0} \dfrac{x \displaystyle\int_0^x f(t)\mathrm{d}t - \int_0^x tf(t)\mathrm{d}t}{x \displaystyle\int_0^x f(u)\mathrm{d}u}$

$\xrightarrow{\text{“}\frac{0}{0}\text{”}} \lim\limits_{x \to 0} \dfrac{\displaystyle\int_0^x f(t)\mathrm{d}t + xf(x) - xf(x)}{\displaystyle\int_0^x f(u)\mathrm{d}u + xf(x)} = \lim\limits_{\substack{x \to 0 \\ (\xi \to 0)}} \dfrac{xf(\xi)}{xf(\xi) + xf(x)}$

$= \dfrac{f(0)}{f(0)+f(0)} = \dfrac{1}{2}$，其中 ξ 介于 0 与 x 之间.

例 **4** 设函数 $f(x)$ 连续，且 $\displaystyle\int_0^x tf(2x-t)\mathrm{d}t = \dfrac{1}{2}\arctan x^2$. 已知 $f(1)=1$，求 $\displaystyle\int_1^2 f(x)\mathrm{d}x$ 的值.
（考研题）

【思路探索】 由已知直接计算 $\displaystyle\int_1^2 f(x)\mathrm{d}x$ 是很困难的，因此可对给定的等式左端作变量替换后求导数，从而找出所求问题的解决方法.

解：令 $u=2x-t$，则 $\mathrm{d}t=-\mathrm{d}u$，

$$\int_0^x tf(2x-t)\mathrm{d}t = -\int_{2x}^x (2x-u)f(u)\mathrm{d}u = 2x\int_x^{2x} f(u)\mathrm{d}u - \int_x^{2x} uf(u)\mathrm{d}u.$$

从而 $2x\displaystyle\int_x^{2x} f(u)\mathrm{d}u - \int_x^{2x} uf(u)\mathrm{d}u = \dfrac{1}{2}\arctan x^2$，两端对 x 求导，得

$$2\int_x^{2x} f(u)\mathrm{d}u + 2x[2f(2x)-f(x)] - [2xf(2x)\cdot 2 - xf(x)] = \dfrac{x}{1+x^4},$$

故 $\displaystyle\int_x^{2x} f(u)\mathrm{d}u = \dfrac{x}{2(1+x^4)} + \dfrac{1}{2}xf(x)$，上式中令 $x=1$，得 $\displaystyle\int_1^2 f(x)\mathrm{d}x = \int_1^2 f(u)\mathrm{d}u = \dfrac{1}{4} + \dfrac{1}{2} = \dfrac{3}{4}$.

基本题型 2：利用被积函数的奇偶性、周期性计算定积分

例 **5** 求 $\displaystyle\int_{-\frac{\pi}{2}}^{\frac{\pi}{2}} (x^3 + \sin^2 x)\cos^2 x\,\mathrm{d}x$.

【思路探索】 积分区间对称，且被积函数拆成两项后，一项 $x^3\cos^2 x$ 为奇函数，另一项 $\sin^2 x\cos^2 x$ 为偶函数，可以用奇偶函数在对称区间上的积分性质简化计算.

解：原式 $= 2\displaystyle\int_0^{\frac{\pi}{2}} \sin^2 x\cos^2 x\,\mathrm{d}x = 2\int_0^{\frac{\pi}{2}} (\sin^2 x - \sin^4 x)\mathrm{d}x = 2\left(\dfrac{\pi}{4} - \dfrac{3}{16}\pi\right) = \dfrac{\pi}{8}$.

例 **6** 求 $\displaystyle\int_0^{100\pi} |\sin x|\mathrm{d}x$.

【思路探索】 因为 $|\sin x|$ 是以 π 为周期的周期函数，所以可利用周期函数的积分性质简化计算.

解：$\displaystyle\int_0^{100\pi} |\sin x|\mathrm{d}x = 100\int_0^\pi |\sin x|\mathrm{d}x = 100\int_0^\pi \sin x\,\mathrm{d}x = 200$.

基本题型 3：利用分部积分法计算定积分

例 **7** 求下列定积分：

(1) $\displaystyle\int_1^2 x\ln\sqrt{x}\,\mathrm{d}x$；　(2) $\displaystyle\int_0^1 \mathrm{e}^{\sqrt{x}}\mathrm{d}x$.

解：(1) $\displaystyle\int_1^2 x\ln\sqrt{x}\,\mathrm{d}x = \int_1^2 \ln\sqrt{x}\,\mathrm{d}\left(\dfrac{x^2}{2}\right) = \dfrac{x^2}{2}\ln\sqrt{x}\,\Big|_1^2 - \dfrac{1}{4}\int_1^2 x\,\mathrm{d}x = \ln 2 - \dfrac{3}{8}$.

(2) $\int_0^1 e^{\sqrt{x}} dx \xrightarrow{\sqrt{x}=t} 2\int_0^1 te^t dt = 2\int_0^1 t de^t = 2te^t \Big|_0^1 - 2\int_0^1 e^t dt = 2.$

【方法点击】 恰当地选取 $u(x), v(x)$ 是分部积分法的关键,选取的一般规律同不定积分的分部积分法类似.

例 8 设 $f(x) = \int_0^x \frac{\sin t}{\pi - t} dt$, 求 $\int_0^\pi f(x) dx.$

【思路探索】 $f(x)$ 是变上限积分,其导数易求,在所求积分中若与 $f'(x)$ 联系,则可考虑用分部积分法.

解:由已知,$f'(x) = \frac{\sin x}{\pi - x}$,则

$$\int_0^\pi f(x) dx = f(x) \cdot x \Big|_0^\pi - \int_0^\pi x \cdot f'(x) dx = \pi f(\pi) - \int_0^\pi x \frac{\sin x}{\pi - x} dx$$

$$= \pi \int_0^\pi \frac{\sin t}{\pi - t} dt - \int_0^\pi x \frac{\sin x}{\pi - x} dx = \pi \int_0^\pi \frac{\sin x}{\pi - x} dx - \int_0^\pi x \frac{\sin x}{\pi - x} dx$$

$$= \int_0^\pi (\pi - x) \frac{\sin x}{\pi - x} dx = \int_0^\pi \sin x dx = 2.$$

第四节 反常积分

一 本节知识结构图解

反常积分 — 两类反常积分的定义 / 敛散性的定义 / 计算方法 / 几种常用的反常积分

二 重点及常考点分析

1. 反常积分在计算时首先要区分类型,判断是无穷限积分还是瑕积分. 特别是无穷限积分与瑕积分的混合型,一定要先进行分解,分解为多个单一类型的反常积分再逐个计算.

2. 反常积分的计算方法是转化为定积分的计算再求极限. 因此在它收敛时,与常义定积分具有相同的性质和积分方法,如换元法、分部积分法及牛顿—莱布尼茨公式.

3. 反常积分的牛顿—莱布尼茨公式.

(1)设 $F(x)$ 是 $f(x)$ 在 $[a, +\infty)$ 上的一个原函数,则

$$\int_a^{+\infty} f(x) dx = \lim_{x \to +\infty} F(x) - F(a) \xlongequal{\triangle} F(+\infty) - F(a) \xlongequal{\triangle} [F(x)] \Big|_a^{+\infty},$$

其中若 $\lim_{x \to +\infty} F(x)$ 存在,则 $\int_a^{+\infty} f(x) dx$ 收敛;若 $\lim_{x \to +\infty} F(x)$ 不存在,则 $\int_a^{+\infty} f(x) dx$ 发散.

类似地,若在 $(-\infty, b)$ 上 $F'(x) = f(x)$,则当 $F(-\infty)$ 存在时,$\int_{-\infty}^b f(x) dx = [F(x)] \Big|_{-\infty}^b = F(b) - F(-\infty)$;当 $F(-\infty)$ 不存在时,反常积分 $\int_{-\infty}^b f(x) dx$ 发散.

（2）设 $x=a$ 为 $f(x)$ 的瑕点，在 $(a,b]$ 上 $F'(x)=f(x)$，若 $\lim\limits_{x\to a^+}F(x)$ 存在，则反常积分 $\int_a^b f(x)\mathrm{d}x=F(b)-\lim\limits_{x\to a^+}F(x)=F(b)-F(a^+)$；若 $\lim\limits_{x\to a^+}F(x)$ 不存在，则反常积分发散．

类似地有 b 为瑕点的计算公式．

4. 计算瑕积分时要特别注意找到所有瑕点，用极限的方法来求，不能直接用常义积分计算．

5. 关于常义定积分对称区间的奇、偶函数的结论不能推广到反常积分，即若 $f(x)$ 在 $(-\infty,+\infty)$ 上为奇函数，则 $\int_{-\infty}^{+\infty}f(x)\mathrm{d}x$ 不一定为 0；若 $f(x)$ 在 $(-\infty,+\infty)$ 上为偶函数，$\int_{-\infty}^{+\infty}f(x)\mathrm{d}x$ 也不一定等于 $2\int_0^{+\infty}f(x)\mathrm{d}x$．

三 考研大纲要求解读

了解反常积分的概念并会计算反常积分．

───────────── 例题精解 ─────────────

基本题型 1：无穷限的反常积分

例 **1** 判定下列反常积分的收敛性：

（1）$\int_{-\infty}^{+\infty}\dfrac{x}{\sqrt{1+x^2}}\mathrm{d}x$；

（2）$\int_{-\infty}^{+\infty}\dfrac{1}{(1+x^2)^{\frac{3}{2}}}\mathrm{d}x$；

（3）$\int_1^{+\infty}\dfrac{\arctan x}{x^2}\mathrm{d}x$；（考研题）

（4）$\int_1^{+\infty}\dfrac{\mathrm{d}x}{\mathrm{e}^x+\mathrm{e}^{2-x}}$；（考研题）

（5）$\int_1^{+\infty}\dfrac{\mathrm{d}x}{\mathrm{e}^{1+x}+\mathrm{e}^{3-x}}$；（考研题）

（6）$\int_1^{+\infty}\dfrac{\mathrm{d}x}{x\sqrt{x^2-1}}$．（考研题）

解：（1）因为 $\int_{-\infty}^{+\infty}\dfrac{x}{\sqrt{1+x^2}}\mathrm{d}x=\int_{-\infty}^{0}\dfrac{x}{\sqrt{1+x^2}}\mathrm{d}x+\int_0^{+\infty}\dfrac{x}{\sqrt{1+x^2}}\mathrm{d}x$，且

$$\int_0^{+\infty}\dfrac{x}{\sqrt{1+x^2}}\mathrm{d}x=\dfrac{1}{2}\int_0^{+\infty}\dfrac{\mathrm{d}(1+x^2)}{\sqrt{1+x^2}}=\sqrt{1+x^2}\,\Big|_0^{+\infty}=\lim\limits_{x\to+\infty}\sqrt{1+x^2}-1,$$

不存在有限极限，所以原反常积分发散．

（2）令 $x=\tan t\left(-\dfrac{\pi}{2}<t<\dfrac{\pi}{2}\right)$，则

$$\int_{-\infty}^{+\infty}\dfrac{\mathrm{d}x}{(1+x^2)^{\frac{3}{2}}}=\int_{-\frac{\pi}{2}}^{\frac{\pi}{2}}\dfrac{1}{|\sec^3 t|}\cdot\sec^2 t\mathrm{d}t=\int_{-\frac{\pi}{2}}^{\frac{\pi}{2}}\cos t\mathrm{d}t=2\int_0^{\frac{\pi}{2}}\cos t\mathrm{d}t=2\sin t\,\Big|_0^{\frac{\pi}{2}}=2,$$

故原反常积分收敛．

（3）$\int_1^{+\infty}\dfrac{\arctan x}{x^2}\mathrm{d}x=\int_1^{+\infty}\arctan x\mathrm{d}\left(-\dfrac{1}{x}\right)=-\dfrac{1}{x}\arctan x\,\Big|_1^{+\infty}+\int_1^{+\infty}\dfrac{\mathrm{d}x}{x(1+x^2)}$

$=0+\dfrac{\pi}{4}+\int_1^{+\infty}\left(\dfrac{1}{x}-\dfrac{x}{1+x^2}\right)\mathrm{d}x=\dfrac{\pi}{4}+\left[\ln x-\dfrac{1}{2}\ln(1+x^2)\right]\Big|_1^{+\infty}$

$=\dfrac{\pi}{4}+\lim\limits_{x\to+\infty}\ln\dfrac{x}{\sqrt{1+x^2}}-0+\dfrac{1}{2}\ln 2=\dfrac{\pi}{4}+\dfrac{1}{2}\ln 2,$

故原积分收敛．

（4）$\int_1^{+\infty}\dfrac{\mathrm{d}x}{\mathrm{e}^x+\mathrm{e}^{2-x}}=\int_1^{+\infty}\dfrac{\mathrm{d}\mathrm{e}^x}{\mathrm{e}^{2x}+\mathrm{e}^2}\xlongequal{\mathrm{e}^x=t}\int_{\mathrm{e}}^{+\infty}\dfrac{\mathrm{d}t}{t^2+\mathrm{e}^2}=\dfrac{1}{\mathrm{e}}\arctan\dfrac{t}{\mathrm{e}}\,\Big|_{\mathrm{e}}^{+\infty}=\dfrac{\pi}{2\mathrm{e}}-\dfrac{\pi}{4\mathrm{e}}=\dfrac{\pi}{4\mathrm{e}},$

故原积分收敛.

(5) $\displaystyle\int_1^{+\infty} \frac{\mathrm{d}x}{\mathrm{e}^{1+x}+\mathrm{e}^{3-x}} = \int_1^{+\infty} \frac{\mathrm{e}^{x-3}}{\mathrm{e}^{2(x-1)}+1}\mathrm{d}x = \mathrm{e}^{-2}\int_1^{+\infty} \frac{\mathrm{d}(\mathrm{e}^{x-1})}{1+\mathrm{e}^{2(x-1)}}$

$\qquad\qquad = \mathrm{e}^{-2}\arctan \mathrm{e}^{x-1}\Big|_1^{+\infty} = \mathrm{e}^{-2}\left(\dfrac{\pi}{2}-\dfrac{\pi}{4}\right) = \dfrac{\pi}{4}\mathrm{e}^{-2},$

故原积分收敛.

(6) 令 $t=\dfrac{1}{x}, x=\dfrac{1}{t}, \mathrm{d}x=-\dfrac{1}{t^2}\mathrm{d}t,$ 则

$$\int_1^{+\infty} \frac{\mathrm{d}x}{x\sqrt{x^2-1}} = \int_1^0 \frac{-\dfrac{1}{t^2}}{\dfrac{1}{t}\sqrt{\dfrac{1}{t^2}-1}}\mathrm{d}t = \int_0^1 \frac{\mathrm{d}t}{\sqrt{1-t^2}} = \arcsin t\Big|_0^1 = \frac{\pi}{2},$$

故原积分收敛.

【方法点击】 (1)反常积分的计算与定积分的计算相类似,同样有换元积分法和分部积分法.
(2)关于定积分在对称区间上对奇偶函数积分的结论不能推广到反常积分(如本例中(1)题).

基本题型 2:无界函数的反常积分

例 **2** 计算下列积分:

(1) $\displaystyle\int_{-\frac{4}{\pi}}^1 \frac{1}{x^2}\sin\frac{1}{x}\mathrm{d}x$; (2) $\displaystyle\int_{\frac{1}{2}}^{\frac{3}{2}} \frac{\mathrm{d}x}{\sqrt{|x-x^2|}}$. (考研题)

【思路探索】 因为 $|x-x^2| = \begin{cases} x-x^2, & \dfrac{1}{2}\leqslant x<1, \\ 0, & x=1, \\ x^2-x, & 1<x\leqslant\dfrac{3}{2}, \end{cases}$

所以此积分可分成两个积分之和,且 $x=1$ 是瑕点.

解:(1) $\displaystyle\int_{-\frac{4}{\pi}}^1 \frac{1}{x^2}\sin\frac{1}{x}\mathrm{d}x = \int_{-\frac{4}{\pi}}^0 \frac{1}{x^2}\sin\frac{1}{x}\mathrm{d}x + \int_0^1 \frac{1}{x^2}\sin\frac{1}{x}\mathrm{d}x,$

其中 $\displaystyle\int_{-\frac{4}{\pi}}^0 \frac{1}{x^2}\sin\frac{1}{x}\mathrm{d}x = \lim_{\varepsilon\to 0^+}\int_{-\frac{4}{\pi}}^{-\varepsilon} \frac{1}{x^2}\sin\frac{1}{x}\mathrm{d}x = \lim_{\varepsilon\to 0^+}\cos\frac{1}{x}\Big|_{-\frac{4}{\pi}}^{-\varepsilon} = \lim_{\varepsilon\to 0^+}\left(\cos\frac{1}{\varepsilon}-\frac{\sqrt{2}}{2}\right),$

由于 $\lim\limits_{\varepsilon\to 0^+}\cos\dfrac{1}{\varepsilon}$ 不存在,所以 $\displaystyle\int_{-\frac{4}{\pi}}^0 \frac{1}{x^2}\sin\frac{1}{x}\mathrm{d}x$ 发散,从而 $\displaystyle\int_{-\frac{4}{\pi}}^1 \frac{1}{x^2}\sin\frac{1}{x}\mathrm{d}x$ 发散.

(2)原式 $= \displaystyle\int_{\frac{1}{2}}^1 \frac{\mathrm{d}x}{\sqrt{x-x^2}} + \int_1^{\frac{3}{2}} \frac{\mathrm{d}x}{\sqrt{x^2-x}},$ 而

> 1为瑕点,所以此积分为广义积分

$$\int_{\frac{1}{2}}^1 \frac{\mathrm{d}x}{\sqrt{x-x^2}} = \lim_{\varepsilon\to 0^+}\int_{\frac{1}{2}}^{1-\varepsilon} \frac{\mathrm{d}x}{\sqrt{\dfrac{1}{4}-\left(x-\dfrac{1}{2}\right)^2}}$$

$$= \lim_{\varepsilon\to 0^+}\arcsin(2x-1)\Big|_{\frac{1}{2}}^{1-\varepsilon} = \arcsin 1 = \frac{\pi}{2},$$

$$\int_1^{\frac{3}{2}} \frac{\mathrm{d}x}{\sqrt{x^2-x}} = \lim_{\varepsilon\to 0^+}\int_{1+\varepsilon}^{\frac{3}{2}} \frac{\mathrm{d}x}{\sqrt{\left(x-\dfrac{1}{2}\right)^2-\dfrac{1}{4}}}$$

$$= \lim_{\varepsilon \to 0^-} \ln\left[\left(x - \frac{1}{2}\right) + \sqrt{\left(x - \frac{1}{2}\right)^2 - \frac{1}{4}}\right]\Big|_{1+\varepsilon}^{\frac{3}{2}} = \ln(2 + \sqrt{3}),$$

故 $\displaystyle\int_{\frac{1}{2}}^{\frac{3}{2}} \frac{\mathrm{d}x}{\sqrt{|x - x^2|}} = \frac{\pi}{2} + \ln(2 + \sqrt{3})$.

【方法点击】 下面(1)题的解法是错误的. 原因是被积函数 $\dfrac{1}{x^2}\sin\dfrac{1}{x}$ 在 $x \to 0$ 处无界,因此不能直接利用牛顿—莱布尼茨公式,而应该利用广义积分定义.

[错解]原式 $= \displaystyle\int_{-\frac{4}{\pi}}^{1}\left(-\sin\frac{1}{x}\right)\mathrm{d}\left(\frac{1}{x}\right) = \cos\frac{1}{x}\Big|_{-\frac{4}{\pi}}^{1} = \cos 1 - \dfrac{\sqrt{2}}{2}$.

(2)题不是定积分,因为被积函数在积分区间内的 $x=1$ 处无界,这是广义积分(或瑕积分),且瑕积分在形式上与定积分相同. 计算这类广义积分时,均需要先计算用 ε 表示某端点的积分区间上的定积分,然后对于所得结果求 $\varepsilon \to 0$ 时的极限;亦可以瑕点为分段点,在每一分段上用牛顿—莱布尼茨公式计算. 如果各段积分都存在,则原积分收敛;如果有某段积分不存在,则原积分发散.

*第五节　反常积分的审敛法　Γ函数

知识全解

● 重点及常考点分析

1. 无穷限反常积分的审敛法.

(1)设 $f(x)$ 在 $[a, +\infty)$ 内连续,且 $f(x) \geqslant 0$.

若函数 $F(x) = \displaystyle\int_a^x f(t)\mathrm{d}t$ 在 $[a, +\infty)$ 上有界,则反常积分 $\displaystyle\int_a^{+\infty} f(x)\mathrm{d}x$ 收敛.

(2)比较审敛法.

设 $f(x), \varphi(x)$ 在区间 $[a, +\infty)$ 上连续,

①若 $\exists B$,当 $x \geqslant B$ 时, $0 \leqslant f(x) \leqslant \varphi(x)$,则由 $\displaystyle\int_a^{+\infty} \varphi(x)\mathrm{d}x$ 收敛 $\Rightarrow \displaystyle\int_a^{+\infty} f(x)\mathrm{d}x$ 收敛;由 $\displaystyle\int_a^{+\infty} f(x)\mathrm{d}x$ 发散 $\Rightarrow \displaystyle\int_a^{+\infty} \varphi(x)\mathrm{d}x$ 发散.

②若 $f(x) \geqslant 0$ 且 $\exists M > 0, p > 1$,使得 $f(x) \leqslant \dfrac{M}{x^p}(a \leqslant x < +\infty)$,则 $\displaystyle\int_a^{+\infty} f(x)\mathrm{d}x$ 收敛;若 $\exists N > 0$,使得 $f(x) > \dfrac{N}{x}(a \leqslant x < +\infty)$,则 $\displaystyle\int_a^{+\infty} f(x)\mathrm{d}x$ 发散.

(3)极限审敛法.

设 $f(x)$ 在 $[a, +\infty)(a > 0)$ 内连续且 $f(x) \geqslant 0$,若 $\exists p > 1$,使得 $\lim\limits_{x \to +\infty} x^p f(x)$ 存在,则 $\displaystyle\int_a^{+\infty} f(x)\mathrm{d}x$ 收敛;若 $\lim\limits_{x \to +\infty} x f(x) = d > 0$(或 $\lim\limits_{x \to +\infty} x f(x) = +\infty$),则 $\displaystyle\int_a^{+\infty} f(x)\mathrm{d}x$ 发散.

(4)设 $f(x)$ 在 $[a, +\infty)$ 内连续,若反常积分 $\displaystyle\int_a^{+\infty} |f(x)|\mathrm{d}x$ 收敛,则反常积分 $\displaystyle\int_a^{+\infty} f(x)\mathrm{d}x$ 也收敛.

2. 无界函数的反常积分的审敛法.

(1)比较审敛法.

设 $f(x)$ 在 $(a, b]$ 上连续且 $f(x) \geqslant 0, \lim\limits_{x \to a} f(x) = +\infty$,若 $\exists M > 0, q < 1$,使得 $f(x) \leqslant \dfrac{M}{(x-a)^q}(a <$

$x \leqslant b$),则 $\int_a^b f(x)\mathrm{d}x$ 收敛;若 $\exists N > 0, q \geqslant 1$,使得 $f(x) \geqslant \dfrac{N}{(x-a)^q}(a < x \leqslant b)$,则 $\int_a^b f(x)\mathrm{d}x$ 发散.

(2)极限审敛法.

设 $f(x)$ 在 $(a,b]$ 上连续且 $f(x) \geqslant 0$,$\lim\limits_{x \to a^+} f(x) = +\infty$,若 $\exists 0 < q < 1$,使得 $\lim\limits_{x \to a^+}(x-a)^q f(x)$ 存

在,则 $\int_a^b f(x)\mathrm{d}x$ 收敛;若 $\exists q \geqslant 1$ 使得 $\lim\limits_{x \to a^+}(x-a)^q f(x) = d > 0$(或 $\lim\limits_{x \to a^+}(x-a)f(x) = +\infty$),则

$\int_a^b f(x)\mathrm{d}x$ 发散.

3. Γ 函数.

(1)Γ 函数的定义.

$$\Gamma(s) = \int_0^{+\infty} \mathrm{e}^{-x} x^{s-1}\mathrm{d}x \,(s > 0).$$

(2)图形(见图 5-2).

(3)性质.

①$s > 0$ 时,此反常积分收敛;

②递推公式 $\Gamma(s+1) = s\Gamma(s)(s > 0)$,特别地 $\Gamma(n+1) = n!$;

③当 $s \to 0^+$ 时,$\Gamma(s) \to +\infty$;

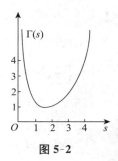

图 5-2

④余元公式 $\Gamma(s)\Gamma(1-s) = \dfrac{\pi}{\sin \pi s}(0 < s < 1)$,特别地 $\Gamma\left(\dfrac{1}{2}\right) = \sqrt{\pi}$.

(4)在 $\Gamma(s) = \int_0^{+\infty} \mathrm{e}^{-x} x^{s-1}\mathrm{d}x$ 中作代换 $x = u^2$,再令 $2s-1 = t$,可得

$$\int_0^{+\infty} \mathrm{e}^{-u^2} u^t \mathrm{d}u = \frac{1}{2}\Gamma\left(\frac{1+t}{2}\right) \qquad (t > -1).$$

上式左端是应用常见的积分,它的值可由 Γ 函数计算出来.

特别地,令 $s = \dfrac{1}{2}$,得 $\int_0^{+\infty} \mathrm{e}^{-u^2}\mathrm{d}u = \dfrac{\sqrt{\pi}}{2}$. 这是概率论中常用的积分.

本章小结

1. 关于定积分的定义及积分方法的小结.

定积分与不定积分有很大的不同,定积分有非常明确的几何意义. 但在计算方法上二者是相通的,上一章提到的各种求不定积分的方法都适用于定积分,结合牛顿—莱布尼茨公式便可以求得定积分. 同时我们可用定积分证明某些不等式和等式. 此外,定积分提供了另一种求极限的有力工具.

2. 关于反常积分的小结.

关于反常积分的内容,重点是判别反常积分的敛散性. 其中有几种判别方法,包括直接用定义、比较判别法(一般形式和极限形式)等. 针对不同的问题选用不同的方法,甚至同一问题的不同部分其方法也不同. 这其中泰勒公式、等价无穷小都是常用的工具.

自测题

一、填空题

1. 曲线 $\begin{cases} x = \int_0^{1-t} \mathrm{e}^{-u^2}\mathrm{d}u \\ y = t^2\ln(2-t^2) \end{cases}$,在点 $(0,0)$ 处的切线方程为_____.(考研题)

2. 已知 $\displaystyle\int_{-\infty}^{+\infty} e^{k|x|} \, dx = 1$，则 $k=$ _____．（考研题）

3. 已知函数 $f(x)$ 连续，且 $\displaystyle\int_{0}^{x^3-1} f(t) \, dt = x$，则 $f(7) =$ _____．

4. 设 $f(x)$ 有连续的导数，$f(0)=0$，$f'(0) \neq 0$，$F(x) = \displaystyle\int_{0}^{x} (x^2-t^2) f(t) \, dt$，且当 $x \to 0$ 时，$F'(x)$ 与 x^k 是同阶无穷小，则 $k=$ _____．

二、选择题

1. 使不等式 $\displaystyle\int_{1}^{x} \frac{\sin t}{t} \, dt > \ln x$ 成立的 x 的范围是（　　）．（考研题）

(A)$(0,1)$ 　　　　　　　　　　(B)$\left(1, \dfrac{\pi}{2}\right)$

(C)$\left(\dfrac{\pi}{2}, \pi\right)$ 　　　　　　　　　(D)$(\pi, +\infty)$

2. 设函数 $f(x) = x^2 - \displaystyle\int_{0}^{x^2} \cos(t^2) \, dt$，$g(x) = \sin^9 x$，则当 $x \to 0$ 时，$f(x)$ 是 $g(x)$ 的（　　）．

(A)等价无穷小 　　　　　　　(B)同阶但非等价无穷小
(C)高阶无穷小 　　　　　　　(D)低价无穷小

3. 设 $f(x) = \begin{cases} xe^{x^2}, & -\dfrac{1}{2} \leqslant x < \dfrac{1}{2}, \\ -1, & x \geqslant \dfrac{1}{2}, \end{cases}$ 则 $\displaystyle\int_{\frac{1}{2}}^{2} f(x-1) \, dx =$（　　）．

(A)3 　　　　(B)-3 　　　　(C)$\dfrac{1}{2}$ 　　　　(D)$-\dfrac{1}{2}$

4. 设函数 $y=f(x)$ 在区间 $[-1,3]$ 上的图形为图 5-3，

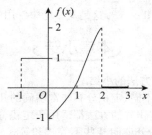

图 5-3

则函数 $F(x) = \displaystyle\int_{0}^{x} f(t) \, dt$ 的图形为（　　）．（考研题）

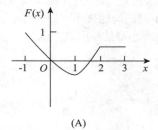

(A)

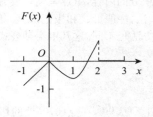

(B)

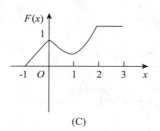

(C)

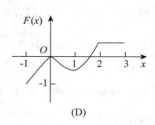

(D)

三、解答题

1. 求下列积分：

(1) $\displaystyle\int_4^9 \dfrac{\mathrm{d}x}{x(1+\sqrt{x})}$ ；

(2) $\displaystyle\int_0^{\frac{\pi}{4}} \dfrac{x}{1+\cos 2x}\mathrm{d}x$ ；

(3) $\displaystyle\int_{-\frac{1}{2}}^{\frac{1}{2}} \left[\dfrac{\sin x \cdot \tan^2 x}{3+\cos 3x}+\ln(1-x)\right]\mathrm{d}x$ ；

(4) $\displaystyle\int_1^{+\infty} \dfrac{\mathrm{d}x}{x^2+4x+13}$.

2. 设 $\displaystyle\int_0^2 f(x)\mathrm{d}x=1$,且 $f(2)=\dfrac{1}{2}$, $f'(2)=0$,求 $\displaystyle\int_0^1 x^2 f''(2x)\mathrm{d}x$.

3. 已知 $\displaystyle\int_0^{+\infty} \dfrac{\sin x}{x}\mathrm{d}x=\dfrac{\pi}{2}$,求 $\displaystyle\int_0^{+\infty} \dfrac{\sin^2 x}{x^2}\mathrm{d}x$.

4. 已知 $f(x)=x^2-x\displaystyle\int_0^2 f(x)\mathrm{d}x+2\displaystyle\int_0^1 f(x)\mathrm{d}x$,试求 $f(x)$.

5. 求 $\dfrac{\mathrm{d}}{\mathrm{d}x}\displaystyle\int_0^x \sin(x-t)^2 \mathrm{d}t$. (考研题)

四、证明题

1. 设函数 $f(x)$ 有导数,且 $f(0)=0$,

$$F(x)=\int_0^x t^{n-1}f(x^n-t^n)\mathrm{d}t.$$

证明： $\displaystyle\lim_{x\to 0}\dfrac{F(x)}{x^{2n}}=\dfrac{1}{2n}f'(0)$.

2. 证明方程 $\ln x=\dfrac{x}{\mathrm{e}}-\displaystyle\int_0^\pi \sqrt{1-\cos 2x}\mathrm{d}x$ 在区间 $(0,+\infty)$ 内只有两个不同的实根.

3. 设函数 $f(x)$ 在 $[a,b]$ 上具有连续的一阶导数, $\displaystyle\max_{a\leqslant x\leqslant b}|f'(x)|=M$,且 $f(a)=f(b)=0$,证明： $\displaystyle\int_a^b f(x)\mathrm{d}x\leqslant\dfrac{(b-a)^2}{4}M$.

自测题答案

一、填空题

1. $y=2x$　**2.** -2　**3.** $\dfrac{1}{12}$　**4.** 3

1. 解 $\dfrac{\mathrm{d}y}{\mathrm{d}x}=\dfrac{y'(t)}{x'(t)}=\dfrac{2t\cdot\ln(2-t^2)-t^2\cdot\dfrac{2t}{2-t^2}}{-\mathrm{e}^{-(1-t)^2}}=2\dfrac{(2-t^2)t\cdot\ln(2-t^2)-t^3}{(t^2-2)\mathrm{e}^{-(1-t)^2}}$,

当 $x=0,y=0$ 时 $t=1$,即在 $(0,0)$ 处的切线斜率 $k=\dfrac{\mathrm{d}y}{\mathrm{d}x}\Big|_{t=1}=2$,从而切线方程为 $y-0=$

$2(x-0)$,故 $y=2x$,应填 $y=2x$.

2. 解: 因为反常积分 $\int_{-\infty}^{+\infty} e^{k|x|}dx = 1$，即收敛，所以 $k < 0$.

$$1 = \int_{-\infty}^{+\infty} e^{k|x|}dx = \int_{-\infty}^{0} e^{-kx}dx + \int_{0}^{+\infty} e^{kx}dx = -\frac{1}{k}e^{-kx}\Big|_{-\infty}^{0} + \frac{1}{k}e^{kx}\Big|_{0}^{+\infty} = -\frac{2}{k},$$

所以 $k = -2$. 故应填 -2.

3. 解: 对等式 $\int_{0}^{x^3-1} f(t)dt = x$ 两边求导，得 $f(x^3-1) \cdot 3x^2 = 1$，令 $x^3-1 = 7$，得 $x = 2$，代入上式

知 $f(7) = \frac{1}{12}$. 故应填 $\frac{1}{12}$.

4. 解: $F(x) = x^2\int_{0}^{x} f(t)dt - \int_{0}^{x} t^2 f(t)dt$，则

$$F'(x) = 2x\int_{0}^{x} f(t)dt + x^2 f(x) - x^2 f(x) = 2x\int_{0}^{x} f(t)dt.$$

所以

$$\lim_{x\to 0}\frac{F'(x)}{x^k} = \lim_{x\to 0}\frac{2x\int_{0}^{x} f(t)dt}{x^k} = 2\lim_{x\to 0}\frac{\int_{0}^{x} f(t)dt}{x^{k-1}}$$

$$\xlongequal{\text{“}\frac{0}{0}\text{”}} 2\lim_{x\to 0}\frac{f(x)}{(k-1)x^{k-2}} \xlongequal{\text{“}\frac{0}{0}\text{”}} 2\lim_{x\to 0}\frac{f'(x)}{(k-1)(k-2)x^{k-3}}.$$

由 $f'(0)\neq 0$ 知 $k-3 = 0$. 即 $k = 3$. 故应填 3.

二、选择题

1. (A)　**2.** (C)　**3.** (D)　**4.** (D)

1. 解: 令 $f(x) = \int_{1}^{x}\frac{\sin t}{t}dt - \ln x$，则 $f'(x) = \frac{\sin x - 1}{x} \leqslant 0$.

当 $x\in(0,1)$ 时，$f'(x) < 0$，$f(x)$ 单调减少，因此有 $f(x) > f(1) = 0$，即

$$\int_{1}^{x}\frac{\sin t}{t}dt > \ln x.$$

故应选(A).

2. 解: 因为 $\lim_{x\to 0}\dfrac{f(x)}{g(x)} = \lim_{x\to 0}\dfrac{x^2 - \int_{0}^{x^2}\cos t^2 dt}{\sin^9 x} = \lim_{x\to 0}\dfrac{x^2 - \int_{0}^{x^2}\cos t^2 dt}{x^9}$

$$= \lim_{x\to 0}\frac{2x - \cos x^4 \cdot 2x}{9x^8} = \lim_{x\to 0}\frac{2x \cdot \frac{1}{2}x^8}{9x^8} = 0,$$

故应选(C).

3. 解: $\int_{\frac{1}{2}}^{2} f(x-1)dx \xlongequal{x-1=t} \int_{-\frac{1}{2}}^{1} f(t)dt = \int_{-\frac{1}{2}}^{\frac{1}{2}} te^t dt + \int_{\frac{1}{2}}^{1}(-1)dt = -\frac{1}{2}.$

故应选(D).

4. 解: 因为 $F'(x) = f(x)$，所以当 $-1 < x < 0$ 时，$F'(x) = 1 > 0$，从而知 $F(x)$ 单调增加，且

$F(x) < 0$；于是排除(A)、(C)；又 $F(x)$ 在 $x = 2$ 连续且由题设知 $F(2) > 0$，所以 $\lim_{x\to 2} F(x) =$

$F(2) > 0$，即可排除(B)，故应选(D).

三、解答题

1. 解: (1) $\int_{4}^{9}\dfrac{dx}{x(1+\sqrt{x})} \xlongequal{\sqrt{x}=t} \int_{2}^{3}\dfrac{2t dt}{t^2(1+t)} = 2\int_{2}^{3}\left(\frac{1}{t} - \frac{1}{t+1}\right)dt$

$$=2\left[\ln t-\ln(1+t)\right]\Big|_2^3=2\ln\frac{9}{8}.$$

(2)原式$=\int_0^{\frac{\pi}{4}}\dfrac{x}{2\cos^2 x}\mathrm{d}x=\dfrac{1}{2}\int_0^{\frac{\pi}{4}}x\mathrm{d}(\tan x)=\dfrac{1}{2}(x\cdot\tan x+\ln|\cos x|)\Big|_0^{\frac{\pi}{4}}$

$$=\frac{\pi}{8}-\frac{1}{4}\ln 2.$$

(3)由$\dfrac{\sin x\cdot\tan^2 x}{3+\cos 3x}$为奇函数知,

$$原式=\int_{-\frac{1}{2}}^{\frac{1}{2}}\ln(1-x)\mathrm{d}x=x\ln(1-x)\Big|_{-\frac{1}{2}}^{\frac{1}{2}}-\int_{-\frac{1}{2}}^{\frac{1}{2}}\frac{-x}{1-x}\mathrm{d}x$$

$$=\left[x\ln(1-x)-x-\ln(1-x)\right]\Big|_{-\frac{1}{2}}^{\frac{1}{2}}=\frac{3}{2}\ln 3-\ln 2-1.$$

(4)原式$=\int_1^{+\infty}\dfrac{1}{(x+2)^2+9}\mathrm{d}(x+2)=\dfrac{1}{3}\arctan\dfrac{x+2}{3}\Big|_1^{+\infty}=\dfrac{\pi}{12}.$

2. 解:$\int_0^1 x^2 f''(2x)\mathrm{d}x=\dfrac{1}{2}\int_0^1 x^2\mathrm{d}f'(2x)=\dfrac{1}{2}\left[x^2 f'(2x)\Big|_0^1-\int_0^1 2xf'(2x)\mathrm{d}x\right]$

$$=-\frac{1}{2}\int_0^1 x\mathrm{d}f(2x)=-\frac{1}{2}\left[xf(2x)\Big|_0^1-\int_0^1 f(2x)\mathrm{d}x\right]$$

$$=-\frac{1}{2}\left[f(2)-\frac{1}{2}\int_0^2 f(t)\mathrm{d}t\right]=0.$$

3. 解:原式$=\int_0^{+\infty}\sin^2 x\cdot\mathrm{d}\left(-\dfrac{1}{x}\right)=-\dfrac{\sin^2 x}{x}\Big|_0^{+\infty}+\int_0^{+\infty}\dfrac{\sin 2x}{x}\mathrm{d}x$

$$=\int_0^{+\infty}\frac{\sin 2x}{2x}\mathrm{d}(2x)=\int_0^{+\infty}\frac{\sin t}{t}\mathrm{d}t=\frac{\pi}{2}.$$

4. 解:记$\int_0^2 f(x)\mathrm{d}x=a$,$\int_0^1 f(x)\mathrm{d}x=b$,则$f(x)=x^2-ax+2b$,分别代入前两式得,

$$\int_0^2(x^2-ax+2b)\mathrm{d}x=a,\int_0^1(x^2-ax+2b)\mathrm{d}x=b,$$

积分得

$$\left(\frac{1}{3}x^3-\frac{1}{2}ax^2+2bx\right)\Big|_0^2=a,即 3a-4b=\frac{8}{3}, \qquad ①$$

$$\left(\frac{1}{3}x^3-\frac{1}{2}ax^2+2bx\right)\Big|_0^1=b,即 a-2b=\frac{2}{3}, \qquad ②$$

由①②得$a=\dfrac{4}{3}$,$b=\dfrac{1}{3}$,故$f(x)=x^2-\dfrac{4}{3}x+\dfrac{2}{3}.$

5. 解:$\int_0^x\sin(x-t)^2\mathrm{d}t\xrightarrow{x-t=u}-\int_x^0\sin u^2\mathrm{d}u=\int_0^x\sin u^2\mathrm{d}u$,则

$$\frac{\mathrm{d}}{\mathrm{d}x}\int_0^x\sin(x-t)^2\mathrm{d}t=\sin x^2.$$

【方法点击】本题中被积函数含有积分上限变量x,通过作代换把x从被积函数中提出来,作代换时应注意换元的同时必须换限.

四、证明题

1. 证明:令$u=x^n-t^n$,则$F(x)=\dfrac{1}{n}\int_0^{x^n}f(u)\mathrm{d}u$,有

$$F'(x) = x^{n-1} f(x^n),$$

$$\lim_{x \to 0} \frac{F(x)}{x^{2n}} \xlongequal{\text{``}\frac{0}{0}\text{''}} \lim_{x \to 0} \frac{F'(x)}{2nx^{2n-1}} = \frac{1}{2n} \lim_{x \to 0} \frac{f(x^n)}{x^n} = \frac{1}{2n} f'(0).$$

2. 证明:令 $F(x) = \dfrac{x}{e} - \ln x - \displaystyle\int_0^\pi \sqrt{1 - \cos 2x}\, dx$,则

$$\lim_{x \to +\infty} F(x) = \lim_{x \to +\infty} x\left(\frac{1}{e} - \frac{\ln x}{x}\right) - \int_0^\pi \sqrt{1 - \cos 2x}\, dx = +\infty,$$

$$\lim_{x \to 0^+} F(x) = \lim_{x \to 0^+} \left(\frac{x}{e} - \ln x - \int_0^\pi \sqrt{1 - \cos 2x}\, dx\right) = +\infty.$$

又因 $F'(x) = \dfrac{1}{e} - \dfrac{1}{x} = \dfrac{x - e}{e \cdot x}$,则当 $x = e$ 时,$F'(x) = 0$.

当 $x > e$ 时,$F'(x) > 0$;当 $0 < x < e$ 时,$F'(x) < 0$.

所以,$F(x)$ 在 $(0, e)$ 内单调下降,在 $(e, +\infty)$ 内单调上升;

由于 $F(e) = -\displaystyle\int_0^\pi \sqrt{1 - \cos 2x}\, dx = -2\sqrt{2} < 0$,根据连续函数的零点定理知:$F(x)$ 在 $(0, e)$ 和 $(e, +\infty)$ 内分别有唯一的零点,

故原方程在 $(0, +\infty)$ 内有且只有两个不同的实根,分别在 $(0, e)$ 和 $(e, +\infty)$ 内.

3. 证明:任取 $t \in [a, b]$,有

$$\int_a^b f(x)\, dx \leqslant \int_a^b |f(x)|\, dx = \int_a^t |f(x)|\, dx + \int_t^b |f(x)|\, dx$$

$$= \int_a^t |f(x) - f(a)|\, dx + \int_t^b |f(b) - f(x)|\, dx$$

$$= \int_a^t |f'(\xi_1)| \cdot |x - a|\, dx + \int_t^b |f'(\xi_2)| \cdot |b - x|\, dx$$

$$\leqslant M\left[\int_a^t (x - a)\, dx + \int_t^b (b - x)\, dx\right] = M\left[t^2 - (a + b)t + \frac{a^2 + b^2}{2}\right].$$

取 $t = \dfrac{a + b}{2}$ 代入上式,故 $\displaystyle\int_a^b f(x)\, dx \leqslant \dfrac{(b - a)^2}{4} M$.

第六章 定积分的应用

本章内容概览

本章主要讨论了用定积分理论来分析和解决一些几何、物理问题时的一种常用方法——元素法,并用此方法给出定积分在几何、物理问题上的常见结论.本章的重点是元素法,熟练掌握此法对加深定积分实质的理解及用定积分解决实际问题有很大帮助.

本章知识图解

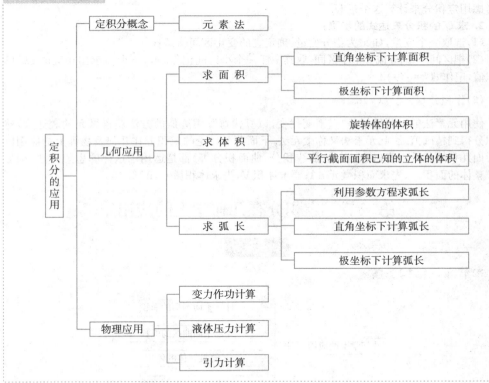

第一节　定积分的元素法

一　重点及常考点分析

应用元素法的条件及步骤：

1. 如果某一实际问题中所求量 U 符合下列条件：

(1) U 是与一个变量 x 的变化区间 $[a,b]$ 有关的量；

(2) U 对于区间 $[a,b]$ 具有数量可加性，即如果把区间 $[a,b]$ 分成了许多区间，则 U 相应地也分成许多部分量，而 U 等于所有部分量之和；

(3) 部分量 ΔU_i 的近似值可表示为 $f(\xi_i)\Delta x_i$，其中 $f(x)$ 为区间 $[a,b]$ 上的已知连续函数，则可考虑用定积分来计算这个量 U.

2. 求 U 的积分表达式的步骤：

(1) 选取一个变量，如 x 为积分变量，确定它的变化区间 $[a,b]$；

(2) 把区间 $[a,b]$ 分成 n 个小区间，取其中任一个小区间记作 $[x,x+\mathrm{d}x]$，求出相应的 ΔU 的近似值，记作 $\mathrm{d}U=f(x)\mathrm{d}x$；

(3) 作积分 $U=\displaystyle\int_a^b f(x)\mathrm{d}x$.

使用元素法的主要思想是"以不变代变，以直代弯". 用近似的方法获得微元的表达式，然后积分得到精确值. 因此元素法又称微元法. 下面两节讨论的定积分在几何及物理上的应用以及后面几章的相关内容（如重积分、曲线积分、曲面积分等）都是运用了这样的思想方法. 例如要求整体的面积 A，先求面积微元 $\mathrm{d}A$；要求体积 V，先求体积微元 $\mathrm{d}V$ 等.

第二节　定积分在几何学上的应用

一　本节知识结构图解

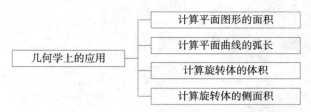

二　重点及常考点分析

1. 计算平面图形的面积时，一般要先画出大体图形，然后根据图形的特点选择是用直角坐标系还是用极坐标. 通常图形与圆有关时可考虑用极坐标系，这样计算起来可能会更简单. 在直角坐标系下，还要根据图形的形状选择恰当的积分变量，如果不是公式中所给的类型，还需要对图形进行分割，分割后的每一块都是标准类型中的一种，然后再积分；极坐标系类似. 恰当地选择积分变量和积分区域可给计算带来方便. 另外, 可利用图形的对称性简化计算.

2. 计算曲边梯形绕坐标轴旋转形成的旋转体体积时, 可利用切片法, 即把旋转体看成由一系列垂直于旋转轴的圆形薄片组成, 而此薄片体积就是体积元.

3. 计算曲线的弧长时, 主要是根据曲线的方程, 选择相应的公式写出弧微分 ds, 继而求出弧长.

4. 计算旋转体的侧面积时, 需注意是绕哪个轴旋转.

三 考研大纲要求解读

掌握用定积分表达和计算一些几何量(平面图形的面积、平面曲线的弧长、旋转体的体积和侧面积、平行截面面积为已知的立体体积)及函数的平均值.

· · · · · · 例题精解 · · · · · ·

基本题型 1:求平面图形的面积

例 1 求由抛物线 $y^2 = x$ 与 $y^2 = -x + 4$ 所围图形的面积.

解:两条抛物线交点为 $\begin{cases} y^2 = x, \\ y^2 = -x + 4, \end{cases}$ 即$(2, -\sqrt{2}), (2, \sqrt{2})$. 则

$$S = \int_{-\sqrt{2}}^{\sqrt{2}} [(-y^2 + 4) - y^2] dy = 2\int_0^{\sqrt{2}} (4 - 2y^2) dy$$

$$= 4\left(2y \Big|_0^{\sqrt{2}} - \frac{1}{3}y^3 \Big|_0^{\sqrt{2}}\right) = \frac{16}{3}\sqrt{2}.$$

例 2 求曲线 $\begin{cases} x = 2\cos^3 t, \\ y = 2\sin^3 t, \end{cases}$ $(0 \leqslant t \leqslant 2\pi)$ 所围图形的面积 A.

解:该曲线是星形线, 如图 6-1 所示, 利用对称性得星形线所围图形的面积为

$$A = 4\int_0^2 y dx = 4\int_{\frac{\pi}{2}}^0 2\sin^3 t \times 3 \times 2\cos^2 t(-\sin t) dt$$

$$= 48\int_0^{\frac{\pi}{2}} \sin^4 t \cdot \cos^2 t dt = 48\int_0^{\frac{\pi}{2}} (\sin^4 t - \sin^6 t) dt$$

$$= 48\left[\frac{3}{4} \times \frac{1}{2} \times \frac{\pi}{2}\left(1 - \frac{5}{6}\right)\right] = \frac{3}{2}\pi.$$

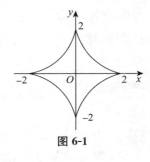

图 6-1

例 3 求心脏线 $\rho = a(1 + \cos\varphi)$ 与圆 $\rho = a$ 所围成各部分的面积$(a > 0)$.

【思路探索】 如图 6-2 所示, 所求面积分别为三部分:

(1)圆内, 心脏线内部分 A_1;

(2)圆内, 心脏线外部分 A_2;

(3)圆外, 心脏线内部分 A_3.

解:(1)$A_1 = 2\int_{\frac{\pi}{2}}^{\pi} \frac{1}{2}\rho^2(\varphi) d\varphi + \frac{\pi}{2}a^2 = a^2\int_{\frac{\pi}{2}}^{\pi} (1 + \cos\varphi)^2 d\varphi + \frac{\pi}{2}a^2$

$$= \frac{\pi}{2}a^2 + a^2\int_{\frac{\pi}{2}}^{\pi}\left(1 + 2\cos\varphi + \frac{1 + \cos 2\varphi}{2}\right) d\varphi$$

$$= \frac{\pi}{2}a^2 + a^2\left(\frac{3}{2}\varphi + 2\sin\varphi + \frac{1}{4}\sin 2\varphi\right)\Big|_{\frac{\pi}{2}}^{\pi}$$

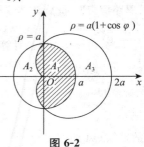

图 6-2

$$= \frac{\pi}{2}a^2 + a^2\left(\frac{3}{4}\pi - 2\right) = a^2\left(\frac{5}{4}\pi - 2\right).$$

(2) $A_2 = \pi a^2 - A_1 = a^2\left(2 - \frac{\pi}{4}\right).$

(3) $A_3 = 2\int_0^{\frac{\pi}{2}} \frac{1}{2}[a^2(1+\cos\varphi)^2 - a^2]d\varphi = a^2\int_0^{\frac{\pi}{2}}(1+2\cos\varphi+\cos^2\varphi-1)d\varphi$

$$= a^2\int_0^{\frac{\pi}{2}}(2\cos\varphi+\cos^2\varphi)d\varphi = a^2\left(2+\frac{\pi}{4}\right).$$

基本题型 2：求体积

例 4 设有一正椭圆柱体，其底面的长、短轴分别为 $2a,2b$. 用过此柱体底面的短轴且与底面成 α 角 $\left(0 < \alpha < \frac{\pi}{2}\right)$ 的平面截此柱体，得一楔形体(见图 6-3)，求此楔形体的体积 V.(考研题)

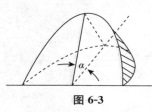

图 6-3

【思路探索】 确定坐标系，使椭圆柱体底面的长轴在 x 轴上，短轴在 y 轴上，则底面椭圆在 xOy 平面上，且方程为 $\frac{x^2}{a^2}+\frac{y^2}{b^2}=1$.

要求楔形体的体积 V 有多种方法，可作垂直于 x 轴或 y 轴的截平面，求出截面的面积表达式 $S(y)$ 或 $S(x)$，然后再由定积分求出 V，也可以利用三重积分求出 V(见下册第十章内容).

解： 底面椭圆的方程为 $\frac{x^2}{a^2}+\frac{y^2}{b^2}=1$，以垂直于 y 轴的平面截此楔

形体所得的截面为直角三角形，其一直角边长为 $a\sqrt{1-\frac{y^2}{b^2}}$，另一直角边长为 $a\sqrt{1-\frac{y^2}{b^2}}\tan\alpha$，故截面面积

$$S(y) = \frac{a^2}{2}\left(1-\frac{y^2}{b^2}\right)\tan\alpha,$$

楔形体的体积

$$V = 2\int_0^b \frac{a^2}{2}\left(1-\frac{y^2}{b^2}\right)\tan\alpha \, dy = \frac{2a^2 b}{3}\tan\alpha.$$

例 5 设曲线 $y=ax^2(a>0, x\geqslant 0)$ 与 $y=1-x^2$ 交于点 A，过坐标原点 O 和点 A 的直线与曲线 $y=ax^2$ 围成一平面图形(如图 6-4 所示). 问 a 为何值时，该图形绕 x 轴旋转一周所得的旋转体体积最大？最大体积是多少？(考研题)

【思路探索】 此旋转体体积依赖于两抛物线交点的位置，所以先求交点坐标，再写出直线 OA 的方程计算旋转体体积. 此体积为参数 a 的函数，用导数的方法计算其最大值.

解： 当 $x\geqslant 0$ 时，由 $\begin{cases} y=ax^2, \\ y=1-x^2 \end{cases}$ 解得

$$x = \frac{1}{\sqrt{1+a}}, \quad y = \frac{a}{1+a},$$

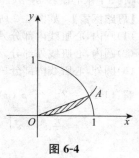

图 6-4

故直线 OA 的方程为 $y = \frac{ax}{\sqrt{1+a}}$.

旋转体的体积

$$V = \pi \int_0^{\frac{1}{\sqrt{1+a}}} \left(\frac{a^2 x^2}{1+a} - a^2 x^4 \right) \mathrm{d}x = \pi \left[\frac{a^2}{3(1+a)} x^3 - \frac{a^2}{5} x^5 \right] \Big|_0^{\frac{1}{\sqrt{1+a}}} = \frac{2\pi}{15} \cdot \frac{a^2}{(1+a)^{\frac{5}{2}}},$$

$$\frac{\mathrm{d}V}{\mathrm{d}a} = \frac{2\pi}{15} \cdot \frac{2a(1+a)^{\frac{5}{2}} - a^2 \cdot \frac{5}{2}(1+a)^{\frac{3}{2}}}{(1+a)^5} = \frac{\pi(4a - a^2)}{15(1+a)^{\frac{7}{2}}} \quad (a > 0).$$

令 $\dfrac{\mathrm{d}V}{\mathrm{d}a} = 0$，并由 $a > 0$ 得唯一驻点 $a = 4$.

由题意知此旋转体在 $a = 4$ 时取最大值，其最大体积为

$$V = \frac{2\pi}{15} \times \frac{16}{5^{\frac{5}{2}}} = \frac{32\sqrt{5}}{1\,875} \pi.$$

例 6 曲线 $y = \sqrt{x^2 - 1}$，直线 $x = 2$ 及 x 轴所围成的平面图形绕 x 轴旋转的旋转体的体积为 _____.（考研题）

解：如图 6-5 所示，曲线 $y = \sqrt{x^2 - 1}$ 与 x 轴正轴的交点为 $(1,0)$，与直线 $x = 2$ 的交点为 $(2, \sqrt{3})$，所以旋转体体积 V 为

$$V = \pi \int_1^2 (x^2 - 1) \mathrm{d}x = \pi \left(\frac{1}{3} x^3 - x \right) \Big|_1^2 = \frac{4}{3} \pi.$$

或

$$V = \int_0^{\sqrt{3}} 2\pi y (2 - \sqrt{y^2 + 1}) \mathrm{d}y = 2\pi y^2 \Big|_0^{\sqrt{3}} - \int_0^{\sqrt{3}} \pi \sqrt{y^2 + 1} \mathrm{d}(y^2 + 1)$$

$$= 6\pi - \frac{2}{3} \pi (y^2 + 1)^{\frac{3}{2}} \Big|_0^{\sqrt{3}} = \frac{4}{3} \pi.$$

故应填 $\dfrac{4}{3} \pi$.

基本题型 3：求曲线的弧长

例 7 曲线 $y = \int_0^x \tan t \mathrm{d}t \left(0 \leqslant x \leqslant \dfrac{\pi}{4} \right)$ 的弧长 $S =$ _____.（考研题）

解：$S = \int_0^{\frac{\pi}{4}} \sqrt{1 + (y')^2} \mathrm{d}x = \int_0^{\frac{\pi}{4}} \sqrt{1 + \tan^2 x} \mathrm{d}x = \int_0^{\frac{\pi}{4}} \sec x \mathrm{d}x = \ln|\sec x + \tan x| \Big|_0^{\frac{\pi}{4}} = \ln(\sqrt{2} + 1)$,

故应填 $\ln(\sqrt{2} + 1)$.

基本题型 4：求旋转体的侧面积

例 8 曲线 $y = \dfrac{e^x + e^{-x}}{2}$ 与直线 $x = 0, x = t(t > 0)$ 及 $y = 0$ 围成曲边梯形，该曲边梯形绕 x 轴旋转一周得一旋转体，其体积为 $V(t)$，侧面积为 $S(t)$，在 $x = t$ 处的底面积为 $F(t)$.

(1) 求 $\dfrac{S(t)}{V(t)}$ 的值；　　(2) 计算极限 $\lim\limits_{t \to +\infty} \dfrac{S(t)}{F(t)}$.

【思路探索】 只要记住旋转体侧面积公式及旋转体体积公式，即可进行计算. 本题还考查了变上限积分的求导及洛必达法则.

解：(1) 旋转体侧面积

$$S(t) = \int_0^t 2\pi y \sqrt{1 + (y')^2} \mathrm{d}x = 2\pi \int_0^t \left(\frac{e^x + e^{-x}}{2} \right) \sqrt{1 + \left(\frac{e^x - e^{-x}}{2} \right)^2} \mathrm{d}x$$

$$= 2\pi \int_0^t \left(\frac{e^x + e^{-x}}{2} \right)^2 \mathrm{d}x,$$

旋转体体积 $V(t)=\pi\int_0^t y^2\mathrm{d}x=\pi\int_0^t\left(\dfrac{\mathrm{e}^x+\mathrm{e}^{-x}}{2}\right)^2\mathrm{d}x$，故有 $\dfrac{S(t)}{V(t)}=2$.

(2) $F(t)=\pi y^2\Big|_{x=t}=\pi\left(\dfrac{\mathrm{e}^t+\mathrm{e}^{-t}}{2}\right)^2$，则

$$\lim_{t\to+\infty}\frac{S(t)}{F(t)}=\lim_{t\to+\infty}\frac{2\pi\int_0^t\left(\dfrac{\mathrm{e}^x+\mathrm{e}^{-x}}{2}\right)^2\mathrm{d}x}{\pi\left(\dfrac{\mathrm{e}^t+\mathrm{e}^{-t}}{2}\right)^2}=\lim_{t\to+\infty}\frac{2\left(\dfrac{\mathrm{e}^t+\mathrm{e}^{-t}}{2}\right)^2}{2\left(\dfrac{\mathrm{e}^t+\mathrm{e}^{-t}}{2}\right)\left(\dfrac{\mathrm{e}^t-\mathrm{e}^{-t}}{2}\right)}$$

$$=\lim_{t\to+\infty}\frac{\mathrm{e}^t+\mathrm{e}^{-t}}{\mathrm{e}^t-\mathrm{e}^{-t}}=\lim_{t\to+\infty}\frac{1+\mathrm{e}^{-2t}}{1-\mathrm{e}^{-2t}}=1.$$

第三节　定积分在物理学上的应用

知识全解

一　本节知识结构图解

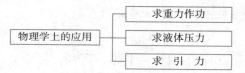

物理学上的应用 —— 求重力作功
　　　　　　　　 —— 求液体压力
　　　　　　　　 —— 求　引　力

二　重点及常考点分析

解决物理问题时，首先要建立一个数学模型，即把物理问题转化为数学问题. 在解决变力沿直线作功、压力、引力、质量等问题时，常要用到元素法的思想将问题转化为定积分的计算问题. 本节常考的内容为变力作功问题.

三　考研大纲要求解读

掌握用定积分计算一些物理量（功、引力、压力）.

例题精解

基本题型 1：变力沿直线作功

例 1 已知一容器的外表面由曲线 $y=x^2(0\leqslant y\leqslant 12\ \mathrm{m})$ 绕 y 轴旋转而成，现在该容器盛满了水，将容器内的水全部抽出至少需要做多少功？

解： 如图 6-6 所示.

以 y 为积分变量，则 y 的变化范围为 $[0,12]$，相应于 $[0,12]$ 上的任一小区间 $[y,y+\mathrm{d}y]$ 的一薄层水可近似看作高为 $\mathrm{d}y$、底面积为 $\pi x^2=\pi y$ 的一个圆柱体，得到该部分体积为 $\pi y\mathrm{d}y$，水的密度 $\rho=1\ 000\ \mathrm{kg/m^3}$，该部分重力为 $1\ 000g\pi y\mathrm{d}y$，把该部分水抽出时移动的距离为 $12-y$，因此微功元 $\mathrm{d}W$ 为

$$\mathrm{d}W=1\ 000g\pi y\mathrm{d}y\cdot(12-y)=1\ 000g\pi y(12-y)\mathrm{d}y,$$

故做功 W 为

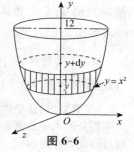

图 6-6

$$W = \int_0^{12} \mathrm{d}W = \int_0^{12} 1\,000g\pi y(12-y)\mathrm{d}y = 288\,000g\pi(\mathrm{J}).$$

例 2 某建筑工程打地基时,需用汽锤将桩打进土层.汽锤每次击打,都将克服土层对桩的阻力而做功.设土层对桩的阻力的大小与桩被打进地下的深度成正比(比例系数为 $k,k>0$),汽锤第一次击打将桩打进地下 a m.根据设计方案,要求汽锤每次击打桩时所做的功与前一次击打时所做的功之比为常数 $r(0<r<1)$.(桩的重力不计)问

(1)汽锤击打桩 3 次后,可将桩打进地下多深?

(2)若击打次数不限,汽锤至多能将桩打进地下多深?

(注:m 表示长度单位米.)(考研题)

【思路探索】 已知阻力与桩被打进地下深度的关系,因此,可用定积分表示汽锤每次击打阻力所做的功,再根据题设条件可求出汽锤击打桩 n 次后,桩被打进地下的深度.

解:(1)设第 n 次击打后,桩被打进地下 x_n,第 n 次击打时,汽锤所做的功为 $W_n(n=1,2,3,\cdots)$,由题设,当桩被打进地下的深度为 x 时,土层对桩的阻力的大小为 kx,所以

$$W_1 = \int_0^{x_1} kx\mathrm{d}x = \frac{k}{2}x_1^2 = \frac{k}{2}a^2,$$

$$W_2 = \int_{x_1}^{x_2} kx\mathrm{d}x = \frac{k}{2}(x_2^2-x_1^2) = \frac{k}{2}(x_2^2-a^2).$$

由 $W_2 = rW_1$ 可得 $x_2^2-a^2 = ra^2$,即 $x_2^2 = (1+r)a^2$,

$$W_3 = \int_{x_2}^{x_3} kx\mathrm{d}x = \frac{k}{2}(x_3^2-x_2^2) = \frac{k}{2}[x_3^2-(1+r)a^2].$$

由 $W_3 = rW_2 = r^2W_1$ 可得 $x_3^2-(1+r)a^2 = r^2a^2$,从而 $x_3 = \sqrt{1+r+r^2}\,a$,即汽锤击打 3 次后,可将桩打进地下 $\sqrt{1+r+r^2}\,a$ m.

(2)由归纳法,设 $x_n = \sqrt{1+r+\cdots+r^{n-1}}\,a$,则

$$W_{n+1} = \int_{x_n}^{x_{n+1}} kx\mathrm{d}x = \frac{k}{2}(x_{n+1}^2-x_n^2) = \frac{k}{2}[x_{n+1}^2-(1+r+\cdots+r^{n-1})a^2].$$

由于 $W_{n+1} = rW_n = r^2W_{n-1} = \cdots = r^nW_1$,故得

$$x_{n+1}^2 - (1+r+\cdots+r^{n-1})a^2 = r^na^2,$$

从而 $x_{n+1} = \sqrt{1+r+\cdots+r^n}\,a = \sqrt{\dfrac{1-r^{n+1}}{1-r}}\,a$.于是 $\lim\limits_{n\to\infty}x_{n+1} = \sqrt{\dfrac{1}{1-r}}\,a$,即若不限击打次数,汽锤至多能将桩打进地下 $\sqrt{\dfrac{1}{1-r}}\,a$ m.

基本题型 2:水的侧压力

例 3 设底边为 a,高为 h 的等腰三角形平板铅直没入水中,试比较下列两种情况下该平板每侧所受的压力.

(1)底边 a 与水面平齐;

(2)底边 a 在水中与水面平行,a 对的顶点恰在水面上.

解:(1)按图 6-7 建立坐标系,则直线 AB 方程为

$$\frac{y-\dfrac{a}{2}}{0-\dfrac{a}{2}} = \frac{x-0}{h-0}.$$

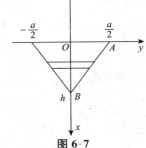

图 6-7

即 $y=\dfrac{a}{2}-\dfrac{a}{2h}x$，选 x 为积分变量，则 $x\in[0,h]$，

$$\forall[x,x+\mathrm{d}x]\subset[0,h],$$

$$\mathrm{d}P=\rho gx2y\mathrm{d}x=\rho gx\left(a-\dfrac{a}{h}x\right)\mathrm{d}x,$$

所以 $P=\displaystyle\int_0^h a x\rho g\left(1-\dfrac{1}{h}x\right)\mathrm{d}x=a\rho g\int_0^h\left(x-\dfrac{1}{h}x^2\right)\mathrm{d}x=\dfrac{a\rho gh^2}{6}$.

(2)选择如图 6-8 所示坐标系：

则直线 AB 的方程为：$y=\dfrac{a}{2h}x$.

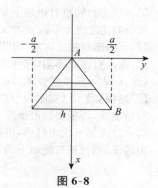

选 x 为积分变量，则 $x\in[0,h]$，$\forall[x,x+\mathrm{d}x]\subset[0,h]$，有

$$\mathrm{d}P=2\rho gxy\mathrm{d}x=2\rho gx\dfrac{a}{2h}x\mathrm{d}x=\dfrac{a\rho g}{h}x^2\mathrm{d}x,$$

所以 $P=\displaystyle\int_0^h\dfrac{a\rho g}{h}x^2\mathrm{d}x=\dfrac{a\rho g}{h}\cdot\dfrac{h^3}{3}=\dfrac{a\rho gh^2}{3}$.

比较(1)(2)知：后者每侧所受压力正好为前者的两倍.

图 6-8

【方法点击】 对于受力问题，多数时候可以考虑如上题建立坐标系.

基本题型 3：求引力

例 **4** 设有一个半径为 R，中心角为 φ 的圆弧形细棒，其线密度为常数 ρ，在圆心处有一质量为 m 的质点 M，试求这细棒对质点 M 的引力.

解：如图 6-9 所示. 取 $[0,\varphi]$ 上的小区间 $[\theta,\theta+\mathrm{d}\theta]$，则对应于中心角 $\mathrm{d}\theta$ 的一小段圆弧细棒对质点 M 的引力大小近似为

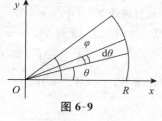

$$G\dfrac{m\rho R\mathrm{d}\theta}{R^2}=G\dfrac{m\rho}{R}\mathrm{d}\theta,$$

即引力微元的大小是

$$\mathrm{d}F=|\mathrm{d}\boldsymbol{F}|=G\dfrac{m\rho}{R}\mathrm{d}\theta,$$

图 6-9

从而在 x,y 轴的引力微元分别是

$$\mathrm{d}F_x=\dfrac{Gm\rho}{R}\cos\theta\mathrm{d}\theta,\quad \mathrm{d}F_y=\dfrac{Gm\rho}{R}\sin\theta\mathrm{d}\theta,$$

$$F_x=\int_0^\varphi\mathrm{d}F_x=\int_0^\varphi\dfrac{Gm\rho}{R}\cos\theta\mathrm{d}\theta=\dfrac{Gm\rho}{R}\sin\varphi,$$

$$F_y=\int_0^\varphi\mathrm{d}F_y=\int_0^\varphi\dfrac{Gm\rho}{R}\sin\theta\mathrm{d}\theta=\dfrac{Gm\rho}{R}(1-\cos\varphi),$$

故所求引力为

$$\boldsymbol{F}=F_x\boldsymbol{i}+F_y\boldsymbol{j}=\dfrac{Gm\rho}{R}[\sin\varphi\,\boldsymbol{i}+(1-\cos\varphi)\boldsymbol{j}].$$

自测题

一、填空题

1. 由直线 $y=x+\dfrac{1}{x}$，直线 $x=2$ 及 $y=2$ 所围图形的面积 $A=$ _____．(考研题)

2. 曲线 $y=|\ln x|$ 与直线 $x=\dfrac{1}{\mathrm{e}}$，$x=\mathrm{e}$ 及 $y=0$ 所围区域的面积 $A=$ _____．

3. 圆盘 $x^2+(y-b)^2 \leqslant a^2 (0<a \leqslant b)$ 绕 x 轴旋转所产生的体积 $V_x=$ _____.

4. 曲线 $y=\int_{-\frac{\pi}{2}}^{x} \sqrt{\cos t}\,\mathrm{d}t \left(-\dfrac{\pi}{2} \leqslant x \leqslant \dfrac{\pi}{2}\right)$ 的弧长是 _____.

二、选择题

1. 双纽线 $(x^2+y^2)^2=x^2-y^2$ 所围成的区域面积可用定积分表示为( ).

(A)$2\int_{0}^{\frac{\pi}{4}} \cos 2\theta\,\mathrm{d}\theta$　　　　　　　　(B)$4\int_{0}^{\frac{\pi}{4}} \cos 2\theta\,\mathrm{d}\theta$

(C)$2\int_{0}^{\frac{\pi}{4}} \sqrt{\cos 2\theta}\,\mathrm{d}\theta$　　　　　　　(D)$\dfrac{1}{2}\int_{0}^{\frac{\pi}{4}} (\cos 2\theta)^2\,\mathrm{d}\theta$

2. 由曲线 $y_1=x\mathrm{e}^x$ 与直线 $y_2=\mathrm{e}x$ 所围成平面图形的面积是( ).(考研题)

(A)$\dfrac{1}{2}\mathrm{e}-1$ 　　　(B)$\dfrac{1}{2}\mathrm{e}+1$ 　　　(C)$\dfrac{1}{2}\mathrm{e}$ 　　　(D)$\dfrac{1}{2}\mathrm{e}+2$

3. 由 $xy \leqslant 4, y \geqslant 1, x>0$ 所夹图形绕 y 轴旋转所成的立体体积为( ).

(A)8π 　　　(B)16π 　　　(C)32π 　　　(D)6π

4. 对数螺线 $\rho=\mathrm{e}^{2\theta}$ 上 $\theta=0$ 到 $\theta=2\pi$ 的一段弧长为( ).

(A)$\dfrac{\sqrt{5}}{2}(\mathrm{e}^{4\pi}+1)$ 　(B)$\dfrac{\sqrt{5}}{2}(\mathrm{e}^{4\pi}+2)$ 　(C)$\dfrac{\sqrt{5}}{2}(\mathrm{e}^{4\pi}-1)$ 　(D)$\dfrac{\sqrt{5}}{2}(\mathrm{e}^{4\pi}-2)$

三、解答题

1. 从点 $(2,0)$ 引两条直线与曲线 $y=x^3$ 相切,求由此两条切线与曲线 $y=x^3$ 所围图形的面积 S.

2. 设 D_1 是由抛物线 $y=2x^2$ 和直线 $x=a, x=2$ 及 $y=0$ 所围成的平面区域;D_2 是由抛物线 $y=2x^2$ 和直线 $y=0, x=a$ 所围成的平面区域,其中 $0<a<2$.

(1)试求 D_1 绕 x 轴旋转而成的旋转体积 V_1;D_2 绕 y 轴旋转而成的旋转体积 V_2;

(2)问当 a 为何值时,V_1+V_2 取得最大值?试求此最大值.(考研题)

3. 设函数 $f(x)$ 在闭区间 $[0,1]$ 上连续,在开区间 $(0,1)$ 内大于零,并满足

$$xf'(x)=f(x)+\frac{3a}{2}x^2 \quad (a \text{ 为常数}),$$

又曲线 $y=f(x)$ 与 $x=1, y=0$ 所围成的图形 S 的面积值为 2,求函数 $y=f(x)$,并问 a 为何值时,图形 S 绕 x 轴旋转一周所得的旋转体的体积最小.

4. 在第一象限内,求曲线 $y=-x^2+1$ 上的一点,使该点处的切线与所给曲线及两坐标轴围成的图形面积为最小,并求此最小面积.

5. 为清除井底的污泥,用缆绳将抓斗放入井底,抓起污泥后提出井口.已知井深30 m,抓斗自重400 N,缆绳每米重50 N,抓斗抓起的污泥重 2 000 N,提升速度为3 m/s,在提升过程中,污泥以20 m/s的速率从抓斗缝隙中漏掉.现将抓起污泥的抓斗提升至井口,问克服重力需做多少焦耳的功?(考研题)

(说明:①1 N×1 m=1 J;m,N,s,J 分别表示米,牛顿,秒,焦耳.

②抓斗的高度及位于井口上方的缆绳长度忽略不计)

6. 设 xOy 平面上有正方形 $D=\{(x,y)|0 \leqslant x \leqslant 1, 0 \leqslant y \leqslant 1\}$ 及直线 $l: x+y=t(t \geqslant 0)$.若 $S(t)$ 表示正方形 D 位于直线 l 左下方部分的面积,试求 $\int_{0}^{x} S(t)\,\mathrm{d}t(x \geqslant 0)$.

7. 某闸门的形状与大小如图 6-10 所示,其中直线 l 为对称轴,闸门的上部为矩形 $ABCD$,下部由二次抛物线与线段 AB 所围成.当水面与闸门的上端相平时,欲使闸门矩形部分承受的水压力与闸门下部承受的水压力之比为 5∶4,闸门矩形部分的高 h 应为多少米?(考研题)

四、证明题

设函数 $y=f(x)$ 在 $[a,b]$ 上可导,且 $f'(x)>0$,$f(a)>0$,试证对如图 6-11 所示的两个面积 $A(x)$ 和 $B(x)$ 来说,有唯一的 $\xi\in(a,b)$,使得 $\dfrac{A(\xi)}{B(\xi)}=2\,009$.

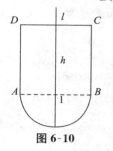

图 6-10

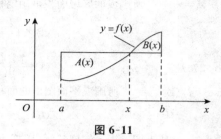

图 6-11

自测题答案

一、填空题

1. $\ln 2-\dfrac{1}{2}$ **2.** $2-\dfrac{2}{e}$ **3.** $2\pi^2a^2b$ **4.** 4

1. 解: 此题 $y=x+\dfrac{1}{x}$ 图像不易画出,但比较 $y=x+\dfrac{1}{x}$ 与 $y=2$ 的大小便可确定面积元素

$$dA=\left(x+\frac{1}{x}-2\right)dx.$$

由 $\begin{cases}y=x+\dfrac{1}{x},\\ y=2\end{cases}$ 得交点为 $(1,2)$. 又 $x+\dfrac{1}{x}\geqslant 2$,故

$$A=\int_1^2\left(x+\frac{1}{x}-2\right)dx=\left(\frac{x^2}{2}+\ln|x|-2x\right)\Big|_1^2=\ln 2-\frac{1}{2}.$$

故应填 $\ln 2-\dfrac{1}{2}$.

2. 解: 由于 $y=|\ln x|=\begin{cases}\ln x, & x\geqslant 1,\\ -\ln x, & 0<x<1,\end{cases}$ 则

$$A=\int_{\frac{1}{e}}^1(-\ln x)dx+\int_1^e\ln x\,dx=-(x\ln x-x)\Big|_{\frac{1}{e}}^1+(x\ln x-x)\Big|_1^e=2-\frac{2}{e}.$$

故应填 $2-\dfrac{2}{e}$.

3. 解: 令 $y_1=b+\sqrt{a^2-x^2}$,$y_2=b-\sqrt{a^2-x^2}$ $(-a\leqslant x\leqslant a)$,则

$$V_x=\pi\int_{-a}^a(y_1^2-y_2^2)dx=8\pi b\int_0^a\sqrt{a^2-x^2}\,dx=2\pi^2a^2b.$$

故应填 $2\pi^2a^2b$.

4. 解: 所求弧长 $L=\int_{-\frac{\pi}{2}}^{\frac{\pi}{2}}\sqrt{1+y'^2}\,dx=\int_{-\frac{\pi}{2}}^{\frac{\pi}{2}}\sqrt{1+\cos x}\,dx=2\int_0^{\frac{\pi}{2}}\sqrt{2\cos^2\frac{x}{2}}\,dx=4.$

故应填 4.

二、选择题

1. (A) **2.** (A) **3.** (B) **4.** (C)

1. **解**：双纽线的极坐标方程为 $r^2 = \cos 2\theta$. 根据对称性，

$$A = 4 \cdot \frac{1}{2} \int_0^{\frac{\pi}{4}} r^2 \mathrm{d}\theta = 2 \int_0^{\frac{\pi}{4}} \cos 2\theta \mathrm{d}\theta.$$

故应选(A).

2. **解**：由 $\begin{cases} y_1 = x e^x, \\ y_2 = e x \end{cases}$ 解得交点为 $(0,0)$ 和 $(1, e)$，又由

$$y_1 \Big|_{x=\frac{1}{2}} = \frac{1}{2} e^{\frac{1}{2}}, y_2 \Big|_{x=\frac{1}{2}} = \frac{1}{2} e,$$

知 $x \in (0,1)$ 时，$y_1 < y_2$. 所以

$$S = \int_0^1 (ex - x e^x) \mathrm{d}x = \left(\frac{1}{2} e x^2 - x e^x + e^x \right) \Big|_0^1 = \frac{1}{2} e - 1.$$

故应选(A).

3. **解**：由 $\begin{cases} xy = 4, \\ y = 1 \end{cases}$ 得交点 $(4,1)$，所以

$$V = \int_1^{+\infty} \pi x^2 \mathrm{d}y = \int_1^{+\infty} \pi \left(\frac{4}{y} \right)^2 \mathrm{d}y = 16\pi \int_1^{+\infty} \frac{1}{y^2} \mathrm{d}y = 16\pi \left(-\frac{1}{y} \right) \Big|_1^{+\infty} = 16\pi.$$

故应选(B).

4. **解**：所求弧长 $L = \int_0^{2\pi} \sqrt{e^{4\theta} + 4e^{4\theta}} \mathrm{d}\theta = \sqrt{5} \int_0^{2\pi} e^{2\theta} \mathrm{d}\theta = \frac{\sqrt{5}}{2} (e^{4\pi} - 1).$

故应选(C).

三、解答题

1. **解**：如图 6-12 所示，设切点为 (α, α^3) 则过切点的切线方程为

$$y - \alpha^3 = 3\alpha^2 (x - \alpha),$$

因为它通过点 $(2,0)$，即满足 $0 - \alpha^3 = 3\alpha^2 (2 - \alpha)$，即 $\alpha^3 + 3\alpha^2 (2 - \alpha) = 0$.
可得 $\alpha = 0$ 或 $\alpha = 3$，即两切点坐标为：$(0,0)$ 与 $(3, 27)$，相应的两条切线方程为

$$y = 0, 27x - y - 54 = 0.$$

选取 y 为积分变量，则有

$$S = \int_0^{27} \left(\frac{y}{27} + 2 - \sqrt[3]{y} \right) \mathrm{d}y = \left(\frac{y^2}{54} + 2y - \frac{3}{4} y^{\frac{4}{3}} \right) \Big|_0^{27} = \frac{27}{4}.$$

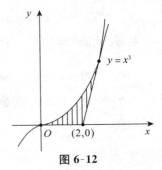

图 6-12

【方法点击】　求面积问题与利用导数求切线方程的知识点相结合，增加了问题的综合性，读者应提高解决这种综合问题的能力.

2. **分析**：首先作出大致图形从而确定 D_1 和 D_2，然后利用旋转体体积公式求出 V_1 和 V_2（注意旋转轴），最后由导数求最大值.

解：如图 6-13 所示.

$$(1) V_1 = \pi \int_a^2 (2x^2)^2 \mathrm{d}x = \frac{4\pi}{5} (32 - a^5),$$

$$V_2 = \pi a^2 \cdot 2a^2 - \pi \int_0^{2a^2} \frac{y}{2} \mathrm{d}y = 2\pi a^4 - \pi a^4 = \pi a^4.$$

$$(2) 设 V = V_1 + V_2 = \frac{4\pi}{5} (32 - a^5) + \pi a^4,$$

由 $V' = 4\pi a^3 (1 - a) = 0$，得区间 $(0,2)$ 内的唯一驻点 $a = 1$.

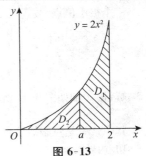

图 6-13

当 $0 < a < 1$ 时，$V' > 0$；当 $a > 1$ 时，$V' < 0$.

因此 $a = 1$ 是极大值点，即最大值点.

此时 $V_1 + V_2$ 取得最大值，等于 $\dfrac{129}{5}\pi$.

3. 解：由题设知，当 $x \neq 0$ 时，

$$\frac{xf'(x) - f(x)}{x^2} = \frac{3a}{2}, \quad \text{即} \quad \frac{\mathrm{d}}{\mathrm{d}x}\left[\frac{f(x)}{x}\right] = \frac{3a}{2},$$

据此并由 $f(x)$ 在点 $x = 0$ 处的连续性，得

$$f(x) = \frac{3}{2}ax^2 + Cx, \quad x \in [0, 1].$$

又由已知条件得

$$2 = \int_0^1 \left(\frac{3}{2}ax^2 + Cx\right)\mathrm{d}x = \left(\frac{1}{2}ax^3 + \frac{C}{2}x^2\right)\Big|_0^1 = \frac{1}{2}a + \frac{1}{2}C,$$

即 $C = 4 - a$. 因此 $f(x) = \dfrac{3}{2}ax^2 + (4-a)x$.

旋转体的体积为

$$V(a) = \pi \int_0^1 f^2(x)\mathrm{d}x = \pi \int_0^1 \left[\frac{3}{2}ax^2 + (4-a)x\right]^2 \mathrm{d}x = \left(\frac{1}{30}a^2 + \frac{1}{3}a + \frac{16}{3}\right)\pi.$$

由 $V'(a) = \left(\dfrac{1}{15}a + \dfrac{1}{3}\right)\pi = 0$，得 $a = -5$.

又由 $V''(a) = \dfrac{\pi}{15} > 0$，故 $a = -5$ 时，旋转体体积最小.

4. 解：设所求点为 $P(x, y)$，因为 $y' = -2x(x > 0)$，故过点 $P(x, y)$ 的切线方程为：

$$Y - y = -2x(X - x).$$

当 $X = 0$ 时，得切线在 y 轴上的截距：$b = x^2 + 1$，

当 $Y = 0$ 时，得切线在 x 轴上的截距：$a = \dfrac{x^2 + 1}{2x}$.

故所求面积为：

$$S(x) = \frac{1}{2}ab - \int_0^1 (-x^2 + 1)\mathrm{d}x = \frac{1}{4}\left(x^3 + 2x + \frac{1}{x}\right) - \frac{2}{3},$$

$$S'(x) = \frac{1}{4}\left(3x - \frac{1}{x}\right)\left(x + \frac{1}{x}\right),$$

令 $S'(x) = 0$，得驻点 $x_0 = \dfrac{1}{\sqrt{3}}$，再由 $S''\left(\dfrac{1}{\sqrt{3}}\right) > 0$ 知，$S(x_0)$ 为极小值，且当 $0 < x < 1$ 时，仅有此一个极小值点，故此极小值点即为 $S(x)$ 在 $0 < x < 1$ 上的最小值点.

又当 $x_0 = \dfrac{1}{\sqrt{3}}$ 时，$y_0 = \dfrac{2}{3}$，$S\left(\dfrac{1}{\sqrt{3}}\right) = \dfrac{2}{9}(2\sqrt{3} - 3)$. 故所求点为 $\left(\dfrac{1}{\sqrt{3}}, \dfrac{2}{3}\right)$，所求最小面积为

$$S = \frac{2}{9}(2\sqrt{3} - 3).$$

5. 解：作 x 轴如图 6-14 所示. 将抓起污泥的抓斗提升至井口需作功

$$W = W_1 + W_2 + W_3,$$

其中，W_1 是克服抓斗自重所作的功；W_2 是克服缆绳重力所作的功；W_3 是提出污泥所作的功. 由题意知

$$W_1 = 400 \times 30 = 12\,000.$$

将抓斗由 x 处提升至 $x+\mathrm{d}x$ 处克服缆绳重力所作的功为

$$\mathrm{d}W_2 = 50(30-x)\mathrm{d}x,$$

从而

$$W_2 = \int_0^{30} \mathrm{d}W_2 = \int_0^{30} 50(30-x)\mathrm{d}x = 22\,500.$$

在时间间隔 $[t, t+\mathrm{d}t]$ 内提升污泥需作功为：

$$\mathrm{d}W_3 = 3(2\,000-20t)\mathrm{d}t,$$

将污泥从井底提升至井口共需时间 $\dfrac{30}{3}=10$，故

$$W_3 = \int_0^{10} 3(2\,000-20t)\mathrm{d}t = 57\,000.$$

因此共需作功

$$W = 12\,000 + 22\,500 + 57\,000 = 91\,500 \text{(J)}.$$

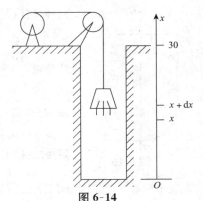

图 6-14

6. 解：如图 6-15 所示. 由题设知

$$S(t) = \begin{cases} \dfrac{1}{2}t^2, & 0\leqslant t\leqslant 1, \\[2mm] -\dfrac{1}{2}t^2+2t-1, & 1<t\leqslant 2, \\[2mm] 1, & t>2, \end{cases}$$

所以，当 $0\leqslant x\leqslant 1$ 时，

$$\int_0^x S(t)\mathrm{d}t = \int_0^x \frac{1}{2}t^2\mathrm{d}t = \frac{1}{6}x^3,$$

当 $1<x\leqslant 2$ 时，

$$\int_0^x S(t)\mathrm{d}t = \int_0^1 S(t)\mathrm{d}t + \int_1^x S(t)\mathrm{d}t = -\frac{x^3}{6}+x^2-x+\frac{1}{3},$$

当 $x>2$ 时

$$\int_0^x S(t)\mathrm{d}t = \int_0^2 S(t)\mathrm{d}t + \int_2^x S(t)\mathrm{d}t = x-1.$$

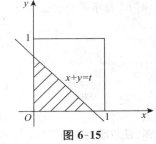

图 6-15

因此

$$\int_0^x S(t)\mathrm{d}t = \begin{cases} \dfrac{1}{6}x^3, & 0\leqslant x\leqslant 1, \\[2mm] -\dfrac{1}{6}x^3+x^2-x+\dfrac{1}{3}, & 1<x\leqslant 2, \\[2mm] x-1, & x>2. \end{cases}$$

【方法点击】 分段函数的积分，应根据不同区间上的函数表达式，利用定积分的区间可加性分段计算，本题先根据 t 的取值情况，求出 $S(t)$ 的表达式，然后根据 x 的取值确定 $\displaystyle\int_0^x S(t)\mathrm{d}t$ $(x\geqslant 0)$.

7. 解法一：坐标系的建立如图 6-16 所示，则闸门下部边缘抛物线的方程为

$$y=x^2 \quad (-1\leqslant x\leqslant 1).$$

由水侧压力公式知，闸门矩形部分承受的水压力为

$$P_1 = \int_1^{h+1} 2\rho g(h+1-y)\mathrm{d}y$$

$$= 2\rho g \left[(h+1)y - \frac{y^2}{2}\right]\Big|_1^{h+1} = \rho g h^2,$$

其中 ρ 为水的密度，g 为重力加速度.

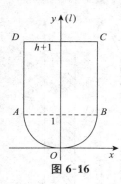

图 6-16

同理,闸门下部承受的水压力为

$$P_2=\int_0^1 2\rho g(h+1-y)\sqrt{y}\mathrm{d}y=2\rho g\left[\frac{2}{3}(h+1)y^{\frac{3}{2}}-\frac{2}{5}y^{\frac{5}{2}}\right]\Big|_0^1=4\rho g\left(\frac{1}{3}h+\frac{2}{15}\right).$$

按题意,$\dfrac{P_1}{P_2}=\dfrac{5}{4}$,因而有 $\dfrac{\rho g h^2}{4\rho g\left(\dfrac{1}{3}h+\dfrac{2}{15}\right)}=\dfrac{5}{4}$,

即 $3h^2-5h-2=0$,解之得 $h=2$,$h=-\dfrac{1}{3}$(舍去).

因此闸门矩形部分的高应为 2 m.

解法二:按图 6-17 建立坐标系,此时抛物线方程为

$$x=h+1-y^2 \quad (0\leqslant x\leqslant h+1).$$

在此坐标系下,闸门矩形部分承受的水压力为

$$P_1=\int_0^h 2\rho g x\,\mathrm{d}x=\rho g h^2.$$

闸门下部承受的水压力为

$$P_2=\int_h^{h+1} 2\rho g x\sqrt{h+1-x}\,\mathrm{d}x$$

$$\xRightarrow{\text{令}\sqrt{h+1-x}=t}\int_0^1 4\rho g t^2(h+1-t^2)\mathrm{d}t$$

$$=4\rho g\left(\frac{h+1}{3}t^3-\frac{t^5}{5}\right)\Big|_0^1=4\rho g\left(\frac{h}{3}+\frac{2}{15}\right).$$

以下同解法一.

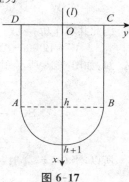

图 6-17

四、证明题

证明:当 $x\in[a,b]$ 时,由题意知

$$A(x)=\int_a^x[f(x)-f(t)]\mathrm{d}t=\int_a^x f(x)\mathrm{d}t-\int_a^x f(t)\mathrm{d}t$$

$$=f(x)\cdot(x-a)-\int_a^x f(t)\mathrm{d}t,$$

$$B(x)=\int_x^b[f(t)-f(x)]\mathrm{d}t=\int_x^b f(t)\mathrm{d}t-\int_x^b f(x)\mathrm{d}t$$

$$=\int_x^b f(t)\mathrm{d}t-f(x)\cdot(b-x).$$

令 $\varphi(x)=A(x)-2\,009\cdot B(x)$,则

$$\varphi(a)=A(a)-2\,009\cdot B(a)=-2\,009\cdot B(a)<0,\varphi(b)=A(b)>0,$$

由零点定理知,至少存在一点 $\xi\in(a,b)$,使得 $\varphi(\xi)=0$,

即 $\varphi(x)$ 在 (a,b) 内至少有一个零点 ξ,又因为

$$\varphi'(x)=A'(x)-2\,009\cdot B'(x)=f'(x)\cdot(x-a)+2\,009f'(x)\cdot(b-x)$$

$$=f'(x)(2\,009b-a-2\,008x)\geqslant f'(x)\cdot(b-a)>0,$$

因此,$\varphi(x)$ 在 (a,b) 内单调增加,从而 $\varphi(x)$ 至多有一个零点.

综上所述,$\varphi(x)$ 在 (a,b) 内存在唯一零点 ξ,即 $\varphi(\xi)=A(\xi)-2\,009\cdot B(\xi)=0$.

故 $\dfrac{A(\xi)}{B(\xi)}=2\,009$.

第七章 微分方程

本章内容概览

微分方程是现代数学的一个重要分支,它是微积分学在解决实际问题上的应用渠道之一. 在诸多领域内,各种量与量之间的函数关系往往可表示为微分方程. 本章将介绍微分方程的基本概念,几类一阶微分方程的求解方法、线性微分方程解的性质及解的结构原理,可降阶方程的求解方法以及高阶线性常系数齐次和非齐次方程的解法,并且简单介绍如何利用微分方程解决实际问题.

本章知识图解

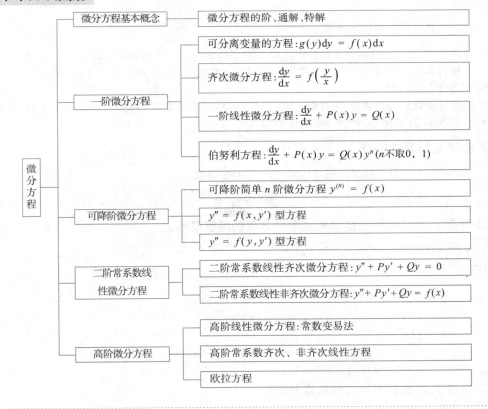

微分方程

微分方程基本概念 —— 微分方程的阶、通解、特解

一阶微分方程
- 可分离变量的方程: $g(y)\mathrm{d}y = f(x)\mathrm{d}x$
- 齐次微分方程: $\dfrac{\mathrm{d}y}{\mathrm{d}x} = f\left(\dfrac{y}{x}\right)$
- 一阶线性微分方程: $\dfrac{\mathrm{d}y}{\mathrm{d}x} + P(x)y = Q(x)$
- 伯努利方程: $\dfrac{\mathrm{d}y}{\mathrm{d}x} + P(x)y = Q(x)y^n$($n$ 不取 0,1)

可降阶微分方程
- 可降阶简单 n 阶微分方程 $y^{(n)} = f(x)$
- $y'' = f(x, y')$ 型方程
- $y'' = f(y, y')$ 型方程

二阶常系数线性微分方程
- 二阶常系数线性齐次微分方程: $y'' + Py' + Qy = 0$
- 二阶常系数线性非齐次微分方程: $y'' + Py' + Qy = f(x)$

高阶微分方程
- 高阶线性微分方程: 常数变易法
- 高阶常系数齐次、非齐次线性方程
- 欧拉方程

第七章

第一节　微分方程的基本概念

一 本节知识结构图

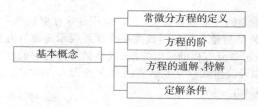

二 重点及常考点分析

1.一阶微分方程初值问题的几何意义：$\begin{cases} F(x,y,y')=0, \\ y(x_0)=y_0. \end{cases}$

寻求过点(x_0,y_0)且在该点处的切线斜率为y'的满足方程的那条积分曲线.

2.带有未知函数的变上(下)限积分的方程称为积分方程,它通常可以通过一次或多次求导化为微分方程求解.

3.验证函数是否是微分方程解的方法,可以由相应微分方程的阶数,求至n阶导数,代入方程看是否恒等.若恒等,再进一步验证初始条件.

三 考研大纲要求解读

了解微分方程及其解、阶、通解、初始条件和特解等概念.

基本题型 1：验证所给函数是相应微分方程的通解或解

例 1 验证$y=3\sin x-4\cos x$是否为$y''+y=0$的解.

解：由$y=3\sin x-4\cos x$,两边关于x求导,得

$$y'=3\cos x+4\sin x,$$

再关于x求导,得

$$y''=-3\sin x+4\cos x.$$

将y,y''代入方程$y''+y=0$,

$$左边=y''+y=-3\sin x+4\cos x+3\sin x-4\cos x=0=右边,$$

即$y=3\sin x-4\cos x$是所给方程的解.

基本题型 2：由微分方程通解求微分方程

例 2 求以$y=C_1e^x+C_2e^{-x}-x$为通解的微分方程(C_1,C_2为任意常数).

解：由$y=C_1e^x+C_2e^{-x}-x$,对x求导得

$$y'=C_1e^x-C_2e^{-x}-1,\qquad\qquad①$$

再对①式关于x求导得

$$y''=C_1e^x+C_2e^{-x},\qquad\qquad②$$

由已知与②式得 $y = y'' - x$，即所求微分方程为 $y'' - y - x = 0$.

基本题型 3：化积分方程为微分方程

例 **3** 设 $f(x) = \sin x - \int_0^x (x-t) f(t) \mathrm{d}t$，其中 $f(x)$ 为连续函数，求 $f(x)$ 所满足的微分方程.

【思路探索】 如遇到积分方程，其求解问题可化为相应的微分方程初值问题的求解. 方法是对变上(下)限积分求导来确定微分方程，再利用原积分方程进一步确定初始条件.

解： 对原积分方程关于 x 求导，得

$$f'(x) = \cos x - \int_0^x f(t) \mathrm{d}x, \qquad ①$$

对①关于 x 求导得

$$f''(x) = -\sin x - f(x),$$

即 $f''(x) + f(x) = -\sin x$.

又有 $f(0) = 0, f'(0) = 1$，记 $y = f(x)$，则 $f(x)$ 满足的微分方程为

$$\begin{cases} y'' + y = -\sin x, \\ y\big|_{x=0} = 0, y'\big|_{x=0} = 1. \end{cases}$$

> 由原方程及 ① 得到

关于 $f(x)$ 的求解后面章节会讨论.

基本题型 4：求初值问题的解

例 **4** 求以下初值问题的解

$$\begin{cases} y''' = x, \\ y(0) = a_0, y'(0) = a_1, y''(0) = a_2. \end{cases}$$

解： 由 $y''' = x$，得

$$y'' = \frac{1}{2} x^2 + C_1, y' = \frac{1}{6} x^3 + C_1 x + C_2,$$

> 小心不要掉了 C_1

$$y = \frac{1}{24} x^4 + \frac{1}{2} C_1 x^2 + C_2 x + C_3,$$

其中 C_1, C_2, C_3 为待定的常数，将初值 $y''(0) = a_2, y'(0) = a_1, y(0) = a_0$ 代入以上三式得 $C_1 = a_2$，$C_2 = a_1, C_3 = a_0$.

故初值问题的解为 $y = \frac{1}{24} x^4 + \frac{1}{2} a_2 x^2 + a_1 x + a_0$.

第二节 可分离变量的微分方程

知识全解

一 本节知识结构图解

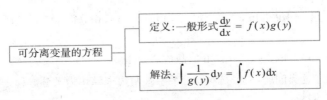

可分离变量的方程 — 定义：一般形式 $\dfrac{\mathrm{d}y}{\mathrm{d}x} = f(x) g(y)$

解法：$\displaystyle\int \frac{1}{g(y)} \mathrm{d}y = \int f(x) \mathrm{d}x$

二 重点及常考点分析

1.可分离变量方程的通解形式为 $\int \frac{1}{g(y)}\mathrm{d}y = \int f(x)\mathrm{d}x$,由于将 $g(y)$ 作为分母,故若 $g(y)=0$ 有解 $y_1,y_2,\cdots,y_m$,则变量可分离方程还有特解 $y=y_i(i=1,2,\cdots,m)$.故注意在分离变量的同时,经常在两边要同除以某一函数,此时往往会遗漏该函数的某些特解,而这些特解通常并不能由通解得到,因此要及时补全.

2.在解微分方程时变量代换是重点也是难点,应根据具体问题尽量简化方程,选好代换变量,使得变换后的方程是较熟悉的方程类型,求解后,应还原为原变量.

三 考研大纲要求解读

掌握可分离变量的微分方程.

─────────── 例题精解 ───────────

基本题型 1:求解可直接变量分离型的微分方程

例 **1** 设函数 $y=y(x)$ 是微分方程 $(e^y+e^{-y}+2)\mathrm{d}x-(x+2)^2\mathrm{d}y=0$ 满足条件 $y(0)=0$ 的解,求 $y(x)$.(考研题)

解:已知方程即为 $(e^y+1)^2\mathrm{d}x-e^y(x+2)^2\mathrm{d}y=0$.分离变量并积分

$$\int \frac{e^y}{(e^y+1)^2}\mathrm{d}y = \int \frac{\mathrm{d}x}{(x+2)^2},$$

得 $-\dfrac{1}{e^y+1}=-\dfrac{1}{x+2}+C$,由 $y(0)=0$ 得 $C=0$.

故 $e^y=x+1$,即 $y=\ln(x+1)$.

例 **2** 求微分方程 $\dfrac{\mathrm{d}y}{\mathrm{d}x}=3x^2y$ 的通解.

解:分离变量并积分 $\int \dfrac{\mathrm{d}y}{y} = \int 3x^2\mathrm{d}x$ 得

$$\ln|y|=x^3+C_1,\text{从而 } y=\pm e^{C_1}\cdot e^{x^3},$$

因 $\pm e^{C_1}$ 是任意非零常数,又 $y=0$ 也是原方程的解,故得微分方程 $\dfrac{\mathrm{d}y}{\mathrm{d}x}=3x^2y$ 的通解为

$$y=Ce^{x^3},C\in\mathbf{R}.$$

【方法点击】 变量分离的同时,有时会漏掉一些解,最后要补上.这点一定要注意!

基本题型 2:求初值问题的解

例 **3** 若连续函数 $f(x)$ 满足关系式 $f(x) = \int_0^{2x} f\left(\frac{t}{2}\right)\mathrm{d}t + \ln 2$,则 $f(x)=$_____.

解:由 $f(x) = \int_0^{2x} f\left(\frac{t}{2}\right)\mathrm{d}t + \ln 2$,求导得 $f'(x)=2f(x)$,积分得 $f(x)=Ce^{2x}$,又当 $x=0$ 时,

$$f(x)=\ln 2.$$

所以 $C=\ln 2$,故 $f(x)=\ln 2\cdot e^{2x}=e^{2x}\ln 2$,故应填 $e^{2x}\ln 2$.

【方法点击】 对于这类问题,一般是对积分关系式两边求导化为微分方程,这时要注意关系式中隐含的初始条件.

基本题型 3：求解变量代换后可化为变量可分离型方程的微分方程

例 **4** 求下列微分方程的通解：

(1) $x\mathrm{d}y - y\mathrm{d}x = x\sqrt{x^2 + y^2}\,\mathrm{d}x$；

(2) $\dfrac{\mathrm{d}y}{\mathrm{d}x} = \left(\dfrac{x + y - 1}{x + y + 1}\right)^2$.

解：(1) 设 $y = xv$，则 $\mathrm{d}y = v\mathrm{d}x + x\mathrm{d}v$，

则原方程变为

$$x(v\mathrm{d}x + x\mathrm{d}v) - xv\mathrm{d}x = x\sqrt{x^2 + x^2v^2}\,\mathrm{d}x,$$

即 $\mathrm{d}v = \pm\sqrt{1 + v^2}\,\mathrm{d}x$.

当上式取正号即 $x > 0$ 时，有 $\dfrac{\mathrm{d}v}{\sqrt{1 + v^2}} = \mathrm{d}x$，积分得

$$\ln(v + \sqrt{1 + v^2}) = x + C_1,$$

即 $v + \sqrt{1 + v^2} = Ce^x$.

由于 $v = \dfrac{y}{x}$，故原方程的解为 $y + \sqrt{x^2 + y^2} = Cxe^x$.

当 $x < 0$ 即 $\mathrm{d}v = -\sqrt{1 + v^2}\,\mathrm{d}x$ 时，可得到 $y - \sqrt{x^2 + y^2} = Cxe^{-x}$.

(2) 设 $u = x + y$，则 $\dfrac{\mathrm{d}u}{\mathrm{d}x} = 1 + \dfrac{\mathrm{d}y}{\mathrm{d}x}$，故 $\dfrac{\mathrm{d}u}{\mathrm{d}x} = 1 + \left(\dfrac{u - 1}{u + 1}\right)^2$，即 $\left(1 + \dfrac{2u}{u^2 + 1}\right)\mathrm{d}u = 2\mathrm{d}x$，积分得

$$u + \ln(u^2 + 1) = 2x + C_1.$$

变量还原得原方程通解为 $(x + y)^2 = Ce^{x - y} - 1$.

基本题型 4：应用题

例 **5** 已知函数 $y = y(x)$ 在任意点 x 处的增量 $\Delta y = \dfrac{y\Delta x}{1 + x^2} + \alpha$，且当 $\Delta x \to 0$ 时，α 是 Δx 的高阶无穷小，$y(0) = \pi$，则 $y(1)$ 等于(　　)．（考研题）

(A) 2π 　　　　(B) π 　　　　(C) $e^{\frac{\pi}{4}}$ 　　　　(D) $\pi e^{\frac{\pi}{4}}$

【思路探索】 如果能够获得 $y(x)$ 的表达式，则 $y(1)$ 显然可求．由于 $\Delta y = \dfrac{y\Delta x}{1 + x^2} + \alpha$，而 $\alpha = o(\Delta x)$，这

说明 y 在 x 处可微，且 $\mathrm{d}y = \dfrac{y}{1 + x^2}\mathrm{d}x$，于是本问题转化为微分方程的特解问题.

解法一：由于 $\Delta y = \dfrac{y\Delta x}{1 + x^2} + \alpha$，又当 $\Delta x \to 0$ 时，α 是 Δx 的高阶无穷小，故由微分的定义知

$$\mathrm{d}y = \dfrac{y}{1 + x^2}\mathrm{d}x.$$

> 变量可分离方程

分离变量得 $\dfrac{\mathrm{d}y}{y} = \dfrac{\mathrm{d}x}{1 + x^2}$，积分得

$$\ln|y| = \arctan x + C_1,$$

即 $y = Ce^{\arctan x}$. 由 $y(0) = \pi$ 知 $C = \pi$，故 $y(x) = \pi e^{\arctan x}$.

于是 $y(1) = \pi e^{\arctan 1} = \pi e^{\frac{\pi}{4}}$，故应选(D).

解法二：等式 $\Delta y = \dfrac{\Delta x \cdot y}{1 + x^2} + \alpha$，两边同除以 Δx，令 $\Delta x \to 0$，得

$$\lim_{\Delta x \to 0} \frac{\Delta y}{\Delta x} = \frac{y}{1+x^2} + \lim_{\Delta x \to 0} \frac{\alpha}{\Delta x},$$

即 $\dfrac{\mathrm{d}y}{\mathrm{d}x} = \dfrac{y}{1+x^2}$. 下面部分同解法一.

例 6 从船上向海中沉放某种探测器,按要求,需确定仪器的下沉深度 y(从海平面算起)与下沉速度 v 之间的函数关系. 设仪器在重力作用下,从海平面由静止开始垂直下沉,下沉过程中还受到阻力与浮力作用,设仪器质量为 m,体积为 B,海水密度为 ρ,仪器所受阻力与下沉速度成正比,比例系数为 $k(k>0)$,试建立 y 与 v 所满足的微分方程,并求出函数关系式 $y=y(v)$. (考研题)

解:以沉放点为原点,垂直向下为 y 轴的正方向,
则有

> 这样建立坐标系较简单

$$mg - kv - B\rho g = m \frac{\mathrm{d}^2 y}{\mathrm{d}t^2}.$$

由 $\dfrac{\mathrm{d}y}{\mathrm{d}t} = v$,则 $\dfrac{\mathrm{d}^2 y}{\mathrm{d}t^2} = \dfrac{\mathrm{d}v}{\mathrm{d}y} \cdot \dfrac{\mathrm{d}y}{\mathrm{d}t} = v \dfrac{\mathrm{d}v}{\mathrm{d}y}$,则上式化为 v 与 y 之间的微分方程

$$mv \frac{\mathrm{d}v}{\mathrm{d}y} = mg - kv - B\rho g,$$

分离变量得 $\mathrm{d}y = \dfrac{mv}{mg - B\rho g - kv} \mathrm{d}v$,积分得

$$y = \int \left[-\frac{m}{k} + \frac{m(mg - B\rho g)}{k} \frac{1}{mg - B\rho g - kv} \right] \mathrm{d}v$$

$$= -\frac{m}{k} v - \frac{m(mg - B\rho g)}{k^2} \ln(mg - B\rho g - kv) + C,$$

由 $y \Big|_{v=0} = 0$,知 $C = \dfrac{m(mg - B\rho g)}{k^2} \ln(mg - B\rho g)$,故所求关系式为

$$y = -\frac{m}{k} v - \frac{m(mg - B\rho g)}{k^2} \ln \frac{mg - B\rho g - kv}{mg - B\rho g}.$$

例 7 某湖源的水量为 V,每年排放湖泊内含污染物 A 的污水量为 $\dfrac{V}{6}$,流入湖泊内不含 A 的水量为 $\dfrac{V}{6}$,流出湖泊的水量为 $\dfrac{V}{3}$,已知 1999 年底湖中 A 的含量为 $5m_0$,超过国家规定指标,为了治理污染水,从 2000 年初起,限定排入湖泊中含 A 的污水的浓度不超过 $\dfrac{m_0}{V}$. 问至多需要多少年,湖中 A 的含量降至 m_0 以内?(设湖水中 A 的浓度均匀). (考研题)

解:设从 2000 年初(令此时 $t=0$)开始,第 t 年湖中 A 的总量为 m,浓度为 $\dfrac{m}{V}$,则在时间间隔 $[t, t+\mathrm{d}t]$ 内,排入湖中 A 的量为 $\dfrac{m_0}{V} \cdot \dfrac{V}{6} \cdot \mathrm{d}t = \dfrac{m_0}{6} \mathrm{d}t$,流出湖泊的水中 A 的含量为 $\dfrac{m}{V} \cdot \dfrac{V}{3} \cdot \mathrm{d}t = \dfrac{m}{3} \mathrm{d}t$,因而在此时间间隔内湖泊中 A 的改变量

$$\mathrm{d}m = \left(\frac{m_0}{6} - \frac{m}{3} \right) \mathrm{d}t,$$

> 这是一个微分方程!

分离变量解得

$$m = \frac{m_0}{2} - Ce^{-\frac{t}{3}},$$

初始条件 $m\Big|_{t=0}=5m_0$，得 $C=-\dfrac{9}{2}m_0$．于是 $m=\dfrac{m_0}{2}(1+9\mathrm{e}^{-\frac{t}{3}})$．

令 $m=m_0$，得 $t=6\ln 3$，即至多经过 $6\ln 3$ 年，湖中 A 的含量降至 m_0 以内．

第三节　齐次方程

---- 知识全解 ----

一 本节知识结构图解

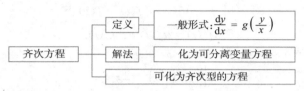

二 重点及常考点分析

齐次方程解题的关键是利用变量代换或换元将原方程化为可分离变量的微分方程来求解．

三 考研大纲要求解读

会解齐次微分方程，会用简单的变量代换解某些微分方程．

---- 例题精解 ----

基本题型：求解齐次型方程或可化为齐次型的方程

例 1 微分方程 $xy'+y(\ln x-\ln y)=0$ 满足条件 $y(1)=\mathrm{e}^3$ 的解为 $y=$ _____．（考研题）

解： 原方程可化为 $y'+\dfrac{y}{x}\cdot\ln\dfrac{x}{y}=0$，令 $u=\dfrac{y}{x}$，则

$$y=xu,\quad y'=u+x\dfrac{\mathrm{d}u}{\mathrm{d}x},$$

代入原方程得 $u+x\dfrac{\mathrm{d}u}{\mathrm{d}x}-u\cdot\ln u=0$，分离变量并积分得 $\displaystyle\int\dfrac{\mathrm{d}u}{u(\ln u-1)}=\int\dfrac{\mathrm{d}x}{x}$，则

$$\ln|\ln u-1|=\ln(Cx)，$$

从而 $\ln u=1+Cx,u=\mathrm{e}^{1+Cx}$ 即 $y=x\mathrm{e}^{1+Cx}$．由 $y(1)=\mathrm{e}^3$ 知 $\mathrm{e}^3=\mathrm{e}^{1+C}$，所以 $C=2$，得到 $y=x\mathrm{e}^{1+2x}$．
应填 $x\mathrm{e}^{1+2x}$．

例 2 求微分方程 $(x+y)\mathrm{d}x+(3x+3y-4)\mathrm{d}y=0$ 的通解．

解： 原方程变形为 $\dfrac{\mathrm{d}y}{\mathrm{d}x}=\dfrac{-(x+y)}{3(x+y)-4}$．令 $x+y=u$，则 $y=u-x,\dfrac{\mathrm{d}y}{\mathrm{d}x}=\dfrac{\mathrm{d}u}{\mathrm{d}x}-1$，原方程化为

$$\dfrac{\mathrm{d}u}{\mathrm{d}x}-1=\dfrac{-u}{3u-4},$$

即 $\dfrac{3u-4}{2u-4}\mathrm{d}u=\mathrm{d}x$，积分得 $\displaystyle\int3\mathrm{d}u+\int\dfrac{2}{u-2}\mathrm{d}u=2\int\mathrm{d}x$，从而

$$3u+2\ln|u-2|=2x+C.$$

将 $u=x+y$ 代入上式，得原方程的通解为

$$x+3y+2\ln|2-x-y|=C.$$

例 3 设函数 $f(x)$ 在 $[1,+\infty)$ 上连续,若由曲线 $y=f(x)$,直线 $x=1,x=t(t>1)$ 与 x 轴所围成的平面图形绕 x 轴旋转一周所成的旋转体体积为

$$V(t)=\frac{\pi}{3}[t^2f(t)-f(1)].$$

试求 $y=f(x)$ 所满足的微分方程,并求该微分方程满足条件 $y\Big|_{x=2}=\frac{2}{9}$ 的解.

解:依题意得 $V(t)=\pi\int_1^t f^2(x)\mathrm{d}x=\frac{\pi}{3}[t^2f(t)-f(1)]$,即

$$3\int_1^t f^2(x)\mathrm{d}x=t^2f(t)-f(1).$$

两边对 t 求导,得 $\qquad 3f^2(t)=2tf(t)+t^2f'(t).$

将上式改写为 $x^2y'=3y^2-2xy$,即

$$\frac{\mathrm{d}y}{\mathrm{d}x}=3\left(\frac{y}{x}\right)^2-2\cdot\frac{y}{x}. \qquad\qquad ①$$

令 $\frac{y}{x}=u$,则有 $x\frac{\mathrm{d}u}{\mathrm{d}x}=3u(u-1).$

当 $u\neq0,u\neq1$ 时,由 $\frac{\mathrm{d}u}{u(u-1)}=\frac{3\mathrm{d}x}{x}$,两边积分得 $\frac{u-1}{u}=Cx^3$. 从而①的通解为

$$y-x=Cx^3y \quad (C\ \text{为任意常数}).$$

由已知条件,求得 $C=-1$. 从而所求的解为 $y-x=-x^3y$ 或 $y=\frac{x}{1+x^3}$.

【方法点击】 本题关键在于使用旋转体的体积公式,根据题意建立积分方程,然后求导化为微分方程并解之.

第四节　一阶线性微分方程

—————————— 知识全解 ——————————

一 本节知识结构图解

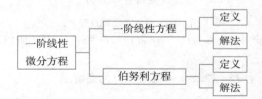

二 重点及常考点分析

1. 在求解一阶线性方程时,一定要化为标准形式(即 y' 的系数为 1)

$$y'+P(x)y=Q(x), \qquad\qquad ①$$

否则用公式求解时容易出错.

2. 一阶线性方程的解题程序:

(1)标准化,即将方程化为①的形式.

（2）求方程 $y'+P(x)y=0$ 的通解，

$$y'=-P(x)y,\frac{\mathrm{d}y}{y}=-P(x)\mathrm{d}x$$

$$\Rightarrow\ln|y|=-\int P(x)\mathrm{d}x+C_1$$

$$\Rightarrow y=C\mathrm{e}^{-\int P(x)\mathrm{d}x}.$$

（3）用常数变易法求方程①的通解.

令 $y=u(x)\mathrm{e}^{-\int P(x)\mathrm{d}x}$ 为方程①的解，将其代入方程并整理得

$$u'(x)\mathrm{e}^{-\int P(x)\mathrm{d}x}=Q(x)$$

$$\Rightarrow u'(x)=Q(x)\mathrm{e}^{\int P(x)\mathrm{d}x}$$

$$\Rightarrow u(x)=\int Q(x)\mathrm{e}^{\int P(x)\mathrm{d}x}\mathrm{d}x+C,$$

故原方程通解为 $y=\left[\int Q(x)\mathrm{e}^{\int P(x)\mathrm{d}x}\mathrm{d}x+C\right]\mathrm{e}^{-\int P(x)\mathrm{d}x}.$

3. 伯努利方程 为 $y'+P(x)y=Q(x)y^n(n\neq0,1)$，是可以化为一阶线性方程的一种形式，只需令 $z=y^{1-n}$，并以 $\frac{\mathrm{d}z}{\mathrm{d}y}=(1-n)y^{-n}$ 乘方程两边，得

$$\frac{\mathrm{d}z}{\mathrm{d}x}+(1-n)P(x)z=(1-n)Q(x),$$

即化为线性方程.

实际解题时也可由 $\alpha y^{\alpha-1}y'+\alpha P(x)y^\alpha=\alpha Q(x)$，观察得到 $v=y^\alpha(\alpha=1-n)$.

三 考研大纲要求解读

掌握一阶线性微分方程的解法，会解伯努利方程.

····· 例题精解 ·····

基本题型 1：一阶线性方程求解

例 **1** 设 y_1,y_2 是一阶线性非齐次微分方程 $y'+p(x)y=q(x)$ 的两个特解，若存在常数 λ,μ 使 $\lambda y_1+\mu y_2$ 是该方程的解；$\lambda y_1-\mu y_2$ 是对应的齐次方程的解，则（　　）.（考研题）

(A)$\lambda=\frac{1}{2},\mu=\frac{1}{2}$　　　　　　　　(B)$\lambda=-\frac{1}{2},\mu=-\frac{1}{2}$

(C)$\lambda=\frac{2}{3},\mu=\frac{1}{3}$　　　　　　　　(D)$\lambda=\frac{2}{3},\mu=\frac{2}{3}$

【思路探索】　此题主要考查线性微分方程解的性质和结构.

解：因为 y_1,y_2 是一阶线性非齐次微分方程 $y'+p(x)y=q(x)$ 的两个特解，所以

$$y'_1+p(x)y_1=y'_2+p(x)y_2=q(x). \tag{①}$$

由于 $\lambda y_1+\mu y_2$ 是该方程的解，则

$$(\lambda y'_1+\mu y'_2)+p(x)(\lambda y_1+\mu y_2)=q(x),$$

即 $\lambda[y'_1+p(x)y_1]+\mu[y'_2+p(x)y_2]=q(x).$

将①代入上式可得： $\lambda+\mu=1. \tag{②}$

由于 $\lambda y_1-\mu y_2$ 是对应的齐次方程的解，则

$$(\lambda y'_1-\mu y'_2)+p(x)(\lambda y_1-\mu y_2)=0,$$

第七章

即 $\lambda[y'_1+p(x)y_1]-\mu[y'_2+p(x)y_2]=0$.

将①代入上式可得：$\qquad\qquad\qquad\lambda-\mu=0$. ③

由②、③可得 $\lambda=\mu=\dfrac{1}{2}$. 故应选(A).

例 2 微分方程 $ydx+(x-3y^2)dy=0$ 满足条件 $y(1)=1$ 的解为 $y=$ _____. (考研题)

【思路探索】 表面上看此方程不属于标准的一阶线性方程,但如果交换 x 和 y 的地位,即把 x 看作未知函数,把 y 看作自变量,这时对变量 x 来说,原方程是线性方程.

解:把 x 看作未知函数,把 y 看作自变量,原方程变为关于函数 x 的线性方程

$$\frac{dx}{dy}+\frac{x}{y}=3y,$$

其通解为

$$x=e^{-\int\frac{1}{y}dy}\cdot\left(\int 3ye^{\int\frac{1}{y}dy}dy+C\right)=\frac{1}{y}\left(\int 3y^2dy+C\right)=\frac{1}{y}(y^3+C).$$

因为 $y=1$ 时,$x=1$,解得 $C=0$,即 $y=\sqrt{x}$,故应填 $\sqrt{x}$.

【方法点击】 本题考查一阶线性微分方程 $\dfrac{dy}{dx}+P(x)y=Q(x)$ 的通解

$$y=e^{-\int P(x)dx}\left[\int Q(x)e^{\int P(x)dx}dx+C\right],$$

题中的 x 是公式中的 y,题中的 y 是公式中的 x.

例 3 已知连续函数 $f(x)$ 满足条件 $f(x)=\int_0^{3x}f\left(\dfrac{t}{3}\right)dt+e^{2x}$,求 $f(x)$. (考研题)

解:两端同时对 x 求导数,得一阶线性微分方程 $f'(x)=3f(x)+2e^{2x}$,即

$$f'(x)-3f(x)=2e^{2x}.$$

解此方程,有

$$\begin{aligned}f(x)&=\left[\int Q(x)e^{\int P(x)dx}dx+C\right]e^{-\int P(x)dx}\\&=\left(\int 2e^{2x}\cdot e^{-3x}dx+C\right)e^{3x}=\left(2\int e^{-x}dx+C\right)e^{3x}\\&=(-2e^{-x}+C)e^{3x}=Ce^{3x}-2e^{2x}.\end{aligned}$$

由于 $f(0)=1$,可得 $C=3$. 于是 $f(x)=3e^{3x}-2e^{2x}$.

例 4 设 $F(x)=f(x)g(x)$,其中函数 $f(x),g(x)$ 在 $(-\infty,+\infty)$ 内满足以下条件:$f'(x)=g(x)$,$g'(x)=f(x)$,且 $f(0)=0,f(x)+g(x)=2e^x$.

(1)求 $F(x)$ 所满足的一阶微分方程;

(2)求出 $F(x)$ 的表达式. (考研题)

解:(1) $F'(x)=f'(x)g(x)+f(x)g'(x)=g^2(x)+f^2(x)$

$\qquad\quad=[g(x)+f(x)]^2-2f(x)g(x)=4e^{2x}-2F(x),$

故 $F(x)$ 满足的微分方程为

$$F'(x)+2F(x)=4e^{2x}.$$

(2)由一阶线性微分方程的通解公式得

$$\begin{aligned}F(x)&=e^{-2\int dx}\left(\int 4e^{2x}\cdot e^{\int 2dx}dx+C\right)\\&=e^{-2x}\left(\int 4e^{4x}dx+C\right)=e^{-2x}(e^{4x}+C).\end{aligned}$$

由 $F(0)=f(0)g(0)=0$，知 $C=-1$，故 $F(x)=\mathrm{e}^{2x}-\mathrm{e}^{-2x}$.

基本题型 2：伯努利方程的求解

例 **5** 求微分方程 $x^2y'+xy=y^2$ 的通解.（考研题）

解法一：将原方程视为伯努利方程，方程可化为

$$y^{-2}y'+\frac{1}{x}y^{-1}=\frac{1}{x^2},$$

令 $z=y^{-1}$，则 $z'=-y^{-2}\cdot y'$，得 $z'-\frac{1}{x}z=-\frac{1}{x^2}$. 于是得

$$z=\mathrm{e}^{\int\frac{1}{x}\mathrm{d}x}\cdot\left(-\int\frac{1}{x^2}\mathrm{e}^{-\int\frac{1}{x}\mathrm{d}x}\mathrm{d}x+C\right)$$

$$=x\left(-\int\frac{1}{x^3}\mathrm{d}x+C\right)$$

$$=x\left(\frac{1}{2x^2}+C\right)=\frac{1}{2x}+Cx,$$

即原方程通解为：$y=\dfrac{2x}{1+2Cx^2}$.

解法二：将原方程视为齐次方程，方程可化为

$$y'=\left(\frac{y}{x}\right)^2-\frac{y}{x},$$

令 $u=\dfrac{y}{x}$，则 $y=xu$，$\dfrac{\mathrm{d}y}{\mathrm{d}x}=u+x\dfrac{\mathrm{d}u}{\mathrm{d}x}$，原方程化为 $u+x\dfrac{\mathrm{d}u}{\mathrm{d}x}=u^2-u$.

分离变量并积分 $\displaystyle\int\frac{\mathrm{d}u}{u^2-2u}=\int\frac{\mathrm{d}x}{x}$，得 $1-\dfrac{2}{u}=Cx^2$，即 $y=\dfrac{2x}{1+Cx^2}$.

【方法点击】 由本题知同一个微分方程有时可属于不同类型，故可用不同方法求解.

例 **6** 设曲线 L 位于 xOy 平面的第一象限内，L 上任意一点 M 处的切线与 y 轴总相交，交点记为 A. 已知 $|\overline{MA}|=|\overline{OA}|$，且 L 过点 $\left(\dfrac{3}{2},\dfrac{3}{2}\right)$，求 L 的方程.（考研题）

解：过 $M(x,y)$ 处的切线方程为

$$Y-y=y'(X-x).$$

〔点斜式方程〕

令 $X=0$，得 $Y=y-xy'$，则 A 点坐标为 $(0,y-xy')$.

由 $|\overline{MA}|=|\overline{OA}|$，得

$$\sqrt{x^2+(xy')^2}=|y-xy'|,$$

〔伯努利方程〕

两边平方且化简得

$$2yy'-\frac{1}{x}y^2=-x.$$

令 $y^2=u$，得 $u'-\dfrac{1}{x}u=-x$，解得

$$u=\mathrm{e}^{\int\frac{1}{x}\mathrm{d}x}\left(-\int x\mathrm{e}^{-\int\frac{1}{x}\mathrm{d}x}\mathrm{d}x+C\right)$$

$$=x(-x+C)=Cx-x^2,$$

即 $y^2=Cx-x^2$，由于曲线 L 在第一象限内，故 $y=\sqrt{Cx-x^2}$.

由 $y\Big|_{x=\frac{3}{2}}=\dfrac{3}{2}$ 知 $C=3$，故 L 的方程为 $y=\sqrt{3x-x^2}\ (0<x<3)$.

第五节 可降阶的高阶微分方程

一 本节知识结构图解

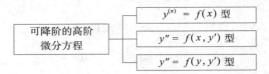

二 重点及常考点分析

1. 关于高阶微分方程的解法. 一般的高阶微分方程并没有通用的解法，求解的基本思路是把微分方程的阶数降低，通过变量代换把高阶方程的求解化为较低阶方程的求解，本节介绍以下三种类型的方程：

（1）$y^{(n)} = f(x)$ 型方程. 这是最简单的可降阶的高阶方程，只需逐步积分即可求解，在求解积分过程中每次都需增加一个常数，最后的解中应包含有 n 个任意常数，从而它的解可以表示为

$$y(x) = \underbrace{\int \cdots \left[\int \left[\int f(x) \mathrm{d}x \right] \cdots \mathrm{d}x \right.}_{n} + C_1 x^{n-1} + C_2 x^{n-2} + \cdots + C_{n-1} x + C_n.$$

（2）可降阶的二阶微分方程. 通常的二阶微分方程为 $F(x, y, y', y'') = 0$，有四个变量，仅当缺少 x 或 y 时一定可以降阶求解.

①对于 $F(x, y', y'') = 0$，即不显含 y，可视 y' 为新变量 $p(x)$，而 y'' 视为 $p'(x)$，方程变成一阶方程 $F(x, p, p') = 0$，从而可按一阶方程求解得到 $p(x, C_1)$，再利用 $\dfrac{\mathrm{d}y}{\mathrm{d}x} = p(x)$ 积分后得到方程的解

$$y(x) = \int p(x, C_1) \mathrm{d}x + C_2.$$

②对于 $F(y, y', y'') = 0$，即不显含 x，可把 y 当作自变量，而把 y' 看成 y 的函数 $p(y)$，这时 $y'' = \dfrac{\mathrm{d}}{\mathrm{d}x} p(y) = \dfrac{\mathrm{d}p}{\mathrm{d}y} \dfrac{\mathrm{d}y}{\mathrm{d}x} = p \cdot \dfrac{\mathrm{d}p}{\mathrm{d}y}$，代入原方程后变成 $F\left(y, p(y), p \dfrac{\mathrm{d}p}{\mathrm{d}y}\right) = 0$，按一阶方程求得 $p(y, C_1)$，然后利用 $\dfrac{\mathrm{d}y}{\mathrm{d}x} = p(y, C_1)$，即 $\dfrac{\mathrm{d}y}{p(y, C_1)} = \mathrm{d}x$，积分后得到方程的解

$$x = \int \frac{1}{p(y, C_1)} \mathrm{d}y + C_2.$$

三 考研大纲要求解读

会用降阶法解下列微分方程：
$y^{(n)} = f(x); y'' = f(x, y'); y'' = f(y, y').$

基本题型 1： $y^{(n)} = f(x)$ **型方程的求解**

例 1 求微分方程 $y'' = \ln x$ 的通解.

解： $y' = \displaystyle\int y'' \mathrm{d}x = \int \ln x \mathrm{d}x = x \ln x - x + C_1,$

$$y = \int y' \mathrm{d}x = \int (x\ln x - x + C_1)\mathrm{d}x = \frac{x^2}{2}\ln x - \frac{3}{4}x^2 + C_1 x + C_2.$$

基本题型 2：$F(x, y', y'') = 0$ 或 $F(y, y', y'') = 0$ 型方程的求解

例 2　微分方程 $xy'' + 3y' = 0$ 的通解为 _____.（考研题）

解：令 $y' = p$，则 $y'' = \dfrac{\mathrm{d}p}{\mathrm{d}x}$. 代入原方程得 $x\dfrac{\mathrm{d}p}{\mathrm{d}x} + 3p = 0$，分离变量得 $\dfrac{\mathrm{d}p}{p} = -\dfrac{3}{x}\mathrm{d}x$，两边积分得

$$\ln p = -3\ln x + \ln C_2',$$

即 $p = C_2' x^{-3}$，也即 $y' = C_2' x^{-3}$，解得 $y = C_1 + \dfrac{C_2}{x^2}$. 故应填 $y = C_1 + \dfrac{C_2}{x^2}$.

例 3　求微分方程 $y'' + \dfrac{(y')^2}{1-y} = 0$ 的通解.

解：作代换 $p = y'$，则 $y'' = p\dfrac{\mathrm{d}p}{\mathrm{d}y}$，原方程化为

$$p\frac{\mathrm{d}p}{\mathrm{d}y} + \frac{p^2}{1-y} = 0.$$

其中 $p = 0$ 是上述方程的特解，即 $y = C(C \neq 1)$ 是解. 又由 $\dfrac{\mathrm{d}p}{\mathrm{d}y} = -\dfrac{p}{1-y}$ 得 $p = C_1(y-1)$，故由

$\dfrac{\mathrm{d}y}{\mathrm{d}x} = C_1(y-1)$，得解 $y = 1 + C_2\mathrm{e}^{C_1 x}$，其中 $C_2 \neq 0$.

【方法点击】　当 $C_1 = 0$ 时即包含了解 $y = C(C \neq 1)$，故原方程的全部解是

$$y = 1 + C_2\mathrm{e}^{C_1 x} \quad (C_2 \neq 0).$$

基本题型 3：求可降阶的高阶微分方程的特解

例 4　求微分方程 $y''(x + y^2) = y'$ 满足初始条件 $y(1) = y'(1) = 1$ 的特解.（考研题）

解：令 $y' = p$，则 $y'' = \dfrac{\mathrm{d}p}{\mathrm{d}x}$，原方程化为

$$p'(x + p^2) = p,$$

即 $\dfrac{\mathrm{d}x}{\mathrm{d}p} - \dfrac{x}{p} = p$. 于是

$$x = \mathrm{e}^{\int \frac{1}{p}\mathrm{d}p}\left(\int p\mathrm{e}^{-\int \frac{1}{p}\mathrm{d}p}\mathrm{d}p + C_1\right) = p(p + C_1).$$

因为 $p\Big|_{x=1} = y'(1) = 1$，所以 $C_1 = 0$，故 $p^2 = x$.

又由 $y'(1) = 1$，所以 $p = \sqrt{x}$，即 $\dfrac{\mathrm{d}y}{\mathrm{d}x} = \sqrt{x}$，解得

$$y = \frac{2}{3}x^{\frac{3}{2}} + C_2,$$

又由 $y(1) = 1$，所以 $C_2 = \dfrac{1}{3}$，故 $y = \dfrac{2}{3}x^{\frac{3}{2}} + \dfrac{1}{3}$.

例 5　微分方程 $yy'' + (y')^2 = 0$ 满足初始条件 $y\Big|_{x=0} = 1, y'\Big|_{x=0} = \dfrac{1}{2}$ 的特解是 _____.（考研题）

解：令 $y' = p, y'' = p\dfrac{\mathrm{d}p}{\mathrm{d}y}$，则原方程化为 $p\left(y\dfrac{\mathrm{d}p}{\mathrm{d}y} + p\right) = 0$.

(1) 当 $p = 0$ 时，得 $y' = 0$，与已知矛盾；

(2)当 $p \neq 0$ 时,有 $y\dfrac{\mathrm{d}p}{\mathrm{d}y}+p=0$,解得 $p=\dfrac{C_1}{y}$.

把 $\begin{cases} y'\Big|_{x=0}=\dfrac{1}{2}, \\ y\Big|_{x=0}=1 \end{cases}$ 代入 $p=\dfrac{C_1}{y}$,得 $C_1=\dfrac{1}{2}$,即微分方程为 $y'=\dfrac{1}{2y}$.

解得 $y^2=x+C_2$,把 $y\Big|_{x=0}=1$ 代入得 $C_2=1$. 故应填 $y^2=x+1$.

基本题型 4:应用题

例 6 设函数 $y(x)(x\geqslant 0)$ 二阶可导且 $y'(x)>0$,$y(0)=1$,过曲线 $y=y(x)$ 上任意一点 $P(x,y)$ 作该曲线的切线及 x 轴的垂线,上述两直线与 x 轴所围成的三角形面积记为 S_1,区间 $[0,x]$ 上以 $y=y(x)$ 为曲边的曲边梯形面积记为 S_2,并且 $2S_1-S_2$ 恒为 1,求曲线 $y=y(x)$ 的方程.(考研题)

解:曲线 $y=y(x)$ 在点 $P(x,y)$ 处的切线方程为
$$Y-y=y'(x)(X-x).$$

令 $Y=0$,得 $X=x-\dfrac{y}{y'}$,即切线与 x 轴的交点为 $\left(x-\dfrac{y}{y'},0\right)$.

因 $y(0)=1$,$y'(x)>0$,故 $y(x)\geqslant y(0)>0(x\geqslant 0)$,所以
$$S_1=\frac{1}{2}y\left|x-\left(x-\frac{y}{y'}\right)\right|=\frac{y^2}{2y'}.$$

又因 $S_2=\displaystyle\int_0^x y(t)\mathrm{d}t$,由题意 $2S_1-S_2=1$,得
$$\frac{y^2}{y'}-\int_0^x y(t)\mathrm{d}t=1,$$

两边对 x 求导得 $\dfrac{2y(y')^2-y^2y''}{(y')^2}-y=0$,

> 为什么求导?

由于 $y>0$,整理得 $yy''=(y')^2$. 令 $p=y'$,则 $y''=p\dfrac{\mathrm{d}p}{\mathrm{d}y}$,方程化为 $yp\dfrac{\mathrm{d}p}{\mathrm{d}y}=p^2$,

> 降阶法

分离变量 $\dfrac{1}{p}\mathrm{d}p=\dfrac{1}{y}\mathrm{d}y$,积分得 $\ln|p|=\ln|y|+\ln|C_1|$,

即 $y'=p=C_1y$. 再分离变量 $\dfrac{\mathrm{d}y}{y}=C_1\mathrm{d}x$,再积分 $\ln y=C_1x+C_2$,即 $y=\mathrm{e}^{C_1x+C_2}$.

由 $y(0)=1$,得 $y'(0)=1$,可知 $C_1=1,C_2=0$,从而所求曲线方程为 $y=\mathrm{e}^x$.

【方法点击】 本题多次利用分离变量法积分,可见此法的重要性!

第六节　高阶线性微分方程

知识全解

一　本节知识结构图解

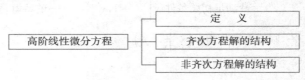

二 重点及常考点分析

1.已知二阶线性方程相应的齐次方程的一个特解,利用常数变易法可求出它的全部解.

首先对于齐次方程 $y''+a_1(x)y'+a_2(x)y=0$,若 $y_1(x)$ 是它的特解,由解的结构定理可知 $Cy_1(x)$ 也是它的解.

令 $C=C(x)$,对 $C(x)y_1(x)$ 求导代入方程得到

$$y_1C''+[2y'_1+a_1(x)y_1]C'=0,$$

故 $\dfrac{C''}{C'}=-\dfrac{2y_1'}{y_1}-a_1(x)$,两边积分得 $\ln C'=\ln y_1^{-2}-\int a_1(x)\mathrm{d}x+\ln C_1$.

解得 $C'=C_1\cdot\dfrac{1}{y_1^2}\mathrm{e}^{-\int a_1(x)\mathrm{d}x}$,所以

$$y=y_1\left[C_2+C_1\int\frac{1}{y_1^2}\mathrm{e}^{-\int a_1(x)\mathrm{d}x}\mathrm{d}x\right]. \qquad ①$$

取 $C_2=0,C_1=1$,得到齐次方程的另一个特解

$$y_2=y_1\cdot\int\frac{1}{y_1^2}\mathrm{e}^{-\int a_1(x)\mathrm{d}x}\mathrm{d}x.$$

它与 $y_1(x)$ 线性无关,因此①给出了原齐次方程的通解.

然后求非齐次方程 $y''+a_1(x)y'+a_2(x)y=f$ 的通解.

设 $y=y_1(x)V_1+y_2(x)V_2$ 为其解,则

$$y'=y_1'V_1+y_2'V_2+y_1V_1'+y_2V_2',$$

为使 y' 式中不含 V_1' 与 V_2',设 $y_1V_1'+y_2V_2'=0$,再求导有

$$y''=y_1'V_1'+y_2'V_2'+y_1''V_1+y_2''V_2,$$

把 y,y',y'' 代入原方程,并注意 y_1,y_2 为相应齐次方程的解,整理可得

$$y_1'V_1'+y_2'V_2'=f,$$

由 y_1,y_2 的线性无关可知 $W=\begin{vmatrix}y_1 & y_2\\ y_1' & y_2'\end{vmatrix}\neq0$,故

$$V_1'=-\frac{y_2f}{W},V_2'=\frac{y_1f}{W}.$$

积分上两式得 $V_1=C_1+\displaystyle\int\left(-\frac{y_2f}{W}\right)\mathrm{d}x,V_2=C_2+\int\frac{y_1f}{W}\mathrm{d}x$,

故非齐次方程的通解为

$$y=C_1y_1+C_2y_2-y_1\int\frac{y_2f}{W}\mathrm{d}x+y_2\int\frac{y_1f}{W}\mathrm{d}x.$$

2. 关于 $y''+Py'+Qy=0$ 特解的求法:

(1) 观察法,一方面根据方程系数的特点,一方面要根据已掌握的各类函数导数的特点,在方程简单的情况下,观察出特解.

(2) 降阶法,如果有些方程只能观察出一个解,可由降阶求出另一与之线性无关的特解,降阶法要点与公式如下:设 $y_2=y_1(x)\cdot u(x)$,代入原方程可得到一个可降阶的关于 $u(x)$ 的二次方程,再解这个可降阶的二次方程得

$$u(x)=\int\frac{1}{y_1^2}\mathrm{e}^{-\int p(x)\mathrm{d}x}\mathrm{d}x,$$

于是另一特解为

$$y_2 = y_1(x)u(x) = y_1(x)\int \frac{\mathrm{e}^{-\int p(x)\mathrm{d}x}}{y_1^2(x)}\mathrm{d}x.$$

若已知一个特解,求出一个特解,就可由解的结构原理求出通解.

三 考研大纲要求解读

理解线性微分方程解的性质及解的结构定理.

例题精解

基本题型:利用线性微分方程解的结构讨论问题

例 1 已知 $y_1=\mathrm{e}^{3x}-x\mathrm{e}^{2x}, y_2=\mathrm{e}^x-x\mathrm{e}^{2x}, y_3=-x\mathrm{e}^{2x}$ 是某二阶常系数非齐次线性微分方程的 3 个解,则该方程的通解 $y=$ _____.(考研题)

【思路探索】 先求出对应齐次方程的通解,然后写出该方程的通解.

解:记 $\overline{y_1}=y_1-y_3=\mathrm{e}^{3x}, \overline{y_2}=y_2-y_3=\mathrm{e}^x$,则由解的结构定理知 $\overline{y_1}, \overline{y_2}$ 是对应齐次方程的解,且 $\overline{y_1}$ 与 $\overline{y_2}$ 线性无关;于是原方程对应的齐次微分方程的通解为:

$$Y=C_1\overline{y_1}+C_2\overline{y_2}=C_1\mathrm{e}^{3x}+C_2\mathrm{e}^x(C_1,C_2\text{ 为任意常数}),$$

从而原方程的通解为

$$y=Y+y_3=C_1\mathrm{e}^{3x}+C_2\mathrm{e}^x-x\mathrm{e}^{2x},$$

故应填 $C_1\mathrm{e}^{3x}+C_2\mathrm{e}^x-x\mathrm{e}^{2x}$.

例 2 证明函数 $y=\dfrac{1}{x}(C_1\mathrm{e}^x+C_2\mathrm{e}^{-x})+\dfrac{\mathrm{e}^x}{2}(C_1,C_2$ 为任意常数)是方程 $xy''+2y'-xy=\mathrm{e}^x$ 的通解.

证明:记 $y_1=\dfrac{1}{x}\mathrm{e}^x, y_2=\dfrac{1}{x}\mathrm{e}^{-x}, y^*=\dfrac{\mathrm{e}^x}{2}$,则

$$y_1'=x^{-1}\mathrm{e}^x-x^{-2}\mathrm{e}^x, y_1''=x^{-1}\mathrm{e}^x-2x^{-2}\mathrm{e}^x+2x^{-3}\mathrm{e}^x,$$

$$y_2'=\mathrm{e}^{-x}(-x^{-1}-x^{-2}), y_2''=\mathrm{e}^{-x}(x^{-1}+2x^{-2}+2x^{-3}),$$

代入验证知 y_1,y_2 满足 $xy''+2y'-xy=0$,且 y_1/y_2 不为常数,故 $C_1y_1+C_2y_2$ 是齐次方程的通解.

而 $y^*=y^{*'}=y^{*''}=\dfrac{1}{2}\mathrm{e}^x$,故

$$xy^{*''}+2y^{*'}-xy^*=\frac{\mathrm{e}^x}{2}(x+2-x)=\mathrm{e}^x,$$

即 $y^*=\dfrac{\mathrm{e}^x}{2}$ 是非齐次方程的特解.

从而由线性微分方程解的结构定理知 $y=\dfrac{(C_1\mathrm{e}^x+C_2\mathrm{e}^{-x})}{x}+\dfrac{\mathrm{e}^x}{2}$ 是非齐次线性方程的通解.

第七节　常系数齐次线性微分方程

知识全解

一 本节知识结构图解

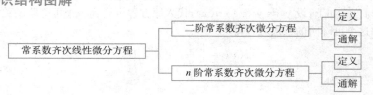

二 重点及常考点分析

关于常系数齐次线性微分方程：常系数齐次线性微分方程一般形式可写成

$$y^{(n)} + p_1 y^{(n-1)} + \cdots + p_n y = 0,$$

其中 $p_1, \cdots, p_n$ 是常数，由于假设 $y = e^{rx}$ 是它的解，经求导代入方程后消去 e^{rx}（由 $e^{rx} \neq 0$）后得到了相应的特征方程

$$r^n + p_1 r^{n-1} + \cdots + p_n = 0.$$

这是一个 n 次方程，必有 n 个根 $r_1, r_2, \cdots, r_n$，其中 r_i 可以是 k 重实根，也可以是 k 重共轭复根 $\alpha \pm i\beta$；每一个 r_i 都对应于齐次方程的一个特解（当 r 是 k 重根时对应于 k 个线性无关的特解 $e^{rx}, xe^{rx}, \cdots, x^{k-1}e^{rx}$），共得到 n 个线性无关的特解，利用线性微分方程解的结构，可构成包含 n 个任意常数的通解.

三 考研大纲要求解读

掌握二阶常系数齐次微分方程的解法，并会解某些高于二阶的常系数齐次微分方程.

—— 例题精解 ——

基本题型 1：求高阶常系数齐次线性微分方程的解

例 **1** 微分方程 $y'' - y' + \dfrac{1}{4}y = 0$ 的通解为 _____.（考研题）

【思路探索】 本题考查二阶常系数齐次线性微分方程求解. 写出特征方程，求出特征根，由特征根得通解.

解：由特征方程 $r^2 - r + \dfrac{1}{4} = 0$，得特征根为 $r_1 = r_2 = \dfrac{1}{2}$，故方程通解为

$$y = (C_1 + C_2 x)e^{\frac{1}{2}x} \quad (C_1, C_2 \text{ 为任意常数}).$$

故应填 $(C_1 + C_2 x)e^{\frac{1}{2}x}$.

例 **2** 3 阶常系数线性齐次微分方程 $y''' - 2y'' + y' - 2y = 0$ 的通解为 $y = $ _____.（考研题）

解：特征方程为 $r^3 - 2r^2 + r - 2 = 0$，则特征根为 $r_1 = 2, r_2 = i, r_3 = -i$，从而知原方程通解为

$$y = C_1 e^{2x} + C_2 \cos x + C_3 \sin x \quad (C_1, C_2, C_3 \text{ 为任意常数}).$$

故应填 $C_1 e^{2x} + C_2 \cos x + C_3 \sin x$.

基本题型 2：由已知解确定方程

例 **3** 设以下式子分别是某些二阶常系数线性微分方程的通解，求各自对应的方程：

(1) $y = (C_1 + C_2 x)e^{2x}$；　　(2) $y = e^x(C_1 \cos \sqrt{2} x + C_2 \sin \sqrt{2} x)$.

解：利用通解表达式可知

(1) 特征根为 $\lambda_{1,2} = 2$（二重根），特征方程为 $\lambda^2 - 4\lambda + 4 = 0$，
故所求方程为 $y'' - 4y' + 4y = 0$.

(2) 特征根为 $\lambda_{1,2} = 1 \pm \sqrt{2}i$，特征方程为 $\lambda^2 - 2\lambda + 3 = 0$，
故所求方程为 $y'' - 2y' + 3y = 0$.

【方法点击】 已知常系数齐次线性方程来求其通解与已知通解来确定其方程恰好是一个相反的过程，都是借助于特征方程与特征根来完成的.

第七章

基本题型 3：综合题与应用题

例 **4** 设函数 $y=f(x)$ 满足条件 $\begin{cases} y''+4y'+4y=0, \\ y(0)=2,y'(0)=-4, \end{cases}$ 求广义积分 $\int_0^{+\infty} y(x)\mathrm{d}x$.

解：解特征方程 $r^2+4r+4=0$，得 $r_1=r_2=-2$. 原方程的通解为

$$y=(C_1+C_2x)\mathrm{e}^{-2x}.$$

由初始条件得 $C_1=2,C_2=0$. 因此，微分方程的特解为 $y=2\mathrm{e}^{-2x}$，

$$\int_0^{+\infty} y(x)\mathrm{d}x=\int_0^{+\infty} 2\mathrm{e}^{-2x}\mathrm{d}x=\int_0^{+\infty} \mathrm{e}^{-2x}\mathrm{d}(2x)=1.$$

例 **5** 一个单位质量的质点以初速度 v_0 从 O 点开始沿 x 轴作直线运动. 运动过程中它受到一个沿运动方向的推力和一个与运动方向相反的阻力，且推力大小和阻力大小分别与此质点到原点的距离，质点的运动速率成正比，比例系数分别为 k_1,k_2. 求反映质点运动规律的函数.

解：设坐标轴 x 的正向与初速度 v_0 一致，由题意得到如下微分方程的初值问题

$$\begin{cases} x''=k_1x-k_2x', & ① \\ x\Big|_{t=0}=0,x'\Big|_{t=0}=v_0, & ② \end{cases}$$

① 为二阶常系数齐次方程，特征方程为 $\lambda^2+k_2\lambda-k_1=0$，故

$$\lambda_{1,2}=\frac{-k_2\pm\sqrt{k_2^2+4k_1}}{2}, \qquad ③$$

故原方程通解为 $x=C_1\mathrm{e}^{\lambda_1 t}+C_2\mathrm{e}^{\lambda_2 t}$. 由初始条件②得

$$C_1=\frac{v_0}{\lambda_1-\lambda_2},C_2=-C_1=\frac{-v_0}{\lambda_1-\lambda_2},$$

故反映质点的运动规律的函数是

$$x=\frac{v_0}{\sqrt{k_2^2+4k_1}}\mathrm{e}^{\lambda_1 t}\left[1-\mathrm{e}^{(\lambda_2-\lambda_1)t}\right],$$

其中 λ_1,λ_2 由③确定.

第八节　常系数非齐次线性微分方程

知识全解

一 本节知识结构图解

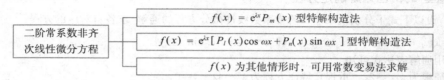

二阶常系数非齐次线性微分方程	$f(x)=\mathrm{e}^{\lambda x}P_m(x)$ 型特解构造法
	$f(x)=\mathrm{e}^{\lambda x}[P_l(x)\cos\omega x+P_n(x)\sin\omega x]$ 型特解构造法
	$f(x)$ 为其他情形时，可用常数变易法求解

二 重点及常考点分析

二阶常系数非齐次线性方程通解的求法：

(1) 用特征根法求出对应齐次方程的通解 $Y(x)$；

(2) 用待定系数法求出非齐次方程的一个特解 $y^*(x)$；

(3) 写出原方程的通解 $y=Y(x)+y^*(x)$.

三 考研大纲要求解读

会解自由项为多项式、指数函数、正弦函数、余弦函数以及它们的和与积的二阶常系数非齐次线性微分方程.

················ 例题精解 ················

基本题型 1：求解非齐次线性方程

例 **1** 若二阶常系数齐次微分方程 $y''+ay'+by=0$ 的通解为 $y=(C_1+C_2x)\mathrm{e}^x$，则非齐次方程 $y''+ay'+by=x$ 满足条件 $y(0)=2,y'(0)=0$ 的特解为 $y=$ _____.（考研题）

【思路探索】 先利用特征根与齐次方程通解的对应关系，求出 a,b，然后再根据非齐次方程特解的求法得特解 y^*.

解： 由 $y=(C_1+C_2x)\mathrm{e}^x$ 得二阶常系数线性齐次微分方程 $y''+ay'+by=0$ 的特征值 $r_1=r_2=1$. 即特征方程为 $r^2+ar+b=(r-1)^2=0$，故 $a=-2,b=1$. 从而非齐次微分方程为 $y''-2y'+y=x$.
设特解 $y^*=Ax+B$，代入微分方程 $y''-2y'+y=x$ 得
$$-2A+Ax+B=x\Rightarrow A=1,B=2,$$
则 $y^*=x+2$. 通解为 $y=(C_1+C_2x)\mathrm{e}^x+x+2$，代入初始条件 $y(0)=2,y'(0)=0$，得 $C_1=0,C_2=-1$，从而方程的特解为 $y=-x\mathrm{e}^x+x+2$.
故应填 $-x\mathrm{e}^x+x+2$.

例 **2** 求下列微分方程的通解：
(1) $y''-3y'+2y=2x\mathrm{e}^x$；（考研题） (2) $y''+4y'+4y=\cos 2x$.

【思路探索】 直接利用二阶常系数非齐次线性微分方程的求解方法即可.

解： (1) 特征方程为 $r^2-3r+2=0$，解得特征根 $r_1=1,r_2=2$，则原方程对应的齐次方程通解为
$$Y=C_1\mathrm{e}^x+C_2\mathrm{e}^{2x}.$$
设原方程的一个特解 $y^*=x(ax+b)\mathrm{e}^x$，代入原方程解得 $a=-1,b=-2$.
则 $y^*=-x(x+2)\mathrm{e}^x$，故方程通解 $y=Y+y^*=C_1\mathrm{e}^x+C_2\mathrm{e}^{2x}-x(x+2)\mathrm{e}^x$.
(2) 对应齐次方程的特征方程为 $r^2+4r+4=0$，
特征根为 $r=-2$（二重），故齐次方程的通解为 $y=(C_1+C_2x)\mathrm{e}^{-2x}$.
由于 $\pm 2\mathrm{i}$ 不是特征根，故设原方程的特解 $y^*=A\cos 2x+B\sin 2x$，
代入原方程得 $8B\cos 2x-8A\sin 2x=\cos 2x$，则 $A=0,B=\dfrac{1}{8}$，故 $y^*=\dfrac{1}{8}\sin 2x$.

故原方程通解为 $y=(C_1+C_2x)\mathrm{e}^{-2x}+\dfrac{1}{8}\sin 2x$.

基本题型 2：应用题与综合题

例 **3** 已知函数 $f(x)$ 满足方程 $f''(x)+f'(x)-2f(x)=0$ 及 $f'(x)+f(x)=2\mathrm{e}^x$.

(1) 求表达式 $f(x)$；

(2) 求曲线 $y=f(x^2)\displaystyle\int_0^x f(-t^2)\mathrm{d}t$ 的拐点.（考研题）

解： (1) 特征方程为 $r^2+r-2=0$，特征根为 $r_1=1,r_2=-2$，齐次微分方程 $f''(x)+f'(x)-2f(x)=0$ 的通解为 $f(x)=C_1\mathrm{e}^x+C_2\mathrm{e}^{-2x}$，再由 $f'(x)+f(x)=2\mathrm{e}^x$ 得 $2C_1\mathrm{e}^x-C_2\mathrm{e}^{-2x}=2\mathrm{e}^x$，可知 $C_1=1,C_2=0$，故 $f(x)=\mathrm{e}^x$.

(2) 曲线方程为 $y=\mathrm{e}^x\displaystyle\int_0^x \mathrm{e}^{-t}\mathrm{d}t$，则

$$y' = 1 + 2xe^{x^2}\int_0^x e^{-t}\,dt,$$

$$y'' = 2x + 2(1+2x^2)e^{x^2}\int_0^x e^{-t}\,dt.$$

令 $y'' = 0$ 得 $x = 0$. 为了说明 $x = 0$ 是 $y'' = 0$ 唯一的解，我们来讨论 y'' 在 $x > 0$ 和 $x < 0$ 时的符号.

当 $x > 0$ 时，$2x > 0, 2(1+2x^2)e^{x^2}\int_0^x e^{-t}\,dt > 0$，可知 $y'' > 0$；

当 $x < 0$ 时，$2x < 0, 2(1+2x^2)e^{x^2}\int_0^x e^{-t}\,dt < 0$，可知 $y'' < 0$.

可知 $x = 0$ 是 $y'' = 0$ 唯一的解.

同时，由上述讨论可知曲线 $y = f(x^2)\int_0^x f(-t^2)\,dt$ 在 $x = 0$ 左右两边的凹凸性相反，可知 $(0,0)$ 点是曲线 $y = f(x^2)\int_0^x f(-t^2)\,dt$ 唯一的拐点.

*第九节　欧拉方程

知识全解

一　本节知识结构图解

二　重点及常考点分析

欧拉方程是变系数线性方程通过变量代换 $x = e^t$ 能化成关于 $y(t)$ 的常系数微分方程的基本类型，其特点是：

(1)齐次方程是 $x^k y^{(k)}$ 的线性组合为 0 的形式.

(2)自由项 $f(x)$ 为 $\ln x$ 和 x^k 的形式，经过 $x = e^t$ 变换后能变成 $P_m(t)e^{\lambda t}$ 形式. 若记 $D = \dfrac{d}{dt}$，则有 $x^k y^{(k)} = D(D-1)\cdots(D-k+1)y$.

解出 $y(t)$ 的解再用 $t = \ln x$ 代回得原方程的解.

三　考研大纲要求解读

会解欧拉方程.

例题精解

基本题型 1：求解欧拉方程

例 **1**　求解下列微分方程：

(1) $x^2 y'' - xy' + 5y = 0$；　　　(2) $x^3 y''' + 3x^2 y'' + xy' - y = x\ln x$.

解：(1)设 $x = e^t$，有 $[D(D-1) - D + 5]y = 0$，即 $(D^2 - 2D + 5)y = 0$，其中 $D = \dfrac{d}{dt}$.

特征方程 $\lambda^2-2\lambda+5=0$,解之得特征根为 $\lambda_{1,2}=1\pm2i$,于是
$$y(t)=e^t(C_1\cos 2t+C_2\sin 2t),$$
代入原变量即得原方程的通解 $y(x)=x[C_1\cos(2\ln x)+C_2\sin(2\ln x)]$.

(2)设 $x=e^t$,即 $t=\ln x$,则原方程变形为
$$[D(D-1)(D-2)+3D(D-1)+D-1]y=te^t,$$
即
$$(D^3-1)y=te^t, \qquad\qquad\qquad ①$$

其特征方程为 $\lambda^3-1=0\Rightarrow\lambda_1=1,\lambda_{2,3}=-\dfrac{1}{2}\pm\dfrac{\sqrt{3}}{2}i$.

故①对应的齐次方程通解
$$Y(t)=C_1e^t+e^{-\frac{t}{2}}\left(C_2\cos\frac{\sqrt{3}}{2}t+C_3\sin\frac{\sqrt{3}}{2}t\right).$$

设①的一特解为 $y^*=t(At+B)e^t$,代入①得
$$(6At+6A+3B)e^t=te^t,$$

故 $A=\dfrac{1}{6}$,$B=-\dfrac{1}{3}$,故 $y^*=\dfrac{1}{6}t^2e^t-\dfrac{1}{3}te^t$. 故①的通解为
$$y=\left(C_1-\frac{1}{3}t+\frac{1}{6}t^2\right)e^t+e^{-\frac{t}{2}}\left(C_2\cos\frac{\sqrt{3}}{2}t+C_3\sin\frac{\sqrt{3}}{2}t\right).$$

则原方程的通解为
$$y=\left(C_1-\frac{1}{3}\ln x+\frac{1}{6}\ln^2 x\right)x+\frac{1}{\sqrt{x}}\left[C_2\cos\left(\frac{\sqrt{3}}{2}\ln x\right)+C_3\sin\left(\frac{\sqrt{3}}{2}\ln x\right)\right].$$

基本题型 2:综合题和应用题

例 **2** 设 $y=y(x)$ 是区间 $(-\pi,\pi)$ 内过 $\left(-\dfrac{\pi}{\sqrt{2}},\dfrac{\pi}{\sqrt{2}}\right)$ 的光滑曲线,当 $-\pi<x<0$ 时,曲线上任一点处的法线都过原点,当 $0\leqslant x<\pi$ 时,函数 $y(x)$ 满足 $y''+y+x=0$. 求 $y(x)$ 的表达式.(考研题)

解:由题意得,当 $x\in(-\pi,0)$ 时,$y=-\dfrac{x}{y'}$,即 $ydy=-xdx$,可得 $y^2=-x^2+C$,又因 $y\left(-\dfrac{\pi}{\sqrt{2}}\right)=\dfrac{\pi}{\sqrt{2}}$,

代入 $y^2=-x^2+C$,得 $C=\pi^2$,且 $y=\sqrt{-x^2+\pi^2}$.

当 $0\leqslant x<\pi$ 时,齐次方程 $y''+y=0$ 的通解为 $y=C_1\cos x+C_2\sin x$.

令非齐次方程的特解为 $y_1=Ax+b$,则有 $0+Ax+b+x=0$,得 $A=-1,b=0$,

$y''+y+x=0$ 的通解为 $y=C_1\cos x+C_2\sin x-x$.

由于 $y=y(x)$ 是 $(-\pi,\pi)$ 内的光滑曲线,故 y 在 $x=0$ 处连续,于是由 $y(0^-)=\pi,y(0^+)=C_1$,可得 $C_1=\pi$,此时 $y=y(x)$ 在 $x=0$ 处连续;

又当 $-\pi<x<0$ 时,有 $2x+2y\cdot y'=0$,得 $y'(0)=-\dfrac{x}{y}=0$;当 $0\leqslant x<\pi$ 时,有 $y'=-C_1\sin x+C_2\cos x-1$,得 $y'_+(0)=C_2-1$,由 $y'_-(0)=y'_+(0)$ 得 $C_2-1=0$,即 $C_2=1$.

故 $y=y(x)$ 的表达式为
$$y=\begin{cases}\sqrt{\pi^2-x^2}, & -\pi<x<0,\\ \pi\cos x+\sin x-x, & 0\leqslant x<\pi.\end{cases}$$

*第十节　常系数线性微分方程组解法举例

一　重点及常考点分析

常系数线性微分方程是几个具有同一自变量 x 的函数所满足的微分方程组，一般而言含有 S 个未知函数就应有 S 个方程，它的特点是：

①微分方程组中各个未知函数的各阶导数都是一次的.

②函数及各阶导数的系数都是常数.

解题步骤：

①利用代入法或消元法或其他解线性方程组的方法消去其他未知函数及其导数，得到只含有一个未知函数的高阶常系数线性微分方程.

②解此方程，求出某一未知函数的通解.

③把已求出的未知函数代入原方程组，通过求导而不是积分的步骤求出其余的未知函数.

基本题型 1：用消元法求解线性微分方程组

例 1 用消元法解线性微分方程组：

$$\begin{cases} \dfrac{\mathrm{d}x}{\mathrm{d}t}=2x-4y+4\mathrm{e}^{-2t}, \\ \dfrac{\mathrm{d}y}{\mathrm{d}t}=2x-2y. \end{cases}$$

解法一：由第二个方程式可求得

$$x=\frac{1}{2}\frac{\mathrm{d}y}{\mathrm{d}t}+y, \qquad\qquad ①$$

将①代入第一个方程式，得 $\dfrac{1}{2}\dfrac{\mathrm{d}^2y}{\mathrm{d}t^2}+2y=4\mathrm{e}^{-2t}$，解此方程可得

$$y=\mathrm{e}^{-2t}+C_1\cos 2t+C_2\sin 2t.$$

将其代入①，即得 $x=(C_2+C_1)\cos 2t+(C_2-C_1)\sin 2t$，故原方程通解为

$$\begin{pmatrix} x \\ y \end{pmatrix}=\begin{pmatrix} C_1+C_2 \\ C_1 \end{pmatrix}\cos 2t+\begin{pmatrix} C_2-C_1 \\ C_2 \end{pmatrix}\sin 2t+\begin{pmatrix} 0 \\ \mathrm{e}^{-2t} \end{pmatrix}.$$

解法二：记 $D=\dfrac{\mathrm{d}}{\mathrm{d}t}$，则方程组可表示为

$$\begin{cases} (D-2)x+4y=4\mathrm{e}^{-2t}, \\ -2x+(D+2)y=0. \end{cases} \qquad\qquad ②$$

则有 $\begin{vmatrix} D-2 & 4 \\ -2 & D+2 \end{vmatrix}x=\begin{vmatrix} 4\mathrm{e}^{-2t} & 4 \\ 0 & D+2 \end{vmatrix}$，即 $(D^2+4)x=0$.

故 $x=C_3\cos 2t+C_4\sin 2t$. 又由②得

$$y=\frac{1}{4}[4\mathrm{e}^{-2t}-(D-2)x]=\mathrm{e}^{-2t}+\frac{C_3-C_4}{2}\cos 2t+\frac{C_3+C_4}{2}\sin 2t.$$

故原方程通解为

$$\binom{x}{y}=\begin{pmatrix}C_3\\\dfrac{C_3-C_4}{2}\end{pmatrix}\cos 2t+\begin{pmatrix}C_4\\\dfrac{C_3+C_4}{2}\end{pmatrix}\sin 2t+\begin{pmatrix}0\\\mathrm{e}^{-2t}\end{pmatrix}.$$

基本题型 2：求解初值问题

例 **2** 求微分方程组 $\begin{cases}\dfrac{\mathrm{d}x}{\mathrm{d}t}=-x+y+\sin 2t, &①\\[2mm]\dfrac{\mathrm{d}y}{\mathrm{d}t}=x-y-\sin 2t &②\end{cases}$

满足初始条件 $x(0)=1,y(0)=0$ 的解.

解：用消元法. 由①可得

$$y=\frac{\mathrm{d}x}{\mathrm{d}t}+x-\sin 2t, \qquad\qquad ③$$

将其代入②得

$$\frac{\mathrm{d}^2x}{\mathrm{d}t^2}+2\frac{\mathrm{d}x}{\mathrm{d}t}=2\cos 2t, \qquad\qquad ④$$

易知④对应的齐次方程通解为 $X=C_1+C_2\mathrm{e}^{-2t}$，下面求④的一个特解.

设 $x^*=A\cos 2t+B\sin 2t$，用待定系数法可得到 $A=-\dfrac{1}{4}$，$B=\dfrac{1}{4}$，故

$$x^*=-\frac{1}{4}\cos 2t+\frac{1}{4}\sin 2t.$$

从而原微分方程组的通解为

$$\begin{cases}x=C_1+C_2\mathrm{e}^{-2t}-\dfrac{1}{4}\cos 2t+\dfrac{1}{4}\sin 2t,\\[2mm]y=C_1-C_2\mathrm{e}^{-2t}+\dfrac{1}{4}\cos 2t-\dfrac{1}{4}\sin 2t.\end{cases}$$

由初始条件 $x(0)=1,y(0)=0$，解得 $C_1=\dfrac{1}{2}$，$C_2=\dfrac{3}{4}$，

故所求解为 $\begin{cases}x=\dfrac{1}{2}+\dfrac{3}{4}\mathrm{e}^{-2t}-\dfrac{1}{4}\cos 2t+\dfrac{1}{4}\sin 2t,\\[2mm]y=\dfrac{1}{2}-\dfrac{3}{4}\mathrm{e}^{-2t}+\dfrac{1}{4}\cos 2t-\dfrac{1}{4}\sin 2t.\end{cases}$

本章小结

1. 常微分方程的概念.

2. 常微分方程的解的概念：包括阶、通解、特解、初始条件.

3. 可用积分法解出的方程的类型：可分离变量的方程、齐次方程、一阶线性方程、伯努利方程；可用简单的变量代换求解的方程；可降阶的高阶微分方程.

4. 线性微分方程解的性质及解的结构定理.

5. 二阶常系数齐次线性微分方程.

6. 简单的二阶常系数非齐次线性微分方程.

7. 欧拉方程.

8. 包含两个未知函数的一阶常系数线性微分方程组.

9. 微分方程（组）的简单应用问题.

自测题

一、填空题

1. 微分方程 $\sec^2 x \cdot \tan y\,\mathrm{d}x + \sec^2 y \cdot \tan x\,\mathrm{d}y = 0$ 的通解为_____.

2. 微分方程 $y^2\mathrm{d}x = (x + y^2 e^{y - \frac{1}{y}})\mathrm{d}y$ 满足初始条件 $y(0) = 1$ 的特解为_____.

3. 以 $y = 3xe^{2x}$ 为一个特解的二阶常系数齐次线性微分方程是_____.

4. 微分方程 $y^{(4)} + 5y'' - 36y = 0$ 的通解为_____.

5. 微分方程 $\dfrac{\mathrm{d}y}{\mathrm{d}x} = (x + y)^2$ 的通解为_____.

二、选择题

1. 函数 $y = C_1 e^{C_2 - x}$（C_1，C_2 是任意常数）是微分方程 $y'' - 2y' - 3y = 0$ 的(   ).
   (A)通解
   (B)特解
   (C)不是解
   (D)是解,但既不是通解,也不是特解

2. 已知函数 $y(x)$ 满足微分方程 $xy' = y\ln\dfrac{y}{x}$，且当 $x = 1$ 时，$y = e^2$，则当 $x = -1$ 时，$y = ($ $)$.
   (A)-1 (B)0 (C)1 (D)e^{-1}

3. 微分方程 $y'' - 5y' + 6y = e^x\sin x + 6$ 的特解形式可设为(   ).
   (A)$xe^x(a\cos x + b\sin x) + c$
   (B)$ae^x\sin x + b$
   (C)$e^x(a\cos x + b\sin x) + c$
   (D)$ae^x\cos x + b$

4. 微分方程 $y'' - 3y' + 2y = xe^{2x}$ 的特解形式可设为(   ).
   (A)$x(Ax + B)e^{2x}$
   (B)$(Ax + B)e^{2x}$
   (C)$x^2(Ax + B)e^{2x}$
   (D)$Ae^x + (Bx + C)$

5. 设 $y = y(x)$ 是二阶常系数线性微分方程 $y'' + py' + qy = e^{3x}$ 满足初始条件 $y(0) = y'(0) = 0$ 的特解，则当 $x \to 0$ 时，函数 $\dfrac{\ln(1 + x^2)}{y(x)}$ 的极限(   ).
   (A)不存在   (B)等于 1   (C)等于 2   (D)等于 3

三、解答题

1. 试解下列各题:
   (1)求微分方程 $\left(2x\sin\dfrac{y}{x} + 3y\cos\dfrac{y}{x}\right)\mathrm{d}x - 3x\cos\dfrac{y}{x}\mathrm{d}y = 0$ 的通解.
   (2)求微分方程 $\dfrac{\mathrm{d}y}{\mathrm{d}x} + \dfrac{1}{x}y = x^2 y^6$ 的通解.
   (3)求微分方程 $(1 + x^2)y'' = 2xy'$ 的通解.

2. 求微分方程 $y'' + y' - y = \sin 3x + 2\cos 3x$ 的一个特解.

3. 一个质量为 m 的潜水艇从水面由静止状态开始下降，所受阻力与下降速度成正比(比例系数为 k).求潜水艇下降深度 x 与时间 t 的函数.

4. 求解下列各题:
   (1)求以 $y^2 = 2Cx$ 为通解的微分方程.
   (2)求以 $y = C_1 e^x + C_2 e^{-x}$ 为通解的微分方程.
   (3)求以 $y_1 = e^x$，$y_2 = 2xe^x$，$y_3 = \cos 2x$，$y_4 = 3\sin 2x$ 为特解的最低阶常系数齐次线性微分方程.
   (4)已知二阶齐次线性微分方程的两个解是 x 和 x^2，求此方程及其通解.

自测题答案

一、填空题

1. $\tan x \cdot \tan y = C$ 2. $x = e^{-\frac{1}{y}}(e^y - e)$ 3. $y'' - 4y' + 4y = 0$

4. $y = C_1 e^{2x} + C_2 e^{-2x} + (C_3 \cos 3x + C_4 \sin 3x)$ 5. $y = \tan(x + C) - x$(提示:令 $z = x + y$)

二、选择题

1. (D) 2. (A) 3. (C) 4. (A) 5. (C)

5. 解:由 $f(x) = e^{3x}$ 知,所给方程的特解形式有 3 种可能:$y^* = Ae^{3x}$,$y^* = Axe^{3x}$,$y^* = Ax^2 e^{3x}$,前两种都不满足初始条件. 因而 $y^* = Ax^2 e^{3x}$,即 3 为特征方程 $r^2 + pr + q = 0$ 的二重根,因而

$$r_1 + r_2 = 6 = -p, \quad r_1 \cdot r_2 = 9 = q,$$

于是原方程为 $y'' - 6y' + 9y = e^{3x}$. 将 $(y^*)'$,$(y^*)''$ 代入方程易求得 $A = \dfrac{1}{2}$,故

$$y^* = y(x) = \frac{x^2 e^{3x}}{2},$$

于是 $\displaystyle\lim_{x \to 0} \frac{\ln(1 + x^2)}{y(x)} = \lim_{x \to 0} \frac{x^2}{\dfrac{x^2 e^{3x}}{2}} = 2.$

三、解答题

1. 解:(1)原方程可化为 $\dfrac{dy}{dx} = \dfrac{2}{3} \tan \dfrac{y}{x} + \dfrac{y}{x}$,令 $u = \dfrac{y}{x}$,则

$$y = ux, \quad \frac{dy}{dx} = u + x \frac{du}{dx},$$

代入 $\dfrac{dy}{dx} = \dfrac{2}{3} \tan \dfrac{y}{x} + \dfrac{y}{x}$ 中,得 $u + x \dfrac{du}{dx} = \dfrac{2}{3} \tan u + u$,

分离变量并积分,得 $\ln|\sin u| = \dfrac{2}{3} \ln|x| + \ln C$,即 $\sin u = Cx^{\frac{2}{3}}$,

将 $u = \dfrac{y}{x}$ 回代,得 $\sin \dfrac{y}{x} = Cx^{\frac{2}{3}}$,故原方程的通解为 $\sin \dfrac{y}{x} = Cx^{\frac{2}{3}}$.

(2)方程两边除以 y^6,得 $y^{-6} \dfrac{dy}{dx} + \dfrac{1}{x} y^{-5} = x^2$,令 $z = y^{-5}$,则

$$\frac{dz}{dx} = -5y^{-6} \frac{dy}{dx},$$

原方程化为一阶线性微分方程 $\dfrac{dz}{dx} - \dfrac{5}{x} z = -5x^2$,按照通解公式,得

$$z = e^{\int \frac{5}{x} dx} \left[\int (-5x^2) e^{-\int \frac{5}{x} dx} dx + C \right] = Cx^5 + \frac{5}{2} x^3,$$

故原方程的通解为 $y^{-5} = Cx^5 + \dfrac{5}{2} x^3$.

(3)$y' = p$,$y'' = p' = \dfrac{dp}{dx}$,则原方程可化为 $\dfrac{dp}{p} = \dfrac{2x}{1 + x^2} dx$,积分得

$$\ln p = \ln(1 + x^2) + \ln C_1,$$

即 $y' = C_1(1 + x^2)$,再积分一次,得 $y = C_1 x + \dfrac{C_1}{3} x^3 + C_2$,故原方程的通解为

$$y = C_1 x + \frac{C_1}{3} x^3 + C_2.$$

2. 解:对应齐次方程的特征方程为

$$r^2+r-1=0, r_1=\frac{-1+\sqrt{5}}{2}, r_2=\frac{-1-\sqrt{5}}{2},$$

设 $y^*=A\sin 3x+B\cos 3x$,则 $A=-\frac{4}{109}, B=-\frac{23}{109}$,从而

$$y^*=-\frac{1}{109}(4\sin 3x+23\cos 3x).$$

3. 解:由题意得 $m\dfrac{\mathrm{d}^2x}{\mathrm{d}t^2}=-k\dfrac{\mathrm{d}x}{\mathrm{d}t}+mg, x\Big|_{t=0}=0, x'\Big|_{t=0}=0$,方程可化为 $x''+\dfrac{k}{m}x'=g$,该方程

对应齐次方程的特征方程为 $r^2+\dfrac{k}{m}r=0$,特征根为 $r_1=0, r_2=-\dfrac{k}{m}$.

由于 $r=0$ 为特征方程的单根,所以方程的特解可设为 $x^*=At$,从而原方程的通解为

$$x=C_1+C_2\mathrm{e}^{-\frac{k}{m}t}+\frac{m}{k}gt,$$

而 $x'=-\dfrac{k}{m}C_2\mathrm{e}^{-\frac{k}{m}t}+\dfrac{m}{k}g$.将初始条件代入上面两式得

$$\begin{cases} C_1+C_2=0, \\ -\dfrac{k}{m}C_2+\dfrac{m}{k}g=0, \end{cases} \quad 解得 \begin{cases} C_1=-\dfrac{m^2}{k^2}g, \\ C_2=\dfrac{m^2}{k^2}g, \end{cases}$$

于是所求的函数为 $x=\dfrac{m}{k}gt+\dfrac{m^2}{k^2}g(\mathrm{e}^{-\frac{k}{m}t}-1)$.

4. 解:(1)这是含有一个任意常数的曲线族,它应是一阶微分方程的通解.把 y 看作 x 的函数,方程两端对 x 求导,得 $2y\cdot y'=2C$,代入原方程,得 $y^2=2yy'x$,约去 y,即得所求微分方程为

$$2x\cdot y'=y.$$

(2)这是含有两个任意常数的曲线族,它应是二阶微分方程的通解.方程两端对 x 求导

$$y=C_1\mathrm{e}^x+C_2\mathrm{e}^{2x}, y'=C_1\mathrm{e}^x+2C_2\mathrm{e}^{2x}, y''=C_1\mathrm{e}^x+4C_2\mathrm{e}^{2x},$$

由这 3 个方程消去 C_1, C_2 得 $y''-y'-2(y'-y)=0$,即 $y''-3y'+2y=0$,这就是所求微分方程.

(3)因为 $y_1=\mathrm{e}^x, y_2=2x\mathrm{e}^x$ 是方程的解,所以 $r=1$ 是特征方程的一个二重根;又因为 $y_3=\cos 2x, y_4=3\sin 2x$ 是方程的特解,所以 $r=\pm 2\mathrm{i}$ 是所求特征方程的一对共轭单根,于是所求特征方程为

$$(r-1)^2(r+2\mathrm{i})(r-2\mathrm{i})=0,$$

即 $r^4-2r^3+5r^2-8r+4=0$,故所求最低阶常系数齐次线性微分方程为

$$y^{(4)}-2y'''+5y''-8y'+4y=0.$$

(4)由于 x 与 x^2 线性无关,于是 $y=C_1x+C_2x^2$ 为所求微分方程的通解.又由于 $y'=C_1+2C_2x, y''=2C_2$,于是由上述 3 个方程消去 C_1, C_2 即得所求二阶齐次线性微分方程为

$$x^2y''-2xy'+2y=0.$$

教材习题全解

（上册）

第一章　函数与极限

习题 1－1 解答(教材 P16～P18)

1.解:(1)$3x+2\geqslant0\Rightarrow x\geqslant-\dfrac{2}{3}$,即定义域为$\left[-\dfrac{2}{3},+\infty\right)$.

　　(2)$1-x^2\neq0\Rightarrow x\neq\pm1$,即定义域为$(-\infty,-1)\cup(-1,1)\cup(1,+\infty)$.

　　(3)$x\neq0$ 且 $1-x^2\geqslant0\Rightarrow x\neq0$ 且 $|x|\leqslant1$,即定义域为$[-1,0)\cup(0,1]$.

　　(4)$4-x^2>0\Rightarrow|x|<2$,即定义域为$(-2,2)$.

　　(5)$x\geqslant0$,即定义域为$[0,+\infty)$.

　　(6)$x+1\neq k\pi+\dfrac{\pi}{2}(k\in\mathbf{Z})$,即定义域为$\left\{x\,\middle|\,x\in\mathbf{R}\text{ 且 }x\neq\left(k+\dfrac{1}{2}\right)\pi-1,k\in\mathbf{Z}\right\}$.

　　(7)$|x-3|\leqslant1\Rightarrow2\leqslant x\leqslant4$,即定义域为$[2,4]$.

　　(8)$3-x\geqslant0$ 且 $x\neq0$,即定义域为$(-\infty,0)\cup(0,3]$.

　　(9)$x+1>0\Rightarrow x>-1$,即定义域为$(-1,+\infty)$.

　　(10)$x\neq0$,即定义域为$(-\infty,0)\cup(0,+\infty)$.

> **【方法点击】**　本题是求函数的自然定义域,一般方法是先写出构成所求函数的各个简单函数的定义域,再求出这些定义域的交集,即得所求定义域.下列简单函数及其定义域是经常用到的:
>
> $y=\dfrac{Q(x)}{P(x)},\ P(x)\neq0;$　　　　　　$y=\sqrt[2n]{x},\ x\geqslant0;$
>
> $y=\log_a x,\ x>0;$　　　　　　　　$y=\tan x,\ x\neq\left(k+\dfrac{1}{2}\right)\pi,\ k\in\mathbf{Z};$
>
> $y=\cot x,\ x\neq k\pi,\ k\in\mathbf{Z};$　　　　$y=\arcsin x,\ |x|\leqslant1;$
>
> $y=\arccos x,\ |x|\leqslant1.$

2.解:(1)不同,因为定义域不同.

　　(2)不同,因为对应法则不同,$g(x)=\sqrt{x^2}=\begin{cases}x,&x\geqslant0,\\-x,&x<0.\end{cases}$

　　(3)相同,因为定义域、对应法则均相同.

　　(4)不同,因为定义域不同.

3.解:$\varphi\left(\dfrac{\pi}{6}\right)=\left|\sin\dfrac{\pi}{6}\right|=\dfrac{1}{2}$,

　　$\varphi\left(\dfrac{\pi}{4}\right)=\left|\sin\dfrac{\pi}{4}\right|=\dfrac{\sqrt{2}}{2}$,

　　$\varphi\left(-\dfrac{\pi}{4}\right)=\left|\sin\left(-\dfrac{\pi}{4}\right)\right|=\dfrac{\sqrt{2}}{2},\varphi(-2)=0.$

　　$y=\varphi(x)$的图形如图 1-1 所示.

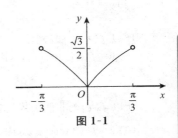

图 1-1

4.证:(1)$y=f(x)=\dfrac{x}{1-x}=-1+\dfrac{1}{1-x}$,$x\in(-\infty,1)$

　　设 $x_1<x_2<1$. 因为

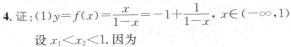

$$f(x_2)-f(x_1)=\frac{1}{1-x_2}-\frac{1}{1-x_1}=\frac{x_2-x_1}{(1-x_1)(1-x_2)}>0,$$

所以 $f(x_2)>f(x_1)$,即 $f(x)$ 在 $(-\infty,1)$ 内单调增加.

(2) $y=f(x)=x+\ln x$,$x\in(0,+\infty)$. 设 $0<x_1<x_2$. 因为

$$f(x_2)-f(x_1)=x_2+\ln x_2-x_1-\ln x_1=x_2-x_1+\ln\frac{x_2}{x_1}>0,$$

所以,$f(x_2)>f(x_1)$,即 $f(x)$ 在 $(0,+\infty)$ 内单调增加.

5. 证: 设 $-l<x_1<x_2<0$,则 $0<-x_2<-x_1<l$,由 $f(x)$ 是奇函数,得

$$f(x_2)-f(x_1)=-f(-x_2)+f(-x_1).$$

因为 $f(x)$ 在 $(0,l)$ 内单调增加,所以 $f(-x_1)-f(-x_2)>0$,从而 $f(x_2)>f(x_1)$,即 $f(x)$ 在 $(-l,0)$ 内也单调增加.

6. 证: (1) 设 $f_1(x)$,$f_2(x)$ 均为偶函数,则 $f_1(-x)=f_1(x)$,$f_2(-x)=f_2(x)$. 令 $F(x)=f_1(x)+f_2(x)$,于是

$$F(-x)=f_1(-x)+f_2(-x)=f_1(x)+f_2(x)=F(x),$$

故 $F(x)$ 为偶函数.

设 $g_1(x)$,$g_2(x)$ 是奇函数,则 $g_1(-x)=-g_1(x)$,$g_2(-x)=-g_2(x)$. 令 $G(x)=g_1(x)+g_2(x)$,于是

$$G(-x)=g_1(-x)+g_2(-x)=-g_1(x)-g_2(x)=-G(x),$$

故 $G(x)$ 为奇函数.

(2) 设 $f_1(x)$,$f_2(x)$ 均为偶函数,则 $f_1(-x)=f_1(x)$,$f_2(-x)=f_2(x)$. 令 $F(x)=f_1(x)\cdot f_2(x)$. 于是

$$F(-x)=f_1(-x)\cdot f_2(-x)=f_1(x)f_2(x)=F(x),$$

故 $F(x)$ 为偶函数.

设 $g_1(x)$,$g_2(x)$ 均为奇函数,则 $g_1(-x)=-g_1(x)$,$g_2(-x)=-g_2(x)$. 令 $G(x)=g_1(x)\cdot g_2(x)$. 于是

$$G(-x)=g_1(-x)\cdot g_2(-x)=[-g_1(x)][-g_2(x)]=g_1(x)\cdot g_2(x)=G(x),$$

故 $G(x)$ 为偶函数.

设 $f(x)$ 为偶函数,$g(x)$ 为奇函数,则 $f(-x)=f(x)$,$g(-x)=-g(x)$. 令 $H(x)=f(x)\cdot g(x)$,于是

$$H(-x)=f(-x)\cdot g(-x)=f(x)[-g(x)]$$
$$=-f(x)\cdot g(x)=-H(x),$$

故 $H(x)$ 为奇函数.

7. 解: (1) $y=f(x)=x^2(1-x^2)$,因为

$$f(-x)=(-x)^2[1-(-x)^2]=x^2(1-x^2)=f(x),$$

所以 $f(x)$ 为偶函数.

(2) $y=f(x)=3x^2-x^3$,因为

$$f(-x)=3(-x)^2-(-x)^3=3x^2+x^3,$$
$$f(-x)\neq f(x),且 f(-x)\neq -f(x),$$

所以 $f(x)$ 既非偶函数又非奇函数.

(3) $y=f(x)=\frac{1-x^2}{1+x^2}$,因为

$$f(-x)=\frac{1-(-x)^2}{1+(-x)^2}=\frac{1-x^2}{1+x^2}=f(x),$$

所以 $f(x)$ 为偶函数.

(4) $y=f(x)=x(x-1)(x+1)$，因为

$$f(-x)=(-x)[(-x)-1][(-x)+1]$$
$$=-x(x+1)(x-1)=-f(x),$$

所以 $f(x)$ 为奇函数.

(5) $y=f(x)=\sin x-\cos x+1$，因为

$$f(-x)=\sin(-x)-\cos(-x)+1=-\sin x-\cos x+1,$$
$$f(-x)\neq f(x),\text{且 } f(-x)\neq -f(x),$$

所以 $f(x)$ 既非偶函数又非奇函数.

(6) $y=f(x)=\dfrac{a^x+a^{-x}}{2}$，因为 $f(-x)=\dfrac{a^{-x}+a^x}{2}=f(x)$，所以 $f(x)$ 为偶函数.

8.解：(1)是周期函数，周期 $l=2\pi$.

(2)是周期函数，周期 $l=\dfrac{\pi}{2}$.

(3)是周期函数，周期 $l=2$.

(4)不是周期函数.

(5)是周期函数，周期 $l=\pi$.

9.分析：函数 f 存在反函数的前提条件为 $f:D\to f(D)$ 是单射. 本题中所给出的各函数易证均为单射，特别(1)、(4)、(5)、(6)中的函数均为单调函数，故都存在反函数.

解：(1)由 $y=\sqrt[3]{x+1}$ 解得 $x=y^3-1$，即反函数为 $y=x^3-1$.

(2)由 $y=\dfrac{1-x}{1+x}$ 解得 $x=\dfrac{1-y}{1+y}$，即反函数为 $y=\dfrac{1-x}{1+x}$.

(3)由 $y=\dfrac{ax+b}{cx+d}$ 解得 $x=\dfrac{-dy+b}{cy-a}$，即反函数为 $y=\dfrac{-dx+b}{cx-a}\left(x\neq\dfrac{a}{c}\right)$.

(4)由 $y=2\sin 3x\left(-\dfrac{\pi}{6}\leqslant x\leqslant\dfrac{\pi}{6}\right)$ 解得 $x=\dfrac{1}{3}\arcsin\dfrac{y}{2}$，即反函数为 $y=\dfrac{1}{3}\arcsin\dfrac{x}{2}$.

(5)由 $y=1+\ln(x+2)$ 解得 $x=e^{y-1}-2$，即反函数为 $y=e^{x-1}-2$.

(6)由 $y=\dfrac{2^x}{2^x+1}$ 解得 $x=\log_2\dfrac{y}{1-y}$，即反函数为 $y=\log_2\dfrac{x}{1-x}$.

10.解：设 $f(x)$ 在 X 上有界，即存在 $M>0$，使得 $|f(x)|\leqslant M,x\in X$，故 $-M\leqslant f(x)\leqslant M,x\in X$，即 $f(x)$ 在 X 上有上界 M，下界 $-M$. 反之，设 $f(x)$ 在 X 上有上界 K_1，下界 K_2，即 $K_2\leqslant f(x)\leqslant K_1,x\in X$. 取 $M=\max\{|K_1|,|K_2|\}$，则有 $|f(x)|\leqslant M,x\in X$，即 $f(x)$ 在 X 上有界.

11.解：(1) $y=\sin^2 x$，$y_1=\dfrac{1}{4}$，$y_2=\dfrac{3}{4}$.　　(2) $y=\sin 2x$，$y_1=\dfrac{\sqrt{2}}{2}$，$y_2=1$.

(3) $y=\sqrt{1+x^2}$，$y_1=\sqrt{2}$，$y_2=\sqrt{5}$.　　(4) $y=e^{x^2}$，$y_1=1$，$y_2=e$.

(5) $y=e^{2x}$，$y_1=e^2$，$y_2=e^{-2}$.

12.解：(1) $0\leqslant x^2\leqslant 1\Rightarrow x\in[-1,1]$.

(2) $0\leqslant\sin x\leqslant 1\Rightarrow x\in[2n\pi,(2n+1)\pi]$，$n\in\mathbf{Z}$.

(3) $0\leqslant x+a\leqslant 1\Rightarrow x\in[-a,1-a]$.

(4) $\begin{cases}0\leqslant x+a\leqslant 1,\\ 0\leqslant x-a\leqslant 1\end{cases}\Rightarrow$ 当 $0<a\leqslant\dfrac{1}{2}$ 时，$x\in[a,1-a]$；当 $a>\dfrac{1}{2}$ 时，定义域为 $\varnothing$（即空集）.

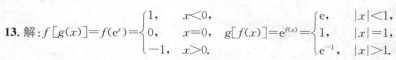

13. 解：$f[g(x)]=f(\mathrm{e}^x)=\begin{cases}1, & x<0,\\0, & x=0, \\ -1, & x>0.\end{cases}$ $g[f(x)]=\mathrm{e}^{f(x)}=\begin{cases}\mathrm{e}, & |x|<1,\\1, & |x|=1,\\ \mathrm{e}^{-1}, & |x|>1.\end{cases}$

$f[g(x)]$ 与 $g[f(x)]$ 的图形依次如图 1-2、图 1-3 所示.

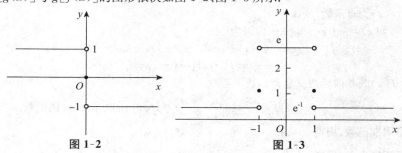

图 1-2   图 1-3

14. 解：$AB=CD=\dfrac{h}{\sin 40°}$，又 $S_0=\dfrac{1}{2}h[BC+(BC+2\cot 40°\cdot h)]$，得

$$BC=\frac{S_0}{h}-\cot 40°\cdot h,$$

所以 $L=\dfrac{S_0}{h}+\dfrac{2-\cos 40°}{\sin 40°}h$，而 $h>0$ 且 $\dfrac{S_0}{h}-\cot 40°\cdot h>0$，因此湿周函数 L 的定义域

为 $(0,\sqrt{S_0\tan 40°})$.

15. 解：当 $0\leqslant t\leqslant 1$ 时，$S(t)=\dfrac{1}{2}t^2$；

当 $1<t\leqslant 2$ 时，$S(t)=1-\dfrac{1}{2}(2-t)^2=-\dfrac{1}{2}t^2+2t-1$；

当 $t>2$ 时，$S(t)=1.$

故 $S(t)=\begin{cases}\dfrac{1}{2}t^2, & 0\leqslant t\leqslant 1,\\[2mm]-\dfrac{1}{2}t^2+2t-1, & 1<t\leqslant 2,\\[2mm]1, & t>2.\end{cases}$

16. 解：设 $F=mC+b$，其中 m,b 均为常数.

因为 $F=32°$ 相当于 $C=0°$，$F=212°$ 相当于 $C=100°$，所以

$$b=32,m=\frac{212-32}{100}=1.8.$$

故 $F=1.8C+32$ 或 $C=\dfrac{5}{9}(F-32).$

(1) $F=90°,C=\dfrac{5}{9}(90-32)\approx 32.2°.$

$C=-5°,F=1.8\times(-5)+32=23°.$

(2) 设温度值 t 符合题意，则有

$$t=1.8t+32,t=-40.$$

即华氏 $-40°$ 恰好也是摄氏 $-40°$.

17. 解：因为 $AC=20,BC=15$，所以，$AB=\sqrt{20^2+15^2}=25.$

由 $20<2\times 15<20+25$ 可知，点 P,Q 在斜边 AB 上相遇.

令 $x+2x=15+20+25$,得 $x=20$. 即当 $x=20$ 时,点 P,Q 相遇. 因此,所求函数的定义域为 $(0,20)$.

(1)当 $0<x<10$ 时,点 P 在 CB 上,点 Q 在 CA 上(图1-4). 由 $|CP|=x,|CQ|=2x$,得

$$y=x^2.$$

(2)当 $10\leqslant x\leqslant 15$ 时,点 P 在 CB 上,点 Q 在 AB 上(图1-5).
$$|CP|=x, \quad |AQ|=2x-20.$$

设点 Q 到 BC 的距离为 h,则

$$\frac{h}{20}=\frac{|BQ|}{25}=\frac{45-2x}{25},$$

得 $h=\frac{4}{5}(45-2x)$,故

$$y=\frac{1}{2}xh=\frac{2}{5}x(45-2x)=-\frac{4}{5}x^2+18x.$$

(3)当 $15<x<20$ 时,点 P,Q 都在 AB 上(图1-6).
$$|BP|=x-15, \quad |AQ|=2x-20, \quad |PQ|=60-3x.$$

设点 C 到 AB 的距离 h',则 $h'=\frac{15\times 20}{25}=12$,得

$$y=\frac{1}{2}|PQ|\cdot h'=-18x+360.$$

综上可得

$$y=\begin{cases} x^2, & 0<x<10, \\ -\dfrac{4}{5}x^2+18x, & 10\leqslant x\leqslant 15, \\ -18x+360, & 15<x<20. \end{cases}$$

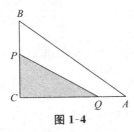

图 1-4

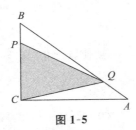

图 1-5

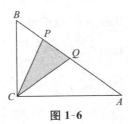

图 1-6

18.**解**:由表中的第 3 列,猜想 2011 年开始世界人口的年增长率为 1.107%,趋于稳定. 于是在 2011 年后的第 t 年,世界人口将是

$$p(t)=6\ 940.7\times(1.011\ 07)^t(百万),$$

2020 年对应 $t=9$,则

$$p(9)=6\ 940.7\times(1.011\ 07)^9\approx 7\ 663(百万)\approx 76.6(亿),$$

即推测 2020 年的世界人口约为 76.6 亿.

习题 1-2 解答(教材 P26～P27)

1.**解**:(1)收敛,$\lim\limits_{n\to\infty}\dfrac{1}{2^n}=0$.　　　　(2)收敛,$\lim\limits_{n\to\infty}(-1)^n\dfrac{1}{n}=0$.

(3)收敛，$\lim\limits_{n\to\infty}\left(2+\dfrac{1}{n^2}\right)=2$.　　　　(4)收敛，$\lim\limits_{n\to\infty}\dfrac{n-1}{n+1}=1$.

(5)$\{n(-1)^n\}$发散.　　　　(6)收敛，$\lim\limits_{n\to\infty}\dfrac{2^n-1}{3^n}=0$.

(7)$\left\{n-\dfrac{1}{n}\right\}$发散.　　　　(8)$\left\{[(-1)^n+1]\dfrac{n+1}{n}\right\}$发散.

2. 解：(1)必要条件.

(2)一定发散.

(3)未必一定收敛，如数列$\{(-1)^n\}$有界，但它是发散的.

3. 解：(1)错误. 如对数列$\left\{(-1)^n+\dfrac{1}{n}\right\}$，$a=1$. 对任给的$\varepsilon>0$(设$\varepsilon<1$)，存在$N=\left[\dfrac{1}{\varepsilon}\right]$，当$n>N$

时，$(-1)^n+\dfrac{1}{n}-1\leqslant\dfrac{1}{n}<\varepsilon$，但$\left\{(-1)^n+\dfrac{1}{n}\right\}$的极限不存在.

(2)错误. 如对数列

$$x_n=\begin{cases}n, & n=2k-1,\\ 1-\dfrac{1}{n}, & n=2k,\end{cases}\quad k\in\mathbf{N}_+,\quad a=1.$$

对任给的$\varepsilon>0$(设$\varepsilon<1$)，存在$N=\left[\dfrac{1}{\varepsilon}\right]$，当$n>N$且$n$为偶数时，$|x_n-a|=\dfrac{1}{n}<\varepsilon$成立，

但$\{x_n\}$的极限不存在.

(3)正确. 对任给的$\varepsilon>0$，取$\dfrac{1}{c}\varepsilon>0$，按假使存在$N\in\mathbf{N}_+$，当$n>N$时，不等式$|x_n-a|<$

$c\cdot\dfrac{1}{c}\varepsilon=\varepsilon$成立.

(4)正确. 对任给的$\varepsilon>0$，取$m\in\mathbf{N}_+$，使$\dfrac{1}{m}<\varepsilon$. 按假使，存在$N\in\mathbf{N}_+$，当$n>N$时，不等式

$|x_n-a|<\dfrac{1}{m}<\varepsilon$成立.

*4. 解：$\lim\limits_{n\to\infty}x_n=0$. 证明如下：

因为$|x_n-0|=\left|\dfrac{1}{n}\cos\dfrac{n\pi}{2}\right|\leqslant\dfrac{1}{n}$，要使$|x_n-0|<\varepsilon$，只要$\dfrac{1}{n}<\varepsilon$，即$n>\dfrac{1}{\varepsilon}$. 所以$\forall\varepsilon>0$，取

$N=\left[\dfrac{1}{\varepsilon}\right]$，则当$n>N$时，就有$|x_n-0|<\varepsilon$.

当$\varepsilon=0.001$时，取$N=\left[\dfrac{1}{\varepsilon}\right]=1\ 000$. 即若$\varepsilon=0.001$，只要$n>1\ 000$，就有$|x_n-0|<0.001$.

*5. 证：(1)因为要使$\left|\dfrac{1}{n^2}-0\right|=\dfrac{1}{n^2}<\varepsilon$，只要$n>\dfrac{1}{\sqrt{\varepsilon}}$. 所以$\forall\varepsilon>0$，取$N=\left[\dfrac{1}{\sqrt{\varepsilon}}\right]$，则当$n>N$时，就

有$\left|\dfrac{1}{n^2}-0\right|<\varepsilon$，即$\lim\limits_{n\to\infty}\dfrac{1}{n^2}=0$.

(2)因为$\left|\dfrac{3n+1}{2n+1}-\dfrac{3}{2}\right|=\dfrac{1}{2(2n+1)}<\dfrac{1}{4n}$，要使$\left|\dfrac{3n+1}{2n+1}-\dfrac{3}{2}\right|<\varepsilon$，只要$\dfrac{1}{4n}<\varepsilon$，即$n>\dfrac{1}{4\varepsilon}$. 所

以$\forall\varepsilon>0$，取$N=\left[\dfrac{1}{4\varepsilon}\right]$，则当$n>N$时，就有$\left|\dfrac{3n+1}{2n+1}-\dfrac{3}{2}\right|<\varepsilon$，即$\lim\limits_{n\to\infty}\dfrac{3n+1}{2n+1}=\dfrac{3}{2}$.

【方法点击】 本题中所采用的证明方法是：先将$|x_n-a|$等价变形，然后适当放大，使N容易由放大后的量小于ε的不等式中求出. 这在按定义证明极限的问题中是经常采用的.

(3)因为 $\left|\dfrac{\sqrt{n^2+a^2}}{n}-1\right|=\dfrac{\sqrt{n^2+a^2}-n}{n}=\dfrac{a^2}{n(\sqrt{n^2+a^2}+n)}<\dfrac{a^2}{2n^2}$，要使 $\left|\dfrac{\sqrt{n^2+a^2}}{n}-1\right|<\varepsilon$，

只要 $\dfrac{a^2}{2n^2}<\varepsilon$，即 $n>\dfrac{|a|}{\sqrt{2\varepsilon}}$．所以 $\forall\varepsilon>0$，取 $N=\left[\dfrac{|a|}{\sqrt{2\varepsilon}}\right]$，则当 $n>N$ 时，就有

$\left|\dfrac{\sqrt{n^2+a^2}}{n}-1\right|<\varepsilon$，即 $\lim\limits_{n\to\infty}\dfrac{\sqrt{n^2+a^2}}{n}=1$．

(4)因为 $|0.\underset{n\uparrow}{\underline{999\cdots9}}-1|=\dfrac{1}{10^n}$，要使 $|0.\underset{n\uparrow}{\underline{999\cdots9}}-1|<\varepsilon$，只要 $\dfrac{1}{10^n}<\varepsilon$，即 $n>\lg\dfrac{1}{\varepsilon}$．所以 $\forall\varepsilon>0$

(不妨设 $\varepsilon<1$)，取 $N=\left[\lg\dfrac{1}{\varepsilon}\right]$，则当 $n>N$ 时，就有 $|0.\underset{n\uparrow}{\underline{999\cdots9}}-1|<\varepsilon$，即 $\lim\limits_{n\to\infty}0.\underset{n\uparrow}{\underline{999\cdots9}}=1$．

*6. 证：因为 $\lim\limits_{n\to\infty}u_n=a$，所以 $\forall\varepsilon>0$，$\exists N$，当 $n>N$ 时，有 $|u_n-a|<\varepsilon$，从而有

$$||u_n|-|a||\leqslant|u_n-a|<\varepsilon,$$

故 $\lim\limits_{n\to\infty}|u_n|=|a|$．

但由 $\lim\limits_{n\to\infty}|u_n|=|a|$，并不能推得 $\lim\limits_{n\to\infty}u_n=a$．例如，考虑数列 $\{(-1)^n\}$，虽然 $\lim\limits_{n\to\infty}|(-1)^n|=1$，

但 $\{(-1)^n\}$ 没有极限．

*7. 证：因数列 $\{x_n\}$ 有界，故 $\exists M>0$，使得对一切 n 有 $|x_n|\leqslant M$．$\forall\varepsilon>0$，由于 $\lim\limits_{n\to\infty}y_n=0$，故对 $\varepsilon_1=$

$\dfrac{\varepsilon}{M}>0$，$\exists N$，当 $n>N$ 时，就有 $|y_n|<\varepsilon_1=\dfrac{\varepsilon}{M}$，从而有

$$|x_ny_n-0|=|x_n|\cdot|y_n|<M\cdot\dfrac{\varepsilon}{M}=\varepsilon,$$

所以 $\lim\limits_{n\to\infty}x_ny_n=0$．

*8. 证：因为 $x_{2k-1}\to a(k\to\infty)$，所以 $\forall\varepsilon>0$，$\exists k_1$，当 $k>k_1$ 时，有 $|x_{2k-1}-a|<\varepsilon$；又因为 $x_{2k}\to a(k\to\infty)$，

所以对上述 $\varepsilon>0$，$\exists k_2$，当 $k>k_2$ 时，有 $|x_{2k}-a|<\varepsilon$．记 $K=\max\{k_1,k_2\}$，取 $N=2K$，则当

$n>N$ 时，若 $n=2k-1$，则

$$k>K+\dfrac{1}{2}>k_1\Rightarrow|x_n-a|=|x_{2k-1}-a|<\varepsilon,$$

若 $n=2k$，则

$$k>K\geqslant k_2\Rightarrow|x_n-a|=|x_{2k}-a|<\varepsilon.$$

从而只要 $n>N$，就有 $|x_n-a|<\varepsilon$，即 $\lim\limits_{n\to\infty}x_n=a$．

习题 1-3 解答(教材 P33～P34)

1. 解：(1) $\lim\limits_{x\to-2}f(x)=0$．

(2) $\lim\limits_{x\to-1}f(x)=-1$．

(3) $\lim\limits_{x\to0}f(x)$ 不存在，因为 $f(0^+)\neq f(0^-)$．

2. 解：(1)错，$\lim\limits_{x\to0}f(x)$ 存在与否，与 $f(0)$ 的值无关．

(2)对，因为 $f(0^+)=f(0^-)=0$．

(3)错，$\lim\limits_{x\to0}f(x)$ 的值与 $f(0)$ 的值无关．

(4)错，$f(1^+)=0$，但 $f(1^-)=-1$，故 $\lim\limits_{x\to1}f(x)$ 不存在．

(5)对，因为 $f(1^-)\neq f(1^+)$．

(6)对．

教材习题全解(上册)

3. 解:(1)对. (2)对,因为当 $x < -1$ 时,$f(x)$ 无定义.

(3)对,因为 $f(0^+) = f(0^-) = 0$.

(4)错,$\lim\limits_{x \to 0} f(x)$ 的值与 $f(0)$ 的值无关.

(5)对. (6)对.

(7)对. (8)错,因为当 $x > 2$ 时,$f(x)$ 无定义,$f(2^+)$ 不存在.

4. 解:$\lim\limits_{x \to 0^+} f(x) = \lim\limits_{x \to 0^+} \dfrac{x}{x} = \lim\limits_{x \to 0^+} 1 = 1$,$\lim\limits_{x \to 0^-} f(x) = \lim\limits_{x \to 0^-} \dfrac{x}{x} = \lim\limits_{x \to 0^-} 1 = 1$.

因为,$\lim\limits_{x \to 0^+} f(x) = 1 = \lim\limits_{x \to 0^-} f(x)$,所以 $\lim\limits_{x \to 0} f(x) = 1$. 又

$$\lim\limits_{x \to 0^+} \varphi(x) = \lim\limits_{x \to 0^+} \frac{|x|}{x} = \lim\limits_{x \to 0^+} \frac{x}{x} = 1, \quad \lim\limits_{x \to 0^-} \varphi(x) = \lim\limits_{x \to 0^-} \frac{|x|}{x} = \lim\limits_{x \to 0^-} \frac{-x}{x} = -1.$$

因为 $\lim\limits_{x \to 0^+} \varphi(x) \neq \lim\limits_{x \to 0^-} \varphi(x)$,所以 $\lim\limits_{x \to 0} \varphi(x)$ 不存在.

*5. 解:(1)因为 $|(3x-1)-8| = |3x-9| = 3|x-3|$,要使 $|(3x-1)-8| < \varepsilon$,只要 $|x-3| < \dfrac{\varepsilon}{3}$.

所以 $\forall \varepsilon > 0$,取 $\delta = \dfrac{\varepsilon}{3}$,则当 $0 < |x-3| < \delta$ 时,就有

$$|(3x-1)-8| < \varepsilon, \text{即} \lim\limits_{x \to 3}(3x-1) = 8.$$

(2)因为

$$|(5x+2)-12| = |5x-10| = 5|x-2|,$$

要使 $|(5x+2)-12| < \varepsilon$,只要 $|x-2| < \dfrac{\varepsilon}{5}$. 所以 $\forall \varepsilon > 0$,取 $\delta = \dfrac{\varepsilon}{5}$,则当 $0 < |x-2| < \delta$ 时,就有 $|(5x+2)-12| < \varepsilon$,即 $\lim\limits_{x \to 2}(5x+2) = 12$.

(3)因为 $x \to -2$,$x \neq -2$,

$$\left| \frac{x^2-4}{x+2} - (-4) \right| = |x-2-(-4)| = |x+2| = |x-(-2)|,$$

要使 $\left| \dfrac{x^2-4}{x+2} - (-4) \right| < \varepsilon$,只要 $|x-(-2)| < \varepsilon$. 所以 $\forall \varepsilon > 0$,取 $\delta = \varepsilon$,则当 $0 < |x-(-2)| < \delta$ 时,就有

$$\left| \frac{x^2-4}{x+2} - (-4) \right| < \varepsilon,$$

即 $\lim\limits_{x \to -2} \dfrac{x^2-4}{x+2} = -4$.

(4)因为 $x \to -\dfrac{1}{2}$,$x \neq -\dfrac{1}{2}$,

$$\left| \frac{1-4x^2}{2x+1} - 2 \right| = |1-2x-2| = 2\left| x - \left(-\frac{1}{2}\right) \right|,$$

要使 $\left| \dfrac{1-4x^2}{2x+1} - 2 \right| < \varepsilon$,只要 $\left| x - \left(-\dfrac{1}{2}\right) \right| < \dfrac{\varepsilon}{2}$. 所以 $\forall \varepsilon > 0$,取 $\delta = \dfrac{\varepsilon}{2}$,则当 $0 < \left| x - \left(-\dfrac{1}{2}\right) \right| < \delta$ 时,就有 $\left| \dfrac{1-4x^2}{2x+1} - 2 \right| < \varepsilon$,即 $\lim\limits_{x \to -\frac{1}{2}} \dfrac{1-4x^2}{2x+1} = 2$.

*6. 证:(1)因为 $\left| \dfrac{1+x^3}{2x^3} - \dfrac{1}{2} \right| = \dfrac{1}{2|x|^3}$. 要使 $\left| \dfrac{1+x^3}{2x^3} - \dfrac{1}{2} \right| < \varepsilon$,只要 $\dfrac{1}{2|x|^3} < \varepsilon$,即 $|x| > \dfrac{1}{\sqrt[3]{2\varepsilon}}$. 所

以 $\forall \varepsilon > 0$,取 $X = \dfrac{1}{\sqrt[3]{2\varepsilon}}$,则当 $|x| > X$ 时,就有 $\left| \dfrac{1+x^3}{2x^3} - \dfrac{1}{2} \right| < \varepsilon$,即 $\lim\limits_{x \to \infty} \dfrac{1+x^3}{2x^3} = \dfrac{1}{2}$.

(2)因为 $\left|\dfrac{\sin x}{\sqrt{x}}-0\right|\leqslant\dfrac{1}{\sqrt{x}}$，要使 $\left|\dfrac{\sin x}{\sqrt{x}}-0\right|<\varepsilon$，只要 $\dfrac{1}{\sqrt{x}}<\varepsilon$，即 $x>\dfrac{1}{\varepsilon^2}$. 所以 $\forall\varepsilon>0$，取 $X=\dfrac{1}{\varepsilon^2}$，则当 $x>X$ 时，就有

$$\left|\dfrac{\sin x}{\sqrt{x}}-0\right|<\varepsilon,\text{即}\lim_{x\to+\infty}\dfrac{\sin x}{\sqrt{x}}=0.$$

*7. 解：由于 $x\to2$，$|x-2|\to0$，不妨设 $|x-2|<1$，即 $1<x<3$.

要使 $|x^2-4|=|x+2|\,|x-2|<5|x-2|<0.001$，只要

$$|x-2|<\dfrac{0.001}{5}=0.000\,2,$$

取 $\delta=0.000\,2$，则当 $0<|x-2|<\delta$ 时，就有 $|x^2-4|<0.001$.

【方法点击】 本题证明中，先限定 $|x-2|<1$，其目的是在 $|x^2-4|=|x+2|\cdot|x-2|$ 中，将 $|x+2|$ 放大为 5，从而去掉因子 $|x+2|$，再令 $5|x-2|<\varepsilon$，由此可以求出 $|x-2|<\dfrac{\varepsilon}{5}$，从而找到 δ. 这在按定义证明极限时，也是经常采用的一种方法.

*8. 解：因为 $\left|\dfrac{x^2-1}{x^2+3}-1\right|=\dfrac{4}{x^2+3}<\dfrac{4}{x^2}$，要使 $\left|\dfrac{x^2-1}{x^2+3}-1\right|<0.01$，只要 $\dfrac{4}{x^2}<0.01$，即 $|x|>20$，取 $X=20$，则当 $|x|>X$ 时，就有 $|y-1|<0.01$.

*9. 证：因为 $||x|-0|=|x|=|x-0|$，所以 $\forall\varepsilon>0$，取 $\delta=\varepsilon$，则当 $0<|x-0|<\delta$ 时，就有 $||x|-0|<\varepsilon$，即 $\lim\limits_{x\to0}|x|=0$.

*10. 证：因为 $\lim\limits_{x\to+\infty}f(x)=A$，所以 $\forall\varepsilon>0$，$\exists X_1>0$，当 $x>X_1$ 时，就有

$$|f(x)-A|<\varepsilon.$$

又因为 $\lim\limits_{x\to-\infty}f(x)=A$，所以对上面的 $\varepsilon>0$，$\exists X_2>0$，当 $x<-X_2$ 时，就有

$$|f(x)-A|<\varepsilon.$$

取 $X=\max\{X_1,X_2\}$，则当 $|x|>X$，即 $x>X$ 或 $x<-X$ 时，就有 $|f(x)-A|<\varepsilon$，即

$$\lim_{x\to\infty}f(x)=A.$$

*11. 证：必要性　若 $\lim\limits_{x\to x_0}f(x)=A$，则 $\forall\varepsilon>0$，$\exists\delta>0$，当 $0<|x-x_0|<\delta$ 时，就有 $|f(x)-A|<\varepsilon$.

特别，当 $0<x-x_0<\delta$ 时，有 $|f(x)-A|<\varepsilon$，即 $\lim\limits_{x\to x_0^+}f(x)=A$；当 $0<x_0-x<\delta$ 时，有 $|f(x)-A|<\varepsilon$，即 $\lim\limits_{x\to x_0^-}f(x)=A$.

充分性　若 $\lim\limits_{x\to x_0^-}f(x)=A=\lim\limits_{x\to x_0^+}f(x)$，则 $\forall\varepsilon>0$，$\exists\delta_1>0$，当 $0<x-x_0<\delta_1$ 时，就有 $|f(x)-A|<\varepsilon$；又 $\exists\delta_2>0$，当 $0<x_0-x<\delta_2$ 时，就有 $|f(x)-A|<\varepsilon$，取 $\delta=\min\{\delta_1,\delta_2\}$，则当 $0<|x-x_0|<\delta$ 时，就有 $|f(x)-A|<\varepsilon$，即 $\lim\limits_{x\to x_0}f(x)=A$.

*12. 解：局部有界性定理　如果 $\lim\limits_{x\to\infty}f(x)=A$，那么存在常数 $M>0$ 和 $X>0$，使得当 $|x|>X$ 时，有 $|f(x)|\leqslant M$.

证明如下：因为 $\lim\limits_{x\to\infty}f(x)=A$，所以对 $\varepsilon=1>0$，$\exists X>0$，当 $|x|>X$ 时，就有 $|f(x)-A|<1$，从而

$$|f(x)|\leqslant|f(x)-A|+|A|<1+|A|,$$

取 $M=|A|+1$，即有当 $|x|>X$ 时，$|f(x)|\leqslant M$.

习题 1-4 解答(教材 P37~P38)

1. 解: 不一定. 例如 $\alpha(x)=2x$ 与 $\beta(x)=3x$ 都是当 $x\to0$ 时的无穷小, 但 $\dfrac{\alpha(x)}{\beta(x)}=\dfrac{2}{3}$ 却不是当 $x\to0$ 时的无穷小.

*2. 证: (1) 因为 $\left|\dfrac{x^2-9}{x+3}\right|=|x-3|$, 所以 $\forall\varepsilon>0$, 取 $\delta=\varepsilon$, 则当 $0<|x-3|<\delta$ 时, 就有 $\left|\dfrac{x^2-9}{x+3}\right|<\varepsilon$, 即 $\dfrac{x^2-9}{x+3}$ 为当 $x\to3$ 时的无穷小.

(2) 因为 $\left|x\sin\dfrac{1}{x}\right|\leqslant|x|$, 所以 $\forall\varepsilon>0$, 取 $\delta=\varepsilon$, 则当 $0<|x|<\delta$ 时, 就有 $\left|x\sin\dfrac{1}{x}\right|<\varepsilon$, 即 $x\sin\dfrac{1}{x}$ 为当 $x\to0$ 时的无穷小.

*3. 证: 因为 $\left|\dfrac{1+2x}{x}\right|=\left|\dfrac{1}{x}+2\right|\geqslant\left|\dfrac{1}{x}\right|-2$, 要使 $\left|\dfrac{1+2x}{x}\right|>M$, 只要 $\left|\dfrac{1}{x}\right|-2>M$, 即 $|x|<\dfrac{1}{M+2}$.

所以 $\forall M>0$, 取 $\delta=\dfrac{1}{M+2}$, 则当 $0<|x-0|<\delta$ 时, 就有 $\left|\dfrac{1+2x}{x}\right|>M$, 即 $\dfrac{1+2x}{x}$ 为当 $x\to0$ 时的无穷大.

令 $M=10^4$, 取 $\delta=\dfrac{1}{10^4+2}$, 当 $0<|x-0|<\dfrac{1}{10^4+2}$ 时, 就能使 $\left|\dfrac{1+2x}{x}\right|>10^4$.

> **【方法点击】** 在本题的证明中, 采取先将 $|f(x)|=\left|\dfrac{1+2x}{x}\right|$ 等价变形, 然后适当缩小, 使缩小后的量大于 M, 从而求出 δ. 这种方法在按定义证明函数在某个变化过程中为无穷大时, 也是经常采用的.

4. 解: (1) $\lim\limits_{x\to\infty}\dfrac{2x+1}{x}=\lim\limits_{x\to\infty}\left(2+\dfrac{1}{x}\right)=2$.

理由: 由定理 2, $\dfrac{1}{x}$ 为当 $x\to\infty$ 时的无穷小; 再由定理 1, $\lim\limits_{x\to\infty}\left(2+\dfrac{1}{x}\right)=2$.

(2) $\lim\limits_{x\to0}\dfrac{1-x^2}{1-x}=\lim\limits_{x\to0}(1+x)=1$.

理由: 由定理 1, $\lim\limits_{x\to0}(1+x)=1$.

5. 解:

	$f(x)\to A$	$f(x)\to\infty$	$f(x)\to+\infty$	$f(x)\to-\infty$
$x\to x_0$	$\forall\varepsilon>0,\exists\delta>0,$ 使当 $0<$ $\|x-x_0\|<\delta$ 时, 即有 $\|f(x)-A\|<\varepsilon$.	$\forall M>0,\exists\delta>0,$ 使当 $0<$ $\|x-x_0\|<\delta$ 时, 即有 $\|f(x)\|>M$.	$\forall M>0,\exists\delta>0,$ 使当 $0<$ $\|x-x_0\|<\delta$ 时, 即有 $f(x)>M$.	$\forall M>0,\exists\delta>0,$ 使当 $0<$ $\|x-x_0\|<\delta$ 时, 即有 $f(x)<-M$.
$x\to x_0^+$	$\forall\varepsilon>0,\exists\delta>0,$ 使当 $0<$ $x-x_0<\delta$ 时, 即有 $\|f(x)-A\|<\varepsilon$.	$\forall M>0,\exists\delta>0,$ 使当 $0<$ $x-x_0<\delta$ 时, 即有 $\|f(x)\|>M$.	$\forall M>0,\exists\delta>0,$ 使当 $0<$ $x-x_0<\delta$ 时, 即有 $f(x)>M$.	$\forall M>0,\exists\delta>0,$ 使当 $0<$ $x-x_0<\delta$ 时, 即有 $f(x)<-M$.
$x\to x_0^-$	$\forall\varepsilon>0,\exists\delta>0,$ 使当 $0>$ $x-x_0>-\delta$ 时, 即有 $\|f(x)-A\|<\varepsilon$.	$\forall M>0,\exists\delta>0,$ 使当 $0>$ $x-x_0>-\delta$ 时, 即有 $\|f(x)\|>M$.	$\forall M>0,\exists\delta>0,$ 使当 $0>$ $x-x_0>-\delta$ 时, 即有 $f(x)>M$.	$\forall M>0,\exists\delta>0,$ 使当 $0>$ $-x_0>-\delta$ 时, 即有 $f(x)<-M$.
$x\to\infty$	$\forall\varepsilon>0,\exists X>0,$ 使当 $\|x\|>X$ 时, 即有 $\|f(x)-A\|<\varepsilon$.	$\forall M>0,\exists X>0,$ 使当 $\|x\|>X$ 时, 即有 $\|f(x)\|>M$.	$\forall M>0,\exists X>0,$ 使当 $\|x\|>X$ 时, 即有 $f(x)>M$.	$\forall M>0,\exists X>0,$ 使当 $\|x\|>X$ 时, 即有 $f(x)<-M$.

续表

	$f(x)\rightarrow A$	$f(x)\rightarrow\infty$	$f(x)\rightarrow+\infty$	$f(x)\rightarrow-\infty$
$x\rightarrow+\infty$	$\forall\varepsilon>0,\exists X>0,$ 使当 $x>X$ 时，即有 $\|f(x)-A\|<\varepsilon.$	$\forall M>0,\exists X>0,$ 使当 $x>X$ 时，即有 $\|f(x)\|>M.$	$\forall M>0,\exists X>0,$ 使当 $x>X$ 时，即有 $f(x)>M.$	$\forall M>0,\exists X>0,$ 使当 $x>X$ 时，即有 $f(x)<-M.$
$x\rightarrow-\infty$	$\forall\varepsilon>0,\exists X>0,$ 使当 $x<-X$ 时，即有 $\|f(x)-A\|<\varepsilon.$	$\forall M>0,\exists X>0,$ 使当 $x<-X$ 时，即有 $\|f(x)\|>M.$	$\forall M>0,\exists X>0,$ 使当 $x<-X$ 时，即有 $f(x)>M.$	$\forall M>0,\exists X>0,$ 使当 $x<-X$ 时，即有 $f(x)<-M.$

6. 解：因为 $\forall M>0$，总有 $x_0\in(M,+\infty)$，使 $\cos x_0=1$，从而 $y=x_0\cos x_0=x_0>M$，所以 $y=x\cos x$ 在 $(-\infty,+\infty)$ 内无界.

又因为 $\forall M>0,X>0$，总有 $x_0\in(X,+\infty)$，使 $\cos x_0=0$，从而 $y=x_0\cos x_0=0<M$，所以 $y=x\cos x$ 不是当 $x\rightarrow+\infty$ 时的无穷大.

*7. 证：先证函数 $y=\dfrac{1}{x}\sin\dfrac{1}{x}$ 在区间 $(0,1]$ 上无界.

因为 $\forall M>0$，在 $(0,1]$ 中总可找到点 x_0，使 $f(x_0)>M$. 例如，可取 $x_0=\dfrac{1}{2k\pi+\dfrac{\pi}{2}}\ (k\in\mathbf{N}^+)$，

则 $f(x_0)=2k\pi+\dfrac{\pi}{2}$，当 k 充分大时，可使 $f(x_0)>M$. 所以 $y=\dfrac{1}{x}\sin\dfrac{1}{x}$ 在 $(0,1]$ 上无界.

再证函数 $y=f(x)=\dfrac{1}{x}\sin\dfrac{1}{x}$ 不是 $x\rightarrow0^+$ 时的无穷大.

因为 $\forall M>0,\delta>0$，总可找到点 x_0，使 $0<x_0<\delta$，但 $f(x_0)<M$. 例如，可取 $x_0=\dfrac{1}{2k\pi}$

$(k\in\mathbf{N}^+)$，当 k 充分大时，$0<x_0<\delta$，但 $f(x_0)=2k\pi\sin 2k\pi=0<M.$ 所以 $y=\dfrac{1}{x}\sin\dfrac{1}{x}$ 不是 $x\rightarrow0^+$ 时的无穷大.

8. 解：因为 $\lim\limits_{x\rightarrow\infty}f(x)=0$，所以 $y=0$ 是函数图形的水平渐近线.

因为 $\lim\limits_{x\rightarrow-\sqrt{2}}f(x)=\infty$，$\lim\limits_{x\rightarrow\sqrt{2}}f(x)=\infty$，所以 $x=-\sqrt{2}$ 及 $x=\sqrt{2}$ 都是函数图形的垂直渐近线.

习题 1-5 解答（教材 P45）

1. 解：(1) $\lim\limits_{x\rightarrow2}\dfrac{x^2+5}{x-3}=\dfrac{\lim\limits_{x\rightarrow2}(x^2+5)}{\lim\limits_{x\rightarrow2}(x-3)}=\dfrac{9}{-1}=-9.$

(2) $\lim\limits_{x\rightarrow\sqrt{3}}\dfrac{x^2-3}{x^2+1}=\dfrac{\lim\limits_{x\rightarrow\sqrt{3}}(x^2-3)}{\lim\limits_{x\rightarrow\sqrt{3}}(x^2+1)}=\dfrac{0}{4}=0.$

(3) $\lim\limits_{x\rightarrow1}\dfrac{x^2-2x+1}{x^2-1}=\lim\limits_{x\rightarrow1}\dfrac{(x-1)^2}{(x-1)(x+1)}=\lim\limits_{x\rightarrow1}\dfrac{x-1}{x+1}=\dfrac{\lim\limits_{x\rightarrow1}(x-1)}{\lim\limits_{x\rightarrow1}(x+1)}=\dfrac{0}{2}=0.$

(4) $\lim\limits_{x\rightarrow0}\dfrac{4x^3-2x^2+x}{3x^2+2x}=\lim\limits_{x\rightarrow0}\dfrac{4x^2-2x+1}{3x+2}=\dfrac{\lim\limits_{x\rightarrow0}(4x^2-2x+1)}{\lim\limits_{x\rightarrow0}(3x+2)}=\dfrac{1}{2}.$

(5) $\lim\limits_{h\rightarrow0}\dfrac{(x+h)^2-x^2}{h}=\lim\limits_{h\rightarrow0}\dfrac{h(2x+h)}{h}=\lim\limits_{h\rightarrow0}(2x+h)=2x.$

(6) $\lim\limits_{x\rightarrow\infty}\left(2-\dfrac{1}{x}+\dfrac{1}{x^2}\right)=2-\lim\limits_{x\rightarrow\infty}\dfrac{1}{x}+\lim\limits_{x\rightarrow\infty}\dfrac{1}{x^2}=2-0+0=2.$

$(7) \lim\limits_{x\to\infty}\dfrac{x^2-1}{2x^2-x-1}=\lim\limits_{x\to\infty}\dfrac{1-\dfrac{1}{x^2}}{2-\dfrac{1}{x}-\dfrac{1}{x^2}}=\dfrac{\lim\limits_{x\to\infty}\left(1-\dfrac{1}{x^2}\right)}{\lim\limits_{x\to\infty}\left(2-\dfrac{1}{x}-\dfrac{1}{x^2}\right)}=\dfrac{1}{2}.$

$(8) \lim\limits_{x\to\infty}\dfrac{x^2+x}{x^4-3x^2+1}=\lim\limits_{x\to\infty}\dfrac{\dfrac{1}{x^2}+\dfrac{1}{x^3}}{1-\dfrac{3}{x^2}+\dfrac{1}{x^4}}=\dfrac{\lim\limits_{x\to\infty}\left(\dfrac{1}{x^2}+\dfrac{1}{x^3}\right)}{\lim\limits_{x\to\infty}\left(1-\dfrac{3}{x^2}+\dfrac{1}{x^4}\right)}=\dfrac{0}{1}=0.$

$(9) \lim\limits_{x\to4}\dfrac{x^2-6x+8}{x^2-5x+4}=\lim\limits_{x\to4}\dfrac{(x-4)(x-2)}{(x-4)(x-1)}=\lim\limits_{x\to4}\dfrac{x-2}{x-1}=\dfrac{\lim\limits_{x\to4}(x-2)}{\lim\limits_{x\to4}(x-1)}=\dfrac{2}{3}.$

$(10) \lim\limits_{x\to\infty}\left(1+\dfrac{1}{x}\right)\left(2-\dfrac{1}{x^2}\right)=\lim\limits_{x\to\infty}\left(1+\dfrac{1}{x}\right)\cdot\lim\limits_{x\to\infty}\left(2-\dfrac{1}{x^2}\right)=1\times2=2.$

$(11) \lim\limits_{n\to\infty}\left(1+\dfrac{1}{2}+\dfrac{1}{4}+\cdots+\dfrac{1}{2^n}\right)=\lim\limits_{n\to\infty}\dfrac{1-\dfrac{1}{2^{n+1}}}{1-\dfrac{1}{2}}=\lim\limits_{n\to\infty}2\left(1-\dfrac{1}{2^{n+1}}\right)=2\left(1-\lim\limits_{n\to\infty}\dfrac{1}{2^{n+1}}\right)=2.$

$(12) \lim\limits_{n\to\infty}\dfrac{1+2+3+\cdots+(n-1)}{n^2}=\lim\limits_{n\to\infty}\dfrac{n(n-1)}{2n^2}=\lim\limits_{n\to\infty}\dfrac{1}{2}\left(1-\dfrac{1}{n}\right)=\dfrac{1}{2}.$

$(13) \lim\limits_{n\to\infty}\dfrac{(n+1)(n+2)(n+3)}{5n^3}=\lim\limits_{n\to\infty}\dfrac{1}{5}\left(1+\dfrac{1}{n}\right)\left(1+\dfrac{2}{n}\right)\left(1+\dfrac{3}{n}\right)$

$=\dfrac{1}{5}\lim\limits_{n\to\infty}\left(1+\dfrac{1}{n}\right)\lim\limits_{n\to\infty}\left(1+\dfrac{2}{n}\right)\lim\limits_{n\to\infty}\left(1+\dfrac{3}{n}\right)=\dfrac{1}{5}.$

$(14) \lim\limits_{x\to1}\left(\dfrac{1}{1-x}-\dfrac{3}{1-x^3}\right)=\lim\limits_{x\to1}\dfrac{1+x+x^2-3}{1-x^3}=\lim\limits_{x\to1}\dfrac{(x-1)(x+2)}{(1-x)(1+x+x^2)}$

$=\lim\limits_{x\to1}\dfrac{-(x+2)}{1+x+x^2}=-\dfrac{\lim\limits_{x\to1}(x+2)}{\lim\limits_{x\to1}(1+x+x^2)}=-1.$

2. 解：(1)因为 $\lim\limits_{x\to2}\dfrac{(x-2)^2}{x^3+2x^2}=\dfrac{\lim\limits_{x\to2}(x-2)^2}{\lim\limits_{x\to2}(x^3+2x^2)}=0$，所以 $\lim\limits_{x\to2}\dfrac{x^3+2x^2}{(x-2)^2}=\infty.$

(2)因为 $\lim\limits_{x\to\infty}\dfrac{2x+1}{x^2}=\lim\limits_{x\to\infty}\left(\dfrac{2}{x}+\dfrac{1}{x^2}\right)=0$，所以 $\lim\limits_{x\to\infty}\dfrac{x^2}{2x+1}=\infty.$

(3)因为 $\lim\limits_{x\to\infty}\dfrac{1}{2x^3-x+1}=\lim\limits_{x\to\infty}\dfrac{\dfrac{1}{x^3}}{2-\dfrac{1}{x^2}+\dfrac{1}{x^3}}=\dfrac{\lim\limits_{x\to\infty}\dfrac{1}{x^3}}{\lim\limits_{x\to\infty}\left(2-\dfrac{1}{x^2}+\dfrac{1}{x^3}\right)}=0$，所以 $\lim\limits_{x\to\infty}(2x^3-x+1)=\infty.$

3. 解：(1)因为 $x^2\to0(x\to0)$，$\left|\sin\dfrac{1}{x}\right|\leqslant1$，所以 $\lim\limits_{x\to0}x^2\sin\dfrac{1}{x}=0.$

(2)因为 $\dfrac{1}{x}\to0(x\to\infty)$，$|\arctan x|<\dfrac{\pi}{2}$，所以 $\lim\limits_{x\to\infty}\dfrac{\arctan x}{x}=0.$

4. 解：(1)错．例如 $a_n=\dfrac{1}{n}$，$b_n=\dfrac{n}{n+1}$，$n\in\mathbf{N}^+$，当 $n=1$ 时，$a_1=1>\dfrac{1}{2}=b_1$，故对任意 $n\in\mathbf{N}^+$，

$a_n<b_n$ 不成立．

(2)错．例如 $b_n=\dfrac{n}{n+1}$，$c_n=(-1)^n n$，$n\in\mathbf{N}^+$，当 n 为奇数时，$b_n<c_n$ 不成立．

(3)错，例如 $a_n=\dfrac{1}{n^2}$，$c_n=n$，$n\in\mathbf{N}^+$．$\lim\limits_{n\to\infty}a_n c_n=0.$

(4)对. 因为,若 $\lim\limits_{n\to\infty} b_n c_n$ 存在,则 $\lim\limits_{n\to\infty} c_n = \lim\limits_{n\to\infty}(b_n c_n) \cdot \lim\limits_{n\to\infty}\frac{1}{b_n}$ 也存在,与已知条件矛盾.

5. 解: (1)对. 因为若 $\lim\limits_{x\to x_0}[f(x)+g(x)]$ 存在,则 $\lim\limits_{x\to x_0} g(x) = \lim\limits_{x\to x_0}[f(x)+g(x)] - \lim\limits_{x\to x_0} f(x)$ 也存在,与已知条件矛盾.

(2)错. 例如 $f(x)=\operatorname{sgn} x, g(x)=-\operatorname{sgn} x$ 在 $x\to 0$ 时的极限都不存在,但 $f(x)+g(x)\equiv 0$ 在 $x\to 0$ 时的极限存在.

(3)错. 例如 $\lim\limits_{x\to 0} x=0$, $\lim\limits_{x\to 0}\sin\frac{1}{x}$ 不存在,但 $\lim\limits_{x\to 0} x\sin\frac{1}{x}=0$.

6. 证: 因 $\lim f(x)=A$, $\lim g(x)=B$,由上节定理 1,有
$$f(x)=A+\alpha, g(x)=B+\beta,$$
其中 α,β 都是无穷小,于是
$$f(x)g(x)=(A+\alpha)(B+\beta)=AB+(A\beta+B\alpha+\alpha\beta),$$
由本节定理 2 推论 1、2 知,$A\beta, B\alpha, \alpha\beta$ 都是无穷小,再由本节定理 1,$A\alpha+B\beta+\alpha\beta$ 也是无穷小,由上节定理 1,得
$$\lim f(x)g(x)=AB=\lim f(x) \cdot \lim g(x).$$

习题 1-6 解答(教材 P52)

1. 解: (1)当 $\omega\neq 0$ 时,$\lim\limits_{x\to 0}\frac{\sin\omega x}{x}=\lim\limits_{x\to 0}\left(\omega \cdot \frac{\sin\omega x}{\omega x}\right)=\omega\lim\limits_{x\to 0}\frac{\sin\omega x}{\omega x}=\omega$;

当 $\omega=0$ 时,$\lim\limits_{x\to 0}\frac{\sin\omega x}{x}=0=\omega$. 故不论 ω 为何值,均有 $\lim\limits_{x\to 0}\frac{\sin\omega x}{x}=\omega$.

(2)$\lim\limits_{x\to 0}\frac{\tan 3x}{x}=\lim\limits_{x\to 0}\left(3 \cdot \frac{\tan 3x}{3x}\right)=3\lim\limits_{x\to 0}\frac{\tan 3x}{3x}=3.$

(3)$\lim\limits_{x\to 0}\frac{\sin 2x}{\sin 5x}=\lim\limits_{x\to 0}\left(\frac{\sin 2x}{2x} \cdot \frac{5x}{\sin 5x} \cdot \frac{2}{5}\right)=\frac{2}{5}\lim\limits_{x\to 0}\frac{\sin 2x}{2x} \cdot \lim\limits_{x\to 0}\frac{5x}{\sin 5x}=\frac{2}{5}.$

(4)$\lim\limits_{x\to 0} x\cot x=\lim\limits_{x\to 0}\left(\frac{x}{\sin x} \cdot \cos x\right)=\lim\limits_{x\to 0}\frac{x}{\sin x} \cdot \lim\limits_{x\to 0}\cos x=1.$

(5)$\lim\limits_{x\to 0}\frac{1-\cos 2x}{x\sin x}=\lim\limits_{x\to 0}\frac{2\sin^2 x}{x\sin x}=2\lim\limits_{x\to 0}\frac{\sin x}{x}=2.$

(6)$\lim\limits_{n\to\infty} 2^n\sin\frac{x}{2^n}=\lim\limits_{n\to\infty}\left(\frac{\sin\frac{x}{2^n}}{\frac{x}{2^n}} \cdot x\right)=x.$

2. 解: (1)$\lim\limits_{x\to 0}(1-x)^{\frac{1}{x}}=\lim\limits_{x\to 0}[1+(-x)]^{\frac{1}{(-x)} \cdot (-1)}=\frac{1}{e}.$

(2)$\lim\limits_{x\to 0}(1+2x)^{\frac{1}{x}}=\lim\limits_{x\to 0}[(1+2x)^{\frac{1}{2x}}]^2=e^2.$

(3)$\lim\limits_{x\to\infty}\left(\frac{1+x}{x}\right)^{2x}=\lim\limits_{x\to\infty}\left[\left(1+\frac{1}{x}\right)^x\right]^2=e^2.$

(4)$\lim\limits_{x\to\infty}\left(1-\frac{1}{x}\right)^{kx}=\lim\limits_{x\to\infty}\left[1+\frac{1}{(-x)}\right]^{(-x)(-k)}=e^{-k}.$

*3. 证: 设(1)$g(x)\leqslant f(x)\leqslant h(x)$;(2)$\lim\limits_{x\to x_0} g(x)=A$,$\lim\limits_{x\to x_0} h(x)=A$. 要证:$\lim\limits_{x\to x_0} f(x)=A$.

$\forall\varepsilon>0$,因 $\lim\limits_{x\to x_0} g(x)=A$,,故 $\exists\delta_1>0$,当 $0<|x-x_0|<\delta_1$ 时,有 $|g(x)-A|<\varepsilon$,即
$$A-\varepsilon<g(x)<A+\varepsilon,$$
①

又因 $\lim\limits_{x\to x_0}h(x)=A$，故对上面的 $\varepsilon>0$，$\exists\delta_2>0$，当 $0<|x-x_0|<\delta_2$ 时，有 $|h(x)-A|<\varepsilon$，即

$$A-\varepsilon<h(x)<A+\varepsilon. \qquad\qquad ②$$

取 $\delta=\min\{\delta_1,\delta_2\}$，则当 $0<|x-x_0|<\delta$ 时，①与②同时成立，又因 $g(x)\leqslant f(x)\leqslant h(x)$，从而有

$$A-\varepsilon<g(x)\leqslant f(x)\leqslant h(x)<A+\varepsilon,$$

即有 $|f(x)-A|<\varepsilon$. 因此 $\lim\limits_{x\to x_0}f(x)$ 存在，且等于 A.

【方法点击】 对于 $x\to\infty$ 的情形，利用极限 $\lim\limits_{x\to\infty}f(x)=A$ 的定义及假设条件，可以类似地证明相应的准则 I'.

4. 证：(1)因 $1<\sqrt{1+\dfrac{1}{n}}<1+\dfrac{1}{n}$，而 $\lim\limits_{n\to\infty}\left(1+\dfrac{1}{n}\right)=1$，由夹逼准则，即得证.

(2)因 $\dfrac{n}{n+\pi}\leqslant n\left(\dfrac{1}{n^2+\pi}+\dfrac{1}{n^2+2\pi}+\cdots+\dfrac{1}{n^2+n\pi}\right)\leqslant\dfrac{n^2}{n^2+\pi}$，

而 $\lim\limits_{n\to\infty}\dfrac{n}{n+\pi}=1$，$\lim\limits_{n\to\infty}\dfrac{n^2}{n^2+\pi}=1$，由夹逼准则，即得证.

(3)$x_{n+1}=\sqrt{2+x_n}$ ($n\in\mathbf{N}^+$)，$x_1=\sqrt{2}$.

先证数列 $\{x_n\}$ 有界：

$n=1$ 时，$x_1=\sqrt{2}<2$；假定 $n=k$ 时，$x_k<2$.

当 $n=k+1$ 时，$x_{k+1}=\sqrt{2+x_k}<\sqrt{2+2}=2$，故 $x_n<2(n\in\mathbf{N}^+)$.

再证数列单调增加：

因 $x_{n+1}-x_n=\sqrt{2+x_n}-x_n=\dfrac{2+x_n-x_n^2}{\sqrt{2+x_n}+x_n}=-\dfrac{(x_n-2)(x_n+1)}{\sqrt{2+x_n}+x_n}$，

由 $0<x_n<2$，得 $x_{n+1}-x_n>0$，即 $x_{n+1}>x_n(n\in\mathbf{N}^+)$.

由单调有界准则，即知 $\lim\limits_{n\to\infty}x_n$ 存在. 记 $\lim\limits_{n\to\infty}x_n=a$. 由 $x_{n+1}=\sqrt{2+x_n}$，得

$$x_{n+1}^2=2+x_n.$$

上式两端同时取极限：$\lim\limits_{n\to\infty}x_{n+1}^2=\lim\limits_{n\to\infty}(2+x_n)$，得

$$a^2=2+a\Rightarrow a^2-a-2=0\Rightarrow a_1=2,a_2=-1(舍去).$$

即 $\lim\limits_{n\to\infty}x_n=2$.

【方法点击】 本题的求解过程分成两步，第一步是证明数列 $\{x_n\}$ 单调有界，从而保证数列的极限存在；第二步是在递推公式两端同时取极限，得出一个含有极限值 a 的方程，再通过解方程求得极限值 a.

注意：只有在证明数列极限存在的前提下，才能采用第二步的方法求得极限值. 否则，直接利用第二步，有时会导出错误的结果.

(4)当 $x>0$ 时，$1<\sqrt[n]{1+x}<1+x$；当 $-1<x<0$ 时，$1+x<\sqrt[n]{1+x}<1$.

而 $\lim\limits_{x\to0}(1+x)=1$. 由夹逼准则，即得证.

(5)当 $x>0$ 时，$1-x<x\left[\dfrac{1}{x}\right]\leqslant1$. 而 $\lim\limits_{x\to0^+}(1-x)=1$，$\lim\limits_{x\to0^+}1=1$. 由夹逼准则，即得证.

习题 1-7 解答(教材 P55~P56)

1. 解：因为 $\lim\limits_{x\to0}(2x-x^2)=0$，$\lim\limits_{x\to0}(x^2-x^3)=0$，$\lim\limits_{x\to0}\dfrac{x^2-x^3}{2x-x^2}=\lim\limits_{x\to0}\dfrac{x-x^2}{2-x}=0$，

所以当 $x\to0$ 时,x^2-x^3 是比 $2x-x^2$ 高阶的无穷小.

2. 解:因为 $\lim\limits_{x\to0}(1-\cos x)^2=0,\lim\limits_{x\to0}\sin^2 x=0$,则 $\lim\limits_{x\to0}\dfrac{(1-\cos x)^2}{\sin^2 x}=\lim\limits_{x\to0}\dfrac{\left(\frac{1}{2}x^2\right)^2}{x^2}=0$. 所以当 $x\to0$

时,$(1-\cos x)^2$ 是比 $\sin^2 x$ 高阶的无穷小.

3. 解:(1) $\dfrac{1-x}{1-x^3}=\dfrac{1-x}{(1-x)(1+x+x^2)}=\dfrac{1}{1+x+x^2}\to\dfrac{1}{3}(x\to1)$,同阶,不等价.

(2) $\dfrac{1-x}{\frac{1}{2}(1-x^2)}=\dfrac{1-x}{\frac{1}{2}(1-x)(1+x)}=\dfrac{2}{1+x}\to1(x\to1)$,同阶,等价.

4. 证:(1)令 $x=\tan t$,即 $t=\arctan x$,当 $x\to0$ 时,$t\to0$.

因为 $\lim\limits_{x\to0}\dfrac{\arctan x}{x}=\lim\limits_{t\to0}\dfrac{t}{\tan t}=1$,所以 $\arctan x\sim x\ (x\to0)$.

(2)因为 $\lim\limits_{x\to0}\dfrac{\sec x-1}{\frac{x^2}{2}}=\lim\limits_{x\to0}\left(\dfrac{1-\cos x}{\frac{x^2}{2}}\cdot\dfrac{1}{\cos x}\right)=\lim\limits_{x\to0}\left(\dfrac{2\sin^2\frac{x}{2}}{\frac{x^2}{2}}\cdot\dfrac{1}{\cos x}\right)$

$$=\lim\limits_{x\to0}\dfrac{\sin^2\frac{x}{2}}{\left(\frac{x}{2}\right)^2}\cdot\lim\limits_{x\to0}\dfrac{1}{\cos x}=1,$$

所以 $\sec x-1\sim\dfrac{x^2}{2}\ (x\to0)$.

5. 解:(1) $\lim\limits_{x\to0}\dfrac{\tan 3x}{2x}=\lim\limits_{x\to0}\dfrac{3x}{2x}=\dfrac{3}{2}$.

(2) $\lim\limits_{x\to0}\dfrac{\sin(x^n)}{(\sin x)^m}=\lim\limits_{x\to0}\dfrac{x^n}{x^m}=\begin{cases}0,&n>m,\\1,&n=m,\\\infty,&n<m.\end{cases}$

(3) $\lim\limits_{x\to0}\dfrac{\tan x-\sin x}{\sin^3 x}=\lim\limits_{x\to0}\dfrac{\sec x-1}{\sin^2 x}=\lim\limits_{x\to0}\dfrac{\frac{x^2}{2}}{x^2}=\dfrac{1}{2}$.

(4) $\lim\limits_{x\to0}\dfrac{\sin x-\tan x}{(\sqrt[3]{1+x^2}-1)(\sqrt{1+\sin x}-1)}=\lim\limits_{x\to0}\dfrac{\sin x(1-\sec x)}{\frac{1}{3}x^2\cdot\frac{1}{2}\sin x}=\lim\limits_{x\to0}\dfrac{-\frac{1}{2}x^2}{\frac{1}{6}x^2}=-3$.

【方法点击】 在用等价无穷小的代换求极限时,可以对分子或分母中的一个或若干个因子作代换,但一般不能对分子或分母中的某个加项作代换. 例如,本题中若将分子中的 $\tan x$, $\sin x$ 均换成 x,那么分子成为 0,得出极限为 0,这就导致错误的结果.

6. 证:(1)因为 $\lim\dfrac{\alpha}{\alpha}=1$,所以 $\alpha\sim\alpha$;

(2)因为 $\alpha\sim\beta$,即 $\lim\dfrac{\alpha}{\beta}=1$,所以 $\lim\dfrac{\beta}{\alpha}=1$,即 $\beta\sim\alpha$;

(3)因为 $\alpha\sim\beta$,$\beta\sim\gamma$,即 $\lim\dfrac{\alpha}{\beta}=1$,$\lim\dfrac{\beta}{\gamma}=1$ 所以

$$\lim\dfrac{\alpha}{\gamma}=\lim\left(\dfrac{\alpha}{\beta}\cdot\dfrac{\beta}{\gamma}\right)=\lim\dfrac{\alpha}{\beta}\cdot\lim\dfrac{\beta}{\gamma}=1,$$

即 $\alpha \sim \gamma$.

习题 1－8 解答(教材 P61)

1. 解：$x=-1,0,1,2$ 均为 $f(x)$ 的间断点,除 $x=0$ 外它们均为 $f(x)$ 的可去间断点. 补充定义 $f(-1)=f(2)=0$,修改定义使 $f(1)=2$,则它们均成为 $f(x)$ 的连续点.

2. 解：(1)$f(x)$在$[0,1)$及$(1,2]$内连续,在$x=1$处,
$$\lim_{x\to 1^-}f(x)=\lim_{x\to 1^-}x^2=1, \lim_{x\to 1^+}f(x)=\lim_{x\to 1^+}(2-x)=1,$$
又 $f(1)=1$,故 $f(x)$在$x=1$处连续,因此 $f(x)$在$[0,2]$上连续,函数的图形如图 1-7 所示.

(2)$f(x)$在$(-\infty,-1)$与$(-1,+\infty)$内连续,在$x=-1$处间断,但右连续,因为在$x=-1$处
$$\lim_{x\to -1^+}f(x)=\lim_{x\to -1^+}x=-1, f(-1)=-1,$$
但 $\lim_{x\to -1^-}f(x)=\lim_{x\to -1^-}1=1, \lim_{x\to -1^-}f(x)\neq \lim_{x\to -1^+}f(x).$

函数的图形如图 1-8 所示.

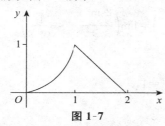

图 1-7

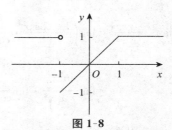

图 1-8

【方法点击】 在讨论分段函数的连续性时,在函数的分段点处,必须分别考虑函数的左连续性和右连续性,只有函数在该点既左连续,又右连续,才能得出函数在该点连续.

3. 解：(1)对 $x=1$,因为 $f(1)$无定义,但
$$\lim_{x\to 1}\frac{x^2-1}{x^2-3x+2}=\lim_{x\to 1}\frac{(x-1)(x+1)}{(x-2)(x-1)}=\lim_{x\to 1}\frac{x+1}{x-2}=-2,$$
所以,$x=1$ 为第一类间断点(可去间断点),重新定义函数:
$$f_1(x)=\begin{cases}\dfrac{x^2-1}{x^2-3x+2}, & x\neq 1,2, \\ -2, & x=1,\end{cases}$$
则 $f_1(x)$ 在 $x=1$ 处连续.

因为$\lim_{x\to 2}f(x)=\infty$,所以 $x=2$ 为第二类间断点(无穷间断点).

(2)对 $x=0$,因为 $f(0)$无定义,$\lim_{x\to 0}\dfrac{x}{\tan x}=\lim_{x\to 0}\dfrac{x}{x}=1$,所以 $x=0$ 为第一类间断点(可去间断点),重新定义函数:
$$f_1(x)=\begin{cases}\dfrac{x}{\tan x}, & x\neq k\pi,\ k\pi+\dfrac{\pi}{2}, \\ 1, & x=0,\end{cases}(k\in\mathbf{Z}),$$
则 $f_1(x)$ 在 $x=0$ 处连续.

对 $x=k\pi(k=\pm 1,\pm 2,\cdots)$, 因为$\lim_{x\to k\pi}\dfrac{x}{\tan x}=\infty$,所以 $x=k\pi(k=\pm 1,\pm 2,\cdots)$为第二类间断点(无穷间断点).

对 $x=k\pi+\dfrac{\pi}{2}(k\in\mathbf{Z})$,因为 $\lim_{x\to k\pi+\frac{\pi}{2}}\dfrac{x}{\tan x}=0$,而函数在 $k\pi+\dfrac{\pi}{2}$处无定义,所以 $x=k\pi+\dfrac{\pi}{2}$

$(k\in\mathbf{Z})$ 为第一类间断点(可去间断点),重新定义函数:

$$f_2(x)=\begin{cases}\dfrac{x}{\tan x}, & x\neq k\pi,\ k\pi+\dfrac{\pi}{2},\\[2mm] 0, & x=k\pi+\dfrac{\pi}{2},\end{cases}\quad(k\in\mathbf{Z}),$$

则 $f_2(x)$ 在 $x=k\pi+\dfrac{\pi}{2}(k\in\mathbf{Z})$ 处连续.

(3)对 $x=0$,因为 $\lim\limits_{x\to0}\cos^2\dfrac{1}{x}$ 及 $\lim\limits_{x\to0}\cos^2\dfrac{1}{x}$ 均不存在,所以 $x=0$ 为第二类间断点.

(4)对 $x=1$,因为 $\lim\limits_{x\to1^-}f(x)=\lim\limits_{x\to1^-}(3-x)=2$,$\lim\limits_{x\to1^+}f(x)=\lim\limits_{x\to1^+}(x-1)=0$,即左、右极限存在,但不相等,所以 $x=1$ 为第一类间断点(跳跃间断点).

4. 解: $f(x)=\lim\limits_{n\to\infty}\dfrac{1-x^{2n}}{1+x^{2n}}x=\begin{cases}-x, & |x|>1,\\ 0, & |x|=1,\\ x, & |x|<1.\end{cases}$

在分段点 $x=-1$ 处,因为

$$\lim\limits_{x\to-1^-}f(x)=\lim\limits_{x\to-1^-}(-x)=1,$$
$$\lim\limits_{x\to-1^+}f(x)=\lim\limits_{x\to-1^+}x=-1,$$
$$\lim\limits_{x\to-1^-}f(x)\neq\lim\limits_{x\to-1^+}f(x),$$

所以 $x=-1$ 为第一类间断点(跳跃间断点).

在分段点 $x=1$ 处,因为

$$\lim\limits_{x\to1^-}f(x)=\lim\limits_{x\to1^-}x=1,$$
$$\lim\limits_{x\to1^+}f(x)=\lim\limits_{x\to1^+}(-x)=-1,$$
$$\lim\limits_{x\to1^-}f(x)\neq\lim\limits_{x\to1^+}f(x),$$

所以 $x=1$ 为第一类间断点(跳跃间断点).

5. 解: (1)对. 因为 $\big||f(x)|-|f(a)|\big|\leqslant|f(x)-f(a)|\to0(x\to a)$. 即 $\lim\limits_{x\to a}|f(x)|=|f(a)|$,所以 $|f(x)|$ 也在 a 连续.

(2)错. 例如: $f(x)=\begin{cases}1, & x\geqslant0,\\ -1, & x<0\end{cases}$ 则 $|f(x)|$ 在 $a=0$ 处连续,而 $f(x)$ 在 $a=0$ 处不连续.

*6. 证: 若 $f(x_0)>0$,因为 $f(x)$ 在 x_0 连续,所以取 $\varepsilon=\dfrac{1}{2}f(x_0)>0$,$\exists\delta>0$,当 $x\in U(x_0,\delta)$ 时,有

$$|f(x)-f(x_0)|<\dfrac{1}{2}f(x_0),\text{即 }0<\dfrac{1}{2}f(x_0)<f(x)<\dfrac{3}{2}f(x_0);$$

若 $f(x_0)<0$,因为 $f(x)$ 在 x_0 连续,所以取 $\varepsilon=-\dfrac{1}{2}f(x_0)>0$,$\exists\delta>0$,当 $x\in U(x_0,\delta)$ 时,有

$$|f(x)-f(x_0)|<-\dfrac{1}{2}f(x_0),\text{即 }\dfrac{3}{2}f(x_0)<f(x)<\dfrac{1}{2}f(x_0)<0;$$

因此,不论 $f(x_0)>0$ 或 $f(x_0)<0$,总存在 x_0 的某一邻域 $U(x_0)$,当 $x\in U(x_0)$ 时,$f(x)\neq0$.

*7. 证: (1) $\forall\varepsilon>0$,取 $\delta=\varepsilon$,则当 $|x-0|=|x|<\delta$ 时,

$$|f(x)-f(0)|=|f(x)|\leqslant|x|<\varepsilon,$$

故 $\lim\limits_{x\to 0}f(x)=f(0)$，即 $f(x)$ 在 $x=0$ 连续.

(2)我们证明：$\forall\, x_0\neq 0$，$f(x)$ 在 x_0 处不连续.

若 $x_0=r\neq 0$，$r\in\mathbf{Q}$，则 $f(x_0)=f(r)=r$.

分别取一有理数列 $\{r_n\}$：$r_n\to r(n\to\infty)$，$r_n\neq r$；取一无理数列 $\{s_n\}$：$s_n\to r(n\to\infty)$，则

$$\lim\limits_{n\to\infty}f(r_n)=\lim\limits_{n\to\infty}r_n=r,\ \lim\limits_{n\to\infty}f(s_n)=\lim\limits_{n\to\infty}0=0,$$

而 $r\neq 0$，由函数极限与数列极限的关系知 $\lim\limits_{x\to r}f(x)$ 不存在，故 $f(x)$ 在 x_0 处不连续.

若 $x_0=s$，$s\in\mathbf{Q}^c$. 同理可证：$f(x_0)=f(s)=0$，但 $\lim\limits_{x\to s}f(x)$ 不存在，故 $f(x)$ 在 x_0 处不连续.

*8. 解：设 $f(x)=\cot\pi x+\cot\dfrac{\pi}{x}$，显然 $f(x)$ 具有所要求的性质.

习题 1-9 解答(教材 P65~P66)

1. 解：$f(x)$ 在 $x_1=-3$，$x_2=2$ 处无意义，所以这两个点为间断点，此外函数到处连续，连续区间为 $(-\infty,-3)$，$(-3,2)$，$(2,+\infty)$.

因为 $f(x)=\dfrac{x^3+3x^2-x-3}{x^2+x-6}=\dfrac{(x^2-1)(x+3)}{(x+3)(x-2)}=\dfrac{x^2-1}{x-2}$，所以

$$\lim\limits_{x\to 0}f(x)=\frac{1}{2},\ \lim\limits_{x\to -3}f(x)=-\frac{8}{5},\ \lim\limits_{x\to 2}f(x)=\infty.$$

2. 证：$\varphi(x)=\max\{f(x),g(x)\}=\dfrac{1}{2}[f(x)+g(x)+|f(x)-g(x)|]$，

$\psi(x)=\min\{f(x),g(x)\}=\dfrac{1}{2}[f(x)+g(x)-|f(x)-g(x)|]$.

若 $f(x)$ 在点 x_0 连续，则 $|f(x)|$ 在点 x_0 也连续；连续函数的和、差仍连续，故 $\varphi(x)$，$\psi(x)$ 在点 x_0 也连续.

3. 解：(1) $\lim\limits_{x\to 0}\sqrt{x^2-2x+5}=\sqrt{\lim\limits_{x\to 0}(x^2-2x+5)}=\sqrt{5}$.

(2) $\lim\limits_{\alpha\to\frac{\pi}{4}}(\sin 2\alpha)^3=(\lim\limits_{\alpha\to\frac{\pi}{4}}\sin 2\alpha)^3=\left(\sin\dfrac{\pi}{2}\right)^3=1$.

(3) $\lim\limits_{x\to\frac{\pi}{6}}\ln(2\cos 2x)=\ln(\lim\limits_{x\to\frac{\pi}{6}}2\cos 2x)=\ln\left(2\cos\dfrac{\pi}{3}\right)=\ln 1=0$.

(4) $\lim\limits_{x\to 0}\dfrac{\sqrt{x+1}-1}{x}=\lim\limits_{x\to 0}\dfrac{1}{\sqrt{x+1}+1}=\dfrac{1}{2}$.

(5) $\lim\limits_{x\to 1}\dfrac{\sqrt{5x-4}-\sqrt{x}}{x-1}=\lim\limits_{x\to 1}\dfrac{4}{\sqrt{5x-4}+\sqrt{x}}=2$.

(6) $\lim\limits_{x\to\alpha}\dfrac{\sin x-\sin\alpha}{x-\alpha}=\lim\limits_{x\to\alpha}\dfrac{2\sin\dfrac{x-\alpha}{2}\cos\dfrac{x+\alpha}{2}}{x-\alpha}=\lim\limits_{x\to\alpha}\dfrac{\sin\dfrac{x-\alpha}{2}}{\dfrac{x-\alpha}{2}}\cdot\lim\limits_{x\to\alpha}\cos\dfrac{x+\alpha}{2}=\cos\alpha$.

(7) $\lim\limits_{x\to+\infty}(\sqrt{x^2+x}-\sqrt{x^2-x})=\lim\limits_{x\to+\infty}\dfrac{2x}{\sqrt{x^2+x}+\sqrt{x^2-x}}=\lim\limits_{x\to+\infty}\dfrac{2}{\sqrt{1+\dfrac{1}{x}}+\sqrt{1-\dfrac{1}{x}}}=1$.

(8) $\lim\limits_{x\to 0}\dfrac{\left(1-\dfrac{1}{2}x^2\right)^{\frac{2}{3}}-1}{x\ln(1+x)}=\lim\limits_{x\to 0}\dfrac{\dfrac{2}{3}\cdot\left(-\dfrac{1}{2}x^2\right)}{x^2}=-\dfrac{1}{3}$.

【方法点击】 本题及下一题求极限中,采用了以下几种常用的方法:

(1)利用极限运算法则;

(2)利用复合函数的连续性,将函数符号与极限符号交换次序;

(3)利用一些初等方法:因式分解,分子或分母有理化,分子分母同乘或除以一个不为零的因子,消去分母中趋于零的因子等;

(4)利用重要极限以及它们的变形;

(5)利用等价无穷小替代.

4. 解: (1) $\lim\limits_{x\to\infty}e^{\frac{1}{x}}=e^{\lim\limits_{x\to\infty}\frac{1}{x}}=e^0=1.$

(2) $\lim\limits_{x\to0}\ln\dfrac{\sin x}{x}=\ln\left(\lim\limits_{x\to0}\dfrac{\sin x}{x}\right)=\ln 1=0.$

(3) $\lim\limits_{x\to\infty}\left(1+\dfrac{1}{x}\right)^{\frac{x}{2}}=\lim\limits_{x\to\infty}\left[\left(1+\dfrac{1}{x}\right)^{x}\right]^{\frac{1}{2}}=e^{\frac{1}{2}}=\sqrt{e}.$

(4) $\lim\limits_{x\to0}(1+3\tan^2 x)^{\cot^2 x}=\lim\limits_{x\to0}\left[(1+3\tan^2 x)^{\frac{1}{3}\cot^2 x}\right]^3=e^3.$

(5) $\lim\limits_{x\to\infty}\left(\dfrac{3+x}{6+x}\right)^{\frac{x-1}{2}}=\lim\limits_{x\to\infty}\left[\left(1-\dfrac{3}{6+x}\right)^{-\frac{6+x}{3}}\right]^{-\frac{3}{2}}\cdot\lim\limits_{x\to\infty}\left(1-\dfrac{3}{6+x}\right)^{-\frac{7}{2}}=e^{-\frac{3}{2}}.$

(6) $\lim\limits_{x\to0}\dfrac{\sqrt{1+\tan x}-\sqrt{1+\sin x}}{x\ \sqrt{1+\sin^2 x}-x}=\lim\limits_{x\to0}\dfrac{\tan x-\sin x}{x(\sqrt{1+\sin^2 x}-1)(\sqrt{1+\tan x}+\sqrt{1+\sin x})}$

$=\lim\limits_{x\to0}\left(\dfrac{\sin x}{x}\cdot\dfrac{\sec x-1}{\sqrt{1+\sin^2 x}-1}\cdot\dfrac{1}{\sqrt{1+\tan x}+\sqrt{1+\sin x}}\right)$

$=\lim\limits_{x\to0}\dfrac{\sin x}{x}\cdot\lim\limits_{x\to0}\dfrac{\frac{1}{2}x^2}{\frac{1}{2}\sin^2 x}\cdot\lim\limits_{x\to0}\dfrac{1}{\sqrt{1+\tan x}+\sqrt{1+\sin x}}$

$=1\times1\times\dfrac{1}{2}=\dfrac{1}{2}.$

(7) $\lim\limits_{x\to e}\dfrac{\ln x-1}{x-e}\overset{x-e=t}{=\!=\!=}\lim\limits_{t\to0}\dfrac{\ln(e+t)-\ln e}{t}=\lim\limits_{t\to0}\dfrac{\ln\left(1+\frac{t}{e}\right)}{t}=\lim\limits_{t\to0}\dfrac{\frac{t}{e}}{t}=\dfrac{1}{e}.$

(8) $\lim\limits_{x\to0}\dfrac{e^{3x}-e^{2x}-e^x+1}{\sqrt[3]{(1-x)(1+x)}-1}=\lim\limits_{x\to0}\dfrac{(e^{2x}-1)\cdot(e^x-1)}{(1-x^2)^{\frac{1}{3}}-1}=\lim\limits_{x\to0}\dfrac{2x\cdot x}{\frac{1}{3}(-x^2)}=-6.$

5. 解: (1)错. 例如 $\varphi(x)=\text{sgn }x$, $f(x)=e^x$, $\varphi[f(x)]\equiv1$,在 **R** 上处处连续.

(2)错. 例如 $\varphi(x)=\begin{cases}1,&x\in\mathbf{R}\\-1,&x\in\mathbf{R}^C\end{cases}$, $[\varphi(x)]^2\equiv1$ 在 **R** 上处处连续.

(3)对. 例如 $\varphi(x)$同(2), $f(x)=|x|+1$, $f[\varphi(x)]\equiv2$ 在 **R** 上处处连续.

(4)对. 因为,若 $F(x)=\dfrac{\varphi(x)}{f(x)}$ 在 **R** 上处处连续,则 $\varphi(x)=F(x)\cdot f(x)$ 也在 **R** 上处处连续,这与已知条件矛盾.

6. 解: 由初等函数的连续性, $f(x)$在$(-\infty,0)$及$(0,+\infty)$内连续,所以要使 $f(x)$在$(-\infty,+\infty)$内连续,只要选择数 a,使 $f(x)$在$x=0$ 处连续即可.

在 $x=0$ 处,

$$\lim\limits_{x\to0^-}f(x)=\lim\limits_{x\to0^-}e^x=1,\ \lim\limits_{x\to0^+}f(x)=\lim\limits_{x\to0^+}(a+x)=a,\ f(0)=a,$$

取 $a=1$,即有
$$\lim_{x\to 0}f(x)=\lim_{x\to 0}f(x)=f(0),$$
即 $f(x)$ 在 $x=0$ 处连续. 于是,选择 $a=1$,$f(x)$ 就成为在 $(-\infty,+\infty)$ 内的连续函数.

习题 1－10 解答(教材 P70)

1. 证:设 $F(x)=f(x)-x$,则 $F(0)=f(0)\geqslant 0$,$F(1)=f(1)-1\leqslant 0$.
若 $F(0)=0$ 或 $F(1)=0$,则 0 或 1 即为 $f(x)$ 的不动点;若 $F(0)>0$ 且 $F(1)<0$,则由零点定理,必存在 $c\in(0,1)$,使 $F(c)=0$,即 $f(c)=c$,这时 c 为 $f(x)$ 的不动点.

2. 证:设 $f(x)=x^5-3x-1$,则 $f(x)$ 在闭区间 $[1,2]$ 上连续,且 $f(1)=-3<0$,$f(2)=25>0$. 由零点定理,即知 $\exists\xi\in(1,2)$,使 $f(\xi)=0$,ξ 即为方程的根.

3. 证:设 $f(x)=x-a\sin x-b$,则 $f(x)$ 在闭区间 $[0,a+b]$ 上连续,且 $f(0)=-b<0$,$f(a+b)=a[1-\sin(a+b)]$,当 $\sin(a+b)<1$ 时,$f(a+b)>0$. 由零点定理,即知 $\exists\xi\in(0,a+b)$,使 $f(\xi)=0$,即 ξ 为原方程的根,它是正根且不超过 $a+b$;当 $\sin(a+b)=1$ 时,$f(a+b)=0$,$a+b$ 就是满足条件的正根.

4. 证:当 x 的绝对值充分大时,$f(x)=a_0x^{2n+1}+a_1x^{2n}+\cdots+a_{2n}x+a_{2n+1}$ 的符号取决于 a_0 的符号. 即当 x 为正时,$f(x)$ 与 a_0 同号;当 x 为负时,$f(x)$ 与 a_0 异号. 而 $a_0\neq 0$,又 $f(x)$ 是连续函数,它在某充分大的区间的端点处异号,由零点定理可知它在区间内某一点处必定为零,故方程 $f(x)=0$ 至少有一实根.

5. 证:因为 $f(x)$ 在 $[a,b]$ 上连续,又 $[x_1,x_n]\subset[a,b]$,所以 $f(x)$ 在 $[x_1,x_n]$ 上连续. 设
$$M=\max\{f(x)|x_1\leqslant x\leqslant x_n\},m=\min\{f(x)|x_1\leqslant x\leqslant x_n\},$$
则
$$m\leqslant\frac{f(x_1)+f(x_2)+\cdots+f(x_n)}{n}\leqslant M.$$
若上述不等式中为严格不等号,则由介值定理知 $\exists\xi\in(x_1,x_n)$ 使
$$f(\xi)=\frac{f(x_1)+f(x_2)+\cdots+f(x_n)}{n};$$
若上述不等式中出现等号,如 $m=\dfrac{f(x_1)+f(x_2)+\cdots+f(x_n)}{n}$,
则有 $f(x_1)=f(x_2)=\cdots=f(x_n)=m$,任取 $x_2,\cdots,x_{n-1}$ 中一点作为 ξ,即有 $\xi\in(x_1,x_n)$,使
$$f(\xi)=\frac{f(x_1)+f(x_2)+\cdots+f(x_n)}{n}.$$
如 $\dfrac{f(x_1)+f(x_2)+\cdots+f(x_n)}{n}=M$,同理可证.

6. 证:任取 $x_0\in(a,b)$,$\forall\varepsilon>0$,取 $\delta=\min\left\{\dfrac{\varepsilon}{L},x_0-a,b-x_0\right\}$,则当 $|x-x_0|<\delta$ 时,由假设
$$|f(x)-f(x_0)|\leqslant L|x-x_0|<L\delta\leqslant\varepsilon,$$
所以 $f(x)$ 在 x_0 连续. 由 $x_0\in(a,b)$ 的任意性知,$f(x)$ 在 (a,b) 内连续.

当 $x_0=a$ 或 $x_0=b$ 时,取 $\delta=\dfrac{\varepsilon}{L}$,并将 $|x-x_0|<\delta$ 换成 $x\in[a,a+\delta)$ 或 $x\in(b-\delta,b]$,便知 $f(x)$ 在 $x=a$ 右连续,在 $x=b$ 左连续. 从而 $f(x)$ 在 $[a,b]$ 上连续.

又由假设 $f(a)\cdot f(b)<0$,由零点定理即知 $\exists\xi\in(a,b)$,使得 $f(\xi)=0$.

7. 证:设 $\lim_{x\to+\infty}f(x)=A$,则对 $\varepsilon=1>0$,$\exists X>0$,当 $|x|>X$ 时,有
$$|f(x)-A|<1\Rightarrow|f(x)|\leqslant|f(x)-A|+|A|<|A|+1.$$

又因 $f(x)$ 在 $[-X,X]$ 上连续，利用有界性定理，得：$\exists M>0$，对 $\forall x\in[-X,X]$，有 $|f(x)|\leqslant M$. 取 $M'=\max\{M,|A|+1\}$，即有 $|f(x)|\leqslant M'$，$\forall x\in(-\infty,+\infty)$.

*8. 解：若 $f(a^+)$，$f(b^-)$ 均存在，设

$$F(x)=\begin{cases} f(a^+), & x=a, \\ f(x), & x\in(a,b), \\ f(b^-), & x=b. \end{cases}$$

易证 $F(x)$ 在 $[a,b]$ 上连续，从而 $F(x)$ 在 $[a,b]$ 上一致连续，也就有 $F(x)$ 在 (a,b) 内一致连续，即 $f(x)$ 在 (a,b) 内一致连续.

总习题一解答（教材 P70～P72）

1. 解：(1)必要，充分. (2)必要，充分. (3)必要，充分. (4)充分必要.

2. 解：$a=f(0)=\lim\limits_{x\to 0}f(x)=\lim\limits_{x\to 0}(\cos x)^{-x^2}=1$.

3. 解：(1)因为

$$\lim_{x\to 0}\frac{f(x)}{x}=\lim_{x\to 0}\frac{2^x+3^x-2}{x}=\lim_{x\to 0}\frac{2^x-1}{x}+\lim_{x\to 0}\frac{3^x-1}{x}=\ln 2+\ln 3=\ln 6\neq 1,$$

所以当 $x\to 0$ 时，$f(x)$ 与 x 同阶但非等价无穷小，应选(B).

(2) $f(0^-)=\lim\limits_{x\to 0}f(x)=-1$，$f(0^+)=\lim\limits_{x\to 0}f(x)=1$，因为 $f(0^+)$、$f(0^-)$ 均存在，但 $f(0^+)\neq f(0^-)$，所以 $x=0$ 是 $f(x)$ 的跳跃间断点，应选(B).

4. 解：(1)因为 $0\leqslant \mathrm{e}^x\leqslant 1$，所以 $x\leqslant 0$，即函数 $f(\mathrm{e}^x)$ 的定义域为 $(-\infty,0]$

(2)因为 $0\leqslant \ln x\leqslant 1$，所以 $1\leqslant x\leqslant \mathrm{e}$，即函数 $f(\ln x)$ 的定义域为 $[1,\mathrm{e}]$.

(3)因为 $0\leqslant \arctan x\leqslant 1$，所以 $0\leqslant x\leqslant \tan 1$，即函数 $f(\arctan x)$ 的定义域为 $[0,\tan 1]$.

(4)因为 $0\leqslant \cos x\leqslant 1$，所以 $2n\pi-\dfrac{\pi}{2}\leqslant x\leqslant 2n\pi+\dfrac{\pi}{2}$，$n\in\mathbf{Z}$，即函数 $f(\cos x)$ 的定义域为

$$\left[2n\pi-\frac{\pi}{2},2n\pi+\frac{\pi}{2}\right], n\in\mathbf{Z}.$$

5. 解：因为 $f[f(x)]=\begin{cases} 0, & f(x)\leqslant 0, \\ f(x), & f(x)>0, \end{cases}$ 而 $f(x)\geqslant 0$，$x\in\mathbf{R}$，所以 $f[f(x)]=f(x)$，$x\in\mathbf{R}$.

因为 $g[g(x)]=\begin{cases} 0, & g(x)\leqslant 0, \\ -g^2(x), & g(x)>0, \end{cases}$ 而 $g(x)\leqslant 0$，$x\in\mathbf{R}$，所以 $g[g(x)]=0$，$x\in\mathbf{R}$.

因为 $f[g(x)]=\begin{cases} 0, & g(x)\leqslant 0, \\ g(x), & g(x)>0, \end{cases}$ 而 $g(x)\leqslant 0$，$x\in\mathbf{R}$，所以 $f[g(x)]=0$，$x\in\mathbf{R}$.

因为 $g[f(x)]=\begin{cases} 0, & f(x)\leqslant 0, \\ -f^2(x), & f(x)>0, \end{cases}$ 而 $f(x)\geqslant 0$，$x\in\mathbf{R}$，所以 $g[f(x)]=g(x)$，$x\in\mathbf{R}$.

6. 解：$y=\sin x$ 的图形如图 1-9 所示.

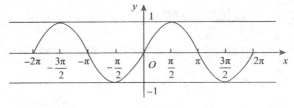

图 1-9

(1)$y=|\sin x|$ 应将 $y=\sin x$ 的下方图形翻至上方,如图 1-10 所示.

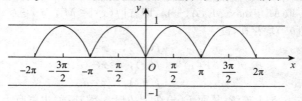

图 1-10

(2)$y=\sin|x|$ 应将 $y=\sin x$ 的右方图形翻至左方,如图 1-11 所示.

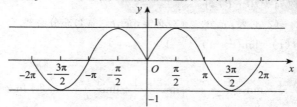

图 1-11

(3)$y=2\sin\dfrac{x}{2}$ 将 $y=\sin x$ 宽度拉宽高度升高,如图 1-12 所示.

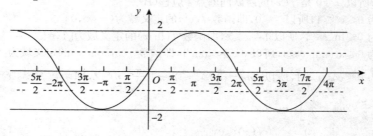

图 1-12

7.**解**:设围成的圆锥底半径为 r,高为 h,则由题意(如图 1-13 所示)有

$$(2\pi-\alpha)R=2\pi r,h=\sqrt{R^2-r^2}.$$

故 $r=\dfrac{(2\pi-\alpha)R}{2\pi},h=\sqrt{R^2-\dfrac{(2\pi-\alpha)^2}{4\pi^2}R^2}=\dfrac{\sqrt{4\pi\alpha-\alpha^2}}{2\pi}R,$

圆锥体积

$$V=\frac{1}{3}\pi\cdot\frac{(2\pi-\alpha)^2}{4\pi^2}R^2\cdot\frac{\sqrt{4\pi\alpha-\alpha^2}}{2\pi}R=\frac{R^3}{24\pi^2}(2\pi-\alpha)^2\sqrt{4\pi\alpha-\alpha^2}\ (0<\alpha<2\pi).$$

图 1-13

*8.**证**:因为 $\left|\dfrac{x^2-x-6}{x-3}-5\right|=\left|\dfrac{(x-3)(x+2)}{x-3}-5\right|=|x-3|$,要使

$\left|\dfrac{x^2-x-6}{x-3}-5\right|<\varepsilon$,只要 $|x-3|<\varepsilon$. 所以 $\forall\varepsilon>0$,取 $\delta=\varepsilon$,则当 $0<|x-3|<\delta$ 时,就有

$\left|\dfrac{x^2-x-6}{x-3}-5\right|<\varepsilon$,即 $\lim\limits_{x\to3}\dfrac{x^2-x-6}{x-3}=5.$

9.**解**:(1)因为 $\lim\limits_{x\to1}\dfrac{(x-1)^2}{x^2-x+1}=0$,所以 $\lim\limits_{x\to1}\dfrac{x^2-x+1}{(x-1)^2}=\infty.$

(2) $\lim\limits_{x \to +\infty} x(\sqrt{x^2+1}-x) = \lim\limits_{x \to +\infty} \dfrac{x(\sqrt{x^2+1}-x)(\sqrt{x^2+1}+x)}{\sqrt{x^2+1}+x}$

$\qquad\qquad\qquad = \lim\limits_{x \to +\infty} \dfrac{x}{\sqrt{x^2+1}+x} = \lim\limits_{x \to +\infty} \dfrac{1}{\sqrt{1+\dfrac{1}{x^2}}+1} = \dfrac{1}{2}.$

(3) $\lim\limits_{x \to \infty} \left(\dfrac{2x+3}{2x+1}\right)^{x+1} = \lim\limits_{x \to \infty} \left(1+\dfrac{1}{\dfrac{2x+1}{2}}\right)^{\frac{2x+1}{2}} \cdot \lim\limits_{x \to \infty} \left(\dfrac{2x+3}{2x+1}\right)^{\frac{1}{2}} = e.$

(4) $\lim\limits_{x \to 0} \dfrac{\tan x - \sin x}{x^3} = \lim\limits_{x \to 0} \left(\dfrac{\sin x}{x} \cdot \dfrac{\sec x - 1}{x^2}\right) = \lim\limits_{x \to 0} \dfrac{\sin x}{x} \cdot \lim\limits_{x \to 0} \dfrac{\frac{1}{2}x^2}{x^2} = \dfrac{1}{2}.$

(5) 因为 $\left(\dfrac{a^x+b^x+c^x}{3}\right)^{\frac{1}{x}} = \left(1+\dfrac{a^x+b^x+c^x-3}{3}\right)^{\frac{3}{a^x+b^x+c^x-3} \cdot \frac{1}{3}\left(\frac{a^x-1}{x}+\frac{b^x-1}{x}+\frac{c^x-1}{x}\right)},$

而 $\left(1+\dfrac{a^x+b^x+c^x-3}{3}\right)^{\frac{3}{a^x+b^x+c^x-3}} \to e(x \to 0), \dfrac{a^x-1}{x} \to \ln a, \dfrac{b^x-1}{x} \to \ln b, \dfrac{c^x-1}{x} \to \ln c(x \to 0)$, 所以

$$\lim\limits_{x \to 0} \left(\dfrac{a^x+b^x+c^x}{3}\right)^{\frac{1}{x}} = e^{\frac{1}{3}(\ln a + \ln b + \ln c)} = (abc)^{\frac{1}{3}}.$$

(6) 因为 $(\sin x)^{\tan x} = \left[1+(\sin x - 1)\right]^{\frac{1}{\sin x - 1} \cdot (\sin x - 1)\tan x}$, 而

$\qquad \lim\limits_{x \to \frac{\pi}{2}} \left[1+(\sin x - 1)\right]^{\frac{1}{\sin x - 1}} = e,$

$$\lim\limits_{x \to \frac{\pi}{2}}(\sin x - 1)\tan x = \lim\limits_{x \to \frac{\pi}{2}} \dfrac{\sin x - \sin\frac{\pi}{2}}{\sin\left(x+\frac{\pi}{2}\right)} \cdot \sin x = \lim\limits_{x \to \frac{\pi}{2}} \dfrac{2\sin\dfrac{x-\frac{\pi}{2}}{2}\cos\dfrac{x+\frac{\pi}{2}}{2}}{2\sin\dfrac{x+\frac{\pi}{2}}{2}\cos\dfrac{x+\frac{\pi}{2}}{2}} \cdot \sin x$$

$$= \lim\limits_{x \to \frac{\pi}{2}} \dfrac{\sin\left(\dfrac{x}{2}-\dfrac{\pi}{4}\right)}{\sin\left(\dfrac{x}{2}+\dfrac{\pi}{4}\right)} \cdot \sin x = 0,$$

所以 $\lim\limits_{x \to \frac{\pi}{2}}(\sin x)^{\tan x} = e^0 = 1.$

(7) $\lim\limits_{x \to a} \dfrac{\ln x - \ln a}{x-a} = \lim\limits_{x \to a} \dfrac{\ln\dfrac{x}{a}}{x-a} = \lim\limits_{x \to a} \dfrac{\ln\left(1+\dfrac{x-a}{a}\right)}{x-a} = \lim\limits_{x \to a} \dfrac{\dfrac{x-a}{a}}{x-a} = \dfrac{1}{a}.$

(8) $\lim\limits_{x \to 0} \dfrac{x\tan x}{\sqrt{1-x^2}-1} = \lim\limits_{x \to 0} \dfrac{x \cdot x}{\dfrac{1}{2}(-x^2)} = -2.$

10. 解: $f(x)$ 在 $(-\infty, 0)$ 及 $(0, +\infty)$ 内均连续, 要使 $f(x)$ 在 $(-\infty, +\infty)$ 内连续, 只要选择数 a, 使 $f(x)$ 在 $x=0$ 处连续即可. 而

$$\lim\limits_{x \to 0^+} f(x) = \lim\limits_{x \to 0^+} x\sin\dfrac{1}{x} = 0, \lim\limits_{x \to 0^-} f(x) = \lim\limits_{x \to 0^-}(a+x^2) = a,$$

又 $f(0)=a$, 故应选择 $a=0$, $f(x)$ 在 $x=0$ 处连续, 从而 $f(x)$ 在 $(-\infty, +\infty)$ 内连续.

教材习题全解(上册)

11. 解：$f(x) = \lim\limits_{n \to \infty} \dfrac{1+x}{1+x^{2n}} = \begin{cases} 1+x, & |x|<1, \\ 0, & |x|>1 \text{ 或 } x=-1, \\ 1, & x=1. \end{cases}$

$x = \pm 1$ 为分段函数的分段点，$x = -1$ 处，因为 $\lim\limits_{x \to -1^+} f(x) = \lim\limits_{x \to -1^-} f(x) = f(-1) = 0$，所以 $x = -1$ 为连续点；$x = 1$ 处，因为 $\lim\limits_{x \to 1^-} f(x) = 2$，$\lim\limits_{x \to 1^+} f(x) = 0$，$\lim\limits_{x \to 1^+} f(x) \neq \lim\limits_{x \to 1^-} f(x)$，所以 $x = 1$ 为 $f(x)$ 的间断点，属第一类间断点，是跳跃间断点.

12. 证：因为 $\dfrac{n}{\sqrt{n^2+n}} < \dfrac{1}{\sqrt{n^2+1}} + \dfrac{1}{\sqrt{n^2+2}} + \cdots + \dfrac{1}{\sqrt{n^2+n}} < 1$，而

$$\lim\limits_{n \to \infty} \dfrac{n}{\sqrt{n^2+n}} = \lim\limits_{n \to \infty} \dfrac{1}{\sqrt{1+\dfrac{1}{n}}} = 1, \quad \lim\limits_{n \to \infty} 1 = 1,$$

所以由夹逼准则，即得证.

13. 证：设 $f(x) = \sin x + x + 1$，则 $f(x)$ 在 $\left[-\dfrac{\pi}{2}, \dfrac{\pi}{2}\right]$ 上连续. 因为

$$f\left(-\dfrac{\pi}{2}\right) = \sin\left(-\dfrac{\pi}{2}\right) - \dfrac{\pi}{2} + 1 = -\dfrac{\pi}{2} < 0,$$

$$f\left(\dfrac{\pi}{2}\right) = \sin\dfrac{\pi}{2} + \dfrac{\pi}{2} + 1 = \dfrac{\pi}{2} + 2 > 0$$

由介值定理，至少存在一点 $\xi \in \left(-\dfrac{\pi}{2}, \dfrac{\pi}{2}\right)$，使 $f(\xi) = 0$，即 $\sin \xi + \xi + 1 = 0$. 所以方程 $\sin x + x + 1 = 0$ 在 $\left(-\dfrac{\pi}{2}, \dfrac{\pi}{2}\right)$ 内至少有一个根.

14. (1) 证：直线 $L: y = kx + b$ 为曲线 $y = f(x)$ 的渐近线的充分必要条件是

$$k = \lim\limits_{\substack{x \to +\infty \\ (x \to -\infty)}} \dfrac{f(x)}{x}, \quad b = \lim\limits_{\substack{x \to +\infty \\ (x \to -\infty)}} [f(x) - kx].$$

(2) 解：(1) 就 $x \to +\infty$ 的情形证明，其他情形类似.

设 $L: y = kx + b$ 为曲线 $y = f(x)$ 的渐近线.

1° 若 $k \neq 0$，如图 1-14 所示，$k = \tan \alpha \left(\alpha \text{ 为 } L \text{ 的倾角}, \alpha \neq \dfrac{\pi}{2}\right)$，曲线 $y = f(x)$ 上动点 $M(x, y)$ 到直线 L 的距离为 $|MK|$. 过 M 作横轴的垂线，交直线 L 于 K_1，则

$$|MK_1| = \dfrac{|MK|}{\cos \alpha}.$$

显然 $|MK| \to 0 (x \to +\infty)$ 与 $|MK_1| \to 0 (x \to +\infty)$ 等价，而

$$|MK_1| = |f(x) - (kx+b)|.$$

因为 $L: y = kx + b$ 是曲线 $y = f(x)$ 的渐近线，所以

$$|MK| \to 0 (x \to +\infty) \Rightarrow |MK_1| \to 0 (x \to +\infty),$$

即 $\lim\limits_{x \to +\infty} [f(x) - (kx+b)] = 0$，　　　　　　　　　　　①

从而 $\lim\limits_{x \to +\infty} [f(x) - kx] = \lim\limits_{x \to +\infty} [f(x) - (kx+b)] + b = 0 + b = b$，　　②

$$\lim\limits_{x \to +\infty} \dfrac{f(x)}{x} = \lim\limits_{x \to +\infty} \dfrac{1}{x} [f(x) - kx] + k = 0 + k = k. \qquad ③$$

反之，若②③成立，则①成立，即 $L: y = kx + b$ 是曲线 $y = f(x)$ 的渐近线.

2° 若 $k = 0$，设 $L: y = b$ 是曲线 $y = f(x)$ 的水平渐近线，如图 1-15 所示. 按定义有

$|MK| \to 0(x \to +\infty)$, 而 $|MK|=|f(x)-b|$, 故有

$$\lim_{x \to +\infty} f(x) = b. \qquad ④$$

$$\lim_{x \to +\infty} \frac{f(x)}{x} = \lim_{x \to +\infty} \frac{1}{x} \cdot \lim_{x \to +\infty} f(x) = 0. \qquad ⑤$$

反之,若④⑤成立,即有

$$|MK|=|f(x)-b| \to 0 \ (x \to +\infty),$$

故 $y=b$ 是曲线 $y=f(x)$ 的水平渐近线.

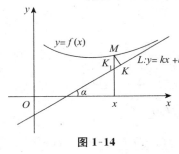

图 1-14

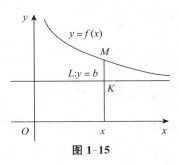

图 1-15

(2)因为

$$k=\lim_{x \to \infty} \frac{f(x)}{x} = \lim_{x \to \infty} \frac{(2x-1)}{x} e^{\frac{1}{x}} = 2,$$

$$b=\lim_{x \to \infty}[f(x)-2x]=\lim_{x \to \infty}[(2x-1)e^{\frac{1}{x}}-2x]=\lim_{x \to \infty}2x(e^{\frac{1}{x}}-1)-\lim_{x \to \infty}e^{\frac{1}{x}}$$

$$=\lim_{x \to \infty}2\frac{e^{\frac{1}{x}}-1}{\frac{1}{x}}-1=2\lim_{u \to 0}\frac{e^u-1}{u}-1=2-1=1,$$

所以,所求曲线的渐近线为 $y=2x+1$.

第二章　导数与微分

习题 2-1 解答(教材 P83~P84)

1. 解:在时间间隔 $[t_0,t_0+\Delta t]$ 内的平均角速度 $\overline{\omega}=\dfrac{\Delta \theta}{\Delta t}=\dfrac{\theta(t_0+\Delta t)-\theta(t_0)}{\Delta t}$. 在时刻 t_0 的角速度

$$\omega=\lim_{\Delta t \to 0}\overline{\omega}=\lim_{\Delta t \to 0}\frac{\Delta \theta}{\Delta t}=\theta'(t_0).$$

2. 解:在时间间隔 $[t,t+\Delta t]$ 内平均冷却速度 $\overline{\omega}=\dfrac{\Delta T}{\Delta t}=\dfrac{T(t+\Delta t)-T(t)}{\Delta t}$. 在时刻 t 的冷却速度

$$v=\lim_{\Delta t \to 0}\frac{\Delta T}{\Delta t}=\lim_{\Delta t \to 0}\frac{T(t+\Delta t)-T(t)}{\Delta t}=T'(t).$$

3. 解:(1) $C'(x)=100-0.2x$, $C'(100)=100-20=80$(元/件).

(2) $C(101)=2\,000+100 \times 101-0.1 \times (101)^2=11\,079.9$(元),

$C(100)=2\,000+100 \times 100-0.1 \times (100)^2=11\,000$(元),

$C(101)-C(100)=11\,079.9-11\,000=79.9$(元).

即生产第 101 件产品的成本为 79.9 元，与(1)中求得的边际成本比较，可以看出边际成本 $C'(x)$ 的实际意义是近似表达产量达到 x 单位时再增加一个单位产品所需的成本.

4. 解：$f'(-1) = \lim\limits_{\Delta x \to 0} \dfrac{f(-1+\Delta x) - f(-1)}{\Delta x} = \lim\limits_{\Delta x \to 0} \dfrac{10(-1+\Delta x)^2 - 10(-1)^2}{\Delta x}$

$= \lim\limits_{\Delta x \to 0} \dfrac{-20\Delta x + 10(\Delta x)^2}{\Delta x} = \lim\limits_{\Delta x \to 0}(-20 + 10\Delta x) = -20.$

5. 证：$(\cos x)' = \lim\limits_{\Delta x \to 0} \dfrac{\cos(x+\Delta x) - \cos x}{\Delta x} = \lim\limits_{\Delta x \to 0} \dfrac{-2\sin\left(x + \dfrac{\Delta x}{2}\right)\sin\dfrac{\Delta x}{2}}{\Delta x}$

$= \lim\limits_{\Delta x \to 0}\left[-\sin\left(x + \dfrac{\Delta x}{2}\right)\right]\dfrac{\sin\dfrac{\Delta x}{2}}{\dfrac{\Delta x}{2}} = -\sin x.$

6. 解：(1) $A = \lim\limits_{\Delta x \to 0} \dfrac{f(x_0 - \Delta x) - f(x_0)}{\Delta x} = -\lim\limits_{-\Delta x \to 0} \dfrac{f[x_0 + (-\Delta x)] - f(x_0)}{-\Delta x} = -f'(x_0).$

(2) 由于 $f(0) = 0$，故 $A = \lim\limits_{x \to 0} \dfrac{f(x)}{x} = \lim\limits_{x \to 0} \dfrac{f(x) - f(0)}{x - 0} = f'(0).$

(3) $A = \lim\limits_{h \to 0} \dfrac{f(x_0 + h) - f(x_0 - h)}{h} = \lim\limits_{h \to 0}\left[\dfrac{f(x_0 + h) - f(x_0)}{h} - \dfrac{f(x_0 - h) - f(x_0)}{h}\right]$

$= \lim\limits_{h \to 0} \dfrac{f(x_0 + h) - f(x_0)}{h} + \lim\limits_{h \to 0} \dfrac{f[x_0 + (-h)] - f(x_0)}{-h} = 2f'(x_0).$

7. 解：$f'_-(1) = \lim\limits_{x \to 1^-} \dfrac{f(x) - f(1)}{x - 1} = \lim\limits_{x \to 1^-} \dfrac{\dfrac{2}{3}x^3 - \dfrac{2}{3}}{x - 1} = \lim\limits_{x \to 1^-} \dfrac{2}{3} \cdot \dfrac{x^3 - 1}{x - 1} = \lim\limits_{x \to 1^-} \dfrac{2}{3}(x^2 + x + 1) = 2;$

$f'_+(1) = \lim\limits_{x \to 1^+} \dfrac{f(x) - f(1)}{x - 1} = \lim\limits_{x \to 1^+} \dfrac{x^2 - \dfrac{2}{3}}{x - 1} = \infty,$

故该函数左导数存在，右导数不存在，因此应选(B).

8. 解：$F'_+(0) = \lim\limits_{x \to 0^+} \dfrac{F(x) - F(0)}{x - 0} = \lim\limits_{x \to 0^+} \dfrac{f(x)(1 + \sin x) - f(0)}{x}$

$= \lim\limits_{x \to 0^+}\left[\dfrac{f(x) - f(0)}{x} + f(x)\dfrac{\sin x}{x}\right] = f'(0) + f(0),$

$F'_-(0) = \lim\limits_{x \to 0^-} \dfrac{F(x) - F(0)}{x - 0} = \lim\limits_{x \to 0^-} \dfrac{f(x)(1 - \sin x) - f(0)}{x}$

$= \lim\limits_{x \to 0^-}\left[\dfrac{f(x) - f(0)}{x} - f(x)\dfrac{\sin x}{x}\right] = f'(0) - f(0),$

当 $f(0) = 0$ 时，$F'_+(0) = F'_-(0)$，反之当 $F'_+(0) = F'_-(0)$ 时，$f(0) = 0$，因此应选(A).

9. 解：(1) $y' = 4x^3.$　　　　　　　　　(2) $y = x^{\frac{2}{3}}$，$y' = \dfrac{2}{3}x^{-\frac{1}{3}}.$

(3) $y' = 1.6x^{0.6}.$　　　　　　　　　(4) $y = x^{-\frac{1}{2}}$，$y' = -\dfrac{1}{2}x^{-\frac{3}{2}}.$

(5) $y = x^{-2}$，$y' = -2x^{-3}.$　　　　　(6) $y = x^{\frac{16}{5}}$，$y' = \dfrac{16}{5}x^{\frac{11}{5}}.$

(7) $y = x^{2+\frac{2}{3}-\frac{5}{2}} = x^{\frac{1}{6}}$，$y' = \dfrac{1}{6}x^{-\frac{5}{6}}.$

10. 解：$v = \dfrac{\mathrm{d}s}{\mathrm{d}t} = 3t^2$，$v\Big|_{t=2} = 12 \text{ m/s}.$

11. 证: $f(x)$ 为偶函数,故有 $f(-x)=f(x)$. 因为

$$f'(0)=\lim_{x\to 0}\frac{f(x)-f(0)}{x-0}=\lim_{x\to 0}\frac{f(-x)-f(0)}{x-0}=-\lim_{-x\to 0}\frac{f(-x)-f(0)}{-x-0}=-f'(0),$$

所以 $f'(0)=0$.

12. 解: 由导数的几何意义知

$$k_1=y'\Big|_{x=\frac{2}{3}\pi}=\cos x\Big|_{x=\frac{2}{3}\pi}=-\frac{1}{2},\quad k_2=y'\Big|_{x=\pi}=\cos x\Big|_{x=\pi}=-1.$$

13. 解: 由 $y'\Big|_{x=\frac{\pi}{3}}=(-\sin x)\Big|_{x=\frac{\pi}{3}}=-\frac{\sqrt{3}}{2}$,故曲线在点 $\left(\frac{\pi}{3},\frac{1}{2}\right)$ 处的切线方程为

$$y-\frac{1}{2}=-\frac{\sqrt{3}}{2}\left(x-\frac{\pi}{3}\right),\text{即}\ \frac{\sqrt{3}}{2}x+y-\frac{1}{2}\left(1+\frac{\sqrt{3}}{3}\pi\right)=0.$$

在点 $\left(\frac{\pi}{3},\frac{1}{2}\right)$ 处的法线方程为

$$y-\frac{1}{2}=\frac{2}{\sqrt{3}}\left(x-\frac{\pi}{3}\right),\text{即}\ \frac{2\sqrt{3}}{3}x-y+\frac{1}{2}-\frac{2\sqrt{3}}{9}\pi=0.$$

14. 解: $y'\Big|_{x=0}=e^x\Big|_{x=0}=1$,故曲线在点 $(0,1)$ 处的切线方程为

$$y-1=1\cdot(x-0),\text{即}\ x-y+1=0.$$

15. 解: 割线的斜率 $k=\frac{3^2-1^2}{3-1}=\frac{8}{2}=4$.

假设抛物线上点 (x_0,x_0^2) 处的切线平行于该割线,则有 $(x^2)'\Big|_{x=x_0}=4$,即 $2x_0=4$. 故 $x_0=2$,由此得所求点为 $(2,4)$.

16. 解: (1) $\lim_{x\to 0}f(x)=\lim_{x\to 0}|\sin x|=0=f(0)$,故 $y=|\sin x|$ 在 $x=0$ 处连续. 又

$$f'_-(0)=\lim_{x\to 0^-}\frac{f(x)-f(0)}{x-0}=\lim_{x\to 0^-}\frac{-\sin x}{x}=-1,$$

$$f'_+(0)=\lim_{x\to 0^+}\frac{f(x)-f(0)}{x-0}=\lim_{x\to 0^+}\frac{\sin x}{x}=1,$$

$f'_-(0)\neq f'_+(0)$,故 $y=|\sin x|$ 在 $x=0$ 处不可导.

(2) $\lim_{x\to 0}f(x)=\lim_{x\to 0}x^2\sin\frac{1}{x}=0=f(0)$,故函数在 $x=0$ 处连续. 又

$$f'(0)=\lim_{x\to 0}\frac{f(x)-f(0)}{x-0}=\lim_{x\to 0}\frac{x^2\sin\frac{1}{x}}{x}=\lim_{x\to 0}x\sin\frac{1}{x}=0,$$

故函数在 $x=0$ 处可导.

17. 解: 要函数 $f(x)$ 在 $x=1$ 处连续,应有 $\lim_{x\to 1^-}f(x)=\lim_{x\to 1^+}f(x)=f(1)$,即 $1=a+b$. 要函数 $f(x)$ 在 $x=1$ 处可导,应有 $f'_-(1)=f'_+(1)$,而

$$f'_-(1)=\lim_{x\to 1^-}\frac{f(x)-f(1)}{x-1}=\lim_{x\to 1^-}\frac{x^2-1}{x-1}=2,$$

$$f'_+(1)=\lim_{x\to 1^+}\frac{f(x)-f(1)}{x-1}=\lim_{x\to 1^+}\frac{ax+b-1}{x-1}=\lim_{x\to 1^+}\frac{a(x-1)+a+b-1}{x-1}$$

$$=\lim_{x\to 1^+}\frac{a(x-1)}{x-1}=a.$$

故 $a=2,b=-1$.

教材习题全解(上册)

18. 解:$f'_-(0)=\lim\limits_{x\to 0}\dfrac{f(x)-f(0)}{x-0}=\lim\limits_{x\to 0}\dfrac{-x-0}{x}=-1$,$f'_+(0)=\lim\limits_{x\to 0^+}\dfrac{f(x)-f(0)}{x-0}=\lim\limits_{x\to 0}\dfrac{x^2-0}{x}=0$.

由于 $f'_-(0)\neq f'_+(0)$,故 $f'(0)$ 不存在.

19. 解:$f'_-(0)=\lim\limits_{x\to 0}\dfrac{f(x)-f(0)}{x-0}=\lim\limits_{x\to 0}\dfrac{\sin x}{x}=1$,$f'_+(0)=\lim\limits_{x\to 0}\dfrac{f(x)-f(0)}{x-0}=\lim\limits_{x\to 0}\dfrac{x}{x}=1$.

由于 $f'_-(0)=f'_+(0)=1$,故 $f'(0)=1$. 因此 $f'(x)=\begin{cases}\cos x, & x<0,\\ 1, & x\geqslant 0.\end{cases}$

20. 证:设 (x_0,y_0) 为双曲线 $xy=a^2$ 上任一点,曲线在该点处的切线斜率

$$k=\left(\dfrac{a^2}{x}\right)'\bigg|_{x=x_0}=-\dfrac{a^2}{x_0^2},$$

切线方程为 $y-y_0=-\dfrac{a^2}{x_0^2}(x-x_0)$ 或 $\dfrac{x}{2x_0}+\dfrac{y}{2y_0}=1$,由此可得所构成的三角形的面积为

$$A=\dfrac{1}{2}|2x_0||2y_0|=2a^2.$$

习题 2-2 解答(教材 P94～P96)

1. 解:$(\cot x)'=\left(\dfrac{\cos x}{\sin x}\right)'=\dfrac{-\sin x\sin x-\cos x\cos x}{\sin^2 x}=-\dfrac{1}{\sin^2 x}=-\csc^2 x$,

$(\csc x)'=\left(\dfrac{1}{\sin x}\right)'=\dfrac{-\cos x}{\sin^2 x}=-\csc x\cot x$.

2. 解:(1) $y'=3x^2-\dfrac{28}{x^5}+\dfrac{2}{x^2}$.

(2) $y'=15x^2-2^x\ln 2+3\mathrm{e}^x$.

(3) $y'=2\sec^2 x+\sec x\tan x=\sec x(2\sec x+\tan x)$.

(4) $y'=\left(\dfrac{1}{2}\sin 2x\right)'=\dfrac{1}{2}\cdot 2\cos 2x=\cos 2x$.

(5) $y'=2x\ln x+x^2\cdot\dfrac{1}{x}=x(2\ln x+1)$.

(6) $y'=3\mathrm{e}^x\cos x-3\mathrm{e}^x\sin x=3\mathrm{e}^x(\cos x-\sin x)$.

(7) $y'=\dfrac{\dfrac{1}{x}\cdot x-\ln x}{x^2}=\dfrac{1-\ln x}{x^2}$.

(8) $y'=\dfrac{\mathrm{e}^x\cdot x^2-2x\mathrm{e}^x}{x^4}=\dfrac{\mathrm{e}^x(x-2)}{x^3}$.

(9) $y'=2x\ln x\cos x+x^2\cdot\dfrac{1}{x}\cos x+x^2\ln x(-\sin x)$

$=2x\ln x\cos x+x\cos x-x^2\ln x\sin x$.

(10) $s'=\dfrac{\cos t(1+\cos t)-(1+\sin t)(-\sin t)}{(1+\cos t)^2}=\dfrac{1+\sin t+\cos t}{(1+\cos t)^2}$.

3. 解:(1) $y'=\cos x+\sin x$,$y'\big|_{x=\frac{\pi}{6}}=\cos\dfrac{\pi}{6}+\sin\dfrac{\pi}{6}=\dfrac{\sqrt{3}+1}{2}$,

$y'\big|_{x=\frac{\pi}{4}}=\cos\dfrac{\pi}{4}+\sin\dfrac{\pi}{4}=\sqrt{2}$.

(2) $\dfrac{\mathrm{d}\rho}{\mathrm{d}\theta}=\sin\theta+\theta\cos\theta+\dfrac{1}{2}(-\sin\theta)=\dfrac{1}{2}\sin\theta+\theta\cos\theta$,

$$\left.\frac{\mathrm{d}\varrho}{\mathrm{d}\theta}\right|_{\theta=\frac{\pi}{4}}=\frac{1}{2}\sin\frac{\pi}{4}+\frac{\pi}{4}\cos\frac{\pi}{4}=\frac{\sqrt{2}}{4}\left(1+\frac{\pi}{2}\right).$$

$(3)f'(x)=\dfrac{3}{(5-x)^2}+\dfrac{2}{5}x,\quad f'(0)=\dfrac{3}{25},\quad f'(2)=\dfrac{1}{3}+\dfrac{4}{5}=\dfrac{17}{15}.$

4. 解:$(1)v(t)=\dfrac{\mathrm{d}s}{\mathrm{d}t}=v_0-gt.$

(2)物体达到最高点的时刻 $v=0$,即 $v_0-gt=0$,故 $t=\dfrac{v_0}{g}.$

5. 解:$y'=2\cos x+2x,y'\big|_{x=0}=2,y\big|_{x=0}=0$,因此曲线在点$(0,0)$处的切线方程为 $y-0=2(x-0)$,

即 $2x-y=0$,法线方程为

$$y-0=-\frac{1}{2}(x-0),\text{即 } x+2y=0.$$

6. 解:$(1)y'=4(2x+5)^3\cdot2=8(2x+5)^3.$

$(2)y'=-\sin(4-3x)(-3)=3\sin(4-3x).$

$(3)y'=\mathrm{e}^{-3x^2}\cdot(-6x)=-6x\mathrm{e}^{-3x^2}.$

$(4)y'=\dfrac{1}{1+x^2}\cdot2x=\dfrac{2x}{1+x^2}.$

$(5)y'=2\sin x\cos x=\sin 2x.$

$(6)y'=\dfrac{1}{2\sqrt{a^2-x^2}}(-2x)=-\dfrac{x}{\sqrt{a^2-x^2}}.$

$(7)y'=\sec^2 x^2\cdot2x=2x\sec^2 x^2.$

$(8)y'=\dfrac{1}{1+(\mathrm{e}^x)^2}\cdot\mathrm{e}^x=\dfrac{\mathrm{e}^x}{1+\mathrm{e}^{2x}}.$

$(9)y'=2\arcsin x\cdot\dfrac{1}{\sqrt{1-x^2}}=\dfrac{2}{\sqrt{1-x^2}}\arcsin x.$

$(10)y'=\dfrac{1}{\cos x}(-\sin x)=-\tan x.$

7. 解:$(1)y'=\dfrac{1}{\sqrt{1-(1-2x)^2}}\cdot(-2)=-\dfrac{1}{\sqrt{x-x^2}}.$

$(2)y'=\dfrac{-\dfrac{(-2x)}{2\sqrt{1-x^2}}}{(\sqrt{1-x^2})^2}=\dfrac{x}{\sqrt{(1-x^2)^3}}.$

$(3)y'=-\dfrac{1}{2}\mathrm{e}^{-\frac{x}{2}}\cos 3x-3\mathrm{e}^{-\frac{x}{2}}\sin 3x=-\dfrac{1}{2}\mathrm{e}^{-\frac{x}{2}}(\cos 3x+6\sin 3x).$

$(4)y'=-\dfrac{1}{\sqrt{1-\left(\dfrac{1}{x}\right)^2}}\cdot\left(-\dfrac{1}{x^2}\right)=\dfrac{|x|}{x^2\sqrt{x^2-1}}.$

$(5)y'=\dfrac{-\dfrac{1}{x}(1+\ln x)-(1-\ln x)\cdot\dfrac{1}{x}}{(1+\ln x)^2}=-\dfrac{2}{x(1+\ln x)^2}.$

$(6)y'=\dfrac{2x\cos 2x-\sin 2x}{x^2}.$

$(7)y'=\dfrac{1}{\sqrt{1-(\sqrt{x})^2}}\cdot\dfrac{1}{2\sqrt{x}}=\dfrac{1}{2\sqrt{x-x^2}}.$

$(8)y' = \dfrac{1}{x+\sqrt{a^2+x^2}}\left(1+\dfrac{2x}{2\sqrt{a^2+x^2}}\right) = \dfrac{1}{x+\sqrt{a^2+x^2}} \cdot \dfrac{x+\sqrt{a^2+x^2}}{\sqrt{a^2+x^2}} = \dfrac{1}{\sqrt{a^2+x^2}}.$

$(9)y' = \dfrac{1}{\sec x+\tan x}(\sec x\tan x+\sec^2 x) = \sec x.$

$(10)y' = \dfrac{1}{\csc x-\cot x}(-\csc x\cot x+\csc^2 x) = \csc x.$

8. 解: $(1)y' = 2\arcsin\dfrac{x}{2} \cdot \dfrac{1}{\sqrt{1-\left(\dfrac{x}{2}\right)^2}} \cdot \dfrac{1}{2} = \dfrac{2\arcsin\dfrac{x}{2}}{\sqrt{4-x^2}}.$

$(2)y' = \dfrac{1}{\tan\dfrac{x}{2}} \cdot \sec^2\dfrac{x}{2} \cdot \dfrac{1}{2} = \dfrac{1}{2\sin\dfrac{x}{2}\cos\dfrac{x}{2}} = \dfrac{1}{\sin x} = \csc x.$

$(3)y' = \dfrac{1}{2\sqrt{1+\ln^2 x}} \cdot 2\ln x \cdot \dfrac{1}{x} = \dfrac{\ln x}{x\sqrt{1+\ln^2 x}}.$

$(4)y' = e^{\arctan\sqrt{x}} \cdot \dfrac{1}{1+(\sqrt{x})^2} \cdot \dfrac{1}{2\sqrt{x}} = \dfrac{1}{2\sqrt{x}(1+x)}e^{\arctan\sqrt{x}}.$

$(5)y' = n\sin^{n-1}x\cos x\cos nx+\sin^n x(-\sin nx) \cdot n$
$\qquad = n\sin^{n-1}x(\cos x\cos nx-\sin x\sin nx) = n\sin^{n-1}x\cos(n+1)x.$

$(6)y' = \dfrac{1}{1+\left(\dfrac{x+1}{x-1}\right)^2} \cdot \dfrac{(x-1)-(x+1)}{(x-1)^2} = \dfrac{-2}{(x-1)^2+(x+1)^2} = -\dfrac{1}{1+x^2}.$

$(7)y' = \dfrac{\dfrac{1}{\sqrt{1-x^2}}\arccos x-\arcsin x\left(-\dfrac{1}{\sqrt{1-x^2}}\right)}{(\arccos x)^2} = \dfrac{\arccos x+\arcsin x}{\sqrt{1-x^2}(\arccos x)^2} = \dfrac{\pi}{2\sqrt{1-x^2}(\arccos x)^2}.$

$(8)y' = \dfrac{1}{\ln\ln x} \cdot \dfrac{1}{\ln x} \cdot \dfrac{1}{x} = \dfrac{1}{x\ln x(\ln\ln x)}.$

$(9)y' = \dfrac{\left(\dfrac{1}{2\sqrt{1+x}}+\dfrac{1}{2\sqrt{1-x}}\right)(\sqrt{1+x}+\sqrt{1-x})-(\sqrt{1+x}-\sqrt{1-x})\left(\dfrac{1}{2\sqrt{1+x}}-\dfrac{1}{2\sqrt{1-x}}\right)}{(\sqrt{1+x}+\sqrt{1-x})^2}$

$\qquad = \dfrac{1}{2} \dfrac{\dfrac{1}{\sqrt{1+x}\sqrt{1-x}}(\sqrt{1+x}+\sqrt{1-x})^2+\dfrac{1}{\sqrt{1+x}\sqrt{1-x}}(\sqrt{1+x}-\sqrt{1-x})^2}{2+2\sqrt{1-x^2}}$

$\qquad = \dfrac{1}{4} \dfrac{2+2}{(1+\sqrt{1-x^2})\sqrt{1-x^2}} = \dfrac{1-\sqrt{1-x^2}}{x^2\sqrt{1-x^2}}.$

$(10)y' = \dfrac{1}{\sqrt{1-\left(\sqrt{\dfrac{1-x}{1+x}}\right)^2}} \cdot \dfrac{1}{2\sqrt{\dfrac{1-x}{1+x}}} \cdot \dfrac{-(1+x)-(1-x)}{(1+x)^2}$

$\qquad = -\dfrac{1}{\sqrt{1-\dfrac{1-x}{1+x}}} \cdot \dfrac{1}{\sqrt{\dfrac{1-x}{1+x}}} \cdot \dfrac{1}{(1+x)^2} = -\dfrac{1}{\sqrt{2x}(1+x)\sqrt{1-x}}$

$\qquad = -\dfrac{1}{(1+x)\sqrt{2x(1-x)}}.$

9. 解：$y' = \dfrac{1}{2\sqrt{f^2(x)+g^2(x)}}[2f(x)f'(x)+2g(x)g'(x)] = \dfrac{f(x)f'(x)+g(x)g'(x)}{\sqrt{f^2(x)+g^2(x)}}.$

10. 解：(1) $y' = f'(x^2)2x = 2xf'(x^2).$

(2) $y' = f'(\sin^2 x)2\sin x\cos x + f'(\cos^2 x)2\cos x(-\sin x)$

　　$= \sin 2x[f'(\sin^2 x) - f'(\cos^2 x)].$

11. 解：(1) $y' = -\mathrm{e}^{-x}(x^2-2x+3)+\mathrm{e}^{-x}(2x-2) = \mathrm{e}^{-x}(-x^2+4x-5).$

(2) $y' = 2\sin x\cos x \cdot \sin(x^2) + \sin^2 x\cos(x^2) \cdot 2x = \sin 2x\sin(x^2) + 2x\sin^2 x\cos(x^2).$

(3) $y' = 2\arctan\dfrac{x}{2} \cdot \dfrac{1}{1+\left(\dfrac{x}{2}\right)^2} \cdot \dfrac{1}{2} = \dfrac{4}{4+x^2}\arctan\dfrac{x}{2}.$

(4) $y' = \dfrac{\dfrac{1}{x}x^n - nx^{n-1}\ln x}{x^{2n}} = \dfrac{1-n\ln x}{x^{n+1}}.$

(5) $y' = \dfrac{(\mathrm{e}^t+\mathrm{e}^{-t})(\mathrm{e}^t+\mathrm{e}^{-t}) - (\mathrm{e}^t-\mathrm{e}^{-t})(\mathrm{e}^t-\mathrm{e}^{-t})}{(\mathrm{e}^t+\mathrm{e}^{-t})^2} = \dfrac{4}{(\mathrm{e}^t+\mathrm{e}^{-t})^2}.$ 或 $y' = (\mathrm{th}\, t)' = \dfrac{1}{\mathrm{ch}^2 t}.$

(6) $y' = \dfrac{1}{\cos\dfrac{1}{x}}\left(-\sin\dfrac{1}{x}\right) \cdot \left(-\dfrac{1}{x^2}\right) = \dfrac{1}{x^2}\tan\dfrac{1}{x}.$

(7) $y' = \mathrm{e}^{-\sin^2\frac{1}{x}}\left(-2\sin\dfrac{1}{x}\cos\dfrac{1}{x}\right) \cdot \left(-\dfrac{1}{x^2}\right) = \dfrac{1}{x^2}\sin\dfrac{2}{x}\mathrm{e}^{-\sin^2\frac{1}{x}}.$

(8) $y' = \dfrac{1}{2\sqrt{x+\sqrt{x}}}\left(1+\dfrac{1}{2\sqrt{x}}\right) = \dfrac{2\sqrt{x}+1}{4\sqrt{x}\sqrt{x+\sqrt{x}}}.$

(9) $y' = \arcsin\dfrac{x}{2} + x \cdot \dfrac{1}{\sqrt{1-\left(\dfrac{x}{2}\right)^2}} \cdot \dfrac{1}{2} + \dfrac{(-2x)}{2\sqrt{4-x^2}}$

　　$= \arcsin\dfrac{x}{2} + \dfrac{x}{\sqrt{4-x^2}} - \dfrac{x}{\sqrt{4-x^2}} = \arcsin\dfrac{x}{2}.$

(10) $y' = \dfrac{1}{\sqrt{1-\left(\dfrac{2t}{1+t^2}\right)^2}} \cdot \dfrac{2(1+t^2)-2t \cdot 2t}{(1+t^2)^2} = \dfrac{1+t^2}{\sqrt{(1-t^2)^2}} \cdot \dfrac{2(1-t^2)}{(1+t^2)^2}$

　　$= \dfrac{2(1-t^2)}{|1-t^2|(1+t^2)} = \begin{cases} \dfrac{2}{1+t^2}, & |t|<1, \\[2mm] -\dfrac{2}{1+t^2}, & |t|>1. \end{cases}$

*12. 解：(1) $y' = \mathrm{sh}(\mathrm{sh}\, x) \cdot \mathrm{ch}\, x = \mathrm{ch}\, x\,\mathrm{sh}(\mathrm{sh}\, x).$

(2) $y' = \mathrm{ch}\, x \cdot \mathrm{e}^{\mathrm{ch}\, x} + \mathrm{sh}\, x \cdot \mathrm{e}^{\mathrm{ch}\, x}\mathrm{sh}\, x = \mathrm{e}^{\mathrm{ch}\, x}(\mathrm{ch}\, x + \mathrm{sh}^2 x).$

(3) $y' = \dfrac{1}{\mathrm{ch}^2(\ln x)} \cdot \dfrac{1}{x} = \dfrac{1}{x\mathrm{ch}^2(\ln x)}.$

(4) $y' = 3\mathrm{sh}^2 x\mathrm{ch}\, x + 2\mathrm{ch}\, x\mathrm{sh}\, x = \mathrm{sh}\, x\mathrm{ch}\, x(3\mathrm{sh}\, x + 2).$

(5) $y' = \dfrac{1}{\mathrm{ch}^2(1-x^2)} \cdot (-2x) = -\dfrac{2x}{\mathrm{ch}^2(1-x^2)}.$

(6) $y' = \dfrac{1}{\sqrt{1+(x^2+1)^2}} \cdot 2x = \dfrac{2x}{\sqrt{x^4+2x^2+2}}.$

(7) $y' = \dfrac{1}{\sqrt{(\mathrm{e}^{2x})^2-1}} \cdot \mathrm{e}^{2x} \cdot 2 = \dfrac{2\mathrm{e}^{2x}}{\sqrt{\mathrm{e}^{4x}-1}}.$

$(8)y'=\dfrac{1}{1+(\text{th }x)^2}\cdot\dfrac{1}{\text{ch}^2x}=\dfrac{1}{1+\dfrac{\text{sh}^2x}{\text{ch}^2x}}\cdot\dfrac{1}{\text{ch}^2x}=\dfrac{1}{\text{ch}^2x+\text{sh}^2x}=\dfrac{1}{1+2\text{sh}^2x}.$

$(9)y'=\dfrac{1}{\text{ch }x}\text{sh }x-\dfrac{1}{(2\text{ch}^2x)^2}\cdot4\text{ch }x\text{sh }x=\dfrac{\text{sh }x}{\text{ch }x}-\dfrac{\text{sh }x}{\text{ch}^3x}$

$\qquad=\dfrac{\text{sh }x(\text{ch}^2x-1)}{\text{ch}^3x}=\dfrac{\text{sh}^3x}{\text{ch}^3x}=\text{th}^3x.$

$(10)y'=2\text{ch}\left(\dfrac{x-1}{x+1}\right)\text{sh}\left(\dfrac{x-1}{x+1}\right)\cdot\dfrac{x+1-(x-1)}{(x+1)^2}$

$\qquad=\dfrac{2}{(x+1)^2}\text{sh}\left(2\cdot\dfrac{x-1}{x+1}\right).$

13. 解: 由 $f(x)$ 在 x_0 处可导,且 $f(x_0)=0$,则有

$$f'(x_0)=\lim_{x\to x_0}\dfrac{f(x)-f(x_0)}{x-x_0}=\lim_{x\to x_0}\dfrac{f(x)}{x-x_0},$$

由 $g(x)$ 在 x_0 处连续,则有 $\lim\limits_{x\to x_0}g(x)=g(x_0)$,故

$$\lim_{x\to x_0}\dfrac{f(x)g(x)-f(x_0)g(x_0)}{x-x_0}=\lim_{x\to x_0}\dfrac{f(x)}{x-x_0}g(x)=f'(x_0)g(x_0),$$

即 $f(x)g(x)$ 在 x_0 处可导,其导数为 $f'(x_0)g(x_0)$.

14. 证: 由(2)知 $f(0)=1$,故

$$f'(x)=\lim_{\Delta x\to0}\dfrac{f(x+\Delta x)-f(x)}{\Delta x}=\lim_{\Delta x\to0}\dfrac{f(x)f(\Delta x)-f(x)}{\Delta x}$$

$$=\lim_{\Delta x\to0}\left[f(x)\cdot\dfrac{f(\Delta x)-1}{\Delta x}\right]=\lim_{\Delta x\to0}\left[f(x)\cdot\dfrac{\Delta xg(\Delta x)}{\Delta x}\right]$$

$$=\lim_{\Delta x\to0}[f(x)g(\Delta x)]=f(x)\cdot1=f(x).$$

习题 2—3 解答(教材 P100)

1. 解: $(1)y'=4x+\dfrac{1}{x}$,$y''=4-\dfrac{1}{x^2}.$

$(2)y'=\text{e}^{2x-1}\cdot2=2\text{e}^{2x-1}$,$y''=2\text{e}^{2x-1}\cdot2=4\text{e}^{2x-1}.$

$(3)y'=\cos x+x(-\sin x)=\cos x-x\sin x,$

$\qquad y''=-\sin x-\sin x-x\cos x=-2\sin x-x\cos x.$

$(4)y'=\text{e}^{-t}(-1)\sin t+\text{e}^{-t}\cos t=\text{e}^{-t}(\cos t-\sin t)$,$y''=\text{e}^{-t}(-1)(\cos t-\sin t)+$

$\qquad\text{e}^{-t}(-\sin t-\cos t)=\text{e}^{-t}(-2\cos t)=-2\text{e}^{-t}\cos t.$

$(5)y'=\dfrac{-2x}{2\sqrt{a^2-x^2}}=-\dfrac{x}{\sqrt{a^2-x^2}}$,$y''=-\dfrac{\sqrt{a^2-x^2}-x\cdot\dfrac{(-2x)}{2\sqrt{a^2-x^2}}}{(\sqrt{a^2-x^2})^2}=\dfrac{-a^2}{(a^2-x^2)^{\frac{3}{2}}}.$

$(6)y'=\dfrac{1}{1-x^2}\cdot(-2x)=\dfrac{2x}{x^2-1}$,$y''=\dfrac{2(x^2-1)-2x\cdot(2x)}{(x^2-1)^2}=-\dfrac{2(1+x^2)}{(1-x^2)^2}.$

$(7)y'=\sec^2x$,$y''=2\sec^2x\tan x.$

$(8)y'=\dfrac{-3x^2}{(x^3+1)^2}$,$y''=-\dfrac{3[2x(x^3+1)^2-x^2\cdot2(x^3+1)\cdot3x^2]}{(x^3+1)^4}=\dfrac{6x(2x^3-1)}{(x^3+1)^3}.$

$(9)y'=2x\arctan x+(1+x^2)\cdot\dfrac{1}{1+x^2}=2x\arctan x+1,$

$\qquad y''=2\arctan x+2x\dfrac{1}{1+x^2}=2\arctan x+\dfrac{2x}{1+x^2}.$

$(10)\ y'=\dfrac{xe^x-e^x}{x^2}=\dfrac{(x-1)e^x}{x^2},\ y''=\dfrac{(e^x+(x-1)e^x)x^2-2x(x-1)e^x}{x^4}=\dfrac{e^x(x^2-2x+2)}{x^3}.$

$(11)\ y'=e^x+xe^x\cdot 2x=(1+2x^2)e^x,\ y''=4xe^x+(1+2x^2)e^x\cdot 2x=2x(3+2x^2)e^x.$

$(12)\ y'=\dfrac{1}{x+\sqrt{1+x^2}}\left(1+\dfrac{2x}{2\sqrt{1+x^2}}\right)=\dfrac{1}{\sqrt{1+x^2}},\ y''=\dfrac{-\dfrac{2x}{2\sqrt{1+x^2}}}{(\sqrt{1+x^2})^2}=-\dfrac{x}{\sqrt{(1+x^2)^3}}.$

2. 解:$f'(x)=6(x+10)^5,\ f''(x)=30(x+10)^4,\ f'''(x)=120(x+10)^3,\ f'''(2)=120\times 12^3=$
207 360.

3. 解:$(1)\ y'=f'(x^2)\cdot 2x=2xf'(x^2),\ y''=2f'(x^2)+2xf''(x^2)\cdot 2x=2f'(x^2)+4x^2f''(x^2).$

$(2)\ y'=\dfrac{f'(x)}{f(x)},\ y''=\dfrac{f''(x)f(x)-f'^2(x)}{f^2(x)}.$

4. 解:$(1)\ \dfrac{\mathrm{d}^2x}{\mathrm{d}y^2}=\dfrac{\mathrm{d}}{\mathrm{d}y}\left(\dfrac{\mathrm{d}x}{\mathrm{d}y}\right)=\dfrac{\mathrm{d}}{\mathrm{d}x}\left(\dfrac{1}{y'}\right)\cdot\dfrac{\mathrm{d}x}{\mathrm{d}y}=-\dfrac{y''}{(y')^2}\cdot\dfrac{1}{y'}=-\dfrac{y''}{(y')^3}.$

$(2)\ \dfrac{\mathrm{d}^3x}{\mathrm{d}y^3}=\dfrac{\mathrm{d}}{\mathrm{d}y}\left(\dfrac{\mathrm{d}^2x}{\mathrm{d}y^2}\right)=\dfrac{\mathrm{d}}{\mathrm{d}x}\left(\dfrac{-y''}{(y')^3}\right)\dfrac{\mathrm{d}x}{\mathrm{d}y}=-\dfrac{y'''(y')^3-y''\cdot 3(y')^2y''}{(y')^6}\cdot\dfrac{1}{y'}=\dfrac{3(y'')^2-y'y'''}{(y')^5}.$

5. 解:$\dfrac{\mathrm{d}s}{\mathrm{d}t}=A\cos\omega t\cdot\omega=A\omega\cos\omega t,\ \dfrac{\mathrm{d}^2s}{\mathrm{d}t^2}=-A\omega^2\sin\omega t,$ 故 $\dfrac{\mathrm{d}^2s}{\mathrm{d}t^2}+\omega^2s=-A\omega^2\sin\omega t+\omega^2A\sin\omega t=0.$

6. 证:由题意知 $v=\dfrac{\mathrm{d}s}{\mathrm{d}t}=\dfrac{k}{\sqrt{s}},$ 其中 k 为比例系数,则

$$a=\dfrac{\mathrm{d}^2s}{\mathrm{d}t^2}=\dfrac{\mathrm{d}}{\mathrm{d}s}\left(\dfrac{k}{\sqrt{s}}\right)\cdot\dfrac{\mathrm{d}s}{\mathrm{d}t}=-\dfrac{1}{2}\cdot\dfrac{k}{s^{\frac{3}{2}}}\cdot\dfrac{k}{\sqrt{s}}=-\dfrac{k^2}{2s^2},$$

即陨星的加速度与 s^2 成反比.

7. 解:质点运动的加速度为 $a=\dfrac{\mathrm{d}^2x}{\mathrm{d}t^2}=\dfrac{\mathrm{d}}{\mathrm{d}x}[f(x)]\cdot\dfrac{\mathrm{d}x}{\mathrm{d}t}=f'(x)f(x).$

8. 解:$y'=C_1\lambda e^{\lambda x}-C_2\lambda e^{-\lambda x},\ y''=C_1\lambda^2e^{\lambda x}+C_2\lambda^2e^{-\lambda x},$ 故
$$y''-\lambda^2y=C_1\lambda^2e^{\lambda x}+C_2\lambda^2e^{-\lambda x}-\lambda^2(C_1e^{\lambda x}+C_2e^{-\lambda x})=0.$$

9. 解:$y'=e^x\sin x+e^x\cos x=e^x(\sin x+\cos x),$
$$y''=e^x(\sin x+\cos x)+e^x(\cos x-\sin x)=2e^x\cos x.$$ 故
$$y''-2y'+2y=2e^x\cos x-2e^x(\sin x+\cos x)+2e^x\sin x=0.$$

10. 解:(1) 利用莱布尼茨公式 $(uv)^{(n)}=\displaystyle\sum_{k=0}^{n}C_n^k u^{(n-k)}v^{(k)},$ 其中
$$C_n^k=\dfrac{n(n-1)(n-2)\cdots(n-k+1)}{k!}.$$

$$(e^x\cos x)^{(4)}=(e^x)^{(4)}\cos x+4(e^x)'''(\cos x)'+\dfrac{4\times 3}{2!}(e^x)''(\cos x)''+$$

$$\dfrac{4\times 3\times 2}{3!}(e^x)'(\cos x)'''+e^x(\cos x)^{(4)}$$

$$=e^x\cos x-4e^x\sin x+6e^x(-\cos x)+4e^x\sin x+e^x\cos x=-4e^x\cos x.$$

(2) 由 $(\sin 2x)^{(n)}=2^n\sin\left(2x+\dfrac{n\pi}{2}\right)$ 及莱布尼茨公式

$$(x^2\sin 2x)^{(50)}=x^2(\sin 2x)^{(50)}+50(x^2)'(\sin 2x)^{(49)}+\dfrac{50\times 49}{2!}(x^2)''(\sin 2x)^{(48)}$$

$$=2^{50}x^2\sin\left(2x+\dfrac{50\pi}{2}\right)+100\times 2^{49}x\sin\left(2x+\dfrac{49\pi}{2}\right)+$$

教材习题全解(上册)

$$\frac{50 \times 49}{2} \times 2 \times 2^{48} \sin\left(2x + \frac{48\pi}{2}\right)$$

$$= 2^{50}\left(-x^2\sin 2x + 50x\cos 2x + \frac{1\,225}{2}\sin 2x\right).$$

11. 解:(1) $y' = nx^{n-1} + a_1(n-1)x^{n-2} + a_2(n-2)x^{n-3} + \cdots + a_{n-1}$,

$y'' = n(n-1)x^{n-2} + a_1(n-1)(n-2)x^{n-3} + \cdots + 2a_{n-2}$,

......

$y^{(n)} = n(n-1)(n-2) \cdot \cdots \cdot 3 \cdot 2 \cdot 1 = n!$.

(2) $y = \sin^2 x = \frac{1}{2}(1 - \cos 2x)$, $y^{(n)} = \frac{-1}{2}\cos\left(2x + \frac{n\pi}{2}\right) \cdot 2^n = -2^{n-1}\cos\left(2x + \frac{n\pi}{2}\right)$.

(3) $y' = \ln x + x \cdot \frac{1}{x} = \ln x + 1$, $y'' = \frac{1}{x}$, $y^{(n)} = \frac{(-1)^{n-2}(n-2)!}{x^{n-1}}$ $(n \geqslant 2)$.

(4) $y' = e^x + xe^x = (1+x)e^x$, $y'' = e^x + (1+x)e^x = (2+x)e^x$. 设 $y^{(k)} = (k+x)e^x$, 则

$y^{(k+1)} = e^x + (k+x)e^x = (1+k+x)e^x$, $y^{(n)} = (n+x)e^x$.

12. 解:本题可用莱布尼茨公式求解.

设 $u = \ln(1+x)$, $v = x^2$, 则

$$u^{(n)} = \frac{(-1)^{n-1}(n-1)!}{(1+x)^n} \quad (n=1,2,\cdots), \quad v'=2x, \quad v''=2, \quad v^{(k)}=0(k=3).$$

故由莱布尼茨公式,得

$$f^{(n)}(x) = \frac{(-1)^{n-1}(n-1)!}{(1+x)^n} \cdot x^2 + n\,\frac{(-1)^{n-2}(n-2)!}{(1+x)^{n-1}} \cdot 2x +$$

$$\frac{n(n-1)}{2} \cdot \frac{(-1)^{n-3}(n-3)!}{(1+x)^{n-2}} \cdot 2 \quad (n\geqslant 3),$$

$$f^{(n)}(0) = \frac{(-1)^{n-1}n!}{n-2} \quad (n\geqslant 3).$$

习题 2—4 解答(教材 P108～P110)

1. 解:(1)在方程两端分别对 x 求导,得

$$2yy' - 2y - 2xy' = 0,$$

从而 $y' = \dfrac{y}{y-x}$,其中 $y=y(x)$ 是由方程 $y^2 - 2xy + 9 = 0$ 所确定的隐函数.

(2)在方程两端分别对 x 求导,得

$$3x^2 + 3y^2y' - 3ay - 3axy' = 0,$$

从而 $y' = \dfrac{ay - x^2}{y^2 - ax}$,其中 $y=y(x)$ 是由方程 $x^3 + y^3 - 3axy = 0$ 所确定的隐函数.

(3)在方程两端分别对 x 求导,得

$$y + xy' = e^{x+y}(1+y'),$$

从而 $y' = \dfrac{e^{x+y} - y}{x - e^{x+y}}$,其中 $y=y(x)$ 是由方程 $xy = e^{x+y}$ 所确定的隐函数.

(4)在方程两端分别对 x 求导,得

$$y' = -e^y - xe^yy',$$

从而 $y' = \dfrac{-e^y}{1 + xe^y}$,其中 $y=y(x)$ 是由方程 $y = 1 - xe^y$ 所确定的隐函数.

2. 解:由导数的几何意义知,所求切线的斜率为 $k = y'\Big|_{\left(\frac{\sqrt{2}}{4}a, \frac{\sqrt{2}}{4}a\right)}$,在曲线方程两端分别对 x 求

导,得

$$\frac{2}{3}x^{-\frac{1}{3}}+\frac{2}{3}y^{-\frac{1}{3}}y'=0,$$

从而 $y'=-\dfrac{x^{-\frac{1}{3}}}{y^{-\frac{1}{3}}}$, $y'\Big|_{\left(\frac{\sqrt{2}}{4}a,\frac{\sqrt{2}}{4}a\right)}=-1$. 于是所求的切线方程为

$$y-\frac{\sqrt{2}}{4}a=-1\cdot\left(x-\frac{\sqrt{2}}{4}a\right),\ 即\ x+y=\frac{\sqrt{2}}{2}a.$$

法线方程为

$$y-\frac{\sqrt{2}}{4}a=1\cdot\left(x-\frac{\sqrt{2}}{4}a\right),\ 即\ x-y=0.$$

3. 解:(1)应用隐函数的求导方法,得 $2x-2yy'=0$,于是 $y'=\dfrac{x}{y}$. 在上式两端再对 x 求导,得

$$y''=\frac{y-xy'}{y^2}=\frac{y-\dfrac{x^2}{y}}{y^2}=\frac{y^2-x^2}{y^3}=-\frac{1}{y^3}.$$

(2)应用隐函数的求导方法,得 $2xb^2+2a^2yy'=0$,于是

$$y'=-\frac{b^2x}{a^2y},\quad y''=-\frac{b^2}{a^2}\cdot\frac{y-xy'}{y^2}=-\frac{b^4}{a^2y^3}.$$

(3)应用隐函数的求导方法,得

$$y'=\sec^2(x+y)(1+y')=[1+\tan^2(x+y)](1+y')=(1+y^2)(1+y'),$$

于是

$$y'=\frac{(1+y^2)}{1-(1+y^2)}=-\frac{1}{y^2}-1,$$

$$y''=\frac{2y'}{y^3}=-\frac{2(1+y^2)}{y^5}=-2\csc^2(x+y)\cot^3(x+y).$$

(4)应用隐函数的求导方法,得 $y'=e^y+xe^yy'$,于是 $y'=\dfrac{e^y}{1-xe^y}$,

$$y''=\frac{e^y\cdot y'(1-xe^y)-e^y(-e^y-xe^yy')}{(1-xe^y)^2}=\frac{e^yy'+e^{2y}}{(1-xe^y)^2}=\frac{e^{2y}(2-xe^y)}{(1-xe^y)^3}.$$

4. 解:(1)在 $y=\left(\dfrac{x}{1+x}\right)^x$ 两端取对数,得

$$\ln y=x[\ln x-\ln(1+x)].$$

在上式两端分别对 x 求导,并注意到 $y=y(x)$,得

$$\frac{y'}{y}=[\ln x-\ln(1+x)]+x\left(\frac{1}{x}-\frac{1}{1+x}\right)=\ln\frac{x}{1+x}+\frac{1}{1+x},$$

于是

$$y'=y\left(\ln\frac{x}{1+x}+\frac{1}{1+x}\right)=\left(\frac{x}{1+x}\right)^x\left(\ln\frac{x}{1+x}+\frac{1}{1+x}\right).$$

(2)在 $y=\sqrt[5]{\dfrac{x-5}{\sqrt[5]{x^2+2}}}$ 两端取对数,得

$$\ln y=\frac{1}{5}\left[\ln(x-5)-\frac{1}{5}\ln(x^2+2)\right]=\frac{1}{5}\ln(x-5)-\frac{1}{25}\ln(x^2+2).$$

在上式两端分别对 x 求导,并注意到 $y=y(x)$,得

$$\frac{y'}{y}=\frac{1}{5}\cdot\frac{1}{x-5}-\frac{1}{25}\cdot\frac{2x}{x^2+2},$$

于是

$$y'=y\left[\frac{1}{5(x-5)}-\frac{2x}{25(x^2+2)}\right]=\sqrt[5]{\frac{x-5}{\sqrt[5]{x^2+2}}}\left[\frac{1}{5(x-5)}-\frac{2x}{25(x^2+2)}\right].$$

(3)在 $y=\dfrac{\sqrt{x+2}(3-x)^4}{(x+1)^5}$ 两端取对数,得

$$\ln y=\frac{1}{2}\ln(x+2)+4\ln(3-x)-5\ln(1+x).$$

在上式两端分别对 x 求导,并注意到 $y=y(x)$,得

$$\frac{y'}{y}=\frac{1}{2}\cdot\frac{1}{x+2}+4\cdot\frac{(-1)}{3-x}-5\cdot\frac{1}{1+x},$$

于是

$$y'=y\left[\frac{1}{2(x+2)}-\frac{4}{3-x}-\frac{5}{1+x}\right]=\frac{\sqrt{x+2}(3-x)^4}{(x+1)^5}\left[\frac{1}{2(x+2)}-\frac{4}{3-x}-\frac{5}{1+x}\right].$$

(4)在 $y=\sqrt{x\sin x\sqrt{1-e^x}}$ 两端取对数,得

$$\ln y=\frac{1}{2}\left[\ln x+\ln\sin x+\frac{1}{2}\ln(1-e^x)\right].$$

在上式两端分别对 x 求导,并注意到 $y=y(x)$,得

$$\frac{y'}{y}=\frac{1}{2}\left[\frac{1}{x}+\frac{\cos x}{\sin x}+\frac{1}{2}\cdot\frac{(-e^x)}{1-e^x}\right],$$

于是

$$y'=y\left[\frac{1}{2x}+\frac{\cos x}{2\sin x}-\frac{e^x}{4(1-e^x)}\right]=\frac{1}{2}\sqrt{x\sin x\sqrt{1-e^x}}\left[\frac{1}{x}+\cot x-\frac{e^x}{2(1-e^x)}\right].$$

5. 解:(1)$\dfrac{dy}{dx}=\dfrac{\dfrac{dy}{dt}}{\dfrac{dx}{dt}}=\dfrac{3bt^2}{2at}=\dfrac{3b}{2a}t.$

(2)$\dfrac{dy}{dx}=\dfrac{\dfrac{dy}{d\theta}}{\dfrac{dx}{d\theta}}=\dfrac{\cos\theta-\theta\sin\theta}{1-\sin\theta+\theta(-\cos\theta)}=\dfrac{\cos\theta-\theta\sin\theta}{1-\sin\theta-\theta\cos\theta}.$

6. 解:$\dfrac{dy}{dx}=\dfrac{\dfrac{dy}{dt}}{\dfrac{dx}{dt}}=\dfrac{e^t\cos t-e^t\sin t}{e^t\sin t+e^t\cos t}=\dfrac{\cos t-\sin t}{\sin t+\cos t}.$ 于是 $\dfrac{dy}{dx}\Big|_{t=\frac{\pi}{3}}=\dfrac{\dfrac{1}{2}-\dfrac{\sqrt{3}}{2}}{\dfrac{\sqrt{3}}{2}+\dfrac{1}{2}}=\sqrt{3}-2.$

7. 解:(1)$\dfrac{dy}{dx}=\dfrac{\dfrac{dy}{dt}}{\dfrac{dx}{dt}}=\dfrac{-2\sin 2t}{\cos t}=-4\sin t,\dfrac{dy}{dx}\Big|_{t=\frac{\pi}{4}}=-4\times\dfrac{\sqrt{2}}{2}=-2\sqrt{2}.$

$t=\dfrac{\pi}{4}$ 对应点 $\left(\dfrac{\sqrt{2}}{2},0\right)$,曲线在点 $\left(\dfrac{\sqrt{2}}{2},0\right)$ 处的切线方程为

$$y-0=-2\sqrt{2}\left(x-\frac{\sqrt{2}}{2}\right), 即\ 2\sqrt{2}x+y-2=0.$$

法线方程为

$$y-0=\frac{1}{2\sqrt{2}}\left(x-\frac{\sqrt{2}}{2}\right), 即\ \sqrt{2}x-4y-1=0.$$

$(2)\dfrac{\mathrm{d}y}{\mathrm{d}x}=\dfrac{\dfrac{\mathrm{d}y}{\mathrm{d}t}}{\dfrac{\mathrm{d}x}{\mathrm{d}t}}=\dfrac{\left(\dfrac{3at^2}{1+t^2}\right)'}{\left(\dfrac{3at}{1+t^2}\right)'}=\dfrac{\dfrac{3a[2t(1+t^2)-t^2\cdot 2t]}{(1+t^2)^2}}{\dfrac{3a[(1+t^2)-t\cdot 2t]}{(1+t^2)^2}}=\dfrac{2t}{1-t^2},\ \dfrac{\mathrm{d}y}{\mathrm{d}x}\bigg|_{t=2}=-\dfrac{4}{3}.$

$t=2$ 对应点 $\left(\dfrac{6}{5}a,\dfrac{12}{5}a\right)$，曲线在点 $\left(\dfrac{6}{5}a,\dfrac{12}{5}a\right)$ 处的切线方程为

$$y-\frac{12}{5}a=-\frac{4}{3}\left(x-\frac{6}{5}a\right), 即\ 4x+3y-12a=0.$$

法线方程为

$$y-\frac{12}{5}a=\frac{3}{4}\left(x-\frac{6}{5}a\right), 即\ 3x-4y+6a=0.$$

8. 解：$(1)\dfrac{\mathrm{d}y}{\mathrm{d}x}=\dfrac{\dfrac{\mathrm{d}y}{\mathrm{d}t}}{\dfrac{\mathrm{d}x}{\mathrm{d}t}}=\dfrac{-1}{t},\ \dfrac{\mathrm{d}^2y}{\mathrm{d}x^2}=\dfrac{\dfrac{\mathrm{d}}{\mathrm{d}t}\left(\dfrac{\mathrm{d}y}{\mathrm{d}x}\right)}{\dfrac{\mathrm{d}x}{\mathrm{d}t}}=\dfrac{\dfrac{1}{t^2}}{t}=\dfrac{1}{t^3}.$

$(2)\dfrac{\mathrm{d}y}{\mathrm{d}x}=\dfrac{b\cos t}{-a\sin t}=-\dfrac{b}{a}\cot t,\ \dfrac{\mathrm{d}^2y}{\mathrm{d}x^2}=\dfrac{\dfrac{\mathrm{d}}{\mathrm{d}t}\left(\dfrac{\mathrm{d}y}{\mathrm{d}x}\right)}{\dfrac{\mathrm{d}x}{\mathrm{d}t}}=\dfrac{-\dfrac{b}{a}(-\csc^2 t)}{-a\sin t}=\dfrac{-b}{a^2\sin^3 t}.$

$(3)\dfrac{\mathrm{d}y}{\mathrm{d}x}=\dfrac{2e^t}{-3e^{-t}}=-\dfrac{2}{3}e^{2t},\ \dfrac{\mathrm{d}^2y}{\mathrm{d}x^2}=\dfrac{-\dfrac{4}{3}e^{2t}}{-3e^{-t}}=\dfrac{4}{9}e^{3t}.$

$(4)\dfrac{\mathrm{d}y}{\mathrm{d}x}=\dfrac{f'(t)+tf''(t)-f'(t)}{f''(t)}=t,\ \dfrac{\mathrm{d}^2y}{\mathrm{d}x^2}=\dfrac{1}{f''(t)}.$

*9. 解：$(1)\dfrac{\mathrm{d}y}{\mathrm{d}x}=\dfrac{1-3t^2}{-2t}=-\dfrac{1}{2t}+\dfrac{3}{2}t,\ \dfrac{\mathrm{d}^2y}{\mathrm{d}x^2}=\dfrac{\dfrac{1}{2t^2}+\dfrac{3}{2}}{-2t}=-\dfrac{1}{4}\left(\dfrac{1}{t^3}+\dfrac{3}{t}\right),$

$\dfrac{\mathrm{d}^3y}{\mathrm{d}x^3}=\dfrac{-\dfrac{1}{4}\left(-\dfrac{3}{t^4}-\dfrac{3}{t^2}\right)}{-2t}=-\dfrac{3}{8t^5}(1+t^2).$

$(2)\dfrac{\mathrm{d}y}{\mathrm{d}x}=\dfrac{1-\dfrac{1}{1+t^2}}{\dfrac{2t}{1+t^2}}=\dfrac{t}{2},\ \dfrac{\mathrm{d}^2y}{\mathrm{d}x^2}=\dfrac{\dfrac{1}{2}}{\dfrac{2t}{1+t^2}}=\dfrac{1+t^2}{4t}=\dfrac{1}{4}\left(\dfrac{1}{t}+t\right),\ \dfrac{\mathrm{d}^3y}{\mathrm{d}x^3}=\dfrac{\dfrac{1}{4}\left(-\dfrac{1}{t^2}+1\right)}{\dfrac{2t}{1+t^2}}=\dfrac{t^4-1}{8t^3}.$

10. 解：设最外一圈波的半径为 $r=r(t)$，圆的面积 $S=S(t)$. 在 $S=\pi r^2$ 两端分别对 t 求导，得

$\dfrac{\mathrm{d}S}{\mathrm{d}t}=2\pi r\dfrac{\mathrm{d}r}{\mathrm{d}t}.$ 当 $t=2$ 时，$r=6\times 2=12,\ \dfrac{\mathrm{d}r}{\mathrm{d}t}=6$ 代入上式得

$$\frac{\mathrm{d}S}{\mathrm{d}t}\bigg|_{t=2}=2\pi\times 12\times 6=144\pi(\mathrm{m}^2/\mathrm{s}).$$

11. 解:如图 2-1 所示,设在 t 时刻容器中的水深为 $h(t)$,水的容积为

$$V(t), \frac{r}{4} = \frac{h}{8}, \text{即 } r = \frac{h}{2},$$

$$V = \frac{1}{3}\pi r^2 h = \frac{1}{3}\pi\left(\frac{h}{2}\right)^2 h = \frac{\pi}{12}h^3.$$

$$\frac{dV}{dt} = \frac{\pi}{4}h^2\frac{dh}{dt}, \text{即 } \frac{dh}{dt} = \frac{4}{\pi h^2}\frac{dV}{dt}.$$

$$\text{故 } \frac{dh}{dt}\Big|_{h=5} = \frac{4}{25\pi}\times 4 = \frac{16}{25\pi} \approx 0.204(\text{m/min}).$$

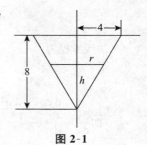

图 2-1

12. 解:如图 2-2 所示,设在 t 时刻漏斗中的水深为 $H = H(t)$,圆柱形
筒中水深为 $h = h(t)$.

建立 h 与 H 之间的关系:

$$\frac{1}{3}\pi 6^2 \times 18 - \frac{1}{3}\pi r^2 H = \pi 5^2 h.$$

又 $\dfrac{r}{6} = \dfrac{H}{18}$,即 $r = \dfrac{H}{3}$. 故

$$\frac{1}{3}\pi 6^2 \times 18 - \frac{1}{3}\pi\left(\frac{H}{3}\right)^2 H = \pi 5^2 h,$$

即 $216\pi - \dfrac{\pi}{27}H^3 = 25\pi h$. 上式两端分别对 t 求导,得

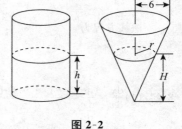

图 2-2

$$-\frac{3}{27}\pi H^2\frac{dH}{dt} = 25\pi\frac{dh}{dt}.$$

当 $H = 12$ 时,$\dfrac{dH}{dt} = -1$,此时

$$\frac{dh}{dt} = \frac{1}{25\pi}\left(-\frac{3}{27}\pi H^2\frac{dH}{dt}\right)\Bigg|_{\substack{H=12 \\ \frac{dH}{dt}=-1}} = \frac{16}{25} = 0.64(\text{cm/min}).$$

习题 2-5 解答(教材 P120～P122)

1. 解:$\Delta y = (x+\Delta x)^3 - (x+\Delta x) - x^3 + x = 3x(\Delta x)^2 + 3x^2\Delta x + (\Delta x)^3 - \Delta x$,
$dy = (3x^2-1)\Delta x$. 于是

$$\Delta y\Big|_{\substack{x=2 \\ \Delta x=1}} = 6\times 1 + 3\times 4 + 1^3 - 1 = 18, \quad dy\Big|_{\substack{x=2 \\ \Delta x=1}} = 11\times 1 = 11;$$

$$\Delta y\Big|_{\substack{x=2 \\ \Delta x=0.1}} = 6\times(0.1)^2 + 12\times 0.1 + (0.1)^3 - 0.1 = 1.161,$$

$$dy\Big|_{\substack{x=2 \\ \Delta x=0.1}} = 11\times 0.1 = 1.1;$$

$$\Delta y\Big|_{\substack{x=2 \\ \Delta x=0.01}} = 6\times 0.01^2 + 12\times 0.01 + (0.01)^3 - 0.01 = 0.110\ 601,$$

$$dy\Big|_{\substack{x=2 \\ \Delta x=0.01}} = 11\times 0.01 = 0.11.$$

2. 解:(a)(见图 2-3(a))$\Delta y > 0$,$dy > 0$,$\Delta y - dy > 0$.

(b)(见图 2-3(b))$\Delta y > 0$,$dy > 0$,$\Delta y - dy < 0$.

(c)(见图 2-3(c))$\Delta y < 0$,$dy < 0$,$\Delta y - dy < 0$.

(d)(见图 2-3(d))$\Delta y < 0$,$dy < 0$,$\Delta y - dy > 0$.

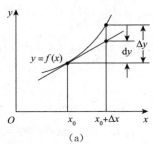

(a)

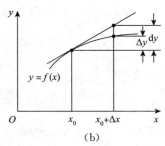

(b)

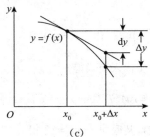

(c)

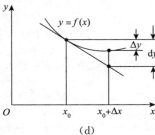

(d)

图 2-3

3. 解：$(1)\mathrm{d}y=y'\mathrm{d}x=\left(-\dfrac{1}{x^2}+\dfrac{1}{\sqrt{x}}\right)\mathrm{d}x.$

$(2)\mathrm{d}y=y'\mathrm{d}x=(\sin 2x+x\cos 2x\cdot 2)\mathrm{d}x=(\sin 2x+2x\cos 2x)\mathrm{d}x.$

$(3)\mathrm{d}y=y'\mathrm{d}x=\dfrac{\sqrt{x^2+1}-x\dfrac{x}{\sqrt{1+x^2}}}{(\sqrt{x^2+1})^2}\mathrm{d}x=\dfrac{\mathrm{d}x}{(x^2+1)^{\frac{3}{2}}}.$

$(4)\mathrm{d}y=y'\mathrm{d}x=2\ln(1-x)\cdot\dfrac{(-1)}{1-x}\mathrm{d}x=\dfrac{2}{x-1}\ln(1-x)\mathrm{d}x.$

$(5)\mathrm{d}y=y'\mathrm{d}x=(2x\mathrm{e}^{2x}+x^2\mathrm{e}^{2x}\cdot 2)\mathrm{d}x=2x(1+x)\mathrm{e}^{2x}\mathrm{d}x.$

$(6)\mathrm{d}y=y'\mathrm{d}x=[-\mathrm{e}^{-x}\cos(3-x)+\mathrm{e}^{-x}\sin(3-x)]\mathrm{d}x=\mathrm{e}^{-x}[\sin(3-x)-\cos(3-x)]\mathrm{d}x.$

$(7)\mathrm{d}y=y'\mathrm{d}x=\left[\dfrac{1}{\sqrt{1-(\sqrt{1-x^2})^2}}\cdot\dfrac{(-2x)}{2\sqrt{1-x^2}}\right]\mathrm{d}x$

$\qquad=-\dfrac{x}{|x|}\cdot\dfrac{\mathrm{d}x}{\sqrt{1-x^2}}=\begin{cases}\dfrac{\mathrm{d}x}{\sqrt{1-x^2}},&-1<x<0,\\[2mm]-\dfrac{\mathrm{d}x}{\sqrt{1-x^2}},&0<x<1.\end{cases}$

$(8)\mathrm{d}y=y'\mathrm{d}x=[2\tan(1+2x^2)\cdot\sec^2(1+2x^2)\cdot 4x]\mathrm{d}x=8x\tan(1+2x^2)\sec^2(1+2x^2)\mathrm{d}x.$

$(9)\mathrm{d}y=y'\mathrm{d}x=\dfrac{1}{1+\left(\dfrac{1-x^2}{1+x^2}\right)^2}\cdot\dfrac{(-2x)(1+x^2)-(1-x^2)\cdot 2x}{(1+x^2)^2}\mathrm{d}x=-\dfrac{2x}{1+x^4}\mathrm{d}x.$

$(10)\mathrm{d}s=s'\mathrm{d}t=[A\cos(\omega t+\varphi)\cdot\omega]\mathrm{d}t=A\omega\cos(\omega t+\varphi)\mathrm{d}t.$

4. 解：$(1)\mathrm{d}(2x+C)=2\mathrm{d}x.$　　　　　　　　$(2)\mathrm{d}\left(\dfrac{3}{2}x^2+C\right)=3x\mathrm{d}x.$

$(3)\mathrm{d}(\sin t+C)=\cos t\mathrm{d}t.$　　　　　　$(4)\mathrm{d}\left(-\dfrac{1}{\omega}\cos\omega x+C\right)=\sin\omega x\mathrm{d}x.$

(5) $d(\ln(1+x)+C)=\dfrac{1}{1+x}dx.$　　　　(6) $d\left(-\dfrac{1}{2}e^{-2x}+C\right)=e^{-2x}dx.$

(7) $d(2\sqrt{x}+C)=\dfrac{1}{\sqrt{x}}dx.$　　　　(8) $d\left(\dfrac{1}{3}\tan 3x+C\right)=\sec^2 3x\,dx.$

上述 C 均为任意常数.

5. 解：$s=2l\left(1+\dfrac{2f^2}{3l^2}\right)$，$\Delta s\approx ds=2l\cdot\dfrac{4f}{3l^2}\Delta f=\dfrac{8f}{3l}\Delta f.$

6. 解：扇形面积公式为 $S=\dfrac{R^2}{2}\alpha.$ 于是 $\Delta S\approx dS=\dfrac{R^2}{2}\Delta\alpha.$ 将 $R=100$，$\Delta\alpha=-30'=-\dfrac{\pi}{360}$，$\alpha=\dfrac{\pi}{3}$ 代入上式得

$$\Delta S\approx\dfrac{1}{2}\times 100^2\times\left(-\dfrac{\pi}{360}\right)\approx-43.63(\text{cm}^2).$$

又 $\Delta S\approx dS=\alpha R\Delta R.$ 将 $\alpha=\dfrac{\pi}{3}$，$R=100$，$\Delta R=1$ 代入上式得

$$\Delta S\approx\dfrac{\pi}{3}\times 100\times 1\approx 104.72(\text{cm}^2).$$

7. 解：(1) 由 $\cos x\approx\cos x_0+(\cos x)'\Big|_{x=x_0}\cdot(x-x_0)$，及取 $x_0=30°=\dfrac{\pi}{6}$ 得

$$\cos 29°=\cos\left(\dfrac{\pi}{6}-\dfrac{\pi}{180}\right)\approx\cos\dfrac{\pi}{6}+(-\sin x)\Big|_{x=\frac{\pi}{6}}\cdot\left(-\dfrac{\pi}{180}\right)$$

$$\approx\dfrac{\sqrt{3}}{2}+\dfrac{\pi}{360}\approx 0.874\,67.$$

(2) 由 $\tan x\approx\tan x_0+(\tan x)'\Big|_{x=x_0}\cdot(x-x_0)$，及取 $x_0=\dfrac{3}{4}\pi$ 得

$$\tan 136°\approx\tan\dfrac{3}{4}\pi+\sec^2 x\Big|_{x=\frac{3}{4}\pi}\cdot\dfrac{\pi}{180}\approx-0.965\,09.$$

8. 解：(1) 由 $\arcsin x\approx\arcsin x_0+(\arcsin x)'\Big|_{x=x_0}\cdot(x-x_0)$，及取 $x_0=0.5$ 得

$$\arcsin 0.500\,2\approx\arcsin 0.5+\dfrac{1}{\sqrt{1-x^2}}\Big|_{x=0.5}\cdot 0.000\,2\approx 30°47''.$$

(2) 由 $\arccos x\approx\arccos x_0+(\arccos x)'\Big|_{x=x_0}\cdot(x-x_0)$，及取 $x_0=0.5$ 得

$$\arccos 0.499\,5\approx\arccos 0.5-\dfrac{1}{\sqrt{1-x^2}}\Big|_{x=0.5}\cdot(-0.000\,5)\approx 60°2'.$$

9. 解：(1) $\tan x\approx\tan 0+(\tan x)'\Big|_{x=0}\cdot x=0+\sec^2 0\cdot x=x.$

(2) $\ln(1+x)\approx\ln(1+0)+[\ln(1+x)]'\Big|_{x=0}\cdot x=0+\dfrac{1}{1+0}x=x.$

(3) $\sqrt[n]{1+x}\approx\sqrt[n]{1+0}+(\sqrt[n]{1+x})'\Big|_{x=0}\cdot x=1+\dfrac{1}{n}(1+0)^{\frac{1}{n}-1}\cdot x=1+\dfrac{1}{n}x.$

(4) $e^x\approx e^0+(e^x)'\Big|_{x=0}\cdot x=1+e^0\cdot x=1+x.$

$\tan 45'\approx 45'=\dfrac{\pi}{240}$，$\ln 1.002=\ln(1+0.002)\approx 0.002.$

10. 解：由 $\sqrt[n]{1+x}\approx 1+\dfrac{x}{n}$ 知

(1) $\sqrt[3]{996}=\sqrt[3]{1\,000-4}=10\sqrt[3]{1-\dfrac{4}{1\,000}}\approx10\left[1+\dfrac{1}{3}\left(-\dfrac{4}{1\,000}\right)\right]\approx9.987.$

(2) $\sqrt[6]{65}=\sqrt[6]{64+1}=2\sqrt[6]{1+\dfrac{1}{64}}\approx2\left(1+\dfrac{1}{6}\times\dfrac{1}{64}\right)\approx2.005\,2.$

*11. 解:由 $V=\dfrac{1}{6}\pi D^3$ 知 $\mathrm{d}V=\dfrac{\pi}{2}D^2\Delta D$,于是由 $\left|\dfrac{\mathrm{d}V}{V}\right|=\left|\dfrac{\dfrac{\pi}{2}D^2\Delta D}{\dfrac{1}{6}\pi D^3}\right|=3\left|\dfrac{\Delta D}{D}\right|\leqslant2\%$,知

$$\left|\dfrac{\Delta D}{D}\right|\leqslant\dfrac{0.02}{3}\approx0.667\%.$$

*12. 解:如图 2-4 所示,由 $\dfrac{l}{2}=R\sin\dfrac{\alpha}{2}$ 得 $\alpha=2\arcsin\dfrac{l}{2R}=2\arcsin\dfrac{l}{400}$,故

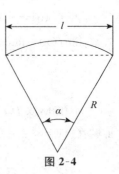

图 2-4

$$\delta_\alpha=|\alpha_l'|\delta_l=\dfrac{2}{\sqrt{1-\left(\dfrac{l}{400}\right)^2}}\times\dfrac{1}{400}\times\delta_l.$$

当 $\alpha=55°$时,$l=2R\sin\dfrac{\alpha}{2}=400\sin(27.5°)\approx184.7.$

将 $l\approx184.7$,$\delta_l=0.1$ 代入上式得

$$\delta_\alpha\approx\dfrac{2}{\sqrt{1-\left(\dfrac{184.7}{400}\right)^2}}\times\dfrac{1}{400}\times0.1\approx0.000\,56(弧度)=1'55''.$$

总习题二解答(教材 P122~P124)

1. 解:(1)充分,必要.(2)充分必要.(3)充分必要.

2. 解:$f'(0)=\lim\limits_{x\to0}\dfrac{f(x)-f(0)}{x-0}=\lim\limits_{x\to0}[(x+1)(x+2)\cdots(x+n)]=n!.$

3. 解:由 $\lim\limits_{h\to+\infty}h\left[f\left(a+\dfrac{1}{h}\right)-f(a)\right]=\lim\limits_{h\to+\infty}\dfrac{f\left(a+\dfrac{1}{h}\right)-f(a)}{\dfrac{1}{h}}$ 存在,仅可知存在 $f_+'(a)$,故不能选(A).

取 $f(x)=\begin{cases}1,&x\neq0,\\0,&x=0.\end{cases}$ 显然 $\lim\limits_{h\to0}\dfrac{f(0+2h)-f(0+h)}{h}=0$,但 $f(x)$ 在 $x=0$ 处不可导,故不能选择(B).

取 $f(x)=|x|$,显然 $\lim\limits_{h\to0}\dfrac{f(0+h)-f(0-h)}{2h}=0.$ 但 $f(x)$ 在 $x=0$ 处不可导,故不能选择(C).

而 $\lim\limits_{h\to0}\dfrac{f(a)-f(a-h)}{h}=\lim\limits_{-h\to0}\dfrac{f[a+(-h)]-f(a)}{-h}$ 存在,按导数定义知 $f'(a)$ 存在,故选择(D).

4. 解:在区间 $[x_0,x_0+\Delta x]$ 上的平均线密度为

$$\bar\rho=\dfrac{\Delta m}{\Delta x}=\dfrac{m(x_0+\Delta x)-m(x_0)}{\Delta x}.$$

在点 x_0 处的线密度为 $\rho(x_0)=\lim\limits_{\Delta x\to0}\dfrac{m(x_0+\Delta x)-m(x_0)}{\Delta x}=\dfrac{\mathrm{d}m}{\mathrm{d}x}\bigg|_{x=x_0}.$

5. 解:由导数的定义知,当 $x\neq0$ 时,

$$\left(\dfrac{1}{x}\right)'=\lim\limits_{\Delta x\to0}\dfrac{\dfrac{1}{x+\Delta x}-\dfrac{1}{x}}{\Delta x}=\lim\limits_{\Delta x\to0}\dfrac{-1}{x(x+\Delta x)}=-\dfrac{1}{x^2}.$$

6. 解:(1) $f'_-(0)=\lim_{x\to 0^-}\dfrac{f(x)-f(0)}{x-0}=\lim_{x\to 0^-}\dfrac{\sin x}{x}=1$,$f'_+(0)=\lim_{x\to 0^+}\dfrac{f(x)-f(0)}{x-0}=\lim_{x\to 0^+}\dfrac{\ln(1+x)}{x}=1$.

由 $f'_-(0)=f'_+(0)=1$ 知 $f'(0)=f'_-(0)=f'_+(0)=1$.

(2) $f'_-(0)=\lim_{x\to 0^-}\dfrac{f(x)-f(0)}{x-0}=\lim_{x\to 0^-}\dfrac{\frac{x}{1+e^{\frac{1}{x}}}-0}{x}=\lim_{x\to 0^-}\dfrac{1}{1+e^{\frac{1}{x}}}=1$,

$f'_+(0)=\lim_{x\to 0^+}\dfrac{f(x)-f(0)}{x-0}=\lim_{x\to 0^+}\dfrac{\frac{x}{1+e^{\frac{1}{x}}}-0}{x}=\lim_{x\to 0^+}\dfrac{1}{1+e^{\frac{1}{x}}}=0$.

由 $f'_-(0)\neq f'_+(0)$ 知 $f'(0)$ 不存在.

7. 解:$\lim_{x\to 0}f(x)=\lim_{x\to 0}x\sin\dfrac{1}{x}=0=f(0)$,故 $f(x)$ 在 $x=0$ 处连续.

$$f'(0)=\lim_{x\to 0}\dfrac{f(x)-f(0)}{x-0}=\lim_{x\to 0}\dfrac{x\sin\frac{1}{x}}{x}=\lim_{x\to 0}\sin\dfrac{1}{x}$$

不存在,故 $f(x)$ 在 $x=0$ 处不可导.

8. 解:(1) $y'=\dfrac{1}{\sqrt{1-\sin^2 x}}\cos x=\dfrac{\cos x}{|\cos x|}$.

(2) $y'=\dfrac{1}{1+\left(\frac{1+x}{1-x}\right)^2}\cdot\dfrac{(1-x)+(1+x)}{(1-x)^2}=\dfrac{1}{1+x^2}$.

(3) $y'=\dfrac{1}{\tan\frac{x}{2}}\cdot\sec^2\dfrac{x}{2}\cdot\dfrac{1}{2}+\sin x\ln(\tan x)-\cos x\dfrac{1}{\tan x}\sec^2 x=\sin x\cdot\ln(\tan x)$.

(4) $y'=\dfrac{1}{e^x+\sqrt{1+e^{2x}}}\left(e^x+\dfrac{2e^{2x}}{2\sqrt{1+e^{2x}}}\right)=\dfrac{e^x}{\sqrt{1+e^{2x}}}$.

(5)先在等式两端分别取对数,得 $\ln y=\dfrac{\ln x}{x}$,再在所得等式两端分别对 x 求导,得

$$\dfrac{y'}{y}=\dfrac{\frac{1}{x}\cdot x-\ln x}{x^2}=\dfrac{1-\ln x}{x^2},$$

于是 $y'=x^{\frac{1}{x}-2}(1-\ln x)$.

9. 解:(1) $y'=2\cos x(-\sin x)\cdot\ln x+\cos^2 x\cdot\dfrac{1}{x}=-\sin 2x\cdot\ln x+\dfrac{\cos^2 x}{x}$.

$$y''=-2\cos 2x\cdot\ln x-\sin 2x\cdot\dfrac{1}{x}+\dfrac{2\cos x(-\sin x)\cdot x-\cos^2 x}{x^2}$$

$$=-2\cos 2x\cdot\ln x-\dfrac{2\sin 2x}{x}-\dfrac{\cos^2 x}{x^2}.$$

(2) $y'=\dfrac{\sqrt{1-x^2}-x\frac{(-2x)}{2\sqrt{1-x^2}}}{(\sqrt{1-x^2})^2}=\dfrac{1}{(1-x^2)^{\frac{3}{2}}}$,$y''=-\dfrac{3}{2}\cdot(1-x^2)^{-\frac{5}{2}}\cdot(-2x)=\dfrac{3x}{(1-x^2)^{\frac{5}{2}}}$.

*10. 解:(1) $y'=\dfrac{1}{m}(1+x)^{\frac{1}{m}-1}$, $y''=\dfrac{1}{m}\left(\dfrac{1}{m}-1\right)(1+x)^{\frac{1}{m}-2}$,

......

$$y^{(n)} = \frac{1}{m}\left(\frac{1}{m}-1\right)\cdots\left(\frac{1}{m}-n+1\right)(1+x)^{\frac{1}{m}-n}.$$

(2) 由 $\left(\dfrac{1}{1+x}\right)^{(n)} = \dfrac{(-1)^n n!}{(1+x)^{n+1}}$ 知

$$y^{(n)} = \left(\frac{1-x}{1+x}\right)^{(n)} = \left(-1+\frac{2}{x+1}\right)^{(n)} = 2\left(\frac{1}{x+1}\right)^{(n)} = \frac{2\times(-1)^n n!}{(1+x)^{n+1}}.$$

11. 解：把方程两边分别对 x 求导，得

$$e^y y' + y + x y' = 0. \qquad\qquad ①$$

将 $x=0$ 代入 $e^y + xy = e$ 得 $y=1$，再将 $x=0$，$y=1$ 代入①得 $y'\big|_{x=0} = -\dfrac{1}{e}$，在①两边分别关于 x 再求导，可得

$$e^y y'^2 + e^y y'' + y' + y' + x y'' = 0. \qquad\qquad ②$$

将 $x=0$，$y=1$，$y'\big|_{x=0} = -\dfrac{1}{e}$ 代入②，得 $y''(0) = \dfrac{1}{e^2}$.

12. 解：(1) $\dfrac{\mathrm{d}y}{\mathrm{d}x} = \dfrac{\dfrac{\mathrm{d}y}{\mathrm{d}\theta}}{\dfrac{\mathrm{d}x}{\mathrm{d}\theta}} = \dfrac{3a\sin^2\theta\cos\theta}{3a\cos^2\theta(-\sin\theta)} = -\tan\theta,$

$$\frac{\mathrm{d}^2 y}{\mathrm{d}x^2} = \frac{\dfrac{\mathrm{d}}{\mathrm{d}\theta}\left(\dfrac{\mathrm{d}y}{\mathrm{d}x}\right)}{\dfrac{\mathrm{d}x}{\mathrm{d}\theta}} = \frac{-\sec^2\theta}{-3a\cos^2\theta\sin\theta} = \frac{1}{3a}\sec^4\theta\csc\theta.$$

(2) $\dfrac{\mathrm{d}y}{\mathrm{d}x} = \dfrac{\dfrac{\mathrm{d}y}{\mathrm{d}t}}{\dfrac{\mathrm{d}x}{\mathrm{d}t}} = \dfrac{\dfrac{1}{1+t^2}}{\dfrac{t}{1+t^2}} = \dfrac{1}{t},\ \dfrac{\mathrm{d}^2 y}{\mathrm{d}x^2} = \dfrac{\dfrac{\mathrm{d}}{\mathrm{d}t}\left(\dfrac{\mathrm{d}y}{\mathrm{d}x}\right)}{\dfrac{\mathrm{d}x}{\mathrm{d}t}} = \dfrac{-\dfrac{1}{t^2}}{\dfrac{t}{1+t^2}} = -\dfrac{1+t^2}{t^3}.$

13. 解：$\dfrac{\mathrm{d}y}{\mathrm{d}x} = \dfrac{\dfrac{\mathrm{d}y}{\mathrm{d}t}}{\dfrac{\mathrm{d}x}{\mathrm{d}t}} = \dfrac{-e^{-t}}{2e^t} = -\dfrac{1}{2e^{2t}},\ \dfrac{\mathrm{d}y}{\mathrm{d}x}\bigg|_{t=0} = -\dfrac{1}{2}.$

$t=0$ 对应的点为 $(2,1)$，故曲线在点 $(2,1)$ 处的切线方程为

$$y-1 = -\frac{1}{2}(x-2),\ 即\ x+2y-4=0.$$

法线方程为

$$y-1 = 2(x-2),\ 即\ 2x-y-3=0.$$

14. 解：由 $f(x)$ 连续，令关系式两端 $x\to0$，取极限得

$$f(1) - 3f(1) = 0,\ f(1) = 0.$$

又 $\lim\limits_{x\to0} \dfrac{f(1+\sin x) - 3f(1-\sin x)}{x} = 8$，而

$$\lim_{x\to0} \frac{f(1+\sin x) - 3f(1-\sin x)}{x} = \lim_{x\to0} \frac{f(1+\sin x) - 3f(1-\sin x)}{\sin x} \cdot \lim_{x\to0} \frac{\sin x}{x}$$

$$\xlongequal{令\ t=\sin x} \lim_{t\to0} \frac{f(1+t) - 3f(1-t)}{t}$$

$$= \lim_{t\to0} \frac{f(1+t) - f(1)}{t} + 3\lim_{t\to0} \frac{f(1-t) - f(1)}{-t} = 4f'(1),$$

故 $f'(1) = 2$. 由于 $f(x+5) = f(x)$，于是 $f(6) = f(1) = 0$，

$$f'(6) = \lim_{x \to 0} \frac{f(6+x) - f(6)}{x} = \lim_{x \to 0} \frac{f(1+x) - f(1)}{x} = f'(1) = 2,$$

因此,曲线 $y = f(x)$ 在点 $(6, f(6))$ 即 $(6, 0)$ 处的切线方程为

$$y - 0 = 2(x - 6), \text{即 } 2x - y - 12 = 0.$$

15. 解: 设立坐标系如图 2-5 所示. 根据题意,可知

$$y\big|_{x=0} = 0, \Rightarrow d = 0.$$

$$y\big|_{x=-L} = H, \Rightarrow -aL^3 + bL^2 - cL = H.$$

为使飞机平稳降落,尚需满足

$$y'\big|_{x=0} = 0, \Rightarrow c = 0.$$

$$y'\big|_{x=-L} = 0, \Rightarrow 3aL^2 - 2bL = 0.$$

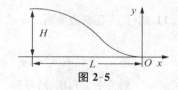

图 2-5

解得 $a = \dfrac{2H}{L^3}$, $b = \dfrac{3H}{L^2}$. 故飞机的降落路径为

$$y = H\left[2\left(\frac{x}{L}\right)^3 + 3\left(\frac{x}{L}\right)^2\right].$$

16. 解: 设从中午十二点整起,经过 t 小时,甲船与乙船的距离为 $s = \sqrt{(16-8t)^2 + (6t)^2}$,故速率

$$v = \frac{\mathrm{d}s}{\mathrm{d}t} = \frac{2(16-8t) \cdot (-8) + 72t}{2\sqrt{(16-8t)^2 + (6t)^2}}.$$

当 $t = 1$ 时(即下午一点整)两船相离的速率为

$$v\big|_{t=1} = \frac{-128 + 72}{20} = -2.8 (\mathrm{km/h}).$$

17. 解: 利用 $\sqrt[3]{1+x} \approx 1 + \dfrac{1}{3}x$,取 $x = 0.02$,得 $\sqrt[3]{1.02} \approx 1 + \dfrac{1}{3} \times (0.02) = 1.007$.

18. 解: 由 $\Delta T \approx \mathrm{d}T = \dfrac{\pi}{\sqrt{gl}}\Delta l$,得 $\Delta l = \dfrac{\sqrt{gl}}{\pi}\mathrm{d}T \approx \dfrac{\sqrt{gl}}{\pi}\Delta T$. 故

$$\Delta l\big|_{l=20} \approx \frac{\sqrt{980 \times 20}}{3.14} \times 0.05 \approx 2.23 (\mathrm{cm}).$$

即原摆长约需加长 2.23(cm).

第三章　微分中值定理与导数的应用

习题 3-1 解答(教材 P132)

1. 证: 函数 $f(x) = \ln\sin x$ 在 $\left[\dfrac{\pi}{6}, \dfrac{5\pi}{6}\right]$ 上连续,在 $\left(\dfrac{\pi}{6}, \dfrac{5\pi}{6}\right)$ 内可导,又

$$f\left(\frac{\pi}{6}\right) = \ln\left(\sin\frac{\pi}{6}\right) = \ln\frac{1}{2}, f\left(\frac{5\pi}{6}\right) = \ln\left(\sin\frac{5\pi}{6}\right) = \ln\frac{1}{2},$$

即 $f\left(\dfrac{\pi}{6}\right) = f\left(\dfrac{5\pi}{6}\right)$,故 $f(x)$ 在 $\left[\dfrac{\pi}{6}, \dfrac{5\pi}{6}\right]$ 上满足罗尔定理条件,由罗尔定理知至少存在一点 $\xi \in \left(\dfrac{\pi}{6}, \dfrac{5\pi}{6}\right)$,使 $f'(\xi) = 0$.

又因 $f'(x) = \dfrac{\cos x}{\sin x} = \cot x.$,令 $f'(x) = 0$ 得 $x = n\pi + \dfrac{\pi}{2}$ $(n = 0, \pm 1, \pm 2, \cdots)$. 取 $n = 0$ 得

$\xi = \dfrac{\pi}{2} \in \left(\dfrac{\pi}{6}, \dfrac{5\pi}{6} \right)$.

因此罗尔定理对函数 $y = \ln(\sin x)$ 在区间 $\left[\dfrac{\pi}{6}, \dfrac{5\pi}{6} \right]$ 上是正确的.

2. 证: 函数 $f(x) = 4x^3 - 5x^2 + x - 2$ 在区间 $[0,1]$ 上连续,在 $(0,1)$ 内可导,故 $f(x)$ 在 $[0,1]$ 上满足拉格朗日中值定理条件,从而至少存在一点 $\xi \in (0,1)$,使

$$f'(\xi) = \frac{f(1) - f(0)}{1 - 0} = \frac{-2 - (-2)}{1} = 0.$$

又 $f'(\xi) = 12\xi^2 - 10\xi + 1 = 0$,可知 $\xi = \dfrac{5 \pm \sqrt{13}}{12} \in (0,1)$. 因此拉格朗日中值定理对函数 $y = 4x^3 - 5x^2 + x - 2$ 在区间 $[0,1]$ 上是正确的.

3. 证: 函数 $f(x) = \sin x$,$F(x) = x + \cos x$ 在区间 $\left[0, \dfrac{\pi}{2} \right]$ 上连续,在 $\left(0, \dfrac{\pi}{2} \right)$ 内可导,且在 $\left(0, \dfrac{\pi}{2} \right)$ 内 $F'(x) = 1 - \sin x \neq 0$,故 $f(x)$,$F(x)$ 满足柯西中值定理条件,从而至少存在一点 $\xi \in \left(0, \dfrac{\pi}{2} \right)$,使

$$\frac{f\left(\dfrac{\pi}{2} \right) - f(0)}{F\left(\dfrac{\pi}{2} \right) - F(0)} = \frac{f'(\xi)}{F'(\xi)}.$$

由 $\dfrac{1 - 0}{\dfrac{\pi}{2} - 1} = \dfrac{\cos \xi}{1 - \sin \xi}$,即 $\dfrac{\cos \xi}{1 - \sin \xi} = \dfrac{2}{\pi - 2} \Leftrightarrow 2\sin \xi + (\pi - 2)\cos \xi - 2 = 0$.

实际上需要找到 $\xi \in \left(0, \dfrac{\pi}{2} \right)$ 满足上式,于是令:

$$G(x) = 2\sin x + (\pi - 2)\cos x - 2,$$

只需证明对于方程 $G(x) = 0$,一定存在一个位于 $\left(0, \dfrac{\pi}{2} \right)$ 的根. 显然 $G(x)$ 在 $\left[0, \dfrac{\pi}{2} \right]$ 上连续,且 $G(0) = \pi - 4 < 0$,$G\left(\dfrac{\pi}{3} \right) = \sqrt{3} + \dfrac{\pi}{2} - 3 > 0$,由零点定理可知存在 $\xi \in \left(0, \dfrac{\pi}{3} \right)$ 使 $G(\xi) = 0$,而 $\left(0, \dfrac{\pi}{3} \right) \subset \left(0, \dfrac{\pi}{2} \right)$,这说明方程 $G(x) = 0$ 在 $\left(0, \dfrac{\pi}{2} \right)$ 内有一个根 ξ. 因此,柯西中值定理对函数 $f(x) = \sin x$,$F(x) = x + \cos x$ 在区间 $\left[0, \dfrac{\pi}{2} \right]$ 上是正确的.

4. 证: 任取数值 a, b,不妨设 $a < b$,函数 $f(x) = px^2 + qx + r$ 在区间 $[a, b]$ 上连续,在 (a, b) 内可导,故由拉格朗日中值定理知至少存在一点 $\xi \in (a, b)$,使

$$f(b) - f(a) = f'(\xi)(b - a),$$

即 $pb^2 + qb + r - pa^2 - qa - r = (2p\xi + q)(b - a)$.

经整理得 $\xi = \dfrac{a + b}{2}$. 即所求得的 ξ 总是位于区间的正中间.

5. 解: 函数 $f(x)$ 分别在 $[1,2]$,$[2,3]$,$[3,4]$ 上连续,分别在 $(1,2)$,$(2,3)$,$(3,4)$ 内可导,且 $f(1) = f(2) = f(3) = f(4) = 0$. 由罗尔定理知至少存在 $\xi_1 \in (1,2)$,$\xi_2 \in (2,3)$,$\xi_3 \in (3,4)$,使

$$f'(\xi_1) = f'(\xi_2) = f'(\xi_3) = 0.$$

即方程 $f'(x) = 0$ 至少有三个实根,又方程 $f'(x) = 0$ 为三次方程,故它至多有三个实根,

教材习题全解（上册）

因此方程 $f'(x)=0$ 有且仅有三个实根,它们分别位于区间 $(1,2),(2,3),(3,4)$ 内.

6. 证:取函数 $f(x)=\arcsin x+\arccos x$, $x\in[-1,1]$,因为

$$f'(x)=\frac{1}{\sqrt{1-x^2}}-\frac{1}{\sqrt{1-x^2}}\equiv0,$$

故 $f(x)\equiv C$. 取 $x=0$, 得 $f(0)=C=\frac{\pi}{2}$. 因此

$$\arcsin x+\arccos x=\frac{\pi}{2}, \quad x\in[-1,1].$$

7. 证:取函数 $f(x)=a_0x^n+a_1x^{n-1}+\cdots+a_{n-1}x$. $f(x)$ 在 $[0,x_0]$ 上连续,在 $(0,x_0)$ 内可导,且 $f(0)=f(x_0)=0$,由罗尔定理知至少存在一点 $\xi\in(0,x_0)$,使 $f'(\xi)=0$,即方程 $a_0nx^{n-1}+a_1(n-1)x^{n-2}+\cdots+a_{n-1}=0$ 必有一个小于 x_0 的正根.

8. 证:根据题意知函数 $f(x)$ 在 $[x_1,x_2]$,$[x_2,x_3]$ 上连续,在 (x_1,x_2),(x_2,x_3) 内可导且 $f(x_1)=f(x_2)=f(x_3)$,故由罗尔定理知至少存在点 $\xi_1\in(x_1,x_2)$,$\xi_2\in(x_2,x_3)$,使

$$f'(\xi_1)=f'(\xi_2)=0.$$

又因为 $f'(x)$ 在 $[\xi_1,\xi_2]$ 上连续,在 (ξ_1,ξ_2) 内可导,故由罗尔定理知至少存在点 $\xi\in(\xi_1,\xi_2)\subset(x_1,x_3)$ 使 $f''(\xi)=0$.

9. 证:取函数 $f(x)=x^n$, $f(x)$ 在 $[b,a]$ 上连续,在 (b,a) 内可导,由拉格朗日中值定理知,至少存在一点 $\xi\in(b,a)$,使

$$f(a)-f(b)=f'(\xi)(a-b),\text{即 }a^n-b^n=n\xi^{n-1}(a-b).$$

又 $0<b<\xi<a$, $n>1$, 故 $0<b^{n-1}<\xi^{n-1}<a^{n-1}$. 因此

$$nb^{n-1}(a-b)<n\xi^{n-1}(a-b)<na^{n-1}(a-b),$$

即 $nb^{n-1}(a-b)<a^n-b^n<na^{n-1}(a-b)$.

10. 证:取函数 $f(x)=\ln x$, $f(x)$ 在 $[b,a]$ 上连续,在 (b,a) 内可导,由拉格朗日中值定理知,至少存在一点 $\xi\in(b,a)$,使

$$f(a)-f(b)=f'(\xi)(a-b),\text{即 }\ln a-\ln b=\frac{1}{\xi}(a-b).$$

又因为 $0<b<\xi<a$, 故 $0<\frac{1}{a}<\frac{1}{\xi}<\frac{1}{b}$,因此 $\frac{a-b}{a}<\frac{a-b}{\xi}<\frac{a-b}{b}$,即 $\frac{a-b}{a}<\ln\frac{a}{b}<\frac{a-b}{b}$.

11. 证:(1)当 $a=b$ 时,显然成立. 当 $a\neq b$ 时,不妨设 $a>b$,取函数 $f(x)=\arctan x$, $f(x)$ 在 $[b,a]$ 上连续,在 (b,a) 内可导,由拉格朗日中值定理知至少存在一点 $\xi\in(b,a)$,使

$$f(a)-f(b)=f'(\xi)(a-b),$$

即 $\arctan a-\arctan b=\frac{1}{1+\xi^2}(a-b)$,故

$$|\arctan a-\arctan b|=\frac{1}{1+\xi^2}|a-b|\leqslant|a-b|.$$

(2)取函数 $f(t)=e^t$, $f(t)$ 在 $[1,x]$ 上连续,在 $(1,x)$ 内可导. 由拉格朗日中值定理知,至少存在一点 $\xi\in(1,x)$,使

$$f(x)-f(1)=f'(\xi)(x-1),\text{即 }e^x-e=e^\xi(x-1).$$

又因 $1<\xi<x$, 故 $e^\xi>e$, 因此 $e^x-e>e(x-1)$,即 $e^x>xe$.

12. 证:取函数 $f(x)=x^5+x-1$, $f(x)$ 在 $[0,1]$ 上连续,

$$f(0)=-1<0,f(1)=1>0,$$

由零点定理知至少存在点 $x_1\in(0,1)$ 使 $f(x_1)=0$,即方程 $x^5+x-1=0$ 在 $(0,1)$ 内至少有一个正根.

若方程 $x^5+x-1=0$ 还有一个正根 x_2,即 $f(x_2)=0$.则由 $f(x)=x^5+x-1$ 在 $[x_1,x_2]$(或 $[x_2,x_1]$)上连续,在 (x_1,x_2)(或 x_2,x_1)内可导知 $f(x)$ 满足罗尔定理条件,故至少存在点 $\xi\in(x_1,x_2)$(或 (x_2,x_1)),使 $f'(\xi)=0$.

但 $f'(\xi)=5\xi^4+1>0$,矛盾.因此方程 $x^5+x-1=0$ 只有一个正根.

13. 证:取函数 $F(x)=\begin{vmatrix} f(a) & f(x) \\ g(a) & g(x) \end{vmatrix}$,由 $f(x)$,$g(x)$ 在 $[a,b]$ 上连续,在 (a,b) 内可导知 $F(x)$ 在 $[a,b]$ 上连续,在 (a,b) 内可导,由拉格朗日中值定理知至少存在一点 $\xi\in(a,b)$,使

$$F(b)-F(a)=F'(\xi)(b-a).$$

又

$$F(b)=\begin{vmatrix} f(a) & f(b) \\ g(a) & g(b) \end{vmatrix},F(a)=\begin{vmatrix} f(a) & f(a) \\ g(a) & g(a) \end{vmatrix}=0,$$

$$F'(x)=\begin{vmatrix} 0 & f(x) \\ 0 & g(x) \end{vmatrix}+\begin{vmatrix} f(a) & f'(x) \\ g(a) & g'(x) \end{vmatrix}=\begin{vmatrix} f(a) & f'(x) \\ g(a) & g'(x) \end{vmatrix},$$

故 $\begin{vmatrix} f(a) & f(b) \\ g(a) & g(b) \end{vmatrix}=\begin{vmatrix} f(a) & f'(\xi) \\ g(a) & g'(\xi) \end{vmatrix}(b-a).$

14. 证:取函数 $F(x)=\dfrac{f(x)}{e^x}$,因为

$$F'(x)=\frac{f'(x)e^x-f(x)e^x}{e^{2x}}=\frac{f'(x)-f(x)}{e^x}=0,$$

故 $F(x)=C$.又 $F(0)=C=f(0)=1$,因此 $F(x)=1$,即 $\dfrac{f(x)}{e^x}=1$,故 $f(x)=e^x$.

*15. 证:已知 $f(x)$ 在 $x=0$ 的某邻域内具有 n 阶导数,在该邻域内任取点 x,由柯西中值定理得

$$\frac{f(x)}{x^n}=\frac{f(x)-f(0)}{x^n-0^n}=\frac{f'(\xi_1)}{n\xi_1^{n-1}}, \quad \text{其中 } \xi_1 \text{ 介于 } 0,x \text{ 之间.}$$

又由 $\dfrac{f'(\xi_1)}{n\xi_1^{n-1}}=\dfrac{f'(\xi_1)-f'(0)}{n(\xi_1^{n-1}-0^{n-1})}=\dfrac{f''(\xi_2)}{n(n-1)\xi_2^{n-2}}$,其中 ξ_2 介于 $0,\xi_1$ 之间.

依次类推,得

$$\frac{f^{(n-1)}(\xi_{n-1})}{n!\,\xi_{n-1}}=\frac{f^{(n-1)}(\xi_{n-1})-f^{(n-1)}(0)}{n!\,(\xi_{n-1}-0)}=\frac{f^{(n)}(\xi_n)}{n!},$$

其中 ξ_n 介于 $0,\xi_{n-1}$ 之间,记 $\xi_n=\theta x\ (0<\theta<1)$,因此

$$\frac{f(x)}{x^n}=\frac{f^{(n)}(\xi_n)}{n!}=\frac{f^{(n)}(\theta x)}{n!} \quad (0<\theta<1).$$

习题 3-2 解答(教材 P137)

1. 解:(1)$\lim\limits_{x\to0}\dfrac{\ln(1+x)}{x}=\lim\limits_{x\to0}\dfrac{\frac{1}{1+x}}{1}=1.$

(2)$\lim\limits_{x\to0}\dfrac{e^x-e^{-x}}{\sin x}=\lim\limits_{x\to0}\dfrac{e^x+e^{-x}}{\cos x}=\dfrac{2}{1}=2.$

(3)$\lim\limits_{x\to0}\dfrac{\tan x-x}{x-\sin x}=\lim\limits_{x\to0}\dfrac{\sec^2 x-1}{1-\cos x}=\lim\limits_{x\to0}\dfrac{\tan^2 x}{\frac{x^2}{2}}=\lim\limits_{x\to0}\dfrac{x^2}{\frac{x^2}{2}}=2.$

(4)$\lim\limits_{x\to\pi}\dfrac{\sin 3x}{\tan 5x}=\lim\limits_{x\to\pi}\dfrac{3\cos 3x}{5\sec^2 5x}=-\dfrac{3}{5}.$

$(5)\lim\limits_{x\to\frac{\pi}{2}}\dfrac{\ln\sin x}{(\pi-2x)^2}=\lim\limits_{x\to\frac{\pi}{2}}\dfrac{\frac{1}{\sin x}\cos x}{2(\pi-2x)\cdot(-2)}=-\lim\limits_{x\to\frac{\pi}{2}}\dfrac{\cot x}{4(\pi-2x)}=-\lim\limits_{x\to\frac{\pi}{2}}\dfrac{-\csc^2 x}{-8}=-\dfrac{1}{8}.$

$(6)\lim\limits_{x\to a}\dfrac{x^m-a^m}{x^n-a^n}=\lim\limits_{x\to a}\dfrac{mx^{m-1}}{nx^{n-1}}=\dfrac{m}{n}a^{m-n}(a\neq 0).$

$(7)\lim\limits_{x\to 0^+}\dfrac{\ln(\tan 7x)}{\ln(\tan 2x)}=\lim\limits_{x\to 0^+}\dfrac{\frac{1}{\tan 7x}\sec^2 7x\cdot 7}{\frac{1}{\tan 2x}\sec^2 2x\cdot 2}=\lim\limits_{x\to 0^+}\dfrac{\tan 2x}{\tan 7x}\cdot\dfrac{\sec^2 7x}{\sec^2 2x}\cdot\dfrac{7}{2}$

$\qquad=\lim\limits_{x\to 0^+}\dfrac{2x}{7x}\cdot\dfrac{\sec^2 7x}{\sec^2 2x}\cdot\dfrac{7}{2}=1.$

$(8)\lim\limits_{x\to\frac{\pi}{2}}\dfrac{\tan x}{\tan 3x}=\lim\limits_{x\to\frac{\pi}{2}}\dfrac{\sec^2 x}{3\sec^2 3x}=\lim\limits_{x\to\frac{\pi}{2}}\dfrac{\cos^2 3x}{3\cos^2 x}=\lim\limits_{x\to\frac{\pi}{2}}\dfrac{-6\cos 3x\sin 3x}{-6\cos x\sin x}$

$\qquad=-\lim\limits_{x\to\frac{\pi}{2}}\dfrac{\cos 3x}{\cos x}=-\lim\limits_{x\to\frac{\pi}{2}}\dfrac{-3\sin 3x}{-\sin x}=3.$

$(9)\lim\limits_{x\to+\infty}\dfrac{\ln\left(1+\frac{1}{x}\right)}{\text{arccot }x}=\lim\limits_{x\to+\infty}\dfrac{\frac{1}{1+\frac{1}{x}}\left(-\frac{1}{x^2}\right)}{-\frac{1}{1+x^2}}=\lim\limits_{x\to+\infty}\dfrac{1+x^2}{x+x^2}=\lim\limits_{x\to+\infty}\dfrac{\frac{1}{x^2}+1}{\frac{1}{x}+1}=1.$

$(10)\lim\limits_{x\to 0}\dfrac{\ln(1+x^2)}{\sec x-\cos x}=\lim\limits_{x\to 0}\dfrac{\frac{2x}{1+x^2}}{\sec x\tan x+\sin x}=\lim\limits_{x\to 0}\dfrac{x}{\sin x}\cdot\dfrac{\cos^2 x}{1+\cos^2 x}\cdot\dfrac{2}{1+x^2}=1.$

$(11)\lim\limits_{x\to 0}x\cot 2x=\lim\limits_{x\to 0}\dfrac{x}{\tan 2x}=\lim\limits_{x\to 0}\dfrac{1}{2\sec^2 2x}=\dfrac{1}{2}.$

$(12)\lim\limits_{x\to 0}x^2 e^{\frac{1}{x^2}}=\lim\limits_{x\to 0}\dfrac{e^{\frac{1}{x^2}}}{\frac{1}{x^2}}=\lim\limits_{x\to 0}\dfrac{e^{\frac{1}{x^2}}\left(\frac{1}{x^2}\right)'}{\left(\frac{1}{x^2}\right)'}=\lim\limits_{x\to 0}e^{\frac{1}{x^2}}=+\infty.$

$(13)\lim\limits_{x\to 1}\left(\dfrac{2}{x^2-1}-\dfrac{1}{x-1}\right)=\lim\limits_{x\to 1}\dfrac{-x+1}{x^2-1}=\lim\limits_{x\to 1}\dfrac{-1}{2x}=-\dfrac{1}{2}.$

$(14)\lim\limits_{x\to\infty}\left(1+\dfrac{a}{x}\right)^x=e^{\lim\limits_{x\to\infty}x\ln\left(1+\frac{a}{x}\right)}=e^{\lim\limits_{x\to\infty}\frac{\ln\left(1+\frac{a}{x}\right)}{\frac{1}{x}}}=e^{\lim\limits_{x\to\infty}\frac{\frac{1}{1+\frac{a}{x}}\left(-\frac{a}{x^2}\right)}{-\frac{1}{x^2}}}=e^{\lim\limits_{x\to\infty}\frac{a}{1+\frac{a}{x}}}=e^a.$

$(15)\lim\limits_{x\to 0^+}x^{\sin x}=e^{\lim\limits_{x\to 0^+}\sin x\ln x}=e^{\lim\limits_{x\to 0^+}\frac{\sin x}{x}\cdot\frac{\ln x}{\frac{1}{x}}}=e^{\lim\limits_{x\to 0^+}\frac{\frac{1}{x}}{-\frac{1}{x^2}}}=e^{\lim\limits_{x\to 0^+}(-x)}=e^0=1.$

$(16)\lim\limits_{x\to 0^+}\left(\dfrac{1}{x}\right)^{\tan x}=e^{\lim\limits_{x\to 0^+}\tan x\ln\frac{1}{x}}=e^{\lim\limits_{x\to 0^+}\frac{\tan x}{x}\cdot\frac{-\ln x}{\frac{1}{x}}}=e^{\lim\limits_{x\to 0^+}\frac{-\frac{1}{x}}{-\frac{1}{x^2}}}=e^{\lim\limits_{x\to 0^+}x}=e^0=1.$

【方法点击】 在用洛必达法则求极限时，除了注意用洛必达法则对极限类型等的要求以外，还要注意求极限的过程中合理地应用重要极限、等价无穷小、初等变换等方法，以使运算过程更快捷、简洁.

2.证：由于 $\lim\limits_{x\to\infty}\dfrac{(x+\sin x)'}{(x)'}=\lim\limits_{x\to\infty}\dfrac{1+\cos x}{1}$ 不存在，故不能使用洛必达法则来求此极限，但并不表明此极限不存在，此极限可用以下方法求得：

$$\lim\limits_{x\to\infty}\dfrac{x+\sin x}{x}=\lim\limits_{x\to\infty}\left(1+\dfrac{\sin x}{x}\right)=1+0=1.$$

3. 证: 由于 $\lim\limits_{x\to 0}\dfrac{\left(x^2\sin\frac{1}{x}\right)'}{(\sin x)'}=\lim\limits_{x\to 0}\dfrac{2x\sin\frac{1}{x}-\cos\frac{1}{x}}{\cos x}$ 不存在, 故不能使用洛必达法则来求此极限,

但可用以下方法求此极限:

$$\lim\limits_{x\to 0}\dfrac{x^2\sin\frac{1}{x}}{\sin x}=\lim\limits_{x\to 0}\left(\dfrac{x}{\sin x}\cdot x\sin\dfrac{1}{x}\right)=\lim\limits_{x\to 0}\dfrac{x}{\sin x}\cdot\lim\limits_{x\to 0}x\sin\dfrac{1}{x}=1\cdot 0=0.$$

*4. 解: $\lim\limits_{x\to 0^+}f(x)=\lim\limits_{x\to 0^+}\left[\dfrac{(1+x)^{\frac{1}{x}}}{e}\right]^{\frac{1}{x}}=e^{\lim\limits_{x\to 0^+}\frac{1}{x}\ln\left[\frac{(1+x)^{\frac{1}{x}}}{e}\right]}$, 而

$$\lim\limits_{x\to 0^+}\dfrac{1}{x}\left[\dfrac{1}{x}\ln(1+x)-1\right]=\lim\limits_{x\to 0^+}\dfrac{\ln(1+x)-x}{x^2}=\lim\limits_{x\to 0^+}\dfrac{\frac{1}{1+x}-1}{2x}=-\lim\limits_{x\to 0}\dfrac{1}{2(1+x)}=-\dfrac{1}{2},$$

故 $\lim\limits_{x\to 0^+}f(x)=e^{-\frac{1}{2}}$, 又 $\lim\limits_{x\to 0^-}f(x)=\lim e^{-\frac{1}{2}}=e^{-\frac{1}{2}}$, $f(0)=e^{-\frac{1}{2}}$.

因为 $\lim\limits_{x\to 0^+}f(x)=\lim\limits_{x\to 0^-}f(x)=f(0)$, 故函数 $f(x)$ 在 $x=0$ 处连续.

习题 3-3 解答(教材 P143~P144)

1. 解: 因为 $f'(x)=4x^3-15x^2+2x-3$,

$\qquad f''(x)=12x^2-30x+2$,

$\qquad f'''(x)=24x-30$,

$\qquad f^{(4)}(x)=24$,

$\qquad f^{(n)}(x)=0\ (n\geqslant 5)$.

$\qquad f(4)=-56,\quad f'(4)=21,\quad f''(4)=74,\quad f'''(4)=66$,

$\qquad f^{(4)}(4)=24$.

故 $\quad x^4-5x^3+x^2-3x+4$

$$=f(4)+f'(4)(x-4)+\dfrac{f''(4)}{2!}(x-4)^2+\dfrac{f'''(4)}{3!}(x-4)^3+\dfrac{f^{(4)}(4)}{4!}(x-4)^4$$

$$=-56+21(x-4)+37(x-4)^2+11(x-4)^3+(x-4)^4.$$

2. 解: $f(x)=x^6-9x^5+30x^4-45x^3+30x^2-9x+1,\qquad f(0)=1$,

$\qquad f'(x)=6x^5-45x^4+120x^3-135x^2+60x-9,\qquad f'(0)=-9$,

$\qquad f''(x)=30x^4-180x^3+360x^2-270x+60,\qquad f''(0)=60$,

$\qquad f'''(x)=120x^3-540x^2+720x-270,\qquad f'''(0)=-270$,

$\qquad f^{(4)}=360x^2-1080x+720,\qquad f^{(4)}(0)=720$,

$\qquad f^{(5)}=720x-1080,\qquad f^{(5)}=-1080$,

$\qquad f^{(6)}=720,\qquad f^{(6)}(0)=720$

$\qquad f^{(n)}=0\quad (n\geqslant 7)$,

故

$$(x^2-3x+1)^3=f(0)+f'(0)x+\dfrac{f''(0)}{2!}x^2+\dfrac{f'''(0)}{3!}x^3+$$

$$\dfrac{f^{(4)}(0)}{4!}x^4+\dfrac{f^{(5)}(0)}{5!}x^5+\dfrac{f^{(5)}(0)}{6!}x^6$$

$$=1-9x+30x^2-45x^3+30x^4-9x^5+x^6.$$

3.解: 因为 $f(x)=\sqrt{x}$, $f'(x)=\dfrac{1}{2}x^{-\frac{1}{2}}$, $f''(x)=-\dfrac{1}{4}x^{-\frac{3}{2}}$, $f'''(x)=\dfrac{3}{8}x^{-\frac{5}{2}}$,

$$f^{(4)}(x)=-\dfrac{15}{16}x^{-\frac{7}{2}}, f(4)=2, f'(4)=\dfrac{1}{4}, f''(4)=-\dfrac{1}{32}, f'''(4)=\dfrac{3}{256}.$$

故 $\quad \sqrt{x}=f(4)+f'(4)(x-4)+\dfrac{f''(4)}{2!}(x-4)^2+\dfrac{f'''(4)}{3!}(x-4)^3+\dfrac{f^{(4)}(\xi)}{4!}(x-4)^4$

$$=2+\dfrac{1}{4}(x-4)-\dfrac{1}{64}(x-4)^2+\dfrac{1}{512}(x-4)^3-\dfrac{15}{384\xi^{\frac{7}{2}}}(x-4)^4,$$

其中 ξ 介于 x 与 4 之间.

4.解: 因为 $f^{(n)}(x)=\dfrac{(-1)^{n-1}(n-1)!}{x^n}$, $f^{(n)}(2)=\dfrac{(-1)^{n-1}(n-1)!}{2^n}$, 故

$$\ln x=f(2)+f'(2)(x-2)+\dfrac{f''(2)}{2!}(x-2)^2+\dfrac{f'''(2)}{3!}(x-2)^3+\cdots+\dfrac{f^{(n)}(2)}{n!}(x-2)^n+o\left[(x-2)^n\right]$$

$$=\ln 2+\dfrac{1}{2}(x-2)-\dfrac{1}{2^3}(x-2)^2+\dfrac{1}{3\cdot 2^3}(x-2)^3+\cdots+(-1)^{n-1}\dfrac{1}{n\cdot 2^n}(x-2)^n+o\left[(x-2)^n\right]$$

5.解: 因为 $f^{(n)}(x)=\dfrac{(-1)^n n!}{x^{n+1}}$, $f^{(n)}(-1)=-n!$, 故

$$\dfrac{1}{x}=f(-1)+f'(-1)(x+1)+\dfrac{f''(-1)}{2!}(x+1)^2+\dfrac{f'''(-1)}{3!}(x+1)^3+\cdots+$$

$$\dfrac{f^{(n)}(-1)}{n!}(x+1)^n+\dfrac{f^{(n+1)}(\xi)}{(n+1)!}(x+1)^{n+1}$$

$$=-[1+(x+1)+(x+1)^2+\cdots+(x+1)^n]+(-1)^{n+1}\xi^{-(n+2)}(x+1)^{n+1},$$

其中 ξ 介于 x 与 -1 之间.

6.解: 因为

$$f(x)=\tan x, f'(x)=\sec^2 x, f''(x)=2\sec^2 x\tan x,$$

$$f'''(x)=4\sec^2 x\tan^2 x+2\sec^4 x,$$

$$f^{(4)}(x)=8\sec^2 x\tan^3 x+8\sec^4 x\tan x+8\sec^4 x\tan x=8\sec^2 x\tan^3 x+16\sec^4 x\tan x$$

$$=\dfrac{8(\sin^2 x+2)\sin x}{\cos^5 x},$$

$f(0)=0, f'(0)=1, f''(0)=0, f'''(0)=2$, 且 $\lim\limits_{x\to 0}f^{(4)}(x)=0$, 从而存在 0 的一个邻域, 使 $f^{(4)}(x)$ 在该邻域内有界, 因此

$$f(x)=x+\dfrac{x^3}{3}+o(x^3).$$

7.解: 因为 $f(x)=xe^x$, $f^{(n)}(x)=(n+x)e^x$(见习题 2−3,11(4)), $f^{(n)}(0)=n$, 故

$$xe^x=f(0)+f'(0)x+\dfrac{1}{2!}f''(0)x^2+\cdots+\dfrac{1}{n!}f^{(n)}(0)x^n+o(x^n)$$

$$=x+x^2+\dfrac{x^3}{2!}+\cdots+\dfrac{x^n}{(n-1)!}+o(x^n).$$

8.证: 设 $f(x)=e^x$, 则 $f^{(n)}(0)=1$, 故 $f(x)=e^x$ 的三阶麦克劳林公式为

$$e^x=1+x+\dfrac{x^2}{2!}+\dfrac{x^3}{3!}+\dfrac{e^\xi}{4!}x^4,$$

其中 ξ 介于 $0,x$ 之间. 按 $e^x\approx 1+x+\dfrac{x^2}{2}+\dfrac{x^3}{6}$ 计算 e^x 的近似值时, 其误差为

$$|R_3(x)| = \frac{e^{\xi}}{4!}x^4,$$

当 $0 < x \leqslant \frac{1}{2}$ 时，$0 < \xi < \frac{1}{2}$，$|R_3(x)| < \frac{3^{\frac{1}{2}}}{4!}\left(\frac{1}{2}\right)^4 \approx 0.004\ 5 < 0.01$，

$$\sqrt{e} \approx 1 + \frac{1}{2} + \frac{1}{2}\left(\frac{1}{2}\right)^2 + \frac{1}{6}\left(\frac{1}{2}\right)^3 \approx 1.645.$$

9. 解:(1)因为 $f(x) = \sqrt[3]{1+x} = (1+x)^{\frac{1}{3}} \approx 1 + \frac{1}{3}x + \frac{\frac{1}{3}\left(\frac{1}{3}-1\right)}{2!}x^2 + \frac{\frac{1}{3}\left(\frac{1}{3}-1\right)\left(\frac{1}{3}-2\right)}{3!}x^3$

$$= 1 + \frac{1}{3}x - \frac{1}{9}x^2 + \frac{5}{81}x^3,$$

$$R_3(x) = \frac{\frac{1}{3}\left(\frac{1}{3}-1\right)\left(\frac{1}{3}-2\right)\left(\frac{1}{3}-3\right)}{4!}(1+\xi)^{\frac{1}{3}-4}x^4,$$

其中 ξ 介于 $0, x$ 之间,故

$$\sqrt[3]{30} = \sqrt[3]{27+3} = 3\sqrt[3]{1+\frac{1}{9}} \approx 3\left[1 + \frac{1}{3}\times\frac{1}{9} - \frac{1}{9}\left(\frac{1}{9}\right)^2 + \frac{5}{81}\left(\frac{1}{9}\right)^3\right] \approx 3.107\ 24.$$

误差 $|R_3| = 3 \cdot \left| \frac{\frac{1}{3}\times\left(\frac{1}{3}-1\right)\times\left(\frac{1}{3}-2\right)\times\left(\frac{1}{3}-3\right)}{4!}(1+\xi)^{\frac{1}{3}-4}\left(\frac{1}{9}\right)^4 \right|,$

ξ 介于 0 与 $\frac{1}{9}$ 之间,即 $0 < \xi < \frac{1}{9}$,因此

$$|R_3| \leqslant \left| \frac{80}{4! \times 3^{11}} \right| \approx 1.88 \times 10^{-5}.$$

(2)已知 $\sin x \approx x - \frac{x^3}{3!}$，$R_4(x) = \frac{\sin\left(\xi + \frac{5}{2}\pi\right)}{5!}x^5$，$\xi$ 介于 0 与 $\frac{\pi}{10}$ 之间,故

$$\sin 18° = \sin\frac{\pi}{10} \approx \frac{\pi}{10} - \frac{1}{3!}\left(\frac{\pi}{10}\right)^3 \approx 0.309\ 0,$$

$$|R_4| \leqslant \frac{1}{5!}\left(\frac{\pi}{10}\right)^5 \approx 2.55 \times 10^{-5}.$$

【方法点击】 利用 $R_3(x) = \frac{\sin\left(\xi + \frac{4}{2}\pi\right)}{4!}x^4$, $\xi \in \left(0, \frac{\pi}{10}\right)$,可得误差

$$|R_3| \leqslant \frac{1}{4!}\left(\frac{\pi}{10}\right)^4 \approx 1.3 \times 10^{-4}.$$

*10. 解:(1) $\lim\limits_{x \to +\infty}\left(\sqrt[3]{x^3+3x^2} - \sqrt[4]{x^4-2x^3}\right) = \lim\limits_{x \to +\infty}x\left[\left(1+\frac{3}{x}\right)^{\frac{1}{3}} - \left(1-\frac{2}{x}\right)^{\frac{1}{4}}\right]$

$$= \lim\limits_{x \to +\infty}x\left[1 + \frac{1}{3}\cdot\frac{3}{x} + o\left(\frac{1}{x}\right) - 1 + \frac{1}{4}\cdot\frac{2}{x} + o\left(\frac{1}{x}\right)\right]$$

$$= \lim\limits_{x \to +\infty}\left[\frac{3}{2} + \frac{o\left(\frac{1}{x}\right)}{\frac{1}{x}}\right] = \frac{3}{2}.$$

教材习题全解(上册)

$$(2)\lim_{x\to0}\frac{\cos x-e^{-\frac{x^2}{2}}}{x^2[x+\ln(1-x)]}=\lim_{x\to0}\frac{1-\frac{x^2}{2}+\frac{x^4}{4!}+o(x^4)-1-\left(-\frac{x^2}{2}\right)-\frac{1}{2}\left(-\frac{x^2}{2}\right)^2+o(x^4)}{x^2\left[x+\left(-x-\frac{1}{2}x^2+o(x^2)\right)\right]}$$

$$=\lim_{x\to0}\frac{\left(\frac{1}{4!}-\frac{1}{8}\right)x^4+o(x^4)}{-\frac{1}{2}x^4+o(x^4)}=\lim_{x\to0}\frac{-\frac{1}{12}+\frac{o(x^4)}{x^4}}{-\frac{1}{2}+\frac{o(x^4)}{x^4}}=\frac{-\frac{1}{12}}{-\frac{1}{2}}=\frac{1}{6}.$$

$$(3)\lim_{x\to0}\frac{1+\frac{1}{2}x^2-\sqrt{1+x^2}}{(\cos x-e^{x^2})\sin x^2}=\lim_{x\to0}\frac{1+\frac{1}{2}x^2-\left[1+\frac{1}{2}x^2-\frac{1}{8}x^4+o(x^4)\right]}{\left[1-\frac{1}{2}x^2+o(x^2)-1-x^2+o(x^2)\right][x^2+o(x^2)]}$$

$$=\lim_{x\to0}\frac{\frac{1}{8}x^4+o(x^4)}{-\frac{3}{2}x^4+o(x^4)}=\lim_{x\to0}\frac{\frac{1}{8}+\frac{o(x^4)}{x^4}}{-\frac{3}{2}+\frac{o(x^4)}{x^4}}=\frac{\frac{1}{8}}{-\frac{3}{2}}=-\frac{1}{12}.$$

$$(4)\lim_{x\to\infty}\left[x-x^2\ln\left(1+\frac{1}{x}\right)\right]=\lim_{x\to\infty}\left\{x-x^2\left[\frac{1}{x}-\frac{1}{2}\cdot\frac{1}{x^2}+o\left(\frac{1}{x^2}\right)\right]\right\}$$

$$=\lim_{x\to\infty}\left[x-x+\frac{1}{2}+\frac{o\left(\frac{1}{x^2}\right)}{\frac{1}{x^2}}\right]=\frac{1}{2}.$$

习题 3-4 解答(教材 P150~P152)

1. 解:$f'(x)=\frac{1}{1+x^2}-1=-\frac{x^2}{1+x^2}\leqslant0$ 且 $f'(x)=0$ 仅在 $x=0$ 时成立. 因此函数 $f(x)=\arctan x-x$ 在 $(-\infty,+\infty)$ 内单调减少.

2. 解:因 $f'(x)=1-\sin x\geqslant0$,且当 $x=2n\pi+\frac{\pi}{2}(n=0,\pm1,\pm2,\cdots)$ 时,$f'(x)=0$. 可以看出在 $(-\infty,+\infty)$ 的任一有限子区间上,使 $f'(x)=0$ 的点只有有限个. 因此,函数 $f(x)$ 在 $(-\infty,+\infty)$ 内单调增加.

3. 解:(1)函数的定义域为 $(-\infty,+\infty)$,在 $(-\infty,+\infty)$ 内可导,且
$$y'=6x^2-12x-18=6(x-3)(x+1).$$
令 $y'=0$ 得驻点 $x_1=-1$,$x_2=3$,这两个驻点把 $(-\infty,+\infty)$ 分成三个部分区间 $(-\infty,-1),(-1,3),(3,+\infty)$.

当 $-\infty<x<-1$ 及 $3<x<+\infty$ 时,$y'>0$,因此函数在 $(-\infty,-1]$,$[3,+\infty)$ 上单调增加;

当 $-1<x<3$ 时,$y'<0$,因此函数在 $[-1,3]$ 上单调减少.

(2)函数的定义域为 $(0,+\infty)$,在 $(0,+\infty)$ 内可导,且
$$y'=2-\frac{8}{x^2}=\frac{2x^2-8}{x^2}=\frac{2(x-2)(x+2)}{x^2}.$$
令 $y'=0$,得驻点 $x_1=-2$(舍去),$x_2=2$. 它把 $(0,+\infty)$ 分成两个部分区间 $(0,2),(2,+\infty)$.

当 $0<x<2$ 时,$y'<0$,因此函数在 $(0,2]$ 上单调减少;

当 $2<x<+\infty$ 时,$y'>0$,因此函数在 $[2,+\infty)$ 上单调增加.

(3)函数除 $x=0$ 外处处可导,且

$$y'=\frac{-10(12x^2-18x+6)}{(4x^3-9x^2+6x)^2}=\frac{-120\left(x-\frac{1}{2}\right)(x-1)}{(4x^3-9x^2+6x)^2}.$$

令 $y'=0$,得驻点 $x_1=\frac{1}{2}$, $x_2=1$. 这两个驻点及点 $x=0$ 把区间 $(-\infty,+\infty)$ 分成四个部分

区间 $(-\infty,0)$, $\left(0,\frac{1}{2}\right)$, $\left(\frac{1}{2},1\right)$, $(1,+\infty)$.

当 $-\infty<x<0$, $0<x<\frac{1}{2}$, $1<x<+\infty$ 时,$y'<0$ 因此函数在 $(-\infty,0)$, $\left(0,\frac{1}{2}\right]$,

$[1,+\infty)$ 内单调减少;

当 $\frac{1}{2}<x<1$ 时,$y'>0$,因此函数在 $\left[\frac{1}{2},1\right]$ 上单调增加.

(4)函数在 $(-\infty,+\infty)$ 内可导,且

$$y'=\frac{1}{x+\sqrt{1+x^2}}\left(1+\frac{2x}{2\sqrt{1+x^2}}\right)=\frac{1}{\sqrt{1+x^2}}>0,$$

因此函数在 $(-\infty,+\infty)$ 内单调增加.

(5)函数在 $(-\infty,+\infty)$ 内可导,且

$$y'=(x+1)^3+(x-1)\cdot 3(x+1)^2=(x+1)^2(4x-2)=4(x+1)^2\left(x-\frac{1}{2}\right).$$

令 $y'=0$,得驻点 $x_1=-1$, $x_2=\frac{1}{2}$,这两个驻点把区间 $(-\infty,+\infty)$ 分成三个部分区间

$(-\infty,-1)$, $\left(-1,\frac{1}{2}\right)$ 及 $\left(\frac{1}{2},+\infty\right)$.

当 $-\infty<x<-1$ 及 $-1<x<\frac{1}{2}$ 时,$y'<0$,因此函数在 $\left(-\infty,\frac{1}{2}\right]$ 上单调减少;

当 $\frac{1}{2}<x<+\infty$ 时,$y'>0$,因此函数在 $\left[\frac{1}{2},+\infty\right)$ 上单调增加.

(6)函数在 $x_1=\frac{a}{2}$, $x_2=a$ 处不可导且在 $\left(-\infty,\frac{a}{2}\right)$, $\left(\frac{a}{2},a\right)$, $(a,+\infty)$ 内可导,

$$y'=\frac{-6\left(x-\frac{2a}{3}\right)}{3\sqrt[3]{(2x-a)^2}(a-x)}.$$

令 $y'=0$, 得驻点 $x_3=\frac{2a}{3}$,这个驻点及 $x_1=\frac{a}{2}$, $x_2=a$ 把区间 $(-\infty,+\infty)$ 分成四个部分区

间 $\left(-\infty,\frac{a}{2}\right)$, $\left(\frac{a}{2},\frac{2}{3}a\right)$, $\left(\frac{2}{3}a,a\right)$, $(a,+\infty)$.

当 $-\infty<x<\frac{a}{2}$ 及 $\frac{a}{2}<x<\frac{2}{3}a$, $a<x<+\infty$ 时,$y'>0$,因此函数在 $\left(-\infty,\frac{2}{3}a\right]$,

$[a,+\infty)$ 上单调增加;

当 $\frac{2}{3}a<x<a$ 时 $y'<0$,因此函数在 $\left[\frac{2}{3}a,a\right]$ 上单调减少.

(7)函数在 $[0,+\infty)$ 内可导,且

$$y'=nx^{n-1}e^{-x}-x^ne^{-x}=x^{n-1}e^{-x}(n-x).$$

令 $y'=0$,得驻点 $x_1=n$,这个驻点把区间 $[0,+\infty)$ 分成两个部分区间 $[0,n]$, $[n,+\infty)$.

当 $0 < x < n$ 时，$y' > 0$ 因此函数在 $[0, n]$ 上单调增加；

当 $n < x < +\infty$ 时，$y' < 0$，因此函数在 $[n, +\infty)$ 上单调减少.

(8)函数的定义域为 $(-\infty, +\infty)$，且

$$y = \begin{cases} x + \sin 2x, & n\pi \leqslant x \leqslant n\pi + \dfrac{\pi}{2}, \\ x - \sin 2x, & n\pi + \dfrac{\pi}{2} < x \leqslant (n+1)\pi \end{cases} \quad (n = 0, \pm 1, \pm 2, \cdots),$$

$$y' = \begin{cases} 1 + 2\cos 2x, & n\pi < x < n\pi + \dfrac{\pi}{2}, \\ 1 - 2\cos 2x, & n\pi + \dfrac{\pi}{2} < x < (n+1)\pi \end{cases} \quad (n = 0, \pm 1, \pm 2, \cdots),$$

令 $y' = 0$，得驻点 $x = n\pi + \dfrac{\pi}{3}$ 及 $x = n\pi + \dfrac{5\pi}{6}$，按照这些驻点将区间 $(-\infty, +\infty)$ 分成下列部分区间

$$\left(n\pi, n\pi + \frac{\pi}{3} \right), \left(n\pi + \frac{\pi}{3}, n\pi + \frac{\pi}{2} \right), \left(n\pi + \frac{\pi}{2}, n\pi + \frac{5\pi}{6} \right),$$

$$\left(n\pi + \frac{5\pi}{6}, (n+1)\pi \right) (n = 0, \pm 1, \pm 2, \cdots).$$

当 $n\pi < x < n\pi + \dfrac{\pi}{3}$ 时，$y' > 0$，因此函数在该区间内单调增加；

当 $n\pi + \dfrac{\pi}{3} < x < n\pi + \dfrac{\pi}{2}$ 时，$y' < 0$，因此函数在该区间内单调减少；

当 $n\pi + \dfrac{\pi}{2} < x < n\pi + \dfrac{5\pi}{6}$ 时，$y' > 0$，因此函数在该区间内单调增加；

当 $n\pi + \dfrac{5\pi}{6} < x < (n+1)\pi$ 时，$y' < 0$，因此函数在该区间内单调减少.

综上可知，函数在 $\left[\dfrac{k\pi}{2}, \dfrac{k\pi}{2} + \dfrac{\pi}{3} \right]$ 上单调增加，在 $\left[\dfrac{k\pi}{2} + \dfrac{\pi}{3}, \dfrac{k\pi}{2} + \dfrac{\pi}{2} \right]$ 上单调减少 $(k = 0, \pm 1, \pm 2, \cdots)$.

4.解：由题干所给的图可知，当 $x < 0$ 时，$y = f(x)$ 单调增加，从而 $f'(x) \geqslant 0$，故排除(A)，(C)；

当 $x > 0$ 时，随着 x 增大，$y = f(x)$ 先单调增加，然后单调减少，再单调增加，因此随着 x 增大，先有 $f'(x) \geqslant 0$，然后 $f'(x) \leqslant 0$，继而又有 $f'(x) \geqslant 0$，故应选(D).

5.证：(1)取 $f(t) = 1 + \dfrac{1}{2}t - \sqrt{1+t}$，$t \in [0, x]$.

$$f'(t) = \frac{1}{2} - \frac{1}{2\sqrt{1+t}} = \frac{\sqrt{1+t} - 1}{2\sqrt{1+t}} > 0, \quad t \in (0, x).$$

因此，函数 $f(t)$ 在 $[0, x]$ 上单调增加，故当 $x > 0$ 时，$f(x) > f(0)$. 即

$$1 + \frac{1}{2}x - \sqrt{1+x} > 1 + \frac{1}{2} \times 0 - \sqrt{1+0} = 0.$$

亦即 $1 + \dfrac{x}{2} > \sqrt{1+x}$ $(x > 0)$.

(2)取 $f(t) = 1 + t\ln(t + \sqrt{1+t^2}) - \sqrt{1+t^2}$，$t \in [0, x]$.

$$f'(t) = \ln(t + \sqrt{1+t^2}) + \frac{t}{\sqrt{1+t^2}} - \frac{t}{\sqrt{1+t^2}} = \ln(t + \sqrt{1+t^2}) > 0, t \in (0, x).$$

因此,函数 $f(t)$ 在 $[0,x]$ 上单调增加,故当 $x>0$ 时,$f(x)>f(0)$,即

$$1+x\ln(x+\sqrt{1+x^2})-\sqrt{1+x^2}>1+0-1=0,$$

亦即 $1+x\ln(x+\sqrt{1+x^2})>\sqrt{1+x^2}$ $(x>0)$.

(3)取 $f(x)=\sin x+\tan x-2x$, $x\in\left(0,\dfrac{\pi}{2}\right)$,则

$$f'(x)=\cos x+\sec^2 x-2,$$

$$f''(x)=-\sin x+2\sec^2 x\tan x=\sin x(2\sec^3 x-1)>0,\ x\in\left(0,\dfrac{\pi}{2}\right).$$

因此,函数 $f'(x)$ 在 $\left[0,\dfrac{\pi}{2}\right]$ 上单调增加,故当 $x\in\left(0,\dfrac{\pi}{2}\right)$ 时,$f'(x)>f'(0)=0$,从而

$f(x)$ 在 $\left[0,\dfrac{\pi}{2}\right]$ 上单调增加,即 $f(x)>f(0)=0$,亦即

$$\sin x+\tan x-2x>0,x\in\left(0,\dfrac{\pi}{2}\right),$$

所以 $\sin x+\tan x>2x,x\in\left(0,\dfrac{\pi}{2}\right)$.

(4)取 $f(x)=\tan x-x-\dfrac{1}{3}x^3$, $x\in\left(0,\dfrac{\pi}{2}\right)$.

$$f'(x)=\sec^2 x-1-x^2=\tan^2 x-x^2=(\tan x-x)(\tan x+x).$$

由 $g'(x)=(\tan x-x)'=\sec^2 x-1=\tan^2 x>0.$ 知 $g(x)=\tan x-x$ 在 $\left[0,\dfrac{\pi}{2}\right]$ 上单调增加,即

$$g(x)=\tan x-x>g(0)=0,$$

故 $f'(x)>0$, $x\in\left(0,\dfrac{\pi}{2}\right)$. 从而 $f(x)$ 在 $\left[0,\dfrac{\pi}{2}\right]$ 上单调增加,因此 $f(x)>f(0)=0$, $x\in\left(0,\dfrac{\pi}{2}\right)$. 即当 $0<x<\dfrac{\pi}{2}$ 时,$\tan x-x-\dfrac{1}{3}x^3>0$. 从而

$$\tan x>x+\dfrac{1}{3}x^3\quad\left(0<x<\dfrac{\pi}{2}\right).$$

(5)取 $f(x)=x\ln 2-2\ln x$, $x>4$.

$$f'(x)=\ln 2-\dfrac{2}{x}=\dfrac{\ln 4}{2}-\dfrac{2}{x}>\dfrac{\ln e}{2}-\dfrac{2}{4}=0,$$

故当 $x>4$ 时,$f(x)$ 单调增加,从而 $f(x)>f(4)=0$,即

$$x\ln 2-2\ln x>0,$$

亦即 $2^x>x^2$ $(x>4)$.

6.解:取函数 $f(x)=\ln x-ax$, $x\in(0,+\infty)$.

$$f'(x)=\dfrac{1}{x}-a.$$

令 $f'(x)=0$,得驻点 $x=\dfrac{1}{a}$.

当 $0<x<\dfrac{1}{a}$ 时,$f'(x)>0$,因此函数 $f(x)$ 在 $\left(0,\dfrac{1}{a}\right)$ 内单调增加;

当 $\dfrac{1}{a}<x<+\infty$ 时,$f'(x)<0$,因此函数 $f(x)$ 在 $\left(\dfrac{1}{a},+\infty\right)$ 内单调减少.

从而 $f\left(\dfrac{1}{a}\right)$ 为最大值,又 $\lim\limits_{x\to 0}f(x)=-\infty$, $\lim\limits_{x\to+\infty}f(x)=-\infty$,

故当 $f\left(\dfrac{1}{a}\right)=\ln\dfrac{1}{a}-1=0$,即 $a=\dfrac{1}{e}$ 时,曲线 $y=\ln x-ax$ 与 x 轴仅有一个交点,这时,原方程有唯一实根.

当 $f\left(\dfrac{1}{a}\right)=\ln\dfrac{1}{a}-1>0$,即 $0<a<\dfrac{1}{e}$ 时,曲线 $y=\ln x-ax$ 与 x 轴有两个交点,这时,原方程有两个实根.

当 $f\left(\dfrac{1}{a}\right)=\ln\dfrac{1}{a}-1<0$,即 $a>\dfrac{1}{e}$ 时,曲线 $y=\ln x-ax$ 与 x 轴没有交点,这时,原方程没有实根.

7. 解: 单调函数的导函数不一定是单调函数. 例如函数 $f(x)=x+\sin x$,由于 $f'(x)=1+\cos x\geqslant 0$,且 $f'(x)$ 在任何有限区间内只有有限个零点,因此函数 $f(x)$ 在 $(-\infty,+\infty)$ 内为单调增加函数,但它的导函数 $f'(x)=1+\cos x$ 在 $(-\infty,+\infty)$ 内却不是单调函数.

8. 证: 在 I 内任取两点 x_1,x_2,不妨设 $x_1<x_2$. 在 $[x_1,x_2]$ 上应用拉格朗日中值定理,得到
$$f(x_2)-f(x_1)=f'(\xi)(x_2-x_1)\geqslant 0\quad(\text{或}\leqslant 0),$$
其中 $\xi\in(x_1,x_2)$,即 $f(x_2)\geqslant f(x_1)$(或 $f(x_2)\leqslant f(x_1)$),因此,$f(x)$ 在 I 上单调不减(或单调不增),从而对任一 $x\in[x_1,x_2]$,有
$$f(x_2)\geqslant f(x)\geqslant f(x_1)\quad(\text{或}\ f(x_2)\leqslant f(x)\leqslant f(x_1)).$$
若 $f(x_1)=f(x_2)$,则有 $f(x)\equiv f(x_1)$,$x\in[x_1,x_2]$,故 $f'(x)\equiv 0$,$x\in[x_1,x_2]$,这与 $f'(x)=0$ 在 I 的任一有限子区间上仅在有限多个点处成立的假定相矛盾,因此,$f(x_2)>f(x_1)$(或 $f(x_2)<f(x_1)$),即 $f(x)$ 在区间 I 上单调增加(或单调减少).

9. 解: (1) $y'=4-2x$, $y''=-2<0$. 故曲线 $y=4x-x^2$ 在 $(-\infty,+\infty)$ 内是凸的.

(2) $y'=\text{ch}\,x$, $y''=\text{sh}\,x$, 令 $y''=0$, 得 $x=0$.

当 $-\infty<x<0$ 时,$y''<0$,因此曲线 $y=\text{sh}\,x$ 在 $(-\infty,0]$ 内是凸的.

当 $0<x<+\infty$ 时,$y''>0$,因此曲线 $y=\text{sh}\,x$ 在 $[0,+\infty)$ 内是凹的.

(3) $y'=1-\dfrac{1}{x^2}$, $y''=\dfrac{2}{x^3}>0\ (x>0)$,故曲线 $y=x+\dfrac{1}{x}$ 在 $(0,+\infty)$ 内是凹的.

(4) $y'=\arctan x+\dfrac{x}{1+x^2}$, $y''=\dfrac{1}{1+x^2}+\dfrac{1+x^2-x\cdot 2x}{(1+x^2)^2}=\dfrac{2}{(1+x^2)^2}>0$,

故曲线 $y=x\arctan x$ 在 $(-\infty,+\infty)$ 内是凹的.

10. 解: (1) $y'=3x^2-10x+3$, $y''=6x-10$, 令 $y''=0$ 得 $x=\dfrac{5}{3}$.

当 $-\infty<x<\dfrac{5}{3}$ 时,$y''<0$,因此曲线在 $\left(-\infty,\dfrac{5}{3}\right]$ 上是凸的;

当 $\dfrac{5}{3}<x<+\infty$ 时,$y''>0$,因此曲线在 $\left[\dfrac{5}{3},+\infty\right)$ 上是凹的.

故点 $\left(\dfrac{5}{3},\dfrac{20}{27}\right)$ 为拐点.

(2) $y'=e^{-x}-xe^{-x}=(1-x)e^{-x}$, $y''=-e^{-x}+(1-x)(-e^{-x})=e^{-x}(x-2)$,令 $y''=0$,得 $x=2$.

当 $-\infty<x<2$ 时,$y''<0$,因此曲线在 $(-\infty,2]$ 上是凸的;

当 $2<x<+\infty$ 时,$y''>0$,因此曲线在 $(2,+\infty)$ 上是凹的.

故点 $\left(2,\dfrac{2}{e^2}\right)$ 为拐点.

(3) $y'=4(x+1)^3+e^x,y''=12(x+1)^2+e^x>0$,因此曲线在 $(-\infty,+\infty)$ 内是凹的,曲线没有拐点.

(4) $y'=\dfrac{2x}{x^2+1}$, $y''=\dfrac{2(x^2+1)-2x\cdot 2x}{(x^2+1)^2}=\dfrac{-2(x-1)(x+1)}{(x^2+1)^2}$. 令 $y''=0$,得 $x_1=-1$, $x_2=1$.

当 $-\infty<x<-1$ 时,$y''<0$,因此曲线在 $(-\infty,-1]$ 上是凸的;

当 $-1<x<1$ 时,$y''>0$,因此曲线在 $[-1,1]$ 上是凹的;

当 $1<x<+\infty$ 时,$y''<0$,因此曲线在 $[1,+\infty)$ 上是凸的.

曲线有两个拐点,分别为 $(-1,\ln 2),(1,\ln 2)$.

(5) $y'=e^{\arctan x}\dfrac{1}{1+x^2}$, $y''=\dfrac{-2e^{\arctan x}\left(x-\dfrac{1}{2}\right)}{(1+x^2)^2}$, 令 $y''=0$,得 $x=\dfrac{1}{2}$.

当 $-\infty<x<\dfrac{1}{2}$ 时,$y''>0$,因此曲线在 $\left(-\infty,\dfrac{1}{2}\right]$ 上是凹的;

当 $\dfrac{1}{2}<x<+\infty$ 时,$y''<0$,因此曲线在 $\left[\dfrac{1}{2},+\infty\right)$ 上是凸的.

故点 $\left(\dfrac{1}{2},e^{\arctan\frac{1}{2}}\right)$ 为拐点.

(6) $y'=4x^3(12\ln x-7)+x^4\cdot 12\dfrac{1}{x}=4x^3(12\ln x-4)$,

$y''=12x^2(12\ln x-4)+4x^3\cdot 12\dfrac{1}{x}=144x^2\ln x\ (x>0)$.

令 $y''=0$,得 $x=1$.

当 $0<x<1$ 时,$y''<0$,因此曲线在 $(0,1]$ 上是凸的;

当 $1<x<+\infty$ 时,$y''>0$,因此曲线在 $[1,+\infty)$ 上是凹的.

故点 $(1,-7)$ 为拐点.

11. 证:(1)取函数 $f(t)=t^n$, $t\in(0,+\infty)$.
$$f'(t)=nt^{n-1}, f''(t)=n(n-1)t^{n-2}, t\in(0,+\infty).$$

当 $n>1$ 时,$f''(t)>0$,$t\in(0,+\infty)$,因此 $f(t)=t^n$ 在 $(0,+\infty)$ 内图形是凹的,故对任意 $x>0,y>0$,$x\neq y$,恒有
$$\frac{1}{2}[f(x)+f(y)]>f\left(\frac{x+y}{2}\right),$$

即 $\dfrac{1}{2}(x^n+y^n)>\left(\dfrac{x+y}{2}\right)^n$ $(x>0,y>0,x\neq y,n>1)$.

(2)取函数 $f(t)=e^t$, $t\in(-\infty,+\infty)$,则
$$f'(t)=e^t, f''(t)=e^t>0, t\in(-\infty,+\infty).$$
因此 $f(t)=e^t$ 在 $(-\infty,+\infty)$ 内图形是凹的,故对任何 $x,y\in(-\infty,+\infty)$,$x\neq y$,恒有
$$\frac{1}{2}[f(x)+f(y)]>f\left(\frac{x+y}{2}\right),$$

即 $\dfrac{1}{2}(e^x+e^y)>e^{\frac{x+y}{2}}$ $(x\neq y)$.

(3)取函数 $f(t)=t\ln t$, $t\in(0,+\infty)$, $f'(t)=\ln t+1$, $f''(t)=\dfrac{1}{t}>0$, $t\in(0,+\infty)$.

因此 $f(t)=t\ln t$ 在 $(0,+\infty)$ 内图形是凹的,故对任何 $x,y\in(0,+\infty)$, $x\neq y$,恒有

$$\frac{1}{2}[f(x)+f(y)]>f\left(\frac{x+y}{2}\right),$$

即 $\frac{1}{2}(x\ln x+y\ln y)>\frac{x+y}{2}\ln\frac{x+y}{2}$,亦即 $x\ln x+y\ln y>(x+y)\ln\frac{x+y}{2}$ $(x\neq y)$.

*12. 证:$y'=\dfrac{(x^2+1)-2x(x-1)}{(x^2+1)^2}=\dfrac{-x^2+2x+1}{(x^2+1)^2}$,

$y''=\dfrac{(-2x+2)(x^2+1)^2-2(x^2+1)\cdot 2x(-x^2+2x+1)}{(x^2+1)^4}=\dfrac{2x^3-6x^2-6x+2}{(x^2+1)^3}$

$=\dfrac{2(x+1)[x-(2-\sqrt{3})][x-(2+\sqrt{3})]}{(x^2+1)^3}$.

令 $y''=0$,得 $x_1=-1$, $x_2=2-\sqrt{3}$, $x_3=2+\sqrt{3}$.

当 $-\infty<x<-1$ 时,$y''<0$,因此曲线在 $(-\infty,-1]$ 上是凸的;

当 $-1<x<2-\sqrt{3}$ 时,$y''>0$,因此曲线在 $[-1,2-\sqrt{3}]$ 上是凹的;

当 $2-\sqrt{3}<x<2+\sqrt{3}$ 时,$y''<0$ 因此曲线在 $[2-\sqrt{3},2+\sqrt{3}]$ 上是凸的;

当 $2+\sqrt{3}<x<+\infty$ 时,$y''>0$ 因此曲线在 $[2+\sqrt{3},+\infty)$ 上是凹的.

故曲线有三个拐点,分别为

$$(-1,-1),\left(2-\sqrt{3},\frac{1-\sqrt{3}}{4(2-\sqrt{3})}\right),\left(2+\sqrt{3},\frac{1+\sqrt{3}}{4(2+\sqrt{3})}\right).$$

由于 $\dfrac{\dfrac{1-\sqrt{3}}{4(2-\sqrt{3})}-(-1)}{2-\sqrt{3}-(-1)}=\dfrac{\dfrac{1+\sqrt{3}}{4(2+\sqrt{3})}-(-1)}{2+\sqrt{3}-(-1)}=\dfrac{1}{4}$,故这三个拐点在一条直线上.

13. 解:$y'=3ax^2+2bx$,$y''=6ax+2b=6a\left(x+\dfrac{b}{3a}\right)$. 令 $y''=0$,得 $x_0=-\dfrac{b}{3a}$.

当 $x_0=-\dfrac{b}{3a}$ 时,$y_0=a\left(-\dfrac{b}{3a}\right)^3+b\left(-\dfrac{b}{3a}\right)^2=\dfrac{2b^3}{27a^2}$,由于 y'' 在 x_0 的两侧变号,故点 $\left(-\dfrac{b}{3a},\dfrac{2b^3}{27a^2}\right)$ 为曲线的唯一拐点.

从而要使点 $(1,3)$ 为拐点,则 $\begin{cases}-\dfrac{b}{3a}=1,\\[2mm]\dfrac{2b^3}{27a^2}=3.\end{cases}$ 解得 $a=-\dfrac{3}{2}$, $b=\dfrac{9}{2}$.

14. 解:$y'=3ax^2+2bx+c$,$y''=6ax+2b$.

根据题意有 $y(-2)=44$, $y'(-2)=0$, $y(1)=-10$, $y''(1)=0$. 即

$$\begin{cases}-8a+4b-2c+d=44,\\ 12a-4b+c=0,\\ a+b+c+d=-10,\\ 6a+2b=0.\end{cases}$$

解此方程组得 $a=1,b=-3,c=-24,d=16$.

15. 解:$y'=2k(x^2-3)\cdot 2x=4kx(x^2-3)$,$y''=4k(x^2-3)+4kx\cdot 2x=12k(x-1)(x+1)$.

令 $y''=0$,得 $x_1=-1$, $x_2=1$.

易知 y'' 在 $x_1=-1$,$x_2=1$ 两侧均异号,从而知 $(-1,4k)$,$(1,4k)$ 为曲线的拐点.

由 $y'|_{x=-1}=8k$ 知过点 $(-1,4k)$ 的法线方程为

$$Y-4k=-\frac{1}{8k}(X+1),$$

要使该法线过原点,则 $(0,0)$ 应满足方程,将 $X=0,Y=0$ 代入上式,得 $k=\pm\frac{\sqrt{2}}{8}$. 由 $y'|_{x=1}=-8k$ 知过点 $(1,4k)$ 的法线方程为

$$Y-4k=\frac{1}{8k}(X-1).$$

同理,要使该法线过原点,将 $X=0,Y=0$ 代入上式得 $k=\pm\frac{\sqrt{2}}{8}$.

所以,当 $k=\pm\frac{\sqrt{2}}{8}$ 时,该曲线拐点处的法线通过原点.

*16. **解**:已知 $f'''(x_0)\neq0$,不妨设 $f'''(x_0)>0$,由于 $f'''(x)$ 在 $x=x_0$ 的某个邻域内连续,因此必存在 $\delta>0$,当 $x\in(x_0-\delta,x_0+\delta)$ 时,$f'''(x)>0$,故在 $(x_0-\delta,x_0+\delta)$ 内 $f''(x)$ 单调增加.

又已知 $f''(x_0)=0$,从而当 $x\in(x_0-\delta,x_0)$ 时,$f''(x)<f''(x_0)=0$,即函数 $f(x)$ 在 $(x_0-\delta,x_0)$ 内的图形是凸的,当 $x\in(x_0,x_0+\delta)$ 时,$f''(x)>f''(x_0)=0$,即函数 $f(x)$ 在 $(x_0,x_0+\delta)$ 内的图形是凹的,所以点 $(x_0,f(x_0))$ 为曲线的拐点.

习题 3-5 解答(教材 P161~P163)

1. **解**:(1) $y'=6x^2-12x-18$,$y''=12x-12$. 令 $y'=0$,得驻点 $x_1=-1$,$x_2=3$.

由 $y''|_{x=-1}=-24<0$ 知 $y|_{x=-1}=17$ 为极大值;

由 $y''|_{x=3}=24>0$ 知 $y|_{x=3}=-47$ 为极小值.

(2)函数的定义域为 $(-1,+\infty)$,在 $(-1,+\infty)$ 内可导,且

$$y'=1-\frac{1}{1+x},\quad y''=\frac{1}{(1+x)^2}\ (x>-1).$$

令 $y'=0$,得驻点 $x=0$. 由 $y''|_{x=0}=1>0$ 知 $y|_{x=0}=0$ 为极小值.

(3) $y'=-4x^3+4x=-4x(x^2-1)$,$y''=-12x^2+4$. 令 $y'=0$,得驻点 $x_1=-1$,$x_2=1$,$x_3=0$.

由 $y''|_{x=-1}=-8<0$ 知 $y|_{x=-1}=1$ 为极大值,

由 $y''|_{x=1}=-8<0$ 知 $y|_{x=1}=1$ 为极大值,

由 $y''|_{x=0}=4>0$ 知 $y|_{x=0}=0$ 为极小值.

(4)函数的定义域为 $(-\infty,1]$,在 $(-\infty,1)$ 内可导,且

$$y'=1-\frac{1}{2\sqrt{1-x}}=\frac{2\sqrt{1-x}-1}{2\sqrt{1-x}},\quad y''=-\frac{1}{4}\cdot\frac{1}{(1-x)^{\frac{3}{2}}}.$$

令 $y'=0$,得驻点 $x=\frac{3}{4}$,由 $y''|_{x=\frac{3}{4}}=-2<0$ 知 $y|_{x=\frac{3}{4}}=\frac{5}{4}$ 为极大值.

$$(5)\ y'=\frac{3\sqrt{4+5x^2}-(1+3x)\cdot\dfrac{10x}{2\sqrt{4+5x^2}}}{4+5x^2}=\frac{12-5x}{(4+5x^2)^{\frac{3}{2}}}=\frac{-5\left(x-\dfrac{12}{5}\right)}{(4+5x^2)^{\frac{3}{2}}}.$$

令 $y'=0$,得驻点 $x=\dfrac{12}{5}$.

当 $-\infty<x<\dfrac{12}{5}$ 时,$y'>0$,因此函数在 $\left(-\infty,\dfrac{12}{5}\right]$ 上单调增加;

当 $\dfrac{12}{5}<x<+\infty$ 时,$y'<0$,因此函数在 $\left[\dfrac{12}{5},+\infty\right)$ 上单调减少;

从而 $y\left(\dfrac{12}{5}\right)=\dfrac{\sqrt{205}}{10}$ 为极大值.

(6) $y'=\dfrac{(6x+4)(x^2+x+1)-(2x+1)(3x^2+4x+4)}{(x^2+x+1)^2}=\dfrac{-x(x+2)}{(x^2+x+1)^2}.$

令 $y'=0$,得驻点 $x_1=-2$,$x_2=0$.

当 $-\infty<x<-2$ 时,$y'<0$,因此函数在 $(-\infty,-2]$ 上单调减少;

当 $-2<x<0$ 时,$y'>0$,因此函数在 $[-2,0]$ 上单调增加;

当 $0<x<+\infty$ 时,$y'<0$,因此函数在 $[0,+\infty)$ 上单调减少. 从而可知 $y(-2)=\dfrac{8}{3}$ 为极小值,$y(0)=4$ 为极大值.

(7) $y'=\mathrm{e}^x\cos x-\mathrm{e}^x\sin x=\mathrm{e}^x(\cos x-\sin x)$,$y''=-2\mathrm{e}^x\sin x$.

令 $y'=0$,得驻点 $x_k=2k\pi+\dfrac{\pi}{4}$,$x_k'=2k\pi+\dfrac{5}{4}\pi(k=0,\pm1,\pm2,\cdots)$.

由 $y''\big|_{x=2k\pi+\frac{\pi}{4}}=-\sqrt{2}\mathrm{e}^{2k\pi+\frac{\pi}{4}}<0$ 知 $y\big|_{x=2k\pi+\frac{\pi}{4}}=\dfrac{\sqrt{2}}{2}\mathrm{e}^{2k\pi+\frac{\pi}{4}}(k=0,\pm1,\pm2,\cdots)$ 为极大值,

由 $y''\big|_{x=2k\pi+\frac{5\pi}{4}}=\sqrt{2}\mathrm{e}^{2k\pi+\frac{5\pi}{4}}>0$ 知 $y\big|_{x=2k\pi+\frac{5\pi}{4}}=-\dfrac{\sqrt{2}}{2}\mathrm{e}^{2k\pi+\frac{5\pi}{4}}(k=0,\pm1,\pm2,\cdots)$ 为极小值.

(8)函数的定义域为 $(0,+\infty)$,在 $(0,+\infty)$ 内可导,且

$$y'=(\mathrm{e}^{\frac{1}{x}\ln x})'=\mathrm{e}^{\frac{1}{x}\ln x}\cdot\dfrac{1-\ln x}{x^2}=x^{\frac{1}{x}-2}(1-\ln x),$$

令 $y'=0$,得驻点 $x=\mathrm{e}$.

当 $0<x<\mathrm{e}$ 时,$y'>0$,因此函数在 $(0,\mathrm{e}]$ 上单调增加;当 $\mathrm{e}<x<+\infty$ 时,$y'<0$,因此函数在 $(\mathrm{e},+\infty)$ 上单调减少,从而可知 $y(\mathrm{e})=\mathrm{e}^{\frac{1}{\mathrm{e}}}$ 为极大值.

(9)当 $x\neq-1$ 时,$y'=-\dfrac{2}{3}\cdot\dfrac{1}{(x+1)^{\frac{2}{3}}}<0$. 又 $x=-1$ 时函数有定义. 因此可知函数在 $(-\infty,+\infty)$ 上单调减少,从而函数在 $(-\infty,+\infty)$ 内无极值.

(10)由 $y'=1+\sec^2 x>0$ 知所给函数在 $(-\infty,+\infty)$ 内除 $x\neq k\pi+\dfrac{\pi}{2}(k\in\mathbf{Z})$ 外单调增加,从而函数无极值.

2. 证:$y'=3ax^2+2bx+c$,由 $b^2-3ac<0$ 知 $a\neq0$,$c\neq0$,y' 是二次三项式.
$$\Delta=(2b)^2-4(3a)\cdot c=4(b^2-3ac)<0.$$

当 $a>0$ 时,y' 的图像开口向上,且在 x 轴上方,故 $y'>0$,从而所给函数在 $(-\infty,+\infty)$ 内单调增加.

当 $a<0$ 时,y' 的图像开口向下,且在 x 轴下方,故 $y'<0$,从而所给函数在 $(-\infty,+\infty)$ 内单调减少.

因此,只要条件 $b^2-3ac<0$ 成立,所给函数在 $(-\infty,+\infty)$ 内单调,故函数在 $(-\infty,+\infty)$ 内无极值.

3. 解: $f'(x) = a\cos x + \cos 3x$, 函数 $f(x)$ 在 $x = \dfrac{\pi}{3}$ 处取得极值, 则 $f'\left(\dfrac{\pi}{3}\right) = 0$, 即 $a\cos\dfrac{\pi}{3} +$

$\cos\pi = 0$, 故 $a = 2$. 又

$$f''(x) = -2\sin x - 3\sin 3x, \quad f''\left(\dfrac{\pi}{3}\right) = -2\sin\dfrac{\pi}{3} - 3\sin\pi = -\sqrt{3} < 0,$$

因此 $f\left(\dfrac{\pi}{3}\right) = 2\sin\dfrac{\pi}{3} + \dfrac{1}{3}\sin\pi = \sqrt{3}$ 为极大值.

4. 证: 由含佩亚诺余项的 n 阶泰勒公式及已知条件, 得

$$f(x) = f(x_0) + \dfrac{f^{(n)}(x_0)}{n!}(x - x_0)^n + o((x - x_0)^n),$$

即 $f(x) - f(x_0) = \dfrac{f^{(n)}(x_0)}{n!}(x - x_0)^n + o[(x - x_0)^n]$, 由此可知 $f(x) - f(x_0)$ 在 x_0 某邻域

内的符号由 $\dfrac{f^{(n)}(x_0)}{n!}(x - x_0)^n$ 在 x_0 某邻域内的符号决定.

当 n 为奇数时, $(x - x_0)^n$ 在 x_0 两侧异号, 所以 $\dfrac{f^{(n)}(x_0)}{n!}(x - x_0)^n$ 在 x_0 两侧异号, 从而

$f(x) - f(x_0)$ 在 x_0 两侧异号, 故 $f(x)$ 在 x_0 处不取得极值.

(2) 当 n 为偶数时, 在 x_0 两侧 $(x - x_0)^n > 0$, 若 $f^{(n)}(x_0) < 0$, 则 $\dfrac{f^{(n)}(x_0)}{n!}(x - x_0)^n < 0$, 从而 $f(x) - $

$f(x_0) < 0$, 即 $f(x) < f(x_0)$, 故 $f(x_0)$ 为极大值; 若 $f^{(n)}(x_0) > 0$, 则 $\dfrac{f^{(n)}(x_0)}{n!}(x - x_0)^n > 0$, 从而

$f(x) - f(x_0) > 0$, 即 $f(x) > f(x_0)$, 故 $f(x_0)$ 为极小值.

5. 解: $f'(x) = e^x - e^{-x} - 2\sin x$, $f''(x) = e^x + e^{-x} - 2\cos x$, $f'''(x) = e^x - e^{-x} + 2\sin x$, $f^{(4)}(x) =$

$e^x + e^{-x} + 2\cos x$, 故 $f'(0) = f''(0) = f'''(0) = 0$, $f^{(4)}(0) = 4 > 0$, 因此函数 $f(x)$ 在 $x = 0$ 处

有极小值, 极小值为 4.

6. 解: (1) 函数在 $[-1, 4]$ 上可导, 且 $y' = 6x^2 - 6x = 6x(x - 1)$. 令 $y' = 0$, 得驻点 $x_1 = 0$, $x_2 = 1$,

比较 $y|_{x=-1} = -5$, $y|_{x=0} = 0$, $y|_{x=1} = -1$, $y|_{x=4} = 80$,

得函数的最大值为 $y|_{x=4} = 80$, 最小值为 $y|_{x=-1} = -5$.

(2) 函数在 $[-1, 3]$ 上可导, 且 $y' = 4x^3 - 16x = 4x(x - 2)(x + 2)$.

令 $y' = 0$, 得驻点 $x_1 = -2$ (舍去), $x_2 = 0$, $x_3 = 2$.

比较 $y|_{x=-1} = -5$, $y|_{x=0} = 2$, $y|_{x=2} = -14$, $y|_{x=3} = 11$,

得函数的最大值为 $y|_{x=3} = 11$, 最小值为 $y|_{x=2} = -14$.

(3) 函数在 $[-5, 1)$ 上可导, 且 $y' = 1 - \dfrac{1}{2\sqrt{1-x}} = \dfrac{2\sqrt{1-x} - 1}{2\sqrt{1-x}}$.

令 $y' = 0$, 得驻点 $x = \dfrac{3}{4}$, 比较 $y|_{x=-5} = -5 + \sqrt{6}$, $y|_{x=\frac{3}{4}} = \dfrac{5}{4}$, $y|_{x=1} = 1$,

得函数的最大值为 $y|_{x=\frac{3}{4}} = \dfrac{5}{4}$, 最小值为 $y|_{x=-5} = \sqrt{6} - 5$.

7. 解: 函数在 $[1, 4]$ 上可导, 且 $y' = 6x^2 - 12x - 18 = 6(x + 1)(x - 3)$.

令 $y' = 0$, 得驻点 $x_1 = -1$ (舍去), $x_2 = 3$,

比较 $y|_{x=1} = -29$, $y|_{x=3} = -61$, $y|_{x=4} = -47$,

得函数在 $x = 1$ 处取得最大值, 且最大值为 $y|_{x=1} = -29$.

8. 解: 函数在 $(-\infty, 0)$ 内可导, 且 $y' = 2x + \dfrac{54}{x^2} = \dfrac{2(x^3 + 27)}{x^2}$, $y'' = 2 - \dfrac{108}{x^3}$.

教材习题全解(上册)

令 $y'=0$，得驻点 $x=-3$. 由 $y''|_{x=-3}=6>0$ 知 $x=-3$ 为极小值点.

又函数在 $(-\infty,0)$ 内的驻点唯一，故极小值点就是最小值点，即 $x=-3$ 为最小值点，且最小值为 $y|_{x=-3}=27$.

9.解： 函数在 $[0,+\infty)$ 上可导，且

$$y'=\frac{x^2+1-x\cdot 2x}{(x^2+1)^2}=\frac{1-x^2}{(x^2+1)^2}, y''=\frac{-2x(3-x^2)}{(x^2+1)^3}.$$

令 $y'=0$，得驻点 $x=-1$（舍去），$x=1$. 由 $y''|_{x=1}=\frac{-4}{8}=-\frac{1}{2}<0$ 知 $x=1$ 为极大值点.

又函数在 $[0,+\infty)$ 上的驻点唯一，故极大值点就是最大值点，即 $x=1$ 为最大值点，且最大值为 $y|_{x=1}=\frac{1}{2}$.

10.解： 如图 3-2 所示，设这间小屋的宽为 x，长为 y，则小屋的面积为 $S=xy$.

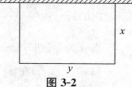

已知 $2x+y=20$，即 $y=20-2x$，故

$$S=x(20-2x)=20x-2x^2,\ x\in(0,10).$$

图 3-2

$$S'=20-4x, S''=-4.$$

令 $S'=0$，得驻点 $x=5$.

由 $S''<0$ 知 $x=5$ 为极大值点，又驻点唯一，故极大值点就是最大值点，即当宽为 5 m，长为 10 m 时这间小屋的面积最大.

11.解： 已知 $\pi r^2 h=V$，即 $h=\frac{V}{\pi r^2}$. 圆柱形油罐的表面积

$$A=2\pi r^2+2\pi rh=2\pi r^2+2\pi r\cdot\frac{V}{\pi r^2}=2\pi r^2+\frac{2V}{r},\ r\in(0,+\infty).$$

$$A'=4\pi r-\frac{2V}{r^2}, A''=4\pi+\frac{4V}{r^3}.$$

令 $A'=0$，得 $r=\sqrt[3]{\frac{V}{2\pi}}$. 由 $A''|_{r=\sqrt[3]{\frac{V}{2\pi}}}=4\pi+8\pi=12\pi>0$ 知 $r=\sqrt[3]{\frac{V}{2\pi}}$ 为极小值点，又驻点唯一，故极小值点就是最小值点. 此时 $h=\frac{V}{\pi r^2}=2\sqrt[3]{\frac{V}{2\pi}}=2r$，即 $2r:h=1:1$.

所以当底半径为 $r=\sqrt[3]{\frac{V}{2\pi}}$ 和高 $h=2\sqrt[3]{\frac{V}{2\pi}}$ 时，才能使表面积最小.

这时底面直径与高的比为 $1:1$.

12.解： 设截面的周长为 l，已知 $l=x+2y+\frac{\pi x}{2}$，$xy+\frac{\pi}{2}\left(\frac{x}{2}\right)^2=5$，即 $y=\frac{5}{x}-\frac{\pi x}{8}$. 故

$$l=x+\frac{\pi x}{4}+\frac{10}{x},\ x\in\left(0,\sqrt{\frac{40}{\pi}}\right). l'=1+\frac{\pi}{4}-\frac{10}{x^2}, l''=\frac{20}{x^3}.$$

令 $l'=0$，得驻点 $x=\sqrt{\frac{40}{4+\pi}}$. 由 $l''|_{x=\sqrt{\frac{40}{4+\pi}}}=\frac{20}{\left(\frac{40}{4+\pi}\right)^{\frac{3}{2}}}>0$ 知 $x=\sqrt{\frac{40}{4+\pi}}$ 为极小值点，

又因驻点唯一，故极小值点就是最小值点. 所以当截面的底宽为 $x=\sqrt{\frac{40}{4+\pi}}$ 时，才能使截面的周长最小，从而使建造时所用的材料最省.

13. 解: 如图 3-3 所示,力 F 的大小用 $|F|$ 表示,则由

图 3-3

$$|F|\cos \alpha = (P - |F|\sin \alpha)\mu$$

知 $|F| = \dfrac{\mu P}{\cos \alpha + \mu \sin \alpha}$, $\alpha \in \left[0, \dfrac{\pi}{2}\right)$.

设 $y = \cos \alpha + \mu \sin \alpha$, $\alpha \in \left[0, \dfrac{\pi}{2}\right)$,则

$$y' = -\sin \alpha + \mu \cos \alpha.$$

令 $y' = 0$,得驻点 $\alpha_0 = \arctan \mu$. 又

$$y''\big|_{\alpha = \alpha_0} = -\cos \alpha_0 - \mu \sin \alpha_0 < 0,$$

所以驻点 α_0 为极大值点,又驻点唯一,因此 α_0 为函数 $y = y(\alpha)$ 的最大值点,这时,即 $\alpha = \alpha_0 = \arctan(0.25) \approx 14°2'$ 时,力 F 的大小为最小.

14. 解: 如图 3-4 所示,设最省力的杆长为 x,则此时杠杆的重力为 $5gx$,由力矩平衡公式

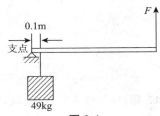

图 3-4

$$x|F| = 49g \cdot 0.1 + 5gx \cdot \frac{x}{2} \quad (x > 0),$$

可得

$$|F| = \frac{4.9}{x}g + \frac{5}{2}gx, \quad |F|' = -\frac{4.9}{x^2}g + \frac{5}{2}g, \quad |F|'' = \frac{9.8}{x^3}g.$$

令 $|F|' = 0$ 得驻点 $x = 1.4$.

又因 $|F|''\big|_{x=1.4} = \dfrac{9.8}{(1.4)^3}g > 0$, 故 $x = 1.4$ 为极小值点,又驻点唯一,因此 $x = 1.4$ 也是最小值点,即杆长为 1.4 m 时最省力.

15. 解: 如图 3-5 所示,设漏斗的高为 h,顶面的圆半径为 r,则漏斗的容积为 $V = \dfrac{1}{3}\pi r^2 h$,又

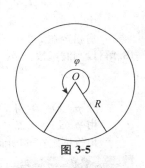

图 3-5

$2\pi r = R\varphi$, $h = \sqrt{R^2 - r^2}$. 故

$$V = \frac{R^3}{24\pi^2}\sqrt{4\pi^2\varphi^4 - \varphi^6} \quad (0 < \varphi < 2\pi),$$

$$V' = \frac{R^3}{24\pi^2} \cdot \frac{16\pi^2\varphi^3 - 6\varphi^5}{2\sqrt{4\pi^2\varphi^4 - \varphi^6}} = \frac{R^3}{24\pi^2} \cdot \frac{8\pi^2\varphi - 3\varphi^3}{\sqrt{4\pi^2 - \varphi^2}}.$$

令 $V' = 0$,得 $\varphi = \sqrt{\dfrac{8}{3}}\pi = \dfrac{2\sqrt{6}}{3}\pi$.

当 $0 < \varphi < \dfrac{2\sqrt{6}}{3}\pi$ 时,$V' > 0$, 故 V 在 $\left(0, \dfrac{2\sqrt{6}}{3}\pi\right)$ 内单调增加;

当 $\dfrac{2\sqrt{6}}{3} \leqslant \varphi < 2\pi$ 时,$V' < 0$,故 V 在 $\left[\dfrac{2\sqrt{6}}{3}\pi, 2\pi\right)$ 内单调减少.

因此 $\varphi = \dfrac{2\sqrt{6}}{3}\pi$ 为极大值点,又驻点唯一,从而 $\varphi = \dfrac{2\sqrt{6}}{3}\pi$ 也是最大值点,即当 φ 取 $\dfrac{2\sqrt{6}}{3}\pi$ 时,做成的漏斗的容积最大.

16. 解: 如图 3-6 所示,设吊臂对地面的倾角为 φ,屋架能够吊到最大高度为 h,由 $15\sin \varphi = h - 1.5 + 2 + 3\tan \varphi$ 知

$$h = 15\sin \varphi - 3\tan \varphi - \frac{1}{2}, \quad h' = 15\cos \varphi - \frac{3}{\cos^2\varphi}, \quad h'' = -15\sin \varphi - \frac{6\sin \varphi}{\cos^3\varphi}.$$

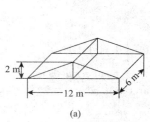
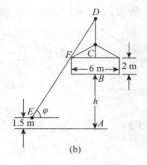

(a)　　　　　　　　　　　　　(b)

图 3-6

令 $h'=0$，得 $\cos\varphi=\sqrt[3]{\dfrac{1}{5}}$，即得唯一驻点 $\varphi_0=\arccos\sqrt[3]{\dfrac{1}{5}}\approx54°13'$.

又 $h''\Big|_{\varphi=\varphi_0}<0$，故 $\varphi_0\approx54°13'$ 为极大值点也是最大值点. 即当 $\varphi_0\approx54°13'$ 时，h 达到最大值

$$h_0=15\sin54°13'-3\tan54°13'-\frac{1}{2}\approx7.506,$$

而柱子高只有 6 m，所以能吊得上去.

17. 解：设每套月房租为 x 元，则租不出去的房子套数为 $\dfrac{x-4\,000}{200}=\dfrac{x}{200}-20$，租出去的套数为

$50-\left(\dfrac{x}{200}-20\right)=70-\dfrac{x}{200}$，租出的每套房子获利 $(x-400)$ 元. 故总利润为

$$y=\left(70-\frac{x}{200}\right)(x-400)=-\frac{x^2}{200}+72x-28\,000.$$

$$y'=-\frac{x}{100}+72,\quad y''=-\frac{1}{100}.$$

令 $y'=0$，得驻点 $x=7\,200$.

由 $y''<0$ 知 $x=7\,200$ 为极大值点，又驻点唯一，这极大值点就是最大值点. 即当每套月房租定在 7 200 元时，可获得最大收入.

18. 解：设利润函数为 $p(x)$，则

$$p(x)=(x-40)n=a+b(x-40)(80-x).$$
$$p'(x)=b(120-2x),$$

令 $p'(x)=0$，得 $x=60$（元）.

由 $p''(x)=-2b<0$ 知 $x=60$ 为极大值点，又驻点唯一，这极大值点就是最大值点. 即售出价格定在 60 元时能带来最大利润.

习题 3-6 解答（教材 P167）

1. 解：(1) 所给函数 $y=\dfrac{1}{5}(x^4-6x^2+8x+7)$ 的定义域为 $(-\infty,+\infty)$，而

$$y'=\frac{1}{5}(4x^3-12x+8)=\frac{4}{5}(x+2)(x-1)^2,$$

$$y''=\frac{4}{5}(3x^2-3)=\frac{12}{5}(x+1)(x-1).$$

(2) 令 $y'=0$，得 $x=-2,x=1$，令 $y''=0$，得 $x=1,x=-1$. 根据上述点将区间 $(-\infty,+\infty)$ 分成下列四个部分区间：

$$(-\infty,-2],\ [-2,-1],\ [-1,1],\ [1,+\infty).$$

(3)在各部分区间内 $f'(x)$ 及 $f''(x)$ 的符号、相应曲线弧的升降及凹凸性以及极值点和拐点等如下表：

x	$(-\infty,-2)$	-2	$(-2,-1)$	-1	$(-1,1)$	1	$(1,+\infty)$
y'	$-$	0	$+$	$+$	$+$	0	$+$
y''	$+$	$+$	$+$	0	$-$	0	$+$
$y=f(x)$ 的图形	↘	极小 $\left(-2,-\dfrac{17}{5}\right)$	↗	拐点	↗	拐点	↗

(4) $\lim\limits_{x\to+\infty}f(x)=\lim\limits_{x\to-\infty}f(x)=+\infty$，图形没有垂直、水平、斜渐近线.

(5)由 $f(-2)=-\dfrac{17}{5}$，$f(-1)=-\dfrac{6}{5}$，$f(1)=2$，$f(0)=\dfrac{7}{5}$，得图形上的四个点

$$\left(-2,-\dfrac{17}{5}\right),\left(-1,-\dfrac{6}{5}\right),$$

$$(1,2),\left(0,\dfrac{7}{5}\right).$$

(6)作图如图3-7所示.

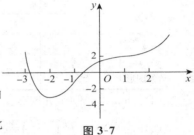

图 3-7

2. 解：(1)所给函数 $y=\dfrac{x}{1+x^2}$ 的定义域为 $(-\infty,+\infty)$. 由

于 $y=\dfrac{x}{1+x^2}$ 是奇函数，它的图形关于原点对称，因此

可以只讨论 $[0,+\infty)$ 上该函数的图形，求出

$$y'=\dfrac{1+x^2-x\cdot 2x}{(1+x^2)^2}=\dfrac{1-x^2}{(1+x^2)^2},y''=\dfrac{2x(x^2-3)}{(1+x^2)^3}.$$

(2)在 $[0,+\infty)$ 内 y' 的零点为 $x=1$，y'' 的零点为 $x=\sqrt{3}$，根据这两点把区间 $[0,+\infty)$ 分成三个区间：

$$[0,1],[1,\sqrt{3}],[\sqrt{3},+\infty).$$

(3)在 $[0,+\infty)$ 内的各部分区间内 $f'(x)$ 及 $f''(x)$ 的符号、相应曲线弧的升降及凹凸性以及极值点和拐点等如下表：

x	0	$(0,1)$	1	$(1,\sqrt{3})$	$\sqrt{3}$	$(\sqrt{3},+\infty)$
y'	$+$	$+$	0	$-$	$-$	$-$
y''	$-$	$-$	$-$	$-$	0	$+$
$y=f(x)$ 的图形	拐点	↗	极大 $\left(1,\dfrac{1}{2}\right)$	↘	拐点	↘

(4)由于 $\lim\limits_{x\to\infty}\dfrac{x}{1+x^2}=0$，所以图形有一条水平渐近线

$y=0$，图形无垂直渐近线及斜渐近线.

(5)由 $f(0)=0$，$f(1)=\dfrac{1}{2}$，$f(\sqrt{3})=\dfrac{\sqrt{3}}{4}$，得在 $[0,+\infty)$

内图形上的点

$$(0,0),\left(1,\dfrac{1}{2}\right),\left(\sqrt{3},\dfrac{\sqrt{3}}{4}\right).$$

(6)利用图形的对称性，作出图形如图3-8所示.

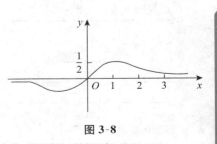

图 3-8

3. 解:(1)所给函数 $y=e^{-(x-1)^2}$ 的定义域为 $(-\infty,+\infty)$,而

$$y'=-2(x-1)e^{-(x-1)^2},\quad y''=2(2x^2-4x+1)e^{-(x-1)^2}.$$

(2)令 $y'=0$,得驻点 $x=1$,令 $y''=0$,得 $x=1-\dfrac{\sqrt{2}}{2}$, $x=1+\dfrac{\sqrt{2}}{2}$,

根据上述点将区间 $(-\infty,+\infty)$ 分成下列四个部分区间:

$$\left(-\infty,1-\frac{\sqrt{2}}{2}\right],\quad \left[1-\frac{\sqrt{2}}{2},1\right],\quad \left[1,1+\frac{\sqrt{2}}{2}\right),\quad \left[1+\frac{\sqrt{2}}{2},+\infty\right)$$

(3)在各部分区间内 $f'(x)$ 及 $f''(x)$ 的符号、相应曲线弧的升降及凹凸性以及极值点和拐点等如下表:

x	$\left(-\infty,1-\frac{\sqrt{2}}{2}\right)$	$1-\frac{\sqrt{2}}{2}$	$\left(1-\frac{\sqrt{2}}{2},1\right)$	1	$\left(1,1+\frac{\sqrt{2}}{2}\right)$	$1+\frac{\sqrt{2}}{2}$	$\left(1+\frac{\sqrt{2}}{2},+\infty\right)$
y'	+	+	+	0	−	−	−
y''	+	0	−		−	0	+
$y=f(x)$ 的图形	↗	拐点	↗	极大 $(1,1)$	↘	拐点	↘

(4)由 $\lim\limits_{x\to\infty}e^{-(x-1)^2}=0$ 知图形有一条水平渐近线 $y=0$,图形无垂直渐近线及斜渐近线.

(5)由 $f(1)=1,f\left(1-\dfrac{\sqrt{2}}{2}\right)=e^{-\frac{1}{2}}$, $f(0)=e^{-1}$, $f\left(1+\dfrac{\sqrt{2}}{2}\right)=e^{-\frac{1}{2}}$,得图形上的点

$$(1,1),\left(1-\frac{\sqrt{2}}{2},e^{-\frac{1}{2}}\right),(0,e^{-1}),\left(1+\frac{\sqrt{2}}{2},e^{-\frac{1}{2}}\right).$$

(6)作图如图 3-9 所示.

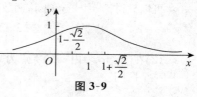

图 3-9

4. 解:(1)所给函数 $y=x^2+\dfrac{1}{x}$ 的定义域为 $(-\infty,0)\cup(0,+\infty)$.

$$y'=2x-\frac{1}{x^2},\quad y''=2+\frac{2}{x^3}.$$

(2)令 $y'=0$,得 $x=\dfrac{1}{\sqrt[3]{2}}$,令 $y''=0$,得 $x=-1$,又 $x=0$ 时函数无定义,根据上述点,将区间 $(-\infty,0),(0,+\infty)$ 分成四个部分区间:

$$(-\infty,-1],\quad [-1,0),\quad \left(0,\frac{1}{\sqrt[3]{2}}\right),\quad \left[\frac{1}{\sqrt[3]{2}},+\infty\right).$$

(3)在各部分区间内 $f'(x)$ 及 $f''(x)$ 的符号、相应曲线弧的升降及凹凸性以及极值点和拐点等如下表:

x	$(-\infty,-1)$	-1	$(-1,0)$	0	$\left(0,\frac{1}{\sqrt[3]{2}}\right)$	$\frac{1}{\sqrt[3]{2}}$	$\left(\frac{1}{\sqrt[3]{2}},+\infty\right)$
y'	−		−		−	0	+
y''	+	0	−		+	+	+
$y=f(x)$ 的图形	↘	拐点	↘		↘	极小	↗

(4) $\lim\limits_{x\to 0}\left(x^2+\dfrac{1}{x}\right)=\infty$,所以图形有一条垂直渐近线 $x=0$,图形无水平、斜渐近线.

(5) 由 $f(-1)=0$, $f\left(\dfrac{1}{\sqrt[3]{2}}\right)=\dfrac{3}{2}\sqrt[3]{2}$,得在 $(-\infty,0)$,$(0,+\infty)$ 内

图形上的点

$$\left(-1,0\right),\left(\dfrac{1}{\sqrt[3]{2}},\dfrac{3}{2}\sqrt[3]{2}\right).$$

(6) 作图如图 3-10 所示.

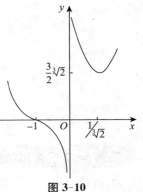

图 3-10

5. 解: (1) 所给函数 $y=\dfrac{\cos x}{\cos 2x}$ 的定义域

$$D=\left\{x\,\middle|\,x\neq\dfrac{n\pi}{2}+\dfrac{\pi}{4},x\in\mathbf{R},n=0,\pm 1,\pm 2,\cdots\right\}.$$

由于 $y=\dfrac{\cos x}{\cos 2x}$ 是偶函数,它的图形关于 y 轴对称,且由于函数

是以 2π 为周期的函数,因此可以只讨论 $[0,\pi]$ 部分的图形. 求出

$$y'=\dfrac{-\sin x\cos 2x+\cos x\cdot 2\sin 2x}{\cos^2(2x)}=\dfrac{\sin x(3-2\sin^2 x)}{\cos^2(2x)},$$

$$y''=\dfrac{\cos x(3+12\sin^2 x-4\sin^4 x)}{\cos^3(2x)}.$$

(2) 令 $y'=0$,得 $x=0$,$x=\pi$,令 $y''=0$,得 $x=\dfrac{\pi}{2}$;又函数在点 $x=\dfrac{\pi}{4}$ 及 $x=\dfrac{3}{4}\pi$ 处无定义.

根据这些点把区间 $[0,\pi]$ 分成四个部分区间:

$$\left[0,\dfrac{\pi}{4}\right),\left(\dfrac{\pi}{4},\dfrac{\pi}{2}\right],\left[\dfrac{\pi}{2},\dfrac{3\pi}{4}\right),\left(\dfrac{3\pi}{4},\pi\right].$$

(3) 在 $[0,\pi]$ 内的各部分区间内 $f'(x)$ 及 $f''(x)$ 的符号、相应曲线弧的升降及凹凸性以及极值点和拐点等如下表:

x	0	$\left(0,\dfrac{\pi}{4}\right)$	$\dfrac{\pi}{4}$	$\left(\dfrac{\pi}{4},\dfrac{\pi}{2}\right)$	$\dfrac{\pi}{2}$	$\left(\dfrac{\pi}{2},\dfrac{3\pi}{4}\right)$	$\dfrac{3\pi}{4}$	$\left(\dfrac{3\pi}{4},\pi\right)$	π
y'	0	$+$		$+$	$+$	$+$		$+$	0
y''	$+$	$+$		$-$	$+$	$+$		$-$	$-$
$y=f(x)$ 的图形	极小	⤴		⤴	拐点	⤴		⤴	极大

(4) 由 $\lim\limits_{x\to\frac{\pi}{4}}f(x)=\infty$ 及 $\lim\limits_{x\to\frac{3\pi}{4}}f(x)=\infty$ 知,图形有两条垂直渐近线:$x=\dfrac{\pi}{4}$ 及 $x=\dfrac{3\pi}{4}$,图形无水平及斜渐近线.

(5) 由 $f(0)=1$,$f\left(\dfrac{\pi}{2}\right)=0$ 得图形上的点 $(0,1)$,$\left(\dfrac{\pi}{2},0\right)$.

(6) 利用图形对称性及函数的周期性,作图如图 3-11 所示.

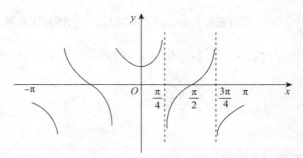

图 3-11

习题 3-7 解答(教材 P176)

1. 解: 由 $8x+2yy'=0$ 知 $y'=\dfrac{-4x}{y}$，$y''=\dfrac{-16}{y^3}$. 故 $y'\big|_{(0,2)}=0$，$y''\big|_{(0,2)}=-2$，故在点 $(0,2)$ 处的曲率为

$$K=\frac{|y''|}{(1+y'^2)^{\frac{3}{2}}}\bigg|_{(0,2)}=2.$$

2. 解: $y'=\dfrac{1}{\sec x}\cdot\sec x\tan x=\tan x$，$y''=\sec^2 x$. 故曲率

$$K=\frac{|y''|}{(1+y'^2)^{\frac{3}{2}}}=\frac{\sec^2 x}{(1+\tan^2 x)^{\frac{3}{2}}}=|\cos x|,$$

曲率半径 $\rho=\dfrac{1}{K}=|\sec x|$.

3. 解: 抛物线的顶点为 $(2,-1)$，$y'=2x-4$，$y''=2$.

抛物线 $y=x^2-4x+3$ 在其顶点处的曲率

$$K=\frac{|y''|}{(1+y'^2)^{\frac{3}{2}}}\bigg|_{(2,-1)}=2,$$

曲率半径 $\rho=\dfrac{1}{K}=\dfrac{1}{2}$.

4. 解: $\dfrac{\mathrm{d}y}{\mathrm{d}x}=\dfrac{\frac{\mathrm{d}y}{\mathrm{d}t}}{\frac{\mathrm{d}x}{\mathrm{d}t}}=\dfrac{3a\sin^2 t\cos t}{-3a\cos^2 t\sin t}=-\tan t$，$\dfrac{\mathrm{d}^2 y}{\mathrm{d}x^2}=\dfrac{\frac{\mathrm{d}}{\mathrm{d}t}\left(\frac{\mathrm{d}y}{\mathrm{d}x}\right)}{\frac{\mathrm{d}x}{\mathrm{d}t}}=\dfrac{-\sec^2 t}{-3a\cos^2 t\sin t}=\dfrac{1}{3a\sin t\cos^4 t}$.

故曲线在 $t=t_0$ 处的曲率为

$$K=\frac{|y''|}{(1+y'^2)^{\frac{3}{2}}}\bigg|_{t=t_0}=\frac{\left|\frac{1}{3a\sin t\cos^4 t}\right|}{[1+(-\tan t)^2]^{\frac{3}{2}}}\bigg|_{t=t_0}=\frac{2}{|3a\sin(2t_0)|}.$$

5. 解: $y'=\dfrac{1}{x}$，$y''=-\dfrac{1}{x^2}$. 曲线的曲率

$$K=\frac{|y''|}{(1+y'^2)^{\frac{3}{2}}}=\frac{\left|-\frac{1}{x^2}\right|}{\left[1+\left(\frac{1}{x}\right)^2\right]^{\frac{3}{2}}}=\frac{x}{(1+x^2)^{\frac{3}{2}}},$$

曲率半径为 $\rho=\dfrac{(1+x^2)^{\frac{3}{2}}}{x}$.

又 $\rho'=\dfrac{(1+x^2)^{\frac{1}{2}}(2x^2-1)}{x^2}$. 令 $\rho'=0$ 得驻点 $x_1=\dfrac{\sqrt{2}}{2}$，$x_2=-\dfrac{\sqrt{2}}{2}$（舍去）.

当 $0<x<\dfrac{\sqrt{2}}{2}$ 时，$\rho'<0$，即 ρ 在 $\left(0,\dfrac{\sqrt{2}}{2}\right)$ 上单调减少；

当 $\dfrac{\sqrt{2}}{2}<x<+\infty$ 时，$\rho'>0$，即 ρ 在 $\left[\dfrac{\sqrt{2}}{2},+\infty\right)$ 上单调增加.

因此在 $x=\dfrac{\sqrt{2}}{2}$ 处 ρ 取得极小值；驻点唯一，从而 ρ 的极小值就是最小值，则最小的曲率半径为

$$\rho\Big|_{x=\frac{\sqrt{2}}{2}}=\frac{\left(1+\dfrac{1}{2}\right)^{\frac{3}{2}}}{\dfrac{\sqrt{2}}{2}}=\frac{3\sqrt{3}}{2}.$$

6. 证：$y'=\mathrm{sh}\dfrac{x}{a}$，$y''=\dfrac{1}{a}\mathrm{ch}\dfrac{x}{a}$，曲线在点 (x,y) 处的曲率为

$$K=\frac{|y''|}{(1+y'^2)^{\frac{3}{2}}}=\frac{\left|\dfrac{1}{a}\mathrm{ch}\dfrac{x}{a}\right|}{\left(1+\mathrm{sh}^2\dfrac{x}{a}\right)^{\frac{3}{2}}}=\frac{1}{a\mathrm{ch}^2\dfrac{x}{a}},$$

曲率半径为 $\rho=\dfrac{1}{K}=a\mathrm{ch}^2\dfrac{x}{a}=\dfrac{y^2}{a}.$

7. 解：$y'=\dfrac{2x}{10\,000}=\dfrac{x}{5\,000}$，$y''=\dfrac{1}{5\,000}$. 抛物线在坐标原点的曲率半径为

$$\rho=\frac{1}{K}\Big|_{x=0}=\frac{(1+y'^2)^{\frac{3}{2}}}{|y''|}\Big|_{x=0}=5\,000.$$

所以向心力为 $F_1=\dfrac{mv^2}{\rho}=\dfrac{70\times200^2}{5\,000}=560(\mathrm{N}).$

座椅对飞行员的反力 F 等于飞行员的离心力及飞行员本身的重量对座椅的压力之和，因此

$$F=mg+F_1=70\times9.8+560=1\,246(\mathrm{N}).$$

8. 解：设立直角坐标系如图 3-12 所示，设抛物线拱桥方程为 $y=ax^2$. 由于抛物线过点 $(5,0.25)$，代入方程得

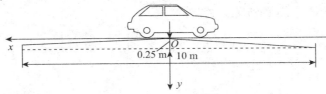

图 3-12

$$a=\frac{y}{x^2}\Big|_{(5,0.25)}=\frac{0.25}{25}=0.01.$$
$$y'=2ax, y''=2a,$$

因此

$$y'\Big|_{x=0}=0, y''\Big|_{x=0}=0.02, \rho\Big|_{x=0}=\frac{1}{K}\Big|_{x=0}=\frac{(1+y'^2)^{\frac{3}{2}}}{|y''|}\Big|_{x=0}=50.$$

汽车越过桥顶时对桥的压力为

$$F=mg-\frac{mv^2}{\rho}=5\times10^3\times9.8-\frac{5\times10^3\times\left(\dfrac{21.6\times10^3}{3\ 600}\right)^2}{50}=45\ 400(\text{N}).$$

*9. 解:解方程组 $\begin{cases} y=\ln x, \\ y=0 \end{cases}$,得曲线与 x 轴的交点为 $(1,0)$,$y'=\dfrac{1}{x}$,$y''=-\dfrac{1}{x^2}$,故

$$y'\Big|_{x=1}=1, y''\Big|_{x=1}=-1.$$

设曲线在点 $(1,0)$ 处的曲率中心为 (α,β),则

$$\alpha=\left[x-\frac{y'(1+y'^2)}{y''}\right]\Big|_{(1,0)}=1-\frac{1\times(1+1^2)}{-1}=3,$$

$$\beta=\left(y+\frac{1+y'^2}{y''}\right)\Big|_{(1,0)}=0+\frac{1+1^2}{-1}=-2.$$

曲率半径 $\rho=\dfrac{1}{K}\Big|_{x=1}=\dfrac{(1+y'^2)^{\frac{3}{2}}}{|y''|}\Big|_{x=1}=\dfrac{(1+1^2)^{\frac{3}{2}}}{1}=\sqrt{8}$,

因此所求的曲率圆方程为 $(\xi-3)^2+(\eta+2)^2=8$.

*10. 解:$y'=\sec^2 x$, $y''=2\sec^2 x\tan x$,故 $y'\Big|_{x=\frac{\pi}{4}}=2$, $y''\Big|_{x=\frac{\pi}{4}}=4$.

设曲线在点 $\left(\dfrac{\pi}{4},1\right)$ 处的曲率中心的坐标为 (α,β),则

$$\alpha=\left[x-\frac{y'(1+y''^2)}{y''}\right]\Big|_{\left(\frac{\pi}{4},1\right)}=\frac{\pi}{4}-\frac{2(1+4)}{4}=\frac{\pi-10}{4},$$

$$\beta=\left(y+\frac{1+y'^2}{y''}\right)\Big|_{\left(\frac{\pi}{4},1\right)}=1+\frac{1+4}{4}=\frac{9}{4}.$$

曲率半径

$$\rho=\frac{1}{K}\Big|_{x=\frac{\pi}{4}}=\frac{(1+y'^2)^{\frac{3}{2}}}{|y''|}\Big|_{x=\frac{\pi}{4}}=\frac{5^{\frac{3}{2}}}{4},$$

因此所求的曲率圆方程为 $\left(\xi-\dfrac{\pi-10}{4}\right)^2+\left(\eta-\dfrac{9}{4}\right)^2=\dfrac{125}{16}$.

*11. 解:由 $2yy'=2p$,及 $y'^2+yy''=0$ 知,$y'=\dfrac{p}{y}$, $y''=-\dfrac{p^2}{y^3}$.

故抛物线 $y^2=2px$ 的渐屈线方程为

$$\begin{cases} \alpha=x-\dfrac{y'(1+y'^2)}{y''}=x-\dfrac{\dfrac{p}{y}\left[1+\left(\dfrac{p}{y}\right)^2\right]}{-\dfrac{p^2}{y^3}}=\dfrac{3y^2}{2p}+p, \\[4mm] \beta=y+\dfrac{1+y'^2}{y''}=y+\dfrac{1+\left(\dfrac{p}{y}\right)^2}{-\dfrac{p^2}{y^3}}=-\dfrac{y^3}{p^2}, \end{cases}$$

其中 y 为参数. 或消去参数 y 得渐屈线方程为 $27p\beta^2=8(\alpha-p)^3$.

1. 解: 设函数 $f(x)=x^3-3x^2+6x-1$,$f(x)$ 在 $[0,1]$ 上连续,且 $f(0)=-1<0$,$f(1)=3>0$,由零点定理知至少存在一点 $\xi\in(0,1)$,使 $f(\xi)=0$,即方程 $x^3-3x^2+6x-1=0$ 在 $(0,1)$ 内至少有一个实根.

又 $f'(x)=3x^2-6x+6=3(x-1)^2+3>0$,故函数 $f(x)$ 在 $[0,1]$ 上单调增加,从而方程 $f(x)=0$,即 $x^3-3x^2+6x-1=0$ 在 $(0,1)$ 内至多有一个实根.因此方程 $x^3-3x^2+6x-1=0$ 在 $(0,1)$ 内有唯一的实根.

现用二分法求这个实根的近似值:

n	1	2	3	4	5	6	7	8	9	10	11
a_n	0	0	0	0.125	0.125	0.157	0.173	0.180	0.180	0.182	0.183
b_n	1	0.5	0.25	0.25	0.188	0.188	0.188	0.188	0.184	0.184	0.184
中点 x_n	0.5	0.25	0.125	0.188	0.157	0.173	0.180	0.184	0.182	0.183	0.183
$f(x_n)$ 符号	+	+	−	+	−	−	−	+	−	+	+

故使误差不超过 0.01 的根的近似值为 $\xi=0.183$.

2. 解: 设函数 $f(x)=x^5+5x+1$.$f(x)$ 在 $[-1,0]$ 上连续,且 $f(-1)=-5<0$,$f(0)=1>0$. 由零点定理知至少存在一点 $\xi\in(-1,0)$,使 $f(\xi)=0$,即方程 $x^5+5x+1=0$ 在区间 $(-1,0)$ 内至少有一实根.

又 $f'(x)=5x^4+5>0$,故函数 $f(x)$ 在 $[-1,0]$ 上单调增加,从而方程 $f(x)=0$,即 $x^5+5x+1=0$ 在 $(-1,0)$ 内至多有一个实根.因此方程 $x^5+5x+1=0$ 在区间 $(-1,0)$ 内有唯一的实根.

现用切线法求这个实根的近似值:

由 $f''(x)=20x^3$,$f''(-1)=-20<0$ 知取 $x_0=-1$,利用递推公式 $x_n=x_{n-1}-\dfrac{f(x_{n-1})}{f'(x_{n-1})}$,得

$$x_1=x_0-\frac{f(x_0)}{f'(x_0)}=-1-\frac{f(-1)}{f'(-1)}=-0.5,$$

$$x_2=x_1-\frac{f(x_1)}{f'(x_1)}=-0.5-\frac{f(-0.5)}{f'(-0.5)}=-0.26,$$

$$x_3=x_2-\frac{f(x_2)}{f'(x_2)}=-0.26-\frac{f(-0.26)}{f'(-0.26)}\approx-0.20,$$

$$x_4=x_3-\frac{f(x_3)}{f'(x_3)}=-0.20-\frac{f(-0.20)}{f'(-0.20)}\approx-0.20,$$

故使误差不超过 0.01 的根的近似值为 $\xi=-0.20$.

3. 解: 设 $f(x)=x^3+3x-1$,$f(x)$ 在 $[0,1]$ 上连续,且 $f(0)=-1<0$,$f(1)=3>0$,由零点定理知至少存在一点 $\xi\in(0,1)$,使 $f(\xi)=0$;又 $f'(x)=3x^2+3>0$,故 $f(x)$ 在 $[0,1]$ 上单调增加,从而方程 $f(x)=0$ 在 $(0,1)$ 内有唯一实根.

现用割线法求这个根的近似值:

由 $f''(x)=6x$,$f''(1)=6>0$ 知取 $x_0=1$. 又取 $x_1=0.8$,利用递推公式 $x_{n+1}=x_n-$
$\dfrac{x_n-x_{n-1}}{f(x_n)-f(x_{n-1})}\cdot f(x_n)$,得:

$$x_2 = x_1 - \frac{x_1 - x_0}{f(x_1) - f(x_0)} \cdot f(x_1) = 0.8 - \frac{0.8 - 1}{f(0.8) - f(1)} \cdot f(0.8) \approx 0.449,$$

$$x_3 = x_2 - \frac{x_2 - x_1}{f(x_2) - f(x_1)} \cdot f(x_2) = 0.449 - \frac{0.449 - 0.8}{f(0.449) - f(0.8)} \cdot f(0.449) \approx 0.345,$$

$$x_4 = x_3 - \frac{x_3 - x_2}{f(x_3) - f(x_2)} \cdot f(x_3) = 0.345 - \frac{0.345 - 0.449}{f(0.345) - f(0.449)} \cdot f(0.345) \approx 0.323,$$

$$x_5 = x_4 - \frac{x_4 - x_3}{f(x_4) - f(x_3)} \cdot f(x_4) = 0.323 - \frac{0.323 - 0.345}{f(0.323) - f(0.345)} \cdot f(0.323) \approx 0.322.$$

至此,计算无需要再继续,因 x_4 与 x_5 的前两位小数相同,故以 0.32 作为根的近似值,其误差小于 0.01.

4. 解:设函数 $f(x) = x \lg x - 1$. $f(x)$ 在 $[1,3]$ 上连续,且
$$f(1) = -1 < 0, f(3) = 3\lg 3 - 1 > 0,$$
由零点定理知至少存在一点 $\xi \in (1,3)$,使 $f(\xi) = 0$,即方程 $x\lg x = 1$ 在区间 $(1,3)$ 内至少有一实根.

又 $f'(x) = \lg x + x \cdot \dfrac{1}{x \ln 10} = \lg x + \dfrac{1}{\ln 10} > 0 (x \geqslant 1)$,故函数 $f(x)$ 在 $[1,3]$ 上单调增加,从而方程 $f(x) = 0$,即 $x\lg x = 1$ 在 $(1,3)$ 内至多有一实根. 因此方程 $x\lg x = 1$ 在 $(1,3)$ 内有唯一的实根.

现用二分法求这个根的近似值:

n	1	2	3	4	5	6	7	8	9
a_n	1	2	2.50	2.50	2.50	2.50	2.50	2.50	2.50
b_n	3	3	3	2.75	2.63	2.57	2.53	2.52	2.51
中点 x_n	2	2.50	2.75	2.63	2.57	2.53	2.52	2.51	2.51
$f(x_n)$ 符号	−	−	+	+	+	+	+	+	+

故误差不超过 0.01 的根的近似值为 $\xi = 2.51$.

总习题三解答(教材 P181~P183)

1. 解:$f'(x) = \dfrac{1}{x} - \dfrac{1}{e} = \dfrac{e - x}{xe}$,令 $f'(x) = 0$,得驻点 $x = e$.

当 $0 < x < e$ 时,$f'(x) > 0$,故函数 $f(x)$ 在 $(0, e]$ 上单调增加;

当 $e < x < +\infty$ 时,$f'(x) < 0$,故函数 $f(x)$ 在 $[e, +\infty)$ 上单调减少.

从而 $x = e$ 为函数 $f(x)$ 的极大值点. 由于驻点唯一,极大值也是最大值且最大值 $f(e) = k > 0$. 又

$$\lim_{x \to 0} f(x) = -\infty, \lim_{x \to +\infty} f(x) = -\infty,$$

故曲线 $y = \ln x - \dfrac{x}{e} + k$ 与 x 轴有两个交点,因此函数 $f(x) = \ln x - \dfrac{x}{e} + k$ 在 $(0, +\infty)$ 内的零点个数为 2.

2. 解:(1)由拉格朗日中值定理知 $f(1) - f(0) = f'(\xi)$,其中 $\xi \in (0,1)$. 由于 $f''(x) > 0$, $f'(x)$ 单调增加,故 $f'(0) < f'(\xi) < f'(1)$. 即
$$f'(0) < f(1) - f(0) < f'(1).$$
因此应填(B).

(2)**方法一**:取 $f(x) = x^3$,$f'(x) = 3x^2$,$f''(x) = 6x$,$f'''(x) = 6 > 0$,$x_0 = 0$,符合题意,可

排除(A)、(B)、(C).故应填(D).

方法二:由已知条件及 $f'''(x_0)=\lim\limits_{x\to x_0}\dfrac{f''(x)-f''(x_0)}{x-x_0}=\lim\limits_{x\to x_0}\dfrac{f''(x)}{x-x_0}>0$ 知,在 x_0 某邻域内,

当 $x<x_0$ 时,$f''(x)<0$;当 $x>x_0$ 时,$f''(x)>0$,所以 $(x_0,f(x_0))$ 是曲线 $y=f(x)$ 的拐点.

由此可知,在 x_0 的某去心邻域内有 $f'(x)>f'(x_0)=0$,所以 $f(x)$ 在 x_0 的某邻域内是单调增加的,从而 $f(x_0)$ 不是 $f(x)$ 的极值.

再由已知条件及极值的第二充分判别法知,$f'(x_0)$ 是 $f'(x)$ 的极小值.

综上所述,本题只能选(D).

3. 解:取 $f(x)=|x|$,区间为 $[-1,1]$.函数 $f(x)$ 在 $[-1,1]$ 上连续,在 $(-1,1)$ 内除点 $x=0$ 外处处可导,但 $f(x)$ 在 $(-1,1)$ 内不存在点 ξ,使 $f'(\xi)=0$,即不存在 $\xi\in(-1,1)$,使 $f(1)-f(-1)=f'(\xi)[1-(-1)]$.

4. 解:由拉格朗日中值定理知

$$f(x+a)-f(x)=f'(\xi)\cdot a,$$

ξ 介于 $x,x+a$ 之间,当 $x\to\infty$ 时,$\xi\to\infty$. 故

$$\lim_{x\to\infty}[f(x+a)-f(x)]=\lim_{\xi\to\infty}f'(\xi)a=ka.$$

5. 证:假设多项式 $f(x)=x^3-3x+a$ 在 $[0,1]$ 上有两个零点,即存在 $x_1,x_2\in[0,1]$ 使 $f(x_1)=f(x_2)=0$,不妨设 $x_1<x_2$.

函数 $f(x)$ 在 $[x_1,x_2]$ 上连续,在 (x_1,x_2) 内处处可导,由罗尔定理知至少存在一点 $\xi\in(x_1,x_2)\subset(0,1)$,使 $f'(\xi)=0$,但 $f'(x)=3x^2-3$ 在 $(0,1)$ 内恒不等于零,故多项式 $f(x)=x^3-3x+a$ 在 $[0,1]$ 上不可能有两个零点.

6. 证:取函数 $F(x)=a_0x+\dfrac{a_1}{2}x^2+\cdots+\dfrac{a_n}{n+1}x^{n+1}$. $F(x)$ 在 $[0,1]$ 上连续,在 $(0,1)$ 内可导且 $F(0)=0$,

$F(1)=a_0+\dfrac{a_1}{2}+\cdots+\dfrac{a_n}{n+1}=0$,由罗尔定理知至少存在一点 $\xi\in(0,1)$,使 $F'(\xi)=0$,即多项式 $f(x)=F'(x)=a_0+a_1x+\cdots+a_nx^n$ 在 $(0,1)$ 内至少有一个零点.

7. 证:取函数 $F(x)=xf(x)$. $F(x)$ 在 $[0,a]$ 上连续,在 $(0,a)$ 内可导,且 $F(0)=0$,$F(a)=af(a)=0$,由罗尔定理知至少存在一点 $\xi\in(0,a)$,使

$$F'(\xi)=[xf(x)]'|_{x=\xi}=f(\xi)+\xi f'(\xi)=0.$$

*8. 证:取函数 $F(x)=\ln x$,$f(x)$,$F(x)$ 在 $[a,b]$ 上连续,在 (a,b) 内可导,且 $F'(x)=\dfrac{1}{x}\neq0$,

$x\in(a,b)$. 由柯西中值定理知至少存在一点 $\xi\in(a,b)$,使 $\dfrac{f(b)-f(a)}{F(b)-F(a)}=\dfrac{f'(\xi)}{F'(\xi)}$,即

$\dfrac{f(b)-f(a)}{\ln b-\ln a}=\dfrac{f'(\xi)}{\dfrac{1}{\xi}}$,从而 $f(b)-f(a)=\xi f'(\xi)\ln\dfrac{b}{a}$.

9. 证:取 $F(x)=f(x)-g(x)$,$G(x)=f(x)+g(x)$,$x\in(a,+\infty)$. 由 $|f'(x)|<g'(x)$ 知

$$f'(x)-g'(x)<0,f'(x)+g'(x)>0,$$

故 $F'(x)=f'(x)-g'(x)<0$,$G'(x)=f'(x)+g'(x)>0$,即当 $x>a$ 时,函数 $F(x)$ 单调减少,$G(x)$ 单调增加.因此

$$F(x)<F(a),G(x)>G(a)\quad(x>a).$$

从而 $f(x)-g(x)<f(a)-g(a)$,$f(x)+g(x)>f(a)+g(a)$ $(x>a)$.

即当 $x>a$ 时,$|f(x)-f(a)|<g(x)-g(a)$.

10. 解:(1) $\lim\limits_{x\to1}\dfrac{x-x^x}{1-x+\ln x}=\lim\limits_{x\to1}\dfrac{1-x^x(1+\ln x)}{-1+\dfrac{1}{x}}=\lim\limits_{x\to1}\dfrac{x^x\ln x+x^x-1}{x-1}\cdot x$

$$=\lim\limits_{x\to1}\dfrac{x^x(\ln x+1)\ln x+x^{x-1}+x^x(\ln x+1)}{1}=2.$$

(2) $\lim\limits_{x\to0}\left[\dfrac{1}{\ln(1+x)}-\dfrac{1}{x}\right]=\lim\limits_{x\to0}\dfrac{x-\ln(1+x)}{x\ln(1+x)}=\lim\limits_{x\to0}\dfrac{x-\ln(1+x)}{x^2}=\lim\limits_{x\to0}\dfrac{1-\dfrac{1}{1+x}}{2x}=\lim\limits_{x\to0}\dfrac{1}{2(1+x)}=\dfrac{1}{2}.$

(3) $\lim\limits_{x\to+\infty}\left(\dfrac{2}{\pi}\arctan x\right)^x=\mathrm{e}^{\lim\limits_{x\to+\infty}x\ln\left(\frac{2}{\pi}\arctan x\right)}=\mathrm{e}^{\lim\limits_{x\to+\infty}\frac{\ln\frac{2}{\pi}+\ln\arctan x}{\frac{1}{x}}}$

$$=\mathrm{e}^{\lim\limits_{x\to+\infty}\frac{\frac{1}{\arctan x}\cdot\frac{1}{1+x^2}}{-\frac{1}{x^2}}}=\mathrm{e}^{-\lim\limits_{x\to+\infty}\frac{1}{\arctan x}\cdot\frac{x^2}{1+x^2}}=\mathrm{e}^{-\frac{2}{\pi}}.$$

(4) $\lim\limits_{x\to\infty}\left[\left(a_1^{\frac{1}{x}}+a_2^{\frac{1}{x}}+\cdots+a_n^{\frac{1}{x}}\right)/n\right]^{nx}$

$$=\mathrm{e}^{\lim\limits_{x\to\infty}nx\left[\ln\left(a_1^{\frac{1}{x}}+a_2^{\frac{1}{x}}+\cdots+a_n^{\frac{1}{x}}\right)-\ln n\right]}=\mathrm{e}^{n\lim\limits_{x\to\infty}\frac{\ln\left(a_1^{\frac{1}{x}}+a_2^{\frac{1}{x}}+\cdots+a_n^{\frac{1}{x}}\right)-\ln n}{\frac{1}{x}}}$$

$$=\mathrm{e}^{n\lim\limits_{x\to\infty}\frac{\frac{1}{a_1^{\frac{1}{x}}+a_2^{\frac{1}{x}}+\cdots+a_n^{\frac{1}{x}}}\left(a_1^{\frac{1}{x}}\ln a_1+a_2^{\frac{1}{x}}\ln a_2+\cdots+a_n^{\frac{1}{x}}\ln a_n\right)\left(\frac{1}{x}\right)'}{\left(\frac{1}{x}\right)'}}$$

$$=\mathrm{e}^{n\cdot\frac{1}{n}(\ln a_1+\ln a_2+\cdots+\ln a_n)}=\mathrm{e}^{\ln(a_1\cdot a_2\cdots\cdot a_n)}=a_1a_2\cdots a_n.$$

11. 解:(1) $f(1)=0,f'(x)=3x^2\ln x+x^2,f'(1)=1$;

$f''(x)=6x\ln x+5x,f''(1)=5;f'''(x)=6\ln x+11,f'''(1)=11$;

$f^{(4)}(x)=\dfrac{6}{x},f^{(4)}(1)=6;f^{(5)}(x)=-\dfrac{6}{x^2},f^{(5)}(\xi)=-\dfrac{6}{\xi^2}.$

因此,

$$x^3\ln x=(x-1)+\dfrac{5}{2!}(x-1)^2+\dfrac{11}{3!}(x-1)^3+\dfrac{6}{4!}(x-1)^4-\dfrac{6}{5!}\cdot\dfrac{1}{\xi^2}(x-1)^5,$$

其中 ξ 介于 1 和 x 之间.

(2) $f(0)=0,f'(x)=\dfrac{1}{1+x^2},f'(0)=1;f''(x)=-\dfrac{2x}{(1+x^2)^2},f''(0)=0$;

$f'''(x)=-\dfrac{2(1-3x^2)}{(1+x^2)^3},f'''(0)=-2.$

因此,

$$\arctan x=x-\dfrac{x^3}{3}+o(x^4).$$

注:也可用下列方法求 $y=\arctan x$ 在 $x=0$ 处的导数.

对 $y'=\dfrac{1}{1+x^2}$,即 $(1+x^2)y'=1$,求 n 阶导数:

$$(1+x^2)y^{(n+1)}+2nxy^{(n)}+n(n-1)y^{(n-1)}=0,$$

令 $x=0$ 得

$$y^{(n+1)}(0)=-n(n-1)y^{(n-1)}(0),$$

由 $y''(0)=0,y'(0)=1$ 得

$$y^{(2m)}(0)=0,y^{(2m+1)}(0)=-2m(2m-1)y^{(2m-1)}(0)=(-1)(2m)!.$$

(3)$e^{\sin x}=1+\sin x+\dfrac{1}{2!}\sin^2 x+\dfrac{1}{3!}\sin^3 x+o(x^3)$，又 $\sin x=x-\dfrac{1}{3!}x^3+o(x^4)$，故

$$e^{\sin x}=1+\left(x-\dfrac{1}{6}x^3\right)+\dfrac{1}{2}x^2+\dfrac{1}{6}x^3+o(x^3)=1+x+\dfrac{1}{2}x^2+o(x^3).$$

(4)$\ln(\cos x)=\ln[1+(\cos x-1)]=\cos x-1-\dfrac{1}{2}(\cos x-1)^2+\dfrac{1}{3}(\cos x-1)^3+o(x^6)$，

又 $\cos x-1=-\dfrac{1}{2}x^2+\dfrac{1}{24}x^4-\dfrac{1}{720}x^6+o(x^7)$，因此，

$$\ln(\cos x)=\left(-\dfrac{1}{2}x^2+\dfrac{1}{24}x^4-\dfrac{1}{720}x^6\right)-\dfrac{1}{2}\left(\dfrac{1}{4}x^4-\dfrac{1}{24}x^6\right)+\dfrac{1}{3}\left(-\dfrac{1}{8}x^6\right)+o(x^6)$$

$$=-\dfrac{1}{2}x^2-\dfrac{1}{12}x^4-\dfrac{1}{45}x^6+o(x^6).$$

12. 证：(1)取函数 $f(x)=\dfrac{\tan x}{x}$，$0<x<\dfrac{\pi}{2}$. 当 $0<x<\dfrac{\pi}{2}$ 时，$f'(x)=\dfrac{x\sec^2 x-\tan x}{x^2}$，令 $g(x)=$

$x\sec^2 x-\tan x=\dfrac{x-\sin x\cos x}{\cos^2 x}=\dfrac{x-\dfrac{1}{2}\sin 2x}{\cos^2 x}$，令 $h(x)=x-\dfrac{1}{2}\sin 2x$，$h'(x)=1-\cos 2x>$

0，则 $h(x)$ 单调递增，有 $h(x)>h(0)=0$，则 $g(x)>0$，从而 $f'(x)>0$，故 $f(x)$ 在 $\left(0,\dfrac{\pi}{2}\right)$ 内

单调增加，因此，当 $0<x_1<x_2<\dfrac{\pi}{2}$ 时，$f(x_2)>f(x_1)$，即 $\dfrac{\tan x_2}{x_2}>\dfrac{\tan x_1}{x_1}$，从而 $\dfrac{\tan x_2}{\tan x_1}>\dfrac{x_2}{x_1}$.

(2)取函数 $f(x)=(1+x)\ln(1+x)-\arctan x\,(x>0)$. 当 $x>0$ 时，$f'(x)=\ln(1+x)+$

$1-\dfrac{1}{1+x^2}>0$，故 $f(x)$ 在 $(0,+\infty)$ 内单调增加，因此，当 $x>0$ 时，$f(x)>f(0)$，即

$(1+x)\ln(1+x)-\arctan x>0$，从而 $\ln(1+x)>\dfrac{\arctan x}{1+x}$.

(3)设 $f(x)=\ln^2 x$（$e<a<x<b<e^2$）. $f(x)$ 在 $[a,b]$ 上连续，在 (a,b) 内可导，由拉格朗日

中值定理知，至少存在一点 $\xi\in(a,b)$，使 $\ln^2 b-\ln^2 a=\dfrac{2\ln\xi}{\xi}(b-a)$.

设 $\varphi(t)=\dfrac{\ln t}{t}$，则 $\varphi'(t)=\dfrac{1-\ln t}{t^2}$.

当 $t>e$ 时，$\varphi'(t)<0$，所以 $\varphi(t)$ 在 $[e,+\infty)$ 上单调减少，而 $e<a<\xi<b<e^2$，从而 $\varphi(\xi)>$

$\varphi(e^2)$，即 $\dfrac{\ln\xi}{\xi}>\dfrac{\ln e^2}{e^2}=\dfrac{2}{e^2}$，因此 $\ln^2 b-\ln^2 a>\dfrac{4}{e^2}(b-a)$.

13. 解：由 $f'(x)=a^x\ln a-a=0$，得唯一驻点 $x(a)=1-\dfrac{\ln(\ln a)}{\ln a}$.

考察函数 $x(a)=1-\dfrac{\ln(\ln a)}{\ln a}$ 在 $a>1$ 时的最小值，令

$$x'(a)=-\dfrac{\dfrac{1}{a}-\dfrac{1}{a}\ln(\ln a)}{(\ln a)^2}=-\dfrac{1-\ln(\ln a)}{a(\ln a)^2}=0,$$

得唯一驻点，$a=e^e$，当 $a>e^e$ 时，$x'(a)>0$；当 $a<e^e$ 时，$x'(a)<0$，因此 $x(e^e)=1-\dfrac{1}{e}$ 为

极小值，也是最小值.

14. 解：在椭圆方程两端分别对 x 求导，得

$$2x - y - xy' + 2yy' = 0, y' = \frac{y - 2x}{2y - x}.$$

令 $y' = 0$，得 $y = 2x$. 将 $y = 2x$ 代入椭圆方程后得 $x^2 = 1$，故 $x = \pm 1$. 从而得到椭圆上的点 $(1, 2), (-1, -2)$. 根据题意即知点 $(1, 2), (-1, -2)$ 为椭圆 $x^2 - xy + y^2 = 3$ 上纵坐标最大和最小的点.

15. 解： 取函数 $f(x) = x^{\frac{1}{x}} (x > 0)$. 则

$$f'(x) = x^{\frac{1}{x} - 2}(1 - \ln x).$$

令 $f'(x) = 0$，得驻点 $x = e$. 当 $0 < x < e$ 时，$f'(x) > 0$；当 $e < x < +\infty$ 时，$f'(x) < 0$. 因此，点 $x = e$ 为 $f(x)$ 的极大值点. 由于驻点唯一，极大值点也是最大值点且最大值为 $f(e) = e^{\frac{1}{e}}$.

由 $1 < \sqrt{2}$ 及 $f(x)$ 在 $(e, +\infty)$ 内单调减少，知

$$\sqrt[3]{3} > \sqrt[4]{4} > \cdots > \sqrt[n]{n} > \cdots,$$

由 $f(e) = e^{\frac{1}{e}}$ 为 $f(x)$ 的最大值，可知数列 $\{\sqrt[n]{n}\}$ 的最大项只能在 $x = e$ 的邻近整数值 2 与 3 中取得，因为 $(\sqrt{2})^6 = 8 < (\sqrt[3]{3})^6 = 9$，故数列 $\{\sqrt[n]{n}\}$ 的最大项为 $\sqrt[3]{3}$.

16. 解： $y' = \cos x$，$y'' = -\sin x$，曲线 $y = \sin x (0 < x < \pi)$ 的曲率为

$$K = \frac{|-\sin x|}{(1 + \cos^2 x)^{\frac{3}{2}}} = \frac{\sin x}{(1 + \cos^2 x)^{\frac{3}{2}}},$$

又由 $K' = \frac{2\cos x(1 + \sin^2 x)}{(1 + \cos^2 x)^{\frac{5}{2}}} = 0$ 知 $x = \frac{\pi}{2}$.

当 $0 < x < \frac{\pi}{2}$ 时，$K' > 0$；当 $\frac{\pi}{2} < x < \pi$ 时，$K' < 0$. 因此 $x = \frac{\pi}{2}$ 为 K 的极大值点. 又驻点唯一，故极大值点也是最大值点，且 K 的最大值为 $K = \left. \frac{\sin x}{(1 + \cos^2 x)^{\frac{3}{2}}} \right|_{x = \frac{\pi}{2}} = 1$. 此时曲率半径 $\rho = 1$ 最小，故曲线弧 $y = \sin x (0 < x < \pi)$ 上点 $x = \frac{\pi}{2}$ 处的曲率半径最小，且曲率半径为 $\rho = 1$.

17. 证： 取函数 $f(x) = x^3 - 5x - 2 (x > 0)$，$f'(x) = 3x^2 - 5$. 令 $f'(x) = 0$ 得驻点 $x = \sqrt{\frac{5}{3}}$.

当 $0 < x < \sqrt{\frac{5}{3}}$ 时，$f'(x) < 0$，故 $f(x)$ 在 $\left[0, \sqrt{\frac{5}{3}}\right]$ 上单调减少，又

$$f(0) = -2 < 0, f\left(\sqrt{\frac{5}{3}}\right) = \left(\frac{5}{3}\right)^{\frac{3}{2}} - 5\sqrt{\frac{5}{3}} - 2 < 0.$$

因此方程 $f(x) = 0$，即 $x^3 - 5x - 2 = 0$ 在 $\left(0, \sqrt{\frac{5}{3}}\right)$ 内没有实根.

当 $\sqrt{\frac{5}{3}} < x < +\infty$ 时，$f'(x) > 0$，故 $f(x)$ 在 $\left[\sqrt{\frac{5}{3}}, +\infty\right)$ 上单调增加，因此方程 $f(x) = 0$ 在 $\left[\sqrt{\frac{5}{3}}, +\infty\right)$ 上至多有一实根. 又 $f(3) = 10 > 0$，由零点定理知至少存在一点 $\xi \in \left(\sqrt{\frac{5}{3}}, 3\right)$，使 $f(\xi) = 0$，即方程 $f(x) = 0$，亦即 $x^3 - 5x - 2 = 0$ 在 $\left(\sqrt{\frac{5}{3}}, 3\right)$ 内至少有一实根，因此方程 $x^3 - 5x - 2 = 0$ 在 $\left(\sqrt{\frac{5}{3}}, 3\right)$ 内只有一正根.

综上，方程 $x^3 - 5x - 2 = 0$ 只有一正根.

现在用二分法求该方程正根的近似值,由 $f(2)=-4<0$,为了方便起见,取区间 $[2,3]$.

n	1	2	3	4	5	6	7	8	9	10	11
a_n	2	2	2.25	2.375	2.375	2.406	2.406	2.414	2.414	2.414	2.414
b_n	3	2.5	2.5	2.5	2.438	2.438	2.422	2.422	2.418	2.416	2.415
中点 x_n	2.5	2.25	2.375	2.438	2.406	2.422	2.414	2.418	2.416	2.415	2.415
$f(x_n)$符号	+	-	-	+	-	+	-	+	+	+	+

故误差不超过 10^{-3} 的正根的近似值为 $\xi=2.415$.

*18. 证:$\lim\limits_{h\to 0}\dfrac{f(x_0+h)+f(x_0-h)-2f(x_0)}{h^2}=\lim\limits_{h\to 0}\dfrac{f'(x_0+h)-f'(x_0-h)}{2h}$

$$=\frac{1}{2}\lim\limits_{h\to 0}\left[\frac{f'(x_0+h)-f'(x_0)}{h}+\frac{f'(x_0-h)-f'(x_0)}{-h}\right]$$

$$=\frac{1}{2}\left[f''(x_0)+f''(x_0)\right]=f''(x_0).$$

19. 证:由 $x_1,x_2\in(a,b)$ 知 $x_0=(1-t)x_1+tx_2\in(a,b)$,利用泰勒公式有

$$f(x_1)=f(x_0)+f'(x_0)(x_1-x_0)+\frac{1}{2!}f''(\xi_1)(x_1-x_0)^2,$$

ξ_1 介于 x_0,x_1 之间;

$$f(x_2)=f(x_0)+f'(x_0)(x_2-x_0)+\frac{1}{2!}f''(\xi_2)(x_2-x_0)^2,$$

ξ_2 介于 x_0,x_2 之间.

由 $f''(x)\geqslant 0$ 知 $f''(\xi_1)\geqslant 0$,$f''(\xi_2)\geqslant 0$,故

$$f(x_1)\geqslant f(x_0)+f'(x_0)(x_1-x_0) \text{ 及 } f(x_2)\geqslant f(x_0)+f'(x_0)(x_2-x_0),$$

因此,

$$(1-t)f(x_1)+tf(x_2)\geqslant(1-t)f(x_0)+tf(x_0)+f'(x_0)[(1-t)(x_1-x_0)+t(x_2-x_0)]$$

$$=f(x_0)+f'(x_0)[(1-t)x_1+tx_2-x_0]=f(x_0),$$

即 $f[(1-t)x_1+tx_2]\leqslant(1-t)f(x_1)+tf(x_2)$.

20. 解:利用泰勒公式

$$f(x)=x-a\sin x-\frac{b}{2}\sin 2x=x-a\left[x-\frac{x^3}{3!}+\frac{x^5}{5!}+o(x^5)\right]-\frac{b}{2}\left[2x-\frac{(2x)^3}{3!}+\frac{(2x)^5}{5!}+o(x^5)\right]$$

$$=(1-a-b)x+\left(\frac{a}{6}+\frac{2b}{3}\right)x^3-\left(\frac{a}{120}+\frac{2b}{15}\right)x^5+o(x^5).$$

按题意,应有 $\begin{cases}1-a-b=0,\\[1mm]\dfrac{a}{6}+\dfrac{2b}{3}=0,\\[1mm]\dfrac{a}{120}+\dfrac{2b}{15}\neq 0,\end{cases}$　得 $a=\dfrac{4}{3}$,$b=-\dfrac{1}{3}$.

因此,当 $a=\dfrac{4}{3}$,$b=-\dfrac{1}{3}$ 时,$f(x)=x-(a+b\cos x)\sin x$ 是 $x\to 0$ 时关于 x 的 5 阶无穷小.

第四章　不定积分

1. 解：(1) $\dfrac{\mathrm{d}}{\mathrm{d}x}\left[\ln(x+\sqrt{x^2+1})+C\right]=\dfrac{1}{x+\sqrt{x^2+1}}\cdot\left(1+\dfrac{x}{\sqrt{x^2+1}}\right)=\dfrac{1}{\sqrt{x^2+1}}$.

(2) $\dfrac{\mathrm{d}}{\mathrm{d}x}\left(\dfrac{\sqrt{x^2-1}}{x}+C\right)=\dfrac{\dfrac{x}{\sqrt{x^2-1}}\cdot x-\sqrt{x^2-1}}{x^2}=\dfrac{1}{x^2\sqrt{x^2-1}}$.

(3) $\dfrac{\mathrm{d}}{\mathrm{d}x}\left(\arctan x+\dfrac{1}{x+1}+C\right)=\dfrac{1}{x^2+1}-\dfrac{1}{(x+1)^2}=\dfrac{2x}{(x^2+1)(x+1)^2}$.

(4) $\dfrac{\mathrm{d}}{\mathrm{d}x}(\ln|\tan x+\sec x|+C)=\dfrac{1}{\tan x+\sec x}\cdot(\sec^2 x+\sec x\tan x)=\sec x$.

(5) $\dfrac{\mathrm{d}}{\mathrm{d}x}(x\sin x+\cos x+C)=\sin x+x\cos x-\sin x=x\cos x$.

(6) $\dfrac{\mathrm{d}}{\mathrm{d}x}\left[\dfrac{1}{2}\mathrm{e}^x(\sin x-\cos x)+C\right]=\dfrac{1}{2}\mathrm{e}^x(\sin x-\cos x)+\dfrac{1}{2}\mathrm{e}^x(\cos x+\sin x)=\mathrm{e}^x\sin x$.

2. 解：(1) $\displaystyle\int\dfrac{\mathrm{d}x}{x^2}=\int x^{-2}\mathrm{d}x=\dfrac{1}{-2+1}x^{-2+1}+C=-\dfrac{1}{x}+C$.

(2) $\displaystyle\int x\sqrt{x}\,\mathrm{d}x=\int x^{\frac{3}{2}}\mathrm{d}x=\dfrac{1}{\frac{3}{2}+1}x^{\frac{3}{2}+1}+C=\dfrac{2}{5}x^{\frac{5}{2}}+C$.

(3) $\displaystyle\int\dfrac{\mathrm{d}x}{\sqrt{x}}=\int x^{-\frac{1}{2}}\mathrm{d}x=\dfrac{1}{-\frac{1}{2}+1}x^{-\frac{1}{2}+1}+C=2\sqrt{x}+C$.

(4) $\displaystyle\int x^2\sqrt[3]{x}\,\mathrm{d}x=\int x^{\frac{7}{3}}\mathrm{d}x=\dfrac{1}{\frac{7}{3}+1}x^{\frac{7}{3}+1}+C=\dfrac{3}{10}x^{\frac{10}{3}}+C$.

(5) $\displaystyle\int\dfrac{\mathrm{d}x}{x^2\sqrt{x}}=\int x^{-\frac{5}{2}}\mathrm{d}x=\dfrac{1}{-\frac{5}{2}+1}x^{-\frac{5}{2}+1}+C=-\dfrac{2}{3}x^{-\frac{3}{2}}+C$.

(6) $\displaystyle\int\sqrt[m]{x^n}\,\mathrm{d}x=\dfrac{1}{\frac{n}{m}+1}x^{\frac{n}{m}+1}+C=\dfrac{m}{m+n}x^{\frac{m+n}{m}}+C$.

(7) $\displaystyle\int 5x^3\mathrm{d}x=\dfrac{5}{3+1}x^{3+1}+C=\dfrac{5}{4}x^4+C$.

(8) $\displaystyle\int(x^2-3x+2)\mathrm{d}x=\int x^2\mathrm{d}x-3\int x\mathrm{d}x+2\int\mathrm{d}x=\dfrac{x^3}{3}-\dfrac{3}{2}x^2+2x+C$.

(9) $\displaystyle\int\dfrac{\mathrm{d}h}{\sqrt{2gh}}=\dfrac{1}{\sqrt{2g}}\int h^{-\frac{1}{2}}\mathrm{d}h=\dfrac{1}{\sqrt{2g}}\cdot 2\sqrt{h}+C=\sqrt{\dfrac{2h}{g}}+C$.

(10) $\displaystyle\int(x^2+1)^2\mathrm{d}x=\int(x^4+2x^2+1)\mathrm{d}x=\int x^4\mathrm{d}x+2\int x^2\mathrm{d}x+\int\mathrm{d}x=\dfrac{x^5}{5}+\dfrac{2}{3}x^3+x+C$.

(11) $\displaystyle\int (\sqrt{x}+1)(\sqrt{x^3}-1)\mathrm{d}x=\int (x^2+x^{\frac{3}{2}}-x^{\frac{1}{2}}-1)\mathrm{d}x=\int x^2\mathrm{d}x+\int x^{\frac{3}{2}}\mathrm{d}x-\int x^{\frac{1}{2}}\mathrm{d}x-\int \mathrm{d}x$

$$=\frac{x^3}{3}+\frac{2}{5}x^{\frac{5}{2}}-\frac{2}{3}x^{\frac{3}{2}}-x+C.$$

(12) $\displaystyle\int \frac{(1-x)^2}{\sqrt{x}}\mathrm{d}x=\int (x^{\frac{3}{2}}-2x^{\frac{1}{2}}+x^{-\frac{1}{2}})\mathrm{d}x=\int x^{\frac{3}{2}}\mathrm{d}x-2\int x^{\frac{1}{2}}\mathrm{d}x+\int x^{-\frac{1}{2}}\mathrm{d}x$

$$=\frac{2}{5}x^{\frac{5}{2}}-\frac{4}{3}x^{\frac{3}{2}}+2x^{\frac{1}{2}}+C.$$

(13) $\displaystyle\int \left(2\mathrm{e}^x+\frac{3}{x}\right)\mathrm{d}x=2\int \mathrm{e}^x\mathrm{d}x+3\int \frac{\mathrm{d}x}{x}=2\mathrm{e}^x+3\ln|x|+C.$

(14) $\displaystyle\int \left(\frac{3}{1+x^2}-\frac{2}{\sqrt{1-x^2}}\right)\mathrm{d}x=3\int \frac{\mathrm{d}x}{1+x^2}-2\int \frac{\mathrm{d}x}{\sqrt{1-x^2}}=3\arctan x-2\arcsin x+C.$

(15) $\displaystyle\int \mathrm{e}^x\left(1-\frac{\mathrm{e}^{-x}}{\sqrt{x}}\right)\mathrm{d}x=\int \mathrm{e}^x\mathrm{d}x-\int x^{-\frac{1}{2}}\mathrm{d}x=\mathrm{e}^x-2x^{\frac{1}{2}}+C.$

(16) $\displaystyle\int 3^x\mathrm{e}^x\mathrm{d}x=\int (3\mathrm{e})^x\mathrm{d}x=\frac{(3\mathrm{e})^x}{\ln(3\mathrm{e})}+C=\frac{3^x\mathrm{e}^x}{\ln 3+1}+C.$

(17) $\displaystyle\int \frac{2\times 3^x-5\times 2^x}{3^x}\mathrm{d}x=2\int \mathrm{d}x-5\int \left(\frac{2}{3}\right)^x\mathrm{d}x=2x-\frac{5}{\ln\frac{2}{3}}\left(\frac{2}{3}\right)^x+C$

$$=2x-\frac{5}{\ln 2-\ln 3}\left(\frac{2}{3}\right)^x+C.$$

(18) $\displaystyle\int \sec x(\sec x-\tan x)\mathrm{d}x=\int \sec^2 x\mathrm{d}x-\int \sec x\tan x\mathrm{d}x=\tan x-\sec x+C.$

(19) $\displaystyle\int \cos^2\frac{x}{2}\mathrm{d}x=\int \frac{1+\cos x}{2}\mathrm{d}x=\frac{x+\sin x}{2}+C.$

(20) $\displaystyle\int \frac{\mathrm{d}x}{1+\cos 2x}=\int \frac{\sec^2 x}{2}\mathrm{d}x=\frac{\tan x}{2}+C.$

(21) $\displaystyle\int \frac{\cos 2x}{\cos x-\sin x}\mathrm{d}x=\int \frac{\cos^2 x-\sin^2 x}{\cos x-\sin x}\mathrm{d}x=\sin x-\cos x+C.$

(22) $\displaystyle\int \frac{\cos 2x}{\cos^2 x\sin^2 x}\mathrm{d}x=\int \frac{\cos^2 x-\sin^2 x}{\cos^2 x\sin^2 x}\mathrm{d}x=\int (\csc^2 x-\sec^2 x)\mathrm{d}x$

$$=\int \csc^2 x\mathrm{d}x-\int \sec^2 x\mathrm{d}x=-(\cot x+\tan x)+C.$$

(23) $\displaystyle\int \cot^2 x\mathrm{d}x=\int \csc^2 x\mathrm{d}x-\int \mathrm{d}x=-\cot x-x+C.$

(24) $\displaystyle\int \cos\theta(\tan\theta+\sec\theta)\mathrm{d}\theta=\int \sin\theta\mathrm{d}\theta+\int \mathrm{d}\theta=-\cos\theta+\theta+C.$

(25) $\displaystyle\int \frac{x^2}{x^2+1}\mathrm{d}x=\int \mathrm{d}x-\int \frac{1}{x^2+1}\mathrm{d}x=x-\arctan x+C.$

(26) $\displaystyle\int \frac{3x^4+2x^2}{x^2+1}\mathrm{d}x=\int 3x^2\mathrm{d}x-\int \mathrm{d}x+\int \frac{1}{x^2+1}\mathrm{d}x=x^3-x+\arctan x+C.$

3. 解:(1) $y=\displaystyle\int (x-2)^2\mathrm{d}x=\frac{1}{3}(x-2)^3+C$,由 $y|_{x=2}=0$,得 $C=0$,于是所求的解为 $y=\frac{1}{3}(x-2)^3$.

(2) $\dfrac{\mathrm{d}x}{\mathrm{d}t}=\displaystyle\int \frac{2}{t^3}\mathrm{d}t=-\frac{1}{t^2}+C_1$,由 $\dfrac{\mathrm{d}x}{\mathrm{d}t}\Big|_{t=1}=1$,得 $C_1=2$,故

$$\frac{\mathrm{d}x}{\mathrm{d}t}=-\frac{1}{t^2}+2,x=\int \left(-\frac{1}{t^2}+2\right)\mathrm{d}t=\frac{1}{t}+2t+C_2,$$

由 $x|_{t=1}=1$,得 $C_2=-2$,于是所求的解为 $x=\dfrac{1}{t}+2t-2$.

4. 解:(1)$\dfrac{\mathrm{d}s}{\mathrm{d}t}=\displaystyle\int -k\mathrm{d}t=-kt+C_1$,由 $\dfrac{\mathrm{d}s}{\mathrm{d}t}\Big|_{t=0}=20$,得 $C_1=20$,故

$$\frac{\mathrm{d}s}{\mathrm{d}t}=-kt+20,\quad s=\int (-kt+20)\mathrm{d}t=-\frac{1}{2}kt^2+20t+C_2,$$

由 $s|_{t=0}=0$,得 $C_2=0$,于是所求的解为 $s=-\dfrac{1}{2}kt^2+20t$.

(2)令 $\dfrac{\mathrm{d}s}{\mathrm{d}t}=0$,解得 $t=\dfrac{20}{k}$.

(3)根据题意,当 $t=\dfrac{20}{k}$,$s=50$,即 $-\dfrac{1}{2}k\left(\dfrac{20}{k}\right)^2+\dfrac{400}{k}=50$,解得 $k=4$,即得刹车加速度为 $-4\ \mathrm{m/s^2}$.

5. 解:设曲线方程为 $y=f(x)$,则点 (x,y) 处的切线斜率为 $f'(x)$,由条件得

$$f'(x)=\frac{1}{x},$$

因此 $f(x)$ 为 $\dfrac{1}{x}$ 的一个原函数,故有 $f(x)=\displaystyle\int \dfrac{1}{x}\mathrm{d}x=\ln|x|+C$.

又根据条件曲线过点 $(\mathrm{e}^2,3)$,有 $f(\mathrm{e}^2)=3$ 解得 $C=1$,即得所求曲线方程为 $y=\ln x+1$.

6. 解:(1)设此物体自原点沿横轴正向由静止开始运动,位移函数为 $s=s(t)$,则

$$s(t)=\int v(t)\mathrm{d}t=\int 3t^2\mathrm{d}t=t^3+C,$$

于是由假设可知 $s(0)=0$,故 $s(t)=t^3$,所求距离为 $s(3)=27(\mathrm{m})$.

(2)由 $t^3=360$,得 $t=\sqrt[3]{360}\approx 7.11(\mathrm{s})$.

7. 证:$[\arcsin(2x-1)]'=\dfrac{1}{\sqrt{1-(2x-1)^2}}\cdot 2=\dfrac{1}{\sqrt{x-x^2}}$,

$[\arccos(1-2x)]'=-\dfrac{1}{\sqrt{1-(1-2x)^2}}\cdot (-2)=\dfrac{1}{\sqrt{x-x^2}}$,

$\left(2\arctan\sqrt{\dfrac{x}{1-x}}\right)'=2\,\dfrac{1}{1+\dfrac{x}{1-x}}\cdot\dfrac{1}{2}\sqrt{\dfrac{1-x}{x}}\cdot\dfrac{1}{(1-x)^2}=\dfrac{1}{\sqrt{x-x^2}}$.

故结论成立.

习题 4-2 解答(教材 P207~P208)

1. 解:(1)$\dfrac{1}{a}$;   (2)$\dfrac{1}{7}$;   (3)$\dfrac{1}{2}$;   (4)$\dfrac{1}{10}$;   (5)$-\dfrac{1}{2}$;

(6)$\dfrac{1}{12}$;   (7)$\dfrac{1}{2}$;   (8)-2;   (9)$-\dfrac{2}{3}$;   (10)$\dfrac{1}{5}$;

(11)$-\dfrac{1}{5}$;   (12)$\dfrac{1}{3}$;   (13)-1;   (14)-1.

2. 解:(1)令 $u=5t$,由第一类换元法得

$$\int \mathrm{e}^{5t}\mathrm{d}t=\frac{1}{5}\int \mathrm{e}^u\mathrm{d}u=\frac{1}{5}\mathrm{e}^u+C=\frac{1}{5}\mathrm{e}^{5t}+C.$$

(2)令 $u=3-2x$,由第一类换元法得

$$\int (3-2x)^3 \mathrm{d}x = -\frac{1}{2}\int u^3 \mathrm{d}u = -\frac{u^4}{8}+C = -\frac{(3-2x)^4}{8}+C.$$

(3) 令 $u=1-2x$，由第一类换元法得

$$\int \frac{\mathrm{d}x}{1-2x} = -\frac{1}{2}\int \frac{\mathrm{d}u}{u} = -\frac{1}{2}\ln|u|+C = -\frac{1}{2}\ln|1-2x|+C.$$

(4) $\displaystyle\int \frac{\mathrm{d}x}{\sqrt[3]{2-3x}} = \int -\frac{1}{3}(2-3x)^{-\frac{1}{3}}\mathrm{d}(2-3x) = -\frac{1}{3}\times\frac{3}{2}(2-3x)^{\frac{2}{3}}+C$

$$= -\frac{1}{2}(2-3x)^{\frac{2}{3}}+C.$$

(5) $\displaystyle\int (\sin ax - \mathrm{e}^{\frac{x}{b}})\mathrm{d}x = \int \sin ax\,\mathrm{d}x - \int \mathrm{e}^{\frac{x}{b}}\mathrm{d}x = \int \frac{1}{a}\sin ax\,\mathrm{d}(ax) - \int b\mathrm{e}^{\frac{x}{b}}\mathrm{d}\left(\frac{x}{b}\right)$

$$= \frac{1}{a}(-\cos ax) - b\mathrm{e}^{\frac{x}{b}}+C = -\frac{\cos ax}{a}-b\mathrm{e}^{\frac{x}{b}}+C.$$

(6) $\displaystyle\int \frac{\sin\sqrt{t}}{\sqrt{t}}\mathrm{d}t = \int 2\sin\sqrt{t}\,\mathrm{d}\sqrt{t} = -2\cos\sqrt{t}+C.$

(7) $\displaystyle\int x\mathrm{e}^{-x^2}\mathrm{d}x = -\frac{1}{2}\int \mathrm{e}^{-x^2}\mathrm{d}(-x^2) = -\frac{1}{2}\mathrm{e}^{-x^2}+C.$

(8) $\displaystyle\int x\cos x^2\,\mathrm{d}x = \frac{1}{2}\int \cos x^2\,\mathrm{d}x^2 = \frac{1}{2}\sin(x^2)+C.$

(9) $\displaystyle\int \frac{x}{\sqrt{2-3x^2}}\mathrm{d}x = -\frac{1}{6}\int (2-3x^2)^{-\frac{1}{2}}\mathrm{d}(2-3x^2) = -\frac{1}{6}\cdot 2(2-3x^2)^{\frac{1}{2}}+C = -\frac{\sqrt{2-3x^2}}{3}+C.$

(10) $\displaystyle\int \frac{3x^3}{1-x^4}\mathrm{d}x = -\frac{3}{4}\int \frac{1}{1-x^4}\mathrm{d}(1-x^4) = -\frac{3}{4}\ln|1-x^4|+C.$

(11) $\displaystyle\int \frac{x+1}{x^2+2x+5}\mathrm{d}x = \frac{1}{2}\int \frac{\mathrm{d}(x^2+2x+5)}{x^2+2x+5} = \frac{1}{2}\ln(x^2+2x+5)+C.$

(12) $\displaystyle\int \cos^2(\omega t+\varphi)\sin(\omega t+\varphi)\mathrm{d}t = \int -\frac{1}{\omega}\cos^2(\omega t+\varphi)\mathrm{d}[\cos(\omega t+\varphi)] = -\frac{1}{3\omega}\cos^3(\omega t+\varphi)+C.$

(13) $\displaystyle\int \frac{\sin x}{\cos^3 x}\mathrm{d}x = -\int \frac{1}{\cos^3 x}\mathrm{d}(\cos x) = \frac{1}{2\cos^2 x}+C.$

(14) $\displaystyle\int \frac{\sin x+\cos x}{\sqrt[3]{\sin x-\cos x}}\mathrm{d}x = \int \frac{\mathrm{d}(\sin x-\cos x)}{\sqrt[3]{\sin x-\cos x}} = \frac{3}{2}(\sin x-\cos x)^{\frac{2}{3}}+C.$

(15) $\displaystyle\int \tan^{10}x\cdot\sec^2 x\,\mathrm{d}x = \int \tan^{10}x\,\mathrm{d}(\tan x) = \frac{1}{11}\tan^{11}x+C.$

(16) $\displaystyle\int \frac{\mathrm{d}x}{x\ln x[\ln(\ln x)]} = \int \frac{\mathrm{d}(\ln x)}{\ln x[\ln(\ln x)]} = \int \frac{\mathrm{d}[\ln(\ln x)]}{\ln(\ln x)} = \ln|\ln(\ln x)|+C.$

(17) $\displaystyle\int \frac{\mathrm{d}x}{(\arcsin x)^2\sqrt{1-x^2}} = \int \frac{\mathrm{d}(\arcsin x)}{(\arcsin x)^2} = -\frac{1}{\arcsin x}+C.$

(18) $\displaystyle\int \frac{10^{2\arccos x}}{\sqrt{1-x^2}}\mathrm{d}x = \int -10^{2\arccos x}\mathrm{d}(\arccos x) = -\frac{10^{2\arccos x}}{2\ln 10}+C.$

(19) $\displaystyle\int \tan\sqrt{1+x^2}\cdot\frac{x\mathrm{d}x}{\sqrt{1+x^2}} = \frac{1}{2}\int \tan\sqrt{1+x^2}\cdot\frac{\mathrm{d}(1+x^2)}{\sqrt{1+x^2}} = \int \tan\sqrt{1+x^2}\mathrm{d}(\sqrt{1+x^2})$

$$= -\ln|\cos\sqrt{1+x^2}|+C.$$

(20) $\displaystyle\int \frac{\arctan\sqrt{x}}{\sqrt{x}(1+x)}\mathrm{d}x = \int \frac{2\arctan\sqrt{x}}{1+x}\mathrm{d}\sqrt{x} = \int 2\arctan\sqrt{x}\,\mathrm{d}(\arctan\sqrt{x}) = (\arctan\sqrt{x})^2+C.$

(21) $\displaystyle\int \frac{1+\ln x}{(x\ln x)^2}\mathrm{d}x = \int \frac{\mathrm{d}(x\ln x)}{(x\ln x)^2} = -\frac{1}{x\ln x}+C.$

(22) $\displaystyle\int \frac{\mathrm{d}x}{\sin x\cos x} = \int \csc 2x\mathrm{d}(2x) = \ln|\csc 2x-\cot 2x|+C = \ln|\tan x|+C.$

(23) $\displaystyle\int \frac{\ln(\tan x)}{\cos x\sin x}\mathrm{d}x = \int \frac{\ln(\tan x)}{\tan x}\mathrm{d}(\tan x) = \int \ln(\tan x)\mathrm{d}[\ln(\tan x)] = \frac{[\ln(\tan x)]^2}{2}$
$\qquad +C.$

(24) $\displaystyle\int \cos^3 x\mathrm{d}x = \int (1-\sin^2 x)\mathrm{d}(\sin x) = \sin x-\frac{1}{3}\sin^3 x+C.$

(25) $\displaystyle\int \cos^2(\omega t+\varphi)\mathrm{d}t = \int \frac{\cos 2(\omega t+\varphi)+1}{2}\mathrm{d}t = \frac{\sin 2(\omega t+\varphi)}{4\omega}+\frac{t}{2}+C.$

(26) $\displaystyle\int \sin 2x\cos 3x\mathrm{d}x = \int \frac{1}{2}(\sin 5x-\sin x)\mathrm{d}x = -\frac{1}{10}\cos 5x+\frac{1}{2}\cos x+C.$

(27) $\displaystyle\int \cos x\cos \frac{x}{2}\mathrm{d}x = \int \frac{1}{2}\left(\cos \frac{3}{2}x+\cos \frac{1}{2}x\right)\mathrm{d}x = \frac{1}{3}\sin \frac{3}{2}x+\sin \frac{1}{2}x+C.$

(28) $\displaystyle\int \sin 5x\sin 7x\mathrm{d}x = \int -\frac{1}{2}(\cos 12x-\cos 2x)\mathrm{d}x = -\frac{1}{24}\sin 12x+\frac{1}{4}\sin 2x+C.$

(29) $\displaystyle\int \tan^3 x\sec x\mathrm{d}x = \int (\sec^2 x-1)\mathrm{d}(\sec x) = \frac{1}{3}\sec^3 x-\sec x+C.$

(30) $\displaystyle\int \frac{\mathrm{d}x}{\mathrm{e}^x+\mathrm{e}^{-x}} = \int \frac{\mathrm{e}^x\mathrm{d}x}{\mathrm{e}^{2x}+1} = \int \frac{\mathrm{d}(\mathrm{e}^x)}{\mathrm{e}^{2x}+1} = \arctan \mathrm{e}^x+C.$

(31) $\displaystyle\int \frac{1-x}{\sqrt{9-4x^2}}\mathrm{d}x = \frac{1}{2}\int \frac{\mathrm{d}\left(\frac{2x}{3}\right)}{\sqrt{1-\left(\frac{2x}{3}\right)^2}}+\frac{1}{8}\int \frac{\mathrm{d}(9-4x^2)}{\sqrt{9-4x^2}} = \frac{\arcsin \frac{2x}{3}}{2}+\frac{\sqrt{9-4x^2}}{4}+C.$

(32) $\displaystyle\int \frac{x^3}{9+x^2}\mathrm{d}x = \int x\mathrm{d}x-\frac{9}{2}\int \frac{\mathrm{d}(9+x^2)}{9+x^2} = \frac{x^2}{2}-\frac{9}{2}\ln(9+x^2)+C.$

(33) $\displaystyle\int \frac{\mathrm{d}x}{2x^2-1} = \frac{1}{2}\int \left(\frac{1}{\sqrt{2}x-1}-\frac{1}{\sqrt{2}x+1}\right)\mathrm{d}x = \frac{1}{2\sqrt{2}}\ln\left|\frac{\sqrt{2}x-1}{\sqrt{2}x+1}\right|+C.$

(34) $\displaystyle\int \frac{\mathrm{d}x}{(x+1)(x-2)} = \int \frac{1}{3}\left(\frac{1}{x-2}-\frac{1}{x+1}\right)\mathrm{d}x = \frac{1}{3}\int \frac{1}{x-2}\mathrm{d}x-\frac{1}{3}\int \frac{1}{x+1}\mathrm{d}x$
$\qquad = \frac{1}{3}\ln|x-2|-\frac{1}{3}\ln|x+1|+C = \frac{1}{3}\ln\left|\frac{x-2}{x+1}\right|+C.$

(35) $\displaystyle\int \frac{x}{x^2-x-2}\mathrm{d}x = \int \frac{x}{(x-2)(x+1)}\mathrm{d}x = \int \frac{1}{3}\left(\frac{2}{x-2}+\frac{1}{x+1}\right)\mathrm{d}x$
$\qquad = \frac{2}{3}\ln|x-2|+\frac{1}{3}\ln|x+1|+C.$

(36) 设 $x=a\sin u\left(-\frac{\pi}{2}<u<\frac{\pi}{2}\right)$，则 $\sqrt{a^2-x^2}=a\cos u$, $\mathrm{d}x=a\cos u\mathrm{d}u$, 于是

$$\int \frac{x^2\mathrm{d}x}{\sqrt{a^2-x^2}} = \int a^2\sin^2 u\mathrm{d}u = a^2\int \frac{1-\cos 2u}{2}\mathrm{d}u = \frac{a^2}{2}\left(u-\frac{\sin 2u}{2}\right)+C$$

$$= \frac{a^2}{2}\arcsin \frac{x}{a}-\frac{x\sqrt{a^2-x^2}}{2}+C.$$

(37) 当 $x>1$ 时，$\displaystyle\int \frac{\mathrm{d}x}{x\sqrt{x^2-1}} \xlongequal{x=\frac{1}{t}} -\int \frac{\mathrm{d}t}{\sqrt{1-t^2}} = -\arcsin t+C = -\arcsin \frac{1}{x}+C,$

当 $x<-1$ 时，$\displaystyle\int\frac{\mathrm{d}x}{x\sqrt{x^2-1}}\xlongequal{x=\frac{1}{t}}\int\frac{\mathrm{d}t}{\sqrt{1-t^2}}=\arcsin t+C=\arcsin\frac{1}{x}+C$，

故在 $(-\infty,-1)$ 或 $(1,+\infty)$ 内，有

$$\int\frac{\mathrm{d}x}{x\sqrt{x^2-1}}=-\arcsin\frac{1}{|x|}+C.$$

(38) 设 $x=\tan u\left(-\dfrac{\pi}{2}<u<\dfrac{\pi}{2}\right)$，则 $\sqrt{x^2+1}=\sec u$，$\mathrm{d}x=\sec^2 u\mathrm{d}u$，于是

$$\int\frac{\mathrm{d}x}{\sqrt{(x^2+1)^3}}=\int\cos u\mathrm{d}u=\sin u+C=\frac{x}{\sqrt{1+x^2}}+C.$$

(39) 当 $x\geqslant 3$ 时，令 $x=3\sec u\left(0\leqslant u<\dfrac{\pi}{2}\right)$，

$$\int\frac{\sqrt{x^2-9}}{x}\mathrm{d}x=\int 3\tan^2 u\mathrm{d}u=3\int(\sec^2 u-1)\mathrm{d}u=3\tan u-3u+C$$
$$=\sqrt{x^2-9}-3\arccos\frac{3}{x}+C;$$

当 $x\leqslant -3$ 时，令 $x=3\sec u\left(\dfrac{\pi}{2}<u\leqslant\pi\right)$，

$$\int\frac{\sqrt{x^2-9}}{x}\mathrm{d}x=-\int 3\tan^2 u\mathrm{d}u=-3\int(\sec^2 u-1)\mathrm{d}u=-3\tan u+3u+C$$
$$=\sqrt{x^2-9}+3\arccos\frac{3}{x}+C'=\sqrt{x^2-9}-3\arccos\left(-\frac{3}{x}\right)+C'+3\pi,$$

故可统一写作 $\displaystyle\int\frac{\sqrt{x^2-9}}{x}\mathrm{d}x=\sqrt{x^2-9}-3\arccos\frac{3}{|x|}+C.$

(40) $\displaystyle\int\frac{\mathrm{d}x}{1+\sqrt{2x}}\xlongequal{x=\frac{u^2}{2}}\int\frac{u\mathrm{d}u}{1+u}=u-\ln(1+u)+C=\sqrt{2x}-\ln(1+\sqrt{2x})+C.$

(41) 令 $x=\sin t\left(-\dfrac{\pi}{2}<t<\dfrac{\pi}{2}\right)$，则 $\sqrt{1-x^2}=\cos t$，$\mathrm{d}x=\cos t\mathrm{d}t$，于是

$$\int\frac{\mathrm{d}x}{1+\sqrt{1-x^2}}=\int\frac{\cos t}{1+\cos t}\mathrm{d}t=\int\frac{2\cos^2\dfrac{t}{2}-1}{2\cos^2\dfrac{t}{2}}\mathrm{d}t=t-\tan\frac{t}{2}+C$$

$$=t-\frac{\sin t}{1+\cos t}+C=\arcsin x-\frac{x}{1+\sqrt{1-x^2}}+C.$$

(42) 设 $x=\sin t\left(-\dfrac{\pi}{2}<t<\dfrac{\pi}{2}\right)$，则 $\sqrt{1-x^2}=\cos t$，$\mathrm{d}x=\cos t\mathrm{d}t$，于是

$$\int\frac{\mathrm{d}x}{x+\sqrt{1-x^2}}=\int\frac{\cos t\mathrm{d}t}{\sin t+\cos t},$$

记 $I_1=\displaystyle\int\frac{\cos t\mathrm{d}t}{\sin t+\cos t}$，$I_2=\displaystyle\int\frac{\sin t\mathrm{d}t}{\sin t+\cos t}$，利用

$$I_1+I_2=\int\mathrm{d}t=t+C,$$

$$I_1-I_2=\int\frac{\cos t-\sin t}{\sin t+\cos t}\mathrm{d}t=\int\frac{\mathrm{d}(\sin t+\cos t)}{\sin t+\cos t}=\ln|\sin t+\cos t|+C,$$

教材习题全解（上册）

求得 $I_1 = \int \dfrac{\cos t \mathrm{d}t}{\sin t + \cos t} = \dfrac{1}{2}(t + \ln|\sin t + \cos t|) + C$,即求得在 $\left(-\dfrac{\sqrt{2}}{2}, 1\right)$ 内,有

$$\int \frac{\mathrm{d}x}{x + \sqrt{1-x^2}} = \frac{1}{2}(\arcsin x + \ln|x + \sqrt{1-x^2}|) + C;$$

再设 $x = \sin t \left(-\dfrac{\pi}{2} < t < \dfrac{\pi}{2}\right)$,重复上面的过程,可得在 $\left(-1, -\dfrac{\sqrt{2}}{2}\right)$ 内有与上面不定积分

相同的结果. 从而在 $\left(-1, -\dfrac{\sqrt{2}}{2}\right)$ 或 $\left(-\dfrac{\sqrt{2}}{2}, 1\right)$ 内,有

$$\int \frac{\mathrm{d}x}{x + \sqrt{1-x^2}} = \frac{1}{2}(\arcsin x + \ln|x + \sqrt{1-x^2}|) + C.$$

(43) $\displaystyle\int \frac{x-1}{x^2+2x+3}\mathrm{d}x = \int \frac{x+1-2}{(x+1)^2+2}\mathrm{d}x = \frac{1}{2}\int \frac{\mathrm{d}[(x+1)^2+2]}{(x+1)^2+2} - \sqrt{2}\int \frac{\mathrm{d}\left(\dfrac{x+1}{\sqrt{2}}\right)}{\left(\dfrac{x+1}{\sqrt{2}}\right)^2+1}$

$$= \frac{1}{2}\ln(x^2+2x+3) - \sqrt{2}\arctan\frac{x+1}{\sqrt{2}} + C.$$

(44) 设 $x = \tan t \left(-\dfrac{\pi}{2} < t < \dfrac{\pi}{2}\right)$,则 $x^2+1 = \sec^2 t$,$\mathrm{d}x = \sec^2 t \mathrm{d}t$,于是

$$\int \frac{x^3+1}{(x^2+1)^2}\mathrm{d}x = \int \frac{\tan^3 t + 1}{\sec^2 t}\mathrm{d}t = \int \frac{\cos^2 t - 1}{\cos t}\mathrm{d}(\cos t) + \int \frac{1 + \cos 2t}{2}\mathrm{d}t$$

$$= \frac{1}{2}\cos^2 t - \ln(\cos t) + \frac{t}{2} + \frac{1}{4}\sin 2t + C$$

$$= \frac{1}{2}\cos^2 t - \ln(\cos t) + \frac{t}{2} + \frac{1}{2}\sin t \cos t + C.$$

按 $\tan t = x$ 作辅助三角形(见图 4-1),便有

$$\cos t = \frac{1}{\sqrt{1+x^2}}, \sin t = \frac{x}{\sqrt{1+x^2}},$$

于是

$$\int \frac{x^3+1}{(x^2+1)^2}\mathrm{d}x = \frac{1+x}{2(1+x^2)} + \frac{1}{2}\ln(1+x^2) + \frac{1}{2}\arctan x + C.$$

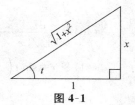

图 4-1

习题 4-3 解答(教材 P212～P213)

1. 解:$\displaystyle\int x\sin x \mathrm{d}x = -\int x\mathrm{d}(\cos x) = -x\cos x + \int \cos x \mathrm{d}x = -x\cos x + \sin x + C.$

2. 解:$\displaystyle\int \ln x \mathrm{d}x = x\ln x - \int x \cdot \frac{1}{x}\mathrm{d}x = x\ln x - x + C.$

3. 解:$\displaystyle\int \arcsin x \mathrm{d}x = x\arcsin x - \int x \cdot \frac{1}{\sqrt{1-x^2}}\mathrm{d}x = x\arcsin x + \sqrt{1-x^2} + C.$

4. 解:$\displaystyle\int x\mathrm{e}^{-x}\mathrm{d}x = -\int x\mathrm{d}\mathrm{e}^{-x} = -x\mathrm{e}^{-x} + \int \mathrm{e}^{-x}\mathrm{d}x = -x\mathrm{e}^{-x} - \mathrm{e}^{-x} + C.$

5. 解:$\displaystyle\int x^2\ln x \mathrm{d}x = \frac{1}{3}\int \ln x \mathrm{d}(x^3) = \frac{x^3\ln x}{3} - \frac{1}{3}\int x^3 \cdot \frac{1}{x}\mathrm{d}x = \frac{x^3\ln x}{3} - \frac{x^3}{9} + C.$

6. 解:$\displaystyle\int \mathrm{e}^{-x}\cos x \mathrm{d}x = -\int \cos x \mathrm{d}(\mathrm{e}^{-x}) = -\mathrm{e}^{-x}\cos x + \int \mathrm{e}^{-x}(-\sin x)\mathrm{d}x$

$$=-\mathrm{e}^{-x}\cos x+\int \sin x\mathrm{d}(\mathrm{e}^{-x})=-\mathrm{e}^{-x}\cos x+\mathrm{e}^{-x}\sin x-\int \mathrm{e}^{-x}\cos x\mathrm{d}x,$$

故有 $\displaystyle\int \mathrm{e}^{-x}\cos x\mathrm{d}x=\dfrac{\mathrm{e}^{-x}(\sin x-\cos x)}{2}+C.$

7. 解: $\displaystyle\int \mathrm{e}^{-2x}\sin \dfrac{x}{2}\mathrm{d}x=-\dfrac{1}{2}\int \sin \dfrac{x}{2}\mathrm{d}(\mathrm{e}^{-2x})=-\dfrac{1}{2}\mathrm{e}^{-2x}\sin \dfrac{x}{2}+\dfrac{1}{2}\int \mathrm{e}^{-2x}\cdot \dfrac{1}{2}\cos \dfrac{x}{2}\mathrm{d}x$

$$=-\dfrac{1}{2}\mathrm{e}^{-2x}\sin \dfrac{x}{2}-\dfrac{1}{8}\int \cos \dfrac{x}{2}\mathrm{d}(\mathrm{e}^{-2x})$$

$$=-\dfrac{1}{2}\mathrm{e}^{-2x}\sin \dfrac{x}{2}-\dfrac{1}{8}\mathrm{e}^{-2x}\cos \dfrac{x}{2}+\dfrac{1}{8}\int \mathrm{e}^{-2x}\cdot \left(-\dfrac{1}{2}\sin \dfrac{x}{2}\right)\mathrm{d}x$$

$$=-\dfrac{1}{8}\left(4\sin \dfrac{x}{2}+\cos \dfrac{x}{2}\right)\mathrm{e}^{-2x}-\dfrac{1}{16}\int \mathrm{e}^{-2x}\sin \dfrac{x}{2}\mathrm{d}x,$$

故 $\displaystyle\int \mathrm{e}^{-2x}\sin \dfrac{x}{2}\mathrm{d}x=-\dfrac{2}{17}\left(4\sin \dfrac{x}{2}+\cos \dfrac{x}{2}\right)\mathrm{e}^{-2x}+C.$

8. 解: $\displaystyle\int x\cos \dfrac{x}{2}\mathrm{d}x=2\int x\mathrm{d}\left(\sin \dfrac{x}{2}\right)=2x\sin \dfrac{x}{2}-2\int \sin \dfrac{x}{2}\mathrm{d}x=2x\sin \dfrac{x}{2}+4\cos \dfrac{x}{2}+C.$

9. 解: $\displaystyle\int x^2\arctan x\mathrm{d}x=\dfrac{1}{3}\int \arctan x\mathrm{d}(x^3)=\dfrac{1}{3}x^3\arctan x-\dfrac{1}{3}\int \dfrac{x^3}{1+x^2}\mathrm{d}x$

$$=\dfrac{1}{3}x^3\arctan x-\dfrac{1}{3}\int \left(x-\dfrac{x}{1+x^2}\right)\mathrm{d}x$$

$$=\dfrac{1}{3}x^3\arctan x-\dfrac{1}{6}x^2+\dfrac{1}{6}\ln(1+x^2)+C.$$

10. 解: $\displaystyle\int x\tan^2x\mathrm{d}x=\int x(\sec^2x-1)\mathrm{d}x=\int x\mathrm{d}(\tan x)-\dfrac{x^2}{2}=x\tan x+\ln|\cos x|-\dfrac{x^2}{2}+C.$

11. 解: $\displaystyle\int x^2\cos x\mathrm{d}x=\int x^2\mathrm{d}(\sin x)=x^2\sin x-2\int x\sin x\mathrm{d}x=x^2\sin x+\int 2x\mathrm{d}(\cos x)$

$$=x^2\sin x+2x\cos x-\int 2\cos x\mathrm{d}x=x^2\sin x+2x\cos x-2\sin x+C.$$

12. 解: $\displaystyle\int t\mathrm{e}^{-2t}\mathrm{d}t=-\dfrac{1}{2}\int t\mathrm{d}(\mathrm{e}^{-2t})=-\dfrac{1}{2}t\mathrm{e}^{-2t}+\dfrac{1}{2}\int \mathrm{e}^{-2t}\mathrm{d}t=-\dfrac{1}{2}t\mathrm{e}^{-2t}-\dfrac{1}{4}\mathrm{e}^{-2t}+C.$

13. 解: $\displaystyle\int \ln^2x\mathrm{d}x=x\ln^2x-\int 2\ln x\mathrm{d}x=x\ln^2x-2x\ln x+\int 2\mathrm{d}x=x\ln^2x-2x\ln x+2x+C.$

14. 解: $\displaystyle\int x\sin x\cos x\mathrm{d}x=\int -\dfrac{x}{4}\mathrm{d}(\cos 2x)=-\dfrac{x\cos 2x}{4}+\dfrac{1}{4}\int \cos 2x\mathrm{d}x$

$$=-\dfrac{x\cos 2x}{4}+\dfrac{\sin 2x}{8}+C.$$

15. 解: $\displaystyle\int x^2\cos^2\dfrac{x}{2}\mathrm{d}x=\dfrac{1}{2}\int x^2(1+\cos x)\mathrm{d}x=\dfrac{1}{6}x^3+\dfrac{1}{2}\int x^2\mathrm{d}(\sin x)$

$$=\dfrac{1}{6}x^3+\dfrac{1}{2}x^2\sin x-\int x\sin x\mathrm{d}x=\dfrac{1}{6}x^3+\dfrac{1}{2}x^2\sin x+\int x\mathrm{d}(\cos x)$$

$$=\dfrac{1}{6}x^3+\dfrac{1}{2}x^2\sin x+x\cos x-\int \cos x\mathrm{d}x$$

$$=\dfrac{1}{6}x^3+\dfrac{1}{2}x^2\sin x+x\cos x-\sin x+C.$$

16. 解: $\displaystyle\int x\ln(x-1)\mathrm{d}x=\dfrac{1}{2}\int \ln(x-1)\mathrm{d}(x^2-1)=\dfrac{1}{2}(x^2-1)\ln(x-1)-\dfrac{1}{2}\int (x+1)\mathrm{d}x$

$$=\frac{1}{2}(x^2-1)\ln(x-1)-\frac{1}{4}x^2-\frac{1}{2}x+C.$$

17. 解: $\displaystyle\int(x^2-1)\sin 2x\mathrm{d}x=-\frac{1}{2}\int(x^2-1)\mathrm{d}(\cos 2x)=-\frac{1}{2}(x^2-1)\cos 2x+\int x\cos 2x\mathrm{d}x$

$$=-\frac{1}{2}(x^2-1)\cos 2x+\frac{1}{2}\int x\mathrm{d}(\sin 2x)$$

$$=-\frac{1}{2}(x^2-1)\cos 2x+\frac{1}{2}x\sin 2x-\frac{1}{2}\int\sin 2x\mathrm{d}x$$

$$=-\frac{1}{2}\Big(x^2-\frac{3}{2}\Big)\cos 2x+\frac{1}{2}x\sin 2x+C.$$

18. 解: $\displaystyle\int\frac{\ln^3 x}{x^2}\mathrm{d}x=\int-\ln^3 x\mathrm{d}\Big(\frac{1}{x}\Big)=-\frac{\ln^3 x}{x}-3\int\ln^2 x\mathrm{d}\Big(\frac{1}{x}\Big)$

$$=-\frac{\ln^3 x}{x}-3\Big[\frac{\ln^2 x}{x}+2\int\ln x\mathrm{d}\Big(\frac{1}{x}\Big)\Big]=-\frac{\ln^3 x+3\ln^2 x+6\ln x+6}{x}+C.$$

19. 解: $\displaystyle\int\mathrm{e}^{\sqrt[3]{x}}\mathrm{d}x\xxlongequal{x=u^3}\int 3u^2\mathrm{e}^u\mathrm{d}u=\int 3u^2\mathrm{d}(\mathrm{e}^u)=3u^2\mathrm{e}^u-\int 6u\mathrm{d}(\mathrm{e}^u)$

$$=(3u^2-6u+6)\mathrm{e}^u+C=3\mathrm{e}^{\sqrt[3]{x}}(x^{\frac{2}{3}}-2x^{\frac{1}{3}}+2)+C.$$

20. 解: $\displaystyle\int\cos\ln x\mathrm{d}x\xxlongequal{x=\mathrm{e}^u}\int \mathrm{e}^u\cos u\mathrm{d}u,$

而 $\displaystyle\int\mathrm{e}^u\cos u\mathrm{d}u=\int\cos u\mathrm{d}(\mathrm{e}^u)=\mathrm{e}^u\cos u+\int\mathrm{e}^u\sin u\mathrm{d}u=\mathrm{e}^u\cos u+\int\sin u\mathrm{d}(\mathrm{e}^u)$

$$=\mathrm{e}^u\cos u+\mathrm{e}^u\sin u-\int\mathrm{e}^u\cos u\mathrm{d}u,$$

因此 $\displaystyle\int\mathrm{e}^u\cos u\mathrm{d}u=\frac{\mathrm{e}^u(\cos u+\sin u)}{2}+C,$ 故有

$$\int\cos(\ln x)\mathrm{d}x=\frac{x[\cos(\ln x)+\sin(\ln x)]}{2}+C.$$

21. 解: $\displaystyle\int(\arcsin x)^2\mathrm{d}x=x(\arcsin x)^2-\int\frac{2x\arcsin x}{\sqrt{1-x^2}}\mathrm{d}x=x(\arcsin x)^2+\int 2\arcsin x\mathrm{d}(\sqrt{1-x^2})$

$$=x(\arcsin x)^2+2\sqrt{1-x^2}\arcsin x-2x+C.$$

22. 解: $\displaystyle\int\mathrm{e}^x\sin^2 x\mathrm{d}x=\frac{1}{2}\int\mathrm{e}^x(1-\cos 2x)\mathrm{d}x=\frac{1}{2}\mathrm{e}^x-\frac{1}{2}\int\mathrm{e}^x\cos 2x\mathrm{d}x,$

$$\int\mathrm{e}^x\cos 2x\mathrm{d}x=\int\cos 2x\mathrm{d}(\mathrm{e}^x)=\mathrm{e}^x\cos 2x+2\int\mathrm{e}^x\sin 2x\mathrm{d}x$$

$$=\mathrm{e}^x\cos 2x+2\int\sin 2x\mathrm{d}(\mathrm{e}^x)=\mathrm{e}^x\cos 2x+2\mathrm{e}^x\sin 2x-4\int\mathrm{e}^x\cos 2x\mathrm{d}x,$$

得 $\displaystyle\int\mathrm{e}^x\cos 2x\mathrm{d}x=\frac{\mathrm{e}^x\cos 2x+2\mathrm{e}^x\sin 2x}{5}+C,$ 因此有

$$\int\mathrm{e}^x\sin^2 x\mathrm{d}x=\frac{1}{2}\mathrm{e}^x-\frac{1}{5}\mathrm{e}^x\sin 2x-\frac{1}{10}\mathrm{e}^x\cos 2x+C.$$

23. 解: $\displaystyle\int x\ln^2 x\mathrm{d}x=\int\ln^2 x\mathrm{d}\Big(\frac{x^2}{2}\Big)=\frac{x^2}{2}\ln^2 x-\int x\ln x\mathrm{d}x=\frac{x^2}{2}\ln^2 x-\int\ln x\mathrm{d}\Big(\frac{x^2}{2}\Big)$

$$=\frac{x^2}{2}\ln^2 x-\frac{x^2}{2}\ln x+\int\frac{x}{2}\mathrm{d}x=\frac{x^2}{4}(2\ln^2 x-2\ln x+1)+C.$$

24. 解: 设 $\sqrt{3x+9}=u,$ 即 $x=\frac{1}{3}(u^2-9),$ $\mathrm{d}x=\frac{2}{3}u\mathrm{d}u,$ 则

$$\int e^{\sqrt{3x+9}}\,dx = \int \frac{2}{3}ue^u\,du = \int \frac{2}{3}u\,d(e^u) = \frac{2}{3}ue^u - \int \frac{2}{3}e^u\,du$$

$$= \frac{2}{3}ue^u - \frac{2}{3}e^u + C = \frac{2}{3}e^{\sqrt{3x+9}}(\sqrt{3x+9}-1) + C.$$

习题 4—4 解答（教材 P218～P219）

1. 解：$\displaystyle\int \frac{x^3}{x+3}\,dx = \int \left(x^2 - 3x + 9 - \frac{27}{x+3}\right)dx = \frac{1}{3}x^3 - \frac{3}{2}x^2 + 9x - 27\ln|x+3| + C.$

2. 解：$\displaystyle\int \frac{2x+3}{x^2+3x-10}\,dx = \int \frac{d(x^2+3x-10)}{x^2+3x-10} = \ln|x^2+3x-10| + C.$

3. 解：$\displaystyle\int \frac{x+1}{x^2-2x+5}\,dx = \int \frac{x-1}{(x-1)^2+4}\,dx + \frac{1}{2}\int \frac{1}{\left(\dfrac{x-1}{2}\right)^2+1}\,dx = \frac{1}{2}\ln(x^2-2x+5) + \arctan\frac{x-1}{2} + C.$

4. 解：$\displaystyle\int \frac{dx}{x(x^2+1)} = \int \left(\frac{1}{x} - \frac{x}{x^2+1}\right)dx = \ln|x| - \frac{1}{2}\int \frac{d(x^2+1)}{x^2+1} = \ln|x| - \frac{1}{2}\ln(x^2+1) + C.$

5. 解：$\displaystyle\int \frac{3}{1+x^3}\,dx = \int \frac{3}{(1+x)(x^2-x+1)}\,dx = \int \left(\frac{1}{1+x} + \frac{2-x}{x^2-x+1}\right)dx$

$$= \ln|1+x| - \frac{1}{2}\int \frac{d(x^2-x+1)}{x^2-x+1} + \frac{3}{2}\int \frac{1}{x^2-x+1}\,dx$$

$$= \ln|1+x| - \frac{1}{2}\ln(x^2-x+1) + \sqrt{3}\int \frac{1}{\left(\dfrac{2x-1}{\sqrt{3}}\right)^2+1}\,d\left(\frac{2x-1}{\sqrt{3}}\right)$$

$$= \ln|1+x| - \frac{1}{2}\ln(x^2-x+1) + \sqrt{3}\arctan\frac{2x-1}{\sqrt{3}} + C.$$

6. 解：$\displaystyle\int \frac{x^2+1}{(x+1)^2(x-1)}\,dx = \int \left[\frac{1}{2(x-1)} + \frac{1}{2(x+1)} - \frac{1}{(x+1)^2}\right]dx$

$$= \frac{1}{2}\ln|x-1| + \frac{1}{2}\ln|x+1| + \frac{1}{x+1} + C = \frac{1}{2}\ln|x^2-1| + \frac{1}{x+1} + C.$$

7. 解：$\displaystyle\int \frac{x\,dx}{(x+1)(x+2)(x+3)} = \int \left[-\frac{1}{2(x+1)} + \frac{2}{x+2} - \frac{3}{2(x+3)}\right]dx$

$$= -\frac{1}{2}\ln|x+1| + 2\ln|x+2| - \frac{3}{2}\ln|x+3| + C.$$

8. 解：$\displaystyle\int \frac{x^5+x^4-8}{x^3-x}\,dx = \int \left(x^2+x+1+\frac{8}{x}-\frac{3}{x-1}-\frac{4}{x+1}\right)dx$

$$= \frac{x^3}{3} + \frac{x^2}{2} + x + 8\ln|x| - 3\ln|x-1| - 4\ln|x+1| + C.$$

9. 解：$\displaystyle\int \frac{dx}{(x^2+1)(x^2+x)} = \int \left[\frac{1}{x} - \frac{1}{2(x+1)} - \frac{1+x}{2(x^2+1)}\right]dx$

$$= \ln|x| - \frac{1}{2}\ln|x+1| - \frac{1}{2}\arctan x - \frac{1}{4}\int \frac{d(x^2+1)}{x^2+1}$$

$$= \ln|x| - \frac{1}{2}\ln|x+1| - \frac{1}{2}\arctan x - \frac{1}{4}\ln(x^2+1) + C.$$

10. 解：$\displaystyle\int \frac{1}{x^4-1}\,dx = \int \frac{1}{(x-1)(x+1)(x^2+1)}\,dx = \frac{1}{4}\int \frac{1}{x-1}\,dx - \frac{1}{4}\int \frac{1}{x+1}\,dx - \frac{1}{2}\int \frac{1}{x^2+1}\,dx$

$$= \frac{1}{4}\ln\left|\frac{x-1}{x+1}\right| - \frac{1}{2}\arctan x + C.$$

11. 解：$\displaystyle\int\frac{\mathrm{d}x}{(x^2+1)(x^2+x+1)}=\int\left(\frac{-x}{x^2+1}+\frac{x+1}{x^2+x+1}\right)\mathrm{d}x$

$$=-\frac{\ln(x^2+1)}{2}+\frac{1}{2}\int\frac{\mathrm{d}(x^2+x+1)}{x^2+x+1}+\frac{1}{2}\int\frac{1}{\left(x+\frac{1}{2}\right)^2+\frac{3}{4}}\mathrm{d}x$$

$$=-\frac{\ln(x^2+1)}{2}+\frac{\ln(x^2+x+1)}{2}+\frac{1}{\sqrt{3}}\arctan\frac{2x+1}{\sqrt{3}}+C.$$

12. 解：$\displaystyle\int\frac{(x+1)^2}{(x^2+1)^2}\mathrm{d}x=\int\frac{x^2+1}{(x^2+1)^2}\mathrm{d}x+\int\frac{2x\,\mathrm{d}x}{(x^2+1)^2}=\arctan x-\frac{1}{x^2+1}+C.$

13. 解：$\displaystyle\int\frac{-x^2-2}{(x^2+x+1)^2}\mathrm{d}x=\int\left[-\frac{1}{x^2+x+1}+\frac{x-1}{(x^2+x+1)^2}\right]\mathrm{d}x$

$$=-\int\frac{1}{x^2+x+1}\mathrm{d}x+\frac{1}{2}\int\frac{\mathrm{d}(x^2+x+1)}{(x^2+x+1)^2}-\frac{3}{2}\int\frac{1}{(x^2+x+1)^2}\mathrm{d}x,$$

令 $u=x+\dfrac{1}{2}$，并记 $a=\dfrac{\sqrt{3}}{2}$，则

$$\int\frac{1}{(x^2+x+1)^2}\mathrm{d}x=\int\frac{1}{(u^2+a^2)^2}\mathrm{d}u\overset{(*)}{=\!=\!=}\frac{1}{2a^2}\left(\frac{u}{u^2+a^2}+\int\frac{1}{u^2+a^2}\mathrm{d}u\right)$$

$$=\frac{u}{2a^2(u^2+a^2)}+\frac{1}{2a^2}\int\frac{1}{u^2+a^2}\mathrm{d}u,$$

由此得

$$\int\frac{1}{x^2+x+1}\mathrm{d}x+\frac{3}{2}\int\frac{1}{(x^2+x+1)^2}\mathrm{d}x=\int\frac{1}{u^2+a^2}\mathrm{d}u+\frac{3}{2}\left[\frac{u}{2a^2(u^2+a^2)}+\frac{1}{2a^2}\int\frac{1}{u^2+a^2}\mathrm{d}u\right]$$

$$=\frac{3u}{4a^2(u^2+a^2)}+\left(\frac{3}{4a^2}+1\right)\int\frac{1}{u^2+a^2}\mathrm{d}u$$

$$=\frac{3u}{4a^2(u^2+a^2)}+\frac{1}{a}\left(\frac{3}{4a^2}+1\right)\arctan\frac{u}{a}+C_1$$

$$=\frac{2x+1}{2(x^2+x+1)}+\frac{4}{\sqrt{3}}\arctan\frac{2x+1}{\sqrt{3}}+C_1.$$

因此有 $\displaystyle\int\frac{-x^2-2}{(x^2+x+1)^2}\mathrm{d}x=-\frac{1}{2(x^2+x+1)}-\frac{2x+1}{2(x^2+x+1)}-\frac{4}{\sqrt{3}}\arctan\frac{2x+1}{\sqrt{3}}+C$

$$=-\frac{x+1}{x^2+x+1}-\frac{4}{\sqrt{3}}\arctan\frac{2x+1}{\sqrt{3}}+C.$$

【方法点击】 其中（＊）这一步是利用了递推公式：

$$I_{m+1}=\frac{u}{2a^2m(u^2+a^2)^m}+\frac{2m-1}{2a^2m}I_m,$$

取 $m=1$ 即可，且 $I_m=\displaystyle\int\frac{\mathrm{d}u}{(u^2+a^2)^m}$，利用分部积分法可推出上述递推公式.

14. 解：$\displaystyle\int\frac{\mathrm{d}x}{3+\sin^2x}=-\int\frac{\mathrm{d}(\cot x)}{3\csc^2x+1}\xlongequal{u=\cot x}-\int\frac{\mathrm{d}u}{3u^2+4}=-\frac{1}{2\sqrt{3}}\arctan\frac{\sqrt{3}u}{2}+C$

$$=-\frac{1}{2\sqrt{3}}\arctan\frac{\sqrt{3}\cot x}{2}+C.$$

15. 解：令 $u=\tan\dfrac{x}{2}$，则

$$\int\frac{\mathrm{d}x}{3+\cos x}=\int\frac{1}{3+\frac{1-u^2}{1+u^2}}\cdot\frac{2}{1+u^2}\mathrm{d}u=\int\frac{1}{2+u^2}\mathrm{d}u=\frac{1}{\sqrt{2}}\arctan\frac{u}{\sqrt{2}}+C$$

$$=\frac{1}{\sqrt{2}}\arctan\frac{\tan\frac{x}{2}}{\sqrt{2}}+C.$$

16. 解:令 $u=\tan\frac{x}{2}$,则

$$\int\frac{\mathrm{d}x}{2+\sin x}=\int\frac{1}{2+\frac{2u}{1+u^2}}\cdot\frac{2}{1+u^2}\mathrm{d}u=\int\frac{1}{u^2+u+1}\mathrm{d}u=\int\frac{1}{\left(u+\frac{1}{2}\right)^2+\left(\frac{\sqrt{3}}{2}\right)^2}\mathrm{d}u$$

$$=\frac{2}{\sqrt{3}}\arctan\frac{2u+1}{\sqrt{3}}+C=\frac{2}{\sqrt{3}}\arctan\frac{2\tan\frac{x}{2}+1}{\sqrt{3}}+C.$$

17. 解:令 $u=\tan\frac{x}{2}$,则

$$\int\frac{\mathrm{d}x}{1+\sin x+\cos x}=\int\frac{1}{1+\frac{2u}{1+u^2}+\frac{1-u^2}{1+u^2}}\cdot\frac{2}{1+u^2}\mathrm{d}u=\int\frac{\mathrm{d}u}{1+u}=\ln|1+u|+C$$

$$=\ln\left|1+\tan\frac{x}{2}\right|+C.$$

18. 解:令 $u=\tan\frac{x}{2}$,则

$$\int\frac{\mathrm{d}x}{2\sin x-\cos x+5}=\int\frac{1}{\frac{4u}{1+u^2}-\frac{1-u^2}{1+u^2}+5}\cdot\frac{2}{1+u^2}\mathrm{d}u=\int\frac{1}{3u^2+2u+2}\mathrm{d}u$$

$$=\frac{1}{3}\int\frac{1}{\left(u+\frac{1}{3}\right)^2+\left(\frac{\sqrt{5}}{3}\right)^2}\mathrm{d}\left(u+\frac{1}{3}\right)$$

$$=\frac{1}{\sqrt{5}}\arctan\frac{3u+1}{\sqrt{5}}+C=\frac{1}{\sqrt{5}}\arctan\frac{3\tan\frac{x}{2}+1}{\sqrt{5}}+C.$$

19. 解:令 $u=\sqrt[3]{x+1}$,即 $x=u^3-1$,则

$$\int\frac{\mathrm{d}x}{1+\sqrt[3]{x+1}}=\int\frac{3u^2}{1+u}\mathrm{d}u=\int\left(3u-3+\frac{3}{1+u}\right)\mathrm{d}u$$

$$=\frac{3}{2}u^2-3u+3\ln|1+u|+C$$

$$=\frac{3}{2}\sqrt[3]{(x+1)^2}-3\sqrt[3]{x+1}+3\ln|1+\sqrt[3]{x+1}|+C.$$

20. 解: $\int\frac{(\sqrt{x})^3-1}{\sqrt{x}+1}\mathrm{d}x=\int\left(x-\sqrt{x}+1-\frac{2}{\sqrt{x}+1}\right)\mathrm{d}x=\frac{x^2}{2}-\frac{2}{3}x\sqrt{x}+x-\int\frac{4t}{t+1}\mathrm{d}t$(其中 $t=\sqrt{x}$)

$$=\frac{x^2}{2}-\frac{2}{3}x\sqrt{x}+x-4\int\left(1-\frac{1}{t+1}\right)\mathrm{d}t$$

$$=\frac{x^2}{2}-\frac{2}{3}x\sqrt{x}+x-4\sqrt{x}+4\ln(\sqrt{x}+1)+C.$$

教材习题全解(上册)

21. 解:令 $u=\sqrt{x+1}$,即 $x=u^2-1$,则

$$\int \frac{\sqrt{x+1}-1}{\sqrt{x+1}+1}dx = \int \frac{u-1}{u+1} \cdot 2udu = 2\int \left(u-2+\frac{2}{u+1}\right)du$$

$$=u^2-4u+4\ln|u+1|+C=x-4\sqrt{x+1}+4\ln(\sqrt{x+1}+1)+C.$$

22. 解:令 $u=\sqrt[4]{x}$,即 $x=u^4$,则

$$\int \frac{dx}{\sqrt{x}+\sqrt[4]{x}} = \int \frac{1}{u^2+u} \cdot 4u^3du = 4\int \left(u-1+\frac{1}{u+1}\right)du$$

$$=2u^2-4u+4\ln|u+1|+C=2\sqrt{x}-4\sqrt[4]{x}+4\ln(\sqrt[4]{x}+1)+C.$$

23. **解法一:**

令 $u=\sqrt{\frac{1-x}{1+x}}$,即 $x=\frac{1-u^2}{1+u^2}$,则

$$\int \sqrt{\frac{1-x}{1+x}} \cdot \frac{dx}{x} = \int u \cdot \frac{1+u^2}{1-u^2} \cdot \frac{-4u}{(1+u^2)^2}du = \int \frac{-4u^2}{(1-u^2)(1+u^2)}du$$

$$= \int \left(\frac{2}{1+u^2}-\frac{1}{1-u}-\frac{1}{1+u}\right)du$$

$$=2\arctan u+\ln|1-u|-\ln|1+u|+C$$

$$=2\arctan \sqrt{\frac{1-x}{1+x}}+\ln\left|\frac{\sqrt{1+x}-\sqrt{1-x}}{\sqrt{1+x}+\sqrt{1-x}}\right|+C.$$

解法二:

$$\int \sqrt{\frac{1-x}{1+x}} \frac{dx}{x} = \int \frac{1-x}{x\sqrt{1-x^2}}dx \xlongequal{x=\sin u} \int \frac{1-\sin u}{\sin u}du = \int \csc udu - \int du$$

$$=\ln|\csc u-\cot u|-u+C=\ln\frac{1-\sqrt{1-x^2}}{|x|}-\arcsin x+C.$$

24. 解:$\displaystyle\int \frac{dx}{\sqrt[3]{(x+1)^2(x-1)^4}} = \int \frac{1}{x^2-1}\sqrt[3]{\frac{x+1}{x-1}}dx$,令 $u=\sqrt[3]{\frac{x+1}{x-1}}$,即 $x=\frac{u^3+1}{u^3-1}$,得到

$$\int \frac{dx}{\sqrt[3]{(x+1)^2(x-1)^4}} = \int \frac{u}{\left(\frac{u^3+1}{u^3-1}\right)^2-1} \cdot \frac{-6u^2}{(u^3-1)^2}du = -\frac{3}{2}\int du$$

$$=-\frac{3}{2}u+C=-\frac{3}{2}\sqrt[3]{\frac{x+1}{x-1}}+C.$$

习题 4—5 解答(教材 P221~P222)

注意:下列各题中最后括号内所标的是所用积分公式在教材上册附录Ⅲ积分表中的编号.

1. 解:$\displaystyle\int \frac{dx}{\sqrt{4x^2-9}} = \frac{1}{2}\int \frac{d(2x)}{\sqrt{(2x)^2-3^2}} = \frac{1}{2}\ln|2x+\sqrt{(2x)^2-3^2}|+C$

$$=\frac{1}{2}\ln|2x+\sqrt{4x^2-9}|+C. \quad (45)$$

2. 解:$\displaystyle\int \frac{1}{x^2+2x+5}dx = \int \frac{1}{(x+1)^2+2^2}d(x+1) = \frac{1}{2}\arctan\frac{x+1}{2}+C. \quad (19)$

3. 解:$\displaystyle\int \frac{dx}{\sqrt{5-4x+x^2}} = \int \frac{d(x-2)}{\sqrt{(x-2)^2+1}} = \ln[x-2+\sqrt{(x-2)^2+1}]+C$

$$=\ln(x-2+\sqrt{5-4x+x^2})+C. \quad (31)$$

4. 解：$\displaystyle\int\sqrt{2x^2+9}\,dx=\frac{1}{\sqrt{2}}\int\sqrt{(\sqrt{2}x)^2+3^2}\,d(\sqrt{2}x)$

$$=\frac{1}{\sqrt{2}}\left\{\frac{\sqrt{2}x}{2}\sqrt{(\sqrt{2}x)^2+3^2}+\frac{3^2}{2}\ln\left[\sqrt{2}x+\sqrt{(\sqrt{2}x)^2+3^2}\,\right]\right\}+C$$

$$=\frac{x}{2}\sqrt{2x^2+9}+\frac{9\sqrt{2}}{4}\ln(\sqrt{2}x+\sqrt{2x^2+9})+C.\ (39)$$

5. 解：$\displaystyle\int\sqrt{3x^2-2}\,dx=\frac{1}{\sqrt{3}}\int\sqrt{(\sqrt{3}x)^2-(\sqrt{2})^2}\,d(\sqrt{3}x)$

$$=\frac{1}{\sqrt{3}}\left[\frac{\sqrt{3}x}{2}\sqrt{(\sqrt{3}x)^2-(\sqrt{2})^2}-\frac{(\sqrt{2})^2}{2}\ln\left|\sqrt{3}x+\sqrt{(\sqrt{3}x)^2-(\sqrt{2})^2}\,\right|\,\right]+C$$

$$=\frac{x}{2}\sqrt{3x^2-2}-\frac{\sqrt{3}}{3}\ln|\sqrt{3}x+\sqrt{3x^2-2}|+C.\ (53)$$

6. 解：$\displaystyle\int e^{2x}\cos x\,dx=\frac{1}{2^2+1^2}e^{2x}(\sin x+2\cos x)+C=\frac{1}{5}e^{2x}(\sin x+2\cos x)+C.\ (129)$

7. 解：$\displaystyle\int x\arcsin\frac{x}{2}\,dx=\left(\frac{x^2}{2}-\frac{2^2}{4}\right)\arcsin\frac{x}{2}+\frac{x}{4}\sqrt{2^2-x^2}+C$

$$=\left(\frac{x^2}{2}-1\right)\arcsin\frac{x}{2}+\frac{x}{4}\sqrt{4-x^2}+C.\ (114)$$

8. 解：$\displaystyle\int\frac{dx}{(x^2+9)^2}=\int\frac{dx}{(x^2+3^2)^2}=\frac{x}{2(2-1)3^2(x^2+3^2)}+\frac{2\times2-3}{2(2-1)3^2}\int\frac{dx}{x^2+3^2}$

$$=\frac{x}{18(x^2+9)}+\frac{1}{18}\times\frac{1}{3}\arctan\frac{x}{3}+C$$

$$=\frac{x}{18(x^2+9)}+\frac{1}{54}\arctan\frac{x}{3}+C.\ (20,19)$$

9. 解：$\displaystyle\int\frac{dx}{\sin^3 x}=-\frac{1}{2}\cdot\frac{\cos x}{\sin^2 x}+\frac{1}{2}\int\frac{dx}{\sin x}=-\frac{\cos x}{2\sin^2 x}+\frac{1}{2}\ln\left|\tan\frac{x}{2}\right|+C.\ (97,88)$

10. 解：$\displaystyle\int e^{-2x}\sin 3x\,dx=\frac{1}{(-2)^2+3^2}e^{-2x}(-2\sin 3x-3\cos 3x)+C$

$$=-\frac{e^{-2x}}{13}(2\sin 3x+3\cos 3x)+C.\ (128)$$

11. 解：$\displaystyle\int\sin 3x\sin 5x\,dx=-\frac{1}{2\times(3+5)}\sin(3+5)x+\frac{1}{2\times(3-5)}\sin(3-5)x+C$

$$=-\frac{1}{16}\sin 8x+\frac{1}{4}\sin 2x+C.\ (101)$$

12. 解：$\displaystyle\int\ln^3 x\,dx=x(\ln x)^3-3\int\ln^2 x\,dx=x(\ln x)^3-3\left[x(\ln x)^2-2\int\ln x\,dx\right]$

$$=x(\ln x)^3-3x(\ln x)^2+6\int\ln x\,dx$$

$$=x(\ln x)^3-3x(\ln x)^2+6(x\ln x-x)+C$$

$$=x\ln^3 x-3x\ln^2 x+6x\ln x-6x+C.\ (135,132)$$

13. 解：$\displaystyle\int\frac{1}{x^2(1-x)}\,dx=-\frac{1}{x}-\ln\left|\frac{1-x}{x}\right|+C.\ (6)$

14. 解：$\displaystyle\int\frac{\sqrt{x-1}}{x}\,dx=2\sqrt{x-1}-\int\frac{1}{x\sqrt{x-1}}\,dx=2\sqrt{x-1}-2\arctan\sqrt{x-1}+C.\ (17,15)$

15. 解：$\displaystyle\int\frac{1}{(1+x^2)^2}\mathrm{d}x=\frac{x}{2(1+x^2)}+\frac{1}{2}\int\frac{1}{1+x^2}\mathrm{d}x=\frac{x}{2(1+x^2)}+\frac{1}{2}\arctan x+C.$ (20,19)

16. 解：$\displaystyle\int\frac{1}{x\sqrt{x^2-1}}\mathrm{d}x=\arccos\frac{1}{|x|}+C.$ (51)

17. 解：$\displaystyle\int\frac{x}{(2+3x)^2}\mathrm{d}x=\frac{1}{9}\left(\ln|2+3x|+\frac{2}{2+3x}\right)+C.$ (7)

18. 解：$\displaystyle\int\cos^6x\mathrm{d}x=\frac{1}{6}\cos^5x\sin x+\frac{5}{6}\int\cos^4x\mathrm{d}x=\frac{1}{6}\cos^5x\sin x+\frac{5}{6}\left(\frac{1}{4}\cos^3x\sin x+\frac{3}{4}\int\cos^2x\mathrm{d}x\right)$

$$=\frac{1}{6}\cos^5x\sin x+\frac{5}{24}\cos^3x\sin x+\frac{5}{8}\int\cos^2x\mathrm{d}x$$

$$=\frac{1}{6}\cos^5x\sin x+\frac{5}{24}\cos^3x\sin x+\frac{5}{8}\left(\frac{1}{2}\cos x\sin x+\frac{1}{2}\int\mathrm{d}x\right)$$

$$=\frac{1}{6}\cos^5x\sin x+\frac{5}{24}\cos^3x\sin x+\frac{5}{16}\cos x\sin x+\frac{5}{16}x+C.\ (96)$$

19. 解：$\displaystyle\int x^2\sqrt{x^2-2}\mathrm{d}x=\frac{x}{8}(2x^2-2)\sqrt{x^2-2}-\frac{4}{8}\ln\left|x+\sqrt{x^2-2}\right|+C$

$$=\frac{x}{4}(x^2-1)\sqrt{x^2-2}-\frac{1}{2}\ln|x+\sqrt{x^2-2}|+C.\ (56)$$

20. 解：$\displaystyle\int\frac{1}{2+5\cos x}\mathrm{d}x=\frac{1}{7}\sqrt{\frac{7}{3}}\ln\left|\frac{\tan\frac{x}{2}+\sqrt{\frac{7}{3}}}{\tan\frac{x}{2}-\sqrt{\frac{7}{3}}}\right|+C=\frac{1}{\sqrt{21}}\ln\left|\frac{\sqrt{3}\tan\frac{x}{2}+\sqrt{7}}{\sqrt{3}\tan\frac{x}{2}-\sqrt{7}}\right|+C.\ (106)$

21. 解：$\displaystyle\int\frac{\mathrm{d}x}{x^2\sqrt{2x-1}}=-\frac{\sqrt{2x-1}}{-x}-\frac{2}{-2}\int\frac{\mathrm{d}x}{x\sqrt{2x-1}}=\frac{\sqrt{2x-1}}{x}+2\arctan\sqrt{2x-1}+C.\ (16,15)$

22. 解法一：

$$\int\sqrt{\frac{1-x}{1+x}}\mathrm{d}x=\int\frac{1-x}{\sqrt{1-x^2}}\mathrm{d}x=\int\frac{1}{\sqrt{1-x^2}}\mathrm{d}x-\int\frac{x}{\sqrt{1-x^2}}\mathrm{d}x$$

$$=\arcsin x+\sqrt{1-x^2}+C.\ (59,61)$$

解法二：

$$\int\sqrt{\frac{1-x}{1+x}}\mathrm{d}x=(x+1)\sqrt{\frac{1-x}{1+x}}-2\arcsin\sqrt{\frac{1-x}{2}}+C=\sqrt{1-x^2}-2\arcsin\sqrt{\frac{1-x}{2}}+C.\ (80)$$

23. 解：$\displaystyle\int\frac{x+5}{x^2-2x-1}\mathrm{d}x=\int\frac{x}{x^2-2x-1}\mathrm{d}x+5\int\frac{1}{x^2-2x-1}\mathrm{d}x$

$$=\frac{1}{2}\ln|x^2-2x-1|+\int\frac{1}{x^2-2x-1}\mathrm{d}x+5\int\frac{1}{x^2-2x-1}\mathrm{d}x$$

$$=\frac{1}{2}\ln|x^2-2x-1|+6\times\frac{1}{\sqrt{(-2)^2-4\times1\times(-1)}}\times$$

$$\ln\left|\frac{2x-2-\sqrt{(-2)^2-4\times1\times(-1)}}{2x-2+\sqrt{(-2)^2-4\times1\times(-1)}}\right|+C$$

$$=\frac{1}{2}\ln|x^2-2x-1|+\frac{3}{\sqrt{2}}\ln\left|\frac{x-(\sqrt{2}+1)}{x+(\sqrt{2}-1)}\right|+C.\ (30,29)$$

24. 解：$\displaystyle\int\frac{x\mathrm{d}x}{\sqrt{1+x-x^2}}=-\sqrt{1+x-x^2}+\frac{1}{2}\arcsin\frac{2x-1}{\sqrt{5}}+C.\ (78)$

25.解：$\displaystyle\int\frac{x^4}{25+4x^2}\mathrm{d}x=\int\Big(\frac{1}{4}x^2-\frac{25}{16}+\frac{625}{16}\cdot\frac{1}{25+4x^2}\Big)\mathrm{d}x=\frac{x^3}{12}-\frac{25}{16}x+\frac{625}{32}\int\frac{1}{5^2+(2x)^2}\mathrm{d}(2x)$

$\displaystyle\qquad=\frac{x^3}{12}-\frac{25}{16}x+\frac{625}{32}\times\frac{1}{5}\arctan\frac{2x}{5}+C=\frac{x^3}{12}-\frac{25}{16}x+\frac{125}{32}\arctan\frac{2x}{5}+C.$ （19）

总习题四解答（教材 P222～P223）

1.解：(1) $\displaystyle\int x^3\mathrm{e}^x\mathrm{d}x=\int x^3\mathrm{d}\mathrm{e}^x=x^3\mathrm{e}^x-3\int\mathrm{e}^x\cdot x^2\mathrm{d}x=x^3\mathrm{e}^x-3\int x^2\mathrm{d}\mathrm{e}^x$

$\displaystyle\qquad=x^3\mathrm{e}^x-3x^2\mathrm{e}^x+3\int\mathrm{e}^x\cdot 2x\mathrm{d}x=x^3\mathrm{e}^x-3x^2\mathrm{e}^x+6\int x\mathrm{d}\mathrm{e}^x$

$\displaystyle\qquad=x^3\mathrm{e}^x-3x^2\mathrm{e}^x+6x\mathrm{e}^x-6\int\mathrm{e}^x\mathrm{d}x=(x^3-3x^2+6x-6)\mathrm{e}^x+C.$

因此，应填$(x^3-3x^2+6x-6)\mathrm{e}^x+C.$

(2) $\displaystyle\int\frac{x+5}{x^2-6x+13}\mathrm{d}x=\int\frac{\frac{1}{2}(2x-6)+8}{x^2-6x+13}\mathrm{d}x=\frac{1}{2}\int\frac{2x-6}{x^2-6x+13}\mathrm{d}x+\int\frac{8}{x^2-6x+13}\mathrm{d}x$

$\displaystyle\qquad=\frac{1}{2}\ln(x^2-6x+13)+8\int\frac{1}{(x-3)^2+2^2}\mathrm{d}x$

$\displaystyle\qquad=\frac{1}{2}\ln(x^2-6x+13)+8\times\frac{1}{2}\arctan\frac{x-3}{2}+C$

$\displaystyle\qquad=\frac{1}{2}\ln(x^2-6x+13)+4\arctan\frac{x-3}{2}+C.$

因此，应填$\dfrac{1}{2}\ln(x^2-6x+13)+4\arctan\dfrac{x-3}{2}+C.$

2.解：(1) $\displaystyle\int f'(x)\mathrm{d}x=\int\frac{1}{x(1+2\ln x)}\mathrm{d}x=\frac{1}{2}\int\frac{1}{1+2\ln x}\mathrm{d}(1+2\ln x)=\frac{1}{2}\ln(1+2\ln x)+C.$

又 $f(1)=1$，所以 $C=1$，因此 $f(x)=\dfrac{1}{2}\ln(1+2\ln x)+1$，选(B).

(2) 根据微分运算与积分运算的关系，可知

$$\int\mathrm{d}f(x)=\int f'(x)\mathrm{d}x=f(x)+C,\qquad\frac{\mathrm{d}}{\mathrm{d}x}\int f(x)\mathrm{d}x=f(x),$$

$$\mathrm{d}\int f(x)\mathrm{d}x=\Big[\int f(x)\mathrm{d}x\Big]'\mathrm{d}x=f(x)\mathrm{d}x.$$

故选(C).

3.解：由$\dfrac{\sin x}{x}$是$f(x)$的原函数，可得

$$\int f(x)\mathrm{d}x=\frac{\sin x}{x}+C,f(x)=\Big(\frac{\sin x}{x}\Big)'=\frac{x\cos x-\sin x}{x^2}.$$

因此，$\displaystyle\int x^3 f'(x)\mathrm{d}x=\int x^3\mathrm{d}f(x)=x^3 f(x)-3\int f(x)\cdot x^2\mathrm{d}x$

$\displaystyle\qquad=x(x\cos x-\sin x)-3\int(x\cos x-\sin x)\mathrm{d}x$

$\displaystyle\qquad=x^2\cos x-x\sin x-3\int x\mathrm{d}\sin x+3\int\sin x\mathrm{d}x$

$\displaystyle\qquad=x^2\cos x-x\sin x-3\Big(x\sin x-\int\sin x\mathrm{d}x\Big)+3\int\sin x\mathrm{d}x$

$\displaystyle\qquad=x^2\cos x-4x\sin x-6\cos x+C.$

教材习题全解（上册）

4.解：(1) $\int \dfrac{\mathrm{d}x}{\mathrm{e}^x-\mathrm{e}^{-x}}=\int \dfrac{\mathrm{e}^x\mathrm{d}x}{\mathrm{e}^{2x}-1}=\dfrac{1}{2}\int\left(\dfrac{1}{\mathrm{e}^x-1}-\dfrac{1}{\mathrm{e}^x+1}\right)\mathrm{d}(\mathrm{e}^x)=\dfrac{1}{2}\ln\dfrac{|\mathrm{e}^x-1|}{\mathrm{e}^x+1}+C.$

(2) $\int\dfrac{x}{(1-x)^3}\mathrm{d}x\xlongequal{u=1-x}\int\left(\dfrac{1}{u^2}-\dfrac{1}{u^3}\right)\mathrm{d}u=-\dfrac{1}{u}+\dfrac{1}{2u^2}+C=-\dfrac{1}{1-x}+\dfrac{1}{2(1-x)^2}+C.$

(3) $\int\dfrac{x^2}{a^6-x^6}\mathrm{d}x=\int\dfrac{\mathrm{d}(x^3)}{3(a^6-x^6)}\xlongequal{u=x^3}\int\dfrac{\mathrm{d}u}{3(a^6-u^2)}=\dfrac{1}{6a^3}\int\left(\dfrac{1}{a^3+u}+\dfrac{1}{a^3-u}\right)\mathrm{d}u$

$\qquad =\dfrac{1}{6a^3}\ln\left|\dfrac{a^3+u}{a^3-u}\right|+C=\dfrac{1}{6a^3}\ln\left|\dfrac{a^3+x^3}{a^3-x^3}\right|+C.$

(4) $\int\dfrac{1+\cos x}{x+\sin x}\mathrm{d}x=\int\dfrac{\mathrm{d}(x+\sin x)}{x+\sin x}=\ln|x+\sin x|+C.$

(5) $\int\dfrac{\ln(\ln x)}{x}\mathrm{d}x=\int\ln(\ln x)\mathrm{d}(\ln x)=\ln x[\ln(\ln x)]-\int\ln x\cdot\dfrac{1}{x(\ln x)}\mathrm{d}x=\ln x[\ln(\ln x)-1]+C.$

(6) $\int\dfrac{\sin x\cos x}{1+\sin^4 x}\mathrm{d}x=\dfrac{1}{2}\int\dfrac{\mathrm{d}(\sin^2 x)}{1+\sin^4 x}=\dfrac{\arctan(\sin^2 x)}{2}+C.$

(7) $\int\tan^4 x\mathrm{d}x=\int\tan^2 x(\sec^2 x-1)\mathrm{d}x=\int\tan^2 x\mathrm{d}(\tan x)-\int(\sec^2 x-1)\mathrm{d}x$

$\qquad =\dfrac{1}{3}\tan^3 x-\tan x+x+C.$

(8) $\int\sin x\sin 2x\sin 3x\mathrm{d}x=\int\dfrac{1}{2}(\cos x-\cos 3x)\sin 3x\mathrm{d}x$

$\qquad =\dfrac{1}{2}\int\cos x\sin 3x\mathrm{d}x-\dfrac{1}{2}\int\cos 3x\sin 3x\mathrm{d}x$

$\qquad =\dfrac{1}{4}\int(\sin 2x+\sin 4x)\mathrm{d}x-\dfrac{1}{12}\sin^2 3x$

$\qquad =-\dfrac{1}{16}\cos 4x-\dfrac{1}{8}\cos 2x-\dfrac{1}{12}\sin^2 3x+C.$

(9) $\int\dfrac{\mathrm{d}x}{x(x^6+4)}\xlongequal{x=\frac{1}{u}}\int\dfrac{-u^5\mathrm{d}u}{1+4u^6}=-\dfrac{1}{24}\int\dfrac{\mathrm{d}(1+4u^6)}{1+4u^6}=-\dfrac{1}{24}\ln(1+4u^6)+C$

$\qquad =-\dfrac{1}{24}\ln\dfrac{x^6+4}{x^6}+C=\dfrac{1}{4}\ln|x|-\dfrac{1}{24}\ln(x^6+4)+C.$

(10)解法一：

$$\int\sqrt{\dfrac{a+x}{a-x}}\mathrm{d}x=\int\dfrac{a+x}{\sqrt{a^2-x^2}}\mathrm{d}x=a\int\dfrac{1}{\sqrt{1-\left(\dfrac{x}{a}\right)^2}}\mathrm{d}\left(\dfrac{x}{a}\right)-\dfrac{1}{2}\int\dfrac{\mathrm{d}(a^2-x^2)}{\sqrt{a^2-x^2}}$$

$$=a\arcsin\dfrac{x}{a}-\sqrt{a^2-x^2}+C.$$

解法二：令 $u=\sqrt{\dfrac{a+x}{a-x}}$，即 $x=a\dfrac{u^2-1}{u^2+1}$，则

$$\int\sqrt{\dfrac{a+x}{a-x}}\mathrm{d}x=\int u\cdot\dfrac{4au}{(1+u^2)^2}\mathrm{d}u=\int -2au\mathrm{d}\left(\dfrac{1}{1+u^2}\right)$$

$$=-\dfrac{2au}{1+u^2}+\int\dfrac{2a}{1+u^2}\mathrm{d}u=-\dfrac{2au}{1+u^2}+2a\arctan u+C$$

$$=(x-a)\sqrt{\dfrac{a+x}{a-x}}+2a\arctan\sqrt{\dfrac{a+x}{a-x}}+C$$

$$=-\sqrt{a^2-x^2}+2a\arctan\sqrt{\frac{a+x}{a-x}}+C.$$

(11)解法一：

$$\int\frac{\mathrm{d}x}{\sqrt{x(1+x)}}=\int\frac{\mathrm{d}x}{\sqrt{\left(x+\frac{1}{2}\right)^2-\left(\frac{1}{2}\right)^2}}\xlongequal{x=-\frac{1}{2}+\frac{1}{2}\sec u}\int\sec u\mathrm{d}u$$

$$=\ln|\sec u+\tan u|+C=\ln|2x+1+2\sqrt{x(1+x)}|+C.$$

解法二：当 $x>0$ 时，因为 $\dfrac{1}{\sqrt{x(1+x)}}=\dfrac{1}{x}\sqrt{\dfrac{x}{1+x}}$，故令 $u=\sqrt{\dfrac{x}{1+x}}$，即 $x=\dfrac{u^2}{1-u^2}$，则

$$\int\frac{\mathrm{d}x}{\sqrt{x(1+x)}}=\int\frac{2}{1-u^2}\mathrm{d}u=\int\left(\frac{1}{1-u}+\frac{1}{1+u}\right)\mathrm{d}u=\ln\left|\frac{1+u}{1-u}\right|+C$$

$$=\ln\left|\frac{\sqrt{1+x}+\sqrt{x}}{\sqrt{1+x}-\sqrt{x}}\right|+C=\ln|2x+1+2\sqrt{x(1+x)}|+C,$$

当 $x<-1$ 时，同样可得 $\displaystyle\int\frac{\mathrm{d}x}{\sqrt{x(1+x)}}=\ln|2x+1+2\sqrt{x(1+x)}|+C.$

(12) $\displaystyle\int x\cos^2 x\mathrm{d}x=\frac{1}{2}\int x(1+\cos 2x)\mathrm{d}x=\frac{1}{4}\int x\mathrm{d}(2x+\sin 2x)$

$$=\frac{x(2x+\sin 2x)}{4}-\frac{1}{4}\int(2x+\sin 2x)\mathrm{d}x=\frac{x^2}{4}+\frac{x\sin 2x}{4}+\frac{\cos 2x}{8}+C.$$

(13)当 $a\neq 0$ 时，

$$\int\mathrm{e}^{ax}\cos bx\mathrm{d}x=\int\frac{1}{a}\cos bx\mathrm{d}(\mathrm{e}^{ax})=\frac{1}{a}\mathrm{e}^{ax}\cos bx+\frac{b}{a}\int\mathrm{e}^{ax}\sin bx\mathrm{d}x$$

$$=\frac{1}{a}\mathrm{e}^{ax}\cos bx+\frac{b}{a^2}\int\sin bx\mathrm{d}(\mathrm{e}^{ax})$$

$$=\frac{1}{a}\mathrm{e}^{ax}\cos bx+\frac{b}{a^2}\mathrm{e}^{ax}\sin bx-\frac{b^2}{a^2}\int\mathrm{e}^{ax}\cos bx\mathrm{d}x.$$

因此有

$$\int\mathrm{e}^{ax}\cos bx\mathrm{d}x=\frac{1}{a^2+b^2}\mathrm{e}^{ax}(a\cos bx+b\sin bx)+C,$$

当 $a=0$ 时，$\displaystyle\int\mathrm{e}^{ax}\cos bx\mathrm{d}x=\begin{cases}\dfrac{\sin bx}{b}+C, & b\neq 0,\\ x+C, & b=0.\end{cases}$

(14)令 $u=\sqrt{1+\mathrm{e}^x}$，即作换元 $x=\ln(u^2-1)$，得

$$\int\frac{\mathrm{d}x}{\sqrt{1+\mathrm{e}^x}}=\int\frac{2\mathrm{d}u}{u^2-1}=\ln\left|\frac{u-1}{u+1}\right|+C=\ln\frac{\sqrt{1+\mathrm{e}^x}-1}{\sqrt{1+\mathrm{e}^x}+1}+C.$$

(15) $\displaystyle\int\frac{\mathrm{d}x}{x^2\sqrt{x^2-1}}\xlongequal{x=\frac{1}{u}}-\int\frac{u\mathrm{d}u}{\sqrt{1-u^2}}=\sqrt{1-u^2}+C=\frac{\sqrt{x^2-1}}{x}+C,$

易知当 $x<0$ 和 $x>0$ 时的结果相同.

(16)设 $x=a\sin u\left(-\dfrac{\pi}{2}<u<\dfrac{\pi}{2}\right)$，则 $\sqrt{a^2-x^2}=a\cos u$，$\mathrm{d}x=a\cos u\mathrm{d}u$，于是

$$\int\frac{\mathrm{d}x}{(a^2-x^2)^{\frac{5}{2}}}=\frac{1}{a^4}\int\sec^4 u\mathrm{d}u=\frac{1}{a^4}\int(\tan^2 u+1)\mathrm{d}(\tan u)=\frac{\tan^3 u}{3a^4}+\frac{\tan u}{a^4}+C$$

$$=\frac{1}{3a^4}\left[\frac{x^3}{\sqrt{(a^2-x^2)^3}}+\frac{3x}{\sqrt{a^2-x^2}}\right]+C.$$

(17) $\displaystyle\int\frac{\mathrm{d}x}{x^4\sqrt{1+x^2}}\xrightarrow{\ x=\frac{1}{u}\ }\int\frac{-u^3\mathrm{d}u}{\sqrt{1+u^2}}=-\int\left(u\sqrt{1+u^2}-\frac{u}{\sqrt{1+u^2}}\right)\mathrm{d}u$

$$=-\frac{1}{3}(1+u^2)^{\frac{3}{2}}+\sqrt{1+u^2}+C=-\frac{1}{3}\frac{\sqrt{(1+x^2)^3}}{x^3}+\frac{\sqrt{1+x^2}}{x}+C,$$

易知当 $x<0$ 和 $x>0$ 时结果相同.

(18) $\displaystyle\int\sqrt{x}\sin\sqrt{x}\mathrm{d}x\xrightarrow{\ x=u^2\ }\int 2u^2\sin u\mathrm{d}u=-\int 2u^2\mathrm{d}(\cos u)$

$$=-2u^2\cos u+\int 4u\cos u\mathrm{d}u=-2u^2\cos u+\int 4u\mathrm{d}(\sin u)$$

$$=-2u^2\cos u+4u\sin u-\int 4\sin u\mathrm{d}u$$

$$=-2u^2\cos u+4u\sin u+4\cos u+C$$

$$=-2x\cos\sqrt{x}+4\sqrt{x}\sin\sqrt{x}+4\cos\sqrt{x}+C.$$

(19) $\displaystyle\int\ln(1+x^2)\mathrm{d}x=x\ln(1+x^2)-\int\frac{2x^2}{1+x^2}\mathrm{d}x=x\ln(1+x^2)-2x+2\arctan x+C.$

(20) $\displaystyle\int\frac{\sin^2 x}{\cos^3 x}\mathrm{d}x=\int\tan^2 x\sec x\mathrm{d}x=\int\sec^3 x\mathrm{d}x-\int\sec x\mathrm{d}x$

$$=\left(\frac{1}{2}\sec x\tan x+\frac{1}{2}\int\sec x\mathrm{d}x\right)-\int\sec x\mathrm{d}x$$

$$=\frac{1}{2}\sec x\tan x-\frac{1}{2}\int\sec x\mathrm{d}x$$

$$=\frac{1}{2}\sec x\tan x-\frac{1}{2}\ln|\sec x+\tan x|+C.$$

(21) $\displaystyle\int\arctan\sqrt{x}\mathrm{d}x=\int\arctan\sqrt{x}\mathrm{d}(1+x)=(1+x)\arctan\sqrt{x}-\int\frac{1}{2\sqrt{x}}\mathrm{d}x$

$$=(1+x)\arctan\sqrt{x}-\sqrt{x}+C.$$

(22) $\displaystyle\int\frac{\sqrt{1+\cos x}}{\sin x}\mathrm{d}x=\int\frac{\sqrt{2}\left|\cos\frac{x}{2}\right|}{2\sin\frac{x}{2}\cos\frac{x}{2}}\mathrm{d}x=\pm\sqrt{2}\int\csc\frac{x}{2}\mathrm{d}\left(\frac{x}{2}\right)$

$$=\pm\sqrt{2}\ln\left|\csc\frac{x}{2}-\cot\frac{x}{2}\right|+C.$$

上式当 $\cos\frac{x}{2}>0$ 时取正,当 $\cos\frac{x}{2}<0$ 时取负.

当 $\cos\frac{x}{2}>0$ 时,$\ln\left|\csc\frac{x}{2}-\cot\frac{x}{2}\right|=\ln\frac{1-\cos\frac{x}{2}}{\left|\sin\frac{x}{2}\right|}=\ln\left(\left|\csc\frac{x}{2}\right|-\left|\cot\frac{x}{2}\right|\right),$

当 $\cos\frac{x}{2}<0$ 时,$\ln\left|\csc\frac{x}{2}-\cot\frac{x}{2}\right|=\ln\frac{1-\cos\frac{x}{2}}{\left|\sin\frac{x}{2}\right|}=\ln\left(\left|\csc\frac{x}{2}\right|+\left|\cot\frac{x}{2}\right|\right)$

$$=-\ln\left(\left|\csc\frac{x}{2}\right|-\left|\cot\frac{x}{2}\right|\right),$$

因此有 $\displaystyle\int\frac{\sqrt{1+\cos x}}{\sin x}dx=\sqrt{2}\ln\left(\left|\csc\frac{x}{2}\right|-\left|\cot\frac{x}{2}\right|\right)+C.$

(23) $\displaystyle\int\frac{x^3}{(1+x^8)^2}dx=\frac{1}{4}\int\frac{1}{(1+x^8)^2}d(x^4)\xlongequal{u=x^4}\frac{1}{4}\int\frac{1}{(1+u^2)^2}du.$

设 $u=\tan t\left(-\dfrac{\pi}{2}<t<\dfrac{\pi}{2}\right)$，则 $1+u^2=\sec^2 t$，$du=\sec^2 t\,dt$，于是

$$原式=\frac{1}{4}\int\cos^2 t\,dt=\frac{2t+\sin 2t}{16}+C=\frac{\arctan x^4}{8}+\frac{x^4}{8(1+x^8)}+C.$$

(24) $\displaystyle\int\frac{x^{11}}{x^8+3x^4+2}dx\xlongequal{u=x^4}\frac{1}{4}\int\frac{u^2}{u^2+3u+2}du=\frac{1}{4}\int\left(1+\frac{1}{u+1}-\frac{4}{u+2}\right)du$

$$=\frac{1}{4}u+\frac{1}{4}\ln|1+u|-\ln|2+u|+C=\frac{x^4}{4}+\ln\frac{\sqrt[4]{1+x^4}}{2+x^4}+C.$$

(25) $\displaystyle\int\frac{dx}{16-x^4}=\int\frac{1}{(2-x)(2+x)(4+x^2)}dx=\int\left[\frac{1}{32(2-x)}+\frac{1}{32(2+x)}+\frac{1}{8(4+x^2)}\right]dx$

$$=\frac{1}{32}\ln\left|\frac{2+x}{2-x}\right|+\frac{1}{16}\arctan\frac{x}{2}+C.$$

(26)解法一：令 $u=\tan\dfrac{x}{2}$，则

$$\int\frac{\sin x}{1+\sin x}dx=\int\frac{4u}{(1+u)^2(1+u^2)}du=\int\left[\frac{-2}{(1+u)^2}+\frac{2}{1+u^2}\right]du$$

$$=\frac{2}{1+u}+2\arctan u+C=\frac{2}{1+\tan\dfrac{x}{2}}+x+C.$$

解法二：$\displaystyle\int\frac{\sin x}{1+\sin x}dx=\int\frac{\sin x(1-\sin x)}{\cos^2 x}dx=-\int\frac{1}{\cos^2 x}d(\cos x)-\int(\sec^2 x-1)dx$

$$=\sec x-\tan x+x+C.$$

(27) $\displaystyle\int\frac{x+\sin x}{1+\cos x}dx=\int\frac{x}{2}\sec^2\frac{x}{2}dx+\int\tan\frac{x}{2}dx=\int xd\left(\tan\frac{x}{2}\right)+\int\tan\frac{x}{2}dx=x\tan\frac{x}{2}+C.$

(28) $\displaystyle\int e^{\sin x}\frac{x\cos^3 x-\sin x}{\cos^2 x}dx=\int xe^{\sin x}\cos x\,dx-\int e^{\sin x}\tan x\sec x\,dx$

$$=\int xd(e^{\sin x})-\int e^{\sin x}d(\sec x)$$

$$=xe^{\sin x}-\int e^{\sin x}dx-\left(\sec x e^{\sin x}-\int e^{\sin x}dx\right)$$

$$=(x-\sec x)e^{\sin x}+C.$$

(29) $\displaystyle\int\frac{\sqrt[3]{x}}{x(\sqrt{x}+\sqrt[3]{x})}dx\xlongequal{x=u^6}\int\frac{6}{u(u+1)}du=6\int\left(\frac{1}{u}-\frac{1}{u+1}\right)du$

$$=6\ln\left|\frac{u}{1+u}\right|+C=\ln\frac{x}{(\sqrt[6]{x}+1)^6}+C.$$

(30) $\displaystyle\int\frac{dx}{(1+e^x)^2}\xlongequal{x=\ln u}\int\frac{du}{u(1+u)^2}=\int\left[\frac{1}{u}-\frac{1}{1+u}-\frac{1}{(1+u)^2}\right]du$

$$=\ln u-\ln(1+u)+\frac{1}{1+u}+C=x-\ln(1+e^x)+\frac{1}{1+e^x}+C.$$

(31) $\displaystyle\int \frac{e^{3x}+e^{x}}{e^{4x}-e^{2x}+1}dx=\int \frac{e^{x}+e^{-x}}{e^{2x}-1+e^{-2x}}dx=\int \frac{d(e^{x}-e^{-x})}{(e^{x}-e^{-x})^{2}+1}=\arctan(e^{x}-e^{-x})+C.$

(32) $\displaystyle\int \frac{xe^{x}}{(e^{x}+1)^{2}}dx=-\int xd\Big(\frac{1}{e^{x}+1}\Big)=-\frac{x}{e^{x}+1}+\int \frac{dx}{e^{x}+1}$

$\displaystyle\qquad=-\frac{x}{e^{x}+1}+\int \frac{e^{-x}dx}{1+e^{-x}}=-\frac{x}{e^{x}+1}-\ln(1+e^{-x})+C.$

(33) $\displaystyle\int \ln^{2}(x+\sqrt{1+x^{2}})dx=x\ln^{2}(x+\sqrt{1+x^{2}})-\int \frac{2x\ln(x+\sqrt{1+x^{2}})}{\sqrt{1+x^{2}}}dx$

$\displaystyle\qquad=x\ln^{2}(x+\sqrt{1+x^{2}})-\int 2\ln(x+\sqrt{1+x^{2}})d(\sqrt{1+x^{2}})$

$\displaystyle\qquad=x\ln^{2}(x+\sqrt{1+x^{2}})-2\sqrt{1+x^{2}}\ln(x+\sqrt{1+x^{2}})+2x+C.$

(34) $\displaystyle\int \frac{\ln x}{(1+x^{2})^{\frac{3}{2}}}dx\xlongequal{x=\frac{1}{u}}\int \frac{u\ln u}{(1+u^{2})^{\frac{3}{2}}}du=-\int \ln u\,d\Big[(1+u^{2})^{-\frac{1}{2}}\Big]$

$\displaystyle\qquad=-\frac{\ln u}{\sqrt{1+u^{2}}}+\int \frac{du}{u\sqrt{1+u^{2}}}=\frac{x\ln x}{\sqrt{1+x^{2}}}-\int \frac{dx}{\sqrt{1+x^{2}}}$

$\displaystyle\qquad=\frac{x\ln x}{\sqrt{1+x^{2}}}-\ln(x+\sqrt{1+x^{2}})+C.$

(35) 设 $x=\sin u\Big(-\frac{\pi}{2}<u<\frac{\pi}{2}\Big)$，则 $\sqrt{1-x^{2}}=\cos u,\ dx=\cos u\,du$，于是

$\displaystyle\int \sqrt{1-x^{2}}\arcsin x\,dx=\int u\cos^{2}u\,du=\frac{1}{2}\int u(1+\cos 2u)du=\frac{1}{4}\int u\,d(2u+\sin 2u)$

$\displaystyle\qquad=\frac{u(2u+\sin 2u)}{4}-\frac{1}{4}\int (2u+\sin 2u)du$

$\displaystyle\qquad=\frac{u^{2}}{4}+\frac{u}{4}\sin 2u-\frac{\sin^{2}u}{4}+C$

$\displaystyle\qquad=\frac{(\arcsin x)^{2}}{4}+\frac{x}{2}\sqrt{1-x^{2}}\arcsin x-\frac{x^{2}}{4}+C.$

(36) 设 $x=\cos u(0<u<\pi)$，则 $\sqrt{1-x^{2}}=\sin u,\ dx=-\sin u\,du$，于是

$\displaystyle\int \frac{x^{3}\arccos x}{\sqrt{1-x^{2}}}dx=-\int u\cos^{3}u\,du=-\int u\,d\Big(\sin u-\frac{1}{3}\sin^{3}u\Big)$

$\displaystyle\qquad=-u\Big(\sin u-\frac{1}{3}\sin^{3}u\Big)+\int \Big(\sin u-\frac{1}{3}\sin^{3}u\Big)du$

$\displaystyle\qquad=-u\Big(\sin u-\frac{1}{3}\sin^{3}u\Big)-\frac{1}{3}\int (2+\cos^{2}u)d(\cos u)$

$\displaystyle\qquad=-u\Big(\sin u-\frac{1}{3}\sin^{3}u\Big)-\frac{2}{3}\cos u-\frac{1}{9}\cos^{3}u+C$

$\displaystyle\qquad=-\frac{1}{3}\sqrt{1-x^{2}}(2+x^{2})\arccos x-\frac{1}{9}x(6+x^{2})+C.$

(37) $\displaystyle\int \frac{\cot x}{1+\sin x}dx=\int \frac{\cos x}{\sin x(1+\sin x)}dx=\int \Big(\frac{1}{\sin x}-\frac{1}{1+\sin x}\Big)d(\sin x)$

$\displaystyle\qquad=\ln\Big|\frac{\sin x}{1+\sin x}\Big|+C.$

(38) $\displaystyle\int \frac{dx}{\sin^{3}x\cos x}=-\int \cot x\sec^{2}x\,d(\cot x)\xlongequal{u=\cot x}-\int u\Big(1+\frac{1}{u^{2}}\Big)du$

$$=-\frac{u^2}{2}-\ln|u|+C=-\frac{\cot^2 x}{2}-\ln|\cot x|+C.$$

$(39)\displaystyle\int\frac{\mathrm{d}x}{(2+\cos x)\sin x}=\int\frac{\mathrm{d}(\cos x)}{(2+\cos x)(\cos^2 x-1)}\xrightarrow{u=\cos x}\int\frac{\mathrm{d}u}{(2+u)(u^2-1)}$

$$=\int\left[\frac{1}{6(u-1)}-\frac{1}{2(u+1)}+\frac{1}{3(u+2)}\right]\mathrm{d}u$$

$$=\frac{1}{6}\ln|u-1|-\frac{1}{2}\ln|u+1|+\frac{1}{3}\ln|u+2|+C$$

$$=\frac{1}{6}\ln(1-\cos x)-\frac{1}{2}\ln(1+\cos x)+\frac{1}{3}\ln(2+\cos x)+C.$$

(40)解法一：

$\displaystyle\int\frac{\sin x\cos x}{\sin x+\cos x}\mathrm{d}x=\int\frac{\frac{1}{2}(\sin x+\cos x)^2-\frac{1}{2}}{\sin x+\cos x}\mathrm{d}x=\frac{1}{2}\int(\sin x+\cos x)\mathrm{d}x-\frac{1}{2}\int\frac{1}{\sin x+\cos x}\mathrm{d}x$

$$=\frac{1}{2}(-\cos x+\sin x)-\frac{1}{2}\int\frac{1}{\sin x+\cos x}\mathrm{d}x,$$

令 $u=\tan\dfrac{x}{2}$，则 $\sin x=\dfrac{2u}{1+u^2}$，$\cos x=\dfrac{1-u^2}{1+u^2}$，$\mathrm{d}x=\dfrac{2}{1+u^2}\mathrm{d}u$，故有

$$\int\frac{1}{\sin x+\cos x}\mathrm{d}x=\int\frac{2}{2u+1-u^2}\mathrm{d}u=-\int\frac{2}{(u-1)^2-(\sqrt{2})^2}\mathrm{d}u$$

$$=-\frac{1}{\sqrt{2}}\int\frac{1}{u-1-\sqrt{2}}\mathrm{d}u+\frac{1}{\sqrt{2}}\int\frac{1}{u-1+\sqrt{2}}\mathrm{d}u$$

$$=\frac{1}{\sqrt{2}}\ln\left|\frac{u-1+\sqrt{2}}{u-1-\sqrt{2}}\right|+C',$$

因此有 $\displaystyle\int\frac{\sin x\cos x}{\sin x+\cos x}\mathrm{d}x=\frac{1}{2}(\sin x-\cos x)-\frac{1}{2\sqrt{2}}\ln\left|\frac{\tan\dfrac{x}{2}-1+\sqrt{2}}{\tan\dfrac{x}{2}-1-\sqrt{2}}\right|+C.$

解法二：　$\displaystyle\int\frac{\sin x\cos x}{\sin x+\cos x}\mathrm{d}x=\int\frac{\sin x\cos x}{\sqrt{2}\sin\left(x+\dfrac{\pi}{4}\right)}\mathrm{d}x\xrightarrow{u=x+\frac{\pi}{4}}\int\frac{2\sin^2 u-1}{2\sqrt{2}\sin u}\mathrm{d}u$

$$=\frac{1}{\sqrt{2}}\int\sin u\mathrm{d}u-\frac{1}{2\sqrt{2}}\int\csc u\mathrm{d}u$$

$$=-\frac{\cos\left(x+\dfrac{\pi}{4}\right)}{\sqrt{2}}-\frac{1}{2\sqrt{2}}\ln\left|\csc\left(x+\frac{\pi}{4}\right)-\cot\left(x+\frac{\pi}{4}\right)\right|+C.$$

第五章　定积分

习题 5－1 解答(教材 P236～P237)

*1.**解**：由于函数 $f(x)=x^2+1$ 在区间 $[a,b]$ 上连续，因此可积，为计算方便，不妨把 $[a,b]$ 分成 n 等份，则分点为 $x_i=a+\dfrac{i(b-a)}{n}(i=0,1,2,\cdots,n)$，每个小区间长度为 $\Delta x_i=\dfrac{b-a}{n}$，取 ξ_i

为小区间的右端点 x_i，则

$$\sum_{i=1}^{n} f(\xi_i)\Delta x_i = \sum_{i=1}^{n}\left[\left(a+\frac{i(b-a)}{n}\right)^2+1\right]\frac{b-a}{n}$$

$$=\frac{b-a}{n}\sum_{i=1}^{n}(a^2+1)+2\frac{a(b-a)^2}{n^2}\sum_{i=1}^{n}i+\frac{(b-a)^3}{n^3}\sum_{i=1}^{n}i^2$$

$$=(b-a)(a^2+1)+a(b-a)^2\frac{(n+1)}{n}+(b-a)^3\frac{(n+1)(2n+1)}{6n^2}.$$

当 $n\to\infty$ 时，上式极限为

$$(b-a)(a^2+1)+a(b-a)^2+\frac{1}{3}(b-a)^3=\frac{b^3-a^3}{3}+b-a,$$

即为所求图形的面积.

2. 解：由于被积函数在积分区间上连续，因此把积分区间分成 n 等份，并取 ξ_i 为小区间的右端点，得到

(1) $\displaystyle\int_a^b x\,\mathrm{d}x = \lim_{n\to\infty}\sum_{i=1}^{n}\left[a+\frac{i(b-a)}{n}\right]\frac{b-a}{n} = \lim_{n\to\infty}\left[a(b-a)+\frac{(b-a)^2}{n^2}\frac{n(n+1)}{2}\right]$

$\qquad = a(b-a)+\frac{(b-a)^2}{2}=\frac{b^2-a^2}{2}.$

(2) $\displaystyle\int_0^1 \mathrm{e}^x\,\mathrm{d}x = \lim_{n\to\infty}\sum_{i=1}^{n}\frac{1}{n}\mathrm{e}^{\frac{i}{n}} = \lim_{n\to\infty}\frac{1}{n}\left(\mathrm{e}^{\frac{1}{n}}+\mathrm{e}^{\frac{2}{n}}+\cdots+\mathrm{e}^{\frac{n}{n}}\right)$

$\qquad = \lim_{n\to\infty}\frac{(\mathrm{e}^{\frac{1}{n}})^{n+1}-\mathrm{e}^{\frac{1}{n}}}{n(\mathrm{e}^{\frac{1}{n}}-1)} = \frac{\lim\limits_{n\to\infty}\mathrm{e}^{\frac{1}{n}}(\mathrm{e}-1)}{\lim\limits_{n\to\infty}n(\mathrm{e}^{\frac{1}{n}}-1)} = \mathrm{e}-1.$

其中 $\displaystyle\lim_{n\to\infty}n(\mathrm{e}^{\frac{1}{n}}-1)=\lim_{n\to\infty}\frac{\mathrm{e}^{\frac{1}{n}}-1}{\frac{1}{n}}=1.$

3. 证：(1)根据定积分的几何意义，定积分 $\displaystyle\int_0^1 2x\,\mathrm{d}x$ 表示由直线 $y=2x$，$x=1$ 及 x 轴围成的图形的面积，该图形是三角形，如图 5-1 所示，底边长为 1，高为 2，因此面积为 1，即 $\displaystyle\int_0^1 2x\,\mathrm{d}x=1$.

(2)根据定积分的几何意义，定积分 $\displaystyle\int_0^1\sqrt{1-x^2}\,\mathrm{d}x$ 表示由曲线 $y=\sqrt{1-x^2}$ 以及 x 轴、y 轴围成的在第 Ⅰ 象限内的图形面积，即单位圆的四分之一的图形，如图 5-2 所示，因此有 $\displaystyle\int_0^1\sqrt{1-x^2}\,\mathrm{d}x=\frac{\pi}{4}$.

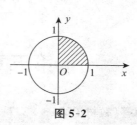

图 5-1 　　　　　　　　　　图 5-2

(3)由于函数 $y=\sin x$ 在区间 $[0,\pi]$ 上非负，在区间 $[-\pi,0]$ 上非正. 根据定积分的几何意义，定积分 $\displaystyle\int_{-\pi}^{\pi}\sin x\,\mathrm{d}x$ 表示曲线 $y=\sin x$ $(x\in[0,\pi])$ 与 x 轴所围成的图形 D_1 的面积减去

曲线 $y=\sin x(x\in[-\pi,0])$ 与 x 轴所围成的图形 D_2 的面积,如图 5-3 所示,显然图形 D_1 与 D_2 的面积是相等的,因此有 $\displaystyle\int_{-\pi}^{\pi}\sin x\mathrm{d}x=0$.

(4)由于函数 $y=\cos x$ 在区间 $\left[-\dfrac{\pi}{2},\dfrac{\pi}{2}\right]$ 上非负,根据定积分的几何意义,定积分 $\displaystyle\int_{-\frac{\pi}{2}}^{\frac{\pi}{2}}\cos x\mathrm{d}x$ 表示曲线 $y=\cos x\left(x\in\left[0,\dfrac{\pi}{2}\right]\right)$ 与 x 轴和 y 轴所围成的图形 D_1 的面积加上曲线 $y=\cos x$ $\left(x\in\left[-\dfrac{\pi}{2},0\right]\right)$ 与 x 轴和 y 轴所围成的图形 D_2 的面积,如图 5-4 所示,而图形 D_1 的面积与图形 D_2 的面积显然相等,因此有 $\displaystyle\int_{-\frac{\pi}{2}}^{\frac{\pi}{2}}\cos x\mathrm{d}x=2\int_0^{\frac{\pi}{2}}\cos x\mathrm{d}x$.

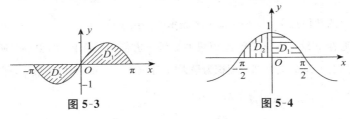

图 5-3　　　　　　　图 5-4

4. 解:(1)根据定积分的几何意义,$\displaystyle\int_0^t x\mathrm{d}x$ 表示的是由直线 $y=x$,$x=t$ 以及 x 轴围成的直角三角形面积,如图 5-5 所示,该直角三角形的两条直角边的长均为 t,因此面积为 $\dfrac{t^2}{2}$,故有

$$\int_0^t x\mathrm{d}x=\frac{t^2}{2}.$$

(2)根据定积分的几何意义,$\displaystyle\int_{-2}^4\left(\dfrac{x}{2}+3\right)$ 表示的是由直线 $y=\dfrac{x}{2}+3$,$x=-2$,$x=4$ 以及 x 轴所围成的梯形的面积,如图 5-6 所示,该梯形的两底长分别为 $\dfrac{-2}{2}+3=2$ 和 $\dfrac{4}{2}+3=5$,梯形的高为 $4-(-2)=6$,因此面积为 21,故有 $\displaystyle\int_{-2}^4\left(\dfrac{x}{2}+3\right)\mathrm{d}x=21$.

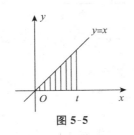
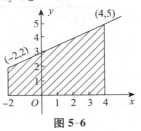

图 5-5　　　　　　　图 5-6

(3)根据定积分的几何意义,$\displaystyle\int_{-1}^2|x|\mathrm{d}x$ 表示的是由直线 $y=|x|$,$x=-1$,$x=2$ 以及 x 轴所围成的图形的面积,如图 5-7 所示,该图形由两个等腰直角三角形组成,分别由直线 $y=-x$,$x=-1$ 和 x 轴所围成,其直角边长为 1,面积为 $\dfrac{1}{2}$;由直线 $y=x$,$x=2$ 和 x 轴所围成,其直角边长为 2,面积为 2. 因此 $\displaystyle\int_{-1}^2|x|\mathrm{d}x=\dfrac{5}{2}$.

(4)根据定积分的几何意义,$\int_{-3}^{3} \sqrt{9-x^2}\,dx$ 表示的是由上半圆周 $y=\sqrt{9-x^2}$ 以及 x 轴所围成的半圆的面积,如图 5-8 所示,因此有 $\int_{-3}^{3} \sqrt{9-x^2}\,dx = \frac{9}{2}\pi$.

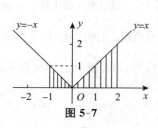

图 5-7

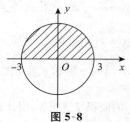

图 5-8

5. 解: 根据定积分的几何意义,$\int_{a}^{b} (x-x^2)\,dx$ 表示的是由 $y=x-x^2$,$x=a$,$x=b$,以及 x 轴所围成的图形在 x 轴上方部分的面积减去 x 轴下方部分的面积,如图 5-9 所示. 因此只有当下方部分面积为 0,上方部分面积为最大时,$\int_{a}^{b} (x-x^2)\,dx$ 的值才最大,即当 $a=0$,$b=1$ 时,积分 $\int_{a}^{b} (x-x^2)\,dx$ 取得最大值.

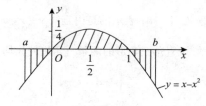

图 5-9

6. 解: 计算 y_i 并列表

i	0	1	2	3	4	5	6	7	8	9	10
x_i	0.000 0	0.100 0	0.200 0	0.300 0	0.400 0	0.500 0	0.600 0	0.700 0	0.800 0	0.900 0	1.000 0
y_i	1.000 0	0.909 1	0.833 33	0.769 2	0.714 3	0.666 7	0.625 0	0.588 2	0.555 6	0.526 3	0.500 0

按抛物线法公式(6),求得

$$s = \frac{1}{30}\left[(y_0+y_{10})+2(y_2+y_4+y_6+y_8)+4(y_1+y_3+y_5+y_7+y_9)\right] \approx 0.693\,1.$$

7. 解: (1) $\int_{-1}^{1} f(x)\,dx = \frac{1}{3}\int_{-1}^{1} 3f(x)\,dx = 6$.

(2) $\int_{1}^{3} f(x)\,dx = \int_{-1}^{3} f(x)\,dx - \int_{-1}^{1} f(x)\,dx = -2$.

(3) $\int_{3}^{-1} g(x)\,dx = -\int_{-1}^{3} g(x)\,dx = -3$.

(4) $\int_{-1}^{3} \frac{1}{5}\left[4f(x)+3g(x)\right]dx = \frac{4}{5}\int_{-1}^{3} f(x)\,dx + \frac{3}{5}\int_{-1}^{3} g(x)\,dx = 5$.

8. 解: 在区间 $[0,3]$ 上插入 $n-1$ 个分点 $0=h_0<h_1<\cdots<h_n=3$,取 $\xi_i \in [h_{i-1}, h_i]$ 并记 $\Delta h_i = h_i - h_{i-1}$,得到闸门所受水压力的近似值为 $\sum_{i=1}^{n} p(\xi_i)2\Delta h_i$,根据定积分的定义可知闸门所受的水压力为

$$P=\int_0^3 2p(h)\mathrm{d}h=19.6\int_0^3 h\mathrm{d}h,$$

由于被积函数连续,而连续函数是可积的,因此积分值与积分区间的分法和 ξ_i 的取法无关. 为方便计算,对区间 $[0,3]$ 进行 n 等分,并取 ξ_i 为小区间的端点 $h_i=\dfrac{3i}{n}$,于是

$$\int_0^3 h\mathrm{d}h=\lim_{n\to\infty}\sum_{i=1}^n \frac{9i}{n^2}=\lim_{n\to\infty}\frac{9(n+1)}{2n}=\frac{9}{2},$$

故 $P=19.6\int_0^3 h\mathrm{d}h=88.2(\mathrm{kN})$.

9. 证:根据定积分的定义,在区间 $[a,b]$ 中插入 $n-1$ 个点 $a=x_0<x_1<x_2<\cdots<x_n=b$,记 $\Delta x_i=x_i-x_{i-1}$,任取 $\xi_i\in[x_{i-1},x_i]$,则

(1) $\int_a^b kf(x)\mathrm{d}x=\lim_{\lambda\to 0}\sum_{i=1}^n kf(\xi_i)\Delta x_i=k\lim_{\lambda\to 0}\sum_{i=1}^n f(\xi_i)\Delta x_i=k\int_a^b f(x)\mathrm{d}x.$

(2) $\int_a^b 1\cdot\mathrm{d}x=\lim_{\lambda\to 0}\sum_{i=1}^n \Delta x_i=\lim_{\lambda\to 0}(b-a)=b-a.$

10. 解:(1)在区间 $[1,4]$ 上,$2\leqslant x^2+1\leqslant 17$,因此有

$$6=\int_1^4 2\mathrm{d}x\leqslant\int_1^4 (x^2+1)\mathrm{d}x\leqslant\int_1^4 17\mathrm{d}x=51.$$

(2)在区间 $\left[\dfrac{1}{4}\pi,\dfrac{5}{4}\pi\right]$ 上,$1=1+0\leqslant 1+\sin^2 x\leqslant 1+1=2$,因此有

$$\pi=\int_{\frac{\pi}{4}}^{\frac{5}{4}\pi}\mathrm{d}x\leqslant\int_{\frac{\pi}{4}}^{\frac{5}{4}\pi}(1+\sin^2 x)\mathrm{d}x\leqslant\int_{\frac{\pi}{4}}^{\frac{5}{4}\pi}2\mathrm{d}x=2\pi.$$

(3)在区间 $\left[\dfrac{1}{\sqrt{3}},\sqrt{3}\right]$ 上,函数 $f(x)=x\arctan x$ 是单调增加的,因此

$$f\left(\frac{1}{\sqrt{3}}\right)\leqslant f(x)\leqslant f(\sqrt{3}),\text{即}\frac{\pi}{6\sqrt{3}}\leqslant x\arctan x\leqslant\frac{\pi}{\sqrt{3}},$$

故有 $\dfrac{\pi}{9}=\int_{\frac{1}{\sqrt{3}}}^{\sqrt{3}}\dfrac{\pi}{6\sqrt{3}}\mathrm{d}x\leqslant\int_{\frac{1}{\sqrt{3}}}^{\sqrt{3}}x\arctan x\mathrm{d}x\leqslant\int_{\frac{1}{\sqrt{3}}}^{\sqrt{3}}\dfrac{\pi}{\sqrt{3}}\mathrm{d}x=\dfrac{2}{3}\pi.$

(4)设 $f(x)=x^2-x$,$x\in[0,2]$,则 $f'(x)=2x-1$,$f(x)$ 在 $[0,2]$ 上的最大值、最小值必为 $f(0),f\left(\dfrac{1}{2}\right),f(2)$ 中的最大值和最小值,即最大值和最小值分别为 $f(2)=2$ 和 $f\left(\dfrac{1}{2}\right)=-\dfrac{1}{4}$,因此有

$$2\mathrm{e}^{-\frac{1}{4}}=\int_0^2 \mathrm{e}^{-\frac{1}{4}}\mathrm{d}x\leqslant\int_0^2 \mathrm{e}^{x^2-x}\mathrm{d}x\leqslant\int_0^2 \mathrm{e}^2\mathrm{d}x=2\mathrm{e}^2,$$

而 $\int_2^0 \mathrm{e}^{x^2-x}\mathrm{d}x=-\int_0^2 \mathrm{e}^{x^2-x}\mathrm{d}x$,故 $-2\mathrm{e}^2\leqslant\int_2^0 \mathrm{e}^{x^2-x}\mathrm{d}x\leqslant-2\mathrm{e}^{-\frac{1}{4}}$.

11. 证:记 $a=\int_0^1 f(x)\mathrm{d}x$,则由定积分性质5,得 $\int_0^1 [f(x)-a]^2\mathrm{d}x\geqslant 0$. 即

$$\int_0^1 [f(x)-a]^2\mathrm{d}x=\int_0^1 f^2(x)\mathrm{d}x-2a\int_0^1 f(x)\mathrm{d}x+a^2$$
$$=\int_0^1 f^2(x)\mathrm{d}x-\left[\int_0^1 f(x)\mathrm{d}x\right]^2\geqslant 0,$$

由此结论成立.

12. 证:(1)根据条件必定存在 $x_0 \in [a,b]$,使得 $f(x_0)>0$.由函数 $f(x)$ 在 x_0 连续可知,存在 $a \leqslant \alpha < \beta \leqslant b$,使得当 $x \in [\alpha,\beta]$ 时,$f(x) \geqslant \dfrac{f(x_0)}{2}$.因此有

$$\int_a^b f(x)\mathrm{d}x = \int_a^\alpha f(x)\mathrm{d}x + \int_\alpha^\beta f(x)\mathrm{d}x + \int_\beta^b f(x)\mathrm{d}x,$$

由定积分性质得到:

$$\int_a^\alpha f(x)\mathrm{d}x \geqslant 0, \ \int_\alpha^\beta f(x)\mathrm{d}x \geqslant \int_\alpha^\beta \frac{f(x_0)}{2}\mathrm{d}x = \frac{\beta-\alpha}{2}f(x_0)>0, \ \int_\beta^b f(x)\mathrm{d}x \geqslant 0,$$

故得到结论 $\int_a^b f(x)\mathrm{d}x > 0$.

(2)用反证法.如果 $f(x) \not\equiv 0$,则由(1)得到 $\int_a^b f(x)\mathrm{d}x > 0$,与假设条件矛盾,因此(2)成立.

(3)令 $h(x)=g(x)-f(x)$,则 $h(x) \geqslant 0$,且

$$\int_a^b h(x)\mathrm{d}x = \int_a^b g(x)\mathrm{d}x - \int_a^b f(x)\mathrm{d}x = 0,$$

由(2)可得在 $[a,b]$ 上 $h(x) \equiv 0$,从而结论成立.

13. 解:(1)在区间 $[0,1]$ 上 $x^2 \geqslant x^3$,因此 $\int_0^1 x^2\mathrm{d}x$ 比 $\int_0^1 x^3\mathrm{d}x$ 大.

(2)在区间 $[1,2]$ 上 $x^2 \leqslant x^3$,因此 $\int_1^2 x^3\mathrm{d}x$ 比 $\int_1^2 x^2\mathrm{d}x$ 大.

(3)在区间 $[1,2]$ 上由于 $0 \leqslant \ln x \leqslant 1$,得 $\ln x \geqslant (\ln x)^2$,因此 $\int_1^2 \ln x\mathrm{d}x$ 比 $\int_1^2 (\ln x)^2\mathrm{d}x$ 大.

(4)由教材第三章第一节例1可知当 $x>0$ 时,$\ln(1+x)<x$ 因此 $\int_0^1 x\mathrm{d}x$ 比 $\int_0^1 \ln(1+x)\mathrm{d}x$ 大.

(5)由于当 $x>0$ 时 $\ln(1+x)<x$,故此时有 $1+x<\mathrm{e}^x$,因此 $\int_0^1 \mathrm{e}^x\mathrm{d}x$ 比 $\int_0^1 (1+x)\mathrm{d}x$ 大.

习题 5-2 解答(教材 P244~P245)

1. 解:$\dfrac{\mathrm{d}y}{\mathrm{d}x} = \sin x$,因此 $\dfrac{\mathrm{d}y}{\mathrm{d}x}\Big|_{x=0} = 0$, $\dfrac{\mathrm{d}y}{\mathrm{d}x}\Big|_{x=\frac{\pi}{4}} = \dfrac{\sqrt{2}}{2}$.

2. 解:$\dfrac{\mathrm{d}y}{\mathrm{d}x} = \dfrac{\mathrm{d}y}{\mathrm{d}t} \Big/ \dfrac{\mathrm{d}x}{\mathrm{d}t} = \dfrac{\cos t}{\sin t} = \cot t$.

3. 解:方程两端分别对 x 求导,得 $\mathrm{e}^y \dfrac{\mathrm{d}y}{\mathrm{d}x} + \cos x = 0$,故 $\dfrac{\mathrm{d}y}{\mathrm{d}x} = -\mathrm{e}^{-y}\cos x$.

4. 解:容易知道 $I(x)$ 可导,而 $I'(x) = x\mathrm{e}^{-x^2} = 0$ 只有唯一解 $x=0$.当 $x<0$ 时 $I'(x)<0$,当 $x>0$ 时 $I'(x)>0$,故 $x=0$ 为函数 $I(x)$ 的唯一的极值点(极小值点).

5. 解:(1)$\dfrac{\mathrm{d}}{\mathrm{d}x}\int_0^{x^2} \sqrt{1+t^2}\mathrm{d}t = 2x\sqrt{1+x^4}$.

(2)$\dfrac{\mathrm{d}}{\mathrm{d}x}\int_{x^2}^{x^3} \dfrac{\mathrm{d}t}{\sqrt{1+t^4}} = \dfrac{\mathrm{d}}{\mathrm{d}x}\left(\int_0^{x^3} \dfrac{\mathrm{d}t}{\sqrt{1+t^4}} - \int_0^{x^2} \dfrac{\mathrm{d}t}{\sqrt{1+t^4}}\right) = \dfrac{3x^2}{\sqrt{1+x^{12}}} - \dfrac{2x}{\sqrt{1+x^8}}$.

(3)$\dfrac{\mathrm{d}}{\mathrm{d}x}\int_{\sin x}^{\cos x} \cos(\pi t^2)\mathrm{d}t = \dfrac{\mathrm{d}}{\mathrm{d}x}\left[\int_0^{\cos x} \cos(\pi t^2)\mathrm{d}t - \int_0^{\sin x} \cos(\pi t^2)\mathrm{d}t\right]$

$$= -\sin x\cos(\pi\cos^2 x) - \cos x\cos(\pi\sin^2 x)$$

$$= -\sin x\cos(\pi - \pi\sin^2 x) - \cos x\cos(\pi\sin^2 x)$$

$$=(\sin x-\cos x)\cos(\pi\sin^2 x).$$

6.证:显然 $f(x)$ 在 $[-1,+\infty)$ 上可导,且当 $x>-1$ 时,$f'(x)=\sqrt{1+x^3}>0$,因此,$f(x)$ 在 $[-1,+\infty)$ 是单调增加函数,又因 $f(1)=\displaystyle\int_1^1\sqrt{1+x^3}\,\mathrm{d}x=0$,所以 $f^{-1}(0)=1$. 因此,

$$\left[f^{-1}(0)\right]'=\frac{1}{f'(1)}=\frac{1}{\sqrt{1+x^3}}\bigg|_{x=1}=\frac{\sqrt{2}}{2}.$$

7.解:由 $y=f(x)$ 的图形可知,当 $x\in[-1,3]$ 时,$f(x)\geqslant 0$,且 $f(-1)=f(3)=0$,$f'(-1)>0$,$f''(-1)<0$,$f'(3)<0$,$f''(3)>0$. 因此

$$\int_{-1}^3 f(x)\mathrm{d}x>0,$$

$$\int_{-1}^3 f'(x)\mathrm{d}x=f(3)-f(-1)=0,$$

$$\int_{-1}^3 f''(x)\mathrm{d}x=f'(3)-f'(-1)<0,$$

$$\int_{-1}^3 f'''(x)\mathrm{d}x=f''(3)-f''(-1)>0.$$

故选(C).

8.解:(1) $\displaystyle\int_0^a (3x^2-x+1)\mathrm{d}x=\left(x^3-\frac{1}{2}x^2+x\right)\bigg|_0^a=a^3-\frac{1}{2}a^2+a=a\left(a^2-\frac{1}{2}a+1\right).$

(2) $\displaystyle\int_1^2\left(x^2+\frac{1}{x^4}\right)\mathrm{d}x=\left(\frac{1}{3}x^3-\frac{1}{3x^3}\right)\bigg|_1^2=\frac{21}{8}.$

(3) $\displaystyle\int_4^9\sqrt{x}(1+\sqrt{x})\mathrm{d}x=\int_4^9(\sqrt{x}+x)\mathrm{d}x=\left(\frac{2}{3}x^{\frac{3}{2}}+\frac{x^2}{2}\right)\bigg|_4^9=\frac{271}{6}.$

(4) $\displaystyle\int_{\frac{1}{\sqrt{3}}}^{\sqrt{3}}\frac{\mathrm{d}x}{1+x^2}=\left(\arctan x\right)\bigg|_{\frac{1}{\sqrt{3}}}^{\sqrt{3}}=\frac{\pi}{6}.$

(5) $\displaystyle\int_{-\frac{1}{2}}^{\frac{1}{2}}\frac{\mathrm{d}x}{\sqrt{1-x^2}}=\left(\arcsin x\right)\bigg|_{-\frac{1}{2}}^{\frac{1}{2}}=\frac{\pi}{3}.$

(6) $\displaystyle\int_0^{\sqrt{3}a}\frac{\mathrm{d}x}{a^2+x^2}=\left(\frac{1}{a}\arctan\frac{x}{a}\right)\bigg|_0^{\sqrt{3}a}=\frac{\pi}{3a}.$

(7) $\displaystyle\int_0^1\frac{\mathrm{d}x}{\sqrt{4-x^2}}=\left(\arcsin\frac{x}{2}\right)\bigg|_0^1=\frac{\pi}{6}.$

(8) $\displaystyle\int_{-1}^0\frac{3x^4+3x^2+1}{x^2+1}\mathrm{d}x=\int_{-1}^0\left(3x^2+\frac{1}{x^2+1}\right)\mathrm{d}x=\left(x^3+\arctan x\right)\bigg|_{-1}^0=1+\frac{\pi}{4}.$

(9) $\displaystyle\int_{-\mathrm{e}-1}^{-2}\frac{\mathrm{d}x}{1+x}=\ln|1+x|\bigg|_{-\mathrm{e}-1}^{-2}=\ln|-x-1|\bigg|_{-\mathrm{e}-1}^{-2}=-1.$

(10) $\displaystyle\int_0^{\frac{\pi}{4}}\tan^2\theta\mathrm{d}\theta=\int_0^{\frac{\pi}{4}}(\sec^2\theta-1)\mathrm{d}\theta=\left(\tan\theta-\theta\right)\bigg|_0^{\frac{\pi}{4}}=1-\frac{\pi}{4}.$

(11) $\displaystyle\int_0^{2\pi}|\sin x|\mathrm{d}x=\int_0^{\pi}\sin x\mathrm{d}x+\int_{\pi}^{2\pi}(-\sin x)\mathrm{d}x=\left(-\cos x\right)\bigg|_0^{\pi}+\left(\cos x\right)\bigg|_{\pi}^{2\pi}=4.$

(12) $\displaystyle\int_0^2 f(x)\mathrm{d}x=\int_0^1(x+1)\mathrm{d}x+\int_1^2\frac{1}{2}x^2\mathrm{d}x=\left(\frac{x^2}{2}+x\right)\bigg|_0^1+\left(\frac{x^3}{6}\right)\bigg|_1^2=\frac{8}{3}.$

9.证:(1) $\displaystyle\int_{-\pi}^{\pi}\cos kx\mathrm{d}x=\left(\frac{1}{k}\sin kx\right)\bigg|_{-\pi}^{\pi}=0.$

(2) $\displaystyle\int_{-\pi}^{\pi}\sin kx\mathrm{d}x=\left(-\frac{1}{k}\cos kx\right)\bigg|_{-\pi}^{\pi}=0.$

教材习题全解(上册)

(3) $\int_{-\pi}^{\pi} \cos^2 kx dx = \frac{1}{2} \int_{-\pi}^{\pi} (1+\cos 2kx) dx = \frac{1}{2} \int_{-\pi}^{\pi} dx = \pi$,其中由(1)得到 $\int_{-\pi}^{\pi} \cos 2kx dx = 0$.

(4) $\int_{-\pi}^{\pi} \sin^2 kx dx = \frac{1}{2} \int_{-\pi}^{\pi} (1-\cos 2kx) dx = \frac{1}{2} \int_{-\pi}^{\pi} dx = \pi$,其中由(1)得到 $\int_{-\pi}^{\pi} \cos 2kx dx = 0$.

10. 证:(1) $\int_{-\pi}^{\pi} \cos kx \sin lx dx = \frac{1}{2} \int_{-\pi}^{\pi} [\sin(k+l)x - \sin(k-l)x] dx$

$$= \frac{1}{2} \int_{-\pi}^{\pi} \sin(k+l)x dx - \frac{1}{2} \int_{-\pi}^{\pi} \sin(k-l)x dx = 0,$$

其中由上一题 $\int_{-\pi}^{\pi} \sin(k+l)x dx = 0$,$\int_{-\pi}^{\pi} \sin(k-l)x dx = 0$.

(2) $\int_{-\pi}^{\pi} \cos kx \cos lx dx = \frac{1}{2} \int_{-\pi}^{\pi} [\cos(k+l)x + \cos(k-l)x] dx$

$$= \frac{1}{2} \int_{-\pi}^{\pi} \cos(k+l)x dx + \frac{1}{2} \int_{-\pi}^{\pi} \cos(k-l)x dx = 0,$$

其中由上一题 $\int_{-\pi}^{\pi} \cos(k+l)x dx = 0$,$\int_{-\pi}^{\pi} \cos(k-l)x dx = 0$.

(3) $\int_{-\pi}^{\pi} \sin kx \sin lx dx = -\frac{1}{2} \int_{-\pi}^{\pi} [\cos(k+l)x - \cos(k-l)x] dx$

$$= -\frac{1}{2} \int_{-\pi}^{\pi} \cos(k+l)x dx + \frac{1}{2} \int_{-\pi}^{\pi} \cos(k-l)x dx = 0,$$

其中由上一题 $\int_{-\pi}^{\pi} \cos(k+l)x dx = 0$,$\int_{-\pi}^{\pi} \cos(k-l)x dx = 0$.

11. 解:(1) $\lim\limits_{x \to 0} \dfrac{\int_0^x \cos t^2 dt}{x} = \lim\limits_{x \to 0} \dfrac{\cos x^2}{1} = 1$.

(2) $\lim\limits_{x \to 0} \dfrac{\left(\int_0^x e^{t} dt\right)^2}{\int_0^x t e^{2t^2} dt} = \lim\limits_{x \to 0} \dfrac{2 e^{x^2} \int_0^x e^{t} dt}{x e^{2x^2}} = \lim\limits_{x \to 0} \dfrac{2 \int_0^x e^{t} dt}{x e^{x^2}} = 2$.

12. 解:当 $x \in [0,1)$ 时,$\Phi(x) = \int_0^x t^2 dt = \dfrac{x^3}{3}$;

当 $x \in [1,2]$ 时,$\Phi(x) = \int_0^1 t^2 dt + \int_1^x t dt = \dfrac{x^2}{2} - \dfrac{1}{6}$,即

$$\Phi(x) = \begin{cases} \dfrac{x^3}{3}, & x \in [0,1), \\ \dfrac{x^2}{2} - \dfrac{1}{6}, & x \in [1,2]. \end{cases}$$

由于 $\lim\limits_{x \to 1^-} \Phi(x) = \lim\limits_{x \to 1^-} \dfrac{x^3}{3} = \dfrac{1}{3}$,$\lim\limits_{x \to 1^+} \Phi(x) = \lim\limits_{x \to 1^+} \left(\dfrac{x^2}{2} - \dfrac{1}{6}\right) = \dfrac{1}{3}$,

且 $\Phi(1) = \dfrac{1}{3}$,故函数 $\Phi(x)$ 在 $x = 1$ 处连续,而在其他点处显然连续,因此函数 $\Phi(x)$ 在区间 $(0,2)$ 内连续.

【方法点击】 事实上,由于 $f(x)$ 在 $(0,2)$ 内连续,故 $\Phi(x) = \int_0^x f(t) dt$ 在 $(0,2)$ 内可导,因此 $\Phi(x)$ 必在 $(0,2)$ 内连续. 我们甚至有以下更强的结论:

若 $f(x)$ 在 $[a,b]$ 上有界并可积,则 $\Phi(x) = \int_0^x f(t) dt$ 在 $[a,b]$ 上连续. 按照连续函数定义不难证明这一结论.

13. 解:当 $x<0$ 时,$\Phi(x)=\int_0^x f(t)\mathrm{d}t=0$;

当 $0\leqslant x\leqslant \pi$ 时,$\Phi(x)=\int_0^x f(t)\mathrm{d}t=\int_0^x \frac{1}{2}\sin t\mathrm{d}t=\frac{1-\cos x}{2}$;

当 $x>\pi$ 时,$\Phi(x)=\int_0^x f(t)\mathrm{d}t=\int_0^\pi f(t)\mathrm{d}t+\int_\pi^x f(t)\mathrm{d}t=\int_0^\pi \frac{1}{2}\sin t\mathrm{d}t=1$.

即

$$\Phi(x)=\begin{cases} 0, & x<0, \\ \dfrac{1-\cos x}{2}, & 0\leqslant x\leqslant \pi, \\ 1, & x>\pi. \end{cases}$$

14. 证:$F'(x)=\dfrac{1}{(x-a)^2}\Big[(x-a)f(x)-\int_a^x f(t)\mathrm{d}t\Big]$

$=\dfrac{1}{(x-a)^2}\big[(x-a)f(x)-(x-a)f(\xi)\big] \qquad (\xi\in(a,x)\subset[a,b])$

$=\dfrac{x-\xi}{x-a}f'(\eta) \qquad (\eta\in(\xi,x)\subset(a,b))$,

由条件可知结论成立.

15. 解:$F'(0)=\lim\limits_{x\to 0}\dfrac{F(x)-F(0)}{x}=\lim\limits_{x\to 0}\dfrac{\int_0^x \frac{\sin t}{t}\mathrm{d}t}{x}=\lim\limits_{x\to 0}\dfrac{\frac{\sin x}{x}}{1}=1$.

16. 证:$\dfrac{\mathrm{d}y}{\mathrm{d}x}=-\mathrm{e}^{-x}\int_0^x \mathrm{e}^t f(t)\mathrm{d}t+\mathrm{e}^{-x}\cdot \mathrm{e}^x f(x)=-y+f(x)$,因此 $y(x)$ 满足微分方程 $\dfrac{\mathrm{d}y}{\mathrm{d}x}+y=f(x)$.

由条件 $\lim\limits_{x\to+\infty}f(x)=1$,从而存在 $X_0>0$,当 $x>X_0$ 时,有 $f(x)>\dfrac{1}{2}$. 因此,

$$\int_0^x \mathrm{e}^t f(t)\mathrm{d}t=\int_0^{X_0}\mathrm{e}^t f(t)\mathrm{d}t+\int_{X_0}^x \mathrm{e}^t f(t)\mathrm{d}t\geqslant \int_0^{X_0}\mathrm{e}^t f(t)\mathrm{d}t+\int_{X_0}^x \frac{1}{2}\mathrm{e}^{X_0}\mathrm{d}t$$

$$=\int_0^{X_0}\mathrm{e}^t f(t)\mathrm{d}t+\frac{1}{2}\mathrm{e}^{X_0}(x-X_0),$$

故当 $x\to+\infty$ 时,$\int_0^x \mathrm{e}^t f(t)\mathrm{d}t\to+\infty$,从而利用洛必达法则,有

$$\lim_{x\to+\infty}y(x)=\lim_{x\to+\infty}\frac{\int_0^x \mathrm{e}^t f(t)\mathrm{d}t}{\mathrm{e}^x}=\lim_{x\to+\infty}\frac{\mathrm{e}^x f(x)}{\mathrm{e}^x}=1.$$

习题 5-3 解答(教材 P254～P255)

1. 解:(1) $\int_{\frac{\pi}{3}}^{\pi}\sin\Big(x+\frac{\pi}{3}\Big)\mathrm{d}x=\int_{\frac{\pi}{3}}^{\pi}\sin\Big(x+\frac{\pi}{3}\Big)\mathrm{d}\Big(x+\frac{\pi}{3}\Big)=\Big[-\cos\Big(x+\frac{\pi}{3}\Big)\Big]\Big|_{\frac{\pi}{3}}^{\pi}=0$.

(2) $\int_{-2}^{1}\dfrac{\mathrm{d}x}{(11+5x)^3}=\int_{-2}^{1}\dfrac{\mathrm{d}(11+5x)}{5(11+5x)^3}=\Big[-\dfrac{1}{10(11+5x)^2}\Big]\Big|_{-2}^{1}=\dfrac{51}{512}$.

(3) $\int_0^{\frac{\pi}{2}}\sin\varphi\cos^3\varphi\mathrm{d}\varphi=-\int_0^{\frac{\pi}{2}}\cos^3\varphi\mathrm{d}(\cos\varphi)=\Big(-\dfrac{1}{4}\cos^4\varphi\Big)\Big|_0^{\frac{\pi}{2}}=\dfrac{1}{4}$.

(4) $\int_0^{\pi}(1-\sin^3\theta)\mathrm{d}\theta=\pi+\int_0^{\pi}(1-\cos^2\theta)\mathrm{d}(\cos\theta)\xrightarrow{u=\cos\theta}\pi+\int_1^{-1}(1-u^2)\mathrm{d}u=\pi-\dfrac{4}{3}$.

(5) $\int_{\frac{\pi}{6}}^{\frac{\pi}{2}}\cos^2 u\mathrm{d}u=\dfrac{1}{2}\int_{\frac{\pi}{6}}^{\frac{\pi}{2}}(1+\cos 2u)\mathrm{d}u=\dfrac{1}{2}\Big(u+\dfrac{1}{2}\sin 2u\Big)\Big|_{\frac{\pi}{6}}^{\frac{\pi}{2}}=\dfrac{\pi}{6}-\dfrac{\sqrt{3}}{8}$.

教材习题全解(上册)

(6) $\int_0^{\sqrt{2}} \sqrt{2-x^2}\,\mathrm{d}x \xlongequal{x=\sqrt{2}\sin u} \int_0^{\frac{\pi}{2}} 2\cos^2 u\,\mathrm{d}u = 2\times\dfrac{\pi}{4}=\dfrac{\pi}{2}.$

(7) $\int_{-\sqrt{2}}^{\sqrt{2}} \sqrt{8-2y^2}\,\mathrm{d}y \xlongequal{y=2\sin u} \int_{-\frac{\pi}{4}}^{\frac{\pi}{4}} 4\sqrt{2}\cos^2 u\,\mathrm{d}u$

$$= 2\sqrt{2}\int_{-\frac{\pi}{4}}^{\frac{\pi}{4}} (1+\cos 2u)\,\mathrm{d}u = 2\sqrt{2}\left(u+\dfrac{1}{2}\sin 2u\right)\Big|_{-\frac{\pi}{4}}^{\frac{\pi}{4}} = \sqrt{2}(\pi+2).$$

(8) $\int_{\frac{1}{\sqrt{2}}}^{1} \dfrac{\sqrt{1-x^2}}{x^2}\,\mathrm{d}x \xlongequal{x=\sin u} \int_{\frac{\pi}{4}}^{\frac{\pi}{2}} \dfrac{\cos^2 u}{\sin^2 u}\,\mathrm{d}u = \int_{\frac{\pi}{4}}^{\frac{\pi}{2}} (\csc^2 u -1)\,\mathrm{d}u = (-\cot u -u)\Big|_{\frac{\pi}{4}}^{\frac{\pi}{2}} = 1-\dfrac{\pi}{4}.$

(9) $\int_0^{a} x^2\sqrt{a^2-x^2}\,\mathrm{d}x \xlongequal{x=a\sin u} \int_0^{\frac{\pi}{2}} a^4\sin^2 u\cos^2 u\,\mathrm{d}u = \dfrac{a^4}{8}\int_0^{\frac{\pi}{2}} (\sin 2u)^2\,\mathrm{d}(2u)$

$$\xlongequal{t=2u} \dfrac{a^4}{8}\int_0^{\pi} \sin^2 t\,\mathrm{d}t = \dfrac{a^4}{4}\int_0^{\frac{\pi}{2}} \sin^2 t\,\mathrm{d}t = \dfrac{a^4}{4}\cdot\dfrac{\pi}{4}=\dfrac{\pi}{16}a^4.$$

(10) $\int_1^{\sqrt{3}} \dfrac{\mathrm{d}x}{x^2\sqrt{1+x^2}} \xlongequal{x=\frac{1}{u}} \int_1^{\frac{1}{\sqrt{3}}} \dfrac{-u}{\sqrt{1+u^2}}\,\mathrm{d}u = \left(-\sqrt{1+u^2}\right)\Big|_1^{\frac{1}{\sqrt{3}}} = \sqrt{2}-\dfrac{2\sqrt{3}}{3}.$

(11) 令 $u=\sqrt{5-4x}$,即 $x=\dfrac{5-u^2}{4}$,得

$$\int_{-1}^{1} \dfrac{x\,\mathrm{d}x}{\sqrt{5-4x}} = \int_3^{1} \dfrac{u^2-5}{8}\,\mathrm{d}u = \left(\dfrac{u^3}{24}-\dfrac{5}{8}u\right)\Big|_3^{1} = \dfrac{1}{6}.$$

(12) 令 $u=\sqrt{x}$,即 $x=u^2$,得

$$\int_1^{4} \dfrac{\mathrm{d}x}{1+\sqrt{x}} = \int_1^{2} \dfrac{2u\,\mathrm{d}u}{1+u} = \left[2u-2\ln(1+u)\right]\Big|_1^{2} = 2+2\ln\dfrac{2}{3}.$$

(13) 令 $u=\sqrt{1-x}$,即 $x=1-u^2$,得

$$\int_{\frac{3}{4}}^{1} \dfrac{\mathrm{d}x}{\sqrt{1-x}-1} = \int_{\frac{1}{2}}^{0} \dfrac{-2u\,\mathrm{d}u}{u-1} = -2\left(u+\ln|u-1|\right)\Big|_{\frac{1}{2}}^{0} = 1-2\ln 2.$$

(14) $\int_0^{\sqrt{2}a} \dfrac{x\,\mathrm{d}x}{\sqrt{3a^2-x^2}} = -\dfrac{1}{2}\int_0^{\sqrt{2}a} \dfrac{\mathrm{d}(3a^2-x^2)}{\sqrt{3a^2-x^2}} = -\left(\sqrt{3a^2-x^2}\right)\Big|_0^{\sqrt{2}a} = (\sqrt{3}-1)a.$

(15) $\int_0^{1} t\mathrm{e}^{-\frac{t^2}{2}}\,\mathrm{d}t = -\int_0^{1} \mathrm{e}^{-\frac{t^2}{2}}\,\mathrm{d}\left(-\dfrac{t^2}{2}\right) = \left(-\mathrm{e}^{-\frac{t^2}{2}}\right)\Big|_0^{1} = 1-\mathrm{e}^{-\frac{1}{2}}.$

(16) $\int_1^{\mathrm{e}^7} \dfrac{\mathrm{d}x}{x\sqrt{1+\ln x}} \xlongequal{x=\mathrm{e}^u} \int_0^{2} \dfrac{\mathrm{d}u}{\sqrt{1+u}} = \left(2\sqrt{1+u}\right)\Big|_0^{2} = 2\sqrt{3}-2.$

(17) $\int_{-2}^{0} \dfrac{(x+2)\,\mathrm{d}x}{x^2+2x+2} = \int_{-2}^{0} \dfrac{(x+1)+1}{(x+1)^2+1}\,\mathrm{d}x = \left[\dfrac{1}{2}\ln(x^2+2x+2)+\arctan(x+1)\right]\Big|_{-2}^{0} = \dfrac{\pi}{2}.$

(18) 令 $x=1+\tan u$,则 $\mathrm{d}x=\sec^2 u\,\mathrm{d}u$,因此

$$\int_0^{2} \dfrac{x\,\mathrm{d}x}{(x^2-2x+2)^2} = \int_0^{2} \dfrac{x\,\mathrm{d}x}{[(x-1)^2+1]^2} = \int_{-\frac{\pi}{4}}^{\frac{\pi}{4}} \dfrac{(1+\tan u)\,\mathrm{d}u}{\sec^2 u} = 2\int_0^{\frac{\pi}{4}} \cos^2 u\,\mathrm{d}u$$

$$= \int_0^{\frac{\pi}{4}} (1+\cos 2u)\,\mathrm{d}u = \dfrac{\pi}{4}+\dfrac{1}{2}.$$

(19) 由于被积函数为奇函数,因此 $\int_{-\pi}^{\pi} x^4\sin x\,\mathrm{d}x=0.$

(20) 由于被积函数为偶函数,因此

$$\int_{-\frac{\pi}{2}}^{\frac{\pi}{2}} 4\cos^4\theta\,\mathrm{d}\theta = 2\int_0^{\frac{\pi}{2}} 4\cos^4\theta\,\mathrm{d}\theta = 8\times\dfrac{3}{4}\times\dfrac{\pi}{4}=\dfrac{3}{2}\pi.$$

(21)由于被积函数为偶函数,因此

$$\int_{-\frac{1}{2}}^{\frac{1}{2}} \frac{(\arcsin x)^2}{\sqrt{1-x^2}}dx = 2\int_0^{\frac{1}{2}} \frac{(\arcsin x)^2}{\sqrt{1-x^2}}dx = 2\int_0^{\frac{1}{2}} (\arcsin x)^2 d(\arcsin x)$$

$$= \frac{2}{3}(\arcsin x)^3 \Big|_0^{\frac{1}{2}} = \frac{\pi^3}{324}.$$

(22)由于被积函数为奇函数,因此

$$\int_{-5}^5 \frac{x^3\sin^2 x}{x^4+2x^2+1}dx = 0.$$

(23) $\displaystyle\int_{-\frac{\pi}{2}}^{\frac{\pi}{2}} \cos x\cos 2x\,dx = \int_{-\frac{\pi}{2}}^{\frac{\pi}{2}} \cos x(1-2\sin^2 x)dx = \int_{-\frac{\pi}{2}}^{\frac{\pi}{2}} (1-2\sin^2 x)d(\sin x)$

$$= \left(\sin x - \frac{2}{3}\sin^3 x\right)\Big|_{-\frac{\pi}{2}}^{\frac{\pi}{2}} = \frac{2}{3}.$$

或者 $\displaystyle\int_{-\frac{\pi}{2}}^{\frac{\pi}{2}} \cos x\cos 2x\,dx = \frac{1}{2}\int_{-\frac{\pi}{2}}^{\frac{\pi}{2}} (\cos 3x + \cos x)dx = \frac{1}{2}\left(\frac{1}{3}\sin 3x + \sin x\right)\Big|_{-\frac{\pi}{2}}^{\frac{\pi}{2}} = \frac{2}{3}.$

(24) $\displaystyle\int_{-\frac{\pi}{2}}^{\frac{\pi}{2}} \sqrt{\cos x - \cos^3 x}\,dx = 2\int_0^{\frac{\pi}{2}} \sqrt{\cos x}\sin x\,dx \xrightarrow{u=\cos x} -2\int_1^0 \sqrt{u}\,du = \frac{4}{3}.$

(25) $\displaystyle\int_0^\pi \sqrt{1+\cos 2x}\,dx = \int_0^\pi \sqrt{2\cos^2 x}\,dx = \sqrt{2}\int_0^\pi |\cos x|\,dx = \sqrt{2}\left(\int_0^{\frac{\pi}{2}} \cos x\,dx - \int_{\frac{\pi}{2}}^\pi \cos x\,dx\right)$

$$= \sqrt{2}\left(\sin x\Big|_0^{\frac{\pi}{2}} - \sin x\Big|_{\frac{\pi}{2}}^\pi\right) = 2\sqrt{2}.$$

(26) $\displaystyle\int_0^{2\pi} |\sin(x+1)|\,dx \xrightarrow{x=u-1} \int_1^{2\pi+1} |\sin u|\,du$,由于 $|\sin x|$ 是以 π 为周期的周期函数,因此

$$\int_1^{2\pi+1} |\sin u|\,du = 2\int_0^\pi |\sin u|\,du = 4.$$

2. 证:令 $x=a+b-u$,则

$$\int_a^b f(x)dx = -\int_b^a f(a+b-u)du = \int_a^b f(a+b-u)du = \int_a^b f(a+b-x)dx.$$

3. 证: $\displaystyle\int_x^1 \frac{dx}{1+x^2} = \int_x^1 \frac{dt}{1+t^2} \xrightarrow{t=\frac{1}{u}} -\int_{\frac{1}{x}}^1 \frac{du}{1+u^2} = \int_1^{\frac{1}{x}} \frac{du}{1+u^2} = \int_1^{\frac{1}{x}} \frac{dx}{1+x^2}.$

4. 证:令 $x=1-u$,则 $\displaystyle\int_0^1 x^m(1-x)^n dx = \int_1^0 -(1-u)^m u^n du = \int_0^1 x^n(1-x)^m dx.$

5. 证:令 $x=u+\dfrac{n}{2}\pi$,则 $dx=du$,因此

$$\int_{\frac{n}{2}\pi}^{\frac{n+1}{2}\pi} f(|\sin x|)dx = \int_0^{\frac{\pi}{2}} f\left(\left|\sin\left(u+\frac{n}{2}\pi\right)\right|\right)du = \begin{cases} \displaystyle\int_0^{\frac{\pi}{2}} f(\sin u)du, & n\text{ 为偶数}, \\[2mm] \displaystyle\int_0^{\frac{\pi}{2}} f(\cos u)du, & n\text{ 为奇数}. \end{cases}$$

$$\int_{\frac{n}{2}\pi}^{\frac{n+1}{2}\pi} f(|\cos x|)dx = \int_0^{\frac{\pi}{2}} f\left(\left|\cos\left(u+\frac{n}{2}\pi\right)\right|\right)du = \begin{cases} \displaystyle\int_0^{\frac{\pi}{2}} f(\cos u)du, & n\text{ 为偶数}, \\[2mm] \displaystyle\int_0^{\frac{\pi}{2}} f(\sin u)du, & n\text{ 为奇数}. \end{cases}$$

由于 $\int_0^{\frac{\pi}{2}} f(\sin x)\mathrm{d}x = \int_0^{\frac{\pi}{2}} f(\cos x)\mathrm{d}x$,因此结论成立.

6. 证:记 $F(x) = \int_0^x f(t)\mathrm{d}t$,则有

$$F(-x) = \int_0^{-x} f(t)\mathrm{d}t \xrightarrow{t=-u} -\int_0^x f(-u)\mathrm{d}u,$$

当 $f(x)$ 为奇函数时,$F(-x) = \int_0^x f(u)\mathrm{d}u = F(x)$,故 $\int_0^x f(t)\mathrm{d}t$ 是偶函数.

当 $f(x)$ 为偶函数时,$F(-x) = -\int_0^x f(u)\mathrm{d}u = -F(x)$,故 $\int_0^x f(t)\mathrm{d}t$ 是奇函数.

7. 解:(1) $\int_0^1 x\mathrm{e}^{-x}\mathrm{d}x = -\int_0^1 x\mathrm{d}(\mathrm{e}^{-x}) = -(x\mathrm{e}^{-x})\Big|_0^1 + \int_0^1 \mathrm{e}^{-x}\mathrm{d}x = -\mathrm{e}^{-1} + (-\mathrm{e}^{-x})\Big|_0^1 = 1 - \frac{2}{\mathrm{e}}.$

(2) $\int_1^{\mathrm{e}} x\ln x\mathrm{d}x = \int_1^{\mathrm{e}} \frac{\ln x}{2}\mathrm{d}(x^2) = \left(\frac{1}{2}x^2\ln x\right)\Big|_1^{\mathrm{e}} - \int_1^{\mathrm{e}} \frac{x}{2}\mathrm{d}x = \frac{\mathrm{e}^2+1}{4}.$

(3) $\int_0^{\frac{2\pi}{\omega}} t\sin \omega t\mathrm{d}t = -\frac{1}{\omega}\int_0^{\frac{2\pi}{\omega}} t\mathrm{d}(\cos \omega t) = -\frac{1}{\omega}(t\cos \omega t)\Big|_0^{\frac{2\pi}{\omega}} + \frac{1}{\omega}\int_0^{\frac{2\pi}{\omega}} \cos \omega t\mathrm{d}t$

$= -\frac{2\pi}{\omega^2} + \frac{1}{\omega^2}(\sin \omega t)\Big|_0^{\frac{2\pi}{\omega}} = -\frac{2\pi}{\omega^2}.$

(4) $\int_{\frac{\pi}{4}}^{\frac{\pi}{3}} \frac{x}{\sin^2 x}\mathrm{d}x = -\int_{\frac{\pi}{4}}^{\frac{\pi}{3}} x\mathrm{d}(\cot x) = (-x\cot x)\Big|_{\frac{\pi}{4}}^{\frac{\pi}{3}} + \int_{\frac{\pi}{4}}^{\frac{\pi}{3}} \cot x\mathrm{d}x$

$= -\frac{\pi}{3\sqrt{3}} + \frac{\pi}{4} + (\ln\sin x)\Big|_{\frac{\pi}{4}}^{\frac{\pi}{3}} = \left(\frac{1}{4} - \frac{\sqrt{3}}{9}\right)\pi + \frac{1}{2}\ln\frac{3}{2}.$

(5) $\int_1^4 \frac{\ln x}{\sqrt{x}}\mathrm{d}x = \int_1^4 2\ln x\mathrm{d}\sqrt{x} = (2\sqrt{x}\ln x)\Big|_1^4 - \int_1^4 \frac{2}{\sqrt{x}}\mathrm{d}x = 8\ln 2 - (4\sqrt{x})\Big|_1^4 = 4(2\ln 2 - 1).$

(6) $\int_0^1 x\arctan x\mathrm{d}x = \frac{1}{2}\int_0^1 \arctan x\mathrm{d}(x^2) = \left(\frac{1}{2}x^2\arctan x\right)\Big|_0^1 - \frac{1}{2}\int_0^1 \frac{x^2}{1+x^2}\mathrm{d}x$

$= \frac{\pi}{8} - \frac{1}{2}(x - \arctan x)\Big|_0^1 = \frac{\pi}{4} - \frac{1}{2}.$

(7) $\int_0^{\frac{\pi}{2}} \mathrm{e}^{2x}\cos x\mathrm{d}x = \frac{1}{2}\int_0^{\frac{\pi}{2}} \cos x\mathrm{d}(\mathrm{e}^{2x}) = \frac{1}{2}(\mathrm{e}^{2x}\cos x)\Big|_0^{\frac{\pi}{2}} + \frac{1}{2}\int_0^{\frac{\pi}{2}} \mathrm{e}^{2x}\sin x\mathrm{d}x$

$= -\frac{1}{2} + \frac{1}{4}\int_0^{\frac{\pi}{2}} \sin x\mathrm{d}(\mathrm{e}^{2x}) = -\frac{1}{2} + \frac{1}{4}(\mathrm{e}^{2x}\sin x)\Big|_0^{\frac{\pi}{2}} - \frac{1}{4}\int_0^{\frac{\pi}{2}} \mathrm{e}^{2x}\cos x\mathrm{d}x,$

因此有 $\int_0^{\frac{\pi}{2}} \mathrm{e}^{2x}\cos x\mathrm{d}x = \frac{1}{5}(\mathrm{e}^{\pi} - 2).$

(8) $\int_1^2 x\log_2 x\mathrm{d}x = \frac{1}{2}\int_1^2 \log_2 x\mathrm{d}(x^2) = \frac{1}{2}(x^2\log_2 x)\Big|_1^2 - \frac{1}{2}\int_1^2 \frac{x}{\ln 2}\mathrm{d}x$

$= 2 - \frac{1}{4\ln 2}(x^2)\Big|_1^2 = 2 - \frac{3}{4\ln 2}.$

(9) $\int_0^{\pi} (x\sin x)^2\mathrm{d}x = \frac{1}{2}\int_0^{\pi} x^2(1 - \cos 2x)\mathrm{d}x = \frac{\pi^3}{6} - \frac{1}{4}\int_0^{\pi} x^2\mathrm{d}(\sin 2x)$

$= \frac{\pi^3}{6} - \frac{1}{4}(x^2\sin 2x)\Big|_0^{\pi} + \frac{1}{2}\int_0^{\pi} x\sin 2x\mathrm{d}x = \frac{\pi^3}{6} - \frac{1}{4}\int_0^{\pi} x\mathrm{d}(\cos 2x)$

$= \frac{\pi^3}{6} - \frac{1}{4}(x\cos 2x)\Big|_0^{\pi} + \frac{1}{4}\int_0^{\pi} \cos 2x\mathrm{d}x = \frac{\pi^3}{6} - \frac{\pi}{4}.$

(10) $\displaystyle\int_1^e \sin(\ln x)\mathrm{d}x \xrightarrow{x=e^u} \int_0^1 e^u \sin u\mathrm{d}u = \left(e^u \sin u\right)\Big|_0^1 - \int_0^1 e^u \cos u\mathrm{d}u$

$$= e\sin 1 - \left(e^u \cos u\right)\Big|_0^1 - \int_0^1 e^u \sin u\mathrm{d}u$$

$$= e(\sin 1 - \cos 1) + 1 - \int_0^1 e^u \sin u\mathrm{d}u,$$

所以 $\displaystyle\int_1^e \sin(\ln x)\mathrm{d}x = \frac{e}{2}(\sin 1 - \cos 1) + \frac{1}{2}$.

(11) $\displaystyle\int_{\frac{1}{e}}^e |\ln x|\mathrm{d}x = -\int_{\frac{1}{e}}^1 \ln x\mathrm{d}x + \int_1^e \ln x\mathrm{d}x$

$$= -\left(x\ln x\right)_{\frac{1}{e}}^1 + \int_{\frac{1}{e}}^1 \mathrm{d}x + \left(x\ln x\right)\Big|_1^e - \int_1^e \mathrm{d}x = 2 - \frac{2}{e}.$$

(12) $\displaystyle\int_0^1 (1-x^2)^{\frac{m}{2}}\mathrm{d}x \xrightarrow{x=\sin u} \int_0^{\frac{\pi}{2}} \cos^{m+1}u\mathrm{d}u = \begin{cases} \dfrac{m}{m+1}\times\dfrac{m-2}{m-1}\times\cdots\times\dfrac{1}{2}\times\dfrac{\pi}{2}, & m\text{ 为奇数}, \\[3mm] \dfrac{m}{m+1}\times\dfrac{m-2}{m-1}\times\cdots\times\dfrac{2}{3}, & m\text{ 为偶数}, \end{cases}$

$$= \begin{cases} \dfrac{1\times3\times5\times\cdots\times m}{2\times4\times6\times\cdots\times(m+1)}\times\dfrac{\pi}{2}, & m\text{ 为奇数}, \\[3mm] \dfrac{2\times4\times6\times\cdots\times m}{1\times3\times5\times\cdots\times(m+1)}, & m\text{ 为偶数}. \end{cases}$$

(13) 由教材本节的例 6,可得

$$J_m = \int_0^\pi x\sin^m x\mathrm{d}x = \frac{\pi}{2}\int_0^\pi \sin^m x\mathrm{d}x.$$

而 $\displaystyle\int_0^\pi \sin^m x\mathrm{d}x \xrightarrow{x=\frac{\pi}{2}+t} \int_{-\frac{\pi}{2}}^{\frac{\pi}{2}} \cos^m t\mathrm{d}t = 2\int_0^{\frac{\pi}{2}} \cos^m t\mathrm{d}t = 2\int_0^{\frac{\pi}{2}} \sin^m x\mathrm{d}x$, 故 $J_m = \pi\int_0^{\frac{\pi}{2}} \sin^m x\mathrm{d}x$. 从而有

$$J_m = \begin{cases} \dfrac{2\times4\times6\times\cdots\times(m-1)}{1\times3\times5\times\cdots\times m}\times\pi, & m\text{ 为大于 1 的奇数}, \\[3mm] \dfrac{1\times3\times5\times\cdots\times(m-1)}{2\times4\times6\times\cdots\times m}\times\dfrac{\pi^2}{2}, & m\text{ 为偶数}, \end{cases} \qquad J_1 = \pi.$$

习题 5-4 解答(教材 P262)

1. 解: (1) $\displaystyle\int_1^{+\infty} \frac{\mathrm{d}x}{x^4} = \left(-\frac{1}{3x^3}\right)\Big|_1^{+\infty} = \frac{1}{3}$.

(2) $\displaystyle\int_1^t \frac{\mathrm{d}x}{\sqrt{x}} = \left(2\sqrt{x}\right)\Big|_1^t = 2\sqrt{t} - 2$, 当 $t\to+\infty$ 时,该极限不存在,故该反常积分发散.

(3) $\displaystyle\int_0^{+\infty} e^{-ax}\mathrm{d}x = \left(-\frac{1}{a}e^{-ax}\right)\Big|_0^{+\infty} = \frac{1}{a}$.

(4) $\displaystyle\int_0^{+\infty} \frac{\mathrm{d}x}{(1+x)(1+x^2)} = \int_0^{+\infty} \frac{1}{2}\left(\frac{1}{1+x} + \frac{1-x}{1+x^2}\right)\mathrm{d}x = \left[\frac{1}{4}\ln\frac{(1+x)^2}{1+x^2} + \frac{1}{2}\arctan x\right]\Big|_0^{+\infty} = \frac{\pi}{4}$.

(5) $\displaystyle\int e^{-pt}\sin\omega t\mathrm{d}t = -\frac{1}{p}\int \sin\omega t\mathrm{d}(e^{-pt}) = -\frac{1}{p}e^{-pt}\sin\omega t + \frac{\omega}{p}\int e^{-pt}\cos\omega t\mathrm{d}t$

$$= -\frac{1}{p}e^{-pt}\sin\omega t - \frac{\omega}{p^2}\int \cos\omega t\mathrm{d}(e^{-pt})$$

$$= -\frac{1}{p}e^{-\mu}\sin \omega t - \frac{\omega}{p^2}(e^{-\mu})\cos \omega t - \frac{\omega^2}{p^2}\int(e^{-\mu})\sin \omega t\,dt,$$

因此 $\displaystyle\int e^{-\mu}\sin \omega t\,dt = \frac{-pe^{-\mu}\sin \omega t - \omega e^{-\mu}\cos \omega t}{p^2+\omega^2}+C$, 故

$$\int_0^{+\infty} e^{-\mu}\sin \omega t\,dt = \left(\frac{-pe^{-\mu}\sin \omega t - \omega e^{-\mu}\cos \omega t}{p^2+\omega^2}\right)\Bigg|_0^{+\infty} = \frac{\omega}{p^2+\omega^2}.$$

(6) $\displaystyle\int_{-\infty}^{+\infty}\frac{dx}{x^2+2x+2} = \int_{-\infty}^0 \frac{d(x+1)}{(x+1)^2+1} + \int_0^{+\infty}\frac{d(x+1)}{(x+1)^2+1}$

$$= \arctan(x+1)\Big|_{-\infty}^0 + \arctan(x+1)\Big|_0^{+\infty} = \pi.$$

(7) $\displaystyle\int_0^1 \frac{x\,dx}{\sqrt{1-x^2}} = -\sqrt{1-x^2}\,\Big|_0^1 = 1.$

(8) $\displaystyle\int_0^t \frac{dx}{(1-x)^2} = \frac{1}{1-x}\Big|_0^t = \frac{1}{1-t}-1$, 当 $t\to 1^-$ 时极限不存在, 故原反常积分发散.

(9) $\displaystyle\int_1^2 \frac{x\,dx}{\sqrt{x-1}}\xlongequal{x=u^2+1} 2\int_0^1 (u^2+1)\,du = \frac{8}{3}.$

(10) $\displaystyle\int_1^e \frac{dx}{x\sqrt{1-(\ln x)^2}} = \int_1^e \frac{d(\ln x)}{\sqrt{1-(\ln x)^2}} = \arcsin(\ln x)\Big|_1^e = \frac{\pi}{2}.$

2. 解: $\displaystyle\int\frac{dx}{x(\ln x)^k} = \int\frac{d(\ln x)}{(\ln x)^k} = \begin{cases} \ln(\ln x)+C, & k=1, \\ -\dfrac{1}{(k-1)\ln^{k-1}x}+C, & k\ne 1, \end{cases}$

因此当 $k\leqslant 1$ 时, 反常积分发散; 当 $k>1$ 时, 该反常积分收敛, 此时

$$\int_2^{+\infty}\frac{dx}{x(\ln x)^k} = \left[-\frac{1}{(k-1)\ln^{k-1}x}\right]\Bigg|_2^{+\infty} = \frac{1}{(k-1)(\ln 2)^{k-1}}.$$

记 $f(k)=\dfrac{1}{(k-1)(\ln 2)^{k-1}}$, 则

$$f'(k) = -\frac{1}{(k-1)^2(\ln 2)^{2k-2}}\left[(\ln 2)^{k-1}+(k-1)(\ln 2)^{k-1}\ln\ln 2\right]$$

$$= -\frac{1+(k-1)\ln(\ln 2)}{(k-1)^2(\ln 2)^{k-1}}.$$

令 $f'(k)=0$, 得 $k=1-\dfrac{1}{\ln(\ln 2)}$. 当 $1<k<1-\dfrac{1}{\ln(\ln 2)}$ 时, $f'(k)<0$, 当 $k>1-\dfrac{1}{\ln(\ln 2)}$ 时, $f'(k)>0$, 故 $k=1-\dfrac{1}{\ln(\ln 2)}$ 为函数 $f(k)$ 的最小值点, 即当 $k=1-\dfrac{1}{\ln(\ln 2)}$ 时所给反常积分取得最小值.

3. 解: $I_0 = \displaystyle\int_0^{+\infty} e^{-x}\,dx = (-e^{-x})\Big|_0^{+\infty} = 1.$ 当 $n\geqslant 1$ 时,

$$I_n = -\int_0^{+\infty} x^n\,d(e^{-x}) = -(x^n e^{-x})\Big|_0^{+\infty} + n\int_0^{+\infty} x^{n-1}e^{-x}\,dx = nI_{n-1},$$

故有 $I_n = n!.$

4. 解: $\displaystyle\int\ln x\,dx = x\ln x - \int x\cdot\frac{1}{x}\,dx = x\ln x - x + C,$

因此 $\displaystyle\int_0^1 \ln x\,dx = (x\ln x - x)\Big|_0^1 = -1 - \lim_{x\to 0^+}(x\ln x - x) = -1 - \lim_{x\to 0^+}\frac{\ln x - 1}{\frac{1}{x}}$

$$=-1-\lim_{x\to 0^{-}}\frac{\dfrac{1}{x}}{-\dfrac{1}{x^{2}}}=-1.$$

习题 5-5 解答(教材 P270)

1. 解:(1)由于 $\lim\limits_{x\to +\infty}x^{2}\cdot\dfrac{x^{2}}{x^{4}+x^{2}+1}=1$,因此 $\displaystyle\int_{0}^{+\infty}\dfrac{x^{2}}{x^{4}+x^{2}+1}\mathrm{d}x$ 收敛.

(2)由于 $\lim\limits_{x\to +\infty}x^{\frac{5}{3}}\cdot\dfrac{1}{x\sqrt[3]{x^{2}+1}}=1$,因此 $\displaystyle\int_{1}^{+\infty}\dfrac{\mathrm{d}x}{x\sqrt[3]{x^{2}+1}}$ 收敛.

(3)由于 $\lim\limits_{x\to +\infty}x^{2}\cdot\sin\dfrac{1}{x^{2}}=1$,因此 $\displaystyle\int_{1}^{+\infty}\sin\dfrac{1}{x^{2}}\mathrm{d}x$ 收敛.

(4)由于当 $x\geqslant 0$ 时,$\dfrac{1}{1+x|\sin x|}\geqslant\dfrac{1}{1+x}$ 且 $\displaystyle\int_{0}^{+\infty}\dfrac{\mathrm{d}x}{1+x}$ 发散,因此 $\displaystyle\int_{0}^{+\infty}\dfrac{\mathrm{d}x}{1+x|\sin x|}$ 发散.

(5)由于 $\lim\limits_{x\to +\infty}x^{2}\cdot\dfrac{x\arctan x}{1+x^{3}}=\dfrac{\pi}{2}$,因此 $\displaystyle\int_{1}^{+\infty}\dfrac{x\arctan x}{1+x^{3}}\mathrm{d}x$ 收敛.

(6)$x=1$ 是被积函数的瑕点,由于 $\lim\limits_{x\to 1^{+}}(x-1)\cdot\dfrac{1}{(\ln x)^{3}}=+\infty$,因此 $\displaystyle\int_{1}^{2}\dfrac{\mathrm{d}x}{(\ln x)^{3}}$ 发散.

(7)$x=1$ 是被积函数的瑕点,由于 $\lim\limits_{x\to 1^{-}}(1-x)^{\frac{1}{2}}\cdot\dfrac{x^{4}}{\sqrt{1-x^{4}}}=\dfrac{1}{2}$,因此 $\displaystyle\int_{0}^{1}\dfrac{x^{4}\mathrm{d}x}{\sqrt{1-x^{4}}}$ 收敛.

(8)被积函数有两个瑕点:$x=1$,$x=2$.

由于 $\lim\limits_{x\to 1^{+}}(x-1)^{\frac{1}{3}}\dfrac{1}{\sqrt[3]{x^{2}-3x+2}}=-1$,因此 $\displaystyle\int_{1}^{1.5}\dfrac{\mathrm{d}x}{\sqrt[3]{x^{2}-3x+2}}$ 收敛;

又因为 $\lim\limits_{x\to 2}(x-2)^{\frac{1}{3}}\dfrac{1}{\sqrt[3]{x^{2}-3x+2}}=1$,因此 $\displaystyle\int_{1.5}^{2}\dfrac{\mathrm{d}x}{\sqrt[3]{x^{2}-3x+2}}$ 收敛,故 $\displaystyle\int_{1}^{2}\dfrac{\mathrm{d}x}{\sqrt[3]{x^{2}-3x+2}}$

收敛.

2. 解:因为 $\left|\dfrac{f(x)}{x}\right|\leqslant\dfrac{f^{2}(x)+\dfrac{1}{x^{2}}}{2}$,由于 $\displaystyle\int_{1}^{+\infty}f^{2}(x)\mathrm{d}x$ 收敛,$\displaystyle\int_{1}^{+\infty}\dfrac{1}{x^{2}}\mathrm{d}x$ 也收敛,

因此 $\displaystyle\int_{1}^{+\infty}\left|\dfrac{f(x)}{x}\right|\mathrm{d}x$ 收敛. 即 $\displaystyle\int_{1}^{+\infty}\dfrac{f(x)}{x}\mathrm{d}x$ 绝对收敛.

3. 解:(1)令 $u=x^{n}$,即 $x=u^{\frac{1}{n}}$,

$$\int_{0}^{+\infty}\mathrm{e}^{-x^{n}}\mathrm{d}x=\dfrac{1}{n}\int_{0}^{+\infty}\mathrm{e}^{-u}u^{\frac{1}{n}-1}\mathrm{d}u=\dfrac{1}{n}\Gamma\left(\dfrac{1}{n}\right),$$

在 $n>0$ 时都收敛.

(2)令 $u=\ln\dfrac{1}{x}$,即 $x=\mathrm{e}^{-u}$,

$$\int_{0}^{1}\left(\ln\dfrac{1}{x}\right)^{p}\mathrm{d}x=\int_{+\infty}^{0}-u^{p}\mathrm{e}^{-u}\mathrm{d}u=\int_{0}^{+\infty}u^{p}\mathrm{e}^{-u}\mathrm{d}u=\Gamma(p+1),$$

当 $p>-1$ 时收敛.

(3)令 $u=x^{n}$,即 $x=u^{\frac{1}{n}}$.

当 $n>0$ 时,$\displaystyle\int_{0}^{+\infty}x^{m}\mathrm{e}^{-x^{n}}\mathrm{d}x=\int_{0}^{+\infty}\dfrac{1}{n}u^{\frac{m+1}{n}-1}\mathrm{e}^{-u}\mathrm{d}u=\dfrac{1}{n}\Gamma\left(\dfrac{m+1}{n}\right),$

当 $n<0$ 时,$\displaystyle\int_{0}^{+\infty}x^{m}\mathrm{e}^{-x^{n}}\mathrm{d}x=\int_{+\infty}^{0}\dfrac{1}{n}u^{\frac{m+1}{n}-1}\mathrm{e}^{-u}\mathrm{d}u=-\dfrac{1}{n}\Gamma\left(\dfrac{m+1}{n}\right),$

故 $\displaystyle\int_0^{+\infty} x^m e^{-x^n} \mathrm{d}x = \frac{1}{|n|}\Gamma\left(\frac{m+1}{n}\right)$，当 $\dfrac{m+1}{n}>0$ 时收敛.

4. 证：$\Gamma\left(\dfrac{2k+1}{2}\right) = \dfrac{2k-1}{2}\Gamma\left(\dfrac{2k-1}{2}\right) = \dfrac{2k-1}{2}\times\dfrac{2k-3}{2}\Gamma\left(\dfrac{2k-3}{2}\right)$

$$= \frac{2k-1}{2}\times\frac{2k-3}{2}\times\cdots\times\frac{1}{2}\Gamma\left(\frac{1}{2}\right) = \frac{1\times3\times5\times\cdots\times(2k-1)}{2^k}\sqrt{\pi}.$$

5. 证：(1) $2\times4\times6\times\cdots\times(2n) = 2^n n! = 2^n\Gamma(n+1)$.

(2) $1\times3\times5\times\cdots\times(2n-1) = \dfrac{(2n-1)!}{2\times4\times6\times\cdots\times(2n-2)} = \dfrac{\Gamma(2n)}{2^{n-1}(n-1)!} = \dfrac{\Gamma(2n)}{2^{n-1}\Gamma(n)}.$

(3) 因为 $\sqrt{\pi}\,\Gamma(2n) = (2n-1)!\,\sqrt{\pi}$，

$\Gamma(n)\Gamma\left(n+\dfrac{1}{2}\right) = (n-1)!\,\dfrac{1\times3\times5\times\cdots\times(2n-1)\sqrt{\pi}}{2^n}$

$$= \frac{2\times4\times6\times\cdots\times(2n-2)}{2^{n-1}}\times\frac{1\times3\times5\times\cdots\times(2n-1)\sqrt{\pi}}{2^n} = \frac{(2n-1)!}{2^{2n-1}}\sqrt{\pi},$$

因此结论成立.

总习题五解答（教材 P270～P273）

1. 解：(1) 必要，充分. (2) 充分必要. (3) 收敛.

(4) 不一定. 例如 $f(x) = \begin{cases} 1, & x\text{ 为有理数}, \\ -1, & x\text{ 为无理数}, \end{cases}$ 则 $|f(x)| = 1$ 在 $[a,b]$ 上可积，而 $\displaystyle\int_a^b f(x)\mathrm{d}x$

不存在.

(5) $\displaystyle\int_0^x tf(t^2-x^2)\mathrm{d}t \xrightarrow[\text{则 } 2t\mathrm{d}t = \mathrm{d}u]{\text{令 } u=t^2-x^2} \int_{-x^2}^0 \frac{1}{2}f(u)\mathrm{d}u = -\frac{1}{2}\int_0^{-x^2}f(u)\mathrm{d}u$，因此，

$$\frac{\mathrm{d}}{\mathrm{d}x}\int_0^x tf(t^2-x^2)\mathrm{d}t = -\frac{1}{2}f(-x^2)\times(-2x) = xf(-x^2).$$

2. 解：(1) 当 $0\leqslant x\leqslant 1$ 时，$\dfrac{x^4}{\sqrt{2}}\leqslant\dfrac{x^4}{\sqrt{1+x}}\leqslant x^4$，因此，$\dfrac{\sqrt{2}}{10} = \displaystyle\int_0^1\frac{1}{\sqrt{2}}x^4\mathrm{d}x\leqslant\int_0^1\frac{x^4}{\sqrt{1+x}}\mathrm{d}x\leqslant\int_0^1 x^4\mathrm{d}x = \frac{1}{5}$，

故选（B）.

(2) 令 $G(x) = \displaystyle\int_0^x f(x)\mathrm{d}t$，则 $G(x)$ 是 $f(x)$ 的一个原函数，且

$G(x)$ 是奇（偶）函数 $\Leftrightarrow f(x)$ 是偶（奇）函数，又 $F(x) = G(x)+C$，其中 C 为常数，是偶函数，因此由奇、偶函数的性质知应选（A）.

取 $f(x) = \cos x + 1$，则 $F(x) = \sin x + x + C$，此时 $f(x)$ 是周期函数，$F(x)$ 不是周期函数；取 $f(x) = 2x, x\in\mathbf{R}$，则 $F(x) = x^2 + C$，此时 $f(x)$ 是单调函数，$F(x)$ 不是单调函数. 因此（C）、（D）不成立.

3. 解：(1) $\displaystyle\int_a^b [f(x)-g(x)]\mathrm{d}x$ 表示由曲线 $y=f(x)$，$y=g(x)$ 以及 $x=a$，$x=b$ 所围成的图形的面积.

(2) $\displaystyle\int_a^b \pi f^2(x)\mathrm{d}x$ 表示 xOy 面上、由曲线 $y=f(x)$、$x=a$、$x=b$ 以及 x 轴所围成的图形绕 x 轴旋转一周而得到的旋转体的体积.

(3) $\displaystyle\int_{t_1}^{t_2}\varphi(t)\mathrm{d}t$ 表示在时间段 $[t_1,t_2]$ 内向水池注入的水的总量.

(4) $\displaystyle\int_{T_1}^{T_2} u(t)\mathrm{d}t$ 表示该国在时间段 $[T_1,T_2]$ 内增加的人口总量.

(5) $\displaystyle\int_{1\,000}^{2\,000} P'(x)\mathrm{d}x$ 表示从经营第 1 000 个产品起一直到第 2 000 个产品的利润总量.

*4. 解：(1) $\displaystyle\lim_{n\to\infty}\frac{1}{n}\sum_{i=1}^{n}\sqrt{1+\frac{i}{n}}=\int_0^1\sqrt{1+x}\,\mathrm{d}x=\left[\frac{2}{3}(1+x)^{\frac{3}{2}}\right]\Big|_0^1=\frac{2}{3}(2\sqrt{2}-1).$

(2) $\displaystyle\lim_{n\to\infty}\frac{1^p+2^p+\cdots+n^p}{n^{p+1}}=\lim_{n\to\infty}\frac{1}{n}\sum_{i=1}^{n}\left(\frac{i}{n}\right)^p=\int_0^1 x^p\mathrm{d}x=\frac{1}{p+1}.$

5. 解：(1) 记 $F(x)=x\displaystyle\int_a^x f(t)\mathrm{d}t,\lim_{x\to a}\frac{x}{x-a}\int_a^x f(t)\mathrm{d}t=\lim_{x\to a}\frac{F(x)-F(a)}{x-a}=F'(a)=af(a).$

(2) 先证所求极限为 “$\dfrac{\infty}{\infty}$” 型未定式. 由于当 $x>\tan 1$ 时, $\arctan x>1$, 记 $c=\displaystyle\int_0^{\tan 1}(\arctan t)^2\mathrm{d}t$,

则当 $x>\tan 1$ 时, 有

$$\int_0^x(\arctan t)^2\mathrm{d}t=c+\int_{\tan 1}^x(\arctan t)^2\mathrm{d}t>c+\int_{\tan 1}^x\mathrm{d}t=c+x-\tan 1;$$

故有 $\displaystyle\lim_{x\to+\infty}\int_0^x(\arctan t)^2\mathrm{d}t=+\infty$, 从而利用洛必达法则有

$$\lim_{x\to+\infty}\frac{\displaystyle\int_0^x(\arctan t)^2\mathrm{d}t}{\sqrt{x^2+1}}=\lim_{x\to+\infty}\frac{(\arctan x)^2}{\dfrac{x}{\sqrt{x^2+1}}}=\lim_{x\to+\infty}(\arctan x)^2\cdot\sqrt{1+\frac{1}{x^2}}=\frac{\pi^2}{4}.$$

6. 解：(1) 不对. 因为 $u=\dfrac{1}{x}$ 在 $[-1,1]$ 上有间断点 $x=0$, 不符合换元法的要求. 而由习题 5-1 的

第 12 题可知该积分一定为正, 因此该积分计算不对. 事实上,

$$\int_{-1}^1\frac{\mathrm{d}x}{1+x^2}=(\arctan x)\Big|_{-1}^1=\frac{\pi}{2}.$$

(2) 不对. 原因与 (1) 相同. 事实上

$$\int_{-1}^1\frac{\mathrm{d}x}{x^2+x+1}=\int_{-1}^1\frac{1}{\left(x+\frac{1}{2}\right)^2+\left(\frac{\sqrt{3}}{2}\right)^2}\mathrm{d}\left(x+\frac{1}{2}\right)=\left(\frac{2}{\sqrt{3}}\arctan\frac{2x+1}{\sqrt{3}}\right)\Big|_{-1}^1=\frac{\pi}{\sqrt{3}}.$$

(3) 不对. 因为 $\displaystyle\int_0^A\frac{x}{1+x^2}\mathrm{d}x=\frac{1}{2}\ln(1+A^2)$, 当 $A\to+\infty$ 时极限不存在, 故 $\displaystyle\int_0^{+\infty}\frac{x}{1+x^2}\mathrm{d}x$ 发

散, 也就得到 $\displaystyle\int_{-\infty}^{+\infty}\frac{x}{1+x^2}\mathrm{d}x$ 发散.

7. 证：记 $f(x)=\displaystyle\int_0^x\frac{1}{1+t^2}\mathrm{d}t+\int_0^{\frac{1}{x}}\frac{1}{1+t^2}\mathrm{d}t$, 则当 $x>0$ 时, 有 $f'(x)=\dfrac{1}{1+x^2}+\dfrac{1}{1+\dfrac{1}{x^2}}\cdot\left(-\dfrac{1}{x^2}\right)=0,$

由拉格朗日中值定理的推论, 得 $f(x)\equiv C$ $(x>0)$.

而 $f(1)=\displaystyle\int_0^1\frac{1}{1+t^2}\mathrm{d}t+\int_0^1\frac{1}{1+t^2}\mathrm{d}t=\frac{\pi}{2}$, 故 $C=\dfrac{\pi}{2}$, 从而结论成立.

8. 证：由于当 $p>0$ 时, $0<\dfrac{1}{1+x^p}<1$, 因此有 $\displaystyle\int_0^1\frac{\mathrm{d}x}{1+x^p}<1.$ 又

$$1-\int_0^1\frac{\mathrm{d}x}{1+x^p}=\int_0^1\frac{x^p\mathrm{d}x}{1+x^p}<\int_0^1 x^p\mathrm{d}x=\frac{1}{1+p},$$

故有 $\displaystyle\int_0^1\frac{\mathrm{d}x}{1+x^p}>\frac{p}{1+p}$, 原题得证.

教材习题全解（上册）

9.解:(1)对任意实数 λ,有 $\int_a^b \left[f(x)+\lambda g(x)\right]^2 dx \geqslant 0$,即

$$\int_a^b f^2(x)dx + 2\lambda \int_a^b f(x)g(x)dx + \lambda^2 \int_a^b g^2(x)dx \geqslant 0,$$

左边是一个关于 λ 的二次多项式,它非负的条件是其判别式非正,即有

$$4\left[\int_a^b f(x)g(x)dx\right]^2 - 4\int_a^b f^2(x)dx \cdot \int_a^b g^2(x)dx \leqslant 0,$$

从而本题得证.

(2) $\displaystyle\int_a^b \left[f(x)+g(x)\right]^2 dx = \int_a^b \left[f^2(x)+2f(x)g(x)+g^2(x)\right]dx$

$$= \int_a^b f^2(x)dx + 2\int_a^b f(x)g(x)dx + \int_a^b g^2(x)dx$$

$$\leqslant \int_a^b f^2(x)dx + 2\left[\int_a^b f^2(x)dx \int_a^b g^2(x)dx\right]^{\frac{1}{2}} + \int_a^b g^2(x)dx$$

$$= \left\{\left[\int_a^b f^2(x)dx\right]^{\frac{1}{2}} + \left[\int_a^b g^2(x)dx\right]^{\frac{1}{2}}\right\}^2,$$

从而本题得证.

10.证:根据上一题所证的柯西—施瓦茨不等式,有

$$\left[\int_a^b \sqrt{f(x)} \cdot \frac{1}{\sqrt{f(x)}}dx\right]^2 \leqslant \int_a^b \left[\sqrt{f(x)}\right]^2 dx \cdot \int_a^b \left[\frac{1}{\sqrt{f(x)}}\right]^2 dx.$$

即得

$$\int_a^b f(x)dx \cdot \int_a^b \frac{1}{f(x)}dx \geqslant (b-a)^2.$$

11.解:(1) $\displaystyle\int_0^{\frac{\pi}{2}} \frac{x+\sin x}{1+\cos x}dx = \int_0^{\frac{\pi}{2}} \frac{x}{1+\cos x}dx + \int_0^{\frac{\pi}{2}} \frac{\sin x}{1+\cos x}dx$

$$= \int_0^{\frac{\pi}{2}} \frac{x}{2}\sec^2\frac{x}{2}dx - \int_0^{\frac{\pi}{2}} \frac{1}{1+\cos x}d(1+\cos x)$$

$$= \left(x\tan\frac{x}{2}\right)\Big|_0^{\frac{\pi}{2}} - \int_0^{\frac{\pi}{2}} \tan\frac{x}{2}dx - \left[\ln(1+\cos x)\right]\Big|_0^{\frac{\pi}{2}}$$

$$= \frac{\pi}{2} + \left[2\ln\left(\cos\frac{x}{2}\right)\right]\Big|_0^{\frac{\pi}{2}} + \ln 2 = \frac{\pi}{2}.$$

(2) $\displaystyle\int_0^{\frac{\pi}{4}} \ln(1+\tan x)dx = \int_0^{\frac{\pi}{4}} \ln\frac{\cos x+\sin x}{\cos x}dx$

$$= \int_0^{\frac{\pi}{4}} \ln(\cos x+\sin x)dx - \int_0^{\frac{\pi}{4}} \ln(\cos x)dx,$$

而 $\displaystyle\int_0^{\frac{\pi}{4}} \ln(\cos x+\sin x)dx = \int_0^{\frac{\pi}{4}} \ln\left[\sqrt{2}\cos\left(\frac{\pi}{4}-x\right)\right]dx \xrightarrow{x=\frac{\pi}{4}-u} -\int_{\frac{\pi}{4}}^0 \left[\ln\sqrt{2}+\ln(\cos u)\right]du$

$$= \frac{\pi\ln 2}{8} + \int_0^{\frac{\pi}{4}} \ln(\cos x)dx.$$

故 $\displaystyle\int_0^{\frac{\pi}{4}} \ln(1+\tan x)dx = \frac{\pi\ln 2}{8}.$

(3) $\displaystyle\int_0^a \frac{dx}{x+\sqrt{a^2-x^2}} \xrightarrow{x=a\sin u} \int_0^{\frac{\pi}{2}} \frac{\cos u du}{\sin u+\cos u} = \int_0^{\frac{\pi}{2}} \frac{\sin u du}{\cos u+\sin u}$

$$= \frac{1}{2}\Big(\int_0^{\frac{\pi}{2}} \frac{\cos u\,\mathrm{d}u}{\sin u + \cos u} + \int_0^{\frac{\pi}{2}} \frac{\sin u\,\mathrm{d}u}{\cos u + \sin u}\Big) = \frac{1}{2}\int_0^{\frac{\pi}{2}} \mathrm{d}u = \frac{\pi}{4}.$$

$(4)\displaystyle\int_0^{\frac{\pi}{2}} \sqrt{1 - \sin 2x}\,\mathrm{d}x = \int_0^{\frac{\pi}{2}} \sqrt{\sin^2 x + \cos^2 x - 2\sin x\cos x}\,\mathrm{d}x = \int_0^{\frac{\pi}{2}} |\sin x - \cos x|\,\mathrm{d}x$

$$= \int_0^{\frac{\pi}{4}} (\cos x - \sin x)\,\mathrm{d}x + \int_{\frac{\pi}{4}}^{\frac{\pi}{2}} (\sin x - \cos x)\,\mathrm{d}x$$

$$= (\sin x + \cos x)\Big|_0^{\frac{\pi}{4}} + (-\cos x - \sin x)\Big|_{\frac{\pi}{4}}^{\frac{\pi}{2}} = 2(\sqrt{2} - 1).$$

(5)注意到 $\lim\limits_{x \to \left(\frac{\pi}{2}\right)^-} \arctan\dfrac{\tan x}{\sqrt{2}} = \dfrac{\pi}{2}$，因此有

$$\int_0^{\frac{\pi}{2}} \frac{\mathrm{d}x}{1 + \cos^2 x} = \int_0^{\frac{\pi}{2}} \frac{\sec^2 x\,\mathrm{d}x}{\sec^2 x + 1} = \int_0^{\frac{\pi}{2}} \frac{\mathrm{d}(\tan x)}{\tan^2 x + 2} = \Big(\frac{1}{\sqrt{2}}\arctan\frac{\tan x}{\sqrt{2}}\Big)\Big|_0^{\frac{\pi}{2}} = \frac{\pi}{2\sqrt{2}}.$$

$(6)\displaystyle\int_0^{\pi} x\sqrt{\cos^2 x - \cos^4 x}\,\mathrm{d}x = \int_0^{\pi} x|\cos x|\sin x\,\mathrm{d}x = \frac{\pi}{2}\int_0^{\pi} |\cos x|\sin x\,\mathrm{d}x$

$$= \frac{\pi}{2}\Big(\int_0^{\frac{\pi}{2}} \cos x\sin x\,\mathrm{d}x - \int_{\frac{\pi}{2}}^{\pi} \cos x\sin x\,\mathrm{d}x\Big)$$

$$= \frac{\pi}{2}\Big(\frac{1}{2}\sin^2 x\Big)\Big|_0^{\frac{\pi}{2}} - \frac{\pi}{2}\Big(\frac{1}{2}\sin^2 x\Big)\Big|_{\frac{\pi}{2}}^{\pi} = \frac{\pi}{2}.$$

$(7)\displaystyle\int_0^{\pi} x^2|\cos x|\,\mathrm{d}x = \int_0^{\frac{\pi}{2}} x^2\cos x\,\mathrm{d}x - \int_{\frac{\pi}{2}}^{\pi} x^2\cos x\,\mathrm{d}x$

$$= (x^2\sin x + 2x\cos x - 2\sin x)\Big|_0^{\frac{\pi}{2}} - (x^2\sin x + 2x\cos x - 2\sin x)\Big|_{\frac{\pi}{2}}^{\pi}$$

$$= \frac{\pi^2}{2} + 2\pi - 4.$$

$(8)\displaystyle\int_0^{+\infty} \frac{\mathrm{d}x}{e^{x+1} + e^{3-x}} = \frac{1}{e^2}\int_0^{+\infty} \frac{\mathrm{d}(e^{x-1})}{e^{2x-2} + 1} = \frac{1}{e^2}\big[\arctan(e^{x-1})\big]\Big|_0^{+\infty} = \frac{1}{e^2}\Big(\frac{\pi}{2} - \arctan\frac{1}{e}\Big).$

$(9)\displaystyle\int_{\frac{1}{2}}^{1} \frac{\mathrm{d}x}{\sqrt{|x^2 - x|}} = \int_{\frac{1}{2}}^{1} \frac{\mathrm{d}x}{\sqrt{x - x^2}} = \int_{\frac{1}{2}}^{1} \frac{\mathrm{d}(2x - 1)}{\sqrt{1 - (2x - 1)^2}} = \big[\arcsin(2x - 1)\big]\Big|_{\frac{1}{2}}^{1} = \frac{\pi}{2};$

$$\int_1^{\frac{3}{2}} \frac{\mathrm{d}x}{\sqrt{|x^2 - x|}} = \int_1^{\frac{3}{2}} \frac{\mathrm{d}x}{\sqrt{x^2 - x}} = \int_1^{\frac{3}{2}} \frac{\mathrm{d}(2x - 1)}{\sqrt{(2x - 1)^2 - 1}}$$

$$= \big\{\ln[2x - 1 + \sqrt{(2x - 1)^2 - 1}]\big\}\Big|_1^{\frac{3}{2}} = \ln(2 + \sqrt{3}),$$

因此 $\displaystyle\int_{\frac{1}{2}}^{\frac{3}{2}} \frac{\mathrm{d}x}{\sqrt{|x^2 - x|}} = \int_{\frac{1}{2}}^{1} \frac{\mathrm{d}x}{\sqrt{|x^2 - x|}} + \int_1^{\frac{3}{2}} \frac{\mathrm{d}x}{\sqrt{|x^2 - x|}} = \frac{\pi}{2} + \ln(2 + \sqrt{3}).$

(10)当 $x < -1$ 时 $\displaystyle\int_0^x \max\{t^3, t^2, 1\}\,\mathrm{d}t = \int_0^{-1} \mathrm{d}t + \int_{-1}^x t^2\,\mathrm{d}t = \frac{1}{3}x^3 - \frac{2}{3};$

当 $-1 \leqslant x \leqslant 1$ 时 $\displaystyle\int_0^x \max\{t^3, t^2, 1\}\,\mathrm{d}t = \int_0^x \mathrm{d}t = x;$

当 $x > 1$ 时 $\displaystyle\int_0^x \max\{t^3, t^2, 1\}\,\mathrm{d}t = \int_0^1 \mathrm{d}t + \int_1^x t^3\,\mathrm{d}t = \frac{1}{4}x^4 + \frac{3}{4}.$

$$因此 \int_0^x \max\{t^3, t^2, 1\}\,dt = \begin{cases} \dfrac{1}{3}x^3 - \dfrac{2}{3}, & x < -1, \\ x, & -1 \leqslant x \leqslant 1, \\ \dfrac{1}{4}x^4 + \dfrac{3}{4}, & x > 1. \end{cases}$$

12. 证：$\displaystyle\int_0^x \left[\int_0^t f(u)\,du \right] dt = \left[t\int_0^t f(u)\,du \right]\Big|_0^x - \int_0^x tf(t)\,dt = x\int_0^x f(u)\,du - \int_0^x tf(t)\,dt$

$$= x\int_0^x f(t)\,dt - \int_0^x tf(t)\,dt = \int_0^x (x-t)f(t)\,dt.$$

本题也可利用原函数性质来证明，记等式左端的函数为 $F(x)$，右端的函数为 $G(x)$，则

$$F'(x) = \left[x\int_0^x f(t)\,dt - \int_0^x tf(t)\,dt \right]' = \int_0^x f(t)\,dt,$$

$$G'(x) = \int_0^x f(u)\,du = \int_0^x f(t)\,dt,$$

即 $F(x)$、$G(x)$ 都为函数 $\displaystyle\int_0^x f(t)\,dt$ 的原函数，因此它们至多只差一个常数，但由于 $F(0) = G(0) = 0$，因此必有 $F(x) = G(x)$.

13. 证：(1) $F'(x) = f(x) + \dfrac{1}{f(x)} \geqslant 2\sqrt{f(x) \cdot \dfrac{1}{f(x)}} = 2.$

(2) $F(a) = \displaystyle\int_b^a \dfrac{dt}{f(t)} = -\int_a^b \dfrac{dt}{f(t)} < 0, \ F(b) = \int_a^b f(t)\,dt > 0,$

由闭区间上连续函数性质可知 $F(x)$ 在区间 (a,b) 内必有零点，根据 (1) 可知函数 $F(x)$ 在区间 $[a,b]$ 上单调增加，从而零点唯一，即方程 $F(x) = 0$ 在区间 (a,b) 内有且仅有一个根.

14. 解：$\displaystyle\int_0^2 f(x-1)\,dx \xlongequal{x=u+1} \int_{-1}^1 f(u)\,du = \int_{-1}^0 \dfrac{du}{1+e^u} + \int_0^1 \dfrac{du}{1+u}$

$$= \int_{-1}^0 \dfrac{e^{-u}\,du}{1+e^{-u}} + \left[\ln(1+u) \right]\Big|_0^1 = \left[-\ln(1+e^{-u}) \right]\Big|_{-1}^0 + \ln 2 = \ln(1+e).$$

15. 证：不妨设 $g(x) \geqslant 0$，由定积分性质可知 $\displaystyle\int_a^b g(x)\,dx \geqslant 0$，记 $f(x)$ 在 $[a,b]$ 上的最大值为 M，最小值为 m，则有

$$mg(x) \leqslant f(x)g(x) \leqslant Mg(x),$$

故有

$$m\int_a^b g(x)\,dx = \int_a^b mg(x)\,dx \leqslant \int_a^b f(x)g(x)\,dx \leqslant \int_a^b Mg(x)\,dx = M\int_a^b g(x)\,dx.$$

当 $\displaystyle\int_a^b g(x)\,dx = 0$ 时，有上述不等式可知 $\displaystyle\int_a^b f(x)g(x)\,dx = 0$，故结论成立.

当 $\displaystyle\int_a^b g(x)\,dx > 0$ 时，有 $m \leqslant \dfrac{\displaystyle\int_a^b f(x)g(x)\,dx}{\displaystyle\int_a^b g(x)\,dx} \leqslant M$，由闭区间上连续函数性质，知存在 $\xi \in [a,b]$，使得

$$f(\xi) = \dfrac{\displaystyle\int_a^b f(x)g(x)\,dx}{\displaystyle\int_a^b g(x)\,dx},$$

从而结论成立.

*16.证:当 $n>1$ 时，

$$\int_0^{+\infty} x^n e^{-x^2} dx = -\frac{1}{2}\int_0^{+\infty} x^{n-1} d(e^{-x^2}) = -\frac{1}{2}\left(x^{n-1}e^{-x^2}\right)\Big|_0^{+\infty} + \frac{n-1}{2}\int_0^{+\infty} x^{n-2} e^{-x^2} dx$$

$$= \frac{n-1}{2}\int_0^{+\infty} x^{n-2} e^{-x^2} dx$$

记 $I_n = \int_0^{+\infty} x^{2n+1} e^{-x^2} dx$，则

$$I_n = \int_0^{+\infty} x^{2n+1} e^{-x^2} dx = \frac{2n+1-1}{2}\int_0^{+\infty} x^{2n-1} e^{-x^2} dx = n\int_0^{+\infty} x^{2n-1} e^{-x^2} dx = nI_{n-1},$$

因此有 $I_n = n! \ I_0 = n!\int_0^{+\infty} x e^{-x^2} dx = n!\left(-\frac{1}{2}e^{-x^2}\right)\Big|_0^{+\infty} = \frac{1}{2}n! = \frac{1}{2}\Gamma(n+1).$

*17.解:(1) $x=0$ 为被积函数 $f(x)=\dfrac{\sin x}{\sqrt{x^3}}$ 的瑕点，而 $\lim\limits_{x\to 0^+}x^{\frac{1}{2}}\cdot f(x)=1$，因此 $\int_0^1 f(x)dx$ 收敛；

又由于 $|f(x)|\leqslant\dfrac{1}{\sqrt{x^3}}$，而 $\int_1^{+\infty}\dfrac{1}{\sqrt{x^3}}dx$ 收敛，故 $\int_1^{+\infty} f(x)dx$ 收敛，因此 $\int_0^{+\infty}\dfrac{\sin x}{\sqrt{x^3}}dx$

收敛.

(2) $x=2$ 为被积函数 $f(x)=\dfrac{1}{x\cdot\sqrt[3]{x^2-3x+2}}$ 的瑕点，而

$$\lim_{x\to 2^+}(x-2)^{\frac{1}{3}}\cdot f(x)=\frac{1}{2},$$

因此 $\int_2^3 f(x)dx$ 收敛；又由于 $\lim\limits_{x\to +\infty}x^{\frac{5}{3}}\cdot f(x)=1$，因此 $\int_3^{+\infty}\dfrac{dx}{x\cdot\sqrt[3]{x^2-3x+2}}$ 收敛，故

$\int_2^{+\infty}\dfrac{dx}{x\cdot\sqrt[3]{x^2-3x+2}}$ 收敛.

(3) $\int_2^{+\infty}\dfrac{\cos x}{\ln x}dx = \int_2^{+\infty}\dfrac{1}{\ln x}d(\sin x) = \left(\dfrac{\sin x}{\ln x}\right)\Big|_2^{+\infty} + \int_2^{+\infty}\dfrac{\sin x}{x\ln^2 x}dx$

$$= \int_2^{+\infty}\dfrac{\sin x}{x\ln^2 x}dx - \dfrac{\sin 2}{\ln 2},$$

又由于 $\left|\dfrac{\sin x}{x\ln^2 x}\right|\leqslant\dfrac{1}{x\ln^2 x}$，而 $\int_2^{+\infty}\dfrac{1}{x\ln^2 x}dx$ 收敛，故 $\int_2^{+\infty}\left|\dfrac{\sin x}{x\ln^2 x}\right|dx$ 收敛，

即 $\int_2^{+\infty}\dfrac{\sin x}{x\ln^2 x}dx$ 绝对收敛，因此 $\int_2^{+\infty}\dfrac{\cos x}{\ln x}dx$ 收敛.

(4) $x=0, x=1, x=2$ 为被积函数 $f(x)=\dfrac{1}{\sqrt[3]{x^2(x-1)(x-2)}}$ 的瑕点，

$$\lim_{x\to 0^+}x^{\frac{2}{3}}f(x)=\frac{1}{\sqrt[3]{2}}, \lim_{x\to 1}(x-1)^{\frac{1}{3}}f(x)=-1, \lim_{x\to 2}f(x)(x-2)^{\frac{1}{3}}=\frac{\sqrt[3]{2}}{2},$$

故 $\int_0^3 f(x)dx$ 收敛；又由于 $\lim\limits_{x\to +\infty}x^{\frac{4}{3}}\cdot f(x)=1$，因此 $\int_3^{+\infty}\dfrac{dx}{\sqrt[3]{x^2(x-1)(x-2)}}$ 收敛，故

$\int_0^{+\infty}\dfrac{dx}{\sqrt[3]{x^2(x-1)(x-2)}}$ 收敛.

*18.解:(1) $x=0$ 为被积函数 $f(x)=\ln(\sin x)$ 的瑕点，而

$$\lim_{x\to 0^+}\sqrt{x}\cdot f(x)=\lim_{x\to 0^+}\frac{\ln(\sin x)}{x^{-\frac{1}{2}}}=\lim_{x\to 0^+}\frac{\cot x}{-\frac{1}{2}x^{-\frac{3}{2}}}=\lim_{x\to 0^+}\frac{-2x^{\frac{3}{2}}}{\tan x}=0,$$

故 $\int_0^{\frac{\pi}{2}} \ln(\sin x)\mathrm{d}x$ 收敛. 又 $\int_0^{\frac{\pi}{2}} \ln(\sin x)\mathrm{d}x = \int_0^{\frac{\pi}{4}} \ln(\sin x)\mathrm{d}x + \int_{\frac{\pi}{4}}^{\frac{\pi}{2}} \ln(\sin x)\mathrm{d}x$, 而

$$\int_{\frac{\pi}{4}}^{\frac{\pi}{2}} \ln(\sin x)\mathrm{d}x \xrightarrow{\ x=\frac{\pi}{2}-u\ } \int_{\frac{\pi}{4}}^{0} -\ln(\cos u)\mathrm{d}u = \int_0^{\frac{\pi}{4}} \ln(\cos u)\mathrm{d}u,$$

因此 $\int_0^{\frac{\pi}{2}} \ln(\sin x)\mathrm{d}x = \int_0^{\frac{\pi}{4}} \ln(\sin x)\mathrm{d}x + \int_0^{\frac{\pi}{4}} \ln(\cos x)\mathrm{d}x = \int_0^{\frac{\pi}{4}} \ln(\sin x \cos x)\mathrm{d}x$

$$= \int_0^{\frac{\pi}{4}} [\ln(\sin 2x) - \ln 2]\mathrm{d}x = \int_0^{\frac{\pi}{4}} \ln(\sin 2x)\mathrm{d}x - \int_0^{\frac{\pi}{4}} \ln 2\mathrm{d}x$$

$$\xrightarrow{\ u=2x\ } \frac{1}{2} \int_0^{\frac{\pi}{2}} \ln(\sin u)\mathrm{d}u - \frac{\pi}{4} \ln 2,$$

故 $\int_0^{\frac{\pi}{2}} \ln(\sin x)\mathrm{d}x = -\frac{\pi}{2} \ln 2.$

(2)记被积函数为 $f(x) = \dfrac{1}{(1+x^2)(1+x^a)}$, 则当 $a=0$ 时, $\lim\limits_{x \to +\infty} x^2 \cdot f(x) = \dfrac{1}{2}$, 当 $a > 0$ 时,

$\lim\limits_{x \to +\infty} x^2 \cdot f(x) = 0$, 因此当 $a \geqslant 0$ 时, $\int_0^{+\infty} \dfrac{\mathrm{d}x}{(1+x^2)(1+x^a)}$ 收敛.

令 $x = \dfrac{1}{t}$, 得到 $\int_0^{+\infty} \dfrac{\mathrm{d}x}{(1+x^2)(1+x^a)} = \int_{+\infty}^0 \dfrac{-t^a \mathrm{d}t}{(1+t^2)(1+t^a)}$, 又因

$$\int_{+\infty}^0 \dfrac{-t^a \mathrm{d}t}{(1+t^2)(1+t^a)} = \int_0^{+\infty} \dfrac{x^a \mathrm{d}x}{(1+x^2)(1+x^a)},$$

故

$$\int_0^{+\infty} \dfrac{\mathrm{d}x}{(1+x^2)(1+x^a)} = \int_0^{+\infty} \dfrac{x^a \mathrm{d}x}{(1+x^2)(1+x^a)}$$

$$= \frac{1}{2} \left[\int_0^{+\infty} \dfrac{\mathrm{d}x}{(1+x^2)(1+x^a)} + \int_0^{+\infty} \dfrac{x^a \mathrm{d}x}{(1+x^2)(1+x^a)} \right]$$

$$= \frac{1}{2} \int_0^{+\infty} \dfrac{\mathrm{d}x}{1+x^2} = \frac{1}{2} (\arctan x) \Big|_0^{+\infty} = \frac{\pi}{4}.$$

第六章　定积分的应用

习题 6-2 解答(教材 P286~P289)

1. 解: (1)解方程组 $\begin{cases} y = \sqrt{x}, \\ y = x, \end{cases}$ 得到交点坐标为 $(0,0)$ 和 $(1,1)$.

如果取 x 为积分变量,则 x 的变化范围为 $[0,1]$, 相应于 $[0,1]$ 上的任一小区间 $[x, x+\mathrm{d}x]$ 的窄条面积近似于高为 $\sqrt{x}-x$, 底为 $\mathrm{d}x$ 的窄矩形的面积, 因此有

$$A = \int_0^1 (\sqrt{x} - x)\mathrm{d}x = \left(\frac{2}{3} x^{\frac{3}{2}} - \frac{1}{2} x^2 \right) \Big|_0^1 = \frac{1}{6}.$$

如果 y 为积分变量, 则 y 的变化范围为 $[0,1]$, 相应于 $[0,1]$ 上的任一小区间 $[y, y+\mathrm{d}y]$ 的窄条面积近似于高为 $\mathrm{d}y$, 宽为 $y-y^2$ 的窄矩形的面积, 因此有

$$A=\int_0^1 (y-y^2)\mathrm{d}y=\left(\frac{1}{2}y^2-\frac{1}{3}y^3\right)\Big|_0^1=\frac{1}{6}.$$

(2)取 x 为积分变量,则易知 x 的变化范围为 $[0,1]$,相应于 $[0,1]$ 上的任一小区间 $[x,x+\mathrm{d}x]$ 的窄条面积近似于高为 $\mathrm{e}-\mathrm{e}^x$、底为 $\mathrm{d}x$ 的窄矩形的面积,因此有

$$A=\int_0^1 (\mathrm{e}-\mathrm{e}^x)\mathrm{d}x=\left(\mathrm{e}x-\mathrm{e}^x\right)\Big|_0^1=1.$$

如果取 y 为积分变量,则易知 y 的变化范围为 $[1,\mathrm{e}]$,相应于 $[1,\mathrm{e}]$ 上的任一小区间 $[y,y+\mathrm{d}y]$ 的窄条面积近似于高为 $\mathrm{d}y$、宽为 $\ln y$ 的窄矩形的面积,因此有

$$A=\int_1^{\mathrm{e}} \ln y\mathrm{d}y=\left(y\ln y\right)\Big|_1^{\mathrm{e}}-\int_1^{\mathrm{e}}\mathrm{d}y=\mathrm{e}-(\mathrm{e}-1)=1.$$

(3)解方程组 $\begin{cases} y=2x, \\ y=3-x^2, \end{cases}$ 得到交点坐标为 $(-3,-6)$ 和 $(1,2)$.

如果取 x 为积分变量,则 x 的变化范围为 $[-3,1]$,相应于 $[-3,1]$ 上的任一小区间 $[x,x+\mathrm{d}x]$ 的窄条面积近似于高为 $(3-x^2)-2x=-x^2-2x+3$、底为 $\mathrm{d}x$ 的窄矩形的面积,因此有

$$A=\int_{-3}^1 (-x^2-2x+3)\mathrm{d}x=\left(-\frac{1}{3}x^3-x^2+3x\right)\Big|_{-3}^1=\frac{32}{3}.$$

如果用 y 为积分变量,则 y 的变化范围为 $[-6,3]$,但是在 $[-6,2]$ 上的任一小区间 $[y,y+\mathrm{d}y]$ 的窄条面积近似于高为 $\mathrm{d}y$、宽为 $\frac{y}{2}-(-\sqrt{3-y})=\frac{y}{2}+\sqrt{3-y}$ 的窄矩形的面积,在 $[2,3]$ 上的任一小区间 $[y,y+\mathrm{d}y]$ 的窄条面积近似于高为 $\mathrm{d}y$,宽为 $\sqrt{3-y}-(-\sqrt{3-y})=2\sqrt{3-y}$ 的窄矩形面积,因此有

$$A=\int_{-6}^2 \left(\frac{y}{2}+\sqrt{3-y}\right)\mathrm{d}y+\int_2^3 2\sqrt{3-y}\mathrm{d}y$$
$$=\left[\frac{y^2}{4}-\frac{2}{3}(3-y)^{\frac{3}{2}}\right]\Big|_{-6}^2+\left[-\frac{4}{3}(3-y)^{\frac{3}{2}}\right]\Big|_2^3=\frac{32}{3},$$

从这里可看到本小题以 x 为积分变量较容易做. 原因是本小题中的图形边界曲线,若分为上下两段的话,则为 $y=2x$ 和 $y=3-x^2$;而分为左右两段的话,则为 $x=-\sqrt{3-y}$ 和 $x=\begin{cases} \dfrac{y}{2}, & -6\leqslant y<2, \\ \sqrt{3-y}, & 2\leqslant y\leqslant 3, \end{cases}$ 其中右段曲线的表示相对比较复杂,也就导致计算形式复杂.

(4)解方程组 $\begin{cases} y=2x+3, \\ y=x^2, \end{cases}$ 得到交点坐标为 $(-1,1)$ 和 $(3,9)$,与(3)相同的原因,本小题以 x 为积分变量计算较容易. 取 x 为积分变量,则 x 的变化范围为 $[-1,3]$,相应于 $[-1,3]$ 上的任一小区间 $[x,x+\mathrm{d}x]$ 的窄条面积近似于高为 $2x+3-x^2$、底为 $\mathrm{d}x$ 的窄矩形的面积,因此有

$$A=\int_{-1}^3 (2x+3-x^2)\mathrm{d}x=\left(x^2+3x-\frac{1}{3}x^3\right)\Big|_{-1}^3=\frac{32}{3}.$$

2. 解:(1)如图 6-1 所示,先计算图形 D_1 的面积,容易求得 $y=\frac{1}{2}x^2$ 与 $x^2+y^2=8$ 的交点为 $(-2,2)$ 和 $(2,2)$. 取 x 为积分变量,则 x 的变化范围为 $[-2,2]$,相应于 $[-2,2]$ 上的任一小区间 $[x,x+\mathrm{d}x]$ 的窄条面积近似于高为 $\sqrt{8-x^2}-\frac{1}{2}x^2$、底为 $\mathrm{d}x$ 的窄矩形的面积,因此有

教材习题全解（上册）

$$A_1 = \int_{-2}^{2} \left(\sqrt{8-x^2} - \frac{1}{2}x^2 \right) dx = 2\int_{0}^{2} \left(\sqrt{8-x^2} - \frac{1}{2}x^2 \right) dx$$

$$= 2\left(\frac{x}{2}\sqrt{8-x^2} + 4\arcsin\frac{x}{2\sqrt{2}} - \frac{1}{6}x^3 \right) \Big|_{0}^{2} = 2\pi + \frac{4}{3},$$

图形 D_2 的面积为

$$A_2 = \pi(2\sqrt{2})^2 - \left(2\pi + \frac{4}{3} \right) = 6\pi - \frac{4}{3}.$$

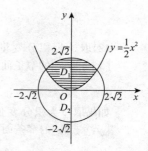

图 6-1

（2）如图 6-2 所示，取 x 为积分变量，则 x 的变化范围为 $[1,2]$，相应于 $[1,2]$ 上的任一小区间 $[x,x+dx]$ 的窄条面积近似于高为 $x - \frac{1}{x}$、底为 dx 的窄矩形的面积，因此有

$$A = \int_{1}^{2} \left(x - \frac{1}{x} \right) dx$$

$$= \left(\frac{1}{2}x^2 - \ln x \right) \Big|_{1}^{2} = \frac{3}{2} - \ln 2.$$

（3）如图 6-3 所示，取 x 为积分变量，则 x 的变化范围为 $[0, 1]$，相应于 $[0,1]$ 上的任一小区间 $[x,x+dx]$ 的窄条面积近似于高为 $e^x - e^{-x}$、底为 dx 的窄矩形的面积，因此有

$$A = \int_{0}^{1} (e^x - e^{-x}) dx = e + \frac{1}{e} - 2.$$

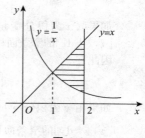

图 6-2

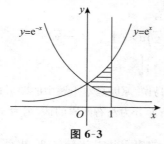

图 6-3

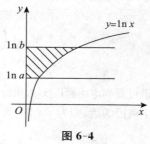

图 6-4

（4）如图 6-4 所示，取 y 为积分变量，则 y 的变化范围为 $[\ln a, \ln b]$，相应于 $[\ln a, \ln b]$ 上的任一小区间 $[y, y+dy]$ 的窄条面积近似于高为 dy、宽为 e^y 的窄矩形的面积，因此有

$$A = \int_{\ln a}^{\ln b} e^y dy = (e^y) \Big|_{\ln a}^{\ln b} = b - a.$$

3. **解**：首先求得导数 $y' \big|_{x=0} = 4$，$y' \big|_{x=3} = -2$，故抛物线在点 $(0, -3)$，$(3,0)$ 处的切线分别为 $y = 4x - 3$，$y = -2x + 6$，容易求得这两条切线交点为 $\left(\frac{3}{2}, 3 \right)$（如图 6-5 所示），因此所求面积为

$$A = \int_{0}^{\frac{3}{2}} [4x - 3 - (-x^2 + 4x - 3)] dx$$

$$+ \int_{\frac{3}{2}}^{3} [-2x + 6 - (-x^2 + 4x - 3)] dx = \frac{9}{4}.$$

4. **解**：利用隐函数求导方法，抛物线方程 $y^2 = 2px$ 两端分别对 x 求

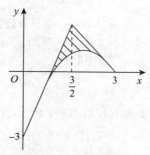

图 6-5

导，得 $2yy'=2p$，即得 $y'\big|_{(\frac{p}{2},p)}=1$，故法线斜率为 $k=-1$，

从而得到法线方程为 $y=-x+\dfrac{3}{2}p$（如图 6-6 所示），因此

所求面积为

$$A=\int_{-3p}^{p}\left(-y+\frac{3}{2}p-\frac{1}{2p}y^2\right)\mathrm{d}y$$

$$=\left(-\frac{1}{2}y^2+\frac{3}{2}py-\frac{1}{6p}y^3\right)\Big|_{-3p}^{p}=\frac{16}{3}p^2.$$

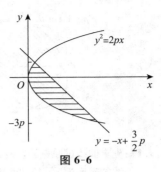

图 6-6

5. 解：(1) $A=\int_{-\frac{\pi}{2}}^{\frac{\pi}{2}}\frac{1}{2}(2a\cos\theta)^2\mathrm{d}\theta=4a^2\int_0^{\frac{\pi}{2}}\cos^2\theta\mathrm{d}\theta=\pi a^2.$

(2) 由对称性可知，所求面积为第一象限部分面积的 4 倍，记曲线 $x=a\cos^3t$，$y=a\sin^3t$ 上的点为 (x,y)，因此

$$A=4\int_0^a y\mathrm{d}x=4\int_{\frac{\pi}{2}}^0\left[a\sin^3t\cdot3a\cos^2t(-\sin t)\right]\mathrm{d}t$$

$$=12a^2\int_0^{\frac{\pi}{2}}(\sin^4t-\sin^6t)\mathrm{d}t=\frac{3}{8}\pi a^2.$$

【方法点击】 对于参数方程的处理方式一般可采用本题的方法，首先根据问题得到积分（其中记曲线上的点为 (x,y)），对于积分根据参数方程进行换元，即可化为关于参数的积分，再进行计算.

(3) $A=\int_0^{2\pi}\frac{1}{2}\left[2a(2+\cos\theta)\right]^2\mathrm{d}\theta=2a^2\int_0^{2\pi}(4+4\cos\theta+\cos^2\theta)\mathrm{d}\theta$

$$=2a^2\int_0^{2\pi}(4+\cos^2\theta)\mathrm{d}\theta=8a^2\int_0^{\frac{\pi}{2}}(4+\cos^2\theta)\mathrm{d}\theta=18\pi a^2.$$

6. 解：本题做法与 5(2) 类似. 以 x 为积分变量，则 x 的变化范围为 $[0,2\pi a]$，记摆线上的点为 (x,y)，则所求面积为

$$A=\int_0^{2\pi a}y\mathrm{d}x,$$

再根据参数方程换元，令 $x=a(t-\sin t)$，则 $y=a(1-\cos t)$，因此有

$$A=\int_0^{2\pi}a^2(1-\cos t)^2\mathrm{d}t=a^2\int_0^{2\pi}(1-2\cos t+\cos^2t)\mathrm{d}t=4a^2\int_0^{\frac{\pi}{2}}(1+\cos^2t)\mathrm{d}t=3\pi a^2.$$

7. 解：$A=\int_{-\pi}^{\pi}\frac{1}{2}(a\mathrm{e}^\theta)^2\mathrm{d}\theta=\frac{a^2}{4}(\mathrm{e}^{2\theta})\Big|_{-\pi}^{\pi}=\frac{a^2}{4}(\mathrm{e}^{2\pi}-\mathrm{e}^{-2\pi}).$

8. 解：(1) 首先求出两曲线交点为 $\left(\dfrac{3}{2},\dfrac{\pi}{3}\right)$，$\left(\dfrac{3}{2},-\dfrac{\pi}{3}\right)$，由于图形关于极轴的对称性（如图 6-7 所示），因此所求面积为极轴上面部分面积的 2 倍，即得

$$A=2\left[\int_0^{\frac{\pi}{3}}\frac{1}{2}(1+\cos\theta)^2\mathrm{d}\theta+\int_{\frac{\pi}{3}}^{\frac{\pi}{2}}\frac{1}{2}(3\cos\theta)^2\mathrm{d}\theta\right]=\frac{5\pi}{4}.$$

(2) 首先求出两曲线交点为 $\left(\dfrac{\sqrt{2}}{2},\dfrac{\pi}{6}\right)$ 和 $\left(\dfrac{\sqrt{2}}{2},\dfrac{5\pi}{6}\right)$，由于图形的对称性（如图 6-8 所示），因此有

$$A=2\left[\int_0^{\frac{\pi}{6}}\frac{1}{2}(\sqrt{2}\sin\theta)^2\mathrm{d}\theta+\int_{\frac{\pi}{6}}^{\frac{\pi}{4}}\frac{1}{2}\cos2\theta\mathrm{d}\theta\right]=\frac{\pi}{6}+\frac{1-\sqrt{3}}{2}.$$

教材习题全解（上册）

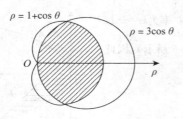

$\rho = 1+\cos\theta$

$\rho = 3\cos\theta$

图 6-7

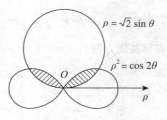

$\rho = \sqrt{2}\sin\theta$

$\rho^2 = \cos 2\theta$

图 6-8

9. 解: 先求曲线过原点的切线方程,设切点为 (x_0, y_0),其中 $y_0 = e^{x_0}$,则切

线的斜率为 e^{x_0},故切线方程为 $y - y_0 = e^{x_0}(x - x_0)$,由于该切线

过原点,因此有 $y_0 = e^{x_0} x_0$,

解得 $x_0 = 1$,$y_0 = e$,即切线方程为 $y = ex$.

如图 6-9 所示可知所求面积为

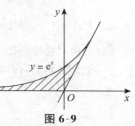

$y = e^x$

图 6-9

$$A = \int_{-\infty}^{0} e^x dx + \int_{0}^{1} (e^x - ex)dx = e^x \Big|_{-\infty}^{0} + \left(e^x - \frac{e}{2}x^2\right)\Big|_{0}^{1} = \frac{e}{2}.$$

10. 解: 抛物线的焦点为 $(a, 0)$,设过焦点的直线为 $y = k(x - a)$,则该直线与抛物线的交点的纵坐

标为 $y_1 = \dfrac{2a - 2a\sqrt{1+k^2}}{k}$,$y_2 = \dfrac{2a + 2a\sqrt{1+k^2}}{k}$,面积为

$$A = \int_{y_1}^{y_2}\left(a + \frac{y}{k} - \frac{y^2}{4a}\right)dy = a(y_2 - y_1) + \frac{y_2^2 - y_1^2}{2k} - \frac{y_2^3 - y_1^3}{12a}$$

$$= \frac{8a^2(1+k^2)^{3/2}}{3k^3} = \frac{8a^2}{3}\left(1 + \frac{1}{k^2}\right)^{3/2},$$

故面积是 k 的单调减少函数,因此其最小值在 $k \to \infty$ 即弦为 $x = a$ 时取到,最小值为 $\dfrac{8}{3}a^2$.

11. 解: 依题意知,抛物线与 x 轴交点的横坐标为 $x_1 = 0$,$x_2 = -\dfrac{q}{p}$.抛物线与 x 轴所围成的图形

面积为

$$A = \int_{0}^{-\frac{q}{p}} (px^2 + qx)dx = \left(\frac{p}{3}x^3 + \frac{q}{2}x^2\right)\Big|_{0}^{-\frac{q}{p}} = \frac{q^3}{6p^2}.$$

因为直线 $x + y = 5$ 与抛物线 $y = px^2 + qx$ 相切,故它们有唯一交点,由方程组

$\begin{cases} x + y = 5, \\ y = px^2 + qx, \end{cases}$ 得 $px^2 + (q+1)x - 5 = 0$,其判别式 $\Delta = (q+1)^2 + 20p = 0$,解得 $p = -\dfrac{1}{20}(q+1)^2$,

代入面积 A,得

$$A(q) = \frac{200q^3}{3(1+q)^4}.$$

令 $A'(q) = \dfrac{200q^2(3-q)}{3(1+q)^5} = 0$,得 $q = 3$.当 $0 < q < 3$ 时,$A'(q) > 0$;当 $q > 3$ 时,$A'(q) < 0$.于

是 $q = 3$ 时,$A(q)$ 取极大值,也是最大值.此时 $p = -\dfrac{4}{5}$,最大值 $A = \dfrac{225}{32}$.

12. 解: (1)图形绕 x 轴旋转,该体积为 $V = \int_{0}^{2} \pi(x^3)^2 dx = \dfrac{128}{7}\pi$.

(2)图形绕 y 轴旋转,则该立体可看做圆柱体(即由 $x = 2$,$y = 8$,$x = 0$,$y = 0$ 所围成的图

形绕 y 轴所得的立体)减去由曲线 $x = \sqrt[3]{y}$,$y = 8$,$x = 0$ 所围成的图形绕 y 轴所得的立体,

因此体积为

$$V = \pi \times 2^2 \times 8 - \int_0^8 \pi (\sqrt[3]{y})^2 \mathrm{d}y = \frac{64}{5}\pi.$$

13. 解：记 x 轴上方部分星形线的函数为 $y=y(x)$，则所求体积为曲线 $y=y(x)$ 与 x 轴所围成的图形绕 x 轴旋转而成，故有 $V=\int_{-a}^{a} \pi y^2 \mathrm{d}x$。

由于星形线的参数方程为 $x=a\cos^3 t, y=a\sin^3 t$，所以对上述积分作换元 $x=a\cos^3 t$ 便得

$$V = \int_{\pi}^{0} \pi (a\sin^3 t)^2 (a\cos^3 t)' \mathrm{d}t = \frac{32}{105}\pi a^3.$$

14. 解：该立体可看作由曲线 $x=\sqrt{R^2-y^2}, y=R-H$ 和 $x=0$ 所围成的图形绕 y 轴旋转所得，因此体积为

$$V = \int_{R-H}^{R} \pi (\sqrt{R^2-y^2})^2 \mathrm{d}y = \pi \left(R^2 y - \frac{1}{3}y^3 \right) \Big|_{R-H}^{R} = \pi H^2 \left(R - \frac{H}{3} \right).$$

15. 解：(1) $V = \int_0^1 \left[\pi(\sqrt{y})^2 - \pi(y^2)^2 \right] \mathrm{d}y = \frac{3}{10}\pi.$

(2) $V = \int_0^1 \pi(\arcsin x)^2 \mathrm{d}x = \left[\pi x(\arcsin x)^2 \right] \Big|_0^1 - 2\pi \int_0^1 \frac{x}{\sqrt{1-x^2}} \arcsin x \mathrm{d}x$

$$= \frac{\pi^3}{4} - 2\pi \left[\left(-\sqrt{1-x^2} \arcsin x \right) \Big|_0^1 + \int_0^1 \mathrm{d}x \right] = \frac{\pi^3}{4} - 2\pi.$$

(3) 该立体为由曲线 $y=5+\sqrt{16-x^2}, x=-4, x=4, y=0$ 所围成图形绕 x 轴旋转所得立体减去由曲线 $y=5-\sqrt{16-x^2}, x=-4, x=4, y=0$ 所围成图形绕 x 轴旋转所得立体，因此体积为

$$V = \int_{-4}^{4} \pi(5+\sqrt{16-x^2})^2 \mathrm{d}x - \int_{-4}^{4} \pi(5-\sqrt{16-x^2})^2 \mathrm{d}x$$

$$= \int_{-4}^{4} 20\pi \sqrt{16-x^2} \mathrm{d}x \xrightarrow{x=4\sin t} \int_{-\frac{\pi}{2}}^{\frac{\pi}{2}} 320\pi\cos^2 t \mathrm{d}t$$

$$= 640\pi \int_0^{\frac{\pi}{2}} \cos^2 t \mathrm{d}t = 160\pi^2.$$

(4) 该立体可看作由曲线 $y=2a, y=0, x=0, x=2\pi a$ 所围成的图形绕 $y=2a$ 旋转所得的圆柱体减去由摆线以及 $y=2a, x=0, x=2\pi a$ 所围成的立体，记摆线上的点为 (x,y)，则体积为

$$V = \pi(2a)^2 (2\pi a) - \int_0^{2\pi a} \pi(2a-y)^2 \mathrm{d}x = 8\pi^2 a^3 - \int_0^{2\pi a} \pi(2a-y)^2 \mathrm{d}x,$$

再根据摆线的参数方程进行换元，即作换元 $x=a(t-\sin t)$，此时 $y=a(1-\cos t)$，因此有

$$V = 8\pi^2 a^3 - \int_0^{2\pi} \pi \left[2a - a(1-\cos t) \right]^2 a(1-\cos t) \mathrm{d}t$$

$$= 8\pi^2 a^3 - \pi a^3 \int_0^{2\pi} (1+\cos t - \cos^2 t - \cos^3 t) \mathrm{d}t$$

$$= 8\pi^2 a^3 - 4\pi a^3 \int_0^{\frac{\pi}{2}} \sin^2 t \mathrm{d}t = 7\pi^2 a^3.$$

16. 解：记由曲线 $x=\sqrt{a^2-y^2}, x=-b, y=-a, y=a$ 围成的图形绕 $x=-b$ 旋转所得旋转体的体积为 V_1，由曲线 $x=-\sqrt{a^2-y^2}, x=-b, y=-a, y=a$ 围成的图形绕 $x=-b$ 旋转所得旋

转体的体积为 V_2，则所求体积为

$$V = V_1 - V_2 = \int_{-a}^{a} \pi(\sqrt{a^2 - y^2} + b)^2 \, dy - \int_{-a}^{a} \pi(-\sqrt{a^2 - y^2} + b)^2 \, dy$$

$$= \int_{-a}^{a} 4\pi b \sqrt{a^2 - y^2} \, dy \xrightarrow{y = a\sin t} \int_{-\frac{\pi}{2}}^{\frac{\pi}{2}} 4\pi a^2 b\cos^2 t \, dt = 8\pi a^2 b \int_{0}^{\frac{\pi}{2}} \cos^2 t \, dt = 2\pi^2 a^2 b.$$

17. 解： 用与下底相距 x 且平行于底面的平面去截该立体得到一个椭圆，记其半轴长分别为 u，v，则 $u = \dfrac{a - A}{h}x + A$，$v = \dfrac{b - B}{h}x + B$，该椭圆面积为 $\pi\left(\dfrac{a - A}{h}x + A\right)\left(\dfrac{b - B}{h}x + B\right)$，因此体积为

$$V = \int_{0}^{h} \pi\left(\frac{a - A}{h}x + A\right)\left(\frac{b - B}{h}x + B\right) dx = \frac{1}{6}\pi h[2(ab + AB) + aB + bA].$$

18. 解： 以 x 为积分变量，则 x 的变化范围为 $[-R, R]$，相应的截面等边三角形边长为 $2\sqrt{R^2 - x^2}$，面积为 $\dfrac{\sqrt{3}}{4}(2\sqrt{R^2 - x^2})^2 = \sqrt{3}(R^2 - x^2)$，因此体积为

$$V = \int_{-R}^{R} \sqrt{3}(R^2 - x^2) \, dx = \frac{4\sqrt{3}}{3}R^3.$$

19. 解： 取横坐标 x 为积分变量，与区间 $[a, b]$ 上任一小区间 $[x, x + dx]$ 相应的窄条图形绕 y 轴旋转所成的旋转体近似于一圆柱壳，柱壳的高为 $f(x)$，厚度为 dx，底面圆轴长为 $2\pi x$，故其体积近似等于 $2\pi x f(x) dx$，从而由元素法即得结论.

20. 解： $V = 2\pi \displaystyle\int_{0}^{\pi} x\sin x \, dx = \pi^2 \int_{0}^{\pi} \sin x \, dx = 2\pi^2.$

【方法点击】 在计算积分时，这里利用了同济教材第五章第三节中例 6 的结论

$$\int_{0}^{\pi} x f(\sin x) \, dx = \frac{\pi}{2}\int_{0}^{\pi} f(\sin x) \, dx.$$

21. 解： (1) $V_1 = \pi \displaystyle\int_{a}^{2} (2x^2)^2 \, dx = \frac{4\pi}{5}(32 - a^5)$；

$$V_2 = \pi a^2 \cdot 2a^2 - \pi \int_{0}^{2a^2} \frac{y}{2} \, dy = 2\pi a^4 - \pi a^4 = \pi a^4.$$

(2) 设 $V = V_1 + V_2 = \dfrac{4\pi}{5}(32 - a^5) + \pi a^4$，令 $V' = 4\pi a^3(1 - a) = 0$，得 $a = 1$.

当 $0 < a < 1$ 时，$V' > 0$；当 $a > 1$ 时，$V' < 0$，因此 $a = 1$ 是极大值点也是最大值点，此时 $V_1 + V_2$ 取得最大值 $\dfrac{129}{5}\pi$.

22. 解： $s = \displaystyle\int_{\sqrt{3}}^{\sqrt{8}} \sqrt{1 + \left(\frac{1}{x}\right)^2} \, dx \xrightarrow{x = \sqrt{u^2 - 1}} \int_{2}^{3} \frac{u^2}{u^2 - 1} \, du = \left(u + \frac{1}{2}\ln\left|\frac{u - 1}{u + 1}\right|\right)\Big|_{2}^{3} = 1 + \frac{1}{2}\ln\frac{3}{2}.$

23. 解： 联立两个方程 $\begin{cases} y^2 = \dfrac{2}{3}(x - 1)^3, \\ y^2 = \dfrac{x}{3}, \end{cases}$ 得到两条曲线的交点为 $\left(2, \sqrt{\dfrac{2}{3}}\right)$ 和 $\left(2, -\sqrt{\dfrac{2}{3}}\right)$. 由

于曲线关于 x 轴对称，因此所求弧段长为第一象限部分的 2 倍，第一象限部分弧段为

$$y = \sqrt{\frac{2}{3}(x - 1)^3} \, (1 \leqslant x \leqslant 2), y' = \sqrt{\frac{3}{2}(x - 1)},$$

故所求弧的长度为

$$s = 2\int_1^2 \sqrt{1 + \frac{3}{2}(x-1)}\,\mathrm{d}x = \frac{8}{9}\left[1 + \frac{3}{2}(x-1)\right]^{\frac{3}{2}}\Big|_1^2 = \frac{8}{9}\left[\left(\frac{5}{2}\right)^{\frac{3}{2}} - 1\right].$$

24. 解：不妨设 $p>0$，由于顶点到 (x,y) 的弧长与顶点到 $(x,-y)$ 的弧长相等，因此不妨设 $y>0$，故有

$$s = \int_0^y \sqrt{1 + \left(\frac{\mathrm{d}x}{\mathrm{d}y}\right)^2}\,\mathrm{d}y = \int_0^y \sqrt{1 + \left(\frac{y}{p}\right)^2}\,\mathrm{d}y$$

$$= \frac{1}{p}\left[\frac{1}{2}y\sqrt{p^2+y^2} + \frac{1}{2}p^2\ln(y + \sqrt{p^2+y^2})\right]\Big|_0^y$$

$$= \frac{1}{2p}y\sqrt{p^2+y^2} + \frac{1}{2}p\ln\frac{y + \sqrt{p^2+y^2}}{p}.$$

25. 解：$s = 4\int_0^{\frac{\pi}{2}}\sqrt{(-3a\cos^2 t\sin t)^2 + (3a\sin^2 t\cos t)^2}\,\mathrm{d}t = 12a\int_0^{\frac{\pi}{2}}\sin t\cos t\,\mathrm{d}t = 6a.$

26. 解：$\dfrac{\mathrm{d}x}{\mathrm{d}t} = at\cos t,\ \dfrac{\mathrm{d}y}{\mathrm{d}t} = at\sin t$，因此有

$$s = \int_0^\pi \sqrt{\left(\frac{\mathrm{d}x}{\mathrm{d}t}\right)^2 + \left(\frac{\mathrm{d}y}{\mathrm{d}t}\right)^2}\,\mathrm{d}t = \int_0^\pi at\,\mathrm{d}t = \frac{a}{2}\pi^2.$$

27. 解：对应于摆线第一拱的参数 t 的范围为 $[0, 2\pi]$，参数 t 在范围 $[0, t_0]$ 时摆线的长度为

$$s_0 = \int_0^{t_0}\sqrt{a^2(1-\cos t)^2 + a^2\sin^2 t}\,\mathrm{d}t = a\int_0^{t_0} 2\sin\frac{t}{2}\,\mathrm{d}t = 4a\left(1 - \cos\frac{t_0}{2}\right),$$

当 $t_0 = 2\pi$ 时，长度为 $8a$，故所求点对应的参数 t_0 满足 $4a\left(1 - \cos\dfrac{t_0}{2}\right) = \dfrac{8a}{4}$，解得 $t_0 = \dfrac{2\pi}{3}$，从而

得到点的坐标为 $\left(\left(\dfrac{2\pi}{3} - \dfrac{\sqrt{3}}{2}\right)a, \dfrac{3a}{2}\right)$.

28. 解：$s = \int_0^\varphi \sqrt{\rho^2 + \rho'^2}\,\mathrm{d}\theta = \int_0^\varphi \sqrt{1 + a^2}\,e^{a\theta}\,\mathrm{d}\theta = \dfrac{\sqrt{1+a^2}}{a}(e^{a\varphi} - 1).$

29. 解：$s = \int_{\frac{3}{4}}^{\frac{4}{3}}\sqrt{\rho^2 + \rho'^2}\,\mathrm{d}\theta = \int_{\frac{3}{4}}^{\frac{4}{3}}\dfrac{\sqrt{1+\theta^2}}{\theta^2}\,\mathrm{d}\theta = -\int_{\frac{3}{4}}^{\frac{4}{3}}\sqrt{1+\theta^2}\,\mathrm{d}\left(\dfrac{1}{\theta}\right)$

$$= -\left(\frac{\sqrt{1+\theta^2}}{\theta}\right)\Big|_{\frac{3}{4}}^{\frac{4}{3}} + \int_{\frac{3}{4}}^{\frac{4}{3}}\frac{1}{\sqrt{1+\theta^2}}\,\mathrm{d}\theta = \frac{5}{12} + \left[\ln(\theta + \sqrt{1+\theta^2})\right]\Big|_{\frac{3}{4}}^{\frac{4}{3}} = \ln\frac{3}{2} + \frac{5}{12}.$$

30. 解：$s = \int_0^{2\pi}\sqrt{a^2(1+\cos\theta)^2 + a^2\sin^2\theta}\,\mathrm{d}\theta = \int_0^{2\pi} 2a\left|\cos\dfrac{\theta}{2}\right|\,\mathrm{d}\theta = 8a.$

习题 6-3 解答（教材 P293～P294）

1. 解：$W = \int_0^6 ks\,\mathrm{d}s = 18k(\text{N}\cdot\text{cm}) = 0.18k(\text{J}).$

2. 解：由条件 $pV = k$ 为常数，故 $k = 10 \times 100^2 \times \pi \times 0.1^2 \times 0.8 = 800\pi$. 设圆筒内高度减少 h m 时蒸汽的压强为 $p(h)$ N/m^2，则 $p(h) = \dfrac{k}{V} = \dfrac{800\pi}{(0.8-h)S}$，压力为 $P = p(h)S = \dfrac{800\pi}{0.8-h}$，因此做的功为

$$W = \int_0^{0.4}\frac{800\pi}{0.8-h}\,\mathrm{d}h = 800\pi\left[-\ln(0.8-h)\right]\Big|_0^{0.4} = 800\pi\ln 2 \approx 1742(\text{J}).$$

3. 证：(1) 质量为 m 的物体与地球中心相距 x 时，引力为 $F = k\dfrac{mM}{x^2}$，根据条件 $mg = k\dfrac{mM}{R^2}$，因此

有 $k=\dfrac{R^2 g}{M}$,从而做的功为

$$W=\int_R^{R+h}\frac{mgR^2}{x^2}\mathrm{d}x=mgR^2\left(\frac{1}{R}-\frac{1}{R+h}\right)=\frac{mgRh}{R+h}.$$

(2)做的功为 $\quad W=\dfrac{mgRh}{R+h}=971973\approx9.72\times10^5(\mathrm{kJ}).$

4. 解: 速度为 $v=\dfrac{\mathrm{d}x}{\mathrm{d}t}=3ct^2$,阻力为 $R=kv^2=9kc^2t^4$,由此得到

$$\mathrm{d}W=R\mathrm{d}x=27kc^3t^6\mathrm{d}t.$$

设当 $t=T$ 时,$x=a$,得 $T=\left(\dfrac{a}{c}\right)^{\frac{1}{3}}$,故

$$W=\int_0^T 27kc^3t^6\mathrm{d}t=\frac{27kc^3}{7}T^7=\frac{27}{7}kc^{\frac{2}{3}}a^{\frac{7}{3}}.$$

5. 解: 设木板对铁钉的阻力为 R,则铁钉击入木板的深度为 h 时的阻力为 $R=kh$,其中 k 为常数.铁锤击第一次时所做的功为

$$W_1=\int_0^1 R\mathrm{d}h=\int_0^1 kh\mathrm{d}h=\frac{k}{2}.$$

设锤击第二次时,铁钉又击入 $h_0\mathrm{cm}$,则锤击第二次所做的功为

$$W_2=\int_1^{1+h_0}R\mathrm{d}h=\int_1^{1+h_0}kh\mathrm{d}h=\frac{k}{2}[(1+h_0)^2-1],$$

由条件 $W_1=W_2$ 得 $h_0=\sqrt{2}-1$.

6. 解: 以高度 h 为积分变量,变化范围为 $[0,15]$,对该区间内任一小区间 $[h,h+\mathrm{d}h]$,体积为 $\pi\left(\dfrac{10}{15}h\right)^2\mathrm{d}h$,记 γ 为水的密度,则做功为

$$W=\int_0^{15}\frac{4}{9}\pi\gamma gh^2(15-h)\mathrm{d}h=1\,875\pi\gamma g\approx5.769\,75\times10^7(\mathrm{J}).$$

7. 解: 设水深 $x\,\mathrm{m}$ 的地方压强为 $p(x)$,则 $p(x)=1\,000gx$,取 x 为积分变量,则 x 的变化范围为 $[2,5]$,对该区间内任一小区间 $[x,x+\mathrm{d}x]$,压力为

$$\mathrm{d}F=p(x)\mathrm{d}S=2p(x)\mathrm{d}x=2\,000gx\mathrm{d}x,$$

因此闸门上所受的水压力为

$$F=\int_2^5 2\,000gx\mathrm{d}x=1\,000g\left(x^2\right)\Big|_2^5=21\,000g(\mathrm{N})\approx205.8(\mathrm{kN}).$$

8. 解: 以侧面的椭圆长轴为 x 轴,段轴为 y 轴设立坐标系,则该椭圆的方程为 $x^2+\dfrac{y^2}{0.75^2}=1$,取 y 为积分变量,则 y 的变化范围为 $[-0.75,0.75]$,对该区间内任一小区间 $[y,y+\mathrm{d}y]$,该小区间相应的水深为 $(0.75-y)$,相应面积为

$$\mathrm{d}S=2\sqrt{1-\frac{y^2}{0.75^2}}\mathrm{d}y,$$

得到该小区间相应的压力

$$\mathrm{d}F=1\,000g(0.75-y)\mathrm{d}S=2\,000g(0.75-y)\sqrt{1-\frac{y^2}{0.75^2}}\mathrm{d}y,$$

因此压力为

$$F=\int_{-0.75}^{0.75}2\,000g(0.75-y)\sqrt{1-\frac{y^2}{0.75^2}}\mathrm{d}y\approx1\,7318(\mathrm{N})\approx17.3(\mathrm{kN}).$$

9. 解:如图 6-10 所示建立坐标系,则过 A,B 两点的直线方程为 $y=10x-50$。取 y 为积分变量,y 的变化范围为 $[-20,0]$,对应小区间 $[y,y+\mathrm{d}y]$ 的面积近似值为 $2x\mathrm{d}y=\left(\dfrac{y}{5}+10\right)\mathrm{d}y$,$\gamma$ 表示水的密度,因此水压力为

$$P=\int_{-20}^{0}\left(\frac{y}{5}+10\right)(-y)\gamma g\mathrm{d}y=1.437\ 3\times10^{7}(\text{N})$$
$$=14\ 373(\text{kN}).$$

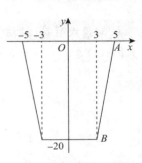

图 6-10

10. 解:如图 6-11 所示设立坐标系,取三角形顶点为原点,取积分变量为 x,则 x 的变化范围为 $[0,0.06]$,易知 B 的坐标为 $(0.06,0.04)$,因此 OB 的方程为 $y=\dfrac{2}{3}x$,故对应小区间 $[x,x+\mathrm{d}x]$ 的面积近似值为

$$\mathrm{d}S=2\times\frac{2}{3}x\mathrm{d}x=\frac{4}{3}x\mathrm{d}x.$$

记 γ 为水的密度,则在 x 处的水压强为
$$p=\gamma g(x+0.03)=1\ 000g(x+0.03),$$
故压力为

$$F=\int_{0}^{0.06}1\ 000g(x+0.03)\times\frac{4}{3}x\mathrm{d}x$$
$$=0.168g\approx1.65(\text{N}).$$

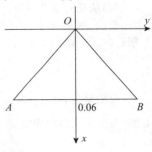

图 6-11

11. 解:如图 6-12 所示设立坐标系,取 y 为积分变量,则 y 的变化范围为 $[0,l]$,对应小区间 $[y,y+\mathrm{d}y]$ 与质点 M 的引力的大小的近似值为 $\mathrm{d}F=G\dfrac{m\mu\mathrm{d}y}{r^2}$,其中 $r=\sqrt{a^2+y^2}$,把该力分解,得到 x 轴、y 轴方向的分量分别为

$$\mathrm{d}F_x=-\frac{a}{r}\mathrm{d}F=-G\frac{am\mu}{(a^2+y^2)^{3/2}}\mathrm{d}y,$$
$$\mathrm{d}F_y=\frac{y}{r}\mathrm{d}F=G\frac{m\mu y}{(a^2+y^2)^{3/2}}\mathrm{d}y,$$

因此

$$F_x=\int_{0}^{l}-G\frac{am\mu}{(a^2+y^2)^{3/2}}\mathrm{d}y\xrightarrow{y=a\tan t}-G\frac{m\mu}{a}\int_{0}^{\arctan\frac{l}{a}}\cos t\mathrm{d}t=-\frac{Gm\mu l}{a\sqrt{a^2+l^2}},$$
$$F_y=\int_{0}^{l}G\frac{m\mu y}{(a^2+y^2)^{3/2}}\mathrm{d}y=\left[-G\frac{m\mu}{(a^2+y^2)^{1/2}}\right]\Bigg|_{0}^{l}=m\mu G\left(\frac{1}{a}-\frac{1}{\sqrt{a^2+l^2}}\right).$$

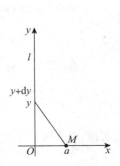

图 6-12

12. 解:如图 6-13 所示设立坐标系,则相应小区间 $[\theta,\theta+\mathrm{d}\theta]$ 的弧长为 $R\mathrm{d}\theta$,根据对称性可知所求的铅直方向引力分量为零,水平方向的引力分量为

$$F_x=\int_{-\frac{\varphi}{2}}^{\frac{\varphi}{2}}\cos\theta\frac{Gm\mu R\mathrm{d}\theta}{R^2}=\frac{2Gm\mu}{R}\sin\frac{\varphi}{2}.$$

故所求引力的大小为 $\dfrac{2Gm\mu}{R}\sin\dfrac{\varphi}{2}$,方向为 M 指向圆弧的中心.

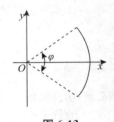

图 6-13

总习题六解答（教材 P294～P296）

1.解: (1)令 $x^3-5x^2+6x=0$,解得 $x=0,2,3$. 当 $0\leqslant x\leqslant2$ 时,$y\geqslant0$;当 $2\leqslant x\leqslant3$ 时,$y\leqslant0$. 故

$$A=\int_0^2(x^3-5x^2+6x)\mathrm{d}x-\int_2^3(x^3-5x^2+6x)\mathrm{d}x$$

$$=\left(\frac{1}{4}x^4-\frac{5}{3}x^3+3x^2\right)\Big|_0^2-\left(\frac{1}{4}x^4-\frac{5}{3}x^3+3x^2\right)\Big|_2^3=\frac{37}{12}.$$

(2) $s=\int_1^3\sqrt{1+y'^2}\mathrm{d}x=\int_1^3\frac{1+x}{2\sqrt{x}}\mathrm{d}x=\left(\sqrt{x}+\frac{1}{3}x^{\frac{3}{2}}\right)\Big|_1^3=2\sqrt{3}-\frac{4}{3}.$

2.解: (1)选(A).

(2)从几何意义判断:因为 $f'(x)>0$,所以 $f(x)$ 在 $[a,b]$ 上单调增加. 又因 $f''(x)<0$,所以曲线 $y=f(x)$ 在 $[a,b]$ 上向上凸,矩形面积<梯形面积<曲边梯形面积,故选(D).

3.解: $[0,x]$ 一段的质量为

$$m(x)=\int_0^x\rho(x)\mathrm{d}x=\int_0^x\frac{1}{\sqrt{1+x}}\mathrm{d}x=2(\sqrt{1+x}-1),$$

总质量为 $m(3)=2$,要满足 $m(x)=\frac{1}{2}m(3)$,求得 $x=\frac{5}{4}$(m).

4.解: 首先求出两曲线的交点,联立方程

$$\begin{cases}\rho=a\sin\theta,\\\rho=a(\cos\theta+\sin\theta),\end{cases}$$

解得交点坐标为 $\left(a,\frac{\pi}{2}\right)$,注意到当 $\theta=0$ 时 $\rho=a\sin\theta=0$,

当 $\theta=\frac{3\pi}{4}$ 时 $\rho=a(\cos\theta+\sin\theta)=0$,故两曲线分别过 $(0,0)$ 和

$\left(0,\frac{3\pi}{4}\right)$,即都过极点(见图 6-14 所示),因此所求面积为

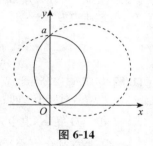

图 6-14

$$A=\int_{\frac{\pi}{4}}^{\frac{3\pi}{4}}\frac{1}{2}[a(\cos\theta+\sin\theta)]^2\mathrm{d}\theta+\frac{1}{2}\pi\left(\frac{a}{2}\right)^2=\frac{a^2}{2}\int_{\frac{\pi}{4}}^{\frac{3\pi}{4}}(1+\sin2\theta)\mathrm{d}\theta+\frac{\pi a^2}{8}=\frac{a^2}{4}(\pi-1).$$

5.解: 设曲线 C 的方程为 $x=f(y)$,P 点坐标为 $\left(\sqrt{\frac{y}{2}},y\right)$,则

$$A=\int_0^y\left[\sqrt{\frac{y}{2}}-f(y)\right]\mathrm{d}y,\quad B=\int_0^{\sqrt{\frac{y}{2}}}(2x^2-x^2)\mathrm{d}x,$$

根据条件,对任意 $y\geqslant0$ 都有

$$\int_0^y\left[\sqrt{\frac{y}{2}}-f(y)\right]\mathrm{d}y=\int_0^{\sqrt{\frac{y}{2}}}(2x^2-x^2)\mathrm{d}x,$$

上式对 y 求导,得

$$\sqrt{\frac{y}{2}}-f(y)=\frac{y}{2}\cdot\frac{1}{2\sqrt{2y}},$$

因此 $f(y)=\frac{3\sqrt{2y}}{8}$,即曲线 C 为 $x=\frac{3\sqrt{2y}}{8}$ 或 $y=\frac{32}{9}x^2(x\geqslant0)$.

6.解: 由已知条件:抛物线 $y=ax^2+bx+c$ 通过点 $(0,0)$,可得 $c=0$. 抛物线 $y=ax^2+bx+c$ 与直线 $x=1,y=0$ 所围图形的面积为

$$S = \int_0^1 (ax^2 + bx)\mathrm{d}x = \frac{a}{3} + \frac{b}{2},$$

从而得到 $\dfrac{a}{3} + \dfrac{b}{2} = \dfrac{4}{9}$，即 $a = \dfrac{4}{3} - \dfrac{3}{2}b$. 该图形绕 x 轴旋转而成的旋转体的体积为

$$V = \int_0^1 \pi(ax^2 + bx)^2\mathrm{d}x = \pi\left(\frac{a^2}{5} + \frac{ab}{2} + \frac{b^2}{3}\right) = \frac{\pi}{30}(b-2)^2 + \frac{2}{9}\pi,$$

因此当 $b = 2$ 时体积为最小，此时 $a = -\dfrac{5}{3}$，抛物线为

$$y = -\frac{5}{3}x^2 + 2x = \frac{x}{3}(6 - 5x).$$

在区间 $[0,1]$ 上，此抛物线满足 $y \geqslant 0$，故所求解：$a = -\dfrac{5}{3}$，$b = 2$，$c = 0$，符合题目要求.

7. 解：(1) 设切点的横坐标为 x_0，则曲线 $y = \ln x$ 在点 $(x_0, \ln x_0)$ 处的切线方程是

$$y = \ln x_0 + \frac{1}{x_0}(x - x_0).$$

由该切线过原点知 $y = \ln x_0 - 1 = 0$，从而 $x_0 = \mathrm{e}$，所以该切线的方程是 $y = \dfrac{1}{\mathrm{e}}x$. 平面图形 D 的面积

$$A = \int_0^1 (\mathrm{e}^y - \mathrm{e}y)\mathrm{d}y = \frac{1}{2}\mathrm{e} - 1.$$

(2) 切线 $y = \dfrac{x}{\mathrm{e}}$ 与 x 轴及直线 $x = \mathrm{e}$ 所围成的三角形绕直线 $x = \mathrm{e}$ 旋转所得的圆锥体的体积为

$$V_1 = \frac{1}{3}\pi\mathrm{e}^2.$$

曲线 $y = \ln x$ 与 x 轴及直线 $x = \mathrm{e}$ 所围成的图形绕直线 $x = \mathrm{e}$ 旋转所得的旋转体的体积为

$$V_2 = \int_0^1 \pi(\mathrm{e} - \mathrm{e}^y)^2\mathrm{d}y = \frac{\pi}{2}(-\mathrm{e}^2 + 4\mathrm{e} - 1),$$

因此，所求旋转体的体积为

$$V = V_1 - V_2 = \frac{\pi}{6}(5\mathrm{e}^2 - 12\mathrm{e} + 3).$$

8. 解：如图 6-15 所示，取 x 为积分变量，则 x 的变化范围为 $[0,4]$，因此体积为

$$V = \int_0^4 2\pi x f(x)\mathrm{d}x = \int_0^4 2\pi x^{\frac{5}{2}}\mathrm{d}x = \frac{512}{7}\pi.$$

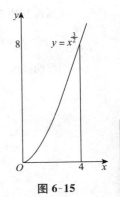

图 6-15

9. 解：这是一个圆环面，可以看作由图形

$$\{(x,y) \mid 0 \leqslant x \leqslant 2 + \sqrt{1 - y^2}, -1 \leqslant y \leqslant 1\}$$

绕 y 轴旋转所得的立体减去由图形

$$\{(x,y) \mid 0 \leqslant x \leqslant 2 - \sqrt{1 - y^2}, -1 \leqslant y \leqslant 1\}$$

绕 y 轴旋转所得的立体，因此

$$V = \int_{-1}^1 \pi(2 + \sqrt{1 - y^2})^2\mathrm{d}y - \int_{-1}^1 \pi(2 - \sqrt{1 - y^2})^2\mathrm{d}y$$

$$= 8\pi\int_{-1}^1 \sqrt{1 - y^2}\,\mathrm{d}y = 8\pi\left[\frac{y}{2}\sqrt{1 - y^2} + \frac{1}{2}\arcsin y\right]\Big|_{-1}^1 = 4\pi^2.$$

10.解:联立两曲线方程 $\begin{cases} y=\dfrac{1}{2}x^2, \\ x^2+y^2=3, \end{cases}$ 得到两曲线的交点为 $(-\sqrt{2},1),(\sqrt{2},1)$,因此所求弧长为

$$s=\int_{-\sqrt{2}}^{\sqrt{2}}\sqrt{1+y'^2}\,\mathrm{d}x=\int_{-\sqrt{2}}^{\sqrt{2}}\sqrt{1+x^2}\,\mathrm{d}x$$

$$=\frac{1}{2}\left[x\sqrt{1+x^2}+\ln(x+\sqrt{1+x^2})\right]\Big|_{-\sqrt{2}}^{\sqrt{2}}=\sqrt{6}+\ln(\sqrt{2}+\sqrt{3}).$$

11.解:取 x 轴的正向铅直向上,沉入水中的球心为原点,并取 x 为积分变量,则 x 的变化范围为 $[-r,r]$,对应区间 $[x,x+\mathrm{d}x]$ 的球的薄片的体积为

$$\mathrm{d}V=\pi\left(\sqrt{r^2-x^2}\right)^2\mathrm{d}x=\pi(r^2-x^2)\mathrm{d}x,$$

由于该部分在水面以下重力与浮力的合力为零(因为球的密度与水的密度相同),在水面以上移动距离为 $r+x$,故做功为

$$W=\int_{-r}^{r}g\pi(r^2-x^2)(r+x)\mathrm{d}x=\int_{-r}^{r}g\pi r(r^2-x^2)\mathrm{d}x+\int_{-r}^{r}g\pi x(r^2-x^2)\mathrm{d}x$$

$$=2\pi gr\int_{0}^{r}(r^2-x^2)\mathrm{d}x=\frac{4}{3}\pi gr^4.$$

12.解:如图 6-16 所示,记 x 为薄板上点到近水面的长边的距离,取 x 为积分变量,则 x 的变化范围为 $[0,b]$,对应小区间 $[x,x+\mathrm{d}x]$,压强为 $\rho g(h+x\sin\alpha)$,面积为 $a\mathrm{d}x$,因此压力为

$$F=\int_{0}^{b}\rho ga(h+x\sin\alpha)\mathrm{d}x=\frac{1}{2}\rho gab(2h+b\sin\alpha).$$

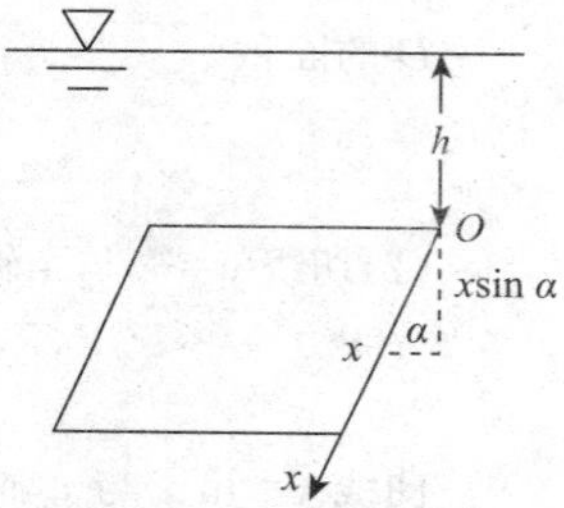

13.解:取参数 t 为积分变量,变化范围为 $\left[0,\dfrac{\pi}{2}\right]$,对应区间 $[t,t+\mathrm{d}t]$ 的弧长为

图 6-16

$$\mathrm{d}s=\sqrt{\left(\frac{\mathrm{d}x}{\mathrm{d}t}\right)^2+\left(\frac{\mathrm{d}y}{\mathrm{d}t}\right)^2}\,\mathrm{d}t=3a\cos t\sin t\,\mathrm{d}t,$$

该弧段质量为

$$(a^2\cos^6 t+a^2\sin^6 t)^{\frac{3}{2}}\,\mathrm{d}s=3a^4\cos t\sin t(\cos^6 t+\sin^6 t)^{\frac{3}{2}}\,\mathrm{d}t,$$

该弧段与质点的引力大小为,

$$G\cdot\frac{3a^4\cdot\cos t\sin t(\cos^6 t+\sin^6 t)^{\frac{3}{2}}\,\mathrm{d}t}{a^2\cos^6 t+a^2\sin^6 t}=3Ga^2\cos t\sin t(\cos^6 t+\sin^6 t)^{\frac{1}{2}}\,\mathrm{d}t,$$

因此曲线弧对这质点引力的水平方向分量、铅直方向分量分别为

$$F_x=\int_{0}^{\frac{\pi}{2}}\frac{a\cos^3 t}{\sqrt{a^2\cos^6 t+a^2\sin^6 t}}\cdot 3Ga^2\cos t\sin t(\cos^6 t+\sin^6 t)^{\frac{1}{2}}\,\mathrm{d}t,$$

$$=\int_{0}^{\frac{\pi}{2}}3Ga^2\cos^4 t\cdot\sin t\,\mathrm{d}t=3Ga^2\left(-\frac{\cos^5 t}{5}\right)\Big|_{0}^{\frac{\pi}{2}}=\frac{3}{5}Ga^2,$$

$$F_y=\int_{0}^{\frac{\pi}{2}}\frac{a\sin^3 t}{\sqrt{a^2\cos^6 t+a^2\sin^6 t}}\cdot 3Ga^2\cos t\sin t(\cos^6 t+\sin^6 t)^{\frac{1}{2}}\,\mathrm{d}t,$$

$$=\int_{0}^{\frac{\pi}{2}}3Ga^2\cos t\cdot\sin^4 t\,\mathrm{d}t=3Ga^2\left(\frac{\sin^5 t}{5}\right)\Big|_{0}^{\frac{\pi}{2}}=\frac{3}{5}Ga^2,$$

因此所求引力 $\boldsymbol{F}=F_x\boldsymbol{i}+F_y\boldsymbol{j}=\dfrac{3}{5}Ga^2(\boldsymbol{i}+\boldsymbol{j})$,即大小为 $\dfrac{3\sqrt{2}}{5}Ga^2$,方向角为 $\dfrac{\pi}{4}$.

14. 解: (1)设第 n 次击打后,桩被打进地下 x_n,第 n 次击打时,汽锤克服阻力所做的功为 $W_n(n\in$ $\mathbf{N}_+)$. 由题设,当桩被打进地下的深度为 x 时,土层对桩的阻力的大小为 kx,所以

$$W_1 = \int_0^{x_1} kx\,\mathrm{d}x = \frac{k}{2}x_1^2 = \frac{k}{2}a^2,$$

$$W_2 = \int_{x_1}^{x_2} kx\,\mathrm{d}x = \frac{k}{2}(x_2^2 - x_1^2) = \frac{k}{2}(x_2^2 - a^2).$$

由 $W_2 = rW_1$,可得 $x_2^2 - a^2 = ra^2$,即 $x_2^2 = (1+r)a^2$,从而

$$W_3 = \int_{x_2}^{x_3} kx\,\mathrm{d}x = \frac{k}{2}(x_3^2 - x_2^2) = \frac{k}{2}[x_3^2 - (1+r)a^2],$$

由 $W_3 = rW_2 = r^2 W_1$,可得 $x_3^2 - (1+r)a^2 = r^2 a^2$,从而,

$$x_3 = \sqrt{1+r+r^2}\,a,$$

即汽锤击打桩 3 次后,可将桩打进地下 $\sqrt{1+r+r^2}\,a$ m.

(2) $W_n = \int_{x_{n-1}}^{x_n} kx\,\mathrm{d}x = \frac{k}{2}(x_n^2 - x_{n-1}^2)$,由 $W_n = rW_{n-1}$,可得

$$x_n^2 - x_{n-1}^2 = r(x_{n-1}^2 - x_{n-2}^2),$$

由(1)知 $x_2^2 - x_1^2 = ra^2$,因此 $x_n^2 - x_{n-1}^2 = r^{n-1}a^2$,从而由归纳法,可得

$$x_n = \sqrt{1+r+r^2+\cdots+r^{n-1}}\,a.$$

故

$$\lim_{n\to\infty} x_n = \lim_{n\to\infty} a\sqrt{\frac{1-r^n}{1-r}} = \frac{a}{\sqrt{1-r}}.$$

即若击打次数不限,汽锤至多能将桩打进地下 $\dfrac{a}{\sqrt{1-r}}$ m.

第七章 微分方程

习题 7—1 解答(教材 P301~P302)

1. 解: 由于微分方程的阶即为未知函数的导数的最高阶数,故各微分方程的阶数依次为
(1)一阶;(2)二阶;(3)三阶;(4)一阶;(5)二阶;(6)一阶.

2. 解: (1)由 $y = 5x^2$ 求得 $y' = 10x$,代入方程左边,得左边 $= xy' = x\cdot 10x = 10x^2 = 2\cdot 5x^2 =$ 右边,故 $y = 5x^2$ 是方程 $xy' = 2y$ 的解.

(2)由 $y = 3\sin x - 4\cos x$,两边关于 x 求导,得 $y' = 3\cos x + 4\sin x$,再关于 x 求导,得 $y'' = -3\sin x + 4\cos x$,将 y'' 代入方程 $y'' + y = 0$ 中,左边 $= y'' + y = -3\sin x + 4\cos x + 3\sin x - 4\cos x = 0 =$ 右边,即 $y = 3\sin x - 4\cos x$ 是所给方程的解.

(3)由 $y = x^2 e^x$ 求导得 $y' = e^x(2x + x^2)$,再求 $y'' = e^x(2 + 4x + x^2)$,将上二式代入方程 $y'' - 2y' + y = 0$ 中,得左边 $= e^x(2 + 4x + x^2) - 2e^x(2x + x^2) + x^2 e^x = 2e^x \neq 0 =$ 右边,故 $y = x^2 e^x$ 不是所给方程的解.

(4)将 $y = C_1 e^{\lambda_1 x} + C_2 e^{\lambda_2 x}$ 两边求导得 $y' = C_1\lambda_1 e^{\lambda_1 x} + C_2\lambda_2 e^{\lambda_2 x}$,再求导得 $y'' = C_1\lambda_1^2 e^{\lambda_1 x} + C_2\lambda_2^2 e^{\lambda_2 x}$. 将上二式代入 $y'' - (\lambda_1 + \lambda_2)y' + \lambda_1\lambda_2 y$ 中,
左边 $= y'' - (\lambda_1 + \lambda_2)y' + \lambda_1\lambda_2 y$

$$= (C_1\lambda_1^2 e^{\lambda_1 x} + C_2\lambda_2^2 e^{\lambda_2 x}) - (\lambda_1 + \lambda_2)(C_1\lambda_1 e^{\lambda_1 x} + C_2\lambda_2 e^{\lambda_2 x}) + \lambda_1\lambda_2(C_1 e^{\lambda_1 x} + C_2 e^{\lambda_2 x}) = 0 = 右边,$$

故 $y = C_1 e^{\lambda_1 x} + C_2 e^{\lambda_2 x}$ 是所给方程的解.

3. 证:(1)对 $x^2 - xy + y^2 = C$ 关于 x 求导得 $2x - y - xy' + 2yy' = 0$,整理得

$$(x - 2y)y' = 2x - y.$$

故 $x^2 - xy + y^2 = C$ 是所给方程的解.

(2)对 $y = \ln(xy)$ 关于 x 求导得 $y' = \dfrac{1}{x} + \dfrac{1}{y} \cdot y'$,故 $y' = \dfrac{y}{x(y-1)}$.

对其进行求导,得 $y'' = -\dfrac{1}{x^2} + \left(-\dfrac{1}{y^2} \cdot y'^2 + \dfrac{1}{y}y''\right)$,故

$$y'' = \dfrac{y}{y-1}\left[-\dfrac{1}{x^2} - \dfrac{1}{y^2} \cdot \dfrac{y^2}{x^2(y-1)^2}\right] = -\dfrac{y}{x^2(y-1)} - \dfrac{y}{x^2(y-1)^3},$$

则有 $(xy - y)y'' = -\dfrac{y}{x} - \dfrac{y}{x(y-1)^2}$. 代入原方程得

$$(xy - x)y'' + xy'^2 + yy' - 2y' = -\dfrac{y}{x} - \dfrac{y}{x(y-1)^2} + x\dfrac{y^2}{x^2(y-1)^2} + (y-2)\dfrac{y}{x(y-1)} = 0,$$

故 $y = \ln(xy)$ 是所给方程的解.

4. 解:(1)由 $x^2 - y^2 = C$,将 $x = 0, y = 5$ 代入上式得 $C = 0 - 25 = -25$,则原函数为 $y^2 - x^2 = 25$.

(2)由

$$y = (C_1 + C_2 x)e^{2x}, \tag{①}$$

两边关于 x 求导,得

$$y' = C_2 e^{2x} + 2(C_1 + C_2 x)e^{2x}. \tag{②}$$

在①中令 $x = 0, y = 0$ 得 $C_1 = 0$. 在②中令 $x = 0, y' = 1$ 得 $2C_1 + C_2 = 1$. 于是, $C_1 = 0$, $C_2 = 1$. 故原函数为 $y = xe^{2x}$.

(3)由

$$y = C_1\sin(x - C_2), \tag{①}$$

两边对 x 求导,得

$$y' = C_1\cos(x - C_2). \tag{②}$$

在①中令 $x = \pi, y = 1$,得 $C_1\sin(\pi - C_2) = 1$. \tag{③}

在②中令 $x = \pi, y' = 0$,得 $C_1\cos(\pi - C_2) = 0$. \tag{④}

由③知 $C_1 \neq 0$,故由④知 $\cos(\pi - C_2) = 0$. \tag{⑤}

不妨设 $C_2 = \dfrac{\pi}{2}$,代入③得 $C_1\sin\dfrac{\pi}{2} = 1$,即 $C_1 = 1$. 则原函数为 $y = \sin\left(x - \dfrac{\pi}{2}\right) = -\cos x$.

5. 解:(1)设曲线为 $y = y(x)$,则曲线在点 (x, y) 处切线斜率为 y',由条件知 $y' = x^2$,即为所求微分方程.

(2)设曲线为 $y = y(x)$, $P(x, y)$ 处法线方程为 $Y - y = \dfrac{-1}{y'}(Z - x)$. 当 $Y = 0$ 时,得 $Z = x + yy'$,则 Q 点坐标为 $Q(x + yy', 0)$,又 PQ 中点在 y 轴上,则 $\dfrac{x + x + yy'}{2} = 0$,即所求方程为

$$yy' + 2x = 0.$$

6. 解: $\dfrac{\mathrm{d}p}{\mathrm{d}T} = K\dfrac{p}{T^2}$(其中 K 为比例常数).

7. 解:设雪堆在时刻 t 的体积为 $V = \dfrac{2}{3}\pi r^3$,侧面积 $S = 2\pi r^2$. 由题设知

$$\dfrac{\mathrm{d}V}{\mathrm{d}t} = 2\pi r^2\dfrac{\mathrm{d}r}{\mathrm{d}t} = -kS = -2\pi k r^2,$$

于是$\dfrac{\mathrm{d}r}{\mathrm{d}t}=-k$，积分得 $r=-kt+C$. 由 $r|_{t=0}=r_0$，得 $C=r_0$，$r=r_0-kt$.

又 $V|_{t=3}=\dfrac{1}{8}V|_{t=0}$，即 $\dfrac{2}{3}\pi(r_0-3k)^3=\dfrac{1}{8}\times\dfrac{2}{3}\pi r_0{}^3$，得 $k=\dfrac{1}{6}r_0$，从而

$$r=r_0-\frac{1}{6}r_0t.$$

雪堆全部融化时，$r=0$，故得 $t=6$，即雪堆全部融化需 6 小时.

习题 7-2 解答（教材 P308）

1. 解：(1)改写原方程为 $x\dfrac{\mathrm{d}y}{\mathrm{d}x}-y\ln y=0$. 分离变量：$\dfrac{\mathrm{d}y}{y\ln y}=\dfrac{\mathrm{d}x}{x}$. 积分：$\ln(\ln y)=\ln x+\ln C=$

$\ln Cx$. 则 $y=\mathrm{e}^{Cx}$ 为通解.

(2)原方程变形为 $5\dfrac{\mathrm{d}y}{\mathrm{d}x}=3x^2+5x$. 分离变量：$5\mathrm{d}y=(3x^2+5x)\mathrm{d}x$. 积分：$5y=x^3+\dfrac{5}{2}x^2+C_1$.

故通解为 $y=\dfrac{1}{5}x^3+\dfrac{1}{2}x^2+C$. 其中 $C=\dfrac{1}{5}C_1$.

(3)原方程变形为 $\dfrac{\mathrm{d}y}{\sqrt{1-y^2}}=\dfrac{\mathrm{d}x}{\sqrt{1-x^2}}$. 积分：$\displaystyle\int\dfrac{\mathrm{d}y}{\sqrt{1-y^2}}=\int\dfrac{\mathrm{d}x}{\sqrt{1-x^2}}$，即 $\arcsin y=$

$\arcsin x+C$. 则通解为 $y=\sin(\arcsin x+C)$.

(4)原方程变形为 $(1-x-a)\dfrac{\mathrm{d}y}{\mathrm{d}x}=ay^2$. 分离变量：$\dfrac{\mathrm{d}y}{ay^2}=\dfrac{\mathrm{d}x}{1-x-a}$. 积分：$-\dfrac{1}{ay}=-\ln|1-$

$a-x|-C_1$. 则 $y=\dfrac{1}{C+a\ln|1-a-x|}$ $(C=aC_1)$为通解.

(5)分离变量：$\dfrac{\sec^2 y}{\tan y}\mathrm{d}y=-\dfrac{\sec^2 x}{\tan x}\mathrm{d}x$. 积分：$\displaystyle\int\dfrac{\mathrm{d}(\tan y)}{\tan y}=-\int\dfrac{\mathrm{d}(\tan x)}{\tan x}$. 从而 $\ln(\tan y)=$

$-\ln(\tan x)+\ln C$，即 $\ln(\tan x\tan y)=\ln C$. 故通解为 $\tan x\tan y=C$.

(6)分离变量：$10^{-y}\mathrm{d}y=10^x\mathrm{d}x$. 积分：$-\dfrac{10^{-y}}{\ln 10}=\dfrac{10^x}{\ln 10}+\dfrac{C_1}{\ln 10}$，即 $10^{-y}=-10^x+C$.

故通解为 $y=-\lg(-10^x+C)$.

(7)原方程变形为 $\mathrm{e}^y(\mathrm{e}^x+1)\mathrm{d}y=\mathrm{e}^x(1-\mathrm{e}^y)\mathrm{d}x$. 分离变量：$\dfrac{\mathrm{e}^y\mathrm{d}y}{1-\mathrm{e}^y}=\dfrac{\mathrm{e}^x\mathrm{d}x}{1+\mathrm{e}^x}$.

积分：$-\ln(\mathrm{e}^y-1)=\ln(\mathrm{e}^x+1)-\ln C$，即 $\ln(\mathrm{e}^x+1)+\ln(\mathrm{e}^y-1)=\ln C$.

故通解为 $(\mathrm{e}^x+1)(\mathrm{e}^y-1)=C$.

(8)分离变量：$\dfrac{\cos y}{\sin y}\mathrm{d}y=-\dfrac{\cos x}{\sin x}\mathrm{d}x$. 积分：$\ln(\sin y)=-\ln(\sin x)+\ln C$，即 $\ln(\sin x\sin y)=\ln C$.

故通解为 $\sin x\sin y=C$.

(9)分离变量：$(y+1)^2\mathrm{d}y=-x^3\mathrm{d}x$. 积分：$\dfrac{1}{3}(y+1)^3=-\dfrac{1}{4}x^4+C_1$.

故通解为 $4(y+1)^3+3x^4=C$.

(10)分离变量：$\dfrac{\mathrm{d}x}{4x-x^2}=\dfrac{\mathrm{d}y}{y}$. 积分：$\displaystyle\int\left(\dfrac{1}{x}+\dfrac{1}{4-x}\right)\mathrm{d}x=4\ln y$.

从而 $\ln x-\ln(4-x)+\ln C=\ln(y^4)$，$\ln\dfrac{Cx}{4-x}=\ln(y^4)$. 故通解为 $y^4(4-x)=Cx$.

2. 解：(1)分离变量：$\mathrm{e}^y\mathrm{d}y=\mathrm{e}^{2x}\mathrm{d}x$. 积分：$\mathrm{e}^y=\dfrac{1}{2}\mathrm{e}^{2x}+C$. 由 $y\big|_{x=0}=0$ 知 $C=\dfrac{1}{2}$.

故所求特解 $y=\ln\left(\dfrac{\mathrm{e}^{2x}+1}{2}\right)$.

(2)分离变量: $\tan y\mathrm{d}y=\tan x\mathrm{d}x$. 积分: $\cos y=C\cos x$. 由 $y\big|_{x=0}=\dfrac{\pi}{4}$ 知 $C=\dfrac{\sqrt{2}}{2}$.

故所求特解为 $\sqrt{2}\cos y=\cos x$.

(3)分离变量: $\dfrac{\mathrm{d}y}{y\ln y}=\dfrac{\mathrm{d}x}{\sin x}$. 积分: $y=\mathrm{e}^{C\tan\frac{x}{2}}$. 由 $\ln \mathrm{e}=C\tan\dfrac{\pi}{4}=C$ 知 $C=1$.

故所求特解为 $y=\mathrm{e}^{\tan\frac{x}{2}}$.

(4)分离变量: $\dfrac{\mathrm{d}x}{1+\mathrm{e}^{-x}}=-\tan y\mathrm{d}y$. 积分: $\dfrac{\mathrm{e}^x+1}{\cos y}=C$. 由 $y\big|_{x=0}=\dfrac{\pi}{4}$ 知 $C=2\sqrt{2}$.

故所求特解为 $\mathrm{e}^x+1=2\sqrt{2}\cos y$.

(5)分离变量: $\dfrac{\mathrm{d}y}{2y}=-\dfrac{\mathrm{d}x}{x}$. 积分: $\dfrac{1}{2}\ln y=-\ln x+C$. 由 $y\big|_{x=2}=1$ 知 $C=\ln 2$.

故所求特解为 $\dfrac{1}{2}\ln y=-\ln x+\ln 2$, 即 $y=\dfrac{4}{x^2}$.

3. 解: 建立坐标系如图 7-1 所示. 设 t 时刻已流出的水的体积为 V, 由水力学知

$$\frac{\mathrm{d}V}{\mathrm{d}t}=0.62\times0.5\times\sqrt{(2\times980)x},$$

即 $\mathrm{d}V=0.62\times0.5\sqrt{(2\times980)x}\,\mathrm{d}t$. 又 $r=x\tan 30°=\dfrac{x}{\sqrt{3}}$, 故

$$\mathrm{d}V=-\pi r^2\mathrm{d}x=-\frac{\pi}{3}x^2\mathrm{d}x.$$

从而 $0.62\times0.5\sqrt{2\times980}\sqrt{x}\,\mathrm{d}t=-\dfrac{\pi}{3}x^2\mathrm{d}x$,

即 $\mathrm{d}t=\dfrac{-\pi}{3\times0.62\times0.5\sqrt{2\times980}}x^{\frac{3}{2}}\mathrm{d}x$, 故 $t=\dfrac{-2\pi}{3\times5\times0.62\times0.5\sqrt{2\times980}}x^{\frac{5}{2}}+C$.

又由于 $t=0$ 时, $x=10$. 则 $C=\dfrac{2\pi}{3\times5\times0.62\times0.5\sqrt{2\times980}}10^{\frac{5}{2}}$. 故水从小孔流出的规律为

$$t=\frac{2\pi}{3\times5\times0.62\times0.5\sqrt{2\times980}}(10^{\frac{5}{2}}-x^{\frac{5}{2}})=-0.030\,5x^{\frac{5}{2}}+9.645.$$

令 $x=0$ 时, 可知水流完所需的时间大约为 10 s.

4. 解: 已知 $F=k\dfrac{t}{v}$, 由已知得 $4=k\dfrac{10}{50}$, 即 $k=20$, 则 $F=20\dfrac{t}{v}$. 又 $F=ma=1\cdot\dfrac{\mathrm{d}v}{\mathrm{d}t}=20\dfrac{t}{v}$, 即得

速度与时间应满足的微分方程: $v\mathrm{d}v=20t\mathrm{d}t$, 解得 $\dfrac{1}{2}v^2=10t^2+C$. 由题得 $C=250$. 故 $v=\sqrt{20t^2+500}$. 当 $t=60$ s 时,

$$v=\sqrt{20\cdot60^2+500}=269.3(\mathrm{cm/s})$$

5. 解: 由题设, $\dfrac{\mathrm{d}R}{\mathrm{d}t}=-\lambda R$, 即 $\dfrac{\mathrm{d}R}{R}=-\lambda\mathrm{d}t$, 积分: $R=C\mathrm{e}^{-\lambda t}$.

当 $t=0$, 有 $R=R_0$. 知 $C=R_0$. 故 $R=R_0\mathrm{e}^{-\lambda t}$.

又 $t=1\,600$, $R=\dfrac{R_0}{2}$, 知 $\lambda=\dfrac{\ln 2}{1\,600}$. 故 $R=R_0\mathrm{e}^{-0.000\,433t}$.

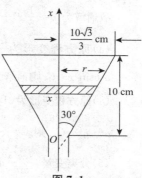

图 7-1

6.解:设曲线方程为 $y=y(x)$,曲线上点 (x,y) 的切线方程为 $\dfrac{Y-y}{X-x}=y'$,由假设,当 $Y=0$ 时,

$X=2x$,代入上式,得曲线所满足的微分方程的初值问题:

$$\begin{cases} \dfrac{\mathrm{d}y}{\mathrm{d}x}=\dfrac{-y}{x}, \\ y(2)=3, \end{cases}$$

分离变量后积分得 $xy=C$,由 $y(2)=3$ 知 $C=6$,故所求曲线方程为 $xy=6$.

7.解:建立坐标系如图 7-2 所示,设 t 时刻船的位置为 (x,y),此时水速

为 $v=\dfrac{\mathrm{d}x}{\mathrm{d}t}=ky(h-y)$,故 $\mathrm{d}x=ky(h-y)\mathrm{d}t$.

又由 $y=at$ 知 $\mathrm{d}x=kat(h-at)\mathrm{d}t$.

积分: $x=\dfrac{1}{2}kaht^2-\dfrac{1}{3}ka^2t^3+c$.

由初始条件 $x\big|_{t=0}=0$ 知 $c=0$. 故 $x=\dfrac{1}{2}kaht^2-\dfrac{1}{3}ka^2t^3$.

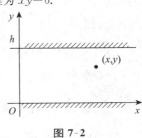

图 7-2

因此船运动路线的函数方程为 $\begin{cases} x=\dfrac{1}{2}kaht^2-\dfrac{1}{3}ka^2t^3, \\ y=at. \end{cases}$

从而一般方程为 $x=\dfrac{k}{a}\left(\dfrac{h}{2}y^2-\dfrac{1}{3}y^3\right),\ y\in[0,h]$.

习题 7-3 解答(教材 P314)

1.解:(1)化为 $\dfrac{\mathrm{d}y}{\mathrm{d}x}=\dfrac{y}{x}+\sqrt{\left(\dfrac{y}{x}\right)^2-1}$,令 $u=\dfrac{y}{x}$,原方程化为 $\dfrac{\mathrm{d}u}{(u^2-1)^{\frac{1}{2}}}=\dfrac{\mathrm{d}x}{x}$,解得 $u+\sqrt{u^2-1}=Cx$.

故 $y+\sqrt{y^2-x^2}=Cx^2$.

(2)可写为 $\dfrac{\mathrm{d}y}{\mathrm{d}x}=\dfrac{y}{x}\ln\dfrac{y}{x}$. 令 $\dfrac{y}{x}=u$,原方程变为 $u+x\dfrac{\mathrm{d}u}{\mathrm{d}x}=u\ln u$,分离变量积分得 $u=\mathrm{e}^{Cx+1}$,将

$\dfrac{y}{x}=u$ 代入原方程,得通解为 $y=x\mathrm{e}^{Cx+1}$.

(3) $\dfrac{\mathrm{d}y}{\mathrm{d}x}=\dfrac{1+(y/x)^2}{y/x}$,令 $u=\dfrac{y}{x}$,原方程化为 $u\mathrm{d}u=\dfrac{\mathrm{d}x}{x}$,

解之得 $\dfrac{1}{2}u^2=\ln x+C_1$. 代回原变量得 $y^2=x^2\ln(Cx^2)$.

(4)可写为 $\dfrac{\mathrm{d}y}{\mathrm{d}x}=\dfrac{1+(y/x)^3}{3(y/x)^2}$. 令 $\dfrac{y}{x}=u$,原方程化为 $x\dfrac{\mathrm{d}u}{\mathrm{d}x}=\dfrac{1-2u^3}{3u^2}$,分离变量: $\dfrac{3u^2}{1-2u^3}\mathrm{d}u=\dfrac{1}{x}\mathrm{d}x$,

解之得 $2u^3=1-\dfrac{C}{x^2}$,将 $u=\dfrac{y}{x}$ 代入得 $x^3-2y^3=Cx$.

(5) $\dfrac{\mathrm{d}y}{\mathrm{d}x}=\dfrac{2\sin(y/x)+3(y/x)\cos(y/x)}{3\cos(y/x)}$. 原方程化为 $\dfrac{3\cos u}{2\sin u}\mathrm{d}u=\dfrac{\mathrm{d}x}{x}$.

解之得: $\dfrac{3}{2}\ln|\sin u|=\ln|x|+c_1$,即 $\sin^3\dfrac{y}{x}=Cx^2$.

(6) $\dfrac{\mathrm{d}x}{\mathrm{d}y}=\dfrac{\left(\dfrac{x}{y}-1\right)\cdot 2\mathrm{e}^{\frac{x}{y}}}{1+2\mathrm{e}^{\frac{x}{y}}}$. 令 $u=\dfrac{x}{y}$,原方程化为 $u+y\dfrac{\mathrm{d}u}{\mathrm{d}y}=\dfrac{2(u-1)\mathrm{e}^u}{1+2\mathrm{e}^u}$,

分离变量：$\dfrac{(1+2e^u)\,du}{u+2e^u}+\dfrac{dy}{y}=0$. 积分得 $y(u+2e^u)=C$. 代入得 $x+2ye^{\frac{x}{y}}=C$.

2. 解：(1)原方程化为 $\dfrac{dy}{dx}=-\dfrac{2y/x}{(y/x)^2-3}$. 令 $u=\dfrac{y}{x}$，方程变为 $u+x\dfrac{du}{dx}=-\dfrac{2u}{u^2-3}$，即 $\dfrac{u^2-3}{u-u^3}du=\dfrac{dx}{x}$.

由待定系数法易知 $\dfrac{u^2-3}{u-u^3}=-\dfrac{3}{u}+\dfrac{1}{u+1}+\dfrac{1}{u-1}$. 方程两边积分：

$$-3\ln|u|+\ln|u+1|+\ln|u-1|=\ln|x|+\ln|C|,$$

即 $\ln\left|\dfrac{u^2-1}{u^3}\right|=\ln|Cx|$. 故 $u^2-1=Cu^3x$. 将 $u=\dfrac{y}{x}$ 代入上式得通解 $y^2-x^2=Cy^3$. 由初始条件 $y(0)=1$ 得 $C=1$，故特解为 $y^2-x^2=y^3$.

(2)令 $\dfrac{y}{x}=u$，则原方程变为 $u+x\dfrac{du}{dx}=\dfrac{1}{u}+u$，即 $udu=\dfrac{dx}{x}$. 积分：$\dfrac{1}{2}u^2=\ln x+C$. 将 $u=\dfrac{y}{x}$ 代入上式，得通解 $y^2=2x^2(\ln x+C)$. 由 $y(1)=2$ 知 $C=2$，故特解为 $y^2=2x^2(\ln x+2)$.

(3)原方程化为 $\dfrac{dy}{dx}=\dfrac{(y/x)^2-2(y/x)-1}{(y/x)^2+2(y/x)-1}$. 令 $u=\dfrac{y}{x}$，得

$$u+x\dfrac{du}{dx}=\dfrac{u^2-2u-1}{u^2+2u-1},$$

即 $\dfrac{dx}{x}=-\dfrac{u^2+2u-1}{u^3+u^2+u+1}\,du$，从而 $\dfrac{dx}{x}=\left(\dfrac{1}{u+1}-\dfrac{2u}{u^2+1}\right)du$. 积分：$\ln|x|+\ln|C|=\ln\left|\dfrac{u+1}{u^2+1}\right|$，即 $u+1=Cx(u^2+1)$. 代入 $u=\dfrac{y}{x}$，得通解 $x+y=C(x^2+y^2)$. 由初始条件 $y\big|_{x=1}=1$ 知 $C=1$.

故特解为 $x+y=x^2+y^2$.

3. 解：设曲线弧 $\overparen{OA}$ 的方程为 $y=f(x)$，由题意得 $\displaystyle\int_0^x f(t)\,dt-\dfrac{1}{2}xf(x)=x^2$.

求导：$f(x)-\dfrac{1}{2}f(x)-\dfrac{1}{2}xf'(x)=2x$，即 $y'=\dfrac{y}{x}-4$.

令 $\dfrac{y}{x}=u$，上式化为 $x\dfrac{du}{dx}=-4$，即 $du=-4\dfrac{dx}{x}$. 积分：$u=-4\ln x+C$.

把 $u=\dfrac{y}{x}$ 代入上式，得通解 $y=-4x\ln x+Cx$.

由于 $A(1,1)$ 在曲线上，即 $y\big|_{x=1}=1$. 因而 $C=1$，从而 $\overparen{OA}$ 的方程为

$$y=x(1-4\ln x).$$

*4. 解：(1)令 $x=X+h,y=Y+k$，则 $dx=dX,\ dy=dY$，原方程化为

$$(2X-5Y+2h-5k+3)dX-(2X+4Y+2h+4k-6)dY=0.$$

解方程组 $\begin{cases}2h+4k-6=0,\\2h-5k+3=0,\end{cases}$ 得 $h=1,\ k=1$.

令 $x=X+1,\ y=Y+1$ 时，原方程化为 $(2X-5Y)dX-(2X+4Y)dY=0$.

进一步将它化为 $\dfrac{dY}{dX}=\dfrac{2-5\dfrac{Y}{X}}{2+4\dfrac{Y}{X}}$.

令 $u=\dfrac{Y}{X}$，则以上方程化为 $X\dfrac{\mathrm{d}u}{\mathrm{d}X}=\dfrac{2-5u}{2+4u}-u$，即 $-\dfrac{4u+2}{4u^2+7u-2}\mathrm{d}u=\dfrac{\mathrm{d}X}{X}$.

积分：$\ln|X|=-\dfrac{1}{2}\displaystyle\int\dfrac{8u+7-3}{4u^2+7u-2}\mathrm{d}u=-\dfrac{1}{2}\displaystyle\int\dfrac{\mathrm{d}(4u^2+7u-2)}{4u^2+7u-2}+\dfrac{3}{2}\displaystyle\int\dfrac{\mathrm{d}u}{4u^2+7u-2}$

$$=-\dfrac{1}{2}\ln|4u^2+7u-2|+\dfrac{1}{6}\ln\left|\dfrac{4u-1}{u+2}\right|+\dfrac{1}{6}\ln|C_1|,$$

则 $6\ln|X|+3\ln|4u^2+7u-2|-\ln\left|\dfrac{4u-1}{u+2}\right|=\ln|C_1|$，

即 $X^6(4u^2+7u-2)^3\dfrac{u+2}{4u-1}=C_1$，从而 $X^6(4u-1)^2(u+2)^4=C_1$.

把 $X=x-1,Y=y-1$ 代入得 $(x-1)^6\left(4\dfrac{y-1}{x-1}-1\right)^2\left(\dfrac{y-1}{x-1}+2\right)^4=C_1$.

即 $(4y-x-3)(y+2x-3)^2=C$（$C=\sqrt{C_1}$）为原方程的通解.

(2)原方程可写为 $\dfrac{\mathrm{d}y}{\mathrm{d}x}=\dfrac{-(x-1)+y}{(x-1)+4y}$. 令 $\begin{cases}x-1=X,\\ y=Y,\end{cases}$

则原方程化为 $\dfrac{\mathrm{d}Y}{\mathrm{d}X}=\dfrac{-X+Y}{X+4Y}$，亦即 $\dfrac{\mathrm{d}Y}{\mathrm{d}X}=\dfrac{-1+(Y/X)}{1+4(Y/X)}$.

令 $\dfrac{Y}{X}=u$，原方程化为 $u+X\dfrac{\mathrm{d}u}{\mathrm{d}X}=\dfrac{-1+u}{1+4u}$，即 $\dfrac{4u+1}{4u^2+1}\mathrm{d}u=-\dfrac{\mathrm{d}X}{X}$. 积分：

$$\int\dfrac{4u}{4u^2+1}\mathrm{d}u+\int\dfrac{1}{1+4u^2}\mathrm{d}u=-\int\dfrac{\mathrm{d}X}{X}.$$

从而
$$\dfrac{1}{2}\ln(4u^2+1)+\dfrac{1}{2}\arctan 2u=-\ln|X|+C_1,$$
$$\ln[X^2(4u^2+1)]+\arctan 2u=C\quad(C=2C_1).$$

将 $X=x-1,u=\dfrac{Y}{X}=\dfrac{y}{x-1}$ 代入上式得方程的通解为

$$\ln[4y^2+(x-1)^2]+\arctan\dfrac{2y}{x-1}=C.$$

(3)原方程变为 $\dfrac{\mathrm{d}y}{\mathrm{d}x}=\dfrac{7x-3y-7}{-3x+7y+3}$. 令 $x=X+h,y=Y+k$，代入上式得

$$\dfrac{\mathrm{d}Y}{\mathrm{d}X}=\dfrac{7X-3Y+7h-3k-7}{-3X+7Y-3h+7k+3}.$$

令 $\begin{cases}7h-3k-7=0,\\ -3h+7k+3=0,\end{cases}$ 得 $\begin{cases}h=1,\\ k=0.\end{cases}$

令 $x=X+1,y=Y$，原方程化为 $\dfrac{\mathrm{d}Y}{\mathrm{d}X}=\dfrac{7X-3Y}{-3X+7Y}$，即 $\dfrac{\mathrm{d}Y}{\mathrm{d}X}=\dfrac{7-3\dfrac{Y}{X}}{-3+7\dfrac{Y}{X}}$.

令 $\dfrac{Y}{X}=u$，以上方程变为 $u+X\dfrac{\mathrm{d}u}{\mathrm{d}X}=\dfrac{7-3u}{-3+7u}$，即 $\dfrac{7u-3}{u^2-1}\mathrm{d}u=\dfrac{-7}{X}\mathrm{d}X$. 积分：

$$\int\dfrac{2}{u-1}\mathrm{d}u+\int\dfrac{5}{u+1}\mathrm{d}u=\int\dfrac{-7}{X}\mathrm{d}X.$$

从而 $2\ln|u-1|+5\ln|u+1|=-7\ln X+\ln|C|$，即 $X^7(u-1)^2(u+1)^5=C$.

将 $X=x-1,u=\dfrac{y}{x-1}$ 代入，得原方程的通解为

$$(y-x+1)^2(y+x-1)^5=C.$$

(4)原方程变形为$\dfrac{\mathrm{d}y}{\mathrm{d}x}=\dfrac{-(x+y)}{3(x+y)-4}$. 令$x+y=u$, 则$y=u-x$, $\dfrac{\mathrm{d}y}{\mathrm{d}x}=\dfrac{\mathrm{d}u}{\mathrm{d}x}-1$,

原方程化为$\dfrac{\mathrm{d}u}{\mathrm{d}x}-1=\dfrac{-u}{3u-4}$, 即$\dfrac{3u-4}{2u-4}\mathrm{d}u=\mathrm{d}x$.

积分: $\displaystyle\int 3\mathrm{d}u+\int\dfrac{2}{u-2}\mathrm{d}u=\int 2\mathrm{d}x$, 从而 $3u+2\ln|u-2|=2x+C$.

将$u=x+y$代入上式, 得原方程的通解为: $x+3y+2\ln|2-x-y|=C$.

习题 7－4 解答(教材 P320～P321)

1.解:(1)$P(x)=1$, $Q(x)=\mathrm{e}^{-x}$. 代入通解公式得
$$y=\mathrm{e}^{-\int P(x)\mathrm{d}x}\left[\int Q(x)\mathrm{e}^{\int P(x)\mathrm{d}x}\mathrm{d}x+C\right]=\mathrm{e}^{-\int\mathrm{d}x}\left(\int\mathrm{e}^{-x}\mathrm{e}^{\int\mathrm{d}x}\mathrm{d}x+C\right)=\mathrm{e}^{-x}(x+C)$$

(2)化为 $\dfrac{\mathrm{d}y}{\mathrm{d}x}+\dfrac{1}{x}y=\dfrac{x^2+3x+2}{x}$, $P(x)=\dfrac{1}{x}$, $Q(x)=\dfrac{x^2+3x+2}{x}$. 代入通解公式得
$$y=\mathrm{e}^{-\int\frac{1}{x}\mathrm{d}x}\left(\int\dfrac{x^2+3x+2}{x}\mathrm{e}^{\int\frac{1}{x}\mathrm{d}x}\mathrm{d}x+C\right)=\dfrac{1}{3}x^2+\dfrac{3}{2}x+2+\dfrac{C}{x}.$$

(3)$P(x)=\cos x$, $Q(x)=\mathrm{e}^{-\sin x}$. 代入通解公式得
$$y=\mathrm{e}^{-\int\cos x\mathrm{d}x}\left(\int\mathrm{e}^{-\sin x}\mathrm{e}^{\int\cos x\mathrm{d}x}\mathrm{d}x+C\right)=\mathrm{e}^{-\sin x}(x+C).$$

(4)$P(x)=\tan x$, $Q(x)=\sin 2x$. 代入通解公式得
$$y=\mathrm{e}^{-\int\tan x\mathrm{d}x}\left(\int\sin 2x\mathrm{e}^{\int\tan x\mathrm{d}x}\mathrm{d}x+C\right)=\cos x(-2\cos x+C)=C\cos x-2\cos^2 x.$$

(5)化为 $y'+\dfrac{2x}{x^2-1}y=\dfrac{\cos x}{x^2-1}$, $P(x)=\dfrac{2x}{x^2-1}$, $Q(x)=\dfrac{\cos x}{x^2-1}$. 代入通解公式得
$$y=\mathrm{e}^{-\int\frac{2x}{x^2-1}\mathrm{d}x}\left(\int\dfrac{\cos x}{x^2-1}\cdot\mathrm{e}^{\int\frac{2x}{x^2-1}\mathrm{d}x}\mathrm{d}x+C\right)=\dfrac{1}{x^2-1}(\sin x+C)=\dfrac{\sin x+C}{x^2-1}.$$

(6)$P(\theta)=3$, $Q(\theta)=2$ 代入通解公式得
$$\rho=\mathrm{e}^{-\int 3\mathrm{d}\theta}\left(\int 2\mathrm{e}^{\int 3\mathrm{d}\theta}\mathrm{d}\theta+C_1\right)=\mathrm{e}^{-3\theta}\left(\dfrac{2}{3}\mathrm{e}^{3\theta}+C_1\right)=\dfrac{2}{3}+C_1\mathrm{e}^{-3\theta}.$$

即 $3\rho=2+C\mathrm{e}^{-3\theta}$ $(C=3C_1)$.

(7)$P(x)=2x$, $Q(x)=4x$. 代入通解公式得
$$y=\mathrm{e}^{-\int 2x\mathrm{d}x}\left(\int 4x\mathrm{e}^{\int 2x\mathrm{d}x}\mathrm{d}x+C\right)=\mathrm{e}^{-x^2}(2\mathrm{e}^{x^2}+C)=2+C\mathrm{e}^{-x^2}.$$

(8)变形为$\dfrac{\mathrm{d}x}{\mathrm{d}y}+\dfrac{x}{y\ln y}=\dfrac{1}{y}$. $P(y)=\dfrac{1}{y\ln y}$, $Q(y)=\dfrac{1}{y}$ 代入通解公式得
$$x=\mathrm{e}^{-\int\frac{1}{y\ln y}\mathrm{d}y}\left(\int\dfrac{1}{y}\mathrm{e}^{\int\frac{1}{y\ln y}\mathrm{d}y}\mathrm{d}y+C_1\right)=\dfrac{1}{\ln y}\left(\dfrac{1}{2}\ln^2 y+C_1\right),$$

即 $2x\ln y=\ln^2 y+C$ $(C=2C_1)$.

(9)变形为$\dfrac{\mathrm{d}y}{\mathrm{d}x}-\dfrac{1}{x-2}y=2(x-2)^2$. $P(x)=-\dfrac{1}{x-2}$, $Q(x)=2(x-2)^2$ 代入通解公式得
$$y=\mathrm{e}^{\int\frac{1}{x-2}\mathrm{d}x}\left[\int 2(x-2)^2\mathrm{e}^{-\int\frac{1}{x-2}\mathrm{d}x}\mathrm{d}x+C\right]=(x-2)[(x-2)^2+C]$$
$$=(x-2)^3+C(x-2).$$

(10)变形为$\dfrac{\mathrm{d}x}{\mathrm{d}y}=\dfrac{3}{y}x-\dfrac{1}{2}y$. $P(y)=-\dfrac{3}{y}$, $Q(y)=-\dfrac{1}{2}y$, 代入通解公式

$$x = \mathrm{e}^{\int \frac{3}{y}\mathrm{d}y}\left(\int -\frac{1}{2}y\mathrm{e}^{\int -\frac{3}{y}\mathrm{d}y}\mathrm{d}y + C\right) = y^3\left(\frac{1}{2y} + C\right) = \frac{1}{2}y^2 + Cy^3.$$

2. 解: (1) $y = \mathrm{e}^{\int \tan x\mathrm{d}x}\left(\int \sec x \cdot \mathrm{e}^{-\int \tan x\mathrm{d}x}\mathrm{d}x + C\right) = \mathrm{e}^{-\ln\cos x}\left(\int \sec x \cdot \cos x\mathrm{d}x + C\right) = \frac{1}{\cos x}(x + C).$

由 $y\big|_{x=0} = 0$,得 $C=0$,因此特解为 $y = \dfrac{x}{\cos x}$.

(2) $y = \mathrm{e}^{-\int \frac{1}{x}\mathrm{d}x}\left(\int \dfrac{\sin x}{x}\mathrm{e}^{\int \frac{1}{x}\mathrm{d}x}\mathrm{d}x + C\right) = \dfrac{1}{x}\left(\int \sin x\mathrm{d}x + C\right) = \dfrac{1}{x}(-\cos x + C),$

由 $y\big|_{x=\pi} = 1$,得 $C = \pi - 1$. 故所求特解为 $y = \dfrac{1}{x}(\pi - 1 - \cos x)$.

(3) $y = \mathrm{e}^{-\int \cot x\mathrm{d}x}\left(5\int \mathrm{e}^{\cos x} \cdot \mathrm{e}^{\int \cot x\mathrm{d}x}\mathrm{d}x + C\right) = \mathrm{e}^{-\ln(\sin x)}\left(5\int \mathrm{e}^{\cos x} \cdot \mathrm{e}^{\ln(\sin x)}\mathrm{d}x + C\right)$

$$= \frac{1}{\sin x}\left(5\int \mathrm{e}^{\cos x} \cdot \sin x\mathrm{d}x + C\right) = \frac{1}{\sin x}(-5\mathrm{e}^{\cos x} + C),$$

由 $y\big|_{x=\frac{\pi}{2}} = -4$,得 $C = 1$. 故 $y = \dfrac{1}{\sin x}(-5\mathrm{e}^{\cos x} + 1)$,即 $y\sin x + 5\mathrm{e}^{\cos x} = 1$ 为所求特解.

(4) $y = \mathrm{e}^{-\int 3\mathrm{d}x}\left(\int 8\mathrm{e}^{\int 3\mathrm{d}x}\mathrm{d}x + C\right) = \mathrm{e}^{-3x}\left(\int 8\mathrm{e}^{3x}\mathrm{d}x + C\right)$

$$= \mathrm{e}^{-3x}\left(\frac{8}{3}\mathrm{e}^{3x} + C\right) = \frac{8}{3} + C\mathrm{e}^{-3x},$$

由 $y\big|_{x=0} = 2$,得 $C = -\dfrac{2}{3}$. 故所求特解为 $y = \dfrac{2}{3}(4 - \mathrm{e}^{-3x})$.

(5) $y = \mathrm{e}^{-\int \frac{2-3x^2}{x^3}\mathrm{d}x}\left(\int \mathrm{e}^{\int \frac{2-3x^2}{x^3}\mathrm{d}x}\mathrm{d}x + C\right),$

因为 $\displaystyle\int \frac{2-3x^2}{x^3}\mathrm{d}x = \int \frac{2}{x^3}\mathrm{d}x - 3\int \frac{1}{x}\mathrm{d}x = -\frac{1}{x^2} - 3\ln x + C_1$,所以

$$y = \mathrm{e}^{\frac{1}{x^2}+3\ln x}\left(\int \mathrm{e}^{-\frac{1}{x^2}-3\ln x}\mathrm{d}x + C\right) = x^3\mathrm{e}^{\frac{1}{x^2}}\left[\frac{1}{2}\int \mathrm{e}^{-\frac{1}{x^2}}\mathrm{d}\left(-\frac{1}{x^2}\right) + C\right]$$

$$= x^3\mathrm{e}^{\frac{1}{x^2}}\left(\frac{1}{2}\mathrm{e}^{-\frac{1}{x^2}} + C\right),$$

由 $y\big|_{x=1} = 0$,得 $C = -\dfrac{1}{2}\mathrm{e}^{-1}$,故所求特解为 $y = \dfrac{1}{2}x^3\mathrm{e}^{\frac{1}{x^2}}\left(\mathrm{e}^{-\frac{1}{x^2}} - \mathrm{e}^{-1}\right)$.

3. 解: 由题意可构造微分方程初值问题 $\begin{cases} y' = 2x + y, \\ y(0) = 0, \end{cases}$ 解之得

$$y = \mathrm{e}^{-\int (-1)\mathrm{d}x}\left[\int 2x\mathrm{e}^{\int (-1)\mathrm{d}x}\mathrm{d}x + C\right] = \mathrm{e}^x(-2x\mathrm{e}^{-x} - 2\mathrm{e}^{-x} + C),$$

代入 $y\big|_{x=0} = 0$ 知 $C = 2$,故曲线方程为 $y = 2(\mathrm{e}^x - x - 1)$.

4. 解: 由牛顿定律 $F = ma$,即 $m\dfrac{\mathrm{d}v}{\mathrm{d}t} = k_1 t - k_2 v$,亦即 $\dfrac{\mathrm{d}v}{\mathrm{d}t} + \dfrac{k_2}{m}v = \dfrac{k_1}{m}t$,所以

$$v = \mathrm{e}^{-\int \frac{k_2}{m}\mathrm{d}t}\left(\int \frac{k_1}{m}t\mathrm{e}^{\int \frac{k_2}{m}\mathrm{d}t}\mathrm{d}t + C\right) = \mathrm{e}^{-\frac{k_2}{m}t}\left(\frac{k_1}{m}\int t\mathrm{e}^{\frac{k_2}{m}t}\mathrm{d}t + C\right)$$

$$= \mathrm{e}^{-\frac{k_2}{m}t}\left[\frac{k_1}{m}\frac{m}{k_2}\int t\mathrm{d}\left(\mathrm{e}^{\frac{k_2}{m}t}\right) + C\right] = \mathrm{e}^{-\frac{k_2}{m}t}\left(\frac{k_1}{k_2}t\mathrm{e}^{\frac{k_2}{m}t} - \frac{k_1 m}{k_2^2}\mathrm{e}^{\frac{k_2}{m}t} + C\right).$$

由题意 $t = 0$,$v = 0$,得 $C = \dfrac{k_1 m}{k_2^2}$,故 $v = \mathrm{e}^{-\frac{k_2}{m}t}\left(\dfrac{k_1}{k_2}t\mathrm{e}^{\frac{k_2}{m}t} - \dfrac{k_1 m}{k_2^2}\mathrm{e}^{\frac{k_2}{m}t} + \dfrac{k_1 m}{k_2^2}\right)$.

教材习题全解(上册)

即 $v=\dfrac{k_1}{k_2}t-\dfrac{k_1m}{k_2^2}(1-\mathrm{e}^{-\frac{k_2}{m}t})$.

5. 解：由回路电压定律知 $20\sin 5t-2\dfrac{\mathrm{d}i}{\mathrm{d}t}-10i=0$，即 $\dfrac{\mathrm{d}i}{\mathrm{d}t}+5i=10\sin 5t$. 故

$$i=\mathrm{e}^{-\int 5\mathrm{d}t}\left(\int 10\sin 5t\,\mathrm{e}^{5\int \mathrm{d}t}\,\mathrm{d}t+C\right)=\mathrm{e}^{-5t}\left[2\int \sin(5t)\mathrm{e}^{5t}\mathrm{d}5t+C\right]$$

$$=\mathrm{e}^{-5t}\left[2\,\frac{\mathrm{e}^{5t}(\sin 5t-\cos 5t)}{2}+C\right]=\sin 5t-\cos 5t+C\mathrm{e}^{-5t}.$$

因为 $t=0$ 时，$i=0$，所以 $C=1$. 故 $i=\sin 5t-\cos 5t+\mathrm{e}^{-5t}=\mathrm{e}^{-5t}+\sqrt{2}\sin\left(5t-\dfrac{\pi}{4}\right)$.

6. 解：将 $v=xy$ 代入所给方程中得：

$$\frac{v}{x}f(v)\mathrm{d}x-xg(v)\cdot\frac{\mathrm{d}x\cdot v-\mathrm{d}v\cdot x}{x^2}=0,$$

即 $\dfrac{\mathrm{d}x}{x}=\dfrac{g(v)\mathrm{d}v}{v[g(v)-f(v)]}$ 为可分离变量的方程. 积分得

$$\ln|x|=\int\frac{g(v)\mathrm{d}(v)}{v[g(v)-f(v)]}+C.$$

代回 $v=xy$，则通解为 $\ln|x|=\displaystyle\int\frac{g(xy)\mathrm{d}(xy)}{(xy)[g(xy)-f(xy)]}+C.$

7. 解：(1) 令 $u=x+y$，则 $\dfrac{\mathrm{d}y}{\mathrm{d}x}=\dfrac{\mathrm{d}u}{\mathrm{d}x}-1$. 原方程化为 $\dfrac{\mathrm{d}u}{\mathrm{d}x}=1+u^2$，即 $\mathrm{d}x=\dfrac{\mathrm{d}u}{1+u^2}$.

两边积分得 $x=\arctan u+C$. 把 $u=x+y$ 代回上式即得通解
$$x-C=\arctan(x+y)\quad\text{或}\quad y=-x+\tan(x-C).$$

(2) 令 $u=x-y$，则 $\dfrac{\mathrm{d}y}{\mathrm{d}x}=1-\dfrac{\mathrm{d}u}{\mathrm{d}x}$. 原方程化为 $-\dfrac{\mathrm{d}u}{\mathrm{d}x}=\dfrac{1}{u}$，即 $\mathrm{d}x=-u\mathrm{d}u.$

两边积分得 $x=-\dfrac{1}{2}u^2+C_1$. 把 $u=x-y$ 代入上式得原方程的通解为
$$(x-y)^2=-2x+C\quad(\text{其中 } C=2C_1).$$

(3) 令 $u=xy$，则 $y=\dfrac{u}{x}$，$\dfrac{\mathrm{d}y}{\mathrm{d}x}=\dfrac{1}{x}\dfrac{\mathrm{d}u}{\mathrm{d}x}-\dfrac{u}{x^2}$.

原方程化为 $x\left(\dfrac{1}{x}\dfrac{\mathrm{d}u}{\mathrm{d}x}-\dfrac{u}{x^2}\right)+\dfrac{u}{x}=\dfrac{u}{x}\ln u$，即 $\dfrac{\mathrm{d}x}{x}=\dfrac{\mathrm{d}u}{u\ln u}$.

两边积分得 $\ln C+\ln x=\ln(\ln u)$，即 $u=\mathrm{e}^{Cx}$.

代 $u=xy$ 入上式得原方程的通解为 $y=\dfrac{1}{x}\mathrm{e}^{Cx}$.

(4) 原方程变形为 $y'=(y+\sin x-1)^2-\cos x$. 令 $u=y+\sin x-1$，则
$$\frac{\mathrm{d}y}{\mathrm{d}x}=\frac{\mathrm{d}u}{\mathrm{d}x}-\cos x,$$

原方程变为 $\dfrac{\mathrm{d}u}{\mathrm{d}x}-\cos x=u^2-\cos x$，即 $u^{-2}\mathrm{d}u=\mathrm{d}x$. 积分得 $x+C=-\dfrac{1}{u}$.

将 $u=y+\sin x-1$ 代入上式得原方程的通解为 $y=1-\sin x-\dfrac{1}{x+C}$.

(5) 原方程变形为 $\dfrac{\mathrm{d}y}{\mathrm{d}x}=-\dfrac{y(xy+1)}{x(1+xy+x^2y^2)}$. 令 $u=xy$，则
$$y=\frac{u}{x},\ \frac{\mathrm{d}y}{\mathrm{d}x}=\frac{1}{x}\frac{\mathrm{d}u}{\mathrm{d}x}-\frac{u}{x^2},$$

原方程变为 $\dfrac{1}{x}\dfrac{\mathrm{d}u}{\mathrm{d}x}-\dfrac{u}{x^2}=-\dfrac{u}{x^2}\dfrac{1+u}{1+u+u^2}$，即 $\dfrac{1}{x}\dfrac{\mathrm{d}u}{\mathrm{d}x}=\dfrac{u^3}{(1+u+u^2)x^2}$．

从而 $\dfrac{\mathrm{d}x}{x}=\left(\dfrac{1}{u^3}+\dfrac{1}{u^2}+\dfrac{1}{u}\right)\mathrm{d}u$，两边积分得

$$C_1+\ln|x|=-\dfrac{1}{2}u^{-2}-u^{-1}+\ln|u|,$$

把 $u=xy$ 代入上式，即得原方程的通解

$$C_1=\ln|y|-\dfrac{1}{2}\dfrac{1}{x^2y^2}-\dfrac{1}{xy},$$

即 $2x^2y^2\ln|y|-2xy-1=Cx^2y^2$　（其中 $C=2C_1$）．

*8. 解：(1) 令 $z=y^{1-2}=\dfrac{1}{y}$，则原方程变为

$$-\dfrac{1}{z^2}\dfrac{\mathrm{d}z}{\mathrm{d}x}+\dfrac{1}{z}=\dfrac{1}{z^2}(\cos x-\sin x)，即 \dfrac{\mathrm{d}z}{\mathrm{d}x}-z=\sin x-\cos x,$$

故

$$z=\mathrm{e}^{\int \mathrm{d}x}\left[\int(\sin x-\cos x)\mathrm{e}^{-\int\mathrm{d}x}\mathrm{d}x+C\right]=\mathrm{e}^x\left(\int\mathrm{e}^{-x}\sin x\mathrm{d}x-\int\mathrm{e}^{-x}\cos x\mathrm{d}x+C\right)$$

$$=\mathrm{e}^x\left[\dfrac{\mathrm{e}^{-x}}{2}(-\sin x-\cos x)-\dfrac{\mathrm{e}^{-x}}{2}(\sin x-\cos x)+C\right]=C\mathrm{e}^x-\sin x.$$

将 $z=\dfrac{1}{y}$ 代入上式，得原方程的通解为 $\dfrac{1}{y}=C\mathrm{e}^x-\sin x$．

(2) 令 $z=y^{1-2}=\dfrac{1}{y}$，则原方程变为

$$-\dfrac{1}{z^2}\dfrac{\mathrm{d}z}{\mathrm{d}x}-3x\dfrac{1}{z}=\dfrac{x}{z^2}，即 \dfrac{\mathrm{d}z}{\mathrm{d}x}+3xz=-x.$$

故

$$z=\mathrm{e}^{-\int 3x\mathrm{d}x}\left(\int -x\mathrm{e}^{\int 3x\mathrm{d}x}\mathrm{d}x+C_1\right)=\mathrm{e}^{-\frac{3}{2}x^2}\left(-\dfrac{1}{3}\mathrm{e}^{\frac{3}{2}x^2}+C_1\right).$$

将 $z=\dfrac{1}{y}$ 代入上式并整理即得原方程的通解

$$\left(1+\dfrac{3}{y}\right)\mathrm{e}^{\frac{3}{2}x^2}=C　（C=3C_1）.$$

(3) 令 $z=y^{1-4}=y^{-3}$，则原方程变为

$$-\dfrac{1}{3}z^{-\frac{4}{3}}\dfrac{\mathrm{d}z}{\mathrm{d}x}+\dfrac{1}{3}z^{-\frac{1}{3}}=\dfrac{1}{3}(1-2x)z^{-\frac{4}{3}}，即 \dfrac{\mathrm{d}z}{\mathrm{d}x}=z+2x-1.$$

故

$$z=\mathrm{e}^{\int\mathrm{d}x}\left[\int(2x-1)\mathrm{e}^{-\int\mathrm{d}x}\mathrm{d}x+C\right]=-2x-1+C\mathrm{e}^x,$$

代入 $z=\dfrac{1}{y}$，得原方程的通解为 $\dfrac{1}{y^3}=C\mathrm{e}^x-2x-1$．

(4) 令 $z=y^{1-5}=y^{-4}$，则原方程变为

$$-\dfrac{1}{4}z^{-\frac{5}{4}}\dfrac{\mathrm{d}z}{\mathrm{d}x}-z^{-\frac{1}{4}}=xz^{-\frac{5}{4}}，即 \dfrac{\mathrm{d}z}{\mathrm{d}x}+4z=-4x.$$

故

$$z=\mathrm{e}^{-\int 4\mathrm{d}x}\left(\int -4x\mathrm{e}^{\int 4\mathrm{d}x}\mathrm{d}x+C\right)=\mathrm{e}^{-4x}\left(\int -4x\mathrm{e}^{4x}\mathrm{d}x+C\right)=\mathrm{e}^{-4x}\left(-x\mathrm{e}^{4x}+\int\mathrm{e}^{4x}\mathrm{d}x+C\right)$$

$$=e^{-4x}\left(-xe^{4x}+\frac{1}{4}e^{4x}+C\right)=-x+\frac{1}{4}+Ce^{-4x}.$$

代入 $z=y^{-4}$，得原方程的通解为

$$\frac{1}{y^4}=-x+\frac{1}{4}+Ce^{-4x}.$$

(5)原方程变为 $\dfrac{dy}{dx}=\dfrac{y+xy^3(1+\ln x)}{x}$ 进一步整理得 $\dfrac{dy}{dx}-\dfrac{1}{x}y=(1+\ln x)y^3$，

令 $z=y^{1-3}=y^{-2}$，则原方程变为

$$-\frac{1}{2}z^{-\frac{3}{2}}\frac{dz}{dx}-\frac{1}{x}z^{-\frac{1}{2}}=(1+\ln x)z^{-\frac{3}{2}},即\frac{dz}{dx}+\frac{2}{x}z=-2(1+\ln x),$$

故

$$z=e^{-\int\frac{2}{x}dx}\left[-2\int(1+\ln x)e^{\int\frac{2}{x}dx}dx+C\right]=x^{-2}\left[-2\int(1+\ln x)x^2dx+C\right]$$

$$=x^{-2}\left(-2\int x^2dx-2\int x^2\ln xdx+C\right)=x^{-2}\left(-\frac{2}{3}x^3-\frac{2}{3}\int\ln xdx^3+C\right)$$

$$=x^{-2}\left[-\frac{2}{3}x^3-\frac{2}{3}\left(x^3\ln x-\int\frac{x^3}{x}dx\right)+C\right]=\frac{C}{x^2}-\frac{2}{3}x\ln x-\frac{4}{9}x,$$

代入 $z=y^{-2}$ 得原方程的通解为

$$\frac{1}{y^2}=\frac{C}{x^2}-\frac{2}{3}x\ln x-\frac{4}{9}x,即\frac{x^2}{y^2}=C-\frac{2}{3}x^3\left(\ln x+\frac{2}{3}\right).$$

习题 7-5 解答（教材 P328~P329）

1. 解:(1)方程不显含 y，故令 $y'=p$，于是原方程可化为 $p'=x+\sin x$，积分得

$$p=\int(x+\sin x)dx=\frac{1}{2}x^2-\cos x+C_1,即 y'=\frac{1}{2}x^2-\cos x+C_1,$$

再积分后得原方程通解为

$$y=\frac{1}{6}x^3-\sin x+C_1x+C_2.$$

(2)对原方程积分得 $y''=\int xe^x dx=xe^x-e^x+C'_1.$

再积分得 $y'=\int(xe^x-e^x+C'_1)dx=xe^x-2e^x+C'_1x+C_2.$

再积分得方程的通解为

$$y=\int(xe^x-2e^x+C'_1x+C_2)dx=xe^x-3e^x+C_1x^2+C_2x+C_3\left(C_1=\frac{C'_1}{2}\right).$$

(3)方程不显含 y，故设 $y'=p$，则原方程可化为 $p'=\dfrac{1}{1+x^2}$，积分得

$$p=\int\frac{1}{1+x^2}dx=\arctan x+C_1,$$

再积分得 $y=\int(\arctan x+C_1)dx=x\arctan x-\frac{1}{2}\ln(1+x^2)+C_1x+C_2,$

即原方程通解为

$$y=x\arctan x-\frac{1}{2}\ln(1+x^2)+C_1x+C_2.$$

(4)方程不显含 y，故设 $y'=p$，则原方程化为 $p'=1+p^2$，

分离变量得 $\dfrac{\mathrm{d}p}{1+p^2}=\mathrm{d}x$，积分得 $\arctan p = x + C_1$.

故 $p = \tan(x+C_1)$ 即 $y' = \tan(x+C_1)$，积分得原方程的解为
$$y = -\ln\cos(x+C_1) + C_2.$$

(5)令 $y'=p$，则 $y''=p'$，得线性方程 $p'=p+x$，即 $p'-p=x$，解得
$$p = \mathrm{e}^{\int \mathrm{d}x}\left(\int x\mathrm{e}^{-\int \mathrm{d}x}\mathrm{d}x + C_1\right) = \mathrm{e}^x\left(\int x\mathrm{e}^{-x}\mathrm{d}x + C_1\right) = C_1\mathrm{e}^x - x - 1.$$

则 $y = \displaystyle\int (C_1\mathrm{e}^x - x - 1)\mathrm{d}x = C_1\mathrm{e}^x - \dfrac{1}{2}x^2 - x + C_2.$

(6)令 $y'=p$，则 $y''=p'$，得 $p' + \dfrac{1}{x}p = 0$. 即 $\dfrac{\mathrm{d}p}{p} = -\dfrac{\mathrm{d}x}{x}$. 解得
$$\ln p = -\ln x + \ln C_1 = \ln \dfrac{C_1}{x}, \text{即 } y' = p = \dfrac{C_1}{x}.$$

则 $y = \displaystyle\int \dfrac{C_1}{x}\mathrm{d}x = C_1\ln|x| + C_2.$

(7)令 $y'=p$，则原方程化成 $yp\dfrac{\mathrm{d}p}{\mathrm{d}y} + 2p^2 = 0$. 分离变量得 $\dfrac{\mathrm{d}p}{p} = \dfrac{-2\mathrm{d}y}{y}$，积分得 $\ln|p| = \ln\dfrac{1}{y^2} + C$. 即
$$y' = p = \dfrac{C_0}{y^2}, y^2\mathrm{d}y = C_0\mathrm{d}x, y^3 = 3C_0 x + C_2.$$

则通解为 $y^3 = C_1 x + C_2$ $(C_1 = 3C_0)$.

(8)令 $y'=p$，则 $y''=p' \cdot p$. 原方程化为 $y^3 p\dfrac{\mathrm{d}p}{\mathrm{d}y} = 1$，即 $p\mathrm{d}p = \dfrac{\mathrm{d}y}{y^3}$，

积分得 $\dfrac{1}{2}p^2 = -\dfrac{1}{2y^2} + \dfrac{C_1}{2}$，即 $p^2 = -\dfrac{1}{y^2} + C_1$.

将 $p=y'$ 代入上式得 $(y')^2 = -\dfrac{1}{y^2} + C_1$，即 $\pm y' = \sqrt{C_1 - \dfrac{1}{y^2}}$，

分离变量得 $\pm\dfrac{y\mathrm{d}y}{\sqrt{C_1 y^2 - 1}} = \mathrm{d}x$，即 $\pm\dfrac{1}{2}\dfrac{\mathrm{d}(C_1 y^2)}{\sqrt{C_1 y^2 - 1}} = C_1\mathrm{d}x$，积分得
$$\pm\sqrt{C_1 y^2 - 1} = C_1 x + C_2, \text{即 } C_1 y^2 - 1 = (C_1 x + C_2)^2.$$

(9)设 $y'=p$，则原方程化为 $p \cdot \dfrac{\mathrm{d}p}{\mathrm{d}y} = y^{-\frac{1}{2}}$，分离变量得 $p\mathrm{d}p = y^{-\frac{1}{2}}\mathrm{d}y$，

积分得 $p^2 = 4\sqrt{y} + 4C_1$，即 $y' = \pm\sqrt{4\sqrt{y} + 4C_1} = \pm 2\sqrt{\sqrt{y} + C_1}$. 积分得
$$x + C_2 = \pm\left[\dfrac{2}{3}(\sqrt{y} + C_1)^{\frac{3}{2}} - 2C_1\sqrt{\sqrt{y} + C_1}\right].$$

(10)令 $y'=p$，则 $y''=p'$，原方程化为 $p' = p^3 + p$，即 $\mathrm{d}x = \dfrac{\mathrm{d}p}{p^3 + p}$. 积分得
$$x + C = \int \dfrac{\mathrm{d}p}{p^3 + p} = \int \dfrac{\mathrm{d}p}{p} - \int \dfrac{p}{p^2 + 1}\mathrm{d}p = \ln|p| - \dfrac{1}{2}\ln|p^2 + 1|.$$

整理得
$$\mathrm{e}^{2x+2C} = \dfrac{p^2}{1+p^2}, \text{即 } p^2 = \dfrac{C_1^2 \mathrm{e}^{2x}}{1 - C_1^2 \mathrm{e}^{2x}} \ (C_1^2 = \mathrm{e}^{2C}).$$

即 $p=\dfrac{C_1\mathrm{e}^x}{\sqrt{1-C_1^2\mathrm{e}^{2x}}}$，将 $p=y'$ 代入得 $y'=\dfrac{C_1\mathrm{e}^x}{\sqrt{1-C_1^2\mathrm{e}^{2x}}}$，积分得

$$y=\int\frac{C_1\mathrm{e}^x}{\sqrt{1-C_1^2\mathrm{e}^{2x}}}\mathrm{d}x=\int\frac{\mathrm{d}(C_1\mathrm{e}^x)}{\sqrt{1-C_1^2\mathrm{e}^{2x}}}=\arcsin(C_1\mathrm{e}^x)+C_2.$$

故通解为 $y=\arcsin(C_1\mathrm{e}^x)+C_2$.

2. **解**：(1) 令 $y'=p(y)$，则 $y''=\dfrac{\mathrm{d}p}{\mathrm{d}y}\,p$，原方程变为 $y^3p\dfrac{\mathrm{d}p}{\mathrm{d}y}=-1$.

从而 $p\mathrm{d}p=-y^{-3}\mathrm{d}y$. 积分得 $p^2=\dfrac{1}{y^2}+C_1$，即 $y'^2=\dfrac{1}{y^2}+C_1$.

因为 $x=1$ 时，$y=1$，$y'=0$，故 $C_1=-1$. 因而 $y'^2=\dfrac{1}{y^2}-1$.

由此得 $y'=\pm\dfrac{1}{y}\sqrt{1-y^2}$，即 $\pm\dfrac{y}{\sqrt{1-y^2}}\mathrm{d}y=\mathrm{d}x$.

积分得 $\pm\dfrac{1}{2}\displaystyle\int\dfrac{\mathrm{d}(1-y^2)}{\sqrt{1-y^2}}=x+C_2$，从而 $\pm\sqrt{1-y^2}=x+C_2$.

由 $x=1$ 时 $y=1$ 得 $C_2=-1$. 因此所求特解为 $\pm\sqrt{1-y^2}=x-1$，即

$$y=\sqrt{2x-x^2}\quad(舍去\ y=-\sqrt{2x-x^2}，因\ y(1)=1).$$

(2) 令 $p=y'$，则 $y''=\dfrac{\mathrm{d}p}{\mathrm{d}x}$，原方程变为 $\dfrac{\mathrm{d}p}{\mathrm{d}x}-ap^2=0$，即 $\dfrac{\mathrm{d}p}{p^2}=a\mathrm{d}x$，积分得 $-\dfrac{1}{p}=ax+C_1$ 因

为 $p\big|_{x=0}=y'\big|_{x=0}=-1$，所以 $C_1=1$，从而 $-\dfrac{1}{y}=ax+1$，即 $\mathrm{d}y=-\dfrac{\mathrm{d}x}{ax+1}$，故

$$y=-\frac{1}{a}\ln(ax+1)+C_2.$$

又因为 $y\big|_{x=0}=0$，故 $C_2=0$. 因此 $y=-\dfrac{1}{a}\ln(ax+1)$ 为所求的特解$(a\neq0)$.

(3) $y''=\displaystyle\int\mathrm{e}^{ax}\mathrm{d}x=\dfrac{1}{a}\mathrm{e}^{ax}+C_1(a\neq0)$. 由 $y''\big|_{x=1}=0$ 得 $C_1=-\dfrac{1}{a}\mathrm{e}^a$ 从而 $y''=\dfrac{1}{a}\mathrm{e}^{ax}-\dfrac{1}{a}\mathrm{e}^a$.

因此

$$y'=\int\left(\frac{1}{a}\mathrm{e}^{ax}-\frac{1}{a}\mathrm{e}^a\right)\mathrm{d}x=\frac{1}{a^2}\mathrm{e}^{ax}-\frac{1}{a}\mathrm{e}^ax+C_2$$

又由 $y'\big|_{x=1}=0$ 得 $C_2=\dfrac{1}{a}\mathrm{e}^a-\dfrac{1}{a^2}\mathrm{e}^a$. 故 $y'=\dfrac{1}{a^2}\mathrm{e}^{ax}-\dfrac{1}{a}\mathrm{e}^ax+\dfrac{1}{a}\mathrm{e}^a-\dfrac{1}{a^2}\mathrm{e}^a$.

因而

$$y=\int\left(\frac{1}{a^2}\mathrm{e}^{ax}-\frac{1}{a}\mathrm{e}^ax+\frac{1}{a}\mathrm{e}^a-\frac{1}{a^2}\mathrm{e}^a\right)\mathrm{d}x=\frac{1}{a^3}\mathrm{e}^{ax}-\frac{1}{2a}\mathrm{e}^ax^2+\frac{1}{a}\mathrm{e}^ax-\frac{1}{a^2}\mathrm{e}^ax+C_3.$$

再次由 $y\big|_{x=1}=0$，得 $C_3=\dfrac{1}{a^2}\mathrm{e}^a-\dfrac{1}{a}\mathrm{e}^a+\dfrac{1}{2a}\mathrm{e}^a-\dfrac{1}{a^3}\mathrm{e}^a$.

因此 $y=\dfrac{1}{a^3}\mathrm{e}^{ax}-\dfrac{\mathrm{e}^a}{2a}x^2+\dfrac{\mathrm{e}^a}{a^2}(a-1)x+\dfrac{\mathrm{e}^a}{2a^3}(2a-a^2-2)$ 为所求的特解.

(4) 令 $y'=p(y)$，则 $y''=\dfrac{\mathrm{d}p}{\mathrm{d}y}\,p$，原方程变为 $p\dfrac{\mathrm{d}p}{\mathrm{d}y}=\mathrm{e}^{2y}$，即 $p\mathrm{d}p=\mathrm{e}^{2y}\mathrm{d}y$.

积分得 $\dfrac{1}{2}p^2=\dfrac{1}{2}\mathrm{e}^{2y}+C_1$，即 $\dfrac{1}{2}y'^2=\dfrac{1}{2}\mathrm{e}^{2y}+C_1$.

由 $y\big|_{x=0}=y'\big|_{x=0}=0$，得 $C_1=-\dfrac{1}{2}$，因而 $y'^2=e^{2y}-1$，从而 $y'=\pm\sqrt{e^{2y}-1}$，即 $\dfrac{dy}{\sqrt{e^{2y}-1}}=\pm dx$.

变形为 $-\dfrac{e^{-y}dy}{\sqrt{1-e^{-2y}}}=\pm dx$. 积分得 $-\arcsin e^{-y}=\pm x+C_2$.

由 $y\big|_{x=0}=0$，得 $C_2=\dfrac{-\pi}{2}$，因而 $e^{-y}=\sin\left(\mp x+\dfrac{\pi}{2}\right)=\cos x$.

从而 $y=\ln(\sec x)$ 为原方程的特解.

(5)令 $y'=p(y)$，则 $y''=p\dfrac{dp}{dy}$，

原方程变为 $p\dfrac{dp}{dy}=3y^{\frac{1}{2}}$，即 $pdp=3\sqrt{y}dy$. 积分得 $\dfrac{1}{2}p^2=2y^{\frac{3}{2}}+C_1$.

由 $y\big|_{x=0}=1$，$p\big|_{x=0}=y'\big|_{x=0}=2$ 得 $C_1=0$，故 $y'=p=\pm 2y^{\frac{3}{4}}$.

又由 $y''=3\sqrt{y}>0$ 可知 $y'=2y^{\frac{3}{4}}$，即 $\dfrac{dy}{y^{\frac{3}{4}}}=2dx$. 积分得 $4y^{\frac{1}{4}}=2x+C_2$.

由 $y\big|_{x=0}=1$ 得 $C_2=4$. 故 $y^{\frac{1}{4}}=\dfrac{1}{2}x+1$，即 $y=\left(\dfrac{1}{2}x+1\right)^4$ 为原方程的特解.

(6)令 $y'=p(y)$，则 $y''=p\dfrac{dp}{dy}$，原方程变为 $p\dfrac{dp}{dy}+p^2=1$，即 $\dfrac{pdp}{1-p^2}=dy$.

积分得 $\dfrac{1}{2}\ln(p^2-1)=-y+C$，整理得 $p^2-1=C_1e^{-2y}$.

由 $y\big|_{x=0}=0$，$p\big|_{x=0}=y'\big|_{x=0}=0$，得 $C_1=-1$. 因而 $p^2=1-e^{-2y}$，即

$$p=\pm\sqrt{1-e^{-2y}}.$$

故 $\dfrac{dy}{\sqrt{1-e^{-2y}}}=\pm dx$. 积分得

$$\pm x+C_2=\int\dfrac{d(e^y)}{\sqrt{e^{2y}-1}}=\ln(e^y+\sqrt{e^{2y}-1}).$$

由 $y\big|_{x=0}=0$，得 $C_2=0$. 因而 $\pm x=\ln(e^y+\sqrt{e^{2y}-1})$，得

$$e^{\pm x}=e^y+\sqrt{e^{2y}-1}.$$

由此得 $e^y=\dfrac{e^x+e^{-x}}{2}=\mathrm{ch}\,x$. 即 $y=\ln(\mathrm{ch}\,x)$ 为原方程的特解.

3. 解:因为积分曲线过 $M(0,1)$，则当 $x=0$ 时 $y=1$.

由于积分曲线在 $M(0,1)$ 处与 $y=\dfrac{x}{2}+1$ 相切. 所以 $x=0$，$y'=\dfrac{1}{2}$.

由 $y''=x$，积分得 $y'=\dfrac{x^2}{2}+C_1$，得 $C_1=\dfrac{1}{2}$，即

$$y'=\dfrac{1}{2}x^2+\dfrac{1}{2}\Rightarrow y=\dfrac{1}{6}x^3+\dfrac{1}{2}x+C_2.$$

由于 $x=0$，$y=1$，则 $C_2=1$，故有 $y=\dfrac{1}{6}x^3+\dfrac{1}{2}x+1$.

4. 解:由已知 $m\dfrac{dv}{dt}=mg-C^2v^2$，$t=0$ 时，$s=0$，$v=0$. 从而 $\dfrac{mdv}{mg-C^2v^2}=dt$，

积分得

教材习题全解（上册）

$$t+C_1=\frac{\sqrt{m}}{2C\sqrt{g}}\ln\left|\frac{Cv+\sqrt{mg}}{Cv-\sqrt{mg}}\right|,$$

因为 $t=0$，$v=0$，$C_1=0$，则

$$t=\frac{\sqrt{m}}{2C\sqrt{g}}\ln\left|\frac{Cv+\sqrt{mg}}{Cv-\sqrt{mg}}\right|,\left|\frac{Cv+\sqrt{mg}}{Cv-\sqrt{mg}}\right|=\exp\left(-\frac{2C\sqrt{g}}{\sqrt{m}}t\right)$$

由 $mg>C^2v^2$，有 $\dfrac{\mathrm{d}s}{\mathrm{d}t}=\dfrac{\sqrt{mg}}{C}\cdot\mathrm{th}\left(\dfrac{C\sqrt{g}}{\sqrt{m}}t\right)$，故 $s=\dfrac{m}{C^2}\ln\left[\mathrm{ch}\left(C\cdot\dfrac{\sqrt{g}}{\sqrt{m}}t\right)\right]+C_2$.

因为 $t=0$，$s=0$，则 $C_2=0$，故 $s=\dfrac{m}{C^2}\ln\left[\mathrm{ch}\left(C\sqrt{\dfrac{g}{m}}t\right)\right]$.

习题 7-6 解答(教材 P337~P338)

1. 解:(1)由于 $\dfrac{x}{x^2}=\dfrac{1}{x}\neq$常数,故 x,x^2 线性无关.

(2)由于 $\dfrac{x}{2x}=\dfrac{1}{2}$ 为常数,故 $x,2x$ 线性相关.

(3)由于 $\dfrac{e^{2x}}{3e^{2x}}=\dfrac{1}{3}$ 为常数,故 $e^{2x},3e^{2x}$ 线性相关.

(4)由于 $\dfrac{e^{-x}}{e^x}=e^{-2x}\neq$常数,故 e^{-x},e^x 线性无关.

(5)由于 $\dfrac{\cos 2x}{\sin 2x}=\cot 2x\neq$常数,故 $\cos 2x,\sin 2x$ 线性无关.

(6)由于 $\dfrac{e^x}{xe^x}=\dfrac{1}{x}\neq$常数,故 e^x,xe^x 线性无关.

(7)由于 $\dfrac{\sin 2x}{\sin x\cos x}=2$ 为常数,故 $\sin 2x,\sin x\cos x$ 线性相关.

(8)由于 $\dfrac{e^x\cos 2x}{e^x\sin 2x}=\cot 2x\neq$常数,故 $e^x\cos 2x$ 与 $e^x\sin 2x$ 线性无关.

(9)由于 $\dfrac{\ln x}{x\ln x}=\dfrac{1}{x}\neq$常数,故 $\ln x,x\ln x$ 线性无关.

(10)由于 $\dfrac{e^{ax}}{e^{bx}}=e^{(a-b)x}\neq$常数,故 e^{ax},e^{bx} 线性无关.

2. 解: $y'_1=-\omega\sin\omega x$, $y''_1=-\omega^2\cos\omega x$,故 $y''_1+\omega^2 y_1=-\omega^2\cos\omega x+\omega^2\cos\omega x=0$,即 y_1 是 $y''+\omega^2 y=0$ 的解.

又 $y'_2=\omega\cos\omega x$, $y''_2=-\omega^2\sin\omega x$,故 $y''_2+\omega^2 y_2=-\omega^2\sin\omega x+\omega^2\sin\omega x=0$,即 y_2 是 $y''+\omega^2 y=0$ 的解.

又 $\dfrac{y_1}{y_2}=\dfrac{\cos\omega x}{\sin\omega x}=\cot\omega x\neq$常数,故 y_1 与 y_2 线性无关,则原方程通解可写为 $y=C_1\cos\omega x+C_2\sin\omega x$.

3. 解: $y'_1=2xe^{x^2}$, $y''_1=4x^2e^{x^2}+2e^{x^2}=(2+4x^2)e^{x^2}$,则有

$$y''_1-4xy'_1+(4x^2-2)y_1=(2+4x^2)e^{x^2}-8x^2e^{x^2}+(4x^2-2)e^{x^2}=0,$$

故 y_1 是 $y''-4xy'+(4x^2-2)y=0$ 的解.

$$y'_2=e^{x^2}+2x^2e^{x^2}=(1+2x^2)e^{x^2},$$

$$y''_2=4x\cdot e^{x^2}+(1+2x^2)\cdot 2xe^{x^2}=(4x^3+6x)e^{x^2},$$

则有
$$y''_2-4xy'_2+(4x^2-2)y_2=(4x^3+6x)e^{x^2}-(4x+8x^3)e^{x^2}+(4x^3-2x)e^{x^2}=0.$$
故 y_2 是 $y''-4xy'+(4x^2-2)y=0$ 的解.

又因 $\dfrac{y_1}{y_2}=\dfrac{1}{x}\neq$ 常数,即 y_1,y_2 线性无关,故原方程的通解可写为 $y=C_1e^{x^2}+C_2xe^{x^2}$.

4. 解:(1)令 $y_1=e^x,y_2=e^{2x},y^*=\dfrac{1}{12}e^{5x}$. 由于
$$y''_1-3y'_1+2y_1=e^x-3e^x+2e^x=0,$$
$$y''_2-3y'_2+2y_2=4e^{2x}-3(2e^{2x})+2e^{2x}=0.$$

所以 y_1 和 y_2 均是齐次方程 $y''-3y'+2y=0$ 的解,又 $\dfrac{y_1}{y_2}=e^{-x}\neq$ 常数,即 y_1 与 y_2 线性无关,因而 $Y=C_1e^x+C_2e^{2x}$ 是齐次方程 $y''-3y'+2y=0$ 的通解.

又由于
$$y^{*''}-3y^{*'}+2y^*=\frac{25}{12}e^{5x}-3\frac{5}{12}e^{5x}+2\frac{1}{12}e^{5x}=e^{5x},$$

所以 y^* 是所给方程的特解.

因此 $y=C_1e^x+C_2e^{2x}+\dfrac{1}{12}e^{5x}$ 是方程 $y''-3y'+2y=e^{5x}$ 的通解.

(2)令 $y_1=\cos 3x,y_2=\sin 3x,y^*=\dfrac{1}{32}(4x\cos x+\sin x)$

由于
$$y''_1+9y_1=-9\cos 3x+9\cos 3x=0,$$
$$y''_2+9y_2=-9\sin 3x+9\sin 3x=0,$$

且 $\dfrac{y_1}{y_2}=\cot 3x\neq$ 常数故 y_1 和 y_2 是齐次方程 $y''+9y=0$ 的两个线性无关解. 又因为
$$y^{*'}=\frac{1}{32}(5\cos x-4x\sin x),y^{*''}=\frac{1}{32}(-9\sin x-4x\cos x),$$
$$y^{*''}+9y^*=\frac{1}{32}(-9\sin x-4x\cos x)+\frac{9}{32}(4x\cos x+\sin x)=x\cos x.$$

所以 y^* 是齐次方程 $y''+9y=x\cos x$ 的一个特解.

因而 $y=C_1\cos 3x+C_2\sin 3x+\dfrac{1}{32}(4x\cos x+\sin x)$ 是所给方程的通解.

(3)令 $y_1=x^2,y_2=x^2\ln x$,则
$$x^2y''_1-3xy'_1+4y_1=2x^2-6x^2+4x^2=0,$$
$$x^2y''_2-3xy'_2+4y_2=x^2(2\ln x+3)-3x(2x\ln x+x)+4x^2\ln x=0,$$

且 $\dfrac{y_2}{y_1}=\ln x\neq C$(常数). 因而 $y_1=x^2,y_2=x^2\ln x$ 为方程 $x^2y''-3xy'+4y=0$ 的两个线性无关解,因此 $y=C_1x^2+C_2x^2\ln x$ 为原方程的通解.

(4)令 $y_1=x^5,y_2=\dfrac{1}{x},y^*=-\dfrac{x^2}{9}\ln x$,因为
$$x^2y''_1-3xy'_1-5y_1=x^2(20x^3)-3x(5x^4)-5(x^5)=0,$$
$$x^2y''_2-3xy'_2-5y_2=x^2\left(\frac{2}{x^3}\right)-3x\left(-\frac{1}{x^2}\right)-5\left(\frac{1}{x}\right)=0,$$
$$\frac{y_1}{y_2}=x^6\neq 常数,$$

所以 $y_1=x^5$ 和 $y_2=\dfrac{1}{x}$ 是齐次方程 $x^2y''-3xy'-5y=0$ 的两个线性无关解，从而 $Y=C_1x^5+C_2\dfrac{1}{x}$ 是齐次方程 $x^2y''-3xy'-5y=0$ 的通解.

又由于

$$x^2y^{*''}-3xy^{*'}-5y^*=x^2\left(-\dfrac{2}{9}\ln x-\dfrac{1}{3}\right)-3x\left(-\dfrac{2x}{9}\ln x-\dfrac{x}{9}\right)-5\left(-\dfrac{x^2}{9}\ln x\right)=x^2\ln x$$

所以 y^* 是非齐次方程 $x^2y''-3xy'-5y=x^2\ln x$ 的一个特解. 因此 $y=C_1x^5+\dfrac{C_2}{x}-\dfrac{x^2}{9}\ln x$ 是 $x^2y''-3xy'-5y=x^2\ln x$ 的通解.

(5) 设 $y_1=\dfrac{e^x}{x}$，$y_2=\dfrac{e^{-x}}{x}$，$y^*=\dfrac{e^x}{2}$，则

$$y'_1=\dfrac{xe^x-e^x}{x^2},\ y''_1=\dfrac{x^3e^x-2x(xe^x-e^x)}{x^4},$$

$$y'_2=\dfrac{-xe^{-x}-e^{-x}}{x^2},\ y''_2=\dfrac{x^3e^{-x}+2x(xe^{-x}+e^x)}{x^4},$$

代入方程易验证 y_1，y_2 均为方程 $xy''+2y'-xy=0$ 的解.

又因为 $\dfrac{y_1}{y_2}=e^{2x}\neq$ 常数，故 $Y=\dfrac{1}{x}(C_1e^x+C_2e^{-x})$ 是方程 $xy''+2y'-xy=0$ 的通解.

又因为 $y^{*'}=\dfrac{e^x}{2}$，$y^{*''}=\dfrac{e^x}{2}$，所以

$$xy^{*''}+2y^{*'}-xy^*=x\dfrac{e^x}{2}+2\dfrac{e^x}{2}-x\dfrac{e^x}{2}=e^x,$$

即 y^* 是 $xy''+2y'-xy=e^x$ 的一个特解.

因此 $y=\dfrac{1}{x}(C_1e^x+C_2e^{-x})+\dfrac{e^x}{2}$ 是方程的通解.

(6) 令 $y_1=e^x$，$y_2=e^{-x}$，$y_3=\cos x$，$y_4=\sin x$，$y^*=-x^2$，
由于

$$y_1^{(4)}-y_1=e^x-e^x=0,\ y_2^{(4)}-y_2=e^{-x}-e^{-x}=0,$$

$$y_3^{(4)}-y_3=\cos x-\cos x=0,\ y_4^{(4)}-y_4=\sin x-\sin x=0,$$

故 y_1，y_2，y_3，y_4 均为齐次方程 $y^{(4)}-y=0$ 的解. 又因 y_1，y_2，y_3，y_4 线性无关，故 $Y=C_1y_1+C_2y_2+C_3y_3+C_4y_4$ 是齐次方程 $y^{(4)}-y=0$ 的通解，又

$$y^{*(4)}-y^*=0-(-x^2)=x^2,$$

故 y^* 是所给方程的特解.
故 $y=C_1e^x+C_2e^{-x}+C_3\cos x+C_4\sin x-x^2$ 是方程 $y^{(4)}-y=x^2$ 的通解.

*5. 解：设 $y_2(x)=y_1(x)u(x)=e^xu(x)$ 也为该方程的解，则

$$y'_2=e^xu(x)+e^xu'(x)=e^x[u(x)+u'(x)],$$

$$y''_2=e^x[u(x)+u'(x)]+e^x[u'(x)+u''(x)]=e^x[u(x)+2u'(x)+u''(x)],$$

将 y_2，y'_2，y''_2 代入原方程得

$$(2x-1)e^x[u(x)+2u'(x)+u''(x)]-(2x+1)e^x[u(x)+u'(x)]+2e^xu(x)=0,$$

即 $(2x-1)u''(x)+(2x-3)u'(x)=0$. 令 $u'(x)=p(x)$，则 $u''(x)=\dfrac{\mathrm{d}p}{\mathrm{d}x}$，从而以上方程变为

$$(2x-1)\dfrac{\mathrm{d}p}{\mathrm{d}x}+(2x-3)p=0,$$

即 $\dfrac{\mathrm{d}p}{p}=-\dfrac{2x-3}{2x-1}\mathrm{d}x$. 积分得 $\ln p=-x+\ln(2x-1)+\ln C_1$, 即 $p=C_1(2x-1)\mathrm{e}^{-x}$. 从而

$$u=C_1\int(2x-1)\mathrm{e}^{-x}\mathrm{d}x=-C_1\int(2x-1)\mathrm{d}(\mathrm{e}^{-x})=-C_1\{(2x-1)\mathrm{e}^{-x}+2\mathrm{e}^{-x}+C_2\},$$

故 $y_2(x)=\mathrm{e}^x u(x)=-C_1[(2x+1)+C_2\mathrm{e}^x]$.

令 $C_1=-1$, $C_2=0$, 则 $y_2(x)=2x+1$ 为原方程的一个特解,且与 $y_1(x)$ 线性无关. 所以原方程的通解为

$$y=C_1(2x+1)+C_2\mathrm{e}^x.$$

*6. 解:令 $y_2(x)=y_1(x)u(x)=xu(x)$ 为齐次方程的一个解.

$$y'_2=u(x)+xu'(x), \quad y''_2=2u'(x)+xu''(x),$$

则 $x^2y''_2-2xy'_2+2y_2=0$.

即 $x^2[2u'(x)+xu''(x)]-2x[u(x)+xu'(x)]+2xu(x)=0$, 即 $u''(x)=0$.

故 $u(x)=Cx-C^*$, 不妨取 $u(x)=x$, 则 $y_2(x)=x^2$, 故齐次方程通解为

$$Y=C_1x+C_2x^2.$$

将 $x^2y''-2xy'+2y=2x^3$ 化为 $y''-\dfrac{2}{x}y'+\dfrac{2}{x^2}y=2x$, 得

$$y=C_1x+C_2x^2-y_1\int\dfrac{y_2 f}{\omega}\mathrm{d}x+y_2\int\dfrac{y_1 f}{\omega}\mathrm{d}x.$$

其中 $f=2x, \omega=y_1y'_2-y'_1y_2=x^2$. 故 $x^2y''-2xy'+2y=2x^3$ 的通解可写为

$$y=C_1x+C_2x^2+x^3.$$

*7. 解:$y_1=\cos x$, $y_2=\sin x$ 是齐次方程 $y''+y=0$ 的两个线性无关解,令

$$y=y_1v_1+y_2v_2=\cos x\cdot v_1+\sin x\cdot v_2,$$

满足 $\begin{cases} y_1v'_1+y_2v'_2=0, \\ y'_1v'_1+y'_2v'_2=f, \end{cases}$ 即 $\begin{cases} \cos x\cdot v'_1+\sin x\cdot v'_2=0, \\ -\sin x\cdot v'_1+\cos x\cdot v'_2=f, \end{cases}$

得 $v'_1=-\tan x, v'_2=1$. 积分得 $v_1=C_1+\ln|\cos x|, v_2=C_2+x$. 故非齐次方程 $y''+y=\sec x$ 的通解为

$$y=C_1\cos x+C_2\sin x+\cos x\cdot\ln|\cos x|+x\sin x.$$

*8. 解:$y_1=x$, $y_2=x\ln|x|$ 是 $x^2y''-xy'+y=0$ 的两个线性无关的解,将 $x^2y''-xy'+y=x$ 化为标准形式

$$y''-\dfrac{1}{x}y'+\dfrac{1}{x^2}y=\dfrac{1}{x},$$

其中 $f(x)=\dfrac{1}{x}$, 由 $y'_1=1$, $y'_2=\ln|x|+1$, 得 $W=y_1y'_2-y'_1y_2=x$. 故由常数变易公式知

$$y=C_1x+C_2x\ln|x|-x\int\dfrac{x\ln|x|\cdot\dfrac{1}{x}}{x}\mathrm{d}x+x\ln|x|\int\dfrac{x\cdot\dfrac{1}{x}}{x}\mathrm{d}x$$

$$=C_1x+C_2x\ln|x|-\dfrac{x}{2}(\ln|x|)^2+x(\ln|x|)^2,$$

即 $y=C_1x+C_2x\ln|x|+\dfrac{x}{2}(\ln|x|)^2$ 为 $x^2y''-xy'+y=x$ 的通解.

习题 7－7 解答（教材 P346～P347）

1. 解：(1)特征方程为 $r^2+r-2=0$，解之得特征根为 $r=-2,1$(一重).

故通解为 $y=C_1e^x+C_2e^{-2x}$.

(2)特征方程为 $r^2-4r=0$，解之得特征根为 $r=0,4$(一重).

故方程通解为 $y=C_1+C_2e^{4x}$.

(3)特征方程为 $r^2+1=0$，解之得特征根为 $r=\pm i$(一重).

故方程通解为 $y=C_1\cos x+C_2\sin x$.

(4)特征方程为 $r^2+6r+13=0$，解之得特征根为 $r=-3\pm 2i$(一重).

故方程通解为 $y=e^{-3x}(C_1\cos 2x+C_2\sin 2x)$.

(5)特征方程为 $4r^2-20r+25=0$，解之得特征根为 $r=\dfrac{5}{2}$(二重).

故方程通解为 $x=(C_1+C_2t)e^{\frac{5}{2}t}$.

(6)特征方程为 $r^2-4r+5=0$，解之得特征根为 $r=2\pm i$(一重).

故方程通解为 $y=e^{2x}(C_1\cos x+C_2\sin x)$.

(7)特征方程为 $r^4-1=0$，解之得特征根为 $r_1=1$，$r_2=-1$，$r_3=i$，$r_4=-i$.

故方程通解为 $y=C_1e^x+C_2e^{-x}+C_3\cos x+C_4\sin x$.

(8)特征方程为 $r^4+2r^2+1=0$，解之得特征根为 $r_{1,2}=i$(二重)，$r_{3,4}=-i$(二重).

故方程通解为 $y=(C_1+C_2x)\cos x+(C_3+C_4x)\sin x$.

(9)特征方程为 $r^4-2r^3+r^2=0$，解之得特征根为 $r_{1,2}=0$(二重)，$r_{3,4}=1$(二重).

故方程通解为 $y=C_1+C_2x+(C_3+C_4x)e^x$.

(10)特征方程为 $r^4+5r^2-36=0$，解得 $r^2=4,-9$. 特征根为 $r_1=2$，$r_2=-2$，$r_3=3i$，$r_4=-3i$.

故方程通解为 $y=C_1e^{2x}+C_2e^{-2x}+C_3\cos 3x+C_4\sin 3x$.

2. 解：(1)特征方程为 $r^2-4r+3=0$，解之得特征根为 $r=1,3$.

故方程通解为 $y=C_1e^x+C_2e^{3x}$. 代入初始条件得 $C_1=4$，$C_2=2$.

故所求特解为 $y=4e^x+2e^{3x}$.

(2)特征方程为 $4r^2+4r+1=0$，解之得特征根为 $r=-\dfrac{1}{2}$(二重根).

故方程通解为 $y=(C_1+C_2x)e^{-\frac{x}{2}}$. 代入初始条件得 $C_1=2$，$C_2=1$.

故所求特解为 $y=(2+x)e^{-\frac{x}{2}}$.

(3)特征方程为 $r^2-3r-4=0$，解之得特征根为 $r=-1,4$.

故方程通解为 $y=C_1e^{-x}+C_2e^{4x}$. 代入初始条件得 $C_1=1$，$C_2=-1$，

故所求特解为 $y=e^{-x}-e^{4x}$.

(4)特征方程为 $r^2+4r+29=0$，解之得特征根为 $r_{1,2}=-2\pm 5i$.

故通解为 $y=e^{-2x}(C_1\cos 5x+C_2\sin 5x)$. 由此

$$y'=e^{-2x}(5C_2-2C_1)\cos 5x+(-5C_1-2C_2)\sin 5x.$$

代入初始条件得 $0=C_1$，$15=5C_2-2C_1$，故 $C_1=0$，$C_2=3$.

因此 $y=e^{-2x}(0\cdot\cos 5x+3\sin 5x)=3e^{-2x}\sin 5x$ 即为所求的特解.

(5)特征方程为 $r^2+25=0$，解之得特征根 $r_{1,2}=\pm 5i$.

故通解为 $y=C_1\cos 5x+C_2\sin 5x$. 因此 $y'=-5C_1\sin 5x+5C_2\cos 5x$

代入初始条件，得 $\begin{cases}C_1=2,\\ 5C_2=5,\end{cases}$ 即 $\begin{cases}C_1=2,\\ C_2=1,\end{cases}$

因此所求特解为 $y=2\cos 5x+\sin 5x$.

(6)特征方程为 $r^2-4r+13=0$,解之得特征根 $r_{1,2}=2\pm 3\mathrm{i}$.

故通解为 $y=\mathrm{e}^{2x}(C_1\cos 3x+C_2\sin 3x)$,
$$y'=\mathrm{e}^{2x}[(2C_1+3C_2)\cos 3x+(2C_2-3C_1)\sin 3x].$$

代入初始条件得 $0=C_1$,$3=2C_1+3C_2$,从而 $C_1=0$,$C_2=1$.

因此 $y=\mathrm{e}^{2x}\sin 3x$ 即为所求特解.

3. 解:设数轴为 x 轴,v_0 方向为正轴方向 $x''=k_1x-k_2x'$,即 $x''+k_2x'-k_1x=0$;则由题意得:

当 $t=0$ 时,$x=0$,$x'=v_0$,方程 $x''+k_2x'-k_1x=0$ 的特征方程为 $r^2+k_2r-k_1=0$,解之得特征根
$$r_{1,2}=\frac{-k_2\pm\sqrt{k_2^2+4k_1}}{2}.$$

故通解为 $x=C_1\exp\left\{\dfrac{-k_2-\sqrt{k_2^2+4k_1}}{2}\,t\right\}+C_2\exp\left\{\dfrac{-k_2+\sqrt{k_2^2+4k_1}}{2}\,t\right\}$,又

$$x'=\frac{-k_2-\sqrt{k_2^2+4k_1}}{2}C_1\exp\left\{\frac{-k_2-\sqrt{k_2^2+4k_1}}{2}t\right\}+\frac{-k_2+\sqrt{k_2^2+4k_1}}{2}C_2\exp\left\{\frac{-k_2+\sqrt{k_2^2+4k_1}}{2}t\right\}.$$

由于 $t=0$ 时,$x=0$,$x'=v_0$,所以 $0=C_1+C_2$,且

$$v_0=\frac{-k_2-\sqrt{k_2^2+4k_1}}{2}C_1+\frac{-k_2+\sqrt{k_2^2+4k_1}}{2}C_2,$$

$$C_1=-\frac{v_0}{\sqrt{k_2^2+4k_1}},C_2=\frac{v_0}{\sqrt{k_2^2+4k_1}}.$$

因此 $x=\dfrac{v_0}{\sqrt{k_2^2+4k_1}}\exp\left[\dfrac{-k_2+\sqrt{k_2^2+4k_1}}{2}t\right](1-\exp\{-\sqrt{k_2^2+4k_1}t\})$,即为原点运动规律.

【方法点击】 题解中 $\exp[f(x)]$ 表示 $\mathrm{e}^{f(x)}$.

4. 解:由回路电压定律得 $E-L\dfrac{\mathrm{d}i}{\mathrm{d}t}-\dfrac{q}{C}-Ri=0$,由于 $q=Cu_c$,故 $i=\dfrac{\mathrm{d}q}{\mathrm{d}t}=Cu'_c$, $\dfrac{\mathrm{d}i}{\mathrm{d}t}=Cu''_c$,因此

$$-LCu''_c=u_c-RCu'_c=0,即\ u''_c+\frac{R}{L}u'_c+\frac{1}{LC}u_c=0$$

已知 $\dfrac{R}{L}=\dfrac{2\,000}{0.1}=2\times 10^4$,$\dfrac{1}{LC}=\dfrac{1}{0.1\times 0.5\times 10^{-6}}=\dfrac{1}{5}\times 10^8$,故

$$u''_c+2\times 10^4 u''_c+\frac{1}{5}\times 10^8 u_c=0.$$

其特征方程为 $r^2+2\times 10^4 r+\dfrac{1}{5}\times 10^8=0$. 解之得特征根 $r_1=-1.9\times 10^4$, $r_2=-10^3$.

因此其通解为 $u_c=C_1\mathrm{e}^{-1.9\times 10^4 t}+C_2\mathrm{e}^{-10^3 t}$.

又 $u'_c=-1.9\times 10^4 C_1\mathrm{e}^{-1.9\times 10^4}-10^3 C_2\mathrm{e}^{-10^3 t}$,由初始条件 $t=0$ 时,$u_c=20$,$u'_c=0$,知 $C_1+C_2=20$,$-1.9\times 10^4 C_1-10^3 C_2=0$. 解方程组得 $C_1=-\dfrac{10}{9}$,$C_2=\dfrac{190}{9}$.

故
$$u_c(t)=\frac{10}{9}(19\mathrm{e}^{-10^3 t}-\mathrm{e}^{-1.9\times 10^4 t})\ (\mathrm{V}),$$

$$i(t)=\frac{19}{18}\times 10^{-2}(\mathrm{e}^{-1.9\times 10^4 t}-\mathrm{e}^{-10^3 t})\ (\mathrm{A})$$

即为所求.

5. 解:设 ρ 为水的密度,S 为浮筒的横截面积,D 为浮筒的直径,且设压下的位移为 x(如图 7-3 所示),则

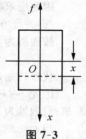

$$f = -\rho g S x.$$

又 $f = ma = m\dfrac{\mathrm{d}^2 x}{\mathrm{d}t^2}$,因而 $-\rho g S x = m\dfrac{\mathrm{d}^2 x}{\mathrm{d}t^2}$,即 $m\dfrac{\mathrm{d}^2 x}{\mathrm{d}t^2} + \rho g S x = 0.$

此方程的特征方程为 $mr^2 + \rho g S = 0$,解之得特征根 $r_{1,2} = \pm\left(\sqrt{\dfrac{\rho g S}{m}}\right)\mathrm{i}$,故

通解为

$$x = C_1 \cos\left(\sqrt{\frac{\rho g S}{m}}\right)t + C_2 \sin\left(\sqrt{\frac{\rho g S}{m}}\right)t \ \ \text{即}\ \ x = A\sin\left[\left(\sqrt{\frac{\rho g S}{m}}\right)t + \varphi\right].$$

图 7-3

因而浮筒的振动的频率 $\omega = \sqrt{\dfrac{\rho g S}{m}}$,周期 $T = \dfrac{2\pi}{\omega} = 2\pi\sqrt{\dfrac{m}{\rho g S}}$,由已知 $T = 2$,得 $2 = 2\pi$

$\sqrt{\dfrac{m}{\rho g S}}$,即 $m = \dfrac{\rho g S}{\pi^2}$,而 $\rho = 1\,000 \ \mathrm{kg/m^2}$,$g = 9.8 \ \mathrm{m/s^2}$,$D = 0.5 \ \mathrm{m}$,因此

$$m = \frac{\rho g S}{\pi^2} = \frac{1\,000 \times 9.8 \times 0.5^2}{4\pi} = 195(\mathrm{kg}).$$

习题 7-8 解答(教材 P354)

1. 解:(1)对应的齐次方程 $2y'' + y' - y = 0$,其特征方程 $2r^2 + r - 1 = 0$,解之得特征根为 $r = -1, \dfrac{1}{2}$. 故

齐次方程通解为 $Y = C_1 \mathrm{e}^{\frac{x}{2}} + C_2 \mathrm{e}^{-x}.$

设原方程特解为 $y^* = C\mathrm{e}^x$. 代入原方程得 $2C\mathrm{e}^x + C\mathrm{e}^x - C\mathrm{e}^x = 2\mathrm{e}^x$,故 $C = 1$,特解 $y^* = \mathrm{e}^x$,

故原方程通解为 $y = C_1 \mathrm{e}^{\frac{x}{2}} + C_2 \mathrm{e}^{-x} + \mathrm{e}^x.$

(2)对应齐次方程为 $y'' + a^2 y = 0$,其特征方程为 $r^2 + a^2 = 0$,解之得特征根为 $r = \pm ai$,故齐次方程通解为 $Y = C_1 \cos ax + C_2 \sin ax.$

设原方程特解为 $y^* = C\mathrm{e}^x$,代入原方程得 $C\mathrm{e}^x + a^2 C\mathrm{e}^x = \mathrm{e}^x$,故 $C = \dfrac{1}{1+a^2}$,$y^* = \dfrac{1}{1+a^2}\mathrm{e}^x$. 故

原方程通解为 $y = C_1 \cos ax + C_2 \sin ax + \dfrac{\mathrm{e}^x}{1+a^2}.$

(3)对应齐次方程为 $2y'' + 5y' = 0$,其特征方程为 $2r^2 + 5r = 0$,解之得 $r = 0, -\dfrac{5}{2}$,故齐次方

程通解为 $Y = C_1 + C_2 \mathrm{e}^{-\frac{5}{2}x}.$

设原方程特解为 $y^* = x(Ax^2 + Bx + C)$,代入原方程得

$$15Ax^2 + (10B + 12A)x + (5C + 4B) = 5x^2 - 2x - 1.$$

故 $\begin{cases} 15A = 5, \\ 10B + 12A = -2, \\ 5C + 4B = -1 \end{cases} \Rightarrow \begin{cases} A = \dfrac{1}{3}, \\ B = -\dfrac{3}{5}, \\ C = \dfrac{7}{25}, \end{cases}$ 故 $y^* = \dfrac{1}{3}x^3 - \dfrac{3}{5}x^2 + \dfrac{7}{25}x.$

故原方程通解为

$$y = C_1 + C_2 \mathrm{e}^{-\frac{5}{2}x} + \frac{1}{3}x^3 - \frac{3}{5}x^2 + \frac{7}{25}x.$$

(4)对应齐次方程 $y''+3y'+2y=0$，其特征方程为 $r^2+3r+2=0$，解之得特征根为 $r=-1,-2$，故齐次方程通解 $Y=C_1e^{-x}+C_2e^{-2x}$.

设原方程特解为 $y^*=x(Ax+B)e^{-x}$，代入原方程，比较同类项系数可得 $A=\dfrac{3}{2}$，$B=-3$.

故 $y^*=\left(\dfrac{3}{2}x^2-3x\right)e^{-x}$，故原方程通解为

$$y=C_1e^{-x}+C_2e^{-2x}+\left(\dfrac{3}{2}x^2-3x\right)e^{-x}.$$

(5)对应齐次方程为 $y''-2y'+5y=0$，其特征方程为 $r^2-2r+5=0$，解之得特征根为 $r=1\pm2i$，故其通解为

$$Y=e^x(C_1\cos 2x+C_2\sin 2x).$$

设原方程的一特解为 $y^*=xe^x(A\cos 2x+B\sin 2x)$，代入原方程，得 $A=-\dfrac{1}{4}$，$B=0$，故

$$y^*=-\dfrac{1}{4}xe^x\cos 2x.$$

故原方程通解为 $y=e^x(C_1\cos 2x+C_2\sin 2x)-\dfrac{1}{4}xe^x\cos 2x$.

(6)对应齐次方程 $y''-6y'+9y=0$，其特征方程为 $r^2-6r+9=0$，解之得特征根为 $r=3$（二重），故齐次方程通解为 $Y=(C_1+C_2x)e^{3x}$.

设原方程一特解 $y^*=x^2(Ax+B)e^{3x}$，代入原方程得 $A=\dfrac{1}{6}$，$B=\dfrac{1}{2}$，故

$$y^*=x^2\left(\dfrac{1}{6}x+\dfrac{1}{2}\right)e^{3x}.$$

故原方程通解为 $y=(C_1+C_2x)e^{3x}+\dfrac{x^2}{2}\left(\dfrac{1}{3}x+1\right)e^{3x}$.

(7)对应齐次方程 $y''+5y'+4y=0$，其特征方程 $r^2+5r+4=0$，解之得特征根为 $r=-1,-4$. 故齐次方程通解为 $Y=C_1e^{-x}+C_2e^{-4x}$.

设原方程一特解为 $y^*=Ax+B$，代入原方程可得 $A=-\dfrac{1}{2}$，$B=\dfrac{11}{8}$，$y^*=-\dfrac{1}{2}x+\dfrac{11}{8}$.

故原方程通解为 $y=C_1e^{-x}+C_2e^{-4x}-\dfrac{1}{2}x+\dfrac{11}{8}$.

(8)对应齐次方程 $y''+4y=0$，其特征方程为 $r^2+4=0$，特征根为 $r=\pm2i$.
故其通解为 $Y=C_1\cos 2x+C_2\sin 2x$.

设原方程一特解为 $y^*=(Ax+B)\cos x+(Cx+D)\sin x$，代入原方程可得 $A=\dfrac{1}{3}$，$B=0$，$C=0$，$D=\dfrac{2}{9}$，故 $y^*=\dfrac{1}{3}\cos x\cdot x+\dfrac{2}{9}\sin x$.

故通解为 $y=C_1\cos 2x+C_2\sin 2x+\dfrac{1}{3}x\cos x+\dfrac{2}{9}\sin x$.

(9)对应齐次方程为 $y''+y=0$，其特征方程为 $r^2+1=0$，特征根 $r=\pm i$.
故通解为 $Y=C_1\cos x+C_2\sin x$.

设 $y''+y=e^x$ 一特解为 $y_1^*=Ce^x$，代入得 $C=\dfrac{1}{2}$，故 $y_1^*=\dfrac{1}{2}e^x$. 设 $y''+y=\cos x$ 一特解为 $y_2^*=x(A\cos x+B\sin x)$，代入得 $A=0$，$B=\dfrac{1}{2}$，故 $y_2^*=\dfrac{x}{2}\sin x$. 故原方程的一特解

$$y^* = y_1^* + y_2^* = \frac{1}{2}\mathrm{e}^x + \frac{x}{2}\sin x.$$

故原方程通解为 $y = C_1\cos x + C_2\sin x + \frac{1}{2}\mathrm{e}^x + \frac{x}{2}\sin x.$

（10）对应齐次方程 $y'' - y = 0$，其特征方程 $r^2 - 1 = 0$，特征根 $r = \pm 1$. 故齐次方程通解为
$$Y = C_1\mathrm{e}^x + C_2\mathrm{e}^{-x}.$$

设 $y'' - y = \frac{1}{2}$ 的特解为 $y_1^* = C$，代入得 $C = -\frac{1}{2}$，故 $y_1^* = -\frac{1}{2}$. 设 $y'' - y = -\frac{1}{2}\cos 2x$ 的特

解为 $y_2^* = A\cos 2x + B\sin 2x$，代入得 $A = \frac{1}{10}$，$B = 0$，故 $y_2^* = \frac{1}{10}\cos 2x$. 故原方程 $y'' - y =$

$\sin^2 x = \frac{1}{2}(1 - \cos 2x)$ 的一特解

$$y^* = y_1^* + y_2^* = -\frac{1}{2} + \frac{1}{10}\cos 2x,$$

则原方程通解为 $y = C_1\mathrm{e}^x + C_2\mathrm{e}^{-x} - \frac{1}{2} + \frac{1}{10}\cos 2x.$

2.解：（1）特征方程为 $r^2 + 1 = 0$，解之得特征根 $r = \pm \mathrm{i}$，故对应的齐次方程的通解为 $Y = C_1\cos x + C_2\sin x$. 而 $f(x) = -\sin 2x$，$\lambda + \mathrm{i}\omega = 2\mathrm{i}$ 不是特征方程的根，故设 $y^* = A\cos 2x + B\sin 2x$ 为原方程的一个特解，

则
$$(y^*)' = -2A\sin 2x + 2B\cos 2x,$$
$$(y^*)'' = -4A\cos 2x - 4B\sin 2x,$$

代入原方程得
$$-3A\cos 2x - 3B\sin 2x + \sin 2x = 0,$$

从而 $-3A = 0$，$-3B + 1 = 0$. 故 $A = 0$，$B = \frac{1}{3}$，则 $y^* = \frac{1}{3}\sin 2x.$

因此原方程的通解为 $y = C_1\cos x + C_2\sin x + \frac{1}{3}\sin 2x.$

而 $y' = -C_1\sin x + C_2\cos x + \frac{2}{3}\cos 2x$ 代入初始条件得 $1 = -C_1$，$1 = -C_2 + \frac{2}{3}$，求得

$C_1 = -1$，$C_2 = -\frac{1}{3}$. 因此满足初始条件的特解为
$$y = -\cos x - \frac{1}{3}\sin x + \frac{1}{3}\sin 2x.$$

（2）特征方程 $r^2 - 3r + 2 = 0$，因此求得特征根 $r_1 = 1$，$r_2 = 2$，故对应的齐次方程的通解为
$$Y = C_1\mathrm{e}^x + C_2\mathrm{e}^{2x}.$$

易观察到 $y^* = \frac{5}{2}$ 为原方程的一个特解，因而原方程的通解为
$$y = C_1\mathrm{e}^x + C_2\mathrm{e}^{2x} + \frac{5}{2}.$$

由初始条件得 $\begin{cases} C_1 + C_2 + \frac{5}{2} = 1, \\ C_1 + 2C_2 = 2, \end{cases}$ 解之得 $\begin{cases} C_1 = -5, \\ C_2 = \frac{7}{2}. \end{cases}$

因此满足初始条件的特解为 $y = -5\mathrm{e}^x + \frac{7}{2}\mathrm{e}^{2x} + \frac{5}{2}.$

（3）特征方程为 $r^2 - 10r + 9 = 0$，解之得特征根 $r_1 = 1$，$r_2 = 9$，因而对应齐次方程的通解为

$$Y=C_1e^x+C_2e^{9x}$$

而 $f(x)=e^{2x}$，$\lambda=2$ 不是特征方程的根，故设 $y^*=Ae^{2x}$ 为原方程的一个特解，则 $(y^*)'=2Ae^{2x}$，$(y^*)''=4Ae^{2x}$ 代之入原方程有

$$4A-20A+9A=1，即 A=-\frac{1}{7}，$$

则 $y^*=-\frac{1}{7}e^{2x}$，从而 $y=C_1e^x+C_2e^{9x}-\frac{1}{7}e^{2x}$ 为原方程的通解.

由初始条件得 $C_1=\frac{1}{2}$，$C_2=\frac{1}{2}$，故方程满足初始条件的特解为 $y=\frac{1}{2}(e^x+e^{9x})-\frac{1}{7}e^{2x}$.

(4)相应齐次方程为 $y''-y=0$，其特征方程为 $r^2-1=0$，特征根 $r=\pm1$.

故齐次方程的通解 $Y=C_1e^x+C_2e^{-x}$.

设原方程一特解为 $y^*=x(Ax+B)e^x$，代入原方程可得 $A=1,B=-1$，故 $y^*=(x^2-x)e^x$.

原方程通解为 $y=C_1e^x+C_2e^{-x}+(x^2-x)e^x$. 将初始条件代入得

$$\begin{cases}C_1+C_2=0，\\C_1-C_2-1=1\end{cases}\Rightarrow\begin{cases}C_1=1，\\C_2=-1.\end{cases}$$

故所求特解为 $y=e^x-e^{-x}+(x^2-x)e^x$.

(5)对应齐次方程 $y''-4y'=0$，特征方程为 $r^2-4r=0$，特征根 $r=0,4$.

故齐次方程通解为 $Y=C_1+C_2e^{4x}$.

设原方程一特解为 $y^*=Ax$，代入原方程可得 $A=-\frac{5}{4}$ 故 $y^*=-\frac{5}{4}x$，故原方程通解为

$y=C_1+C_2e^{4x}-\frac{5}{4}x$. 将初始条件代入可得

$$\begin{cases}C_1+C_2=1，\\4C_2-\dfrac{5}{4}=0\end{cases}\Rightarrow\begin{cases}C_1=\dfrac{11}{16}，\\C_2=\dfrac{5}{16}.\end{cases}$$

故所求特解为 $y=\frac{11}{16}+\frac{5}{16}e^{4x}-\frac{5}{4}x$.

3. 解:取炮口为原点,炮弹前进的水平方向为 x 轴,铅直向上为 y 轴,弹道的运动微分方程为

$$\begin{cases}\dfrac{d^2y}{dt^2}=-g，\\[2mm]\dfrac{dx}{dt}=v_0\cos\alpha，\end{cases}$$ 且满足初始条件

$$\begin{cases}y\big|_{t=0}=0，\ y'\big|_{t=0}=v_0\sin\alpha，\\x\big|_{t=0}=0，\ x'\big|_{t=0}=v_0\cos\alpha.\end{cases}$$

解这个初值问题可得弹道曲线为 $\begin{cases}x=v_0\cos\alpha\cdot t，\\y=v_0\sin\alpha\cdot t-\dfrac{1}{2}gt^2.\end{cases}$

4. 解:由回路定律可知 $L\cdot C\cdot u_C''+R\cdot C\cdot u_C'+u_C=E$，即

$$u_C''+\frac{R}{L}u_C'+\frac{u_C}{LC}=\frac{E}{LC}，$$

且 $t=0$ 时, $u_C=0$, $u_C'=0$. 已知 $R=1\,000\Omega,L=0.1\text{H},C=0.2\mu\text{F}$,故

$$\frac{R}{L}=\frac{1\,000}{0.1}=10^4，$$

$$\frac{1}{LC}=\frac{1}{0.1\times0.2\times10^{-6}}=5\times10^{7},$$

$$\frac{E}{LC}=\frac{20}{2\times10^{-8}}=10\times10^{8}=10^{9},$$

因此方程为 $u''_C+10^4 u'_C+5\times10^7 u_C=10^9$. 其特征方程为

$$r^2+10^4 r+5\times10^7=0.$$

解之得特征根 $r_{1,2}=-\dfrac{10^4}{2}\pm\dfrac{10^4}{2}i=-5\times10^3\pm5\times10^3 i$,

因而对应齐次方程的通解为 $u'_C=e^{-5\times10^3 t}[C_1\cos(5\times10^3)t+C_2\sin(5\times10^3)t]$, 由观察法易知 $u^*_C=20$ 为非齐次方程的一个特解, 因此

$$u_C=e^{-5\times10^3 t}[C_1\cos(5\times10^3)t+C_2\sin(5\times10^3)t]+20$$

为原方程的通解. 又

$$u'_C=-(5\times10^3)e^{-5\times10^3 t}[C_1\cos(5\times10^3)t+C_2\sin(5\times10^3)t]+$$

$$e^{-5\times10^3 t}[-(5\times10^3)C_1\sin(5\times10^3)t+(5\times10^3)C_2\cos(5\times10^3)t]$$

代入初始条件得 $0=20+C_1$, $0=-5\times10^3 C_1+5\times10^3 C_2$, 从而 $C_1=-20$, $C_2=-20$.

因此　　　$u_C(t)=20-20e^{-5\times10^3 t}[\cos(5\times10^3)t+\sin(5\times10^3)t]$ (V)

$$i(t)=Cu'_C=0.2\times10^{-6}u'_C=4\times10^{-2}e^{-5\times10^3 t}\sin(5\times10^3 t)\,(\text{A}).$$

5. 解:(1)设在时刻 t 时, 链条上较长的一段垂下 x m, 且设链条的密度为 ρ; 则向下拉链条下滑的作用力 $F=x\rho g-(20-x)\rho g=2\rho g(x-10)$,

由牛顿第二定律有 $20\rho x''=2\rho g(x-10)$, 即 $x''-\dfrac{g}{10}x=-g$.

其特征方程为 $r^2-\dfrac{g}{10}=0$, 解出特征根 $r_{1,2}=\pm\sqrt{\dfrac{g}{10}}$, 故其对应的齐次方程的通解为

$$X=C_1\exp\left\{-\sqrt{\dfrac{g}{10}}t\right\}+C_2\exp\left\{\sqrt{\dfrac{g}{10}}t\right\}.$$

由观察法易知 $x^*=10$ 为非齐次方程的一个特解, 因而方程的通解为

$$x=C_1\exp\left\{-\sqrt{\dfrac{g}{10}}t\right\}+C_2\exp\left\{\sqrt{\dfrac{g}{10}}t\right\}+10,$$

由 $x'=-\left(\dfrac{g}{10}\right)^{\frac{1}{2}}C_1\exp\left\{-\sqrt{\dfrac{g}{10}}t\right\}+\left(\dfrac{g}{10}\right)^{\frac{1}{2}}C_2\exp\left\{\sqrt{\dfrac{g}{10}}t\right\}$ 以及初始条件 $x(0)=12$,

$x'(0)=0$ 得 $C_1+C_2=2$, $-C_1+C_2=0$, 从而 $C_1=C_2=1$.

因此 $x=\exp\left\{-\left(\dfrac{g}{10}\right)^{\frac{1}{2}}t\right\}+\exp\left\{\left(\dfrac{g}{10}\right)^{\frac{1}{2}}t\right\}+10$. 当 $x=20$, 即链条完全滑下来时有 $10=$

$e^{-\sqrt{\frac{g}{10}t}}+e^{\sqrt{\frac{g}{10}t}}$, 解之得所需时间 $t=\sqrt{\dfrac{10}{g}}\ln(5+2\sqrt{6})\,(\text{s})$.

(2)此时向下拉链条的作用力变为 $F=x\rho g-(20-x)\rho g-\rho g$,

由牛顿第二定律知 $x''-\dfrac{g}{10}x=-1.05g$, 类似于(1)得此方程的通解为

$$x=C_1\exp\left\{-\sqrt{\dfrac{g}{10}}t\right\}+C_2\exp\left\{\sqrt{\dfrac{g}{10}}t\right\}+10.5,$$

代入初始条件可得 $C_1=C_2=\dfrac{3}{4}$, 即 $x=\dfrac{3}{4}\exp\left\{-\sqrt{\dfrac{g}{10}}t\right\}+\dfrac{3}{4}\exp\left\{\sqrt{\dfrac{g}{10}}t\right\}+10.5$ 为所求

特解.

当 $x=20$ 时有 $9.5=\dfrac{3}{4}\left(\mathrm{e}^{-\sqrt{\frac{g}{10}}t}+\mathrm{e}^{\sqrt{\frac{g}{10}}t}\right)$,解之得所需时间 $t=\sqrt{\dfrac{10}{g}}\ln\left(\dfrac{19}{3}+\dfrac{4\sqrt{22}}{3}\right)(s)$.

6. 解：两边对 $\varphi(x)=\mathrm{e}^x+\displaystyle\int_0^x t\varphi(t)\mathrm{d}t-x\int_0^x\varphi(t)\mathrm{d}t$ 求导得 $\varphi'(x)=\mathrm{e}^x-\displaystyle\int_0^x\varphi(t)\mathrm{d}t,\varphi''(x)=\mathrm{e}^x-\varphi(x)$,

从而
$$\varphi''(x)+\varphi(x)=\mathrm{e}^x \qquad\qquad ①$$

再由题设可知 $\varphi(0)=1$, $\varphi'(0)=1$ 和①对应的齐次方程的特征方程为 $r^2+1=0$,解之得特征根 $r_{1,2}=\pm\mathrm{i}$,故其对应的齐次方程的通解为 $\varphi=C_1\cos x+C_2\sin x$,

不难观察出 $y^*=\dfrac{1}{2}\mathrm{e}^x$ 为①的一个特解,因而①的通解为 $\varphi(x)=C_1\cos x+C_2\sin x+\dfrac{1}{2}\mathrm{e}^x$.

又 $\varphi'(x)=-C_1\sin x+C_2\cos x+\dfrac{1}{2}\mathrm{e}^x$,由初始条件 $\varphi(0)=1$, $\varphi'(0)=1$ 得 $1=C_1+\dfrac{1}{2}$, $1=C_2+$

$\dfrac{1}{2}$,从而 $C_1=\dfrac{1}{2}$, $C_2=\dfrac{1}{2}$,因此 $\varphi(x)=\dfrac{1}{2}(\cos x+\sin x+\mathrm{e}^x)$.

【方法点击】 由上述第 4、5、6 三题可见观察特解有一定技巧.例如第 4、5 题中欲求出一个常数解,且要令 $u'=u''=0$ 即可解出 u^*;第 6 题中注意 $(\mathrm{e}^x)'=(\mathrm{e}^x)''=\mathrm{e}^x$,由此特点也不难求出一个特解.

* 习题 7—9 解答(教材 P356)

1. 解：令 $x=\mathrm{e}^t$, $t=\ln x$,则原方程化为
$$(y''-y')+y'-y=0,即 y''-y=0,$$

其特征方程为 $r^2-1=0$,特征根为 $r=\pm1$. 故通解为 $y=C_1\mathrm{e}^t+C_2\mathrm{e}^{-t}$,代回原变量,

$y=C_1x+C_2\dfrac{1}{x}$ 为原方程通解.

2. 解：将方程化为标准方式得
$$x^2y''-xy'+y=2x, \qquad\qquad ①$$

令 $t=\ln x$,则
$$\frac{\mathrm{d}y}{\mathrm{d}x}=\frac{\mathrm{d}y}{\mathrm{d}t}\frac{\mathrm{d}t}{\mathrm{d}x}=\frac{1}{x}\frac{\mathrm{d}y}{\mathrm{d}t},\frac{\mathrm{d}^2y}{\mathrm{d}x^2}=\frac{1}{x^2}\left(\frac{\mathrm{d}^2y}{\mathrm{d}t^2}-\frac{\mathrm{d}y}{\mathrm{d}t}\right),$$

故①可化为
$$y''_t-2y'_t+y=2\mathrm{e}^t \qquad\qquad ②$$

②对应的齐次方程的特征方程为 $r^2-2r+1=0$,解得特征根为 $r_{1,2}=1$. 因而②对应的齐次方程的通解为
$$Y=(C_1+C_2t)\mathrm{e}^t,$$

而 $f(t)=2\mathrm{e}^t$, $\lambda=1$ 为特征方程的二重根,故设 $y^*=At^2\cdot\mathrm{e}^t$ 为②的一个特解,则
$$(y^*)'=A(t^2+2t)\mathrm{e}^t,(y^*)''=A(t^2+4t+2)\mathrm{e}^t,$$

代入②得 $A=1$,故 $y^*=t^2\mathrm{e}^t$,因此②的通解为 $y=(C_1+C_2t)\mathrm{e}^t+t^2\mathrm{e}^t$.

从而原方程的通解为 $y=x(C_1+C_2\ln x)+x\ln^2x$.

3. 解：令 $x=\mathrm{e}^t$,则原方程化为 $D(D-1)(D-2)y+3D(D-1)y-2Dy+2y=0$,

化简得 $D^3y-3Dy+2y=0$ 即 $y'''_t-3y'_t+2y=0$.

其特征方程为 $r^3-3r+2=0$,特征根为 $r_{1,2}=1$, $r_3=-2$,故通解为 $y=(C_1+C_2t)\mathrm{e}^t+C_3\mathrm{e}^{-2t}$.

代回原变量,得原方程通解为 $y=(C_1+C_2\ln x)x+C_3x^{-2}$.

教材习题全解(上册)

4. 解:令 $x=e^t$,即 $t=\ln x$,则

$$\frac{dy}{dx}=\frac{dy}{dt}\cdot\frac{dt}{dx}=\frac{1}{x}\cdot\frac{dy}{dt}=\frac{1}{x}y'_t,$$

$$\frac{d^2y}{dx^2}=-\frac{1}{x^2}\frac{dy}{dt}+\frac{1}{x}\frac{d^2y}{dt^2}\cdot\frac{dt}{dx}=\frac{1}{x^2}(y''_t-y'_t),$$

因而原方程化为

$$y''_t-3y'_t+2y=t^2-2t, \qquad\qquad ①$$

①对应的齐次方程的特征方程为 $r^2-3r+2=0$,解之得特征根 $r_1=1$,$r_2=2$,故①对应的齐次方程的通解为

$$Y=C_1e^t+C_2e^{2t},$$

而 $f(t)=t^2-2t$,$\lambda=0$ 不是特征根,所以设 $y^*=At^2+Bt+C$ 为①的一个特解,将 y^*,$(y^*)'=2At+B$,$(y^*)''=2A$ 代入①得 $A=\frac{1}{2}$,$B=\frac{1}{2}$,$C=\frac{1}{4}$,

故 $y^*=\frac{1}{2}t^2+\frac{1}{2}t+\frac{1}{4}$. 从而①的通解为 $y=C_1e^t+C_2e^{2t}+\frac{1}{2}t^2+\frac{1}{2}t+\frac{1}{4}$.

代入 $t=\ln x$ 得原方程的通解为 $y=C_1x+C_2x^2+\frac{1}{2}(\ln^2 x+\ln x)+\frac{1}{4}$.

5. 解:设 $x=e^t$,则原方程可化为

$$D(D-1)y+Dy-4y=e^{3t},$$

即

$$y''_t-4y=e^{3t}, \qquad\qquad ①$$

其对应的齐次方程的特征方程为 $r^2-4=0$,解之得特征根为 $r=\pm 2$. 故 $y''_t-4y=0$ 的通解为

$$Y=C_1e^{-2t}+C_2e^{2t}.$$

设 $y^*=C_3e^{3t}$ 是方程①的一个特解,代入方程①中可知 $C_3=\frac{1}{5}$,故

$$y^*=C_3e^{3t}=\frac{1}{5}e^{3t}.$$

故①的通解为 $y=C_1e^{-2t}+C_2e^{2t}+\frac{1}{5}e^{3t}$. 代回原变量得原方程的通解为

$$y=C_1x^{-2}+C_2x^2+\frac{1}{5}x^3.$$

6. 解:令 $x=e^t$,即 $t=\ln x$,则

$$\frac{dy}{dx}=\frac{1}{x}\cdot\frac{dy}{dt},\frac{d^2y}{dx^2}=\frac{1}{x^2}\left(\frac{d^2y}{dt^2}-\frac{dy}{dt}\right).$$

因而原方程化为 $\qquad\qquad y''_t-2y'_t+4y=e^t\sin t,\qquad\qquad ①$

①对应的齐次方程的特征方程为 $r^2-2r+4=0$,解之得 $r_1=1+\sqrt{3}i$,$r_2=1-\sqrt{3}i$,故①对应的齐次方程的通解为

$$Y=e^t(C_1\cos\sqrt{3}t+C_2\sin\sqrt{3}t).$$

而 $f(t)=e^t\sin t$,$\lambda+\omega i=1+i$ 不是特征根,所以设 $y^*=e^t(A\cos t+B\sin t)$ 为①的一个特解,则

$$(y^*)'=e^t[(A+B)\cos t+(B-A)\sin t],$$
$$(y^*)''=e^t[2B\cos t-2A\sin t],$$

代入①得 $A=0$,$B=\frac{1}{2}$,故 $y^*=\frac{1}{2}e^t\sin t$,因此①的通解为

$$y = e^t (C_1 \cos \sqrt{3} t + C_2 \sin \sqrt{3} t) + \frac{1}{2} e^t \sin t.$$

代入 $t = \ln x$ 得原方程的通解为 $y = x[C_1 \cos(\sqrt{3} \ln x) + C_2 \sin(\sqrt{3} \ln x)] + \frac{1}{2} x \sin(\ln x).$

7. 解：令 $x = e^t$，即 $t = \ln x$，则

$$\frac{\mathrm{d} y}{\mathrm{d} x} = \frac{1}{x} \frac{\mathrm{d} y}{\mathrm{d} t}, \quad \frac{\mathrm{d}^2 y}{\mathrm{d} x^2} = \frac{1}{x^2} \left(\frac{\mathrm{d}^2 y}{\mathrm{d} t^2} - \frac{\mathrm{d} y}{\mathrm{d} t} \right),$$

从而原方程化为

$$y''_t - 4y'_t + 4y = e^t + t e^{2t}. \tag{①}$$

方程①对应的齐次方程的特征方程为 $r^2 - 4r + 4 = 0$，解之得 $r_1 = r_2 = 2$. 故方程①对应的齐次方程的通解为 $Y = (C_1 + C_2 t) e^{2t}$.

由于 $\lambda_1 = 1$ 不是特征方程的二重根，$\lambda_2 = 2$ 是特征方程的根，所以方程 $y''_t - 4y'_t + 4y = e^t$ 有形如 $A e^t$ 的特解，$y''_t - 4y'_t + 4y = t e^{2t}$ 有形如 $t^2 (Bt + C) e^{2t}$ 的特解，因而设 $y^* = A e^t + t^2 (Bt + C) e^{2t}$ 为方程①的特解，代入方程①得 $A e^t + (6Bt + 2C) e^{2t} = e^t + t e^{2t}$，

比较系数得 $A = 1$，$B = \frac{1}{6}$，$C = 0$. 故 $y^* = e^t + \frac{1}{6} t^3 e^{2t}$.

因而方程①的通解为 $y = (C_1 + C_2 t) e^{2t} + e^t + \frac{1}{6} t^3 e^{2t}$.

代入 $t = \ln x$ 即得原方程的通解为 $y = C_1 x^2 + C_2 x^2 \ln x + x + \frac{1}{6} x^2 \ln^3 x.$

8. 解：令 $x = e^t$，而 $t = \ln x$，则原方程化为 $D(D-1)(D-2) y + 2Dy - 2y = t e^{2t} + 3 e^t$，即 $D^3 y - 3D^2 y + 4Dy - 2y = t e^{2t} + 3 e^t$，亦即

$$y'''_t - 3y''_t + 4y'_t - 2y = t e^{2t} + 3 e^t. \tag{①}$$

①对应的齐次方程的特征方程为

$$r^3 - 3r^2 + 4r - 2 = 0, \quad 即 (r-1)(r^2 - 2r + 2) = 0,$$

解之得 $r_1 = 1$，$r_{2,3} = 1 \pm i$，因而方程①对应的齐次方程的通解为

$$Y = C_1 e^t + e^t (C_2 \cos t + C_2 \sin t).$$

由于方程 $y'''_t - 3y''_t + 4y'_t - 2y = t e^{2t}$ 中的 $f(t) = t e^{2t}$，并且 $\lambda = 2$ 不是特征根，所以它具有形如 $(At + B) e^{2t}$ 的特解，又由于方程 $y'''_t - 3y''_t + 4y'_t - 2y = 3 e^t$ 中的 $f(t) = 3 e^t$，并且 $\lambda = 1$ 为单特征根，因而具有形如 $C t e^t$ 的特解，故由叠加原理，方程①具有形如 $y^* = (At + B) e^{2t} + C t e^t$ 的特解，代入①中，比较系数得（请读者自己验算）

$$A = \frac{1}{2}, B = -1, C = 3.$$

从而 $y^* = \left(\frac{1}{2} t - 1 \right) e^{2t} + 3 t e^t$ 为①的一个特解. 故①的通解为

$$y = C_1 e^t + e^t (C_2 \cos t + C_3 \sin t) + \left(\frac{1}{2} t - 1 \right) e^{2t} + 3 t e^t.$$

代入 $t = \ln x$ 得原方程的通解为

$$y = C_1 x + x[C_2 \cos(\ln x) + C_3 \sin(\ln x)] + \left(\frac{1}{2} \ln x - 1 \right) x^2 + 3 x \ln x.$$

习题 7—10 解答（教材 P359～P360）

1. 解：(1)①两边对 x 求导得 $\dfrac{\mathrm{d} z}{\mathrm{d} x} = \dfrac{\mathrm{d}^2 y}{\mathrm{d} x^2}$，代入②得 $\dfrac{\mathrm{d}^2 y}{\mathrm{d} x^2} - y = 0$.

③的特征方程为 $r^2-1=0$,解之得特征值 $r_{1,2}=\pm1$,因而③的通解为
$$y=C_1e^x+C_2e^{-x}.$$

代入①得 $z=C_1e^x-C_2e^{-x}$. 因此原方程组的通解为
$$\begin{cases} y=C_1e^x+C_2e^{-x}, \\ z=C_1e^x-C_2e^{-x}. \end{cases}$$

(2)①两边对 t 求 2 阶导数得 $\dfrac{\mathrm{d}^2y}{\mathrm{d}t^2}=\dfrac{\mathrm{d}^4x}{\mathrm{d}t^4}$,

代入②得
$$\frac{\mathrm{d}^4x}{\mathrm{d}t^4}-x=0, \qquad\qquad ③$$

③的特征方程为 $r^4-1=0$,解之得特征值 $r_{1,2}=\pm1$, $r_{3,4}=\pm i$. 故③的通解为
$$x=C_1e^t+C_2e^{-t}+C_3\cos t+C_4\sin t.$$

代入①得 $y=C_1e^t+C_2e^{-t}-C_3\cos t-C_4\sin t$. 故原方程组的通解为
$$\begin{cases} x=C_1e^t+C_2e^{-t}+C_3\cos t+C_4\sin t, \\ y=C_1e^t+C_2e^{-t}-C_3\cos t-C_4\sin t. \end{cases}$$

(3)①+②得 $2\dfrac{\mathrm{d}x}{\mathrm{d}t}=2y$,即
$$\frac{\mathrm{d}x}{\mathrm{d}t}=y, \qquad\qquad ③$$

①-②得 $2\dfrac{\mathrm{d}y}{\mathrm{d}t}=-2x+6$,即
$$\frac{\mathrm{d}y}{\mathrm{d}t}=-x+3. \qquad\qquad ④$$

③两边对 t 求导得,$\dfrac{\mathrm{d}y}{\mathrm{d}t}=\dfrac{\mathrm{d}^2x}{\mathrm{d}t^2}$代入④得
$$\frac{\mathrm{d}^2x}{\mathrm{d}t^2}+x=3, \qquad\qquad ⑤$$

⑤对应的齐次方程的特征方程为 $r^2+1=0$,解之得特征根 $r=\pm i$,故⑤对应的齐次方程的通解为
$$X=C_1\cos t+C_2\sin t.$$

而 $x^*=3$ 为⑤的一个特解,因而⑤的通解为
$$x=3+C_1\cos t+C_2\sin t,$$

代入③得 $y=-C_1\sin t+C_2\cos t$,因而原方程组的通解为
$$\begin{cases} x=3+C_1\cos t+C_2\sin t, \\ y=-C_1\sin t+C_2\cos t. \end{cases}$$

(4)原方程组改写为
$$\begin{cases} (D+5)x+y=e^t, & ① \\ -x+(D-3)y=e^{2t}, & ② \end{cases}$$

故
$$\begin{vmatrix} D+5 & 1 \\ -1 & D-3 \end{vmatrix}x=\begin{vmatrix} e^t & 1 \\ e^{2t} & D-3 \end{vmatrix},$$

即
$$(D^2+2D-14)x=-2e^t-e^{2t}. \qquad\qquad ③$$

其对应的齐次方程的特征方程为 $r^2+2r-14=0$, $r_{1,2}=-1\pm\sqrt{15}$,故③的齐次方程的通解为
$$X=C_1e^{(-1+\sqrt{15})t}+C_2e^{(-1-\sqrt{15})t}.$$

在方程 $(D^2+2D-14)x=-2\mathrm{e}^t$ 中，$f(t)=-2\mathrm{e}^t$，因而其具有形如 $A\mathrm{e}^t$ 的特解；而方程 $(D^2+2D-14)x=-\mathrm{e}^{2t}$ 中，$f(t)=-\mathrm{e}^{2t}$，因而其具有形如 $B\mathrm{e}^{2t}$ 的特解，因此③具有形如 $x^*=A\mathrm{e}^t+B\mathrm{e}^{2t}$ 的特解，代入③整理得

$$-11A\mathrm{e}^t-6B\mathrm{e}^{2t}=-2\mathrm{e}^t-\mathrm{e}^{2t},$$

因而 $A=\dfrac{2}{11}$，$B=\dfrac{1}{6}$. 故③的一个特解为 $x^*=\dfrac{2}{11}\mathrm{e}^t+\dfrac{1}{6}\mathrm{e}^{2t}$，因此③的通解为

$$x=C_1\mathrm{e}^{(-1+\sqrt{15})t}+C_2\mathrm{e}^{(-1-\sqrt{15})t}+\dfrac{2}{11}\mathrm{e}^t+\dfrac{1}{6}\mathrm{e}^{2t}.$$

再由①得

$$y=\mathrm{e}^t-Dx-5x=(-4-\sqrt{15})C_1\mathrm{e}^{(-1+\sqrt{15})t}-(4-\sqrt{15})C_2\mathrm{e}^{(-1-\sqrt{15})t}-\dfrac{\mathrm{e}^t}{11}-\dfrac{7}{6}\mathrm{e}^{2t}.$$

原方程的通解为

$$\begin{cases} x=C_1\mathrm{e}^{(-1+\sqrt{15})t}+C_2\mathrm{e}^{(-1-\sqrt{15})t}+\dfrac{2}{11}\mathrm{e}^t+\dfrac{1}{6}\mathrm{e}^{2t}, \\ y=(-4-\sqrt{15})C_1\mathrm{e}^{(-1+\sqrt{15})t}-(4-\sqrt{15})C_2\mathrm{e}^{(-1-\sqrt{15})t}-\dfrac{\mathrm{e}^t}{11}-\dfrac{7}{6}\mathrm{e}^{2t}. \end{cases}$$

(5)原方程组改写为 $\begin{cases} (D+2)x+(D+1)y=t, & ① \\ 5x+(D+3)y=t^2, & ② \end{cases}$

故 $\begin{vmatrix} D+2 & D+1 \\ 5 & D+3 \end{vmatrix}y=\begin{vmatrix} D+2 & t \\ 5 & t^2 \end{vmatrix}$，即 $(D^2+1)y=2t^2-3t.$ ③

其对应的齐次方程的特征方程为 $r^2+1=0$，特征根为 $r_{1,2}=\pm\mathrm{i}$. 故③的相应齐次方程的通解为

$$Y=C_1\cos t+C_2\sin t,$$

易观察出③的一个特解为

$$y^*=2t^2-3t-4,$$

所以③的通解为 $y=C_1\cos t+C_2\sin t+2t^2-3t-4.$

由②得

$$x=\dfrac{1}{5}(t^2-y'-3y)=\dfrac{1}{5}(t^2+C_1\sin t-C_2\cos t-4t+3-3C_1\cos t-3C_2\sin t-6t^2+9t+12)$$

$$=\dfrac{C_1-3C_2}{5}\sin t-\dfrac{3C_1+C_2}{5}\cos t-t^2+t+3.$$

原方程组的通解为

$$\begin{cases} x=\dfrac{C_1-3C_2}{5}\sin t-\dfrac{3C_1+C_2}{5}\cos t-t^2+t+3, \\ y=C_1\cos t+C_2\sin t+2t^2-3t-4. \end{cases}$$

(6)原方程组改写为 $\begin{cases} (D-3)x+(2D+4)y=2\sin t, & ① \\ (2D+2)x+(D-1)y=\cos t, & ② \end{cases}$

故 $\begin{vmatrix} D-3 & 2D+4 \\ 2D+2 & D-1 \end{vmatrix}x=\begin{vmatrix} 2\sin t & 2D+4 \\ \cos t & D-1 \end{vmatrix}$，即 $(3D^2+16D+5)x=2\cos t,$ ③

③对应的齐次方程的特征方程为 $3r^2+16r+5=0$，特征根为 $r_1=-5$，$r_2=-\dfrac{1}{3}$，

因而③对应的齐次方程的通解为 $X=C_1\mathrm{e}^{-5t}+C_2\mathrm{e}^{-\frac{1}{3}t}.$

在③中 $f(t)=2\cos t$，故③具有形如 $x^*=A\cos t+B\sin t$ 的特解，则

$$x^{*\prime}=-A\sin t+B\cos t;\ x^{*\prime\prime}=-A\cos t-B\sin t,$$

代入③得

$$(2A+16B)\cos t+(2B-16A)\sin t=2\cos t,$$

比较系数得 $A=\dfrac{1}{65}$，$B=\dfrac{8}{65}$，于是 $x^{*}=\dfrac{8\sin t+\cos t}{65}$，因而③的通解为

$$x=C_1\mathrm{e}^{-5t}+C_2\mathrm{e}^{-\frac{1}{3}t}+\frac{8}{65}\sin t+\frac{1}{65}\cos t.$$

又由 $2\times$②$-$①得

$$3Dx+7x-6y=2\cos t-2\sin t,$$

将③的通解代入上式得

$$y=-\frac{4}{3}C_1\mathrm{e}^{-5t}+C_2\mathrm{e}^{-\frac{1}{3}t}+\frac{61}{130}\sin t-\frac{33}{130}\cos t.$$

因而原方程组的通解为

$$\begin{cases}x=C_1\mathrm{e}^{-5t}+C_2\mathrm{e}^{-\frac{1}{3}t}+\dfrac{8}{65}\sin t+\dfrac{1}{65}\cos t,\\[2mm] y=-\dfrac{4}{3}C_1\mathrm{e}^{-5t}+C_2\mathrm{e}^{-\frac{1}{3}t}+\dfrac{61}{130}\sin t-\dfrac{33}{130}\cos t.\end{cases}$$

2. 解：为方便解题，我们设每个方程组中的第一个方程为①，第二个方程为②，其他的依次排序. (1)①两边对 t 求导得 $\dfrac{\mathrm{d}y}{\mathrm{d}t}=\dfrac{\mathrm{d}^2x}{\mathrm{d}t^2}$，代之入②得

$$\frac{\mathrm{d}^2x}{\mathrm{d}t^2}+x=0,\qquad\qquad\qquad ③$$

方程③的特征方程为 $r^2+1=0$，解得特征根 $r_{1,2}=\pm i$. 故③的通解为

$$x=C_1\cos t+C_2\sin t,$$

再由①得 $y=-C_1\sin t+C_2\cos t$，由初始条件 $x\big|_{t=0}=0$，$y\big|_{t=0}=1$ 而得 $C_1=0$，$C_2=1$. 故原方程组的特解为

$$\begin{cases}x=\sin t,\\ y=\cos t.\end{cases}$$

(2)由②得 $y=-\dfrac{\mathrm{d}x}{\mathrm{d}t}$，代入①则有 $\dfrac{\mathrm{d}^2x}{\mathrm{d}t^2}+x=0.$ ③

③的特征方程为 $r^2+1=0$，特征根为 $r_{1,2}=\pm i$，故③的通解为 $x=C_1\cos t+C_2\sin t$. 于是

$$y=-\frac{\mathrm{d}x}{\mathrm{d}t}=C_1\sin t-C_2\cos t.$$

因此原方程组的通解 $\begin{cases}x=C_1\cos t+C_2\sin t,\\ y=C_1\sin t-C_2\cos t.\end{cases}$

代入初始条件得 $\begin{cases}C_1=1,\\ C_2=0,\end{cases}$ 故满足初始条件的特解为

$$\begin{cases}x=\cos t,\\ y=\sin t.\end{cases}$$

(3)原方程组改写为 $\begin{cases}(D+3)x-y=0,\\ -8x+(D+1)y=0,\end{cases}$ ③ ④

故 $\begin{vmatrix}D+3 & -1\\ -8 & D+1\end{vmatrix}x=\begin{vmatrix}0 & -1\\ 0 & D+1\end{vmatrix}$，即 $(D^2+4D-5)x=0,$ ⑤

⑤的特征方程为 $r^2+4r-5=0$，特征根为 $r_1=1$，$r_2=-5$，因而⑤的通解为 $x=C_1\mathrm{e}^t+C_2\mathrm{e}^{-5t}$. 又由①得 $y=\dfrac{\mathrm{d}x}{\mathrm{d}t}+3x=4C_1\mathrm{e}^t-5C_2\mathrm{e}^{-5t}$.

因此原方程组的通解为 $\begin{cases}x=C_1\mathrm{e}^t+C_2\mathrm{e}^{-5t},\\ y=4C_1\mathrm{e}^t-5C_2\mathrm{e}^{-5t}.\end{cases}$

将初始条件代入得 $C_1=1$，$C_2=0$. 故原方程组的特解为 $\begin{cases}x=\mathrm{e}^t,\\ y=4\mathrm{e}^t.\end{cases}$

(4) 原方程组改写为 $\begin{cases}(2D-4)x+(D-1)y=\mathrm{e}^t, & ③\\ (D+3)x+y=0, & ④\end{cases}$

故 $\begin{vmatrix}2D-4 & D-1\\ D+3 & 1\end{vmatrix}x=\begin{vmatrix}\mathrm{e}^t & D-1\\ 0 & 1\end{vmatrix}$，即

$$D^2x+x=\mathrm{e}^t, \qquad\qquad ⑤$$

方程⑤的特征方程为 $r^2+1=0$，　特征根为 $r_{1,2}=\pm\mathrm{i}$，故方程⑤对应的齐次方程的通解为
$$X=C_1\cos t+C_2\sin t,$$

观察易知 $x^*=-\dfrac{1}{2}\mathrm{e}^t$ 为⑤的一个特解，因而方程⑤的通解为

$$x=C_1\cos t+C_2\sin t-\dfrac{1}{2}\mathrm{e}^t.$$

再由②得

$$y=-\dfrac{\mathrm{d}x}{\mathrm{d}t}-3x=(C_1-3C_2)\sin t-(3C_1+C_2)\cos t+2\mathrm{e}^t.$$

因此原方程组的通解为 $\begin{cases}x=C_1\cos t+C_2\sin t-\dfrac{1}{2}\mathrm{e}^t,\\ y=(C_1-3C_2)\sin t-(3C_1+C_2)\cos t+2\mathrm{e}^t.\end{cases}$

代入初始条件得 $\begin{cases}C_1-\dfrac{1}{2}=\dfrac{3}{2},\\ -3C_1+C_2+2=0,\end{cases}$　从而解得 $\begin{cases}C_1=2,\\ C_2=-4.\end{cases}$

故满足初始条件的特解为 $\begin{cases}x=2\cos t-4\sin t-\dfrac{1}{2}\mathrm{e}^t,\\ y=14\sin t-2\cos t+2\mathrm{e}^t.\end{cases}$

(5) 原方程组改写成 $\begin{cases}(D+2)x+(-Dy)=10\cos t, & ①\\ Dx+(D+2)y=4\mathrm{e}^{-2t}, & ②\end{cases}$

故 $\begin{vmatrix}D+2 & -D\\ D & D+2\end{vmatrix}x=\begin{vmatrix}D+2 & 10\cos t\\ D & 4\mathrm{e}^{-2t}\end{vmatrix}$，即

$$(D^2+2D+2)y=5\sin t, \qquad\qquad ③$$

③的特征方程为 $r^2+2r+2=0$，特征值为 $r_{1,2}=-1\pm\mathrm{i}$.
因而③的齐次方程的通解为
$$Y=\mathrm{e}^{-t}(C_1\cos t+C_2\sin t).$$

又③中的 $f(t)=5\sin t$，故设③的一个特解为 $y^*=A\cos t+B\sin t$，则
$$y^{*\prime}=-A\sin t+B\cos t, \quad y^{*\prime\prime}=-A\cos t-B\sin t,$$

代入③得

$$(A+2B)\cos t+(B-2A)\sin t=5\sin t,$$

比较系数得 $A=-2$，$B=1$，故 $y^*=-2\cos t+\sin t$，因此③的通解为

$$y = e^{-t}(C_1 \cos t + C_2 \sin t) + \sin t - 2\cos t. \qquad ④$$

由①－②得 $2x - \dfrac{dy}{dx} - 2y = 10\cos t - 4e^{-2t}$，从而

$$x = \frac{dy}{dx} + y + 5\cos t - 2e^{-2t} \xlongequal{④} e^{-t}(C_2 \cos t - C_1 \sin t) + 4\cos t + 3\sin t - 2e^{-2t},$$

代入初始条件得 $C_1 = 2, C_2 = 0$，故方程组的特解为 $\begin{cases} x = 4\cos t + 3\sin t - 2e^{-2t} - 2e^{-t}\sin t, \\ y = \sin t - 2\cos t + 2e^{-t}\cos t. \end{cases}$

(6) 原方程组改写成 $\begin{cases} (D-1)x + (D+3)y = e^{-t} - 1, & ① \\ (D+2)x + (D+1)y = e^{2t} + t, & ② \end{cases}$

故 $\begin{vmatrix} D-1 & D+3 \\ D+2 & D+1 \end{vmatrix} x = \begin{vmatrix} e^{-t}-1 & D+3 \\ e^{2t}+5 & D+1 \end{vmatrix}$，即 $(5D+7)x = 5e^{2t} + 3t + 2$，亦即

$$\frac{dx}{dt} + \frac{7}{5}x = e^{2t} + \frac{3}{5}t + \frac{2}{5}, \qquad ③$$

③为一阶常系数线性非齐次方程，故通解为

$$x = e^{-\int \frac{7}{5}dt}\left[C + \int \left(e^{2t} + \frac{3}{5}t + \frac{2}{5}\right) e^{\int \frac{7}{5}dt} dt \right]$$

$$= e^{-\frac{7}{5}t}\left[C + \int \left(e^{2t} + \frac{3}{5}t + \frac{2}{5}\right) e^{\frac{7}{5}t} dt \right],$$

即 $x = Ce^{-\frac{7}{5}t} + \dfrac{5}{17}e^{2t} + \dfrac{3}{7}t - \dfrac{1}{49}.$

又①－②得 $-3x + 2y = e^{-t} - 1 - e^{2t} - t$，即

$$y = \frac{3}{2}x + \frac{1}{2}(e^{-t} - 1 - e^{2t} - t) = \frac{3}{2}Ce^{-\frac{7}{5}t} - \frac{1}{17}e^{2t} + \frac{1}{2}e^{-t} + \frac{1}{7}t - \frac{26}{49},$$

由初始条件 $x\big|_{t=0} = \dfrac{48}{49}$，$y\big|_{t=0} = \dfrac{95}{98}$，得 $C = \dfrac{12}{17}$. 故原方程组的特解为

$$\begin{cases} x = \dfrac{12}{17}e^{-\frac{7}{5}t} + \dfrac{5}{17}e^{2t} + \dfrac{3}{7}t - \dfrac{1}{49}, \\[2mm] y = \dfrac{18}{17}e^{-\frac{7}{5}t} - \dfrac{1}{17}e^{2t} + \dfrac{1}{2}e^{-t} + \dfrac{1}{7}t - \dfrac{26}{49}. \end{cases}$$

总习题七解答（教材 P360～P362）

1. 解：(1) 三；　　　　　　　　　　(2) $y = e^{-\int P(x)dx}\left[\int Q(x) e^{\int P(x)dx} dx + C\right]$；

(3) $y' = f(x, y)$，$y\big|_{x=x_0} = 0$；　　(4) $y = C_1(x-1) + C_2(x^2-1) + 1$.

2. 解：(1) $y_1(x) - y_2(x)$ 是原方程对应齐次方程 $y' + P(x)y = 0$ 的非零解，由解的性质定理知 $C[y_1(x) - y_2(x)]$ 是齐次方程的通解，再由解的结构定理 3 知

$$y_1(x) + C[y_1(x) - y_2(x)]$$

是原方程的通解，故选(B).

(2) 由题设知 $r = -1, -1, 1$ 是齐次方程对应特征方程的特征根，而

$$(r+1)(r+1)(r-1) = r^3 + r^2 - r - 1,$$

故应选(B).

3. 解：(1) 对方程 $(x+C)^2 + y^2 = 1$ 两边关于 x 求导，得 $2(x+C) + 2yy' = 0$，消去常数 C，得

$$2(1-y^2)^{\frac{1}{2}} + 2yy' = 0，即 y^2(1+y'^2) = 1.$$

(2)将 $y=C_1\mathrm{e}^x+C_2\mathrm{e}^{2x}$ 对 x 求导,有 $y'=C_1\mathrm{e}^x+2C_2\mathrm{e}^{2x}$,对 x 再求导,有 $y''=C_1\mathrm{e}^x+4C_2\mathrm{e}^{2x}$,消去常数 C_1,C_2,有 $y''-3y'+2y=0$.

4.解:(1)令 $u=\dfrac{y}{x}$,则 $\dfrac{\mathrm{d}y}{\mathrm{d}x}=u+x\dfrac{\mathrm{d}u}{\mathrm{d}x}$,于是原方程变为 $\dfrac{\mathrm{d}u}{2(\sqrt{u}-u)}=\dfrac{\mathrm{d}x}{x}$. 积分得

$$x(1-\sqrt{u})=c,\text{即 } x-\sqrt{xy}=c.$$

(2)将方程改写为 $y'+\dfrac{1}{x\ln x}y=a\left(1+\dfrac{1}{\ln x}\right)$,则

$$y=\left[\int a\left(1+\dfrac{1}{\ln x}\right)\mathrm{e}^{\int\frac{1}{x\ln x}\mathrm{d}x}\mathrm{d}x+C\right]\mathrm{e}^{-\int\frac{1}{x\ln x}\mathrm{d}x}=\left[a\int(\ln x+1)\mathrm{d}x+C\right]\dfrac{1}{\ln x}$$

$$=\left\{a\left[x(\ln x+1)-\int\mathrm{d}x\right]+C\right\}\dfrac{1}{\ln x}=(ax\ln x+C)\dfrac{1}{\ln x}=ax+\dfrac{C}{\ln x},$$

故该方程的通解为 $y=ax+\dfrac{C}{\ln x}$.

(3)原方程变形为 $\dfrac{\mathrm{d}x}{\mathrm{d}y}+\dfrac{2}{y}x=2\dfrac{\ln y}{y}$,于是 $x=\mathrm{e}^{-\int\frac{2}{y}\mathrm{d}y}\left(C+\int 2\dfrac{\ln y}{y}\mathrm{e}^{\int\frac{2}{y}\mathrm{d}y}\mathrm{d}y\right)=\ln y-\dfrac{1}{2}+Cy^{-2}$.

即 $x=\ln y+Cy^{-2}-\dfrac{1}{2}$.

(4)将方程改写成 $y^{-3}\dfrac{\mathrm{d}y}{\mathrm{d}x}+xy^{-2}=x^3$,令 $y^{-2}=u$,则 $-2y^{-3}y'=u'$,$y^{-3}y'=-\dfrac{1}{2}u'$.

上面方程变为

$$u'-2xu=-2x^3,$$

$$u=\left(\int-2x^3\mathrm{e}^{\int-2x\mathrm{d}x}\mathrm{d}x+C\right)\mathrm{e}^{\int 2x\mathrm{d}x}=\left(\int-2x^3\mathrm{e}^{-x^2}\mathrm{d}x+C\right)\mathrm{e}^{x^2}=C\mathrm{e}^{x^2}+x^2+1,$$

将 $u=y^{-2}$ 代入上式,得 $y^{-2}=C\mathrm{e}^{x^2}+x^2+1$,这就是该方程的通解.

(5)令 $y'=p$,则 $y''=p'$,$p'+p^2+1=0$,

变量分离 $\dfrac{\mathrm{d}p}{p^2+1}=-\mathrm{d}x$,两边积分,得 $\arctan p=-x+C_1$,

从而 $p=\tan(-x+C_1)$,即 $\dfrac{\mathrm{d}y}{\mathrm{d}x}=\tan(-x+C_1)$,

所以通解为 $y=\int\tan(-x+C_1)\mathrm{d}x=\ln|\cos(x-C_1)|+C_2$.

(6)令 $y'=p$,则 $y''=\dfrac{\mathrm{d}p}{\mathrm{d}x}=\dfrac{\mathrm{d}p}{\mathrm{d}y}\cdot\dfrac{\mathrm{d}y}{\mathrm{d}x}=p\dfrac{\mathrm{d}p}{\mathrm{d}y}$,原方程化为 $yp\dfrac{\mathrm{d}p}{\mathrm{d}y}-p^2-1=0$,分离变量,得

$$\dfrac{p\mathrm{d}p}{p^2+1}=\dfrac{\mathrm{d}y}{y},$$

积分得 $\ln(p^2+1)=\ln y+\ln C_1$,即 $p=\pm\sqrt{(C_1y)^2-1}$,将 $p=y'$ 代入上式,得 $y'=\pm\sqrt{(C_1y)^2-1}$,对于 $y'=\sqrt{(C_1y)^2-1}$,分离变量,得 $\dfrac{\mathrm{d}y}{\sqrt{(C_1y)^2-1}}=\mathrm{d}x$,两边积分,得

$$\ln\left[C_1y+\sqrt{(C_1y)^2-1}\right]=C_1x+C_2,\text{即 } C_1y+\sqrt{(C_1y)^2-1}=\mathrm{e}^{C_1x+C_2},$$

另有

$$C_1y-\sqrt{(C_1y)^2-1}=\dfrac{1}{C_1y+\sqrt{(C_1y)^2-1}}=\mathrm{e}^{-(C_1x+C_2)}.$$

将上面两个式子相加,得 $C_1 y = \dfrac{e^{C_1 x + C_2} + e^{-(C_1 x + C_2)}}{2} = \text{ch}(C_1 x + C_2)$,所以 $y = \dfrac{1}{C_1}\text{ch}(C_1 x + C_2)$.

由上面的计算可知,对于 $y' = -\sqrt{(C_1 y)^2 - 1}$ 也有同样的结论.

故该方程的通解为 $y = \dfrac{1}{C_1}\text{ch}(C_1 x + C_2)$.

(7)该方程所对应的齐次方程为 $y'' + 2y' + 5y = 0$,它的特征方程为 $r^2 + 2r + 5 = 0$,其根为 $r_{1,2} = -1 \pm 2i$,该齐次方程的通解为 $Y = e^{-x}(C_1 \cos 2x + C_2 \sin 2x)$.

由于 $f(x) = \sin 2x$,$\lambda = 0$,$w = 2$,$\lambda \pm iw = \pm 2i$ 不是特征方程的根,所以设特解

$$y^* = A\cos 2x + B\sin 2x.$$

将 y^* 代入所给方程中,得 $(4B + A)\cos 2x + (B - 4A)\sin 2x = \sin 2x$,

比较上式两边同类项的系数,得 $A = -\dfrac{4}{17}$,$B = \dfrac{1}{17}$,所以

$$y^* = -\dfrac{4}{17}\cos 2x + \dfrac{1}{17}\sin 2x.$$

该方程的通解为

$$y = e^{-x}(C_1 \cos 2x + C_2 \sin 2x) - \dfrac{4}{17}\cos 2x + \dfrac{1}{17}\sin 2x.$$

(8)由特征方程 $\varphi(r) = r^3 + r^2 - 2r = 0$ 的根为 $r_1 = 0$,$r_2 = 1$,$r_3 = -2$,得对应的齐次方程的通解 $Y = C_1 + C_2 e^x + C_3 e^{-2x}$.

设方程 $y''' + y'' - 2y' = xe^x$ 和 $y''' + y'' - 2y' = 4x$ 的特解分别为 y^*_1,y^*_2,且

$$y^*_1 = x(Ax + B)e^x, \quad y^*_2 = x(Cx + D).$$

分别代入方程中,得 $A = \dfrac{1}{6}$,$B = -\dfrac{4}{9}$,$C = D = -1$,即

$$y^*_1 = x\left(\dfrac{1}{6}x - \dfrac{4}{9}\right)e^x, \quad y^*_2 = x(-x - 1),$$

故通解为

$$y = C_1 + C_2 e^x + C_3 e^{-2x} + x\left(\dfrac{1}{6}x - \dfrac{4}{9}\right)e^x - x^2 - x.$$

(9)因 $\dfrac{\partial Q}{\partial x} - \dfrac{\partial P}{\partial y} = -7x$,且 $\dfrac{\dfrac{\partial Q}{\partial x} - \dfrac{\partial P}{\partial y}}{P} = -\dfrac{7}{y}$ 可取积分因子 $\mu = e^{\int \frac{\frac{\partial Q}{\partial x} - \frac{\partial P}{\partial y}}{P} dy} = e^{-\int \frac{7}{y} dy} = y^{-7}$,并用 y^{-7} 乘以方程两边,得

$$xy^{-6}dx + (y^{-3} - 3x^2 y^{-7})dy = 0,$$

分组凑微分得

$$(2xy^{-6}dx - 6x^2 y^{-7}dy) + 2y^{-3}dy = 0,$$

即 $d(x^2 y^{-6}) - d(y^{-2}) = 0$. 积分得 $x^2 y^{-6} - y^{-2} = C$.

(10)令 $u = \dfrac{\sqrt{x^2 + y}}{x}$,则 $x + y' = (u + xu')2xu - x$,原方程变为 $\dfrac{2udu}{1 + u - 2u^2} = \dfrac{dx}{x}$,积分得

$$\dfrac{1}{(1-u)^2(1+2u)} = C_1 x^3, \quad \text{即 } (x - \sqrt{x^2 + y})^2(x + 2\sqrt{x^2 + y}) = C_2,\text{经整理得}$$

$$\sqrt{(x^2 + y)^3} = x^3 + \dfrac{3}{2}xy + C.$$

5.解:(1)原方程变形为 $\dfrac{dx}{dy} - \dfrac{2}{y}x = -\dfrac{2}{y^3}x^2$,令 $z = x^{-1}$,则方程又变为 $\dfrac{dz}{dy} + \dfrac{2}{y}z = \dfrac{2}{y^3}$,于是有

$$z=\mathrm{e}^{-\int\frac{2}{y}\mathrm{d}y}\left(C+\int\frac{2}{y^3}\mathrm{e}^{\int\frac{2}{y}\mathrm{d}y}\mathrm{d}y\right)=y^{-2}(2\ln y+C),$$

即 $x(2\ln y+C)-y^2=0$. 又由 $y\big|_{x=1}=1$, 得 $C=1$, 故特解为 $x(2\ln y+1)-y^2=0$.

(2)令 $y'=p$, 则 $y''=p'$. 原方程化为

$$p'-ap^2=0, 即\frac{\mathrm{d}p}{p^2}=a\mathrm{d}x.$$

两边积分, 得 $-\dfrac{1}{p}=ax+C_1$, 即 $y'=-\dfrac{1}{ax+C_1}$. 由于 $x=0$ 时, $y'=-1$ 所以 $C_1=1$. 这时,

有 $y'=-\dfrac{1}{ax+1}$, 即 $\mathrm{d}y=-\dfrac{1}{ax+1}\mathrm{d}x$. 两边积分, 得

$$y=-\frac{1}{a}\ln|ax+1|+C_2.$$

由于 $x=0$ 时, $y=0$, 所以 $C_2=0$. 故所求特解为 $y=-\dfrac{1}{a}\ln|ax+1|$.

(3)令 $y'=p$, 则 $y''=p\dfrac{\mathrm{d}p}{\mathrm{d}y}$. 原方程变为 $2p\dfrac{\mathrm{d}p}{\mathrm{d}y}=\sin 2y$. 积分得 $p^2=\sin^2 y+C_1$, 由 $y(0)=$

$\dfrac{\pi}{2}$, $y'(0)=1$, 得 $C_1=0$, 从而 $\dfrac{\mathrm{d}y}{\mathrm{d}x}=\sin y$, 再积分得

$$x=\ln\left(\tan\frac{y}{2}\right)+C_2,$$

又由 $y(0)=\dfrac{\pi}{2}$, 得 $C_2=0$, 故所求的特解为 $y=2\arctan \mathrm{e}^x$.

(4)该方程所对应的齐次方程的特征方程为 $r^2+2r+1=0$, 它的根为 $r_1=r_2=-1$, 该方程所对应的齐次方程的通解为

$$Y=(C_1+C_2x)\mathrm{e}^{-x}.$$

由于 $f(x)=\cos x$, $\lambda=0$, $\omega=1$, $\lambda\pm\mathrm{i}\omega=\pm\mathrm{i}$, 不是特征方程的根, 所以设特解

$$y^*=A\cos x+B\sin x,$$

将 y^* 代入所给方程, 得

$$(-A\cos x-B\sin x)+2(-A\sin x+B\cos x)+(A\cos x+B\sin x)=\cos x,$$

即 $2B\cos x-2A\sin x=\cos x$. 比较上式两边同类项的系数, 得 $A=0$, $B=\dfrac{1}{2}$, 故 $y^*=\dfrac{1}{2}\sin x$.

所给方程的通解为 $y=(C_1+C_2x)\mathrm{e}^{-x}+\dfrac{1}{2}\sin x$.

由初始条件: $x=0$ 时 $y=0$, $y'=\dfrac{3}{2}$, 得 $C_1=0$, $C_2=1$, 故所求特解为 $y=x\mathrm{e}^{-x}+\dfrac{1}{2}\sin x$.

6. 解: 设点 (x,y) 为曲线上任一点, 则曲线在该点的切线方程为 $Y-y=y'(X-x)$, 该切线在纵轴上的截距为 $y-xy'$. 由于切线在纵轴上的截距等于切点的横坐标, 所以该曲线所满足的微分方程为

$$y-xy'=x, 即 y'-\frac{1}{x}y=-1.$$

这是一阶线性微分方程, 它的通解为

$$y=\left(\int-\mathrm{e}^{-\int\frac{1}{x}\mathrm{d}x}\mathrm{d}x+C\right)\mathrm{e}^{\int\frac{1}{x}\mathrm{d}x}=x(C-\ln|x|).$$

由于所求曲线经过点 $(1,1)$, 即 $x=1$ 时, $y=1$, 所以 $C=1$. 故所求曲线的方程为

$$y=x(1-\ln|x|).$$

7. 解：设 $x(t)$ 为 t 时刻车间内 CO_2 的体积分数函数，M 为每分钟输入的新鲜空气（m^3），则 t 时刻车间内 CO_2 的体积分数为 $\dfrac{x}{30\times30\times6}=\dfrac{x}{5\ 400}$. 当时间增量 Δt 很小时，排出的气体中 CO_2 的体积分数可近似看作是相同的.

排出的 CO_2 为 $M\Delta t\cdot\dfrac{x}{5\ 400}=\dfrac{Mx}{5\ 400}\Delta t$，输入的 CO_2 为 $0.000\ 4M\Delta t$，

$$\Delta x=0.000\ 4M\Delta t-\frac{Mx}{5\ 400}\Delta t,$$

所以 $\dfrac{\mathrm{d}x}{\mathrm{d}t}=\lim\limits_{\Delta t\to0}\dfrac{\Delta x}{\Delta t}=0.000\ 4M-\dfrac{Mx}{5\ 400}$. 于是有

$$\begin{cases}\dfrac{\mathrm{d}x}{\mathrm{d}t}+\dfrac{Mx}{5\ 400}=0.000\ 4M,\\ x(0)=5\ 400\times0.001\ 2=6.48,\end{cases}$$

解之得 $x=2.16+Ce^{-\frac{M}{5\ 400}t}$，将 $x(0)=6.48$ 代入，得 $C=4.32$，故

$$x(t)=2.16+4.32e^{-\frac{M}{5\ 400}t}.$$

据题意知 $\dfrac{x(30)}{5\ 400}\leqslant0.06\%$ 所以，求得 $M\geqslant180\ln4\approx249.48$，即每分钟应输入约 $250m^3$ 的新鲜空气，才能满足题中的要求.

8. 解：在 $\varphi(x)\cos x+2\displaystyle\int_0^x\varphi(t)\sin t\mathrm{d}t=x+1$ 两边对 x 求导，得

$$\varphi'(x)\cos x-\varphi(x)\sin x+2\varphi(x)\sin x=1,$$

即 $\varphi'(x)\cos x+\varphi(x)\sin x=1$，记 $y=\varphi(x)$，则上式可写成

$$y'\cos x+y\sin x=1，即\ y'+y\tan x=\sec x,$$

这是一阶线性微分方程.

$$y=\left(\int\sec xe^{\int\tan x\mathrm{d}x}\mathrm{d}x+C\right)e^{-\int\tan x\mathrm{d}x}=\sin x+C\cos x.$$

在 $\varphi(x)\cos x+2\displaystyle\int_0^x\varphi(t)\sin t\mathrm{d}t=x+1$ 中令 $x=0$，得

$$\varphi(0)=1，即\ y\big|_{x=0}=1,$$

于是，求得 $C=1$. 故 $y=\sin x+\cos x$，即 $\varphi(x)=\sin x+\cos x$.

9. 解：由已知 $\displaystyle\int_0^x\sqrt{1+\varphi'^2(t)}\mathrm{d}t=e^x-1$，整理得 $\varphi'(x)=\sqrt{e^{2x}-1}$，两边积分，得

$$\varphi(x)=\int\sqrt{e^{2x}-1}\ \mathrm{d}x=\sqrt{e^{2x}-1}-\arctan\sqrt{e^{2x}-1}+C,$$

又 $\varphi(0)=0$，得 $C=0$. 所以

$$\varphi(x)=\sqrt{e^{2x}-1}-\arctan\sqrt{e^{2x}-1}.$$

10. 解：(1)由题设知 $y''_i+p(x)y'_i+q(x)y_i=0\ (i=1,2)$，又由 $W'=y_1y''_2-y''_1y_2$，所以

$$\begin{aligned}W'+p(x)W&=y_1y''_2-y''_1y_2+p(x)y_1y'_2-p(x)y'_1y_2\\&=y_1[y''_2+p(x)y'_2]-y_2[y''_1+p(x)y'_1]\\&=y_1[-q(x)y_2]-y_2[-q(x)y_1]=0,\end{aligned}$$

即 $W(x)$ 满足方程 $W'+p(x)W=0$.

(2)由 $W'+p(x)W=0$，有 $\dfrac{\mathrm{d}W}{W}=-p(x)\mathrm{d}x$，$\displaystyle\int_{x_0}^x\dfrac{\mathrm{d}W}{W}=-\int_{x_0}^xp(x)\mathrm{d}x=-\int_{x_0}^xp(t)\mathrm{d}t,$

故 $W(x)=W(x_0)\,\mathrm{e}^{-\int_{x_0}^{x}p(t)\mathrm{d}t}$.

*11. 解：(1)令 $x=\mathrm{e}^t$,即 $t=\ln x$,则原方程变为 $D(D-1)y+3Dy+y=0$,即 $D^2y+2Dy+y=0$,亦即

$$y''_t+2y'_t+y=0. \qquad ①$$

方程①的特征方程为

$$r^2+2r+1=0,$$

解之得特征根 $r_1=r_2=-1$,于是方程①的通解为 $y=(C_1+C_2t)\mathrm{e}^{-t}$.

将 $t=\ln x$ 代入即得原方程的通解为 $y=\dfrac{C_1+C_2\ln x}{x}$.

(2)令 $x=\mathrm{e}^t$,即 $t=\ln x$,则 $\dfrac{\mathrm{d}y}{\mathrm{d}x}=\dfrac{1}{x}\dfrac{\mathrm{d}y}{\mathrm{d}t}$,$\dfrac{\mathrm{d}^2y}{\mathrm{d}x^2}=\dfrac{1}{x^2}\left(\dfrac{\mathrm{d}^2y}{\mathrm{d}t^2}-\dfrac{\mathrm{d}y}{\mathrm{d}t}\right)$,故原方程化为

$$\dfrac{\mathrm{d}^2y}{\mathrm{d}t^2}-5\dfrac{\mathrm{d}y}{\mathrm{d}t}+6y=\mathrm{e}^t. \qquad ①$$

方程①对应的齐次方程的特征方程为

$$r^2-5r+6=0,$$

解之得特征根 $r_1=2,r_2=3$,因而方程①对应的齐次方程的通解为

$$Y=C_1\mathrm{e}^{2t}+C_2\mathrm{e}^{3t}.$$

又由于 $f(t)=\mathrm{e}^t,\lambda=1$ 不是特征根,所以方程①具有形如 $y^*=A\mathrm{e}^t$ 的特解,代入方程①得

$$2A\mathrm{e}^t=\mathrm{e}^t,即 A=\dfrac{1}{2},$$

故 $y^*=\dfrac{1}{2}\mathrm{e}^t$,从而方程①的通解为

$$y=C_1\mathrm{e}^{2t}+C_2\mathrm{e}^{3t}+\dfrac{1}{2}\mathrm{e}^t.$$

将 $t=\ln x$ 代入即得原方程的通解为 $y=C_1x^2+C_2x^3+\dfrac{x}{2}$.

*12. 解：(1)原方程组可表示成

$$\begin{cases}Dx+(2D+1)y=0, & ① \\ (3D+2)x+(4D+3)y=t, & ②\end{cases}$$

①×$(3D+2)$-②×D,得 $(2D^2+4D+2)y=-1$,即

$$2y''+4y'+2y=-1. \qquad ③$$

方程③对应的齐次方程的特征方程为

$$2r^2+4r+2=0,$$

解之得特征根 $r_1=r_2=-1$,因此方程③对应的齐次方程的通解为 $Y=(C_1+C_2t)\mathrm{e}^{-t}$,
由于 $f(t)=-1,0$ 不是特征根,所以方程③具有形如 $y^*=A$ 的特解,把 y^* 代入方程③得 $2A=-1$ 即 $A=\dfrac{-1}{2}$,从而 $y^*=-\dfrac{1}{2}$.

因此方程③的通解为 $y=(C_1+C_2t)\mathrm{e}^{-t}-\dfrac{1}{2}$.

又由②-①×3 得 $2x-2Dy=t$,即

$$x=\dfrac{\mathrm{d}y}{\mathrm{d}t}+\dfrac{1}{2}t=C_2\mathrm{e}^{-t}+(C_1+C_2t)\mathrm{e}^{-t}\cdot(-1)+\dfrac{1}{2}t=(-C_1+C_2-C_2t)\mathrm{e}^{-t}+\dfrac{1}{2}t.$$

即原方程组的通解为

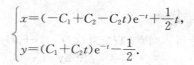

$$\begin{cases} x=(-C_1+C_2-C_2t)\mathrm{e}^{-t}+\dfrac{1}{2}t, \\ y=(C_1+C_2t)\mathrm{e}^{-t}-\dfrac{1}{2}. \end{cases}$$

(2)原方程组可表示成

$$\begin{cases} (D+1)^2x+(D+1)y=0, & \text{①} \\ (D+1)x+(D+1)^2y=\mathrm{e}^t, & \text{②} \end{cases}$$

①×$(D+1)$－②,得$(D^3+3D^2+2D)x=-\mathrm{e}^t$,即

$$x'''_t+3x''_t+2x'=-\mathrm{e}^t. \qquad\text{③}$$

方程③对应的齐次方程的特征方程为 $r^3+3r^2+2r=0$,解之,得特征根

$$r_1=0,r_2=-1,r_3=-2.$$

因此方程③对应的齐次方程的通解为

$$X=C_1+C_2\mathrm{e}^{-t}+C_3\mathrm{e}^{-2t}.$$

由于 $f(t)=-\mathrm{e}^t,\lambda=1$ 不是特征根,所以方程③有形如 $x^*=A\mathrm{e}^t$ 的特解,代入方程③得

$$6A\mathrm{e}^t=-\mathrm{e}^t,即\ A=-\frac{1}{6},$$

从而 $x^*=-\dfrac{1}{6}\mathrm{e}^t$. 因此方程③的通解为

$$x=C_1+C_2\mathrm{e}^{-t}+C_3\mathrm{e}^{-2t}-\frac{1}{6}\mathrm{e}^t.$$

由原方程组中的第一个方程有

$$\frac{\mathrm{d}y}{\mathrm{d}t}+y=-\frac{\mathrm{d}^2x}{\mathrm{d}t^2}-2\frac{\mathrm{d}x}{\mathrm{d}t}-x$$

$$=-\left(C_2\mathrm{e}^{-t}+4C_3\mathrm{e}^{-2t}-\frac{1}{6}\mathrm{e}^t\right)-2\left(-C_2\mathrm{e}^{-t}-2C_3\mathrm{e}^{-2t}-\frac{1}{6}\mathrm{e}^t\right)-$$

$$\left(C_1+C_2\mathrm{e}^{-t}+C_3\mathrm{e}^{-2t}-\frac{1}{6}\mathrm{e}^t\right)$$

$$=-C_1-C_3\mathrm{e}^{-2t}+\frac{2}{3}\mathrm{e}^t,$$

即 $\dfrac{\mathrm{d}y}{\mathrm{d}t}+y=-C_1-C_3\mathrm{e}^{-2t}+\dfrac{2}{3}\mathrm{e}^t$,其通解为

$$y=\mathrm{e}^{-\int\mathrm{d}t}\left[\int\left(-C_1-C_3\mathrm{e}^{-2t}+\frac{2}{3}\mathrm{e}^t\right)\mathrm{e}^{\int\mathrm{d}t}\,\mathrm{d}t+C_4\right]$$

$$=\mathrm{e}^{-t}\left[\int\left(-C_1\mathrm{e}^t-C_3\mathrm{e}^{-t}+\frac{2}{3}\mathrm{e}^{2t}\right)\,\mathrm{d}t+C_4\right]$$

$$=\mathrm{e}^{-t}\left(-C_1\mathrm{e}^t+C_3\mathrm{e}^{-t}+\frac{1}{3}\mathrm{e}^{2t}+C_4\right)$$

$$=-C_1+C_3\mathrm{e}^{-2t}+\frac{1}{3}\mathrm{e}^t+C_4\mathrm{e}^{-t}.$$

因此原方程组的通解为

$$\begin{cases} x=C_1+C_2\mathrm{e}^{-t}+C_3\mathrm{e}^{-2t}-\dfrac{1}{6}\mathrm{e}^t, \\ y=-C_1+C_3\mathrm{e}^{-2t}+C_4\mathrm{e}^{-t}+\dfrac{1}{3}\mathrm{e}^t. \end{cases}$$